. Boulanger

PRÉCIS

DE

BOTANIQUE MÉDICALE

PAR

L. TRABUT

PROFESSEUR D'HISTOIRE NATURELLE MÉDICALE

A L'ÉCOLE DE PLEIN EXERCICE DE MÉDECINE ET PHARMACIE D'ALGER

Avec 830 figures dans le texte

PARIS

G. MASSON, ÉDITEUR

LIBRAIRE DE L'ACADÉMIE DE MÉDECINE

120, Boulevard Saint-Germain, en face de l'École de Médecine

PRÉCIS

DE

BOTANIQUE MÉDICALE

6724-90. — CORBEIL. Imprimerie CRÊTÉ.

PRÉCIS

DE

BOTANIQUE MÉDICALE

PAR

L. TRABUT

PROFESSEUR D'HISTOIRE NATURELLE MÉDICALE

A L'ÉCOLE DE PLEIN EXERCICE DE MÉDECINE ET PHARMACIE D'ALGER

Avec 830 figures dans le texte

PARIS

G. MASSON, ÉDITEUR

LIBRAIRE DE L'ACADÉMIE DE MÉDECINE

120, boulevard Saint-Germain, en face de l'École de Médecine.

M DCCC XCI

PRÉCIS

DE

BOTANIQUE MÉDICALE

INTRODUCTION

L'étude des végétaux, faite en vue d'en retirer des données applicables à la médecine, constitue la *Botanique médicale*, science bien ancienne, née avec la médecine des temps primitifs. Aussi devons-nous, encore aujourd'hui, nous borner, le plus souvent, à choisir parmi les innombrables produits de la vieille Matière médicale. La Chimie et la Physiologie commencent cependant à présenter les drogues avec une méthode vraiment scientifique et la Thérapeutique, ainsi éclairée, retient les principes actifs qui répondent le mieux aux indications tirées de la pathogénie ou des symptômes dominants.

Mais un autre côté non moins intéressant de la *Botanique médicale* est l'étude des végétaux qui sont *cause* des maladies. Les plantes, dites vénéneuses, ont depuis longtemps attiré l'attention; mais on ne les connaît pas encore suffisamment. Les végétaux vivant en parasites sur la peau de l'homme ou à l'entrée des cavités naturelles, forment une Flore observée et étudiée depuis la vulgarisation du microscope; mais les végétaux plus ténus, se développant dans l'intérieur même de l'organisme vivant, n'ont été vraiment étudiés que depuis quelques années et l'importance de cette partie de la botanique medicale est telle, qu'elle forme un faisceau de connaissances, ayant déjà conquis son autonomie sous le nom de *Microbiologie* ou *Bactériologie*.

Dans cette étude des végétaux qui ont des rapports directs avec la santé de l'homme, nous trouverons donc :

1° Des plantes médicinales pour la Thérapeutique ;

2° Des plantes alimentaires ;

3° Des plantes vénéneuses ;

4° Des parasites végétaux capables de déterminer la maladie et dont la connaissance éclaire la pathogénie.

L'étudiant trouvera encore dans l'étude de la biologie des végétaux une très utile préparation à ses études spéciales de la morphologie et physiologie de l'homme. Les organes et les tissus des plantes se prêtent à une observation relativement facile et donnent rapidement une idée de l'organisation et du fonctionnement d'un être vivant. Les grandes lignes de la physiologie apparaissent aussi plus clairement, quand on les suit dans les nombreuses manifestations de la vie du végétal.

En un mot, la *Botanique médicale* est depuis longtemps et reste la principale source où puise la Thérapeutique ; d'un autre côté, par la Bactériologie, elle devient la base de la Pathogénie.

PREMIÈRE PARTIE

BOTANIQUE SPÉCIALE DES PLANTES MÉDICINALES.

———

Les cinq cent mille végétaux qui peuplent actuellement la terre, vivant dans des conditions bien différentes, présentent une structure qui est en rapport avec la multiplicité de leurs fonctions, et c'est en se basant sur la complication, de plus en plus grande, de ces organismes qu'on a pu établir une série de degrés, une sorte de hiérarchie, d'où est née une classification naturelle.

A chaque fonction nouvelle correspond une complication de structure, aussi paraît-il logique de croire que l'étude des organismes simples est plus facile à saisir; il n'en est pas toujours ainsi, et bien que la Nature ait procédé du simple au composé, il est préférable, dans l'étude de ses créations, de suivre une marche inverse, parce que la différenciation des fonctions implique une simplification, une division du travail qui rend le rôle de chaque organe plus simple et plus évident.

Les végétaux, d'après les degrés de complication, peuvent se répartir dans quatre grands embranchements que nous suivrons dans l'ordre descendant, c'est-à-dire en allant des plus compliqués aux plus simples :

1° **Phanérogames**. — Plantes à fleurs se reproduisant par graines, l'embryon se développant aux dépens de la plante adulte.

2° **Fougères** et familles alliées. — N'ont pas de fleurs, l'œuf est formé dans un prothalle indépendant de la plante sporifère. Elles ont de véritables racines comme les phanérogames, à l'aide desquelles la plante adulte s'affranchit du prothalle.

3° **Muscinées**. — N'ont pas de racines. La spore donne une végétation prothalline très développée acquérant de véritables feuilles, l'œuf qui se forme sur ce prothalle souvent très différencié devient un *organe sporifère* plus ou moins compliqué mais ne s'affranchissant pas du prothalle, comme chez les fougères.

4° **Thallophytes**. — Cet embranchement comprend les *Bactéries*, *Algues*, *Champignons* et *Lichens*, il est caractérisé par la simplification d'organisation, on n'y distingue *ni feuille ni racine*, des spores peuvent reproduire directement la plante, elles doivent le plus souvent se fondre en un œuf, point de départ d'un nouvel individu.

PHANÉROGAMES

Caractères généraux. — Les plantes phanérogames sont caractérisées par le développement d'un rameau spécial qui est
la fleur et dont les parties essentielles sont des feuilles transformées. Les *étamines* donnent des *spores mâles* (*pollen*) et les
carpelles portent une expansion, l'ovule, au centre duquel une
cellule donne l'*oosphère*, qui recevant d'une cellule fille du
pollen, nommée tube pollinique, un noyau et du protoplasma,
devient un œuf se développant sur place en une plantule ou
embryon. A maturité, l'ovule s'est transformé en une graine
contenant l'embryon prêt à continuer son développement,
après un temps plus ou moins long de repos.

Les phanérogames se divisent en deux sous-embranchements :

1° *Angiospermes*. — Les carpelles se replient ou se soudent
bord à bord et constituent une cavité ovarienne où l'ovule est
attaché sur un placenta, le tube pollinique n'arrive au contact de l'ovule qu'après avoir traversé le stigmate et pénétré
à travers le tissu du carpelle dans la cavité ovarienne.

2° *Gymnospermes*. — Les carpelles plans portent sur leurs
bords ou sur leur face les ovules qui sont ainsi nus et exposés directement au contact du pollen.

ANGIOSPERMES

Les *Angiospermes* se partagent en deux classes : dans l'une
l'embryon est pourvu de deux feuilles primaires ou cotylédons,
bien faciles à voir au moment de la germination. Ces plantes
à deux cotylédons sont dites *Dicotylédones*. Chez les autres
Angiospermes l'embryon n'est pourvu que d'un cotylédon, ce
sont les *Monocotylédones*.

PHANÉROGAMES.... { **Angiospermes**... { Dicotylédones.
                 {   { Monocotylédones,
                 { **Gymnospermes**.

I. — CLASSE DES DICOTYLÉDONES.

Deux cotylédons à l'embryon, des feuilles à nervation généralement pennée ou palmée, souvent la tige et la racine s'é-

paississent par la formation de cercles de bois et de liber, le calice et la corolle sont souvent distincts et à 5 ou 4 pièces.

On les divise en :

a. GAMOPÉTALES. — Deux enveloppes florales, corolle à pièces soudées.

b. DIALYPÉTALES. — Deux enveloppes florales, corolle à pièces libres.

c. APÉTALES, — Une seule enveloppe florale.

a. — *GAMOPÉTALES.*

TABLEAU DES COHORTES ET FAMILLES.

GAMOPÉTALES.	Superovariées.	**1.—Bicarpellées.** Isostémones.	**Solanales.** Feuilles alternes.
			Solanées. Verbascées. Scrofulariées. Convolvulacées. Boraginées.
			Apocynales. Feuilles opposées; fleur régulière.
			Loganiées. Apocynées. Asclépiadées. Gentianées.
			Labiales. Feuilles souvent oppos. Fl. irrégulière. Pauciovulées.
			Labiées. Verbénacées. Acanthacées. Globulariées.
			Diandres. 2 étamines. Oléacées.
		Isocarpellées. Diplostémones.	**Éricales.** Ovaire cloisonné.
			Sapotacées. Ébénacées. Éricacées. Styracées.
			Primulinées. Placenta central. Primulacées. Plumbaginées.
	Inferovariées		**Rubiales.** Feuilles opposées. Rubiacées. Valérianées.
			Cucurbitales. 5 carpelles. Flles alternes. Cucurbitacées.
			Campanulinées. Étamines indépendantes de la corolle. Lobéliacées.
			Composées. Anthères formant un tube. Composées.

I. — SOLANALES.

Gamopétales bicarpellées à ovaire libre et feuilles alternes.
(Division en familles.)

A. Loges pluriovulées.	Fleur régulière, 5 étamines, embryon courbé..........	SOLANÉES.
	Fleur sub-irrégulière, étamines inégales, embryon droit.	VERBASCÉES.
	Fleur irrégulière, 4 étamines ou 2.....................	SCROFULARIÉES.
B. Loges 1-2 ovulées.	Capsule.....................	CONVOLVULACÉES.
	4 ou 2 akènes.............	BORRAGINÉES.

SOLANÉES

Gamopétales régulières, bicarpellées, superovariées, pluriovulées, feuilles alternes.

La corolle *gamopétale* régulière porte, alternant avec ses 5 lobes, 5 étamines; rarement l'étamine postérieure est stérile ou nulle (*Duboisia*). Le pistil se compose de *deux carpelles*

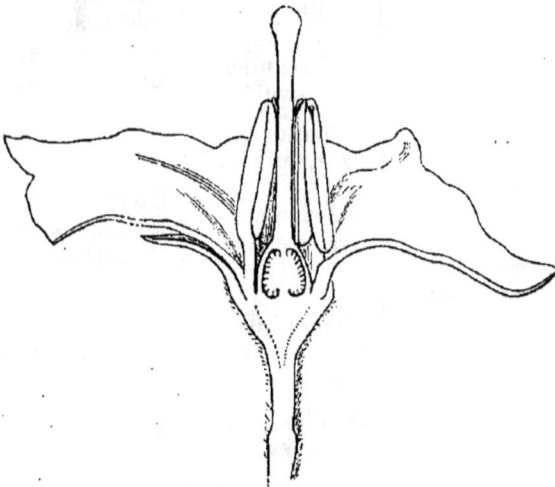

Solanum.
Fig. 1.

Fig. 2.

antéro-postérieurs, clos, concrescents en un ovaire biloculaire renfermant dans chaque loge un volumineux placenta supportant un *grand nombre d'ovules* anatropes. Les deux loges sont quelquefois subdivisées par une fausse cloison (*Datura*). Le fruit est baccien (*Solanum*) ou capsulaire (*Nicotiana*), les graines généralement petites et nombreuses renferment dans un albumen charnu un embryon le plus souvent enroulé.

Les Solanées sont des herbes, des arbustes à *feuilles simples, alternes;* mais souvent rapprochées deux par deux dans les parties supérieures. On subdivise cette famille en une soixantaine de genres contenant environ 1500 espèces répandues dans les régions chaudes et surtout en Amérique.

Les Solanées ont des affinités très étroites avec les *Scrofulariées* qui peuvent être considérées comme des Solanées irrégulières (fleurs zygomorphes). Les *Loganiées* diffèrent surtout par leurs feuilles opposées, on peut les regarder comme une tribu des Solanées. Les *Rubiacées* ne diffèrent que par leur ovaire infère et leurs feuilles opposées. Les *Convolvulacées* diffèrent par leurs loges ovariennes 1-2 ovulées, l'albumen mucilagineux peu abondant. Les *Borraginées* se distinguent par leur fruit composé de 4 ou 2 akènes. Les Solanées sont riches en alcaloïdes. Quelques-uns de ces principes actifs sont bien connus et utilisés journellement (atropine).

Clef des genres. — A. Solanées à 5 étamines, à feuilles alternes ou géminées (Eusolanées).
    a. Fruits bacciens :
      1. Corolle à tube très court, rotacée :
        + Anthères conniventes... Solanum.
      ++ Anthères libres :
        O Calice fructifère vésiculeux............. Physalis.
        OO Calice non accrescent. Capsicum.
      2. Corolle campanulée, calice accrescent recouvrant la baie. Withania.
      3. Corolle largement tubuleuse, campanulée, calice foliacé.... Atropa.
      4. Plante acaule, corolle 5-fide. Mandragora.
    b. Fruits capsulaires :
      × Capsule 4 valves........ Datura.
      ×× Capsule operculée...... Hyoscyamus
      ××× Capsule 2 valves bifides. Nicotiana.
    B. Solanées à 4 étamines.......... Duboisia.

Atropa Belladona. *Belladone.* — Herbe vivace à rameaux dressés, feuilles alternes, rapprochées par deux vers le sommet de la tige, grandes, entières, molles, ovales aiguës, pétiolées; fleurs assez grandes solitaires à l'aisselle des feuilles, à

pédoncule réfléchi; calice foliacé persistant à 5 lobes aigus;
corolle gamopétale pourpre brun largement tubuleuse, campanulée, veinée, à 5 lobes peu profonds (20-25 mm.); ovaire
à deux loges antéro-postérieures, à cloison couverte par
de volumineux placentas portant de nombreux ovules. Baie
déprimée, noire, à suc rougeâtre présentant à son pôle supérieur un apicule, vestige du style, et un sillon vertical, limite
des deux carpelles. Graines très nombreuses petites (3 mm.),
réniformes, comprimées, à albumen charnu et à embryon fortement incurvé.

Hab. — Europe, Nord-Afrique, Asie moyenne et cultivé
pour l'usage médical.

Prop. et usages. — Toutes les
parties de cette plante contiennent
de l'*Atropine* et de l'*Hyosciamine;*
on utilise surtout la partie souterraine sous le nom de *Racine de
Belladone;* elle contient environ
2 p. 1000 d'atropine; elle doit être
cueillie peu après la floraison. Les
feuilles entrent aussi dans un certain nombre de préparations. Les
baies contiennent une assez grande
quantité d'atropine et causent souvent des empoisonnements chez les
enfants.

Mandragora officinarum.

Atropa Belladona.
Fig. 3.

Mandragore. — Herbe vivace
acaule à grosse racine pivotante ramifiée, à feuilles formant
une rosette étalée sur le sol, au centre de laquelle se trouvent des fleurs grandes portées sur des pédoncules insérés
sur une tige excessivement courte. Le fruit est une baie plus
ou moins grosse.

Fl. — Automne.

Hab. — Région méditerranéenne.

Prop. et usages. — Employée par les anciens comme calmant,
hypnotique, analgésique, la Mandragore est oubliée de nos
jours et passe pour avoir à peu près les mêmes propriétés que

la Belladone qu'on lui préfère. On a isolé la Mandragorine isomère de l'atropine.

Withania somnifera. *Physalis somnifera.* — Arbrisseau rameux
plus ou moins tomenteux à feuilles entières, ovales, pétiolées, géminées. Fleurs axillaires à corolle campanulée, verdâtre, petite. Baie
rouge de la grosseur d'un pois enfermée dans le calice accrescent.

   Hab. — Région méditerranéenne, Orient, Indes, le Cap, etc.

   Prop. et usages. — Connu des Anciens pour ses propriétés narco-
tiques, est encore employé dans l'Inde. Contient un alcaloïde.

Physalis Alkekenji. *Coqueret, Alkekenge.* — Herbe vivace
rhizomateuse, à rameaux grêles, portant des feuilles ovales,
acuminées, géminées, à baie rouge minium, enveloppée par un
calice vésiculeux rouge.

   Hab. Europe.

   Prop. et usages. — Le fruit laxatif et diürétique entre dans
le sirop de Chicorée ou de Rhubarbe composé.

   Physalis pubescens et *Ph. edulis.* — Fruits comestibles.

Physalis Alkekenji.
Fig. 4.

Solanum nigrum.
Fig. 5.

Solanum nigrum. *Morelle noire.* — Herbe d'un vert sombre, à petites fleurs blanches, rotacées en cyme corymbi-

forme, anthères conniventes, baie globuleuse noire ou rouge.

Hab. — Décombres, cosmopolite.

Prop. et usages. — Contient une petite quantité de *Solanine* et passe pour légèrement narcotique. Les feuilles cuites sont mangées comme épinards dans quelques localités.

Solanum Dulcamara. — *Douce-Amère.* Plante vivace, sarmenteuse, à feuilles ovales, acuminées, entières ou triséquées. Fleurs en cymes latérales, extra-axillaires, corolle rotacée violette, 5 grandes étamines cohérentes, baie ovoïde rouge.

Hab. — Lieux frais, Europe, Nord Afrique, et partie de l'Asie.

Prop. et usages. — On utilise les rameaux qui ont une saveur douce et amère à la fois; on regarde leur décoction comme dépurative, diurétique, diaphorétique. On a isolé de la Douce-Amère le *Picroglycion*, de la *Solanine* et un glucoïde, la *Dulcamarine.*

Solanum tuberosum. *Pomme de terre.* — Rameaux souterrains renflés en partie en tubercules amylacés volumineux.

Hab. — Originaire d'Amérique.

Prop. et usages. — La pomme de terre contient 74 p. 100 de fécule, 20 p. 100 de matières azotées, 1,07

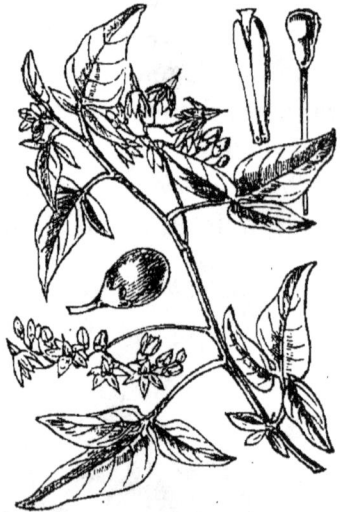

Solanum Dulcamara.
Fig. 6.

de résine d'une huile essentielle qui se retrouve dans les alcools de pomme de terre mal rectifiés. Toutes les parties vertes sont riches en *Solanine;* les tubercules exposés longtemps à la grande lumière y verdissent et deviennent toxiques.

Solanum Lycopersicum. — Tomate. Herbe fétide à corolle jaune et à grosse baie rouge remarquable par le nombre des carpelles concourant à sa formation.

Hab. — Originaire de l'Amérique S. Cultivé.

Prop. et usages. — Baie acide recherchée comme aliment et condiment; feuilles employées dans les campagnes en cataplasmes analgésiques (Solanine).

Solanum esculentum. — Aubergine. On cultive un certain nombre

d'autres *Solanum* à baies comestibles (*S. betacum*). Quelques espèces
des jardins d'ornement ont occasionné des accidents chez les enfants
qui en avaient mangé les fruits.

Capsicum annuum. *Piment, Poivron.* — Baie gonflée, vésiculeuse, de forme variable, souvent allongée, tantôt douce
(Piment doux), tantôt extrêmement âcre.

Hab. — Originaire d'Amérique et cultivé.

Prop. et usages. — Le piment est employé comme condiment ou légume. Le principe âcre du piment est rubéfiant;
l'extrait de piment est vanté dans le traitement des hémor-
rhoïdes.

Capsicum frutescens. — Petit arbuste à baie de forme variable, très
âcre. Cultivé dans la région méditerranéenne et les pays chauds.

Capsicum fastigiatum. *Poivre de Cayenne.*

Nicotiana Tabacum. *Tabac.* — Grande plante annuelle,
visqueuse, peu rameuse, à larges feuilles lancéolées. *Fleurs*
roses en panicule terminale, grandes, *tubuleuses à la base*, puis
dilatées, campanulées à 5 lobes, ovaire ovoïde à 4 sillons devenant une *capsule s'ouvrant en deux
valves bifides* au sommet, les graines
sont très petites (1 mm.), réticulées.

Hab. — Originaire de l'Amérique
tropicale. Cultivé.

Prop. et usages. — Les feuilles de

Nicotiana Tabacum.
Fig. 7.

Nicotiana rustica.
Fig. 8.

tabac renferment des quantités variables, 2 à 8 p. 100 de Nicotine, de la Nicotianine. La Nicotine est un violent poison; elle

produit la constriction des tuniques musculeuses de l'intestin, aussi les lavements de décoction ou de fumée de tabac ont-ils été utilisés dans le traitement des hernies; pour combattre la constipation le tabac est souvent utile.

Nicotiana rustica. — Herbe annuelle à feuilles ovales, obtuses, pétiolées, vert foncé, visqueuses, *corolle jaune verdâtre*.

Hab. — Originaire d'Amérique, assez rarement cultivé.

Prop. et usages. — Comme le précédent. Entre dans le *Baume tranquille*.

Datura Stramonium. *Stramoine*. — Grande herbe annuelle très ramifiée portant une fleur ou un fruit entre deux rameaux divergents; feuilles alternes souvent géminées, ovales, aiguës, incisées, dentées. Corolle blanche ou violette (D. Tatula), grande, infundibuliforme. Fruit (pomme épineuse) gros, ovoïde, restant adhérent à la base accrescente du calice; la surface couverte d'aiguillons est parcourue par quatre sillons verticaux suivant lesquels s'effectue la déhiscence en quatre valves. Les graines ovales, réniformes, s'attachent sur de volumineux placentas, leur tégument est finement rugueux, ponctué, l'albumen charnu contient un embryon arqué.

Hab. — Orient. Naturalisé en Europe et dans le Nord-Afrique; cultivé ainsi qu'un assez grand

Datura Stramonium.
Fig. 9.

nombre d'autres espèces ornementales : *D. arborea, D. fastuosa, D. metel, D. ferox, D. alba* jouissant à peu près des mêmes propriétés.

Prop. et usages. — Toute la plante contient de l'*Hyosciamine* et de l'*Atropine*; ces alcaloïdes se trouvent surtout dans les graines (1 p. 1000).

La combustion des feuilles du Datura produit des alcaloïdes volatils auxquels on doit attribuer les propriétés sédatives de la fumée de Stramoine. Les feuilles de *Datura* entrent dans le *Baume tranquille*.

Hyoscyamus niger. *Jusquiame.* — Grande plante à odeur vireuse, rameuse, à *feuilles* alternes *sessiles*, molles, velues, visqueuses, incisées, lobées, les fleurs en cymes scorpioïdes se superposent du côté convexe du rameau, tandis que les feuilles occupent l'autre côté. Calice en forme de grelot à 5 dents, accrescent, entourant étroitement le fruit. *Corolle un peu irrégulière* à 5 lobes arrondis, jaune terne, veinée, réticulée de pourpre violacée, couleur qui devient dominante à la gorge. Étamines 5, un peu inégales. Ovaire à deux loges séparées par une cloison portant de volumineux placentas chargés d'ovules anatropes. *Capsule* enfermée dans le calice s'ouvrant par un opercule (*pyxide*). Graines petites avec un embryon très courbé dans un albumen charnu.

Hab. — Décombres, Europe, Nord-Afrique, Orient.

Prop. et usages. — Toutes les parties de la plante contiennent de l'*Hyoscine*, mais ce sont les semences qui sont surtout riches en alcaloïdes.

Hyosciamus niger.
Fig. 10.

Hyoscyamus albus. *Jusquiame blanche.* — Fleurs pâles, feuilles pétiolées. Mêmes propriétés.

Hyoscyamus Falezlez; Falezlez, El Betina. — Plante vivace pubescente, visqueuse, vert pâle. Feuilles pétiolées un peu charnues, fleurs blanches verdâtres, veinées de violet en dedans, capsule s'ouvrant vers le milieu.

Hab. — Le sud du Sahara, Ghadamès, entre Ouargla et le Rhat, Insalah, etc.

Prop. et usages. — Célèbre depuis l'empoisonnement par les Touaregs, des survivants de la mission Flatters, cette jusquiame causerait aussi des accidents parfois graves chez les voyageurs imprudents qui font entrer cette herbe dans la composition de leurs aliments. On prétend même que les Sahariens acridiophages sont parfois empoisonnés par des sauterelles ayant mangé des *Falezlez*.

Scopolia Japonica. Belladone du Japon. — Rhizome contenant un alcaloïde mydriatique, le *Scopoléine*.

Duboisia myoporoïdes. — *Petit arbuste glabre*, feuilles oblongues, petites fleurs blanches en panicule terminale, corolle peu irrégulière à 4 *étamines*, fruit baccien.

Hab. — Australie, Nouvelle-Calédonie.

Prop. et usages. — Toute la plante contient un alcaloïde nomme *Duboisine* et qui ne serait que l'*Hyosciamine*.

Duboisia Pituri. — *Pituri* des Australiens occidentaux qui mâchent et fument les feuilles qui contiendraient de la nicotine.

VERBASCÉES

Les *Verbascées* établissent le passage des *Solanées* aux *Scrofulariées*, dans le genre *Verbascum* la corolle subirrégulière porte encore 5 *étamines* à filets inégaux ; mais l'embryon est *droit*, chez les *Celsia* la cinquième étamine disparaît et ce genre prend les caractères des *Scrofulariées*.

Verbascum Thapsus. *Molène, Bouillon-blanc.* — Grande herbe chargée d'un duvet laineux à feuilles formant une rosette du centre de laquelle s'élève, la seconde année, une tige simple, à feuilles alternes et terminées par un épi de grandes fleurs jaunes à corolle rotacée, légèrement irrégulière, à 5 lobes, 5 étamines inégales, ovaire 2 loges multi-ovulées.

Verbascum thapsus.
Fig. 11.

Fl. — Été.

Hab. — Europe, Nord-Asie et Amérique.

Prop. et usages. — Fleurs émollientes (quatre fl. pectorales). On peut substituer aux fleurs de *V. Thapsus* les fleurs d'autres *Verbascum*.

SCROFULARIÉES

Gamopétales irrégulières, superovariées, pluri-ovulées.

Les Scrofulariées se relient étroitement aux Solanées. La *corolle* gamopétale est *irrégulière* (zygomorphe), l'étamine opposée au sépale postérieur reste rudimentaire ou ne se développe pas, *les 4 étamines* sont disposées en une paire latérale courte et une paire antérieure plus longue. Une seule paire se développe dans quelques genres. Le pistil semblable à celui des Solanées est composé de deux carpelles formant un ovaire biloculaire, multi-ovulé, surmonté d'un style unique ; le fruit est une capsule loculicide, septicide, ou porricide, plus rarement une baie, la graine renferme un *embryon droit* dans un albumen charnu.

Fig. 12.

Les Scrofulariées sont des herbes, rarement des arbustes ou arbres à feuilles assez *souvent opposées*, quelques-unes sont parasites. On en connaît plus de deux mille espèces dans toutes les régions du globe, mais plus fréquentes dans les climats tempérés et les montagnes.

Les Scrofulariées ne diffèrent des Solanées que par l'irrégularité de la corolle, l'embryon plus souvent droit, les feuilles souvent opposées.

Les *Orobanchées* sont des Scrofulariées aphylles parasites, à ovaire uniloculaire, à placentation pariétale.

Les *Bignoniacées* sont des Scrofulariées à graines ailées et exalbuminées.

Les *Sésamées* sont des Scrofulariées à albumen nul ou presque nul, à ovaire quelquefois 4-loculaire (*Sesamum*).

Les *Acanthacées* relient les Scrofulariées aux *Labiées*.

Les Scrofulariées, bien que riches en principes actifs, fournissent peu de plantes à la Thérapeutique ; la Digitale est seule bien étudiée et journellement employée.

Clef. — A. Tube de la corolle globuleux, 4 étamines, une
        écaille postérieure représentant la cinquième
        étamine.. SCROFULARIA.
    B. Tube de la corolle long :
        a. Tube bossu, bilabié, à palais saillant, capsule
            s'ouvrant par des pores.................... ANTIRRHINUM.
        b. Tube ventru campanulé, 4 étamines, feuilles
            alternes.................................. DIGITALIS,
        c. Tube cylindracé terminé par 5 lobes plans,
            inégaux, 2 étamines fertiles, 2 stériles..... GRATIOLA.
        d. Corolle en casque comprimé, 1-2 ovules
            dans chaque loge........................... MELAMPYRUM,
    C. Corolle à tube très court, en roue ,4-5 lobes
        inégaux, 2 étamines divergentes exsertes..... VERONICA.

Sous-famille des Sésamées.

Ovaire quadriloculaire, albumen presque nul............ SESAMUM.

Digitalis purpurea. *Digitale*. -- Herbe bisannuelle à racine fibreuse, à tige généralement simple, feuillée, s'élevant
d'une rosette de feuilles couvertes d'un duvet mou terminant par une longue grappe uni-
latérale de fleurs pourprées pendantes ; le calice a 5 sépales presque
libres, inégaux ; la corolle en tube,
contractée à la base, puis ventrue,
évasée, à lobes inégaux, est rose
vif et garnie intérieurement de poils
et de taches ocellées pourpre foncé :
des 4 étamines, les 2 extérieures
sont plus grandes ; le pistil a
un ovaire à 2 loges avec placenta
épais, lobulé, portant un très grand
nombre d'ovules minuscules ; la
capsule est conique à déchirure
septicide ; les graines, très petites,
contiennent un embryon droit dans
un albumen charnu. Les feuilles
supérieures sont sessiles ; mais les

Digitalis purpurea.
Fig. 13.

inférieures sont brusquement atténuées en un long pétiole
ailé, le limbe est crénelé, sinué, couvert d'un duvet mou
à côte saillante en dessous ainsi que le réseau des nervures.

Fl. — Été.

Hab. — Europe, terrains secs et siliceux.

Prop. et usages. — La Digitale renferme plusieurs principes actifs, notamment la *Digitaline*, la digitaléine, la digitoxine.

On emploie les feuilles cueillies de préférence la deuxième année, peu de temps avant la floraison. La Digitale est tonique du cœur, antipyrétique et diurétique. A hautes doses, elle devient un poison provoquant la paralysie des nerfs moteurs du muscle cardiaque.

Les *Digitalis lutea*, *grandiflora*, *Thapsi*, *ferruginea*, etc., jouissent à peu près des mêmes propriétés.

Gratiola officinalis, Gratiole. — Herbe de marais vivace, rhizomateuse, rameaux aériens, à feuilles opposées et à fleurs axillaires pédonculées, n'ayant que deux étamines fertiles.

Fl. — Été.

Hab. — Marais, Europe.

Prop. et usages. — La *Gratiole* est nauséeuse, drastique employée par les paysans, elle a causé des accidents et même la mort.

Melampyrum arvense. Mélampyre, Rougeole. — Croît dans les moissons, les graines communiquent au pain une couleur violacée et même une saveur amère.

Veronica virginica (Leptandra). — Rhizome officinal aux États-Unis, cholagogue, fébrifuge.

Veronica officinalis. — Europe. Inusité.

Gratiola officinalis.
Fig. 14.

Sesamum orientale. *Sésame.* — Herbe annuelle à grandes fleurs bilabiées blanches, lavées de rose ou de lilas, capsule longue quadriloculaire par fausse cloison, renfermant un très grand nombre de petites graines ovales à enveloppe lisse, albumen presque nul et embryon droit huileux.

Hab. — Originaire de l'Inde, cultivé dans les pays chauds.

Prop. et usages. — La graine donne (55 p. 100) une huile alimentaire.

CONVOLVULACÉES

Gamopétales régulières, 2-carpellées (R. 5) supcrovariées, loges 1-2 ovulées, feuilles alternes, tige le plus souvent volubile.

La *fleur* des Convolvulacées est construite sur le même plan que celle *des Solanées*; mais l'ovaire ne contient que 1-2 *ovules dans chaque loge*, l'embryon est plus ou moins courbé dans un *albumen mucilagineux* peu abondant, *les cotylédons foliacés* sont *plissés* ou *chiffonnés*. Les Convolvulacées sont généralement des plantes à tiges volubiles annuelles ou vivaces, rarement des herbes ou des arbustes; les feuilles alternes n'ont pas de stipules, les racines sont fréquemment tuberculeuses. Ces plantes possèdent souvent un suc laiteux et sont douées de propriétés purgatives. Elles vivent surtout dans les régions chaudes, on en connaît 800 espèces réparties en 32 genres.

Clef. — A. Tige feuillée :
    a. Corolle en entonnoir :
      + Stigmate linéaire...................... Convolvulus.
      ++ Stigmate globuleux entier ou didyme.... Ipomoea,
    b. Corolle à tube long et étroit, surmonté d'un
      limbe plan pentagonal.................... Exogonium.
    B. Tige filiforme sans feuilles, parasites au moyen
    de suçoirs, embryon sans cotylédons, roulé en
    spirale............................. .... Cuscuta.

Convolvulus Scammonia. *Scammonée d'Alep.* — Herbe vivace volubile à feuilles alternes sagittées, à racines très grosses cylindriques, à fleurs blanchâtres longuement pédonculées, corolle en entonnoir à 5 lobes, 5 étamines, pistil à ovaire biloculaire avec 2 ovules dans chaque loge, style long terminé par 2 stigmates linéaires; capsule globuleuse 4-valve, les graines en forme de quartier renferment un volumineux embryon à gros cotylédons foliacés plissés dans un albumen mucilagineux.

Hab. — Grèce, Crimée, Syrie, Asie Mineure.

Prop. et usages. — C'est en Asie Mineure (Alep), qu'on exploite la Scammonée. Après avoir dégagé au printemps la racine, on coupe en biseau la partie supérieure, le latex s'écoule alors, de la partie laissée en terre, dans une coquille ; ce produit est la résine pure qui, mêlée à des fécules, de la gomme, des débris de végétaux, de la terre, devient la Scammonée commune du commerce. La racine desséchée peut contenir des quantités considérables de résine que l'on retire par l'alcool. La Scammonée de bonne qualité contient 77 p. 100 de résine soluble dans l'éther. La *Résine de Scammonée* est un purgatif drastique énergique, la Scammonée entre dans l'*Eau-de-vie allemande*.

Convolvulus arvensis. Liseron des champs. — Herbe traînante à rhizome très ramifié, à fleurs roses. Toute la plante, riche en latex purgatif, est employée dans les campagnes.

Convolvulus Scoparius. — Espèce frutescente, fournit le *Bois de rose des Canaries* appelé aussi *bois de Rhodes*, à essence volatile suave.

Ipomœa Turpethum. *Turbith végétal.* — Tige vivace volubile à grandes fleurs blanches, de l'Inde et Malaisie.

Prop. et usages. — Sa racine, qui contient 4 p. 100 de résine, est un purgatif drastique ; elle entre dans l'*Eau-de-vie allemande*.

Convolvulus arvensis.
Fig. 15.

Ipomœa Nil; Kaladana. — Liseron annuel à feuilles trilobées, à grandes fleurs bleues ou roses, ovaire et fruit à 3 *loges.*

Hab. — Régions tropicales, et cultivé.

Prop. et usages. — Les graines abandonnent une résine (*Pharbitine*) purgative.

Ipomœa Batatas. *Patate.* — Racines volumineuses, amylacées et sucrées, tiges traînantes à feuilles hastées.

Hab. — Originaire des Indes orientales et cultivé dans tous les pays chauds.

Prop. et usages. — La Patate est très estimée comme aliment dans les pays chauds. L'Algérie en produit une assez grande quantité et pourrait en fournir à bas prix à la métropole si le tubercule était un jour recherché, comme il le mérite, pour l'alimentation.

Exogonium Jalapa. *E. Purga, Jalap.* — Liseron vivace à rhizome portant de grosses racines napiformes, feuilles sagittées, fleurs à *corolle longuement tubuleuse puis brusqueenml dilatée en un limbe pentagonal.*
Fruit et graine de *Convolvulus.*

Hab. — Mexique, à Jalapa.

Prop. et usages. — On emploie la *Racine de Jalap* qui contient une résine qui se trouve aussi dans le commerce sous le nom de *Résine de Jalap* et qu'on obtient en traitant par l'alcool des fragments de la racine. Deux glucosides, la *Convolvuline* pour 7/10 et la *jalapine* pour 3/10, constituent cette résine.

La *Racine de Jalap* est un purgatif drastique ; elle fait partie de

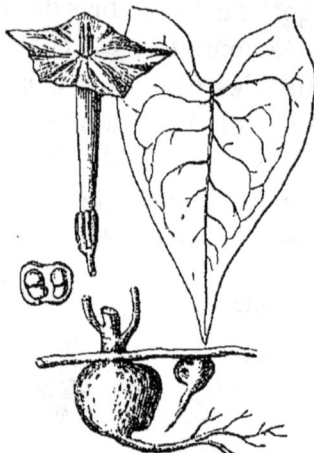

Jalap.
Fig. 16.

l'*Eau-de-vie allemande.* On trouve aussi dans le commerce le *Jalap piriforme* ou d'*Orizaba* (*Ipomœa orizabensis*) ; le *Jalap digité* ou de *Tampico* (*Ipomœa simulans*). Ces espèces sont purgatives. On appelle *Faux-Jalap* la racine du *Mirabilis jalapa* (Nyctaginées).

BORRAGINÉES

Gamopétales régulières, 2-carpellées superovariées ; chaque carpelle partagé en deux loges uniovulées (tétrakènes), feuilles alternes.

Les Borraginées diffèrent peu des Solanées et Convolvulacées ; l'ovaire est formé de deux carpelles divisés en deux logettes ne contenant qu'un ovule. Ces logettes se développent en même temps que l'ovule fécondé et forment le plus souvent 4 akènes autour du style devenu *gynobasique.* La graine n'est que rarement et faiblement albuminée.

Ces plantes, hérissées le plus souvent de poils rudes, à inflorescences scorpioïdes, sont assez pauvres en principes actifs ;

elles se répartissent en 68 genres, 1 200 espèces dans toutes les contrées.

Clef. — A. Style gynobasique :
    a. 4 akènes libres insérés par la base sur un réceptacle plan :

+ Corolle rotacée à lobes aigus, étamines rapprochées en cône, filet donnant naissance en dehors à un appendice...................	BORAGO.
++ Corolle tubuleuse campanulée, écailles lancéolées dans le tube.......	SYMPHYTUM.
+++ Corolle en entonnoir, tube velu en dedans, étamines incluses.......	ALKANNA.
++++ Fleurs grandes ouvertes, irrégulières, étamines saillantes.........	ECHIUM.
b. 4 akènes adhérents par leur face interne au réceptacle conique, style persistant.........	CYNOGLOSSUM.
c. 2 akènes biloculaires, corolle cylindrique....	CERINTHE.
B. Style terminal................................	HELIOTROPIUM.

Borago officinalis. *Bourrache*. — Grande herbe à tige épaisse, rameuse, hérissée, à suc visqueux, feuilles elliptiques, ridées, rudes; fleurs bleues en cymes terminales. Corolle rotacée, pourvue à la gorge d'une coronule de 5 petites languettes entre lesquelles s'élève un cône noirâtre formé de 5 anthères appendiculées; l'ovaire devient, à maturité, 4 akènes entourés par les 5 sépales persistants.

Fl. — Printemps, été.

Hab. — Décombres, champs, Europe, Nord Afrique, Orient.

Prop. et usages. — On emploie surtout les fleurs qui passent pour diaphorétiques, diurétiques, émollientes.

Borago officinalis.
Fig. 17.

Symphytum officinale. — *Grande Consoude*. Plante vivace, commune en Europe.

Prop. et usages. — On emploie la *Racine de Consoude* qui est riche en mucilage et tannin; elle est à la fois émolliente et astringente et employée comme telle dans la diarrhée. On la considère aussi comme antihémorragique.

Symphytum officinale.
Fig. 18.

Cynoglossum officinale.
Fig. 19.

Cynoglossum officinale. *Cynoglosse.* — Plante vivace à odeur vireuse, commune en Europe.

Prop. et usages. — La *Racine de Cynoglosse* est considérée comme inactive; mais elle donne son nom aux *Pilules de cynoglosse* qui contiennent aussi de l'Opium et de la Jusquiame.

Alkanna tinctoria. *Orcanette.* — Herbe vivace de la région méditerranéenne, à racine recouverte d'une écorce rouge violet foncé.

Prop. et usages. — La *Racine d'Orcanette* renferme une matière colorante assez répandue chez les Borraginées, l'*acide anchusique* soluble dans l'alcool, l'éther et les corps gras, et pour ce motif employée en micrographie comme *réactif des corps gras*, et en pharmacie pour colorer la *Pommade rosat*.

Echium vulgare. Vipérine. — Est quelquefois substitué à la bourrache.

Pulmonaria officinalis. Feuilles de pulmonaire. — Inusité.

Heliotropium Europœum. — Herbe annuelle, vert blanchâtre, à petites fleurs blanches à style terminal, sessiles en cymes scorpioïdes.

Hab. — Europe et région méditerranéenne.

Prop. et usages. — Cette borraginée est la seule connue comme contenant un alcaloïde. L'*Héliotropine* n'a pas été expérimentée en thérapeutique.

II. — APOCYNALES.

a. Placentation axile :

    + Ovaire biloculaire, style non renflé au-dessous du stigmate...................................... Loganiées.

    ++ Pollen simple, carpelles souvent libres ou simplement cohérents dans la région ovarienne, style renflé sous le stigmate...................... Apocynées.

    +++ Pollen composé............................ Asclépiadées.

b. Placentation pariétale. .... Gentianées.

LOGANIÉES

Gamopétales régulières bicarpellées, superovariées, pluriovulées, à feuilles opposées.

Fleurs en cymes, organisées comme celles des Solanées, les *feuilles* sont *opposées* simples.

Les Loganiées sont la plupart tropicales; elles sont riches en alcaloïdes. Le genre *Strychnos* répandu dans toutes les contrés chaudes fournit à la matière médicale des produits importants.

Strychnos Nux vomica. *Vomiquier.* — Arbre médiocre recouvert d'une écorce jaunâtre, à feuilles opposées, ovales, aiguës, lisses, fleurs petites en cymes terminales, à corolle tubuleuse à 5 lobes, 5 étamines, ovaire à 2 loges avec un volumineux placenta portant de nombreux ovules. Le fruit ressemble à une petite orange avec une enveloppe dure, lisse et une pulpe blanche gélatineuse dans laquelle on trouve un nombre variable (1-8) de grosses graines. Ces graines sont aplaties, déprimées, gris verdâtre, veloutées, à *poils soyeux* très fins *couchés*. L'albumen, corné, amer, se sépare en deux moitiés, entre lesquelles est un embryon droit à cotylédons foliacés.

Hab. — Asie tropicale.

Prop. et usages. — La graine, connue sous le nom de *Noix vomique*, est un produit d'où dérivent de nombreuses préparations médicinales. Les principes actifs isolés sont principalement trois alcaloïdes, la *Strychnine*, la *Brucine*, et l'*Igasurine*.

L'écorce du Vomiquier est connue sous le nom de *Fausse Angusture ;* elle est usitée dans l'Asie tropicale, elle a été, chez nous, confondue avec l'écorce d'*Angusture* (*Galipea Cusparia*), elle en diffère par une saveur amère (strychnine) plus persistante et immédiatement perçue. L'examen microscopique révèle des caractères plus certains (Voy. *Galipea*). Les alcaloïdes de la noix vomique sont des excitants de la moelle; à haute dose ils provoquent des convulsions tétaniques, en même temps l'excitation des nerfs sensitifs (hyperesthésie). La thérapeutique utilise la *Strychnine* dans certaines paralysies motrices, les troubles gastro-intestinaux, l'alcoolisme.

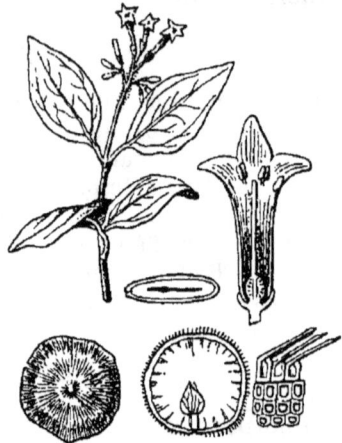

Strychnos Nux vomica.
Fig. 20.

Strychnos Ignatii. *Fève de Saint-Ignace.* — Fruit plus gros que celui du *St. N. vomica*, ovoïde, contenant de nombreuses graines brunâtres, irrégulières, dissemblables, ovoïdes oblongues, à facettes dues à une mutuelle compression, les poils y sont rares et caducs (fig. 21).

Hab. — Philippines.

Prop. et usages. — Même usage que le précédent; sert à l'extraction de la Strychnine 1,5 p. 100, et de la Brucine, 0,5 p. 100.

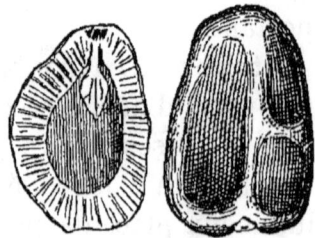

Strychnos Ignatii.
Fig. 21.

Strychnos Tieute. — Grande liane à fleurs en cymes axillaires et pourvue de crocs.

Hab. — Java, où il sert à la préparation de l'*Upas Tieuté*, extrait aqueux, riche en Strychnine, employé comme poison de flèches.

Strychnos Castelnœana. *St. à Curare.* — Liane à feuilles opposées, coriaces, réticulées, à crocs puissants, à petites fleurs en cymes contractées terminales.

Hab. — Bassin de l'Amazone (Castelnau).

Strychnos Castelnœana.
Fig. 22.

Prop. et usages. — Les indigènes préparent avec l'écorce de cette plante, ou encore d'autres espèces voisines, croissant dans la même région, un extrait qui constitue le *Curare* utilisé par eux comme poison de flèches. Du Curare on a retiré la *Curarine*, c'est un *paralysomoteur* qui localise son action sur les terminaisons des nerfs moteurs.

Strychnos toxifera et *St. Crevauxiana*, H. Bn. — Sont aussi employés à la préparation du Curare.

Strychnos innocua. — Soudan. Fruits comestibles.

Strychnos potatorum, Indes. — Sert à purifier l'eau, dans ce but on frotte avec cette plante l'intérieur des vases avant d'y mettre l'eau.

Strychnos pseudo-china. — Brésil. Fébrifuge.

Strychnos colubrina et *St. minor.* — Racine connue sous le nom de *Bois de couleuvre*, vanté contre la morsure des serpents, et comme fébrifuge; il est surtout tétanisant.

Strychnos Icaja, H. Bn.; *St. M'Boundou*, Heckel. — Gabon, poison d'épreuve.

Strychnos Gautheriana. — Tonkin. Produit l'écorce de *Hoang-nan*, très semblable à la Fausse angusture.

Spigelia Marylandica et *Sp. Anthelmia.* — Amérique. Vermicides.

Gelsemium sempervirens, de l'Amérique N. et C. — Fournit la *Racine de Gelsemium*, analgésique dangereux à manier.

Gelsemium elegans. — Chine. Toxique tétanisant.

APOCYNÉES

Gamopétales régulières bicarpellées, superovariées, pluriovulées, à feuilles opposées, sans stipules, à carpelles souvent libres dans leur région ovarienne.

Les Apocynées ont des fleurs assez semblables à celles des Solanées, c'est-à-dire gamopétales régulières, 5 lobées, 5 étamines, 2 carpelles. La corolle porte le plus souvent à la gorge des appendices, les 5 étamines ont généralement un filet court, leurs anthères ont un connectif souvent prolongé en appendice. Le pistil se compose de deux *carpelles souvent libres dans leur partie ovarienne*, le style porte *au-dessous des stigmates* un *renflement discoïde*. Le fruit est souvent un double follicule; mais quelquefois une capsule, une baie, une drupe. La *graine* est *fréquemment munie d'une aigrette*, l'embryon droit est entouré d'un albumen mince. Les Apocynées sont des arbres, arbustes, lianes, rarement des herbes vivaces à *feuilles opposées sans stipules*, elles sont *riches en latex*.

Les 900 espèces connues habitent les contrées chaudes.

Nerium Oleander. *Laurier rose.* — Grand arbuste glabre, à feuilles verticillées par 3, coriaces lancéolées. Fleurs grandes, roses, en cymes terminales, corolle gamopétale régulière à 5 lobes tordus dans le bouton, 5 étamines à filet court et à anthères sagittées, surmontées d'une longue queue plumeuse tordue avec celle des anthères voisines; ovaires libres devenant des follicules allongés, renfermant de nombreuses graines recouvertes d'une aigrette soyeuse et contenant un embryon volumineux, entouré d'un mince albumen.

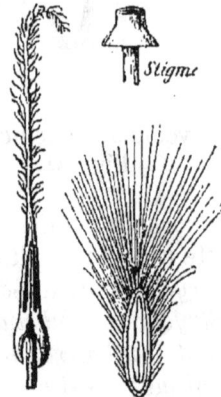

Nerium Oleander.
Fig. 23.

Hab. — Bord des ruisseaux dans la région méditerranéenne, surtout commun dans le Nord-Afrique.

Prop. et usages. — Le *Laurier rose* est une plante très vénéneuse; on en a isolé quelques principes, l'*Oléandrine* et la *Nériine*. Les préparations de *Nérium* ont une action manifeste sur le cœur et on les a proposées comme succédanés de la *Digitale*.

Strophantus hispidus. *Iné.* — Liane à feuilles opposées, à fleurs blanches tachetées de pourpre en cymes terminales, gros fruit allongé (40 cent.) avec des *graines terminées par une arête soyeuse longue de 5 centimètres*.

Hab. — Côte occidentale d'Afrique, Sénégal, Gabon.

Prop. et usages. — Plusieurs *Srophantus* fournissent des graines utilisées; un glucoside, la *Strophantine*, a été isolé; mais on emploie la teinture des graines qui constituent un médicament très actif et difficile à manier, considéré comme toni-cardiaque et diurétique, et employé concurremment avec la digitale dans les affections cardiaques.

Aspidosperma Quebracho. Quebracho blanco. — Arbuste de l'Amérique méridionale, riche en tannin et dont l'écorce a été vantée comme fébrifuge (Chili). On en a retiré six alcaloïdes qui sont des paralysants du système musculaire, à petite dose ils provoqueraient un abaissement de la température.

Vinca minor. Pervenche. — Plante vivace à rameaux longs, couchés, radicants, à feuilles opposées, ovales, lancéolées, luisantes à fleurs grandes axillaires, corolle gamopétale en entonnoir à cinq lobes, cinq étamines, les deux ovaires libres deviennent deux follicules.

Fl. — Printemps, été.

Strophantus.
Fig. 24.

Vinca minor.
Fig. 25.

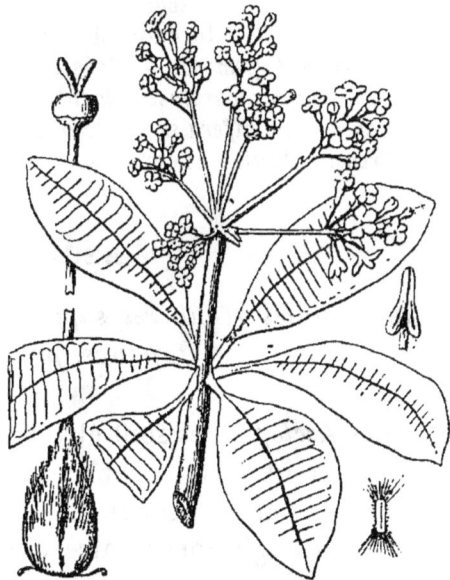

Alstonia scholaris.
Fig. 26.

Hab. — Bois, lieux ombragés. Europe, remplacé dans la région médit. par le *Vinca media.* Le *V. major* est cultivé.

Prop. et usages. — A petite dose les feuilles sont toniques, astringentes ; à dose plus élevée, purgatives, diaphorétiques, elles passent aussi pour antilaiteuses.

Alstonia scholaris. — Grand arbre à feuilles coriaces verticillées.

Hab. — Indes. Vient bien à Alger.

Prop. et usages. — L'écorce d'*Alstonia* (*Dita bark*) est usitée dans l'Inde comme tonique et antipériodique, on y a trouvé deux alcaloïdes : la *Ditamine* et la *Ditaïne.*

Alstonia constricta. — Arbre australien dont l'écorce (Queensland, Fever Bark) est employée comme tonique et fébrifuge, on en a isolé plusieurs alcaloïdes, l'un, l'*Alstonidine*, possède des propriétés rappelant à la fois celles de la Quinine et celles de la Strychnine.

Wrigthia antidysenterica. — Kola-Koora, Cochinchine.

Apocynum Cannabinum. — États-Unis. Drastique, hydragogue, fébrifuge.

Geissospermum læve. Pao Pereira. — Arbre du Brésil ; l'écorce contient un poison paralysant, la *Pereirine*, qui ralentit les battements du cœur et passe pour fébrifuge.

Tanghinia venenifera. Tanguin de Madagascar. — Poison d'épreuve paralyso-moteur (Tanghinine).

Carissa Xylopicron, Bois d'absinthe. — Maurice et Bourbon.

Carissa edulis. — Abyssinie. Fruit comestible.

Apocynées à caoutchouc. — Le nombre des Apocynées donnant ou pouvant donner du caoutchouc est très considérable, on peut citer :

Hancornia speciosa. — Brésil.

Landolphia owariensis, florida.

Vahea gummifera et *Madagascariensis.*

Urceola elastica et *esculenta.*

ASCLÉPIADÉES

Gamopétales régulières superovariées à 2 carpelles, feuilles opposées, pollen agglutiné.

Les *Asclépiadées* sont étroitement unies aux *Apocynées;* elles en diffèrent surtout par l'androcée. Les étamines ont le plus souvent leur filet soudé en tube entourant l'ovaire, les anthères sont agglutinées entre elles et avec le stigmate renflé en un corps pentagonal, portant à chaque angle une glande visqueuse retenant les *Pollinies*, masses polliniques formées par un pollen agglutiné. Les Asclépiadées sont frutescentes ou volubiles, riches en latex, rarement alimentaires, souvent émétiques et toxiques; elles habitent les régions chaudes du globe (1 300 espèces).

Vincetoxicum officinale. *Dompte-venin.* —Herbe à souche

vivace émettant des rameaux aériens, à feuilles opposées, ovales, aiguës, cordées à la base, à fleurs
petites, blanchâtres, en grappes axillaires. La corolle 5-lobée est pourvue
de 5 lanières formant une couronne et
porte 5 étamines soudées par le filet
en un tube entourant le pistil. Pollen
agglutiné en pollinies réunies par
paire, par une saillie glanduleuse du
stigmate (rétinacle). Pistil à 2 carpelles, style à renflement pentagonal,
2 ovaires libres devenant des follicules contenant des graines à aigrette.

Hab. — Croît dans les bois.

Prop. et usages. — La souche entre dans le *Vin diurétique de la Charité,* elle est émétique.

Vincetoxicum officinale.
Fig. 27.

Cynanchum Argel. — Argel. Les feuilles qui ont des propriétés évacuantes sont quelquefois mélangées au Séné par les Arabes.

Tylophora asthmatica. Ipeca de l'Inde. — Vomitif de la Pharmac.
angl.-ind., d'autres Asclépiadées sont employées pour le même usage :
Secamone emetica, Demia extensa, etc.

Asclepias tuberosa. — États-Unis, expectorant diaphorétique.

Calotropis procera. — Mudar (Indes, Afrique). Liane à écorce tonique,
diaphorétique, émétique, antidysentérique.

Gonolobus Condurango. — Condurango. Écorce de la racine, tonique,
amer. Pérou.

Hemidesmus Indicus (Indian Salsparilla). — Liane à racines employées comme Salsepareille dans l'Inde, tonique, diaphorétique,
diurétique, altérant.

Periploca græca. — Fréquemment cultivé. Toxique.

GENTIANÉES

*Gamopétales superovariées régulières, à feuilles opposées, ovaire
à deux carpelles, mais à une seule loge, placentation pariétale.*

Les Gentianées se distinguent des autres Gamopétales superovariées par la structure de l'ovaire; les deux carpelles
repliés vers le centre portent des placentas pluriovulés, sur

urs bords saillants, dans une cavité ovarienne généralement nique; le fruit s'ouvre en deux valves par la séparation des arpelles. Les Gentianées sont des herbes glabres, à feuilles pposées, riches en principes amers. Les 520 Gentianées conues habitent les régions tempérées et montagneuses. Avant i découverte des Quinquinas, un assez grand nombre d'esèces étaient des fébrifuges très usités.

lef. — A. Feuilles opposées :
    a. Style nul, deux stigmates persistant sur chacune des valves de la capsule :
        × Corolle sans nectaires ciliés........... Gentiana.
        ×× Corolle pourvue à la base de nectaires ciliés............................... Swertia.
    b. Style filiforme caduc à 2 branches :
        × Fleurs 4-5 meres, ovaire subbiloculaire................................ Erythræa.
        ×× Fleurs 6-8 mères jaunes, feuilles connées.................................. Chlora.
    B. Feuilles radicales pétiolées alternes, 3 foliolées :
        Fleurs à 5 divisions poilues............. Menyanthes.

Gentiana lutea. *Grande Gentiane.* — Grande herbe vivace i tige simple dressée, à feuilles glabres opposées connées, les inérieures formant une rosette, ntre les paires supérieures se rouvent des verticilles de fleurs aunes. La corolle est presque polypétale, l'ovaire a 2 placentas pariétaux chargés d'ovules et s'aténue en 1 style presque nul et lont les 2 stigmates divergents persistent sur chacune des valves le la capsule mûre.

Hab. — Régions montagneuses, Europe et Asie.

Prop. et usages. — La Gentiane est un amer franc. On emploie sa racine qui contient deux principes

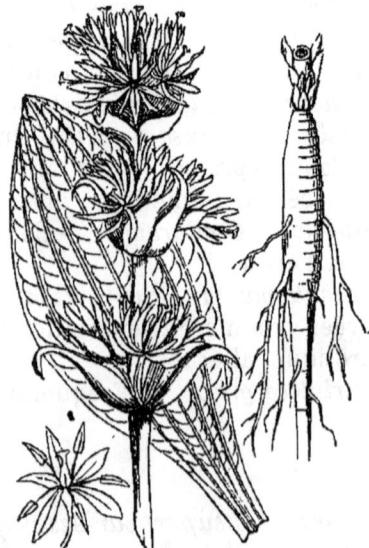

Gentiana lutea.
Fig. 28.

cristallisables : le *Gentiano-picrin* (amer de gentiane) et l'*acide*

gentianique. C'est surtout comme apéritif, tonique et antipériodique, que le *Gentiana lutea* est utilisé. La racine contient aussi 12 à 15 p. 100 de gentianose ou sucre de gentiane
qui, par fermentation, donne de l'*Alcool de gentiane*. On peut
substituer au *G. lutea* le *G. punctata, cruciata*, etc.

Swertia chirata. *Chirette*. — Herbe des montagnes du
nord de l'Inde, employée comme tonique amer dans le traitement de la malaria, de la dysenterie, des cachexies.

Erythræa Centaurium. *Petite Centaurée*. — Herbe annuelle à rameaux dichotomes avec une rosette de feuilles
elliptiques ; les fleurs, petites, roses, sont disposées en cymes
corymbiformes. Anthères tordues en spirale après la déhiscence.

Hab. — Bruyères, garrigues, bois, Europe, Asie, Nord-Afrique.

Prop. et usages. — On emploie les sommités fleuries comme
amer, tonique, fébrifuge.

Erythræa Centaurium.
Fig. 29.

Menyanthes.
Fig. 30.

Menyanthes trifoliata. *Trèfle d'eau*. — Herbe vivace
aquatique à feuilles alternes trifoliolées, à fleurs blanches papilleuses en grappe.

Hab. — Marais, Europe, Asie, Amérique du Nord.

Prop. et usages. — Le Trèfle d'eau est un remède populaire, il a été employé dans le nord des deux mondes comme amer, tonique, fébrifuge, antirhumatismal, antiscorbutique ; il entre dans le *Vin* et le *Sirop antiscorbutiques.*

III. — LABIALES.

<pre>
  + Style gynobasique, 4 akènes.................... Labiées.
 ++ Style terminal, fruit souvent charnu............ Verbénacées.
+++ Fruit capsulaire........................ .... Acanthacées.
++++ Ovaire uniloculaire uniovulé........... .... Globulariées.
</pre>

LABIÉES

Gamopétales irrégulières, superovariées bicarpellées, ovaire se divisant en 4 akènes, feuilles opposées.

La fleur des Labiées est irrégulière, son limbe est souvent partagé en 2 lèvres ; le calice est gamosépale, persistant, régulier ou bilabié. L'androcée est composé de 4 étamines rarement égales, le plus souvent didynames, les plus grandes en avant (*Marrubium*) ou en arrière (*Nepeta*) ; les 2 étamines antérieures peuvent être seules développées (*Salvia*). Le pistil, semblable à celui des *Boraginées*, est formé de 2 carpelles ; l'ovaire biloculaire contient, dans chaque loge, 2 ovules qui sont bientôt séparés par une fausse cloison, si bien que l'ovaire paraît constitué par 4 logettes uni-ovulées, ces 4 logettes deviennent, lorsque les ovules sont fécondés, 4 nucules saillantes autour du style devenu ainsi gynobasique. Chacun des 4 demi-carpelles devient 1 akène (tétrakène). La graine sans albumen contient un embryon le plus souvent droit. La forme bilabiée de la corolle est plus ou moins marquée. Chez les *Mentha*, les 2 pétales postérieurs sont concrescents et la corolle ne paraît avoir que 4 divisions, la lèvre supérieure de la corolle peut comprendre 4-3-2 pétales ; chez les *Teucrium* tous les pétales sont dirigés en bas, la lèvre supérieure n'exsite pas.

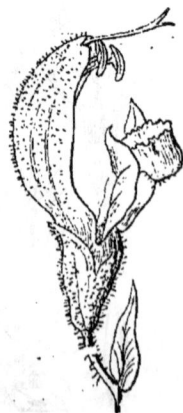

Salvia.
Fig. 31.

Les Labiées sont des herbes, des arbrisseaux, des arbustes à tige quadrangulaire, quand elle est encore herbacée, à feuilles opposées, simples, sans stipules. Les organes de la végétation sont très riches en glandes à essence, généralement, poils sécréteurs, produisant des huiles essentielles, dont on a pu isoler :

1° Des carbures d'hydrogène ;

2° Des phénols, comme le thymol ;

3° Des camphres : menthol.

Les Labiées sont quelquefois riches en principes amers, comme la Marrubine, en tannins, et rarement en principes âcres (Bétoine).

La famille des Labiées est assez facile à circonscrire, elle n'a d'affinités étroites qu'avec les *Verbénacées*, qui n'en diffèrent que par la cohérence des parties de l'ovaire qui rend le style terminal.

Les 3,000 espèces connues sont répandues des tropiques aux régions arctiques ; mais c'est dans la région méditerranéenne qu'elles abondent surtout.

Clef. — I. Type *LAVANDE* : 4 étamines à anthères confluentes, fléchies sur la lèvre antérieure de la corolle :
    a. Corolle bilabiée à 5 lobes subégaux, lèvre inférieure, 3 lobées........................ LAVANDULA.
    b. Corolle bilabiée à lèvre inférieure, 1 lobée. OCIMUM.
II. Type *MENTHE* : 4 étamines divergentes droites exsertes, calice non bilabié :
    a. Corolle à 4 lobes, le supérieur échancré.... MENTHA.
    b. Corolle à 3 lobes supérieurs, 1 inférieur, étamines globuleuses. .... POGOSTEMON.
    c. Corolle à 2 lobes supérieurs, 3 inférieurs, le médian plus grand, échancré .... HYSSOPUS.
    d Corolle à 1 lobe supérieur, 3 inférieurs .... ORIGANUM.
III. Type *THYM* : 4 étamines, lobes de la corolle plans, calice bilabié :
    a. Étamines divergentes...................... THYMUS.
    b. Étamines convergentes sous la lèvre postérieure.................................... MELISSA.
IV. Type *SAUGE* : 2 étamines :
    a. Connectif très long portant une loge d'anthère bien développée à l'extrémité supérieure et articulé avec un filet court........ SALVIA.
    b. Connectif continu avec le filet............. ROSMARINUS.

c. 2 étamines à connectif court.............. Monarda.

V. Type *MARRUBE* : corolle bilabiée, 4 étamines inégales, parallèlement rapprochées sous la lèvre supérieure, souvent concave ou en forme de casque :

    a. Étamines antérieures plus courtes, lèvre supérieure bifide, calice 5 dents.............. Nepeta.

    b. Étamines antérieures plus longues :

      × 10 dents au calice, fleurs en verticilles denses .... Marrubium.

      ×× 5 dents au calice, lèvre supérieure en casque :

        O Akènes tronqués au sommet, anthères à loges opposées bout à bout........ Lamium.

        OO Akènes arrondis au sommet, anthères à loges parallèles.................. Betonica.

      ××× Calice campanulé, akène charnu....... Prasium.

VI. Type *TEUCRIUM* : corolle à une seule lèvre :

    a. Lèvre 5 lobée............................ Teucrium.

    b. Lèvre 3 lobée......................... Ajuga.

Lavandula vera. *Lavande vraie, L. femelle.* — Plante ligneuse à la base, très odorante, feuilles linéaires entières opposées, à marge repliée, couvertes d'un duvet blanc, rameaux florifères dressés, grèles, carrés, portant une série de verticilles, de petites fleurs violacées formant par leur réunion un épi; corolle oblique à lobes subégaux; calice tubuleux, cotonneux, parcouru par 13 nervures. *Fl.* — Été.

Hab. — Europe mérid. et cultivé.

Prop. et usages. — On utilise les fleurs qui fournissent par la distillation l'*Essence de Lavande*, elles servent aussi à la préparation de l'*Alcoolat de Lavande* et d'infusions aromatiques stimulantes.

Lavandula Spica. *Lavande mâle, Spic.* — Feuilles allongées plus larges que chez la précédente, à bords enroulés en dessous, bractées florales étroites, calice moins cotonneux. *Fl.* — Été.

Hab. — Europe méridionale, moins fréquemment cultivé.

Prop. et usages. — L'essence que l'on retire de cette Lavande porte le nom d'*Essence d'Aspic, huile de Spic;* elle est moins estimée et surtout employée dans l'industrie.

Lavandula Stæchas. *Stæchas.* — Petit arbrisseau très rameux à feuilles étroites, blanchâtres, fleurs en épi épais, serré et surmonté par des bractées violacées. *Fl.* — Printemps, été.

Hab. — Région méditerranéenne.

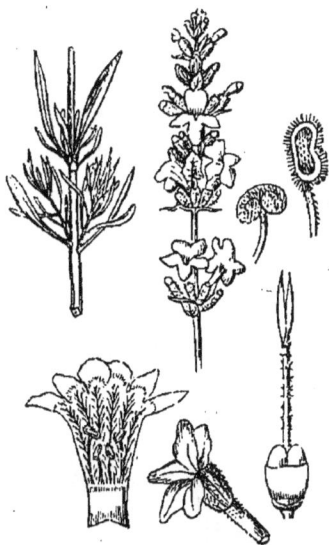

Lavandula Spica.
Fig. 32.

Prop. et usages. — Très aromatique, les inflorescences entrent dans le *Sirop de Stæchas*.

Ocimum Basilicum L., *Grand Basilic* et **O. minimum**, *Petit Basilic*. — Originaires des Indes et fréquemment cultivés, ont une odeur agréable qui les fait rechercher pour la préparation d'infusions stimulantes.

Menthes.

Menthes utilisées.

I. *SPICATÆ* : glomérules de fleurs en épi cylindrique :
  a. Feuilles sessiles :
    × Feuilles soyeuses............................... M. SYLVESTRIS.
    ×× Feuilles glabres............. .... M. VIRIDIS.
  b. Feuilles pétiolées glabres........................ M. PIPERITA.
II. *CAPITATÆ* : glomérules supérieurs en tête globuleuse:
    Feuilles pétiolées .... M. AQUATICA.
    Feuilles crêpues, ondulées, sessiles............ M. CRISPA.

III. *VERTICILLATÆ :* glomérules de fleurs tous axillaires :
  a. Calice à gorge nue :
    × Feuilles pétiolées plus ou moins velues, dents
        du calice triangulaires.................... M. ARVENSIS.
    ×× Dents du calice lancéolées, acuminées........ M. SATIVA.
    ××× Feuilles plus étroites lancéolées, aiguës....... M. JAVANICA.
  b. Calice à gorge garni de poils.................... M. PULEGIUM.

Mentha viridis. *Menthe verte.* — Souche à longs stolons et branches aériennes quadrangulaires, à feuilles opposées, allongées, lancéolées, dentées, *sessiles*, *glabres*, fleurs en verticilles rapprochés formant de nombreux épis. *Fl.* — Été.

Hab. — Jardin, quelquefois cultivé en grand en Angleterre et aux États-Unis.

Prop. et usages. — Fournit une partie de l'*Essence de menthe verte* du commerce, employée en infusion théiforme.

Mentha viridis.
Fig. 33.

Mentha piperita.
Fig. 34.

Mentha piperita. *Menthe poivrée, M. anglaise.* — Végétation de la précédente ; mais feuilles petiolées, épi plus obtus, étamines incluses, odeur plus agréable.

Hab. — Dans les jardins. On lui distingue une variété plus recherchée, dite *noire*, à rameaux violacés, cultivée en grand.

Prop. et usages. — C'est la Menthe poivrée qui doit être employée pour la préparation des infusions, eau distillée et alcoolat; elle sert à l'extraction de l'*Essence de menthe poivrée* qui, soumise à une température inférieure à zéro, abandonne des cristaux de *Menthol* ou *camphre de menthe*, dont l'abondance varie d'une espèce à l'autre. C'est l'essence de *Menthe chinoise*, qui produit la plus grande quantité de *Menthol* (*M. javanica*).

Mentha Pulegium. *Pouliot.* — Tige ramifiée à rameaux inférieurs rampants, feuilles petites elliptiques, fleurs en glomérules axillaires, calice subbilabié poilu à la gorge. *Fl.* — Été.

Prop. et usages. — Mêmes propriétés que les autres Menthes, sert à la préparation de l'*Essence de Pouliot.*

Mentha Pulegium.
Fig. 35.

Origanum vulgare.
Fig. 36.

Hedeoma pulegioïdes. *Pouliot américain.* — Employé aux mêmes usages que les menthes aux États-Unis, fournit l'*Essence d'Hedeoma.*

Pogostemon Patchouli. — Le Patchouli voisin des Menthes habite l'Asie tropicale, il est très odorant, fournit une essence qui laisse aussi déposer un camphre (*Camphre de Patchouli*).

Hyssopus officinalis. *Hyssope.* — Petit arbrisseau de 30 à

40 centimètres, à rameaux ascendants tétragones; feuilles opposées, linéaires, lancéolées, entières; fleurs bleues à l'aisselle des bractées; corolle bilabiée à 2 lobes supérieurs et 3 inférieurs, dont le médian plus grand est échancré; 4 étamines didynames, écartées, saillantes. *Fl.* — Été.

Hab. — Midi de l'Europe et cultivé.

Prop. et usages. — Aromatique, stimulant.

Origanum vulgare. *Origan.* — Plante aromatique très commune en Europe, fournit l'*Essence d'Origan.* Entre dans l'Alcoolature vulnéraire.

Origanum Dictamus. *Dictame de Crête.*

Origanum Majorana. *Marjolaine.*

Thymus vulgaris L. *Thym.* — Petite plante ligneuse à rameaux nombreux et serrés couverts de petites feuilles lancéolées obtuses, à bords réfléchis; les petites fleurs, rosées ou blanchâtres, sont groupées en têtes ovoïdes; le calice est bilabié et les étamines divergentes. *Fl.* — Été.

Hab. — Espagne, France et Italie méridionales, et cultivé.

Prop. et usages. — Recherché comme assaisonnement.

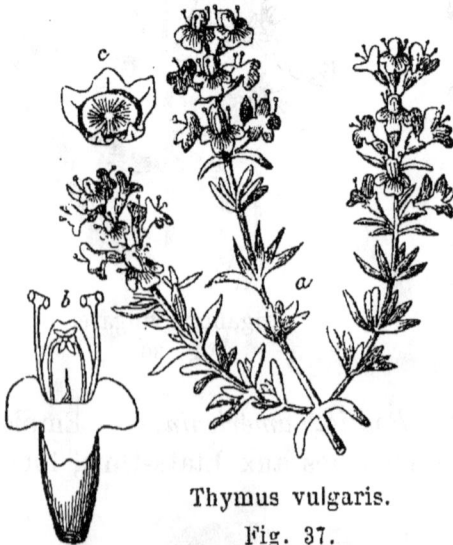

Thymus vulgaris.
Fig. 37.

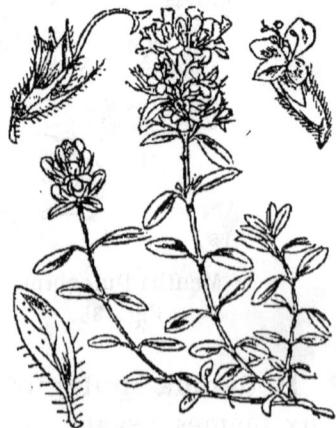

Thymus Serpyllum.
Fig. 38.

L'*Essence de Thym* ou *Huile rouge de Thym* provient d'une première distillation, une deuxième opération donne l'*Huile blanche de Thym*. On en retire le Thymol (C¹⁰H¹⁴O), antiseptique puissant et précieux, en raison de sa toxicité bien inférieure à celle du Phénol qu'il peut remplacer dans bien des cas.

Thymus Serpyllum. *Serpolet.* — Plus répandu que le précédent ; jouit, ainsi qu'un assez grand nombre d'autres *Thymus*, des mêmes propriétés (fig. 38).

On prépare une *Essence de Serpolet*. Le Serpolet entre dans l'Alcoolature vulnéraire.

Nepeta hederacea. *Lierre terrestre.* — Herbe à rameaux rampants et radicants à feuilles cordiformes crénelées, fleurs bleues. *Fl.* — Printemps (fig. 39).

Hab. — Europe et Asie, cc.

Prop. et usages. — Très vanté autrefois comme béchique.

Nepeta Cataria. *Cataire.*

Dracocephalum moldavicum. — *Mélisse moldavique.*

Nepeta hederacea.
Fig. 39.

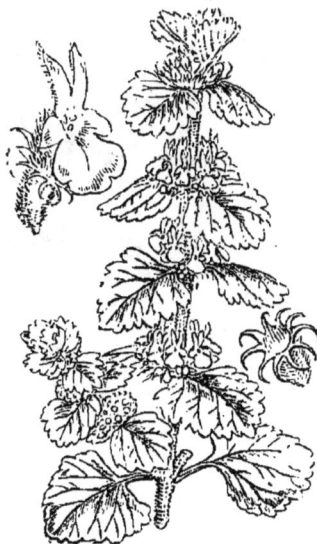

Marrubium vulgare.
Fig. 40.

Marrubium vulgare. *Marrube blanc.* — Herbe vivace, rameuse, blanchâtre, velue, feuilles larges crénelées, ridées ; petites fleurs blanches groupées en faux-verticilles ; calice à 10 dents. *Fl.* — Été (fig. 40).

Hab. — Europe, nord Afrique, cc.

Prop. et usages. — Contient une matière amère, la *Marrubine*, et du tannin; est regardé comme fébrifuge et anticatarrhale.

Lamium album. *Ortie blanche* (fig. 41). — Les fleurs d'ortie blanche employées en infusion sont aromatiques et mucilagineuses.

Lamium album.
Fig. 41.

Melissa officinalis.
Fig. 42.

Melissa officinalis. *Mélisse.* — Plante herbacée vivace, grande, régulièrement ramifiée, à feuilles pétiolées ovales, cordiformes, un peu velues, crénelées, à odeur de citron, surtout en séchant; fleurs en cymes à l'aisselle des feuilles, de couleur jaunâtre d'abord puis blanches, la corolle a une lèvre supérieure échancrée et une lèvre inférieure à 3 lobes inégaux. *Fl.* — Été.

Hab. — Région méditerranéenne et cultivé dans l'Europe tempérée.

Prop. et usages. — Employée en *infusion* et à la préparation d'*hydrolat* et d'*alcoolat*.

Melissa Calamintha. Calamintha officinalis. Calament. — Propriétés du précédent. Entre dans l'alcoolature vulnéraire.

Salvia officinalis. *Sauge.* — Arbrisseau très ramifié dès la base, d'un vert blanchâtre, à feuilles oblongues lancéolées, les inférieures pétiolées, crénelées, réticulées, rugueuses, pubescentes, blanchâtres. Fleurs grandes, bleues ou roses, lèvre supérieure de la corolle concave, lèvre inférieure à trois lobes, le moyen étalé en labelle. *Les deux étamines* portent des anthères dont les loges sont séparées par *un long connectif arqué et articulé* par le milieu avec le filet.

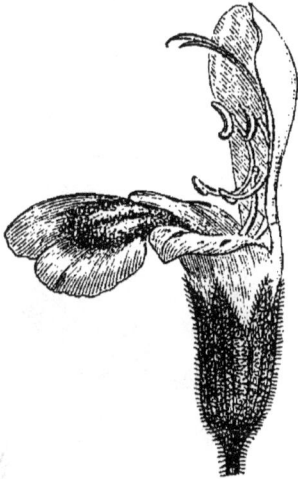

Hab. — Région méditerranéenne et cultivé.

Prop. et usages. — On emploie les feuilles et sommités fleuries comme aromatique stimulant. La Sauge entre dans un certain nombre de préparations officinales : *Vinaigre aromatique, Baume tranquille, Alcoolat vulnéraire.*

Salvia officinalis.

Fig. 43.

Salvia pratensis L., *S. Sclarea* L. — Ont été aussi employés.
Salvia columbaria. Benth. du Mexique. — Fournit les *Semences de Chia*, avec lesquelles on prépare une eau mucilagineuse.

Rosmarinus officinalis. *Romarin.* — Arbuste très rameux, à feuilles étroites linéaires, coriaces, à bords réfléchis, vert sombre en dessus, blanches tomenteuses en dessous; fleurs nombreuses sur de petits rameaux axillaires, très semblables à celles des Sauges. *Fl.* — Printemps, été.

Hab. — La Région méditerranéenne et fréquemment cultivé ; présente de nombreuses variétés inégalement riches en essence.

Prop. et usages. — L'*Essence de Romarin* est préparée en assez grande quantité en Italie et dans le Midi de la France.

On prépare aussi un *Alcoolat de Romarin*. Le Romarin entre dans l'*Alcoolature vulnéraire*. L'*infusion* est considérée comme stimulante et emménagogue.

Monarda punctata. American Horse-Mint. — Fournit aux États-Unis une *essence rubéfiante* et même vésicante, riche en Thymol et employée surtout à l'extérieur dans le rhumatisme, etc.

Betonica officinalis. Bétoine. — Peu aromatique, mais amer, âcre, émétique et drastique.

Teucrium Chamædrys. *Petit chêne.*
— Plante vivace peu aromatique, à fleurs purpurines en grappe terminale, lâche, feuillée.

Hab. — Europe et Région méditerranéenne.

Prop. et usages. — Amer et astringent.

Teucrium Scordium. Germandrée d'eau. — Plante des lieux humides de toute l'Europe, est aromatique, amère et acerbe.

Teucrium Chamædrys.
Fig. 44.

Teucrium Polium L. et *T. montanum,* Pouliots des montagnes. — Ces plantes, du midi de l'Europe, y sont employées comme aromatiques, stimulantes, diaphorétiques.

Ajuga reptans L. Bugle.
Ajuga Iva. Ivette musquée.
Ajuga Chamæpitys L. Ivette commune.

VERBÉNACÉES

Les *Verbénacées* sont étroitement liées aux *Labiées* dont elles ne diffèrent que par le *style terminal*, le fruit plus souvent charnu. On connaît environ 700 espèces répandues dans les régions chaudes, un assez grand nombre sont aromatiques.

Lippia citriodora. *Verveine Citronelle.*
— Arbrisseau à feuilles verticillées par trois, lancéolées très odorantes; fleurs

petites en épi lâche, ovaire biloculaire à loges uniovulées, fruit formé de deux akènes.

Hab. — Le Chili, cultivé.

Prop. et usages. — L'infusion de feuilles est employée comme stomachique, diaphorétique.

Verbena officinalis L. Verveine. Herbe aux sorciers. — Inusité.

Vitex Agnus-Castus L. Gattilier. — Arbuste à feuilles de 5-7 folioles, fleurs groupées en épis terminaux. Fruit charnu à noyau, 4 loges monospermes.

Hab. — Région méditerranéenne et cultivé pour l'ornement.

Prop. et usages. — Feuilles aromatiques, âcres, astringentes, employées comme vulnéraires.

Lantana pseudo-thea L. — Brésil. Inf. théiforme.

GLOBULARIÉES

Gamopétales superovariées irrégulières. Ovaire uniloculaire uniovulé. Feuilles alternes.

Les Globulariées diffèrent des Labiées et des Verbénacées par leur ovaire 1-loculaire à un seul ovule pendant ; leurs fleurs en capitules ont une corolle labiée à lèvre supérieure bien plus grande, les 4 étamines sont didynames.

Cette famille ne comprend que le genre *Globularia*.

Globularia Alypum. *Globulaire Turbith. Séné des Provençaux, des Arabes.* — Petit arbrisseau vert glauque, à petites feuilles alternes, oblongues à 1-2 dents au sommet, coriaces uninerviées ; fleurs bleues en capitules denses, calice longuement barbu, 5 fide, corolle à lèvre supérieure courte et bifide, lèvre inférieure longue trifide. *Fl.* — Printemps.

Hab. — Région méditerranéenne.

Prop. et usages. — Les feuilles de *Globularia Alypum* à la dose de 10 à 20 gr. en décoction sont purgatives. On a isolé de cette plante : la

Globulariées.
Fig. 45.

Globularine, qui serait un caféique devenant toxique à la dose de 70 centigrammes ; la *Globularétine*, principe purgatif, une essence volatile, du tannin, de la mannite du glucose, des matières colorantes et résineuses, etc.

ACANTHACÉES

Les *Acanthacées* sont des gamopétales irrégulières reliant les *Labiées* aux *Scrofulariées*. Elles sont peu utilisées en médecine.

Acanthus mollis. Acanthe. — Herbe vivace à larges feuilles molles, utilisées comme cataplasmes.

Justicia Adhatoda; Adhatoda Vasica. — Arbuste ornemental de l'Inde.

Amer, fébrifuge, expectorant.

Justicia paniculata. — Herbe annuelle. Amer et tonique. (Pharmacop. Angl.-Ind.)

IV. — DIANDRES

OLÉACÉES

Gamopétales superovariées à deux étamines. Feuilles opposées.

Les Oléacées ont des fleurs généralement gamopétales, 4 lobées ; mais aussi 5-6-8 lobées, rarement apétales. Les étamines réduites à 2 sont tantôt latérales, tantôt antéro-postérieures (Jasminées). Le pistil se compose de deux carpelles concrescents en un ovaire biloculaire, avec 2 ovules dans chaque loge et devenant une capsule loculicide (*Syringa*), une samare (*Fraxinus*), une drupe (*Olea*), une baie (*Jasminum*). Les Oléacées sont des arbres ou arbustes à feuilles presque toujours opposées, on en connaît 180 espèces habitant surtout les pays chauds.

Olea europæa. *Olivier.* — Arbre à feuilles persistantes opposées, lancéolées, coriaces, blanchâtres en dessous, à petites fleurs blanches en grappes axillaires, corolle à 4 lobes portant 2 étamines à grosse anthère ; pistil développé seulement dans une partie des fleurs, à ovaire biloculaire devenant une drupe

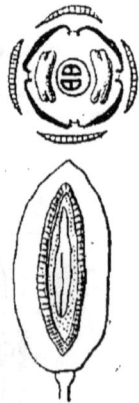

Olea europæa
Fig. 46.

gorgée d'huile dont le noyau fusiforme très dur renferme une graine à albumen charnu, huileux ainsi que l'embryon.

Hab. — Asie Mineure et Nord-Afrique, fréquemment cultivé.

Prop. et usages. — L'olive donne jusqu'à 70 p. 100 d'huile. L'extrait de l'écorce et des feuilles a passé pour fébrifuge.

Olea fragrans. — Chine, employé pour parfumer le thé.
Olea chrysophylla. — Abyssinie, ténifuge.
Ligustrum vulgare. Troène.

Fraxinus excelsior. *Frêne commun.* — Grand arbre à rameaux fragiles et bourgeons noirs, feuilles opposées imparipennées, à folioles ovales, acuminées, dentées, fleurs apérianthées, paraissant avant les feuilles, en grappes opposées au sommet des rameaux, samares pendantes elliptiques; graine oléagineuse suspendue à un funicule allant de la base au sommet de la loge. *Fl.* — Printemps.

Fraxinus excelsior.
Fig. 47.

Fraxinus Ornus.
Fig. 48.

Hab. — Europe, Nord-Afrique.

Prop. et usages. — Feuilles purgatives, écorce tonique, fébrifuge. On en a isolé la *Fraxine*, glucoside fluorescent.

Fraxinus Ornus. *Frêne à la Manne.* — Petit arbre à feuilles

imparipennées, fleurs blanches à 4 pétales en grappes terminales et paraissant en même temps que les feuilles.

Hab. — Asie Mineure et sud de l'Europe et cultivé.

Prop. et usages. — Cultivé en Calabre et en Sicile pour
l'exploitation de la *Manne* qui s'obtient en pratiquant des incisions transversales pendant l'été, la sève qui s'écoule se concrète et constitue la drogue connue sous le nom de *Manne*, qui
est composée de 70 p. 100 de *Mannite*, d'une petite quantité
d'une *résine* âcre rouge brun, d'une très petite portion d'un alcaloïde, la *Mannitine*. La *Manne* est un purgatif doux.

Fraxinus rotundifolia, voisin du précédent, mêmes propriétés
et usages.

Syringa vulgaris. Lilas. — Arbuste d'ornement originaire d'Orient.
Les fruits signalés comme fébrifuges contiennent un principe amer,
Syrinpicrine et l'écorce a donné un glucoside, la *Syringine*.

Jasminum officinale et *J. grandiflorum*. — Jasmins à fleurs très odorantes, cultivés pour préparer un parfum par l'enfleurage.

PLANTAGINÉES

Gamopétales tétramères, à deux carpelles formant un ovaire
biloculaire, dont chaque loge ren-
ferme 1-2-4-8 ovules. Le fruit est
une pyxide contenant des graines
dont le tégument gélifie son épiderme et renferme un embryon droit
dans un albumen charnu. Les Plan-
taginées sont des herbes à feuilles
isolées ou opposées, souvent en rosette, à fleurs petites en épis ou capitules.

Plantago major. *Grand Plantain.*
— Herbe vivace à feuilles coriaces
largement ovales à 3-6 nervures
convergentes en grande rosette, épi
cylindrique 25-30 centimètres.

Hab. — Europe, Nord-Afrique.

Prop. et usages. — Feuilles amè-

Plantago major.
Fig. 49.

res astringentes servant à préparer l'*Eau distillée de Plantain*.

Graines émollientes. Souche amère. A passé pour fébrifuge.

Plantago Psyllium. *Herbe aux puces.* — Tige herbacée à
feuilles opposées fasciculées, épi ovale pauciflore, capsule
ovoïde biloculaire avec *une graine* luisante creusée en nacelle
dans chaque loge. *Fl.* — Été.

Hab. — Région méditerranéenne.

Prop. et usages. — Le tégument externe de la graine donne
un mucilage abondant comme la graine de Lin.

Plantago Ispaghula. —- Fournit les *Graines d'Ispaghula* dans l'Inde,
graines très mucilagineuses, utilisées dans le traitement des diarrhées, dysenterie et autres affections catarrhales.

V. — ÉRICALES

A. Ovaire pluriloculaire :
+ Étamines indépendantes, anthères poricides.. Éricacées.
++ Fleurs unisexuées, loges 2-ovulées........... Ébénacées.
+++ Fleurs bisexuées, loges 1-ovulées, latex....... Sapotées.
++++ Fleurs bisexuées, loges pluriovulées......... Styracées.
B. Placenta central :
+ Ovaire pluriovulé......................... Primulacées.
++ Ovaire uniovulé. .... Plumbaginées.

ÉRICACÉES

Les *Éricacées* ont des fleurs gamopétales 4-5-mères, à androcée composé de deux verticilles d'étamines (diplostémones) à anthères, souvent munies d'appendices, ayant 4 sacs
s'ouvrant par des pores terminaux; pollen composé de tétrades. Le pistil est formé de carpelles en nombre égal aux pièces
du calice (isocarpées), l'ovaire pluriloculaire contient un grand
nombre d'ovules, il peut être supère, demi-infère ou infère.
Le fruit est une capsule, une baie, ou une drupe. Les Éricacées
sont des arbustes riches en tannin.

Clef. — I. Corolle gamopétale :
a. Ovaire supère :
× Fruit charnu, loges ovariennes
2-ovulées...................... Arctostaphylos.
×× Fruit charnu, loges pluriovulées... Arbutus.

×××· Fruit capsulaire entouré du calice
    devenu charnu..................... GAULTHERIA.
    b.. Ovaire infère, fruit charnu. .... VACCINIUM.
II. Corolle polypétale, fruit capsulaire, herbes
    vivaces........ .... PIROLA.

Arctostaphylos Uva ursi. *Busserole.* — Petit arbrisseau
rampant à feuilles coriaces, alternes, portant de petites grappes terminales de fleurs en grelot d'un blanc rosé, 10 étamines,
anthères poricides à 2 longs appendices crochus, fruit baccien
rouge.

Hab. — Hémisphère boréal.

Prop. et usages. — Feuilles amères et astringentes renfermant : tannin, acide gallique. *Ericoline*, très amer. *Arbutine*, glucoside se dédoublant en glucose et *hydroquinone*.
La Busserole est tonique astringente, l'*Arbutine* agit particulièrement sur la muqueuse vésicale, elle est aussi diurétique.

Arctostaphylos Uva ursi.
Fig. 50.

Arbutus Unedo.
Fig. 51.

Arbutus Unedo. *Arbousier.* — Arbuste ayant le port du laurier,
fleurs en grelot, blanchâtres, réunies en grappe courte, terminale.
10 étamines appendiculées. Fruit bacciforme, granuleux, tuberculeux, à 5 loges renfermant chacune 4-5 graines.

Hab. — Région méditerranéenne.

TRABUT. — Botanique méd.   4

Prop. et usages. — Toute la plante est astringente, la racine peut être employée aux mêmes usages que le *Ratanhia*. Fruits sucrés.

Vaccinum Myrtillus. *Airelle.* — Arbuste humble, très ramifié, à rameaux anguleux, ailés, feuilles simples, vert pâle, finement dentées, fleurs axillaires, baie globuleuse, noir violet, cireuse, acidule.

Hab. — Région montagneuse, Europe.

Prop. et usages. — Les rameaux et les feuilles sont riches en tanin, on fait aussi une teinture de baie et un sirop. Le principe actif de l'airelle serait l'acide quinique (Zwenger).

Gaultheria procumbens. *Thé de Terre-Neuve.* — Arbuste rampant à feuilles coriaces teintées de pourpre en dessous; fleurs axillaires en grelot, fruit sec entouré par le calice rouge vif et charnu.

Hab. — Amérique Nord.

Prop. et usages. — Astringent et aromatique. Donne à la distillation une essence appelée *Essence de Wintergreen* qui est du salicylate de méthyle plus un hydrocarbure. On a préconisé ce produit contre le rhumatisme.

Pirola umbellata. Wintergreen. — Tige herbacée rampante, portant 2-3 verticilles de feuilles et se terminant par une hampe portant 3-6 fleurs en ombelle.

Hab. — Europe, Amérique N., Sibérie.

Prop. et usages. — Astringent, amer, diurétique.

ÉBÉNACÉES.

Gamopétales superovariées, fleurs régulières unisexuées diplostémones, isocarpées, à loges biovulées.

Les Ébénacées sont des gamopétales à *fleurs* généralement *unisexuées*, le calice est gamosépale, l'androcée est souvent composé de deux verticilles d'étamines ou de faisceaux d'étamines; quand le verticille est unique les étamines sont opposées aux pétales. Le pistil se compose d'autant de carpelles qu'il y a de sépales, l'ovaire pluriloculaire a 2 ovules dans chaque loge subdivisée en 2 logettes par une fausse cloison. Le fruit est une baie. Les Ébénacées sont des arbres ou arbustes à feuilles entières, à bois dur, croissant la plupart dans la région tropicale (250 espèces).

Diospyros Embryopteris. — Fruit fournit un extrait astringent de la Pharmacopée des Indes angl., employé dans la leucorrhée et la diarrhée.

Diospyros virginiana. — États-Unis, mêmes propriétés que le précédent, est aussi employée comme fébrifuge. La var. *dulcis* donne un fruit comestible servant à préparer une boisson fermentée et de l'alcool.

Diospyros Kaki, Sinensis, pubescens, costata donnent les *Figues cagues* ou *Plaquemines*, originaires d'Orient, se cultivent bien dans la région médit.

STYRACÉES.

Les *Styracées* tiennent des *Sapotées* et des *Ébénacées*, elles se distinguent des *Sapotées* par l'absence de latex et les loges de l'ovaire contenant deux ou un plus grand nombre d'ovules, elles diffèrent des *Ébénacées* par les fleurs hermaphrodites et l'albumen charnu. Ce sont des arbres ou arbustes des régions chaudes.

Styrax Benzoin. *Benjoin*, arabe *Djaoui.* —Arbre à feuilles ovales duvetées en dessous, fleurs en grappes axillaires, à cinq pétales presque libres, 10 étamines, ovaire 2-3 loges ne contenant qu'une graine à maturité.

Hab. — Sumatra, Java, Bornéo.

Prop. et usages. — On obtient par incision le *Benjoin de Sumatra* composé de *résine*, *acide benzoïque*, *essence*, etc.

Styrax officinale. Aliboufier. — Arbuste de la région méditerranéenne, ne fournit aucun produit à la matière médicale.

Le *Styrax* des pharmacies provient du *Liquidambar orientale.*

SAPOTÉES.

Gamopétales à ovaire supère et pluriloculaire, loges 1-ovulées, latex abondant.

Les Sapotées ont de petites fleurs gamopétales, régulières, en inflorescences axillaires, la corolle 5-6-8 lobée porte des étamines opposées à ses lobes ou plurisériées, le verticille alternipétale remplacé par des staminodes, anthères généralement extrorses, le pistil est généralement formé d'autant de carpelles qu'il y a de sépales à la fleur, l'ovaire, à plusieurs loges, contient dans chacune 1 *seul ovule* fixé à l'angle interne. Le fruit est bacciforme à plusieurs graines ou une seule par avortement. La graine plutôt grosse a un tégument dur et brillant avec un hile très grand, un embryon peu ou point albuminé.

Les Sapotées sont des arbres ou arbustes à suc laiteux, à feuilles alternes, coriaces, souvent duvetées, soyeuses en dessous, à bois compact coloré (bois de fer) et habitant les régions chaudes; on en connaît 350 espèces.

Un assez grand nombre de Sapotées fournissent des latex qui deviennent des *Gutta-percha* ou produits analogues. D'autres donnent des fruits comestibles ou des graines riches en matières grasses, enfin certaines ont des propriétés médicamenteuses. Leur bois est très recherché.

Dichopsis Gutta. — Grand arbre du sud de la presqu'île de Malacca, des îles de la Malaisie, devenu rare par suite d'une exploitation mal réglée de la *Gutta-percha*. Ce produit si précieux peut aussi être fourni par d'autres Sapotées également riches en latex et habitant les régions tropicales des Deux Mondes.

Mimusops Balata. — De Venezuela et des Guyanes, donne le *Balata* qui se rapproche de la *Gutta-percha*.

Mimusops elata. — Brésil. Latex comestible.

Bassia latifolia et *longifolia* (Mahouah). — Fleurs sucrées comestibles et donnant de l'alcool, fruit comestible, graines huileuses fournissant le *Beurre d'Illipé*.

Butyrospermum Parkii. — Afrique équatoriale donne le *Beurre de Galam*.

Argania Sideroxylon. Argan. — Arbre épineux à petites feuilles, graine riche en huile exploitée au Maroc. On a isolé de l'amande un alcaloïde, l'*Arganine*.

Achras Sapota. Sapote, Sapotille. — Fruit comestible, pays tropicaux. Un très grand nombre de Sapotées ont des fruits sucrés et comestibles.

Lucuma glycyphlœa. — Brésil, fournit l'*Écorce de Monesia*, tonique, astringent.

VI. — PRIMULINÉES.

PRIMULACÉES.

Gamopétales superovariées, pentamères, isocarpées, à étamines épipétales, placentation centrale.

Les Primulacées ont une fleur régulière pentamère à étamines opposées aux lobes de la corolle, les cinq carpelles forment un *ovaire uniloculaire* avec un placenta constituant, au centre, une colonne portant de nombreux ovules, style simple, stigmate entier. Fruit capsulaire à déhiscence longitudinale ou transversale. Les Primulacées sont des herbes ordinairement vivaces des régions tempérées (250 espèces).

Primula officinalis. *Coucou.* — Commun dans les prairies en Europe. Fleurs en infusion (antispasmodique). Le rhizome, à odeur d'anis et une saveur amère, a été employé dans le traitement de certaines paralysies ; n'est plus usité.

Primula officinalis.
Fig. 52.

Cyclamen europæum.
Fig. 53.

Anagallis arvensis. — Mouron bleu ou rouge, amer, âcre, émétique.

Cyclamen europæum. — *Pain de pourceau.* Rhizome charnu rond, aplati (fig. 53).

Hab. — Bois Europe. D'autres espèces habitent la région médit. et l'Orient. (*Cyclamen africanum*, Algérie.)

Prop. et usages. — Le rhizome, amer, âcre, renferme un glucoside, la *Cyclamine*, voisin de la saponine, un sucre gauche, *Cyclamose*, et de l'*amidon*. Le Pain de pourceau est un poison pour l'homme ; à petites doses, il est purgatif, vermifuge, emménagogue et même abortif. La *Cyclamine* est extrêmement vénéneuse.

PLUMBAGINÉE

Les Plumbaginées diffèrent des *Primulacées* par les 5 stigmates libres et l'ovaire ne contenant qu'un seul ovule.

Plumbago europæa. *Dentelaire.* — Tige rameuse, feuillée à fleurs violettes en cymes terminales, calices gamosépales à 5 dents à 5 angles couverts de poils glanduleux.

Hab. — Région méditerranéenne.

Prop. et usages. — Racine âcre, provoque la salivation quand on la mâche, elle est toxique à l'intérieur. A l'extérieur, cette racine fraîche peut déterminer la vésication. D'autres *Plumbago* de l'Inde ont les mêmes propriétés vésicantes.

Limoniastrum Guyonianum. — Algérie. Employé comme masticatoire par les Arabes.

VII. — RUBIALES.

+ Toutes les loges ovariennes fertiles....... .. .. RUBIACÉES.
++ 1 loge ovarienne fertile, 2 stériles.................. .... VALÉRIANÉES.

RUBIACÉES.

Gamopétales 5-4-mères, 5-4 étamines, alternant avec les lobes de la corolle, deux carpelles concrescents en un ovaire infère à 2 loges contenant chacune un grand nombre d'ovules (*Cinchona*) ou un seul (*Coffea*) ; les *Richardsonia* et la tribu des *Sambucées* ont 3-4-5 carpelles. Le fruit est une capsule septicide (*Cinchona*) ou une drupe (*Coffea*) ou un diakène (*Galium*). La graine contient un embryon droit muni d'un albumen corné ou charnu.

Les Rubiacées sont des arbres, arbustes ou herbes à feuilles opposées ou verticillées, simples ou munies de stipules membraneuses ou foliacées ou sans stipules chez quelques *Sambucées*.

Les *Rubiacées* ont d'étroites affinités avec les Gamopétales superovariées, surtout avec les *Loganiées*, dont elles ne diffèrent que par leur ovaire infère. Les *Apocynées*, *Oléinées* présentent aussi des affinités avec les Rubiacées.

Clef. — I. *Rubiées*. Carpelles uniovulés, feuilles formant avec les stipules foliacées un verticille :
    a. Corolle rotacée :
        × Épicarpe charnu.................... RUBIA.
        ×× Épicarpe sec..................... GALIUM.
    b. Corolle infundibuliforme............... ASPERULA.
II. *Coffées*. Carpelles uniovulés, stipules membraneuses :
    a. Préfloraison contournée, fleurs axillaires.. COFFEA.
    b. Préfloraison valvaire, inflorescence terminale................................. CEPHÆLIS.
    c. 3-4 carpelles......................... RICHARDSONIA.
III. *Cinchonées*. Carpelles multiovulés, stipules membraneuses :
    a. Arbres ou arbrisseaux à corolle barbue, 2 stigmates :
        × Capsule s'ouvrant de bas en haut..... CINCHONA.
        ×× Capsule s'ouvrant de haut en bas :
            O Inflorescence terminale......... CASCARILLA.
            OO Inflorescence axillaire........... REMIJIA.
    b. Lianes, stigmate capité unique, fleurs en capitules sphériques axillaires............. UNCARIA.
IV. *Sambucées*. Feuilles stipulées ou sans stipules, pistil le plus souvent à 3 carpelles. Rarement 4-5-2. Fruit charnu.
        + Drupe à 3-5 noyaux, feuilles imparipennées............................. SAMBUCUS.
        ++ Drupe à 1 noyau, feuilles entières.... VIBURNUM.

Rubia tinctorum. *Garance.* — Tiges souterraines rampantes, rouges, à longues racines, rameaux aériens quadrangulaires aiguillonnés, accrochants, à feuilles opposées, mais accompagnées de stipules qui leur ressemblent, si bien que les nœuds paraissent porter des feuilles verticillées; fleurs petites, verdâtres, pentamères, en grappes axillaires et terminales, fruit charnu formé de deux carpelles contenant chacun une graine à embryon courbe logé dans un albumen corné.

Hab. — Région méditerranéenne, Asie tempérée; a été cultivé en grand.

Prop. et usages. — Utilisé surtout dans les arts pour la matière colorante rouge (*Alizarine*) que contient la racine, que l'on a aussi employée comme diurétique.

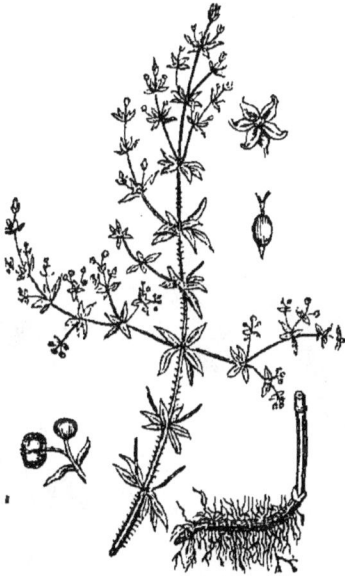

Rubia tinctorum.
Fig. 54.

Galium Aparine.
Fig. 55.

Galium Aparine. Grateron (fig. 55). — Diurétique; on a utilisé aussi d'autres *Galium* indigènes dans le traitement des névroses, de la goutte.

Asperula Cynanchica L. Herbe à l'esquinancie. — Astringent et contient aussi de la matière colorante rouge.

Asperula odorata L. Reine des bois. — Plante odorante employée en infusion théiforme.

Coffea arabica. *Caféier* (fig. 56). — Arbrisseau toujours vert, à feuilles opposées, ovales, pétiolées, stipulées, fleurs groupées à l'aisselle des feuilles, pentamères, drupe rouge à 1-2 noyaux sillonnés. Graine à téguments minces, albumen corné avec l'embryon à sa base et sur la face convexe.

Hab. — Originaire de l'Afrique orientale, transporté en Arabie, à Java, en Amérique et aux Antilles et cultivé aujourd'hui dans presque tous les pays chauds.

Prop. et usages. — On emploie la graine qui prend, par la torréfaction, un arome très recherché.

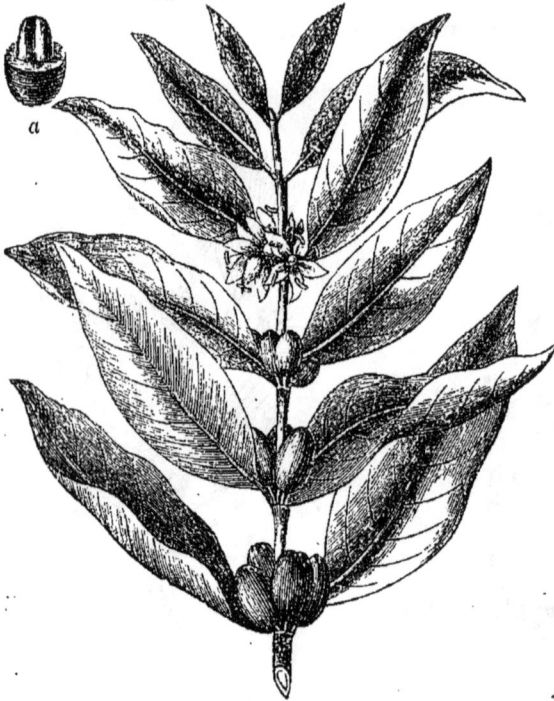

Coffea arabica.
Fig. 56.

Cephælis Ipecacuanha.
Fig. 57.

Le Café vert contient environ 1 p. 100 de *Caféine*, alcaloïde que la thérapeutique utilise comme tonique du cœur et diurétique. Le Café torréfié doit une grande partie de son action excitante à la *Caféone*, huile essentielle très aromatique.

Il existe d'autres *Coffea* susceptibles d'être utilisés ; depuis quelques années on plante le *C. liberica*, espèce de Guinée plus vigoureuse et plus grande dans toutes ses parties que le *C. arabica.*

Cephælis Ipecacuanha (*Uragoga*). *Ipéca annelé mineur* (fig. 57). — Plante humble, vivace, traçante, à racines épaisses annelées, feuilles opposées stipulées, fleurs en capitule termi-

nal, muni à sa base de larges bractées, corolle pentamère en
entonnoir à préfloraison valvaire , fruit drupacé à deux
noyaux.

Hab. — Amérique tropicale.

Prop. et usages. — On emploie la *Racine d'Ipéca*, dont l'é-
corce est la partie active; c'est un vomitif des plus employés.

On prescrit aussi l'Ipéca dans le traitement de la dysenterie,
de l'hémoptysie. On a isolé nu alcaloïde, l'*Émétine* — 14 à
16 p. 100 — qui est le principe actif.

Cephælis granatensis. *Ipéca annelé majeur*, *Ipéca de Carthagène.* — Racine plus grosse que le précédent, même structure.

Cephælis emetica. *Ipéca strié majeur.* — Le parenchyme
ne contient pas d'amidon comme dans les espèces précédentes; 9 p. 100 d'*Émétine*.

Richardsonia scabra. Faux ipéca, ipéca ondulé. — Ovaire à 3-4 carpelles, bois à gros et nombreux vaisseaux, très amylacé, dépourvu
d'Émétine.

Chiococca anguifuga. *Cainça.* Amériq. — Contient de l'Émétine
et de l'acide caïncique qui est diurétique.

Cinchona. *Quinquina.* — Les *Cinchona* sont des arbres ou
arbustes à feuilles opposées, entières, glabres luisantes ou
pubescentes et pourvues de stipules le plus souvent caduques.
Les fleurs, blanches ou rosées, sont en panicule plus ou moins
pyramidale ou corymbiforme. Le calice a 5 dents, la corolle,
assez longuement tubuleuse, a 5 lobes garnis de poils laineux, les 5 étamines sont incluses ou exsertes (fl. dimorphes),
l'ovaire infère est à deux loges avec de nombreux ovules. Le
fruit est une capsule ovoïde ou linéaire, lancéolée, surmontée
par le calice, *s'ouvrant de bas en haut en deux valves.* Les
graines, nombreuses, sont *bordées d'une aile denticulée.*

Les *Cinchona* vivent dans les Andes, depuis le Vénézuéla et
la Colombie jusqu'à la Bolivie, vers le 19° lat. australe, végétant à une altitude de 1,000 à 3,270 mètres. Ils forment
quatre grandes colonies, deux dans la Colombie : les Andes
orientales (Bogota) et les Andes occidentales (Pitayo), séparées par la Magdalena; une troisième à travers l'Équateur, de

Quito à Loxa, avec le Chimborazo pour centre. Enfin la quatrième région cinchonifère traverse le Pérou, suivant les
Andes et pénètre en Bolivie.

Les espèces importantes de *Cinchona* sont aujourd'hui accli-
matées à Java, Ceylan, dans les Nilgheries, dans l'Himalaya et
même en Australie. La culture sur une grande échelle a déjà
permis la sélection de bonnes variétés. La pratique du *mous-*
sage augmente aussi la teneur en quinine; l'arbre, dépouillé
en partie de son écorce, est recouvert de mousse; sous ce pro-
tectif, une nouvelle écorce se reproduit de proche en proche et
une autre récolte plus riche devient possible.

Les Quinquinas donnent, à la Matière médicale, l'écorce de
leur tronc, branches, rameaux et racines, et, suivant la grosseur du membre qui les a données, ces écorces sont *épaisses*
et plates ou *minces et roulées*. L'aspect extérieur permet de
distinguer des *Quinquinas gris, jaunes* ou *rouges*.

D'après leur pays d'origine, on classe ainsi les Quinquinas :

1° Bolivie et Pérou austral : *Q. Calisaya* et *Huanuco*.

2° Équateur : a. *Q.* type *Loxa;*

           b. Dans la région de Quito, le *Q. rouge.*

3° Nouvelle-Grenade : a. *Calisaya de Bogota, Quinquina de*
Carthagène, produits du *C. lancifolia;*

           b. *Quinqnina Pitayo (C. Pitayensis);*

           c. *Q. Maracaïbo (C. cordifolia).*

4° Les quinquinas cultivés qui abondent aujourd'hui, venant
de Java et des Indes.

La structure de l'écorce permet jusqu'à un certain point de
juger la richesse en alcaloïdes d'un Quinquina; mais le dosage
des alcaloïdes est un procédé infiniment plus pratique.

L'écorce de quinquina est constituée par le parenchyme
cortical et la zone libérienne de la tige (écorces jeunes) ou par
la zone libérienne seule entourée d'un périderme (écorces
âgées). Les alcaloïdes sont localisés dans les éléments cellulaires de l'écorce et du liber, les fibres sont dépourvues de principes actifs; plus un Quinquina est fibreux, moins il a de valeur.

Les écorces de Quinquinas doivent leurs propriétés à un certain nombre de principes immédiats qui s'y trouvent en quantité très variable, suivant les sortes :

Alcaloïdes. — a. Le plus important est la *Quinine*, découverte en 1820 par Pelletier et Caventou; viennent ensuite la *Quinidine*, la *Cinchonine*, la *Cinchonidine*, qui ont été aussi utilisées; puis les *Quinamine, Cinchonamine, Aricine*, etc., etc. Un quinquina moyennement riche donne de 20 à 30 grammes de Sulfate de Quinine par kilog. d'écorces; les meilleurs donnent jusqu'à 60,80 grammes de sulfate de Quinine. Les mauvais quinquinas ne donnent que 2 à 3 grammes; certaines écorces ne contiennent même pas de *Quinine*, mais seulement de la *Cinchonine*.

b. *Acide quinique*, 5 à 8 p. 100, combiné en partie aux alcaloïdes.

c. *Acide quinotanique*, tanin particulier produisant par dédoublement le *Rouge cinchonique*.

d. *Huile volatile*, saveur âcre, odeur de l'écorce.

On emploie l'*Écorce de Quinquina* en nature, extrait, teinture, mais on utilise surtout la *Quinine*, l'agent le plus précieux de la thérapeutique moderne.

Historique. — 1639. La comtesse de Chinchon, guérie d'une fièvre rebelle, apporte l'Écorce de Quinquina en Espagne (Poudre de la Comtesse). Les jésuites la vulgarisent (poudre des jésuites).

1679. Louis XIV introduit le Quinquina en France.

1737. La Condamine et Joseph de Jussieu font connaître les *Cinchona* et la région cinchonifère.

1789. Ruis et Pavon ont visité le Pérou et le Chili, Mutis la Nouvelle-Grenade, ils font connaître les plantes et les écorces de ces régions.

1801. Humboldt et Bonpland parcourent une grande partie de la région des Quinquinas et font connaître de nouvelles espèces.

1847. Weddel visite la Bolivie et le sud du Pérou, découvre le *C. Calisaya*. Conseille la culture des *Quinquina* qu'une exploitation immodérée menace de détruire.

1851. Premières plantations à Java par les Hollandais.

1820. Pelletier et Caventou découvrent la Quinine.

Cinchona officinalis. *Quinquina de Loxa. Quinquina gris* (fig. 58). — Arbre souvent élevé, feuilles opposées lancéolées, glabres et luisantes en dessus, portant à la face inférieure et à l'aisselle des nervures secondaires de petites touffes de poils (f. scrobiculées), cîmes florifères en panicule pyramidale, corolle rosée, fruits oblongs, trois fois plus longs que larges.

Hab. — Andes de l'Équateur, Loxa, à 1880 m., le nord du Pérou, cultivé à Ceylan, dans les Nilgheries, dans l'Himalaya, à Java. C'est la première espèce connue en Europe, rapportée par La Condamine et sur laquelle Linné a établi le genre *Cinchona.*

Prop. et usages. — Fournit un assez grand nombre d'écorces fines, aromatiques de Quinquinas gris du type *Loxa.* On rattache comme

Cinchona officinalis.

Fig. 58.

variétés au *C. officinalis* les formes suivantes qui donnent des produits de valeurs très différentes.

Cinchona officinalis, Condaminea. — Très pauvre en alcaloïdes, ne contient guère que de la *Cinchonine* et *Cinchonidine;* c'est, selon la tradition, l'écorce qui a guéri la comtesse del Chinchon.

Cinchona officinalis, crispa. — 10 grammes par kilo de *Cinchonine* et *Cinchonidine.*

Cinchona officinalis, Bonplandiana. — Quinquina de Loxa, jaune fibreux, rare.

Cinchona officinalis, Bonplandiana, angustifolia. — Très bonne race cultivée dans les Indes anglaises, donne jusqu'à 10 grammes de sulfate de quinine par kilogramme d'écorce.

Cinchona officinalis, Uritusinga. — A peu près détruit dans son pays natal. C'est la plante rapportée de Quito par La Condamine (1738), cultivé dans les Indes; donne de 20 à 30 grammes de sulfate de quinine par kilogramme.

Cinchona Calisaya. *Calisaya, Quinquina jaune*. — Arbre à feuilles oblongues, obtuses, luisantes, faiblement scrobiculées, à fruit trois fois plus long que large.

Hab. — Cette importante espèce a été découverte, en 1847, par Weddell. Elle croît dans des vallées ombragées des Andes du sud du Pérou (prov. de Carabaya) et de la Bolivie. Cultivé à Java et dans les Indes.

Le *Cinchona Calisaya* fournit : le *Quinquina Calisaya plat, Quinquina jaune royal*, qui contient 25 à 32 grammes de sulfate de Quinine, 6 à 8 grammes de sulfate de Cinchonine par kilogramme. On cite certaines écorces provenant de culture et donnant jusqu'à 60-80 grammes de sulfate de Quinine.

Le *Calisaya roulé*, écorce des rameaux, avec 15 à 20 grammes de sulfate de Quinine.

Cinchona Calisaya, **Ledgeriana**. — Originaire de Bolivie (Caupolican), est très cultivé dans l'Inde ; fournit des écorces de tiges et de racines très répandues dans le commerce et riches en alcaloïdes, 20 à 30 grammes de sulfate de Quinine par kilogramme.

Cinchona succirubra. *Quinquina rouge vrai*. — Arbre à écorce rouge verruqueuse, à grandes feuilles minces finement pubescentes, largement ovales, fruits étroits six fois plus longs que larges.

Hab. — Ce *Cinchona* ne croît que dans le massif du Chimborazo (Équateur), à une altitude inférieure à celle des autres espèces de *Cinchona* (800 à 1700 m.) de la région. Cet arbre si justement estimé a été introduit à Java et dans l'Inde, il y a donné des variétés de grande valeur et des hybrides avec le *C. Calisaya*.

Le *C. succirubra* fournit les écorces :

a. Quinquina rouge vif, avec 20 à 25 grammes de sulfate de Quinine par kilogramme.

b. Le *Quinquina rouge pâle* et le *Quinquina rouge verruqueux*.

c. Le *Quinquina rouge des plantations de l'Inde*, donnant de 30 à 40 grammes de sulfate de Quinine par kilogramme.

Ces écorces contiennent aussi une grande quantité de rouge cinchonique et d'acide quinotannique, 12 à 15 p. 100.

Cinchona micrantha, nitida, Peruviana et ovata. —

Espèces importantes du Pérou, fournissent les *Quinquinas Huanuco* ou de *Lima* qui contiennent de 1 à 6 grammes de sulfate de Quinine et 10-12 grammes de sulfate de Cinchonine.

Cinchona lancifolia. *Quinquina de la Nouvelle-Grenade.* — Voisin du *C. officinalis*, grand arbre des Andes orientales de Colombie, donne les écorces appelées :

a. *Quinquina Calisaya de Bogota*, avec 30 à 32 grammes de sulfate de Quinine par kilogramme.

b. *Quinquina de Carthagène*, 15 à 20 grammes de sulfate de Quinine.

c. *Quinquina jaune orangé roulé*, avec 30 à 38 grammes de sulfate de Quinine par kilogramme.

Cinchona pitayensis. — Des Andes occidentales, de Colombie, Pitayo, Popayan, fournit des écorces compactes :

Quinquina Pitayo jaune et rouge, et *Pitayo menu* qui donnent de 25 à 40 grammes de sulfate de Quinine par kilogramme.

Cinchona cordifolia. — Très répandu avec les précédents dans la Colombie, donne le *Quinquina Maracaïbo*, de qualité très inférieure (2 à 3 gr. de sulf. de quinine par kilogr.) qui devrait être réservé à la fabrication des liqueurs amères (vermouth).

Cinchona scrobiculata. — Sud du Pérou. Donne un des *Calisaya légers* (écorces âgées), et un *Calisaya fibreux* avec 4 grammes de sulfate de quinine et 12 grammes de sulfate de cinchonine par kilog.

Cinchona elliptica. — Sud du Pérou, prov. de Carabaya, donne le *Q. Carabaya* avec 15 à 18 grammes de sulfate de quinine par kil. Rare.

Cinchona purpurascens. — Pérou, Cuzco. Donne le *Quinquina d'Arica* qui contient un alcaloïde particulier, l'*Aricine*.

Remijia pedunculata. *Quinquina cupræa.* — Arbrisseau à fleurs de *Cinchona* en grappes, axillaires, à *capsule* ovoïde *s'ouvrant du sommet à la base.* Graines comme les *Cinchona*.

Hab. — Nouvelle-Grenade.

Prop. et usages. — L'écorce très dense contient 10 à 20 p. 1000 de Quinine et de Quinidine, elle est connue sous le nom de *Quinquina cupræa.*

Remijia purdieana. — Rive gauche de la Magdalena. *Faux Cuprœa*, son écorce ne donne pas de Quinine, mais de la *Cinchonine* et de la *Cinchonamine*.

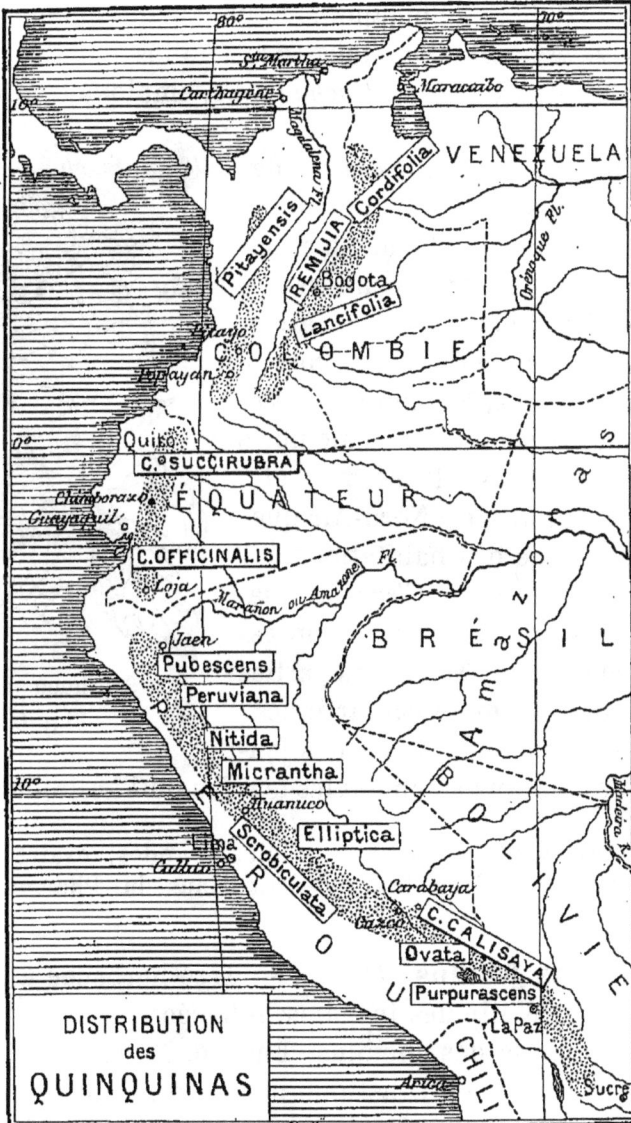

Cinchona elliptica.

Fig. 59.

Cascarilla. — Genre voisin des *Remijia* et *Cinchona*, n'a fourni que des écorces de *Faux quinquinas*, sans quinine.

Uncaria Gambir, Roxb. *Ourouparia Gambir* H.B. — Liane à feuilles opposées, à fleurs en capitules sphériques, axillaires, remplacés souvent par des crocs aigus, servant à la plante pour se soutenir.

Hab. — Cultivé à Singapour.

Prop. et usages. — On retire des feuilles par l'ébullition un extrait appelé *Gambir* ou *Cachou pâle*, employé comme astringent.

Sambucus nigra. *Sureau* (fig. 60). — Arbuste ou petit arbre à écorce verruqueuse, à moelle abondante, à feuilles imparipennées opposées. Fleurs petites, blanchâtres, en grand corymbe de cymes, corolle rotacée, 5-lobées, 5 étamines, 3 stigmates, ovaire semi-infère, baie noire à 3 graines. *Fl.* — Printemps, été.

Hab. — Europe, Nord-Afrique, Asie, voisinage des habitations.

Prop. et usages. — *Fleurs* aromatiques employées en lotion, fumigation, hydrolat, etc. Toutes les parties du sureau sont éméto-cathartiques ; on emploie surtout l'*écorce* des jeunes rameaux, plus rarement les feuilles ou l'huile de la graine.

Sambucus nigra.
Fig. 60.

Sambucus canadensis. — Fleurs plus grandes, ovaire souvent à 5 carpelles. Remplace le précédent dans la Pharmacopée des États-Unis.

Sambucus Ebulus. *Hièble.* — Tige herbacée à souche vivace, feuilles à stipules inégales, foliacées.

Hab. — Bords des chemins, Europe, N. Afrique.

Prop. et usages. — Drastique peu usité. Cultivé en grand en Espagne pour ses baies qui servent à colorer les vins.

Viburnum prunifolium. — Écorce inscrite à la Pharmacopée des États-Unis, considéré comme sédatif utérin, antiabortif.

Viburnum Tinus. Laurier tin. — Région médit. Baies cathartiques.

Viburnum Lantana. Viorne.

Viburnum obovatum. — Floride, amer fébrifuge.

VALÉRIANÉES.

Gamopétales à ovaire infère, fleurs pentamères, corolle souvent irrégulière : étamines en nombre variable, souvent 3 ou 2, rarement une seule (*Centranthus*). Pistil composé de 3 *carpelles dont un seul développe son ovaire* qui contient un ovule, les deux autres ovaires stériles forment deux vésicules sur les flancs du fertile. Le fruit est un akène couronné par le calice qui peut devenir plumeux (*Valeriana, Centranthus*). Embryon droit sans albumen. Les Valérianées (300 esp.) sont des herbes à feuilles opposées, des régions tempérées de l'hémisphère boréal.

Les Valérianées se relient aux Rubiacées.

Clef. — *a.* 4 étamines................................. NARDOSTACHYS.
    b. 3 étamines :
          × Akène plumeux.................... VALERIANA.
          ×× Akène non plumeux.............. VALERIANELLA.
    c. 1 étamine, akène plumeux................. CENTRANTHUS.

Valeriana officinalis.
Fig. 61.

Valeriana officinalis. *Valériane.* — Rhizome portant de nombreuses racines, très odorant; tige de 1 mètre et plus, dressée, simple, sillonnée, fistuleuse, à feuilles opposées , toutes pennatiséquées. Fleurs rougeâtres ou blanches en corymbe étalé, corolle à 5 lobes, 3 étamines, fruit couronné par une aigrette. *Fl.* — Été.

Hab. — Bois humides, bords des eaux, Europe, Asie septentrionale.

Prop. et usages. — On utilise les parties souterraines sous le nom de *Racine de Valériane* qui prend par la dessiccation une odeur forte; on a isolé de la racine de Valériane une huile essentielle et de l'acide valé-

rianique. Le *Valeriana officinalis* est utilisé comme antispasmodique et stimulant.

Valeriana celtica. Nard celtique, parfum. — Alpes styriennes.
Nardostachys Jatamansi. Nard vrai. — Inde, parfum.
Valerianella olitoria. Mâche. — Alimentaire.
Centranthus ruber. Valériane rouge.

VIII. — CUCURBITALES.

CUCURBITACÉES.

Gamopétales superovariées à 3 carpelles, rarement 5, à fleurs
le plus souvent unisexuées (monoïques ou dioïques). Les
fleurs mâles ont typiquement 5 étamines ; mais souvent elles
sont concrescentes 2 à 2, de sorte que l'on trouve 2 étamines
doubles à 4 sacs et une étamine simple ; les anthères sont souvent contournées en S (fig. 62). Le fruit est une baie, rare-

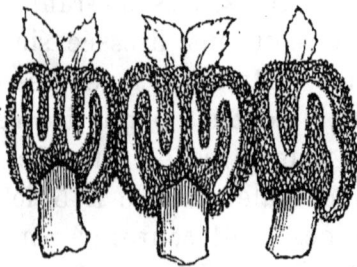

Androcée.
Fig. 62.

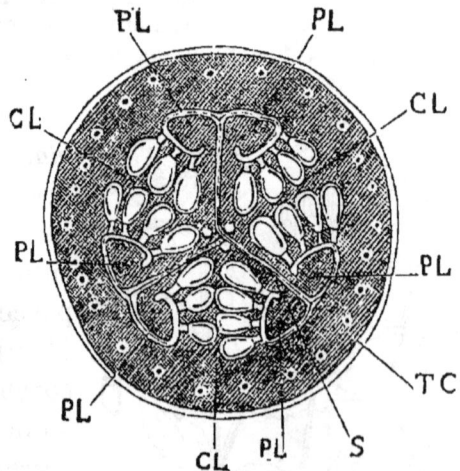

Ovaire.
Fig. 63.

ment une capsule ; les graines attachées sur un placenta
charnu ont un gros embryon et pas d'albumen.

Les Cucurbitacées généralement herbacées rampent ou
grimpent à l'aide de vrilles foliaires ; ce sont des plantes de
la zone tropicale (500 espèces).

Les Cucurbitacées forment une famille isolée dont les affinités sont assez obscures.

Clef. — I. Ovaire multiovulé :
  a. Corolle jaune à 5 lobes peu profonds, vrille ramifiée, graine bordée.... .... Cucurbita.
  b. Corolle divisée en 5 lobes :
    × Des vrilles, fl. monoïques :
      O Feuilles cordiformes, anthères exsertes à connectif prolongé au delà des loges, vrilles simples, graines non bordées..... Cucumis.
      OO Feuilles profondément découpées pinnatifides, fleurs toutes solitaires, graines non bordées. Citrullus.
      OOO Anthères conniventes incluses dans le tube, fleurs blanches, graines bordées, vrilles bifides, fleurs toutes solitaires........ Lagenaria.
    ×× Dioïques, vrille simple, baie petite, à 6 graines au plus............... Bryonia.
    ××× Pas de vrilles, fleurs mâles en grappe, fruit allongé poilu, lançant ses graines. Ecballium.
  II. Ovaire uniloculaire, ovule solitaire........... Sechium.

Cucurbita Pepo. *Citrouille, Potiron, Courge.* — Très cultivé pour son fruit.

Prop. et usages. — Les semences sont anthelminthiques, elles sont elliptiques, ovales, régulièrement bordées, l'embryon a des cotylédons charnus huileux.

Cucumis sativus. *Concombre, Cornichon.*

Prop. et usages. — On prépare avec le suc du fruit la *Pommade de Concombre.*

Cucumis Melo. *Melon.*

Citrullus Colocynthis. *Coloquinte.* — Herbe vivace ou annuelle très longuement rampante, à feuilles profondément divisées, fleurs solitaires axillaires, fruit de la grosseur d'une orange, lisse, vert marbré, rempli d'une pulpe blanche très amère, graines brunes, lisses. *Fl.* — Été.

Hab. — Région méditerranéenne et Orient.

Prop. et usages. — C'est la pulpe spongieuse desséchée qui est utilisée ; elle est récoltée en Syrie, en Égypte, en Espagne. C'est un puissant drastique ; on en a isolé un glucoside, la *Colocynthine.*

Citrullus vulgaris. Pastèque. — Annuelle, originaire d'Afrique, très voisin de la Coloquinte; mais à gros fruit aqueux doux, à chair souvent rouge. Recherchée dans les pays chauds. La graine fait partie des 4 semences froides des anciens avec celles des *Cucurbita Pepo, Cucumis Melo* et *C. sativus.*

Lagenaria vulgaris, Gourde. Courge-bonteille. — Cultivé pour l'ornement et pour les gourdes que l'on fait avec le fruit desséché; certaines variétés à coque tendre sont mangées comme légume.

Bryonia dioïca. *Bryone, Navet du diable* (fig. 64). — Plante grimpante herbacée à vrille simple, à racine vivace, très grosse, charnue, allongée, à fruit petit, rouge. — *Fl.* Printemps.

Hab. — Europe, Nord Afrique, Orient.

Prop. et usages. — Le suc de la racine est rubéfiant; à l'état sec, la racine se trouve dans les pharmacies en rondelles blanches striées; elle a été employée comme drastique hydragogue; on a isolé la *Bryonine,* glucoside qui purge à la dose de 1-2 centigrammes.

Bryonia dioïca.
Fig. 64.

Ecballium Elaterium. *Concombre d'âne.* — Plante rude, rampante, monoïque ou dioïque, à fruit oblong, penché, se détachant à la maturité pour projeter les graines avec la pulpe liquide par la contraction du péricarpe. *Fl.* Été.

Hab. — Rég. méditerranéenne.

Prop. et usages. — Avec le suc du fruit on prépare un extrait appelé *Elaterium* qui purge violemment, le principe actif paraît être l'*Elatérine.*

Sechium edule. Chayotte. — Remarquable par son fruit uniséminé. Excellent légume des pays chauds, fructifie très bien en Algérie.

Feuillea trilobata. Nhandiroba du Brésil. — Semences donnant une huile vantée comme antirhumatismale.

Feuillea cordifolia. — Huile purgative usitée aux Antilles comme antidote dans les empoisonnements et morsures venimeuses.

Luffa acutangula, et autres espèces. Courge-torchon. — Suc purgatif. Le tissu fibreux, séparé par macération, sert d'éponge.

IX. — CAMPANULINÉES.

LOBÉLIACÉES.

Gamopétales inferovariées, 2 carpelles formant un ovaire biloculaire, pluriovulé ; *corolle irrégulière, 5 étamines non insérées sur la corolle, mais soudées entre elles.* Les Lobéliacées (500 espèces) sont généralement des herbes pourvues de latex, les feuilles alternes sont simples.

Lobelia inflata. *Lobélie, Indian tabaco*. — Herbe annuelle à suc laiteux, rameuse, à fleurs bleuâtres bilabiées en grappe feuillée ; tube de la corolle fendu en arrière, 5 étamines soudées en tube, capsule renflée surmontée par le calice persistant, graines nombreuses.

Hab. — Amérique nord.

Prop. et usages. — On emploie la plante entière comme expectorant, et dans le traitement de l'asthme. A dose élevée elle est vomitive et toxique. On a isolé la *Lobeline*, alcaloïde qui est le plus puissant émétique connu.

Lobelia syphilitica Cardinale bleue. — La racine a été employée par les indigènes du Canada comme antisyphilitique, cultivé comme ornement.

Lobelia urens. — Marais de l'Europe. Probablement mêmes propriétés que le *L. inflata.*

X. — COMPOSÉS.

COMPOSÉES.

Gamopétales à ovaire infère, pentamères, 5 anthères agglutinées en un tube qui entoure le style ; pistil de deux carpelles concrescents en un ovaire uniloculaire, à un seul ovule anatrope dressé.

Les fleurs sont toujours groupées en capitules, d'où le nom de *Composées*. Elles sont réunies sur l'extrémité d'un rameau dilaté en réceptacle, et qui porte de nombreuses écailles surtout développées à l'extérieur où elles forment un involucre.

Le calice est représenté au-dessus de l'ovaire par une couronne de soies ou de petites écailles. La corolle est formée de 5 pétales soudées en un tube à 5 lobes (*tubuleuse*), parfois les 5 lobes sont déjetés du même côté et forment une *ligule* à 5 dents (Chicorée); dans certains genres les 5 lobes se répartissent en 2 lèvres (Labiatiflores). Enfin 3 lobes se dévelop-

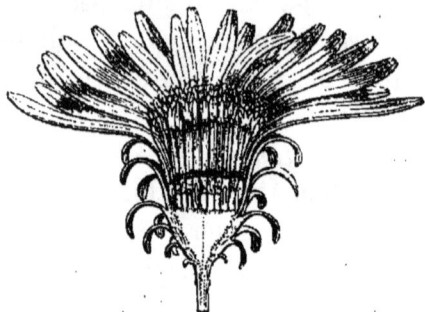

Coupe d'un capitule.

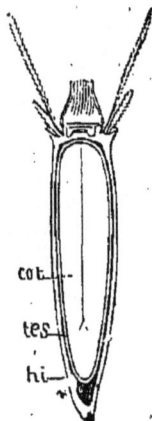

Coupe d'un akène.
Fig. 65 et 67.

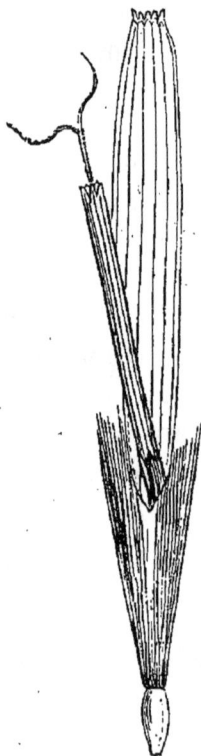

cot
tes
hi

Fl. de chicoracée.
Fig. 66.

pent seuls et se soudent en une *ligule à trois dents* (tribu des Radiées, fl. de la périphérie). Les 5 étamines sont égales, agglutinées par les anthères, mais à filets généralement libres. Le pistil est formé de deux carpelles concrescents en un ovaire uniloculaire, contenant un ovule, le style est divisé en deux stigmates recourbés, le fruit est un akène nu ou aigretté, la graine renferme un embryon droit sans albumen, souvent huileux.

Les Composées sont généralement des herbes ou arbustes à feuilles isolées, parfois opposées.

On connaît plus de 10000 Composées des climats tempérés et chauds.

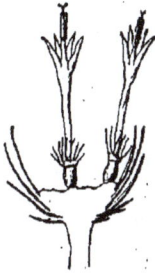 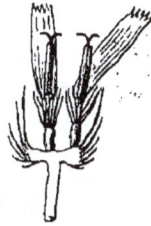 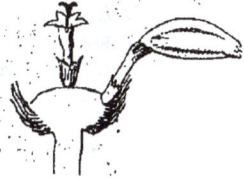

Carduées.	Liguliflores.	Radiées.
Fig. 68.	Fig. 69.	Fig. 70.

Clef. — I. *CARDUÉES. Chardons.* — Corolle tubuleuse régulière ou légèrement irrégulière, 5-fide, style renflé sous les stigmates, réceptacle épais :

A. Akène à hile basilaire, aigrette caduque :

    a. Anthères à 2 appendices filiformes :

        × Écailles internes de l'involucre dressées, les externes foliacées, à épines rameuses................   ATRACTYLIS.

        ×× Écailles de l'involucre terminées par une pointe crochue..........   LAPPA

    b. Anthères non appendiculées à la base :

        × Involucre à écailles larges, épineuses au sommet, réceptacle velu, filets libres..............   CYNARA.

        ×× Filets des étamines soudés en tube........................   SILYBUM.

B. Akène à hile latéral oblique :

    a. Fleurs toutes fertiles, écailles extérieures de l'involucre grandes foliacées épineuses :

        × Aigrette double caduque. ....   CNICUS.

        ×× Akènes surmontés d'écailles plurisériées...... ....   CARTHAMUS.

    b. Fleurs de la circonférence grandes stériles.............................   CENTAUREA.

II. *LIGULIFLORES. Chicoracées.* — Fleurs d'une seule sorte, ligule à 5 dents :

    a. Fleurs bleues, akènes couronnés par des écailles courtes nombreuses....   CICHORIUM.

  b. Aigrette de poils dilatés à la base, plumeux et avec 5 soies plus longues,
   nues .... Scorzonera.

  c. Poils de l'aigrette simples, non dilatés
   à la base :
    ✕ Acaule, capitule à pédoncule ra-
    dical fistuleux, foliole externe de
    l'involucre simulant un calice... Taraxacum.
   ✕✕ Inflorescence ramifiée, akène
    comprimé à bec capillaire, por-
    tant l'aigrette.................. Lactuca.

III. *RADIÉES. Corymbifères.* — Fleurs de deux
 sortes : tubuleuses au centre, ligulées à 3
 dents à la périphérie, style non renflé sous
 les stigmates. Les ligules peuvent avorter :

 A. *Eupatoriées.* — Capitules homogames,
  fleurs toutes tubuleuses, aigrette poilue,
  feuilles opposées... .... Eupatorium.

 B. *Hélianthoïdées.* — Capitules à réceptacle
  écailleux, anthères non appendiculées,
  pas d'aigrette, feuilles opposées :
  a. Capitules ovoïdes sans ligules........ Spilanthes.
  b. Fleurs ligulées stériles............. Helianthus.

 C. *Astéroïdées.* — Réceptacle nu ou écailleux
  à la périphérie seulement, style à branches non pénicillées :
  a. Anthères arrondies à la base :
   ✕ Pas d'aigrette, ligules blanches. Bellis.
   ✕✕ Aigrette, ligules sur plusieurs
    rangs..................... Erigeron.
  b. Anthères appendiculées à la base :
   ✕ Ligules à la périphérie, aigrette. Inula.
   ✕✕ Fleurs toutes tubuleuses, filifor-
    mes, écailles de l'involucre sca-
    rieuses .... Helichrysum.
   ✕✕✕ Capitules dioïques............ Antennaria.

 D. *Sénécionidées.* — Réceptacle nu, bractées
  de l'involucre 1-2 sériées, subégales, aigrette poilue, style à 2 branches en pinceau :
  a. Bractées de l'involucre sur un seul
   rang .... Senecio.
  b. Bractées sur deux rangs :
   ✕ Ligules sur un seul rang, feuilles
    opposées.................... Arnica.
   ✕✕ Ligules sur plusieurs rangs, feuil-
    les radicales, paraissant après les
    fleurs...................... Tussilago.

 E. *Calendulées.* — Réceptacle nu, bractées de
  l'involucre 1-2 sériées, subégales, akènes
  sans aigrette, hétéromorphes, courbés en
  arc .... Calendula.

F. *Anthémidées.* — Écailles de l'involucre plurisériées, styles à 2 branches penicillées, pas d'aigrette :

   a. Réceptacle nu, glabre ou velu :

      × Ligules femelles, réceptacle, plan connexe, akène à aigrette membraneuse .... CHRYSANTHEMUM.

         O Espèces vivaces sg .... PYRETHRUM.

      ×× Fleurs toutes tubuleuses :

         O Capitules en corymbe, akène 5-gones à aigrette membraneuse .... TANACETUM.

         OO Capitules petits, souvent pendants en grappes, akènes chauves .... ARTEMISIA.

      ××× Des ligules blanches à la périphérie, réceptacle s'allongeant en cône .... MATRICARIA.

   b. Réceptacle garni d'écailles :

      × Capitules avec ligules à la périphérie, réceptacle conique à la maturité .... ANTHEMIS.

      ×× Réceptacle convexe hémisphérique :

         O Fleurs de la circonférence ligulées :

            ★ Akènes comprimés, les externes à 2 ailes .... ANACYCLUS.

            ★★ Akènes faiblement marginés, capitules en corymbe .... ACHILLEA.

         OO Fleurs toutes tubuleuses, capitules longuement pédonculés .... SANTOLINA.

IV. *AMBROSIEES.* — Fleurs monoïques, les mâles en capitules à écailles libres, les capitules femelles biflores, *akènes enfermés dans un involucre sacciforme* couvert d'épines crochues .... XANTHIUM.

I. — CARDUÉES.

Lappa major. *Bardane.* — Tige striée, élevée, rameuse, à feuilles toutes pétiolées, les inférieures grandes orbiculaires blanches aranéeuses en dessous, capitules en grappe au sommet des rameaux, à écailles atténuées en une longue pointe courbée en crochet au sommet. *Fl.* — Été.

Hab. — Europe.

Prop. et usages. — Très employé autrefois dans le traitement des affections cutanées, rhumatismales, syphilitiques. La var. *edulis*, *Gobo* du Japon, a une racine comestible.

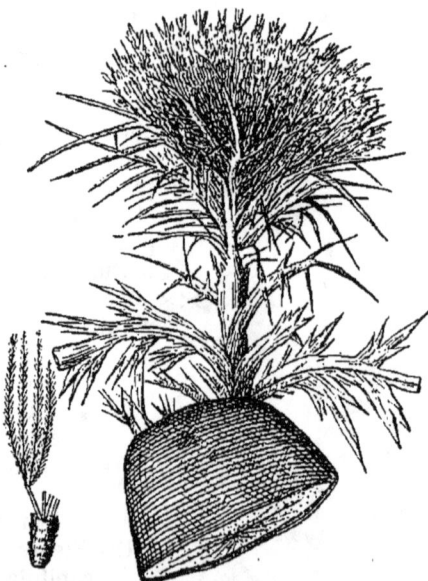

Atractylis gummifera. *Chardon à glu, Chaméléon blanc, El Heddad* des Arabes. — Tige très courte, épaisse, capitule de fleurs roses, gros, solitaire sortant de terre en été, au milieu des feuilles déjà desséchées, la racine volumineuse laisse exsuder un latex abondant. Feuilles printemps. *Fl.* — En été.

Lappa major.
Fig. 71.

Atractylis gummifera.
Fig. 72.

Hab. — Rég. méditerranéenne, commun dans le Nord-Afrique.

Le Chardon à glu est un narcotico-âcre ayant causé assez fréquemment des empoisonnements en Algérie, il est quelquefois employé dans un but criminel par les Indigènes, le principe toxique est très volatil, on a isolé de la racine d'Atractylis un glucoside, l'*Atractyline.*

Cynara Cardunculus. — Le *Cardon sauvage* est très répandu dans le nord de l'Afrique et le sud de l'Europe, il est amer, fébrifuge (*Cynarine*). La var. cultivée est un légume recherché, l'artichaut (*C. Scolymus*) est aussi une forme cultivée dont on mange le capitule. Les fleurs caillent le lait.

Silybum Marianum. *Chardon Marie.* — Grand chardon à feuilles larges, lisses, maculées de blanc. *Fl.* — Été.

Hab. — Commun dans les décombres, lieux incultes.

Prop. et usages. — Employé autrefois comme fébrifuge et plus récemment dans le traitement de certaines affections utérines (teinture de graines).

Cnicus benedictus. *Chardon bénit.* — Tige laineuse, capitules à écailles extérieures grandes foliacées. les intérieures araneéuses, fleurs jaunes égales.

Hab. — Rég. méditerranéenne.

Prop. et usages. — Amer, tonique, fébrifuge (*Cnicin*).

Centaurea Calcitrapa. Chausse-trape.- Capitules à écailles prolongées en une épine vulnérante, feuilles radicales en rosette, racine épaisse.

Hab. — Lieux incultes, Europe, rég. méd..

Centaurea Centaurium L. Grande centaurée. *C. jacea, C. amara.* — Toutes ces Centaurées indigènes sont amères, toniques et fébrifuges.

Carthamus tinctorius.
Fig. 73.

Carthamus tinctorius. *Carthame. Safran bâtard.* — Tige dressée rameuse, capitules à bractées extérieures de l'involucre, foliacées, épineuses, fleurs jaunes toutes fertiles.

Hab. — Cultivé.

Prop. et usages. — Les fleurs sont employées pour teindre en jaune et en rouge (rouge de fard), on les substitue quelquefois au Safran, les graines donnent de l'huile.

II. — LIGULIFLORES OU CHICORACÉES.

Cichorium Intybus. *Chicorée sauvage* (fig. 74). — Racine longue cylindrique vivace; tige dressée à rameaux raides et divariqués; feuilles roncinées velues sur la côte dorsale; fleurs grandes, bleues, en capitules axillaires sessiles, ou terminant les rameaux, akène anguleux surmonté d'une couronne d'écailles très courtes. *Fl.* — Été.

Hab. — Europe, Nord-Afrique, Nord-Asie.

Prop. et usages. — Amer purgatif. On emploie la feuille et la racine (Sirop de Chicorée). La racine torréfiée constitue le Café de Chicorée, la feuille verte ou étiolée est une salade vulgaire.

Cichorium Endivia. Chicorée. — Salade.

Scorzonera hispanica. Scorsonère. — Europe. Racine brune, alimentaire.

Tragopogon porrifolium L. *Salsifis.* — Rég. méditerranéenne, racine alimentaire.

Cichorium Intybus.
Fig. 74.

Taraxacum officinale. *Dent de Lion, Pissenlit.* — Amer, tonique, alimentaire.

Lactuca virosa. *Laitue vireuse.* — Tige droite rameuse à suc laiteux, feuilles aiguillonnées sur la côte dorsale, les inférieures en rosette, capitules petits, très nombreux en grappe pyramidale, fleurs jaunâtres, akène glabre surmonté d'un bec terminé par une aigrette.

Hab. — Lieux incultes, Europe, Nord-Afrique.

Lactuca Scariola. — Diffère du *L. virosa,* par ses akènes d'une couleur plus claire et hérissés au sommet.

Hab. — Europe, N.-Afrique, Asie tempérée, est probablement la souche du *Lactuca sativa* L. Laitue cultivée.

Prop. et usages. — Le suc blanc ou laiteux des laitues, recueilli par incision ou section et ensuite épaissi et desséché, devient le *Lactucarium.*

III. — RADIÉES.

Eupatorium Cannabinum. *Eupatoire.* — Herbe vivace, dressée, angúleuse à feuilles opposées glanduleuses entières ou palmatilobées, capitules en corymbe compacte, fleurs toutes tubuleuses hermaphrodites.

Hab. — Lieux humides.

Prop. et usages. — Employé autrefois comme tonique, stimulant fébrifuge, purgatif.

Eupatorium Cannabinum.
Fig. 75.

Eupatorium perfoliatum. — Très commun aux Etats-Unis, y est employé comme tonique stimulant, fébrifuge.

Eupatorium aromaticum, également américain, est employé dans les affections vésicales.

Eupatorium Ayapana des régions tropicales, est un amer aromatique, bon stimulant.

Eupatorium parviflorum, est un *Guaco* qui, comme d'autres espèces du même groupe (*E. officinale, E. scandens*, etc.), est une plante grimpante fort estimée dans l'Amérique tropicale pour ses propriétés toniques et stimulantes, mises à profit dans le traitement des morsures de serpents.

Spilanthes oleracea. Cresson du Para. — Herbe à feuilles opposées, à capitules ovoïdes, à saveur piquante analogue à celle du *Cochléaria*, entre dans des préparations dentifrices.

Helianthus tuberosus. Topinambour. — Herbe à rhizome charnu, alimentaire, riche en inuline.

Helianthus annuus. Grand Soleil. — Graine huileuse.

Bellis perennis. Pâquerette. — Inusité aujourd'hui, a passé pour laxatif.

Erigeron canadense. *Queue de renard.* — Tige dressée rameuse au sommet (fig. 76), feuilles pubescentes ciliées sur les bords, linéaires, capitules très petits en grappe pyramidale.

Hab. — Cosmopolite.

Prop. et usages. — On retire de cette plante une essence employée aux États-Unis, elle contient aussi un extrait amer et du tannin, l'extrait de la plante est employé dans le Nouveau-Monde comme hémostatique et antidiarrhéique.

Erigeron heterophyllum. Sweet scabious des Américains qui l'emploient comme diurétique. — L'*Erigeron linifolium* (*Conyza ambigua*) de la région méditeranéenne jouit des mêmes propriétés.

Erigeron canadense.
Fig. 76.

Inula Helenium.
Fig. 77.

Inula Helenium. *Grande Aunée*. — Souche vivace, épaisse, rameuse, aromatique, tige dressée, forte, 1 mètre, feuilles grandes épaisses, blanches-tomenteuses veinées en dessous, capitules grands solitaires au sommet des rameaux, fleurs jaunes celles du rayon nombreuses à languette étalée, femelles; fleurons hermaphrodites à anthères pourvues de deux appendices filiformes.

Hab. — Europe et Asie tempérée, prairies humides.

Prop. et usages. — Aromatique, tonique stimulant fournit l'*Essence d'Aunée* et l'*Helenine* employées comme modificateurs des sécrétions dans les catarrhes.

Helichrysum Stœchas. Immortelle. — Capitules jaune d'or, globuleux en corymbe dense.

Hab. — Commun dans la région méditerranéenne.
Prop. et usages. — Stimulant aromatique.

Antennaria dioica. *Gnaphalium dioicum. Pied de chat.* —
Plante de 1 à 2 décimètres blanche-tomenteuse à souche stolonifère, petits capitules en corymbe, à écailles luisantes blanches dans les capitules mâles, roses dans les femelles.

Hab. — Commun dans la région montagneuse dans l'hémisphère boréal.

Prop. et usages. — Béchique, fait partie des *Fleurs pectorales.*

Senecio vulgaris. Séneçon. — Inusité aujourd'hui.
Senecio pseudo-China. — Inde, passe pour fébrifuge dans son pays
natal.
Senecio canicula. — Mexique. Toxique violent, tétanisant.

Arnica montana. *Arnica.* — Tige dressée simple; feuilles
inférieures en rosette, les caulinaires opposées; capitule,

Arnica montana.

Fig 78.

Tussilago Farfara.

Fig. 79.

ordinairement solitaire, grand; fleurs de la circonférence à
grande languette jaune tridentée; akène hérissé à aigrette
blanche.

Hab. — Pâturages des montagnes, Europe.

Prop. et usages. — Toutes les parties de cette plante sont douées d'une activité énergique, quand elles sont ingérées. Suivant les doses, l'Arnica est stimulant, sudorifique, émétique, il peut même causer des accidents mortels.

La teinture de fleurs d'Arnica est un remède populaire, fréquemment employé à l'extérieur dans les chutes, contusions.

On a isolé l'*Arnicine*, qui paraît être le principe actif.

Les paysans des Vosges et des Alpes fument quelquefois, dit-on, les fleurs et les feuilles (tabac des Vosges, des Savoyards).

Tussilago Farfara. *Pas d'âne* (fig. 79). — Souche épaisse émettant d'abord des tiges simples laineuses, à capitule de fleurs jaunes d'abord penché, puis des feuilles grandes, épaisses, orbiculaires en cœur, blanches, anguleuses, tomenteuses en dessous. *Fl.* — Février-avril.

Hab. — Lieux humides, Europe.

Prop. et usages. — Entre dans les *Fleurs pectorales.*

Calendula officinalis. *Souci.* — Employé autrefois comme stimulant. On substitue quelquefois frauduleusement les fleurs de Souci à celles d'Arnica, elles ont servi aussi à falsifier le Safran.

Pyrethrum Leucanthemum. — Grande Marguerite. Inusité.

Pyrethrum parthenium. *Matricaire.* — Souche rampante, tige rameuse, feuilles molles toutes pétiolées et pennatiséquées, à 4-8 paires de segments confluents au sommet de la feuille, capitules à involucre ombiliqué en corymbe lâche.

Hab. — Vieux murs, graviers. Europe, fréquemment cultivé à fleurs doubles.

Prop. et usages. — Est substitué quelquefois à la Camomille.

Pyrethrum cinerariæfolium et *P. Vilmoti, P. roseum, P. rigidum.* — Sont les principales espèces dont on utilise les capitules pour la fabrication de la *Poudre insecticide* ou *Poudre de Pyrèthre.* Il ne faut pas confondre ces *Pyrèthres* avec l'*Anacyclus Pyrethrum* qui fournit la *Racine de Pyrèthre.* (Voy. plus bas.)

Tanacetum vulgare. *Tanaisie* (fig. 80). — Corymbes

denses de capitules de fleurs jaunes toutes tubuleuses, feuilles
pennatipartites.

Hab. — Lieux incultes, Europe.

Prop. et usages. — Stimulant, aromatique, vermifuge, emménagogue. A haute dose, toxique, produit des convulsions du
type rabique (convuls. tanacétiques).

Tanacetum Balsamita. Baume-coq, Menthe-coq. — Feuilles
ovales dentées.

Hab. — Rég. méd., cultivé.

Prop. et usages. — Très aromatique, entre dans des préparations culinaires, des liqueurs, etc.

Tanacetum vulgare.
Fig. 80.

Artemisia maritima.
Fig. 81.

Artemisia maritima et **A. Gallica**. — Souche rameuse
émettant des tiges stériles en gazon à feuilles blanches tomenteuses et des tiges herbacées ascendantes, se terminant par une
panicule feuillée à rameaux étalés, réfléchis au sommet, portant des capitules presque sessiles penchés, épars ou groupés
en grappes, 5-6 fleurs dans chaque capitule à corolle insérée
obliquement sur l'ovaire, stigmates élargis en un disque cilié.
Fl. — Septembre, octobre.

Hab. — Côtes de l'Océan, mers du Nord et Méditerranée.

Prop. et usages. — Est un bon anthelminthique, très populaire dans les campagnes.

Artemisia pauciflora. *Semen contra.* — Voisin du précédent, s'en distingue par son inflorescence à rameaux égaux dressés partant de la souche, ses capitules de 2-5 fleurs plus allongés.

Hab. — Steppes de la Russie, désert des Kirghiz.

Prop. et usages. — Le *Semen contra* est un puissant anthel-

Artemisia pauciflora.
Fig. 82.

Artemisia Absinthium.
Fig. 83.

minthique très usité, il contient un principe actif cristallisable, la *Santonine*, il est constitué par les capitules non épanouis.

Artemisia Cina. — Donne aussi du *Semen contra* ainsi que l'*A. Vahliana.*

Artemisia Herba alba, en arabe *Chi.* — Plante très odorante, sous-frutescente, tomenteuse, capitules sessiles ou sub-sessiles oblongs, cylindriques, à écailles pubescentes, 2-4 fleurs.

Hab. — Espagne, couvre près de 10 millions d'hectares dans les steppes d'Algérie.

Prop. et usages. — Employé comme *Semen contra* par les Indigènes, a probablement fourni un *Semen contra* dit *de Barbarie*, donne une essence par la distillation.

Artemisia Absinthium. *Grande Absinthe.* — Grande plante herbacée à feuilles découpées en lanières, ponctuées, finement pubescentes, vert blanchâtre, argentées, inflorescence en grande panicule feuillée, capitules à pédicelles courts et penchés, style se terminant par deux branches filiformes. *Fl.* — Été (fig. 83).

Hab. — Commun Europe, Nord-Afrique.

Prop. et usages. — L'*Absinthe* renferme une essence volatile et un principe amer, elle est employée comme tonique, stimulant, emménagogue, anthelminthique, fébrifuge; elle a donné son nom à la liqueur d'absinthe, dans la composition de laquelle elle n'entre qu'en petite quantité avec les *Genepis* ou *Artemisia* des Alpes (*A. spicata, glacialis, mutellina*) et l'essence d'Anis. A hautes doses l'absinthe provoque des convulsions épileptiformes.

Artemisia vulgaris.
Fig. 84.

Artemisia vulgaris. *Armoise.* — Tiges herbacées élevées, dressées, rougeâtres, striées, feuilles vert foncé et glabres en dessus, blanches en dessous, pennatipartites, capitules sessiles nombreux sur les rameaux, réceptacle glabre. *Fl. Été.*

Hab. — Lieux incultes, cultivé.

Prop. et usages. — Feuilles emménagogues.

Artemisia Abrotanum. Aurône mâle, Citronelle. — Tiges ligneuses, rameuses, feuilles très divisées, odorantes. C. cultivé.

Artemisia pontica. — Cultivé aussi pour ses propriétés aromatiques.

Artemisia Dracunculus. Estragon. — Condiment très usité.

Matricaria Chamomilla. *Camomille commune.* — Herbe annuelle, aromatique, verte, glabre ; feuilles à segments fins, linéaires, allongés ; fleurs de la circonférence blanches, celles du disque jaunes, *réceptacle nu*, longuement conique, creux.

Hab. — C. Europe. Moissons.

Prop. et usages. — Se substitue quelquefois à la *Camomille romaine.*

Matricaria Chamomilla.
Fig. 85.

Anthemis nobilis.
Fig. 86.

Anthemis nobilis. *Camomille romaine ; C. vraie.* — Herbe vivace, aromatique, velue ; feuilles à segments fins rapprochés, courts ; fleurs de la circonférence blanches, celles du disque jaunes (ou parfois blanches et ligulées, fl. doubles), *réceptacle conique pailleté.*

Hab. — Europe. La variété à fleurs doubles est cultivée pour l'usage médical.

Prop. et usages. — On emploie les capitules qui sont amers, toniques, digestifs ; ils fournissent à la distillation une essence verte.

Anacyclus Pyrethrum. *Pyrèthre d'Afrique*. — Herbe vivace à racine volumineuse, donnant naissance à des branches
nombreuses couchées sur le sol, feuilles finement segmentées, capitules grands à fleurs ligulées larges, pourprées en
dessous, akènes de la circonférence ailés.

Hab. — Les hauts plateaux de l'Afrique septentrionale.

Prop. et usages. — La racine récoltée en Afrique est expor-
tée jusque dans l'Inde, elle a une saveur très piquante qui la
fait employer comme sialagogue, masticatoire, antiodontal-
gique et même comme rubéfiant; à l'intérieur, à faible dose,
elle est stimulante; mais devient rapidement toxique à dose
un peu élevée. — Le principe actif, *pyrèthrine* (une résine et
deux essences), est contenu dans des canaux sécréteurs du
parenchyme.

Anacyclus officinarum. Pyrèthre d'Allemagne. — Herbe annuelle cultivée, en Allemagne; a les mêmes propriétés que le
précédent.

Achillea Millefolium. *Millefeuille, Saigne-nez.* — Herbe
stolonifère, gazonnante; tiges florifères dressées, velues, ramifiées; feuilles finement segmentées; capitules petits en corymbe serré.

Hab. — Europe C.

Prop. et usages. — Amer, aromatique, astringent; ses
feuilles vertes introduites dans les narines provoquent le sai-
gnement de nez.

Achillea Ptarmica. Plante élevée, feuilles lancéolées linéaires,
dentées.

Hab. — Lieux humides. Europe.

Prop. et usages. — Les feuilles pulvérisées sont sternuta-
toires.

Santolina Chamaecyparissus. Santoline, Aurône femelle,
Camomille de Mahon. — Tige frutescente, feuilles de 2 millimètres disposées sur 4-6 rangs, capitules sur de longs pédoncules.

Hab. — Région méditerranéenne, fréquemment cultivé.

Prop. et usages. — Amer, aromatique, insecticide.

Diotis candidissima. Herba buona. — Très estimé par les Espagnols et les Arabes comme fébrifuge.

IV. — AMBROSIÉES.

Xanthium spinosum. — Diurétique.

Xanthium strumarium. — Astringent, amer, employé surtout pour la teinture.

b. — DIALYPÉTALES INFEROVARIÉES.

1 Fleurs 5-mères, isostémones, graine albuminée........ OMBELLIFÈRES.
2. Fleurs 5-4-mères, diplo-polystémones, exalbuminées... MYRTACÉES.
3. Fleurs polymères, polystémones..................... CACTÉES.

OMBELLIFÈRES.

Les Ombellifères ont généralement des fleurs nombreuses,
petites, disposées en ombelles composées, les bractées forment, à la base des ombellules, l'involucelle et l'involucre autour de l'ombelle générale ; les fleurs généralement régulières,
pentamères, présentent un seul verticille d'étamines et deux
carpelles au centre (2-5 dans les *Araliées*).

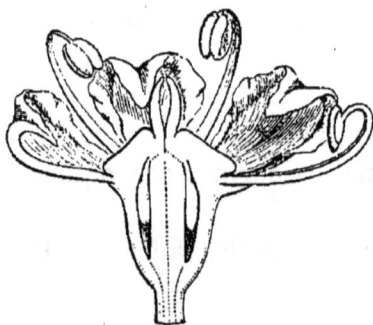

Fl. d'Heracleum.
Fig. 87.

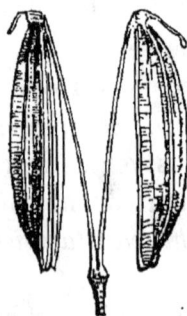

Fruit d'Angélique.
Fig. 88.

Le calice a un limbe petit, souvent abortif; les pétales blancs
ou jaunes sont libres, souvent enroulés, l'extérieur quelquefois plus grand; les cinq étamines ont des filets libres et des
anthères introrses; les deux carpelles forment un ovaire infère,
biloculaire, ayant un ovule anatrope pendant dans chaque
loge. Le fruit est un diakène dont les moitiés se séparent
complètement ou restent suspendues sur un filament à deux

branches (Carpophore) prolongeant le pédicelle ; les parois du fruit sont parcourues par dix faisceaux liberoligneux qui s'accroissent souvent et se manifestent, à la surface du fruit, par dix *côtes* ou ailes saillantes, ces côtes sont disposées, trois sur le dos et deux sur les bords de chaque akène. Dans les sillons (*vallécules*) qui séparent les côtes se trouvent des canaux oléo-résineux (*bandelettes*), dont le nombre normal est de six pour chaque akène. Dans certains cas (Daucées) il se produit, dans les *vallécules*, des *côtes secondaires*, simples saillies du parenchyme. Le fruit est tantôt comprimé latéralement avec cloison étroite, tantôt comprimé d'avant en arrière, avec cloison large (Peucédanées) Le fruit devient une drupe à autant de noyaux qu'il y a de carpelles chez les *Araliées*. La graine contient un albumen corné et un petit embryon droit.

Les Ombellifères sont des herbes à tiges cannelées, souvent creuses, les feuilles isolées ont une gaine très développée, elles sont rarement entières, mais composées-pennées à plusieurs degrés, toute la plante est parcourue par des canaux sécréteurs oléifères.

Les Ombellifères forment une famille des plus homogènes, elles sont surtout alliées aux Gamopétales, spécialement aux Rubiacées. Les 1,900 espèces connues sont répandues dans toutes les régions du globe, les Araliées dans les régions tropicales, les Ombellifères à fruit sec dans les régions tempérées, surtout de l'hémisphère boréal.

C"est à leurs produits oléo-résineux que ces plantes doivent leurs principales propriétés, quelques-unes sont toxiques et contiennent des alcaloïdes, enfin plusieurs sont alimentaires.

Les genres des Ombellifères sont assis sur des caractères souvent de peu de valeur, c'est généralement au fruit que l'on demande des distinctions génériques. La forme, le développement des côtes, le nombre des canaux oléorésineux (bandelettes) telles sont avec les diversités d'inflorescences, de pétales, de sépales, les bases de la classification.

Clef. — I. *Daucées.* — Fruit à côtes secondaires développées, surmontées d'ailes, dents, aiguillons, bandelettes sous les côtes secondaires :
    a. Fruit aiguillonné .... Daucus.

b. Fruit linéaire papilleux..... .... Cuminum.

c. Côtes secondaires ailées, les latérales développées en ailes larges, albumen plan .... Thapsia.

d. Côtes ailées ; mais albumen convoluté. Laserpitium.

II. *Peucédanées.* — Fruit à côtes primaires seules développées, très comprimé par le dos, à côtes marginales épaisses, réunies en une marge large autour du fruit.

    a. Ombellules en ombelles :

      × Une bandelette par vallécule.... Peucedanum.

      ×× Plusieurs bandelettes par vallécule........................... Ferula.

    b. Ombellules en longues grappes, une bandelette par vallécule........... Dorema.

III. *Seselinées.* — Fruit à section transversale orbiculaire, à commissure large :

    a. Fruit comprimé à côtes marginales prolongées en ailes :

      × Ailes membraneuses, plusieurs bandelettes par vallécule........ Archangelica.

      ×× Ailes épaisses, une bandelette par vallécule ....'.... Levisticum.

    b. Côtes marginales plus développées, réunies, mais ne formant pas une marge :

      × Calice styles et persistants, côtes obtuses, carpophore nul........ . OEnanthe.

      ×× Calice oblitéré, côtes carenées, involucelle unilatérale.......... Æthusa.

    c. Côtes à peu près égales :

      × Fleurs jaunes, dents du calice oblitérées..................... Foeniculum.

      ×× Fleurs blanches, calice visible.. Seseli.

      ××× Côtes obtuses, fruit très velu.... Athamantha.

IV. *Carées.* — Fruit à côtes primaires, seules développées, comprimé perpendiculairement à la commissure qui devient étroite.

    a. Fruit ovale :

      × Bandelettes solitaires dans chaque vallécule .... Carum.

      ×× Bandelettes multiples, pas d'involucre ni d'involucelle........... Pimpinella.

      ××× Calice oblitéré, côtes filiformes, carpophore indivis.............. Apium.

    b. Fruit globuleux souvent didyme :

      × Fruit didyme, côtes subéreuses, planes, calice foliacé, une bandelette très développée par vallécule. Cicuta.

      ×× Côtes ondulées, bandelette rudimentaire, graine à face commissurale concave.................... Conium.

××× Fruit globuleux, côtes primaires
et secondaires légèrement saillantes, des bandelettes sur la commissure seulement.............. CORIANDRUM.

c. Fruit allongé acuminé.............. CHOEROPHYLLUM.

V. *Hydrocotylées.* — Inflorescence en ombelles
simples ;
Fruit comprimé par le côté, commissure très
étroite............................... HYDROCOTYLE.
Fruit non comprimé à aiguillons crochus... SANICULA.

VI. *Araliées.* — Fruit 1-8 carpellés plus ou
moins charnu, drupe.

× 2-5 styles libres, albumen lisse... ARALIA.
×× Styles connés, albumen ruminé.. HEDERA.

Daucus Carota. *Carotte.* — Tige dressée rameuse, racine pivotante, feuilles bipennatiséquées, ombelle de fleurs blanches à pétales rayonnants à la circonférence, la fleur centrale est stérile et purpurine, après la floraison l'ombelle se contracte en nid d'oiseaux; fruits aiguillonnés. *Fl.* — Été.

Hab. — Commune dans les prairies et cultivé.

Prop et usages. — Graines aromatiques, racine comestible. Contient du sucre et une matière colorante, la *Carotine.*

Daucus Carota.
Fig. 89.

Cuminum Cyminum. *Cumin.* — Herbe annuelle grêle 2 à 3 décim., feuilles fines bipennatiséquées, glabres, fleurs blanches à pétales inégaux, fruits linéaires, à côtes primaires peu saillantes, glabres ou papilleuses comme les secondaires qui sont plus développées, bandelettes solitaires. *Fl.* — Été.

Hab. — Région méditerranéenne orientale et cultivé.

Prop. et usages. — Fruit aromatique stimulant (*Quatre semences chaudes*) très employé comme condiment, donne une essence qui est un mélange de *Cymène* et de *Cuminol.*

Thapsia garganica. *Thapsia* (fig. 90). — En arabe *Bou néfa*. — Racine vivace cylindrique épaisse, tige élevée, lisse, glauque, cireuse, feuilles divisées, vertes, luisantes en dessus, glauques en dessous, les caulinaires réduites à des gaînes membraneuses. Ombelle centrale grande sans involucre, fleurs jaunes, fruit à côtes dorsales filiformes et les deux marginales développées en ailes larges brillantes.

Thapsia garganica.

Fig. 90.

Hab. — Région méditerranéenne surtout dans le Nord-Afrique.

Prop. et usages. — Toutes les parties du Thapsia contiennent un suc âcre très irritant, l'écorce des racines donne une résine employée pour la préparation des emplâtres de Thapsia , on y a distingué: Une substance neutre vésicante, une huile volatile, une résine brune (acide Thapsique et Caprylique) et de la gomme.

Les Arabes emploient le *Thapsia* à l'intérieur comme purgatif.

Thapsia villosa. — Diffère du précédent par ses feuilles velues et ses fruits beaucoup plus petits.

Possède les mêmes propriétés à un degré moindre.

Peucedanum Anethum. *Anethum graveolens; A. Sowa; Aneth.* — Herbe annuelle à racine grêle, pivotante, feuilles glauques, découpées en lanières filiformes, ombelles grandes sans involucre, fleurs jaunes, fruit elliptique, entouré d'une bordure plane, côtes fines, larges bandelettes solitaires.

Hab. — Orient, région méditerranéenne, et cultivé.

Prop. et usages. — Fruits aromatiques stimulants, on en retire l'*Essence d'Aneth*.

Peucedanum officinale. — Employé par les anciens comme stimulant, diurétique.

Peucedanum palustre. Selin des marais. — Racine à suc âcre. Employé autrefois comme emménagogue, diurétique et comme antispasmodique dans la coqueluche, l'épilepsie.

Peucedanum Pastinaca. Panais. — Racine alimentaire, fruits aromatiques.

Ferula communis. *Ferule.* — Grande plante vivace à racine volumineuse. Tige élevée à grandes feuilles molles, décomposées en lanières étroitement linéaires, ombelle centrale grande, fleurs jaunes, fruit grand obové elliptique à bordure plane, vallécules à plusieurs bandelettes.

Hab. — Région méditerranéenne.

Prop. et usages. — Laisse parfois exsuder à travers des ouvertures pratiquées par des larves d'insectes sur la tige une gomme résine qui ressemble à la Gomme ammoniaque.

Ferula Asa fœtida. *Asa fœtida.* — Plante élevée à feuilles décomposées, les segments foliaires sont assez larges, oblongs, lancéolés, crénelés. — **Ferula Narthex** Boiss. et *Ferula alliacea* Boiss. Très voisines de la précédente.

Hab. — Inde et Perse.

Prop. et usages. — L'*Asa fœtida* est une gomme-résine que l'on obtient par la section complète au niveau du sol de la racine des *F. Asa fœtida* et *F. Narthex*, le suc s'amasse et se concrète dans une cavité que l'on creuse sur la surface de section. Ce produit est employé comme stimulant antispasmodique et expectorant.

Ferula Sumbul. *Sumbul.* — Grande plante vivace à racine fusiforme, gorgée de suc fétide, fruit à bandelettes larges et solitaires dans chaque vallécule.

Hab. — Montagnes du Turkestan.

Prop. et usages. — *La Racine de Sumbul* est un stimulant et un antispasmodique assez analogue à la Valériane, elle a été fortement recommandée contre le choléra, la fièvre typhoïde, chorée, hystérie, asthme.

Ferula galbaniflua. — Laisse exsuder, ainsi que d'autres espèces voisines, une gomme-résine connue sous le nom de *Galbanum;* le *Sagapenum* et l'*Opoponax* sont aussi des produits de *Ferula* non encore sûrement déterminés.

Dorema Ammoniacum. — Grande herbe vivace à feuilles radicales peu abondantes, à segments assez larges, les fleurs sont disposées en petites ombellules dispersées sur un axe florifère allongé. — **Dorema Aucheri.** — Voisine de la précédente, mais à feuilles plus finement découpées.

Hab. — Perse.

Prop. et usages. — La *Gomme Ammoniaque* provient du suc gommo-résineux de ces plantes, elle s'échappe de la tige par des piqûres d'insectes, c'est un stimulant expectorant antispasmodique.

Archangelica officinàlis. *Angélique.* — Grande herbe à tiges cannelées, fistuleuses, fleurs verdâtres en grandes ombelles, fruit à côtes ailées et à bandelettes multiples dans chaque vallécule.

Hab. — Montagnes et nord de l'Europe. Cultivé.

Prop. et usages. — La racine épaisse, charnue, est très aromatique, amère, c'est un excellent stimulant qui entre dans la composition de différents alcoolats, baumes et liqueurs. Toute la plante est aromatique, elle est utilisée dans la confiserie, etc.

Levisticum officinale, *Livèche.* — Fournit aussi une racine (R. d'Ache) et des fruits aromatiques.

Fœniculum vulgare. *Fenouil.* — Plante vivace à racine profonde, feuilles à lanières filiformes, très odorantes, ombelles non involucrées de fleurs jaunes sans sépales, à pétales involutés, fruit oblong à côtes proéminentes, bandelettes solitaires.

F. piperitum, fenouil sauvage, forme spontanée à ombelles plus petites, fruit plus court, saveur épicée, amère.

F. dulce. — Fenouil doux; ombelles grandes, fruit long souvent arqué, saveur douce. Cultivé.

Hab. — Région méditerranéenne et cultivé sous différentes formes.

Prop. et usages. — Le fruit du *Fenouil doux* est aromatique, stimulant, carminatif comme celui de l'anis. On en retire

Fœniculum vulgare.
Fig. 91.

OEnanthe Phellandrium.
Fig. 92.

l'*Essence de fenouil* composée d'un hydrocarbure et de l'*Anéthol* ou Camphre d'anis ; les semences contiennent encore (12 p. 100) une huile fixe.

Seseli tortuosum. Seseli de Marseille. — Semence aromatique.
Athamantha Cretensis. Daucus de Crête. — Semence aromatique.

Œnanthe crocata. *Œnanthe safrané.* — Herbe vivace de 10-12 décimètres, à racine fasciculée formée de fibres et de tubercules épais, napiformes, contenant un suc jaune, feuilles grandes, luisantes, à segments ovales cunéiformes, incisés-dentés, linéaires dans les feuilles supérieures. Fleurs blanches, fruit couronné par les dents du calice et les styles persistants, pas de carpophores. Été.

Hab. — Les marais.

Prop. et usages. — Espèce dangereuse par sa grosse racine à saveur douce, mais constituant un poison violent souvent mortel.

Œnanthe Phellandrium. *Phellandre aquatique.* — Fruit employé quelquefois dans le traitement des affections des organes respiratoires.

Œnanthe fistulosa. — Tige fragile, fistuleuse, feuilles longuement pétiolées, ombellules fructifères globuleuses, calice et styles persistants.

Hab. — Marais. Plante vénéneuse.

OEnanthe fistulosa.
Fig. 93.

Æthusa Cynapium.
Fig. 94.

Æthusa Cynapium. *Petite ciguë.* — Tige annuelle fistuleuse, sillonnée de lignes rougeâtres, feuilles molles, sombres, fétides, ombelle longuement pédonculée, involucelle à trois folioles, unilatérale ; fleurs blanches, pétales tachés de vert à l'onglet.

Hab. — Champ, jardin.

Prop. et usages. — Plante réputée très toxique; mais qui serait inoffensive d'après quelques expérimentateurs. M. Tanret n'y a pas trouvé d'alcaloïde.

Carum Carvi. *Carvi.* — Herbe à racine pivotante, odorante, feuilles à segments divisés en lanières linéaires, aiguës, fleurs blanches en ombelles, à rayons inégaux, fruit ovoïde, à bandelettes, solitaire, très odorant.

Hab. — Europe et Asie. Cultivé.

Prop. et usages. — Le fruit aromatique de Carvi est employé comme condiment. On en retire une essence composée de *Carvène* et de *Carvol.*

Carum Ajowan. — Ammi de l'Inde. Mêmes usages que le Carvi.

Carum Petroselinum. *Persil.* — Tige très rameuse, glabre, sillonnée, feuilles luisantes à segments ovales en coin, incisés-dentés, odeur aromatique; fleurs petites, verdâtres; fruit courtement ovoïde à côtes obtuses, à odeur térébenthinée.

Carum Carvi.

Fig. 95.

Hab. — Originaire de la région méditerranéenne. Cultivé.

Prop. et usages. — Le Persil est un condiment bien connu, sa racine est une des *Cinq Racines apéritives*, son fruit contient l'*Apiol* ou *Camphre de persil*, emménagogue fort vanté.

Apium graveolens. *Ache des marais.* — Racine et fruit aromatique, est la souche du *Céleri cultivé.*

Pimpinella Anisum. *Anis vert.* — Herbe annuelle à feuilles polymorphes, les inférieures cordiformes incisées dentées; fleurs blanches, fruit ovoïde à dix côtes filiformes, bandelettes multiples. Été.

Hab. — Cultivé. Originaire d'Orient.

Prop. et usages. — Les fruits sont riches en huile essentielle qui leur donne des propriétés aromatiques, stimulantes; cette essence est composée d'un hydrocarbure et d'*Anéthol*.

Pimpinella magna. — Racine de Boucage. Racine de Grande Saxifrage.

Pimpinella Saxifraga. — Racine de Petite Saxifrage.

Cicuta virosa. *Ciguë vireuse, C. aquatique*. — Tige fistuleuse de 8-12 décimètres, glabre, à gros rhizome blanc, feuilles bitripennées à long pétiole, fleurs blanches, fruit globuleux didyme. Été (fig. 97).

Pimpinella Anisum.
Fig. 96.

Cicuta virosa.
Fig. 97.

Hab. — Marais tourbeux du nord et du centre de l'Europe.

Prop. et usages. — Plante toxique peu usitée comme médicament.

Conium maculatum. *Grande Ciguë*. — Grande herbe bisannuelle à tige ramifiée lisse tachée de pourpre vineux à la base, feuilles glabres luisantes à segments oblongs, aigus, incisés-dentés, fleurs blanches; fruit ovoïde globuleux, comprimé sur le côté, resserré au niveau de la commissure, à dix

98 PHANÉROGAMES.

côtes saillantes ondulées, crénelées, *bandelettes rudimentaires*, graine creusée d'un sillon sur sa face commissurale.

Hab. — Les décombres, voisinage des habitations.

Prop. et usages. — Toute la plante a passé pour toxique, mais c'est surtout dans les semences qu'on rencontre les alcaloïdes de la Ciguë. La couche interne de l'endocarpe présente au contact de la graine une couche de cellules brunes épaisses, contenant la *Conicine* (cellules à Conicine, fig. 99).

On a signalé un deuxième alcaloïde, la *conhydrine*, qui est solide, mais volatil.

La Ciguë a été préconisée dans le traitement de beaucoup de maladies, elle est encore employée comme sédative. Les préparations de semences et les sels de Conicine sont les seules préparations fidèles.

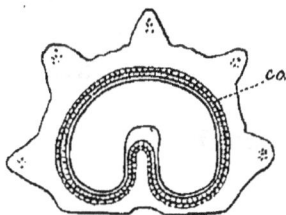

Conium maculatum.
Fig. 98.

Cellules à Conicine.
Fig. 99.

Coriandrum sativum. *Coriandre.* — Herbe annuelle à odeur de punaise, petites ombelles de fleurs blanches ou rosées, à pétales très inégaux, bilobés, fruit globuleux à deux bandelettes commissurales (fig. 100).

Hab. — Cultivé.

Prop. et usages. — Recherché comme condiment, son fruit est stimulant carminatif.

Chœrophyllum Cerefolium. *Cerfeuil.* — Herbe aromatique à fruit allongé, acuminé.

Hab. — Asie occidentale, sud de la Russie. Cultivé.

Prop. et usages. — Employé comme condiment.

Hydrocotyle vulgaris. — Tige rameuse rampante, feuilles orbicu-laires crénelées à nervures peltées, fleurs petites presque sessiles, fruit plus large que haut plane, comprimé par le côté. Été.

Hab. — Marais.

Prop. et usages. — Acre, peu usité.

Coriandrum sativum.
Fig. 100.

Hydrocotyle vulgaris.
Fig. 101.

Hydrocotyle asiatica. — Ressemble beaucoup à notre espèce indigène.

Hab. — Régions tropicales, Asie, Afrique, Amérique.

Prop. et usages. — Regardé comme altérant, stimulant, em-ployé à l'extérieur contre un grand nombre d'affections cuta-nées chroniques.

Hedera helix. Lierre. — Peu usité.

Aralia Ginseng et *A. quinquefolia.* Ginseng. —Racines aphro-disiaques célèbres autrefois.

CORNÉES.

Cette petite famille se relie aux Ombellifères par les *Araliées* dont elle diffère surtout par ses feuilles opposées et le style unique, elle établit le passage aux Rubiacées dont elle ne dif-fère que par les pétales libres.

Cornus florida. — Arbuste à feuilles opposées, fleurs petites, tétramères, en cymes contractées, capituliformes et entourées de quatre bractées blanches formant involucre, drupe rouge. ·

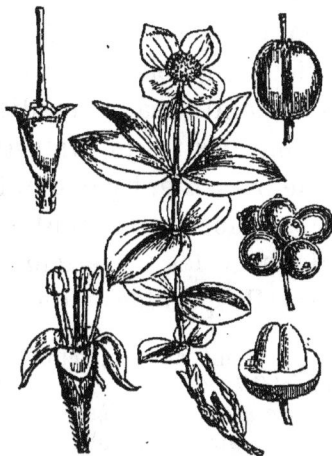

Cornus florida.
Fig. 102.

Hab. — Marais. Amérique du Nord.

Prop. et usages. — Écorce amère, tonique, fébrifuge ; la *Cornine* est le principe actif.

Cornus mas. Cornouiller. — Europe.

MYRTACÉES.

Dialypétales inferovariées polystémones, exalbuminées.

Fleurs à 4-5 divisions, à calice persistant ou tombant, souvent formant une coiffe, pétales insérés sur un disque qui couronne souvent le sommet de l'ovaire, libres ou soudés en coiffe (*Eucalyptus*) ou nuls ; étamines nombreuses insérées avec les pétales, souvent en faisceaux, anthères petites arrondies ; ovaire infère ou semi-infère généralement bi-pluriloculaire, à ovules nombreux, rarement solitaires ; fruit généralement couronné par le limbe du calice, tantôt uniséminé par avortement et indéhiscent, tantôt capsulaire s'ouvrant au sommet, tantôt baccien, multi ou uni-séminé ; graines anguleuses quelquefois dimorphes. Embryon exalbuminé, cotylédons courts, très rarement foliacés, radicule épaisse.

Les Myrtacées sont des arbustes ou des arbres de grande taille, très florifères, à feuilles odorantes souvent opposées, entières, à glandes huileuses dans le parenchyme.

Cette famille compte plus de 2,000 espèces des pays chauds. Les huiles essentielles, qu'elles sécrètent abondamment, les rendent propres à maints usages médicaux, elles sont riches en tannin et donnent des fruits comestibles.

Les Myrtacées ne présentent pas d'affinités bien évidentes en dehors des Mélastomacées. On peut cependant leur trouver quelques analogies avec les Hypéricinées, Ternstrœmiacées et même les Rutacées (Hespéridées), qui ont l'ovaire supère.

Clef. — I. *Myrtées.* — Fruit charnu, feuilles opposées, à
     glandes oléifères :
       a. Calice à 4-5 lobes dès le bouton :
          ✕ Loges multiovulées, embryon arqué. Myrtus.
          ✕✕ Loges biovulées, embryon en spirale. Pimenta.
          ✕✕✕ Gros embryon droit, cotylédons
             épais.......................... Eugenia.
       b. Calice clos dans le bouton et se déchirant
          au moment de l'épanouissement, graines
          nombreuses......................... Psidium.
   II. *Leptospermées.* — Fruit capsulaire, feuilles opposées ou alternes, ou phyllodes à glandes
     oléifères :
          ✕ Pétales libres, étamines nombreuses
            en 5 phalanges.................... Melaleuca.
          ✕✕ Pétales soudés en une coiffe qui
            tombe à l'épanouissement.......... Eucalyptus.
   III. *Punicées.* — Feuilles fasciculées non glanduleuses, ovaire à 2 étages, graines charnues... Punica.

Myrtus communis. *Myrte.* — Arbuste à petites feuilles opposées, persistantes, ovales-lancéolées, aiguës, ponctuées, aromatiques ; fleurs pédonculées, solitaires, axillaires, 5 sépales étalés, 5 pétales concaves, étamines libres, très nombreuses, 1 style, baie globuleuse violacée, couronnée par les dents du calice. Avril-juin.

Hab. — Dans la région méditerranéenne.

Prop. et usages. — Toutes les parties du Myrte sont astringentes et aromatiques antiseptiques, l'écorce a été employée pour combattre la dysenterie.

Pimenta officinalis. *Toute épice. Piment de la Jamaïque. Poivre de la Jamaïque.* — Organisation générale du Myrte; mais arbre à feuilles grandes, fleurs en grappes axillaires, tétramères, fruits globuleux très odorants. Graine à embryon enroulé en spirale.

Hab. — Les Antilles, l'Amérique centrale et australe, cultivé dans les pays chauds.

Prop. et usages. — On cueille le fruit avant la maturité, desséché, il devient un condiment chaud et aromatique, on en retire, par distillation, une essence analogue, l'essence de girofle.

Pimenta acris. — Des mêmes régions, fournit un fruit que l'on substitue à celui du précédent, une teinture de ses feuilles est employée en Amérique comme un médicament stimulant très actif.

Eugenia aromatica. *Giroflier.* — Arbre à feuilles opposées persistantes aromatiques, fleurs en cymes terminales, à réceptable tubuleux, couronné par 4 sépales charnus persistants, 4 pétales concaves recouvrant dans le bouton (clou de girofle) les nombreuses étamines, ovaire à 2 loges multiovulées, le fruit charnu, violacé, couronné par le calice, contient une seule graine à cotylédons inégaux enveloppant la radicule.

Hab. — Originaire des Moluques, cultivé dans les pays tropicaux.

Prop. et usages. — Les boutons sont les *Clous de girofle*, dont on retire l'*Essence de girofle* qui se compose d'uu hydrocarbure et d'*Eugenol* (densité 1,079), *acide salicylique, caryophylline*, ils sont stimulants, aromatiques, antiseptiques.

Un certain nombre d'*Eugenia* ont des fruits comestibles.

Psidium pomiferum. Goyavier. — Les goyaviers ont un calice complètement clos qui se déchire au moment de l'épanouissement, leurs fruits bacciens sont souvent volumineux et très recherchés dans les pays chauds. Les fruits verts et l'écorce sont astringents.

Melaleuca minor. *Cajeput.* — Petit arbre à feuilles alternes, linéaires, lancéolées, à nervures parallèles, coriaces. soyeuses dans leur jeunesse. Fleurs sessiles en épi dont l'axe est terminé par un bourgeon qui continuera le rameau, tandis que les fruits très durs resteront appliqués sur le vieux bois pendant plusieurs années.

Hab. — Archipel indien.

Prop. et usages. — On retire des feuilles l'*Essence de Cajeput*, employée en friction dans le traitement du rhumatisme.

Melaleuca Leucodendron, qui est le *Niaouli* des Néo-Calédoniens, donne une essence analogue à celle de Cajepüt et une écorce blanche en lamelles papyracées souples.

Eucalyptus Globulus. — Grand arbre irrégulier à tronc lisse à feuilles sessiles, opposées, glauques, cireuses chez les jeunes sujets, puis alternes, pétiolées, falciformes, coriaces, pendantes, riches en glandes oléo-résineuses; bouton floral gros en forme de toupie, anguleux, verruqueux, blanchâtre, couvert par un large opercule représentant la corolle, la fleur ouverte présente de nombreuses étamines et un ovaire infère à 4-5 loges; le fruit s'ouvre sur sa face supérieure par 4-5 fentes et contient de nombreuses graines.

Hab. — Tasmanie et Australie orientale. Cultivé dans la région méditerranéenne.

Prop. et usages. — Les feuilles donnent une essence riche en *Eucalyptol*, elles contiennent

Eucalyptus globulus.
Fig. 103.

aussi des acides tannique et gallique, de la pyrocatéchine, etc., l'infusion et l'extrait sont utilisés comme antiseptique et fébrifuge. L'écorce riche en tannin donne aussi un extrait fébrifuge à la dose de 5 à 10 grammes. Cette précieuse myrtacée ainsi que d'autres espèces du même genre (*E. rostrata*, *E. cornuta*) ont permis d'assainir des régions marécageuses.

Les *E. amygdalina*, *oleosa*, *leucoxylon* donnent plus d'essence que l'*E. Globulus*, 1 à 3 p. 100, l'*E. meliodora* a l'odeur de la Citronelle.

D'autres espèces donnent des *Kinos d'Australie*.

Punica Granatum. *Grenadier*. — Arbuste rameux à écorce cendrée, rameaux opposés; feuilles fasciculées, fleur grande d'un rouge vif, presque sessile à calice coriace à 5-7 divisions valvaires, corolle à 5-7 pétales obovés, étamines nombreuses, ovaire infère, formé de plusieurs carpelles disposés sur deux rangs superposés et séparés par une cloison transversale, le fruit globuleux est surmonté par les divisions du calice, il contient des graines nombreuses enveloppées d'une pulpe transparente.

Hab. — Originaire de l'Orient, naturalisé dans la région méditerranéenne, cultivé dans les pays chauds et tempérés.

Prop. et usages. — On mange les téguments pulpeux de la graine; le péricarpe et l'écorce de la tige sont riches en tannin et employés comme astringents et aussi pour la teinture et le tannage. L'écorce fraîche de la racine est un bon tænifuge, elle contient la *Pelletiérine* et d'autres alcaloïdes, Isopelletiérine, Pseudopelletiérine et Méthylpelletiérine qui sont toxiques (paralyso-moteurs) à partir de 40 centigrammes.

LYTHRARIÉES.

Lawsonia inermis. Henné. — Employé par les Orientaux pour teindre en jaune rougeâtre les ongles, les mains, les pieds et les cheveux.

CACTÉES.

Tige charnue cylindrique sphéroïde, aplatie, ou articulée, souvent épineuse, ne portant que des feuilles avortées caduques; fleurs souvent grandes, les sépales, pétales, étamines et carpelles en nombre indéterminé se succèdent en spirale continue, l'ovaire est infère uniloculaire, les placentas pariétaux sont couverts d'ovules, le fruit est charnu. Les 1000 à 1200 espèces de Cactées connues sont toutes américaines.

Opuntia Ficus indica. *Figuier de Barbarie*. — Plante grasse élevée à rameaux aplatis, articulés, charnus et portant des feuilles rudimentaires dans leur jeunesse, puis des coussinets de poils barbelés et souvent des épines, fruit charnu cylindrique pourvu à la surface de coussinets de poils barbelés.

Hab. — Originaire du Mexique, introduit en Espagne puis en Barbarie et en Asie, présente d'assez nombreuses variétés.

Prop. et usages. — La figue de Barbarie est comestible, riche en sucre qui pourrait être utilisé pour la fabrication de l'alcool.

Les raquettes sont mucilagineuses émollientes. Les nombreuses graines plates du fruit consommé en trop grande quantités'accumulent dans l'ampoule rectale et déterminent fréquemment une obstruction appelée vulgairement le *bouchon*.

Opuntia cochinillifera. — Utilisé pour l'éducation de la cochenille.

RIBESIÉES.

Dialypétales inferovariées isostémones à placentas pariétaux.
Fruit baccien. Tiges ligneuses, feuilles éparses.

Ribes rubrum. *Groseillier à grappes.*— Arbrisseau à feuilles, 3-5 lobées, dentées. Fleurs petites en grappes axillaires pendantes, calice 5 fide, corolle à 5 pétales, 5 étamines, 2 styles, baies rouges ou blanches, acides. — Avril-mai.

Hab. — Bois marécageux et cultivé.

Prop. et usages. — Fruit acidule comestible, riche en acide citrique et pectine.

Ribes nigrum. *Cassis.* — Baies noires aromatiques, ainsi que les feuilles.

Hab. — Cultivé.

Prop. et usages. — Contient une essence amère, sert à la préparation du *Cassis*.

Ribes rubrum.
Fig. 104.

Ribes Uva crispa. Groseiller à maquereaux. — Arbrisseau épineux, fleurs solitaires ou 2-3 à l'aisselle des feuilles, fruits globuleux.

Hab. — Les haies, cultivé.

Prop. et usages. — Fruit comestible.

HAMAMELIDÉES.

Hamamelis virginica. *Hamamelis.* — Arbuste à feuilles simples brièvement pétiolées, fleurs jaunes tétramères à l'aisselle des feuilles; ovaire semi-infère.

Hab. — Amérique du Nord. Cultivé en Europe.

Prop. et usages. — Astringent très employé en Amérique où il est regardé comme un hémostatique puissant.

Liquidambar orientalis. — Grand arbre ayant le port du *Platane* mais à nombreux canaux sécréteurs.

Hab. — Originaire d'Asie Mineure. Cultivé en Europe.

Prop. et usages. — On retire de l'écorce, par l'ébullition, le *Baume storax liquide* ou Styrax : résine balsamique peu employée à l'intérieur, mais assez fréquemment à l'extérieur sous le nom d'*Onguent styrax*.

D'autres Liquidambar américains (*L. styraciflua*) ou orientaux (*L. altingiana* et *L. formosana*) laissent écouler par les fissures de l'écorce des résines balsamiques analogues au Styrax.

2. — *DIALYPÉTALES SUPEROVARIÉES.*

I. MICROPÉTALES DISCIFLORES	Rhamnales.... (Isostémones.)	Rhamnées. Ampelidées. Célastrinées. Ilicinées.
	Térébinthinées. (Diplostémones).	Sapindacées. Térébinthacées.
II. DIPLOSTÉMONES GÉRANIALES		Rutacées. Simarubées. Zygophyllées. Méliacées. Coriariées. Linées. Géraniacées.
III. CALYCIFLORES ROSALES		Légumineuses. Rosacées.
IV. MÉRISTÉMONES MALVALES		Camelliacées. Malvacées.
V. TRICOQUES EUPHORBIALES		Euphorbiacées.

VI. Centrales caryophyllinées................ ..... | Caryophyllées.

VII. Pariétales...................
{
CRUCIFLORES... {
Crucifères.
Papavéracées.
Capparidées.
Résédacées.
}
CISTIFLORES. .. {
Cistacées.
Violariées.
Bixacées.
}
}

VIII. Polycarpées aphanocycliques, ranales ....
{
Renonculacées.
Magnoliacées.
Anonacées.
Menispermées.
Berberidées.
Laurinées.
Monimiacées.
Nymphéacées.
}

I. — RHAMNALES

Les Rhamnales sont des dialypétales superovariées isostémones, les fleurs généralement petites, peu colorées, présentent entre la corolle et l'androcée un disque nectarifère, qui
est un renflement du réceptacle, l'ovaire est pluriloculaire,
chaque loge contient 1-2 ovules ascendants ou pendants (*Ilex*).

Division en familles.

A. — Étamines opposées aux pétales.

a. Calice à lobes valvaires, feuilles simples............ Rhamnées.
b. Corolle à pétales valvaires, caduque, arbrisseau grimpant.. Ampelidées.

B. — Étamines alternant avec les pétales.

c. Ovules ascendants.............................. Celastrinées.
d. Ovules pendants.......................... Ilicinées.

RHAMNÉES.

Fleurs hermaphrodites ou unisexuées par avortement, régulières, petites, rarement colorées, groupées en grappes ou
ombelles de cimes, 4-5 sépales à préfloraison valvaire, les
pétales en même nombre (quelquefois nuls) ont *en face* d'eux
les 4-5 étamines qui sont insérées sur un disque entourant l'o-
vaire. Le gynécée est généralement formé de 3 carpelles, rarement 2-4 ; le fruit est souvent une drupe, quelquefois une sa-

mare ou une capsule, la graine albuminée contient un embryon droit.

Les Rhamnées sont des arbres ou des arbrisseaux souvent épineux, à feuilles simples, ordinairement stipulées. Les 450 espèces connues habitent les régions tempérées et chaudes.

Clef. — ✕ Arbres ou arbustes; drupe à 2-4 noyaux distincts.. Rhamnus.
✕✕ Arbres ou arbrisseaux épineux; drupe à 1 noyau
ou 2-3 noyaux soudés ensemble............. Zizyphus.

Rhamnus cathartica. *Nerprun.* — Arbuste à rameaux opposés, étalés, à feuilles caduques, opposées sur les jeunes rameaux à stipules subulées; fleurs dioïques tétramères, fruit sphérique noir à trois graines.

Hab. — Bois. Europe.

Prop. et usages. — Les drupes sont hydragogues et servent à la préparation du *Sirop de Nerprun.*

Rhamnus Frangula. — Bourdaine, commune en Europe; écorce purgative.

Rhamnus purshiana. *Cascara sagrada.* — Arbuste des côtes occidentales de l'Amérique du Nord, dont l'écorce vantée comme laxatif sous le nom de *Cascara sagrada* paraît avoir les mêmes propriétés que l'écorce de Bourdaine (*Rh. frangula*).

Rhamnus cathartica.

Fig. 105.

Rhamnus infectoria. — Midi de l'Europe; ses fruits cueillis avant maturité deviennent les *Graines d'Avignon*, employées comme matière colorante.

Rhamnus Alaternus. *Alaterne.* — Feuilles persistantes alternes, fleurs ordinairement pentamères dioïques, les fruits rouges puis noirs ont les mêmes propriétés que ceux du *Nerprun cathartique*, ils donnent lorsqu'ils sont mêlés à de la chaux le *Vert de vessie.*

Zizyphus vulgaris. *Jujubier.* — Arbres ou arbustes à rameaux noueux, feuilles alternes à stipules spinescentes sur des rameaux grêles et tombant avec elles ; fleurs petites, penta-mères, à ovaire enfoncé dans un disque, drupe rouge oblon-gue, à un seul noyau.

Hab. — Originaire de la Chine ; cultivé et subspontané dans la région méditerranéenne.

Prop. et usages. — Les drupes sont les *jujubes*, un des *fruits pectoraux*.

Zizyphus Jujuba est cultivé dans les pays plus méridionaux que le précédent, son fruit est aussi comestible.

Zizyphus Lotus. Jujubier sauvage. — Algérie, petits fruits sucrés inusités.

AMPELIDÉES.

Fleurs petites généralement hermaphrodites, en grappes composées, oppositifoliées, penta-tétramères à pétales libres ou soudés au sommet (*Vitis*), les étamines sont opposées aux pé-tales et le pistil est ordinairement formé de 2 carpelles. Le fruit est une baie contenant des graines albuminées. Les Ampélidées sont des arbustes sarmenteux, grimpant à l'aide de vrilles, on en connaît environ 250 espèces des pays tempérés et chauds.

Vitis vinifera. *Vigne.* — Arbuste grimpant à l'aide de vrilles, à rameaux renflés aux nœuds qui portent des feuilles pétiolées, palmatilobées ; fleurs petites, 4-5 mères en grappes composées, les pétales soudés par le sommet sont très ca-ducs ; baie comestible.

Hab. — Asie occidentale et région méditerranéenne. Cultivé sous de nombreuses variétés.

Prop. et usages. — Le raisin se consomme frais ou sec et fournit le vin, de l'alcool, du vinaigre, le tartre.

On a introduit plus récemment, dans la culture, des espèces du Nouveau-Monde.

CÉLASTRACÉES.

Les Célastracées diffèrent surtout des Rhamnées par leurs *étamines* qui *alternent avec les pétales* au lieu de leur être oppo sées ; le gynécée est formé de 2-5 carpelles.

Clef. — + Capsule 3-5 loges, graine complètement enveloppée dans une arille rouge.................. EVONYMUS.
++ Capsule 3 loges, graine comprimée ailée........ CATHA.

Evonymus europæus. *Fusain.* — Arbuste à rameaux quadrangulaires, feuilles opposées, fleurs petites, fétides, en
grappes opposées ; capsule quadrangulaire, rouge à la maturité.

Hab. — Les haies. Europe.

Prop. et usages. — Toutes les parties de la plante sont drastiques et émétiques.

Catha edulis. *Khât.* — Petit arbuste à feuilles opposées.

Hab. — Arabie et Afrique austro-orientale.

Prop. et usages. — La feuille est un stimulant, caféique. On
en a isolé un alcaloïde, la katine.

ILICINÉES.

Les Ilicinées sont des arbres ou arbustes à feuilles coriaces,
persistantes, simples, *alternes et sans stipules*, les fleurs sont
petites, tétra-pentamères ou hexa-
mères, à étamines alternipétales ; le
pistil comprend autant de carpelles
que les autres verticilles, les ovules
sont pendants, le fruit est une drupe.
On connaît environ 150 espèces, habitant surtout l'Asie et l'Amérique
méridionale.

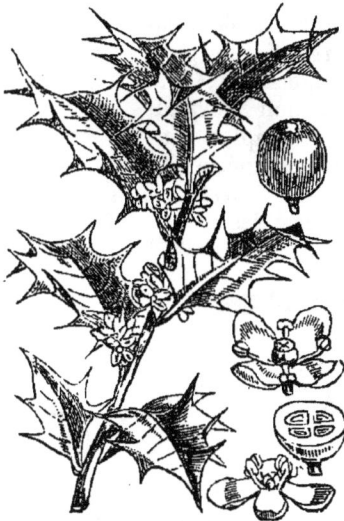

Ilex Aquifolium. *Houx.* — Arbre ou arbuste très rameux, à rameaux verts, feuilles coriaces généralement dentées, épineuses et ondulées, entières sur les vieux pieds;
fleurs tétramères, baie rouge à 3-5
noyaux. — Mai.

Ilex Aquifolium.

Fig. 106.

Hab. — Bois.

Prop. et usages. — Les feuilles ont
été proposées comme diaphorétiques et fébrifuges, elles contiennent un principe amer (illicine) ; torréfiées elles devien-

draient un succédané du thé. Enfin on prépare de la glu avec l'écorce de houx.

Ilex paraguaiensis. *Maté, Thé du Paraguay.* — Arbuste à feuilles coriaces simples, persistantes.

Hab. — Paraguay, Brésil.

Prop. et usages. — Les feuilles torréfiées et réduites en poudre servent à la préparation d'une infusion théiforme; elles renferment du reste de la caféine.

II. — THÉRÉBINTHINÉES

Le groupe des Térébenthinées contient des dialypétales, superovariées, diplostémones, dont les fleurs sont petites, nombreuses, quelquefois apétales, bisexuées ou unisexuées.

Pistil de 1 à 3, rarement 4 carpelles. Ovules solitaires plus rarement 2 ou ∞ dans chaque loge. Ce sont des arbres ou arbrisseaux, plus rarement des herbes vivaces, à feuilles souvent composées, sans stipules.

Division des Térébenthinées en familles.

A. Arbres ou arbrisseaux à canaux sécréteurs oléorésineux, disque intra-staminal; fleur régulière diplostémone ou isostémone par avortement......... TÉRÉBINTHACÉES.

B. Arbres, arbustes ou herbes vivaces, non balsamiques; disque extra-staminal; style simple; fleur irrégulière et anisostémone; feuilles composées ou découpées; anthères s'ouvrant par des fentes. ... SAPINDACÉES...

C. Feuilles simples, entières; anthères poricides........ POLYGALÉES.

TÉRÉBINTHACÉES

La famille des Térébinthacées est constituée par deux séries principales de genres, enchaînés par des caractères, qui varient assez pour rendre une description d'ensemble fort difficile. Ce sont typiquement des dialypétales, superovariées, diplostémones. Les fleurs sont souvent petites, verdâtres, nombreuses, hermaphrodites, monoïques ou dioïques, souvent pentamères. Des 2 cycles staminaux typiques un avorte souvent, il arrive même qu'une seule étamine reste fertile. Le pistil est tantôt (*Anacardiées*) constitué par un ovaire uniloculaire, uniovulé, surmonté d'un style ou de 3 branches stigmatifères; tantôt (*Bursérées*) l'ovaire est pluriloculaire, à loges biovulées. Les ovules sont pendants, rarement ascendants. Le fruit est ordinairement une drupe, quelquefois une achaine. La *graine est dépourvue d'albumen* et l'embryon a les cotylédons plans, ou plissés (Bursérées).

Les Térébinthacées sont des arbres ou arbrisseaux à feuilles le plus souvent composées pennées, *sans stipules ;* la *tige et les feuilles sont pourvues de canaux sécréteurs oléo-résineux* dans la région libérienne des faisceaux; d'où une forte odeur balsamique dans toute la plante.

Les Térébinthacées présentent des affinités qui les relient intimement aux *Rutacées* qui en diffèrent par leurs nodules sécréteurs pellucides dans les feuilles, et le nombre et la position des ovules — aux *Sapindacées* qui diffèrent par l'absence de canaux sécréteurs, les fleurs souvent irrégulières, le disque extra-staminal — aux *Juglandées* qui sont apétales et ont l'ovaire infère — aux *Légumineuses* dont certains genres (*Ceratonia*) ont le port et une bonne part de l'organisation florale des Térébinthacées; mais en diffèrent toujours par leurs feuilles stipulées et l'absence de canaux sécréteurs dans la région libérienne des faisceaux, et par le fruit qui est très rarement drupacé.

Les 600 espèces connues sont presque toutes tropicales; elles fournissent un grand nombre de résines, baumes, gommes, essences, vernis, produits de l'activité des canaux sécréteurs résinifères. Elles sont souvent riches en tannin, et quelques-unes fournissent des fruits comestibles.

Clef. — I. ANACARDIÉES. — *Ovaire uniloculaire, uniovulé :*
    a. Feuilles composées, 3 styles :
        × Fleurs 5-mères, diplostémones, dioïques, drupe globuleuse . . . . SCHINUS.
        ×× Fleurs 4-6-mères, isostémones, polygames, drupe comprimée . . . . RHUS.
        ××× Fleurs apétales, étamines 5, dioïques. PISTACIA.
    b. Feuilles simples, 1 style filiforme :
        × Fleurs 4-5-mères, 1-5 étamines, drupe. MANGIFERA.
        ×× Fleurs 5-mères, diplostémones, pédoncule fructifère charnu, accrescent; fruit sec, indéhiscent . . . . ANACARDIUM.

II. Bursérées. — *Ovaire pluriloculaire, loges biovu-*
lées :

    × Fleurs polygames, 3-5-mères, en grap-
        pes composées.................... Bursera.

    ×× Fleurs polygames, 4 mères, à calice
        urcéolé, fasciculées le long des ra-
        meaux........................ Balsamea.

    ××× Fleurs hermaphrodites, 5 - mères;
        drupe à 2 ou 3 valves, abandonnant
        les noyaux adhérents à l'axe........ Boswelia.

Schinus Molle. *Faux Poivrier. Mollé.* — Arbre dioïque, à rameaux pendants, à feuilles composées de folioles étroites linéaires, lancéolées, dentées; fleurs petites en grappes; les mâles pentamères à 10 étamines, les femelles pentamères à ovaire surmonté de 3 styles, le fruit est une petite drupe rouge à saveur piquante.

Hab. — Originaire de l'Amérique du Sud, et cultivé communément dans la région méditerranéenne; il présente l'organisation typique de la famille des Térébinthacées.

Prop. et usages. — Laisse exsuder un suc laiteux, à odeur piquante, qui devient une résine peu usitée, les drupes ont été proposées comme succédané du Cubèbe.

Rhus Coriaria. *Sumac des corroyeurs.* — Arbrisseau à feuilles imparipennées, à folioles velues, dentées, à fleurs polygames, verdâtres, en grappes denses, pentamères, isostémones, 3 stigmates, le fruit est une drupe comprimée.

Hab. — Rég. méditerranéenne.

Prop. et usages. — Les feuilles sont très astringentes et servent dans la teinture et au tannage des cuirs.

Rhus toxicodendron. — Arbuste rampant, à feuilles trifoliolées, à foliole terminale seule pétiolée, drupe vert pâle.

Hab. — Amérique. Canada, Georgie.

Prop. et usages. — Les émanations de cette plante peuvent déterminer des éruptions, son suc âcre produit la vésication. On a isolé un *Acide toxicodendrique* assez semblable à l'acide formique et qui serait le principe actif.

Rhus radicans. — Mêmes propriétés que le *Rh. toxicodendron.*
Rhus Vernix. — Japon, donne un vernis.
Rhus succedanea. — Donne de la cire (acide palmitique).
Rhus Cotinus. Fustet. — Teinture. Tannage.

Rhus glabra. — Amérique N. Fruits employés aux États-Unis pour préparer des boissons acidulées.

Pistacia Lentiscus. *Lentisque.* — Petit arbre ou arbrisseau dioïque, à feuilles composées, persistantes, à fleurs petites, nombreuses, en inflorescence compacte ; les mâles réduites à un calice rudimentaire et à 5 étamines, les femelles à un calice et un ovaire surmonté d'un style à 3 branches stigmatifères ; le fruit est une petite drupe contenant une graine non albuminée.

Hab. — Rég. méditerranéenne.

Prop. et usages. — Le Lentisque fournit par l'incision du tronc et des branches une térébenthine, le *Mastic* que l'on exploite dans l'île de Chio, et qui a les mêmes propriétés thérapeutiques que les Térébenthines des Conifères.

Pistacia Terebinthus. *Térébenthe.* — Arbre ou arbrisseau à feuilles plus grandes que celles du précédent, et caduques ; inflorescence en grappe composée, lâche.

Hab. — Rég. méditerranéenne.

Prop. et usages. — Fournit la *Térébinthine de Chio*, dont l'exploitation est fort limitée.

Pistacia Atlantica. — *Betoum* des Arabes, diffère du Térébinthe par ses folioles plus étroites à pétioles supérieurs ailés.

Hab. — Arbre de la région des Hauts Plateaux de la Barbarie, où il atteint de grandes dimensions.

Prop. et usages. — Laisse exsuder une Térébenthine (Heulc), un suc appelé *Samacq* qui sert d'encre, nourrit un Polypore usité pour la teinture en jaune.

Pistacia vera. *Pistachier franc.* — Arbre ou arbrisseau à feuilles caduques, à larges folioles. Fruits assez volumineux (*Pistache*).

Hab. — Originaire de Syrie, cultivé en grand, en Tunisie, Sicile et en Orient.

Prop. et usages. — La pistache contient sous son tégument rouge un embryon volumineux, vert, huileux et parfumé, on l'emploie comme condiment, et on en prépare aussi des loochs.

Mangifera indica. Manguier. — Arbre à feuilles simples produisant une grosse drupe semblable à un abricot.

Hab. — Asie tropicale, cultivé et naturalisé dans les pays tropicaux.

Prop. et usages. — Le Manguier produit un fruit qui passe pour délicieux.

Anacardium occidentale. *Pommier d'Acajou.* — Arbre à feuilles simples, ovales, à fleurs nombreuses en grappe rameuse. Dix étamines, dont une beaucoup plus grande et fertile; style filiforme; fruit sec à graine renfermant un gros embryon réniforme, reposant sur un renflement charnu et comestible du pédoncule (pomme).

Hab. — Amérique intertropicale, et cultivé dans les pays tropicaux.

Prop. et usages. — La pomme est sucrée acidule, le fruit contient une résine âcre et caustique; mais l'amande est comestible.

Balsamodendron Myrrha. *Myrrhe.* — Arbuste rabougri à feuilles 3-foliolées; petites fleurs polygames, verdâtres, à calice urcéolé, 4-mères, diplostémones.

Hab. — Les bords de la mer Rouge et le golfe d'Aden.

Prop. et usages. — La *Myrrhe* qui s'écoule d'incisions pratiquées sur les troncs et les branches de cet arbuste est une gomme-résine récoltée surtout dans le pays des Somalis, et expédiée à Bombay, avec d'autres produits analogues de moindre valeur. La *Myrrhe* est un tonique stimulant et un emménagogue; elle entre dans le *Thériaque,* l'*Élixir de Garus,* etc.

Le célèbre *Baume de la Mecque,* que l'on ne trouve plus dans le commerce, serait un produit du *B. Opobalsamum;* d'autres *Balsamodendron* africains fournissent le *Bdellium d'Afrique,* gomme-résine comme la myrrhe.

Boswelia Carteri. *Encens* ou *Oliban.* — Petit arbre à tronc épais, à feuilles composées-pennées à folioles crénelées, groupées au sommet des rameaux, fleurs petites, nombreuses en grappes terminales, hermaphrodites, pentamères, diplostémones. Ovaire 2-3-loculaires. Le péricarpe se divise à maturité en 2-3 valves, abandonnant 2-3 noyaux adhérents à l'axe.

Hab. — Les montagnes du littoral du golfe d'Aden.

Prop. et usages. — L'*Encens* comme la *Myrrhe* jouit de propriétés toniques et stimulantes ; on l'emploie aussi à l'extérieur dans certains emplâtres.

Bursera Icicariba. Icica. — De la Guyane et du Brésil,
donne un fruit comestible et une résine assez rare, connue sous
le nom d'*Élémi du Brésil*. L'*Élémi de Manille* est produit par
un autre Burserée, le *Canarium commune*. Un grand nombre
de *Bursera* (*Gommart*) produisent des résines analogues aux
Élémis.

<h2 style="text-align:center">SAPINDACÉES</h2>

Les Sapindacées sont des dialypétales superovariées, typiquement diplostémones ; mais la fleur est souvent irrégulière,
quelquefois apétale et les deux cycles staminaux sont rarement
au complet, on compte 4-10 étamines développées, le nombre 8
est fréquent. *Entre la corolle* et l'*androcée*, on remarque un
renflement du réceptacle : le *disque*, plus ou moins lobé, devient unilatéral dans les fleurs irrégulières (fig. 107, *d*). Le pistil
est ordinairement formé de 3 carpelles, quelquefois de 2,
rarement de 4. L'ovaire pluriloculaire contient dans chaque
loge 1-2 ovules généralement *ascendants* à raphé interne.

Le fruit peut être une capsule à déhiscence loculicide
(*Æsculus*), un polyakène, 2-3 coques (*Sapindus*), une double
ou triple samare, une drupe, une baie.

Les Sapindacées sont des arbres, arbrisseaux ou lianes à
feuilles souvent composées sans stipules. Elles sont étroitement alliées aux Térébinthacées dont elles ne diffèrent que
par l'absence de canaux sécréteurs, les fleurs souvent irrégulières et l'insertion des étamines en dedans du disque.

Les 760 espèces connues appartiennent à la région tropicale.

Clef. — *a*. Feuilles alternes :
       × Fleurs régulières ; fruit indéhiscent, 1 à 3 car-
          pelles.................................... Sapindus.
      ×× Fleurs régulières ; capsule globuleuse septi-
          cide, lianes.............................. Paullinia.
    b. Arbres à feuilles opposées :
      × Fleurs irrégulières, feuilles digitées ; arbre. Æsculus.
      ×× Fleurs régulières, pétales 0 ou 4-5 ; 2 samares ;
          feuilles simples ou composées-pennées.... Acer.

Sapindus Saponaria. *Savonnier.* — Arbre à feuilles composées-pennées, à petites fleurs en grappes, pentamères, diplostémones. Ovaire à trois loges, à ovule solitaire. Fruit charnu coriace, 1-2-3 coques globuleuses contenant une grosse graine à testa noir crustacé.

Hab. — Les Antilles, cultivé ainsi que plusieurs autres espèces dans toutes les régions tropicales et subtropicales et même dans le nord de l'Afrique. Le *Sapindus emarginatus* fructifie très bien à Alger.

Prop. et usages. — Les coques de *Sapindus* contiennent une très grande quantité (60 p. 100) de *Saponine* et un principe mucilagineux. Leur décoction mousse nettoie très bien les étoffes et émulsionne les corps gras. L'écorce et les racines sont quelquefois usitées comme remèdes toniques astringents.

Æsculus. Hippocastanum. *Marronnier d'Inde.* — Grand arbre à feuilles digitées, opposées. Fleurs colorées, en grappes, à périanthe irrégulier, pentamère, 7 étamines; un style filiforme surmontant un ovaire à 3 loges, capsule coriace hérissée de pointes, à 3 valves contenant 1-2 graines, par suite de l'avortement des autres ovules, embryon volumineux, pas d'albumen.

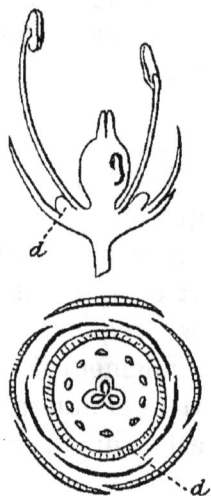

Sapindus Saponaria.
Fig. 107.

Hab. — Asie tempérée, cultivé comme arbre d'ornement.

Prop. et usages. — L'embryon est très riche en fécule mêlée à des principes amers et âcres qui la rendent impropre à l'alimentation, sans un lavage préalable. On a aussi extrait des graines une *Huile de Marron d'Inde* employée à l'extérieur contre la goutte et le rhumatisme. On en a retiré l'*Esculine* vantée comme succédané de la quinine. L'écorce a été regardée aussi comme fébrifuge.

Paullinia Sorbilis. *Guarana.* — Liane à feuilles alternes composées, à fleurs en longues grappes. Le fruit est une capsule trivalve; la graine assez volumineuse ressemble à un petit marron d'Inde.

Hab. — Le Brésil.

Prop. et usages. — Les graines sèches pulvérisées sont mises en pains cylindriques et constituent ainsi la drogue appelée *Guarana.* C'est un médicament caféique et astringent et contenant aussi de la Saponine.

Acer saccharinum L. *Erable à sucre.* — Arbre à feuilles opposées palmatilobées à petites fleurs polygames régulières en grappes ; ovaire bilobé biloculaire devenant une double samare.

Hab. — Amérique du Nord.

Prop. et usages. — Un assez grand nombre d'Érables ont une sève riche en sucre que l'on extrait en perforant l'arbre, on fait ensuite cristalliser le saccharose. Cette exploitation se fait sur une assez grande échelle au Canada. Les cendres d'Érables donnent la *Potasse d'Amérique.*

POLYGALÉES

Les Polygalées sont des dialypétales superovariées, typiquement diplostémones ; mais leurs fleurs sont souvent irrégulières par les nombreux avortements de leurs pièces florales. Le calice est souvent en totalité ou en partie pétaloïde, la corolle, souvent rudimentaire, dans ses pièces postérieures, présente parfois (*Polygala*) un pétale antérieur grand, en forme de carène, et constituant avec 2 pièces postérieures du calice les parties apparentes de la fleur. Les étamines, souvent au nombre de 8, comme chez les Sapindacées, sont quelquefois réduites à 3-4, les filets sont fréquemment unis et les anthères s'ouvrent par des pores terminaux. Le pistil est tantôt biloculaire, tantôt uniloculaire, par avortement précoce d'une loge.

Les Polygalées sont des herbes ou des arbustes à feuilles simples, entières, sans stipules, à principes amers, astringents, évacuants. Cette famille ne se relie d'une manière évidente à aucune autre. Ce sont les Sapindacées qui s'en rapprochent le plus.

Les 400 espèces connues habitent toutes les régions tempérées et chaudes du globe.

Clef. — *a.* Pièces du calice très inégales, les 2 postérieures, pétaloïdes ; pétale antérieur grand en carène frangée,

ovaire biloculaire à loges uniovulées, capsule comprimée.... .... POLYGALA.
  b. Calice à peu près égal, pétales antérieurs nuls,
  ovaire uniloculaire biovulé, fruit sphérique hérissé
  indéhiscent... KRAMERIA.

Polygala vulgaris. — Petite plante vivace à feuilles sessiles, alternes, étroites, lancéolées, à fleur irrégulière bleue ou
rose en grappe terminale, calice à cinq divisions dont deux
très grandes en forme d'ailes et colorées, la corolle est constituée par un grand pétale antérieur,
en forme de carène munie d'une
crête dorsale frangée et deux pétales postérieurs plus petits, les
étamines sont au nombre de huit,
diadelphes à anthère s'ouvrant par
un pore terminal, l'ovaire à deux
loges uni-ovulées est comprimé par
le côté. Graine arillée. Printemps.
  Hab. — Collines sèches.
  Prop. et usages. — Les Polygala
indigènes sont amers, toniques, évacuants.
  Polygala Senega. *Polygala de
Virginie.* — Petite plante vivace à
racines tortueuses noueuses, d'où
naissent de nombreux rameaux aériens dressés et terminés par une

Polygala vulgaris.
Fig. 108.

grappe allongée de petites fleurs roses, construites à peu près
comme celles du *Polygala vulgaris.*
  Hab. — Amérique du Nord.
  Prop. et usages. — On emploie en médecine la racine qui est
un médicament nauséeux, expectorant, diurétique, stimulant,
à peu près comme certaines Violariées ou l'Ipéca, on en a
isolé la *Senegine*, glucoside probablement identique à la Saponine.
  Krameria triandra. *Ratanhia.* — Petit arbuste à feuilles
sessiles, oblongues, lancéolées, recouvertes d'un duvet blanc;
les fleurs, groupées au sommet des rameaux, ont un grand ca-

lice de 4 sépales blanc soyeux à l'extérieur, rouge écarlate à l'intérieur. La corolle rudimentaire est représentée par 2 petits pétales postérieurs. Les 3 étamines sont postérieures aussi. L'ovaire est globuleux, uniloculaire et biovulé ; le fruit sphérique indéhiscent, hérissé d'aiguillons à pointes en harpon, ne contient qu'une graine.

Hab. — Les Andes du Pérou et de la Bolivie.

Prop. et usages. — On emploie la racine dont la partie active est l'écorce qui contient de l'acide ratanhia-tannique, et constitue un médicament tonique astringent.

Krameria triandra.
Fig. 109.

D'autres *Kraméria* fournissent des produits analogues, notamment le *Kr. ixina* des Antilles, Guyane et Brésil.

III. — GERANIALES

Les *Geraniales* comprennent des plantes dialypétales superovariées *diplostémones* à ovules pendants, elles se rattachent aux *Malvales* dont elles se distinguent par la présence d'un disque glanduleux en forme de coupe ou d'anneau, adhérent au calice ou à la base de l'ovaire ou divisé en glandes indépendantes ; par la diplostémonie simple ou réduite, elles sont aussi étroitement alliées aux *Térébinthinées* qui en diffèrent surtout par leurs ovules ascendants. *Les Rosales* ne s'en distinguent que par leur réceptacle élargi plus ou moins concave et l'indépendance des carpelles.

Clef. — A. Feuilles isolées souvent stipulées dépourvues de nodules sécréteurs transparents, 5 rarement 3 carpelles. Ovaire lobé.............. Géraniacées.

B. Feuilles opposées :

× Feuilles simples, coques incluses dans le périanthe charnu...................... Coriariées.

×× Feuilles composées, stipulées.......... Zygophyllées.

C. Ovaire non lobé. Capsule septicide ou baie, feuilles simples isolées .... Linées.

D. Feuilles non stipulées, pourvues de nodules sécréteurs transparents...................... RUTACÉES.
E. Feuilles non stipulées, sans nodules sécréteurs :
   a. Étamines munies d'une écaille, fleurs sou-
      vent polygames unisexuées; plantes à prin-
      cipes amers............... ... . SIMAROUBÉES.
   b. Étamines soudées en tube................. MÉLIACÉES.

GÉRANIACÉES

Dialypétales superovariées diplostémones à 5 carpelles (R. 3) *concrescents en un ovaire lobé.*

La fleur des Géraniacées est complète, ordinairement régulière, pentamère avec deux verticilles d'étamines le plus souvent toutes fertiles. Le sépale postérieur se prolonge parfois en
éperon dans les fleurs irrégulières (*Tropæolum, Pelargonium*),
les sépales sont quelquefois pétaloïdes. Le pistil se compose de
5 carpelles pluri-, bi- ou uni-ovulés qui forment soit une capsule
loculicide (*Oxalis*) soit une capsule septifrage, à cinq valves,
soulevées avec élasticité, ou encore des akènes et même des
drupes. La graine renferme un embryon droit à cotylédons
plans ou plissés, tantôt albuminé, tantôt non.

Les Géraniacées sont généralement herbacées à feuilles isolées, simples (*Geranium*) ou composées (*Oxalis*) le plus souvent
stipulées, fréquemment palminerves. On en connaît 750 des
régions tempérées et surtout de l'Afrique australe.

Clef.—I. GÉRANIÉES. — Cinq carpelles uniséminés se déta-
    chant à la maturité avec élasticité et abandon-
    nant l'axe placentifère :
      × Fleurs régulières :
         O 10 étamines fertiles................. GERANIUM.
         OO 5 étamines fertiles.................. ERODIUM.
      ×× Fleurs irrégulières. Sépale postérieur à épe-
        ron adné au pédicelle.................. PELARGONIUM.
    II. TROPŒOLÉES. — Trois carpelles. Éperon libre, 3
    akènes sans bec............................ TROPŒOLUM.
    III. OXALIDÉES. — Styles distincts, feuilles compo-
    sées :
      × Capsule loculicide, 10 étamines............ OXALIS.
      ×× Fruit charnu, 5 étamines................. AVERHOA.

Geranium maculatum. *Alum Root.* — Herbe vivace à rhizome épais à feuilles longuement pétiolées à limbe grand digi-

tinerve profondément divisé, grandes fleurs violacées sur des branches dichotomiquement ramifiées. — Été.

Hab. — Canada, États-Unis, en Algérie le *G. Atlanticum,*

Geranium.

Fig 110.

Oxalis.

Fig. 111.

très répandu dans la zone montagneuse, diffère à peine de l'espèce américaine.

Prop. et usages. — Le Rhizome astringent donne un extrait fluide employé fréquemment par les médecins américains, dans le traitement des hémorrhagies internes et externes, des diarrhées, surtout des diarrhées infantiles.

Geranium pratense, *sylvaticum*, etc. d'Europe. — Sont aussi astringents.

Geranium Robertianum. Herbe à Robert. — Astringent et amer aromatique.

Erodium cicutarium et *gruinum*. — Mêmes propriétés que les *Geranium*, peu usités aujourd'hui.

Pelargonium capitatum. — Très parfumé, cultivé pour la production de l'*Essence de Geranium* qui est aussi connue sous le nom d'*Essence de roses.*

Pelargonium antidysentericum. — Cap.

Tropœolum majus. Capucine. — Originaire du Pérou ; ses feuilles, qui ont la saveur du Cresson, ont été employées comme antiscorbutiques, diurétiques, elles contiennent une essence sulfurée.

Tropœolum tuberosum. — Tubercule alimentaire en Bolivie où on les mange cuits puis glacés.

Oxalis acetosella et *O. corniculata.* Surelles. — Europe. Riches en *acide oxalique* que l'on retirait autrefois de ces plantes.

Oxalis crenata. — Tubercules alimentaires en Bolivie (Oca) où on les mange après leur avoir fait subir une exposition prolongée au soleil pour détruire l'acidité.

Oxalis sensitiva. — Feuilles irritables.

Oxalis anthelminthica. — Abyssinie.

Averhoa Carambola. Carambolier. — Arbuste à fruit charnu acide, alimentaire et rafraîchissant dans les pays tropicaux.

LINÉES

Diffèrent des Geraniacées par leur ovaire non lobé et la capsule septicide, les feuilles à limbes entiers. Les fleurs pentamères régulières ont deux verticilles d'étamines, tantôt toutes fertiles, tantôt 5 réduites à de petits staminodes. Le pistil est formé de carpelles concrescents en un ovaire pluri-loculaire, renfermant dans chaque loge 2 ovules pendants, les styles sont libres ; il y a tantôt cinq carpelles (*Linum*), tantôt trois (*Erythroxylon*).

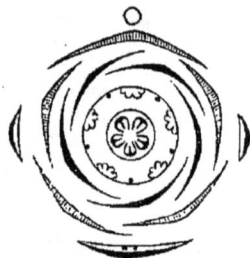
Linum.
Fig. 112.

Les Linées au nombre de 150 sont les unes herbacées (régions tempérées), les autres frutescentes, leurs feuilles sont entières.

Clef. — I. *Linées.* — 5 étamines fertiles, capsule ..... LINUM.
II. *Érythroxylées.* — 10 étamines fertiles. Fruit charnu .... ERYTHROXYLON.

Linum usitatissimum. *Lin.* — Herbe annuelle à grandes fleurs bleues en corymbes, à feuilles sessiles linéaires ; 5 sépales, 5 pétales caducs trois fois plus longs, 5 étamines fertiles sagittées, 5 staminodes ; capsule globuleuse égalant le calice, à 5 loges biloculaires par une fausse cloison, avec une graine dans chaque loge secondaire, à déhiscence septicide en 5 valves qui se subdivisent par la suture dorsale. Graine lisse, albumen embryon huileux, le tégument externe donne dans l'eau un mucilage abondant.

Hab. — Cultivé, dérive probablement du *L. angustifolium.*

Prop. et usages. — L'huile de lin est siccative. Le muci- lage de la graine rend l'eau émolliente et la *farine de graines de lin*, à la fois huileuse et mucilagineuse, est très employée en cataplasme, la tige du lin est riche en fibres textiles.

Linum catharticum. — Europe. Feuilles opposées, purgatif, diurétique.

Linum usitatissimum.
Fig. 113.

Erythroxylon Coca.
Fig. 114.

Erythroxylon Coca. *Coca.* — Petit arbuste à rameaux grêles, nombreux, à feuilles ovales-lancéolées d'un vert glauque entière, portant de chaque côté de la nervure une empreinte rappelant 2 nervures parallèles. Les fleurs à l'aisselle des feuilles sont petites, jaunâtres, à 10 étamines, 3 styles, mais ovaire à une seule loge fertile contenant une graine, fruit drupacé.

Hab. — Andes du Pérou, de la Bolivie et cultivé en grand surtout en Bolivie (25,000 tonnes par an).

Prop. et usages. — Les feuilles de Coca renferment un alcaloïde principal, la *Cocaïne*, et deux accessoires, la *Cocanine* et la *Cocaïdine*, une substance odorante, l'*Hygrine*.

Les Indiens du Sud Amérique chiquent depuis longtemps les feuilles de Coca, pour s'entraîner à de longues marches, en supportant des jeûnes prolongés.

La *Cocaïne* possède à un très haut degré des propriétés anesthésiques, elle est devenue l'anesthésique local le plus employé.

CORIARÉES

Cette famille ne comprend que le genre *Coriaria* dont les affinités sont assez obscures, mais qui doit cependant être rapproché des *Geraniales*. La fleur pentamère est diplostémone, l'ovaire est formé de 5 carpelles devenant 5 coques 1-ovulées, ovule pendant.

Coriaria myrtifolia. *Redoul.* — Arbuste sarmenteux à feuilles opposées trinerves, très entières, ovales-aiguës, coques du fruit restant enveloppées par le calice et la corolle devenus charnus, ce qui donne au fruit l'aspect d'une baie noire et luisante. — Été.

Hab. — Rég. méditerranéenne.

Prop. et usages. — Cette plante contient un principe toxique, la *Coriamyrtine* dont les effets se rapprochent de ceux de la strychnine. Les fruits ont causé plusieurs empoisonnements.

On a prétendu que les feuilles de Redoul avaient été substituées par fraude à celles du Séné. Cet arbuste est riche en tannin et sert au tannage des peaux.

Coriaria sarmentosa. — Nouvelle-Zélande. A des fruits dont le jus est comestible, mais les graines très toxiques.

Coriaria thymifolia. — Quito. Donne une liqueur vineuse enivrante ; mais toxique à haute dose.

ZYGOPHYLLÉES

Les Zygophyllées relient les Géraniacées aux Rutacées. La fleur pentamère a 10 étamines en deux verticilles, les filets sont souvent pourvus d'une écaille basilaire. Le pistil comprend ordinairement 5 carpelles, rarement 3 ou 2 (Gaïac) ; mais chez les Zygophyllées les feuilles généralement composées sont opposées, elles sont munies de stipules souvent spinescentes, elles manquent des nodules sécréteurs et des principes amers des Rutacées. Les 100 Zygophyllées connues habitent les pays chauds; ce sont des herbes, arbustes ou rarement des arbres (Gaïac).

Guaiacum officinale. *Gaïac.* — Petit arbre à rameaux renflés au niveau des articulations, à feuilles paripennées, opposées, persistantes; fleurs bleues au nombre de 2 à 12 entre les deux feuilles terminales; 10 étamines, ovaire à 2-3 loges devenant un fruit coriace dont les loges se séparent de haut en bas, en laissant une columelle centrale, ces coques béantes laissent alors voir une graine jaune à tégument mucilagineux.

Hab. — Cuba, Jamaïque, Trinité, la Martinique, Colombie, Vénézuela.

Prop. et usages. — Le bois très dur et lourd est exploité pour l'industrie, il est résineux. On utilise en médecine le *Bois,* l'*Écorce* et la *Résine de Gaïac.*

La résine de Gaïac soumise à la distillation sèche donne le *Gaïacol* dont l'odeur rappelle la créosote, le *Gaiacène* à saveur brûlante et odeur d'amandes amères.

Le *Bois* et la *Résine de Gaïac* ont joui d'une grande réputation dans le traitement de la syphilis. La *Résine de Gaïac* est un stimulant sudorifique. Le *Gaïacol* a été préconisé comme remplaçant avantageusement la créosote dans le traitement de la phtisie.

Guaiacum sanctum. — Voisin du précédent, le fruit est formé de 4-5 carpelles. Il croît plus au nord (Floride), mêmes propriétés.

RUTACÉES

La famille des Rutacées forme parmi les dialypétales superovariées diplostémones un groupe à affinités multiples, où les enchaînements sont nombreux et divergents. Les fleurs généralement hermaphrodites, 4-5 mères, sont typiquement diplotémones, mais souvent isostémones par avortement. Entre le cycle staminal et l'ovaire, on observe un disque annulaire généralement bien développé. Ovaire de 4-5 carpelles cohérents par le style et le stigmate seulement ; sauf chez les Aurantiées où les carpelles sont entièrement cohérents et forment un ovaire pluriloculaire, à placentation axile ; dans le premier cas le fruit est formé par la réunion de 4-5 coques ou follicules, dans le second il est une baie cortiquée. La graine, albuminée ou non, contient un ou plusieurs embryons volumineux droit ou courbe. Les Rutacées sont des arbrisseaux ou arbres, rarement des herbes, à *feuilles sans stipules*, simples ou composées, à glandes à essence formant *des nodules transparents*, et leur communiquant une odeur pénétrante ; on connaît environ 650 Rutacées des régions tempérées et chaudes.

Clef.— *A.* Carpelles plus ou moins indépendants dans leur portion ovarienne :

  I. *Cuspariées.* — Corolle gamopétale en tube ; 2 étamines fertiles...................... GALIPEA.

  II. *Rutées.* — Herbes à fleurs complètes ; feuilles découpées ou imparipennées :
    × Fleurs régulières, 4-5-mères, 8-10 étamines......................... RUTA.
    ×× Fleurs irrégulières, 5 pétales inégaux, 10 étamines déclinées................ DICTAMUS.

  III. *Diosmées.* — Arbres à feuilles simples ; pétales 5, étamines 5, staminodes 5.......... BAROSMA.

  IV. *Zanthoxylées.* — Arbres ou arbustes à feuilles composées-pennées :
    × Fleurs polygames dioïques ; pétales 3-5 ou 0 ; 1-5 coques bivalves........... ZANTHOXYLUM.
    ×× Fleurs hermaphrodites petites, 4-5-mères .... PILOCARPUS.

B. Carpelles cohérents en un ovaire pluriloculaire ; fruit coriace ou charnu, indéhiscent :

  V. *Aurantiées.* — Fleurs régulières hermaphrodites :
    × Étamines 20-60, souvent soudées ; feuilles unifoliolées....................... CITRUS.
    ×× Feuilles trifoliolées.................. ÆGLE.

Galipea Cusparia. *G. officinalis, G. febrifuga. Angusture.* — Arbre à très grandes feuilles, trifoliolées, fleurs blanches en grappe allongée, à corolle gamopétale, portant, insérées sur le tube, 5 étamines dont deux seulement sont fertiles, le fruit est formé de 3-5 coques, graines solitaires noires.

Hab. — Venezuela.

Prop. et usages. — L'écorce *d'Angusture* est amère (*Cusparine*) et aromatique (huile essentielle), elle est à peu près abandonnée à la suite de méprises dangereuses, dues à une confusion avec l'écorce de *Fausse Angusture* (*Strychnos*) que l'on distingue facilement par l'examen histologique. La région du parenchyme cortical qui touche le liber forme une *couche de cellules pierreuses, jaunes, très épaisses* chez la *Fausse angusture*, tandis que dans *l'Angusture vraie* les cellules épaissies se trouvent réparties par assises seulement dans la région libérienne où elles forment des zones concentriques coupées par les rayons médullaires.

Galipea Cusparia.

Fig. 115.

Ruta graveolens.

Fig. 116.

Ruta graveolens. *Rue commune.* — Herbe vivace ramifiée, d'un vert glauque, à odeur forte, feuilles composées-pennées, fleurs en cyme corymbiforme, la centrale pentamère, les autres tétramères, calice à divisions étroites, pétales concaves jaunes, étamines en nombre double de celui des divisions florales, pistil de 4-5 carpelles, plus ou moins indépendants dans la région ovarienne et dont les styles se soudent en une colonne unique surmontée d'un stigmate, à la maturité les carpelles se séparent en autant de follicules contenant un nombre variable de graines à albumen et huileux. Été.

Hab. — Europe méridionale. Cultivé dans les jardins.

Prop. et usages. — La Rue renferme une huile essentielle qui lui communique son odeur forte et désagréable. Elle congestionne l'utérus et y provoque des contractions, de là son usage populaire comme emménagogue et même abortif. A haute dose c'est un poison narcotico-àcre ; à l'extérieur c'est un rubéfiant et même un vésicant.

On emploie aux mêmes usages les *Ruta bracteosa*, *angustifolia*, *montana*, etc., qui à des degrés divers ont les mêmes propriétés.

Peganum Harmala. Harmel des arabes. — Herbe vivace glauque, glabre, puante, à feuilles découpées, fleurs grandes blanches 12-15 étamines, fruit capsulaire sphérique, graines anguleuses.

Hab. — Région méditerranéenne.

Prop. et usages. — On a isolé de cette plante la Harmaline et la Harmine, deux alcaloïdes inusités.

Les Arabes utilisent le *Harmel* (graines) dans le traitement du rhumatisme, de l'ophthalmie granuleuse.

Dictamus Fraxinella. Fraxinelle. — Herbe vivace riche en huile essentielle odorante ayant, dit-on, la propriété de s'enflammer à la surface même de la plante. Été.

Hab. — Europe, Asie et cultivé.

Prop. et usages. — L'écorce de la racine odorante amère entrait dans la composition de l'*Orviétan* et du *Baume de Fioraventi ;* elle est stimulante, diaphorétique, emménagogue.

Barosma crenulata. Buchu. — Petit arbuste rameux odorant à feuilles oblongues simples, coriaces, ponctuées, pellucides, à bords crénelés, fleurs roses, pentamères diplostémones (5 étamines fertiles, 5 stériles).

Hab. — Afrique australe, le Cap.

Prop. et usages. — Les feuilles de *Buchu* développent au contact de l'eau une grande quantité de *mucilage ;* elles donnent à la distillation une essence ayant l'odeur de Menthe et de Bergamote qui, exposée au froid, laisse déposer un camphre nommé *Diosphénol.*

Ces feuilles mucilagineuses et aromatiques ont été vantées comme stimulant et balsamique.

Les Buchu du commerce renferment encore des feuilles de divers *Barosma* notamment :

B. betulina à feuilles obovées.

B. serratifolia à feuilles linéaires lancéolées.

TRABUT. — Botanique méd.   9

Zanthoxylum fraxineum. — Bois épineux jaune. *Footache tree des* Américains. États-Unis.

Écorce aromatique, amère, excitant la salivation, employée comme antirhumatismale, sudorifique et diurétique.

Zanthoxylum alatum. — Fruit âcre. Poivre du Japon.

Zanthoxylum Caribœum. — Antilles, diaphorétique.

Zanthoxylum Naranjillo. — Rép. Argentine. Sudorifique, sialagogue, rappelant le *Jaboran·li.*

Toddalia asiatica, lanceolata. —Racine amère aromatique (*Racine de Juan Lopez*).

Pilocarpus pennatifolius. *Jaborandi.* — Arbuste à feuilles longuement pétiolées, composées-pennées, à folioles ovales oblongues, coriaces, ponctuées ; fleurs petites, pentamères, en longues grappes de 30 à 40 centimètres.

Pilocarpus pennatifidus.

Fig. 117.

Hab. — Brésil.

Prop. et usages. — Les *Feuilles de Jaborandi* renferment une essence volatile et toute la plante un alcaloïde, la *Pilocarpine.* Le *Jaborandi* et la *Pilocarpine* sont des diaphorétiques et sialagogues énergiques et d'une manière plus générale des excitants des sécrétions du pancréas, du foie, des mamelles, etc.

La Pilocarpine instillée dans l'œil produit le rétrécissement de la pupille ; il y a là, comme pour les sécrétions, un antagonisme entre la *Pilocarpine* et l'*Atropine.*

Citrus Aurantium, var. **Amara.** *C. Bigaradia, Bigaradier, Oranger amer.* — Arbre de taille médiocre, épineux, à feuilles pourvues d'un pétiole ailé, à l'extrémité duquel est articulée une foliole unique coriace, ponctuée-glanduleuse. La fleur grande très odorante a 5 pétales blancs, charnus, très glanduleux. 25-30 étamines à filets aplatis, souvent soudés à la base. Le pistil est formé par la réunion complète de 8-10 et plus de carpelles formant un ovaire sphérique surmonté d'un style unique. Le fruit est une baie cortiquée à loges nombreuses.

tapissées intérieurement par des poils, gorgés de sucs acides, constituant la pulpe. L'écorce du fruit est chargée de réservoirs glanduleux, gorgés comme ceux des feuilles et des fleurs d'une huile essentielle aromatique.

Hab. — Est de l'Inde.

Prop. et usages. — Le Bigaradier fournit des produits nombreux à la matière médicale :

1° Ses feuilles, dites *Feuilles d'oranger*, s'emploient en infusion et fournissent par la distillation l'*Essence de petit grain.*

2° Ses fleurs qui, par la distillation avec l'eau, donnent l'*Eau de fleurs d'orange* et l'*Essence de Neroli* qui flotte à la surface.

3° L'écorce du fruit est l'*Écorce d'oranges amères* dont on peut retirer par la distillation l'*Essence de Bigarade.*

Citrus Aurantium, var. **Dulcis.** *Oranger doux.* — N'est qu'une variété du précédent obtenue par la culture en Chine; les pétioles sont moins ailés, les fleurs plus petites, moins odorantes, le fruit, à teinte plus claire, est doux.

On emploie les feuilles, fleurs, écorce du fruit aux mêmes usages que celles du précédent; mais elles donnent des produits moins estimés.

Citrus Aurantium, var. **Bergamia.** *Citrus Bergamia, Bergamotier.* — Est aussi une variété voisine du Bigaradier; les fleurs sont plus petites et le fruit est le plus souvent pyriforme, d'un jaune pâle citrin, ses glandes sécrètent une essence ayant un parfum particulier.

Il est cultivé en Italie et fournit l'*Essence de Bergamote.*

Citrus Limonum. *Citronier.* — Arbuste ou petit arbre armé le plus souvent de fortes épines à feuilles oblongues dentées, d'un vert clair, à pétiole non ailé, fleurs pourpre violacé à l'extérieur, à fruit ovoïde, à peau souvent rugueuse, bosselée, d'un jaune clair, pulpe acide.

Hab. — Originaire de l'Inde. Modifié par une culture ancienne.

Prop. et usages. — La pulpe acide de Citron est souvent utilisée comme antiseptique, antiscorbutique, en limonade acidule; on en retire de l'acide citrique; l'écorce du fruit avec ses nombreuses glandes à essence est amère, aromatique ; on en extrait l'*Essence de Citron*.

Citrus Limonum, var. *Limetta*, Limon doux. — Pulpe .fade, écorce parfumée.

Citrus Medica. Cedratier. — Variété du *C. Limonum* à fruit très volumineux.

Citrus deliciosa. Mandarinier.

Ægle Marmelos, de l'Inde. — Feuilles trifoliolées, fruits très astringents employés dans l'Inde contre la diarrhée, la dysenterie et même le choléra.

SIMAROUBÉES

Les *Simaroubées* forment une petite famille annexe des *Rutacées ;* elles ne diffèrent que par l'absence de nodules sécréteurs à essences aromatiques, mais leur écorce est très amère. Les filets des étamines présentent souvent à la base une écaille. Les 112 Simaroubées connues habitent la région tropicale, ce sont des arbres à feuilles généralement composées, pennées, à petites fleurs en grappes souvent unisexuées.

Clef. — A. *Diplostémones* :
      × Pétales soudées en tubes ; fleurs hermaphrodites ;
        fruit drupacé.............................. QUASSIA.
      ×× Pétales libres ; fleurs dioïques ; fruit drupacé... SIMARUBA.
      ××× Fleurs polygames, samare.................... AILANTUS.
    B. *Isostémones* :
      × Arbres à feuilles imparipennées ; fleurs en pa-
        nicules polygames à 4-5 divisions.......... PICRÆNA.
      ×× Arbuste à feuilles simples ; fleurs axillaires
        hermaphrodites à 3 divisions.............. CNEORUM.

Quassia amara. *Bois amer de Surinam*. — Petit arbre à feuilles composées, grandes ; fleurs rouges en grappes terminales, à 5 pétales connivents en tube, à 10 étamines plus longues que le tube de la corolle, pistil de 5 carpelles à peine cohérents par les styles seulement, devenant à la maturité 5 drupes contenant une graine non albuminée.

Hab. — Originaire de la Guyane, mais cultivé dans la région tropicale.

Propr. et usages. — Le bois amer de cette Simaroubée est toxique, fébrifuge ; mais *on emploie sous le nom de Quassia* le bois du *Picræna excelsa.*

Quassia Cedron (*Simaba Cedron*). *Noix de Cédron.* — Arbre à grandes feuilles composées, pennées ; fleurs blanches assez grandes à 5 pétales étalés, à fruit drupacé, volumineux, contenant une graine dont l'amande volumineuse se partage facilement en deux cotylédons réniformes (4 à 6 cent.).

Hab. — Amérique du Sud.

Prop. et usages. — Les cotylédons connus sous le nom de *Noix de Cédron* sont amers et fébrifuges.

Simaruba amara. *S. officinalis*. SIMARUBA. — Arbre dioïque à feuilles composées-pennées, à petites fleurs, 5-mères diplostémones en grappes, fruit drupacé.

Hab. — Amérique tropicale.

Prop. et usages. — L'écorce de la racine est employée comme amère, elle contient aussi des principes aromatiques qui la rendent aussi diaphorétique, stimulante.

Ailantus glandulosa. Ailante, Faux vernis du Japon. — Grand arbre à feuilles composées-pennées. Les fleurs en grappes composées sont polygames, petites, verdâtres, 5-mères diplostémones, les carpelles deviennent des samares contenant une graine à albumen peu abondant.

Hab. — Originaire de la Chine, fréquemment cultivé en Europe.

Prop. et usages. — L'Ailante est amer, nauséeux et toxique à haute dose ; on en retire une oléo-résine, une essence âcre et une essence aromatique ; on a employé comme anthelminthique la poudre d'écorce de la racine.

Picræna excelsa. *Bois de Quassia.* — Arbre élevé à feuilles composées-pennées, à petites fleurs polygames verdâtres, pentamères, *isostémones*, fruit drupacé.

Picræna excelsa.

Fig. 118.

Hab. — Amérique tropicale.

Prop. et usages. — Le bois de *Picræna* connu sous le nom de *Bois de Quassia* est franchement amer, on en a retiré la *Quassine*. — Son infusion est insecticide.

Presque toutes les Simaroubées sont amères, toniques, fébrifuges, on a encore signalé à la thérapeutique les espèces suivantes :

Brucea antidysenterica. — Afrique tropicale.
Brucea Sumatrana. — Asie tropicale.
Picramnia polyantha. — Amérique tropicale.
Cneorum tricoccum. Garoupe. — Arbuste toujours vert du sud de l'Europe, drastique violent et inusité.

MÉLIACÉES,

Les Méliacées forment encore une famille annexe des Rutacées dont elles ne diffèrent que par l'absence de nodules sécréteurs transparents, et par un *androcée gamostémone* formant un tube souvent très élevé, elles se relient aussi étroitement aux Sapindacées.

Ce sont généralement des arbres ou arbustes à bois coloré ou aromatique des régions chaudes de l'Asie et de l'Amérique.

Melia Azedarach. — Grand arbre à bois rouge, à grandes feuilles composées bi-tri-pennées, à fleurs lilas nombreuses en grappe, 5 pétales, 10 étamines soudées par leur filet en un long tube couronné par les anthères, fruit drupacé, globuleux à noyau osseux pluriloculaire.

Hab. — Originaire de l'Inde, cultivé dans tous les pays chauds et tempérés comme arbre d'ornement.

Prop. et usages. — L'écorce de la racine est cathartique, vomitive, anthelminthique. Ses fruits passent pour toxiques.

Melia Azadirachta. Margosa. — Arbre à feuilles composées-pennées à fleurs blanches à drupe oblongue, violacée.

Hab. — Inde, Java, Malaisie.

Prop. et usages. — Son écorce est employée dans l'Inde comme fébrifuge et tonique.

Soymida febrifuga. — Bel arbre de l'Inde dont l'écorce est employée comme tonique, astringent, fébrifuge.

Swietenia Mahogoni. — Arbre de l'Amérique tropicale donne le véritable *Bois d'Acajou*, son écorce est amère, tonique, fébrifuge.

Epicharis Lourciri. — Arbre de la Cochinchine, donne le bois de *Santal citrin de Cochinchine.*

Epicharis Bailloni. — Arbre du Cambodge, donne le *Santal rouge de la Cochinchine.*

Prop. et usages. — Ces deux bois de Santal sont riches en huile essentielle et répandent quand on les brûle une odeur semblable à celle du vrai Santal (*Santalum album*).

IV. — MALVALES

Ce groupement de familles autour des Malvacées comprend une série des familles dialypétales superovariées, à étamines nombreuses, par ramification et à carpelles fermés, indépendants ou réunis en capsules ou baies.

Clef. — A. *Feuilles isolées :*
    a. Calice à préfloraison valvaire; feuilles stipulées généralement palminerves....... MALVACÉES.
    b. Calice à préfloraison imbriquée :
      ✕ Étamines nombreuses à 4 sacs; feuilles coriaces non stipulées; fruit polysperme.... CAMELLIACÉES.
      ✕✕ Fruit monosperme, calice accrescent couronnant le fruit; arbre à suc résineux... DIPTÉROCARPÉES.
  B. *Feuilles opposées :*
    Fleurs polygames dioïques; feuilles coriaces; ovules dressés; arbres à suc résineux jaune.. CLUSIACÉES.
    Fleurs hermaphrodites; herbes................ HYPÉRICINÉES.

MALVACÉES

Fleurs régulières hermaphrodites, pentamères, calice à préfloraison le plus souvent imbriquée ; corolle à préfloraison tordue; étamines en nombre indéfini, hypogynes, plus ou moins soudées par les filets en un tube couvrant l'ovaire par sa base et souvent soudées aux divisions de la corolle, qui prend ainsi une apparence gamopétale; anthères à une seule loge ou à deux loges. Ovaire composé de carpelles verticillés autour de l'axe (très rarement agglomérés en tête (*Malope*) et formant soit une capsule, soit des akènes devenant libres à la maturité. Graines réniformes, albumen mucilagineux peu abondant ou nul. Embryon à cotylédons larges, foliacés, le plus souvent pliés ou plissés-tordus.

Les Malvacées sont des herbes ou des arbrisseaux ou des arbres à bois léger et mou, à liber tenace, à suc mucilagineux. Les feuilles sont alternes, le plus souvent palmatinervées, à poils étoilés, à fleurs diversement colorées, pourprées, roses ou jaunes. Elles comprennent plus de 1500 espèces ; herbacées dans les régions tempérées, arborescentes dans la zone tropicale.

Les Malvacées sont émollientes par le mucilage qui abonde dans la plupart des espèces ; elles sont remarquables par la ténacité des fibres de leur écorce ; enfin leurs graines qui peuvent avoir un testa laineux (coton) sont souvent huileuses.

Malva.

Fig. 119.

Clef. — *A.* Étamines soudées en tube :
  a. Anthères uniloculaires :
    I. *Malvées.* — Fruit composé d'un verticille d'akènes :
      × Calicule 3 folioles...................... MALVA.
      ×× Calicule 6-9 folioles................... ALTHÆA.
    II. *Hibiscées.* — Capsule à 5 loges à déhiscence dorsale :
      × Calicule 5 folioles................... HIBISCUS.
      ×× Calicule 3 folioles.................. GOSSYPIUM.
    III. *Bombacées.* — Arbres à feuilles composées digitées, style entier ou peu lobé ; capsule :
      × Capsule 5 valves laineuses à l'intérieur. BOMBAX.
      ×× Fruit ligneux, indéhiscent, rempli d'une pulpe farineuse.................... ADANSONIA.
  b. Anthères biloculaires :
    IV. *Sterculiées :*
      × Fleurs unisexuées ou polygames, apétales ; carpelles libres, à maturité..... KOLA.
      ×× Fleurs hermaphrodites pétalées ; fruit drupacé. .... THEOBROMA.
B. Étamines libres ou à peine concrescentes à la base ; anthères biloculaires :
  V. *Tiliées :*
    Bractées aliformes, adnée au pédoncule fruit globuleux indéhiscent................. TILIA.

Malva sylvestris. *Grande Mauve.* — Tige étalée, feuilles orbiculaires à 5, 7 lobes dentés ; fleurs grandes veinées à calicule à
3 folioles libres, le calice gamosépale a 5 divisions ; les 5 pétales
sont soudés au tube staminal qui contient dans son intérieur
un style se continuant avec un ovaire formé de loges nombreuses verticillées ; à la maturité, chaque loge, contenant une
graine, devient un akène indépendant, l'embryon est remarquable par ses cotylédons foliacés plissés-tordus.

Hab. — Dans les haies, les terrains vagues.

Malva rotundifolia. Petite mauve. — Plante plus petite, à
feuilles superficiellement lobées, fleurs petites, pâles, carpelles
pubescents. Été.

Hab. — Décombres, autour des habitations.

Prop. et usages. — Ces deux Mauves et quelques autres,
suivant les régions, sont d'un usage journalier comme émoll-
lient, on emploie les feuilles ou les fleurs. Depuis quelques

Malva sylvestris.

Fig. 120.

Althæa officinalis.

Fig. 121.

années les mauves sont fortement atteintes par un champignon
parasite (*Puccinia Malvacearum*). La récolte des feuilles devra

autant que possible être faite avant le développement de ce cryptogame.

Althæa officinalis. *Guimauve*. — Herbe à souche vivace, élevée, molle au toucher, à feuilles tomenteuses, fleurs blanc rosé, à *calicule à 6-9 divisions* étroites. Été.

Hab. — Marais, prairies humides, cultivé.

Prop. et usages. — On emploie les fleurs, les feuilles et la racine dont les propriétés mucilagineuses et émollientes sont très connues.

Althæa rosea. *Rose trémière*. — Les fleurs pourpres de certaines variétés fournissent une matière colorante usitée dans quelques sophistications des vins.

Hibiscus esculentus. Gombo. — Capsule allongée fusiforme.
Hab. — Originaire de l'Afrique, cultivé dans les pays chauds.
Prop. et usages. — Le *Gombo* est surtout utilisé comme aliment et condiment mucilagineux. Toute la plante est mucilagineuse et pourrait être employée aux mêmes usages que la Guimauve.
Hibiscus Abelmoschus, Ambrette. — Fournit notamment aux Antilles une graine à odeur musquée, employée dans la parfumerie et rarement comme médicament stimulant.

Gossypium herbaceum L. — *Coton*.

Les cotons ne diffèrent des Hibiscus que par leur calicule

Gossypium.
Fig. 122.

à 3 folioles seulement, leur capsule de 3 carpelles; et enfin leurs graines, dont le tégument extérieur est formé de cellules s'allongeant en poils très longs, formant les brins du coton.

Le cotonnier est un arbrisseau dans les pays chauds, mais une plante herbacée dans le midi de l'Europe, où il est quelquefois cultivé; ses feuilles sont palmatilobées; les fleurs grandes, jaunes.

Hab. — Originaire des Indes. Cultivé en Afrique et en Amérique. On utilise de même le *Goss. barbadense* et le *G. arboreum*.

Prop. et usages. — Le Coton est le principal produit, et ses usages sont nombreux. On extrait aussi des graines, de l'huile et une farine alimentaire.

Bombax Ceiba *L.* Fromager. — Grands arbres à tronc épineux, à feuilles digitées. Les Bombax habitent les régions tropicales. Leur écorce est évacuante, vomitive.

Adansonia digitata L. Baobab. — Arbre de l'Afrique tropicale, le tronc atteint des proportions énormes.

On mange les fruits acidules. La poudre des feuilles est le *Lalo* qui est un médicament et un condiment mucilagineux. La *Terre de Lemnos* est la poudre de la pulpe du fruit. — On l'utilise encore dans l'Orient.

Kola acuminata. *Kola.* — Les *Kola* sont remarquables par leurs carpelles indépendants, et même ouverts avant la maturité; les fleurs sont polygames apétales. Le *Kola* qui fournit la *Noix de Kola* est originaire de la Sénégambie et du Gabon; la graine est un médicament caféique.

Theobroma Cacao. *Cacaoyer.* — Petit arbre à grandes feuilles pétiolées ovales lancéolées, à fleurs nombreuses, naissant à l'aisselle des feuilles ou souvent sur le bois du tronc et des branches, elles sont petites, pentamères; le fruit est volumineux, allongé, charnu à l'intérieur, par le ramollissement des cloisons, il contient des graines en séries et légèrement comprimées. Les cotylédons volumineux plissés sont

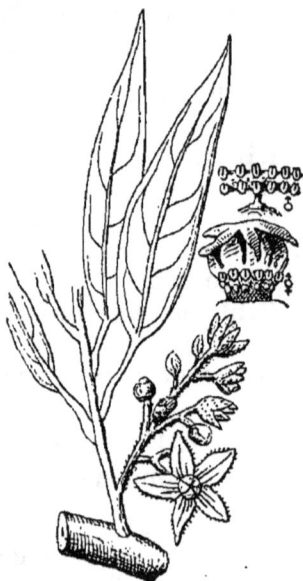

Kola acuminata.
Fig. 123.

entourés par une substance muqueuse représentant l'albumen.

Hab. — Le Cacaoyer est spontané dans les forêts de l'Amazone et de l'Orénoque. Après que les Espagnols l'eurent transporté aux Philippines et dans les îles de la Sonde, sa culture s'est généralisée dans les pays tropicaux.

Le *Theobroma bicolor* de la Nouvelle-Grenade est aussi cultivé; il est plus rustique que le précédent.

Prop. et usages. — La graine de Cacaoyer connue sous le nom de *Cacao* est surtout employée pour la fabrication du chocolat ; l'embryon contient une substance azotée, la *Théo-bromine*, et beaucoup de matière grasse, *Beurre de cacao*. Les coques sont également parfumées et servent à la préparation de boissons théiformes.

Tilia sylvestris. *Tilleul*. — Grand arbre à feuilles simples, stipulées suborbiculaires, acumi-nées, en cœur à la base. Fleurs en grappes à bractées aliformes adnées à l'axe de l'inflorescence. Le calice a 5 sépales valvaires, la corolle 5 pétales, les étamines nombreuses sont groupées en 5 faisceaux ; le fruit sec est globu-leux et indéhiscent. Été.

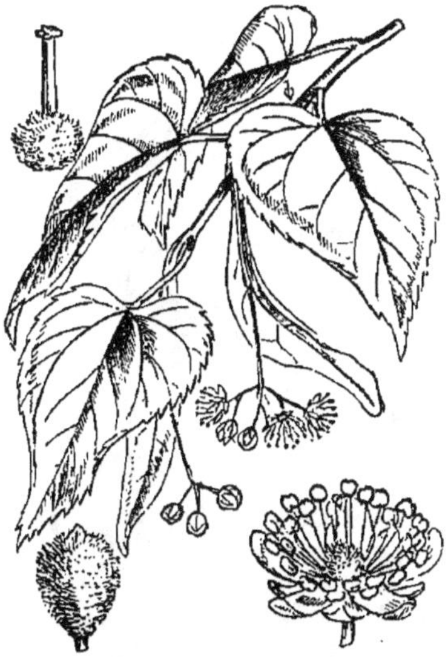

Hab. — Le Genre *Tilia* est re-présenté par une douzaine d'es-pèces assez voisines et de nom-breuses formes intermédiaires dans les régions tempérées de l'hémisphère boréal.

Tilia sylvestris.

Fig. 124.

Prop. et usages. — Comme beau-coup d'autres Malvacées, les Til-leuls ont un liber résistant flexible dont on fait de très bons cordages ; ils sont aussi mucilagineux. La médecine a utilisé surtout la *Fleur de Tilleul* en infusion théiforme.

CAMELLIACÉES

Les Camelliacées diffèrent des Malvacées surtout par la préfloraison imbriquée du calice. Le périanthe est généra-lement pentamère, les étamines nombreuses et souvent légèrement concrescentes entre elles ou avec les pétales comme dans les Malvacées. Le pistil est formé de 3 ou 5, rare-ment plus, de carpelles concrescents en un ovaire plurilo-culaire. La graine est dépourvue d'albumen (*Camellia*) ou pourvue d'un albumen charnu. Ce sont des arbres ou arbustes à feuilles simples isolées sans stipules. Cette famille comprend environ 260 espèces des régions tropicales de l'Asie et de l'Amérique, quelques-unes cependant remontent assez loin vers le nord.

Camellia Thea. *Thea chinensis. Thé de Chine.* — Arbuste à feuilles persistantes, alternes, brièvement pétiolées, ovales lancéolées, aiguës, glabres en dessus et souvent un peu pubescentes en dessous, sourtout dans le bourgeon ; fleurs axillaires, blanches, pentamères, polystémones, à pistil tricarpellé. Le fruit triangulaire contient une graine volumineuse dans chacune de ses trois loges.

Hab. — Indigène dans les pays montueux qui séparent les plaines de l'Inde de celles de la Chine (Annam), cultivé en Chine, au Japon, dans l'Inde, Java, Ceylan et au Brésil. Le thé supporte la pleine terre dans la région méditerranéenne, mais il craint la sécheresse.

Prop. et usages. — Les thés du commerce proviennent de nombreuses variétés de thés et surtout acquièrent des propriétés différentes par les manipulations auxquelles les feuilles sont soumises. Les thés sont parfumés par l'addition d'autres plantes comme le *Camellia Sassanqua*, le *Jasminium Sambac*, l'*Olea fragrans*. Ils sont souvent falsifiés.

Camellia Thea
et coupe de la feuille.

Fig. 125.

Le thé contient une huile essentielle qui lui donne son arome, de la *Théine* 2 p. 100, alcaloïde identique à la Caféine et qui a la propriété d'exciter le cerveau, de modérer la nutrition (diminution de l'urée) et d'accélérer la circulation, enfin du tannin.

Les Camelliacées fournissent encore un certain nombre de produits astringents mucilagineux, aromatiques, gras, utilisés sur les lieux de production.

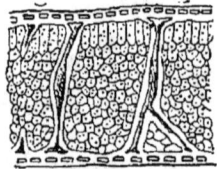

DIPTÉROCARPÉES

Les Diptérocarpées tiennent des Tiliées et des Camelliacées, elles diffèrent des premières par leur calice à préfloraison imbriquée, des deux par le calice accrescent également ou inégalement ; l'ovaire, bien que tricarpellé et pluriovulé, se transforme en un fruit monosperme, rarement 2-sperme, déhiscent ou le plus souvent indéhiscent. Les 112 espèces connues appartiennent aux régions tropicales de l'Ancien monde ; ce sont généralement des arbres résineux, à feuilles alternes entières, à fleurs odorantes en panicule.

Dryobalanops aromatica. *D. Camphora, Camphrier de Bornéo.* — Grand arbre à feuilles coriaces simples, entières, à fleurs nombreuses en grappes pentamères polystémones tricarpellées. A la maturité le péricarpe, déhiscent en valves, ne contient qu'une graine et est entouré du calice accrescent dont les sépales forment 5 grandes ailes.

Hab. — Océanie tropicale.

Prop. et usages. — Les sujets âgés fournissent le *Bornéol* ou *Camphre de Bornéo*, produit qui est entièrement consommé dans l'extrême Orient, où il atteint un prix très élevé, sert à l'embaumement et entre dans la préparation d'un grand nombre de médicaments.

Dipterocarpus alatus et *D. gracilis, D. hispidus, D. incanus,* etc. — Les *Dipterocarpus* sont aussi de grands arbres à feuilles coriaces, simples, alternes, stipulées ; ils diffèrent surtout des *Dryobalanops* par le calice dont deux divisions seulement deviennent des ailes continuant de s'accroître après la floraison.

Hab. — Asie et Océanie tropicales.

Prop. et usages. — Les *Dipterocarpus* fournissent par des points incisés et chauffés du tronc un liquide oléo-résineux, *Huile de bois de Cochinchine, Baume de Gurgun, Copahu des Indes orientales,* que l'on substitue avec certains avantages au Copahu dans le traitement de la blennorrhagie.

CLUSIACÉES OU GUTTIFÈRES

Les Clusiacées forment dans le groupe des Malvales une famille liée aux Camelliacées, mais dont quelques caractères constants permettent une diagnose assez facile. Ce sont des arbres ou arbrisseaux à *feuilles opposées*, à canaux sécréteurs produisant un suc résineux. Les fleurs sont le plus souvent dioïques, polygames. Les mâles ont des étamines nombreuses souvent soudées en phalanges ou en tube ; les femelles, avec un androcée rudimentaire, ont un pistil 2-∞ loculaire qui devient un fruit capsulaire drupacé ou baccien.

Les 250 espèces de Clusiacées sont toutes tropicales, américaines ou asiatiques. Plusieurs Clusiacées ont un latex jaune, qui donne la *Gomme-gutte*, ou des baumes ou résines ; enfin un certain nombre ont un fruit baccien comestible.

Garcinia Hanburyi *Gomme-gutte.* — Arbre élevé à feuilles opposées, simples, coriaces ; à fleurs mâles groupées dans l'aisselle des feuilles, pédicillées, tétramères, à étamines cylindriques, sessiles s'ouvrant transversalement par la chute d'un opercule.

La fleur femelle est également tétramère ; l'androcée y est représenté par des staminodes, et le pistil de 4 carpelles cohérents a un ovaire quadriloculaire : chaque loge contenant un ovule. A la maturité le fruit est charnu, sphérique, résineux.

Hab. — La Cochinchine et le Cambodge.

Prop. et usages. — Le latex récolté à l'aide d'incisions et solidifié est la *Gomme-gutte*, gomme-résine purgative et matière colorante.

Garcinia indica. — Arbre de taille moyenne, à fruits volumineux, rouge foncé, à graine oléagineuse dont l'embryon est privé de cotylédons.

Hab. — Originaire de l'Inde, cultivé à Bourbon, Maurice.

Prop. et usages. — Péricarpe comestible. Les graines fournissent l'*Huile concrète de Mangostan* ou *beurre de Kokum*.

Garcinia Mangostana. Mangostan. — Arbre originaire de l'Asie et de l'Océanie tropicale où il est cultivé. On mange les couches tégumentaires extérieures de la graine. Ce fruit passe pour un des meilleurs qui existent; mais il exige un climat très chaud pour mûrir.

Mammea Americana. Abricotier d'Amérique. — Originaire des Antilles où il est cultivé. — Fruit comestible.

HYPÉRICINÉES

Les *Hypéricinées* forment une famille étroitement alliée aux Clusiacées. Elles ne diffèrent que par la consistance de leur tige, leurs fleurs hermaphrodites et à placentas pariétaux, mais assez saillants pour cloisonner l'ovaire. Les Hypéricinées tiennent aux *Clusiacées* par leur suc résineux, leurs rameaux tétragones, leurs feuilles opposées entières, leurs étamines nombreuses souvent soudées en phalanges, le fruit capsulaire ou charnu, leur graine non albuminée.

Ce sont des plantes des pays tempérés et chauds. On en compte 250 espèces dont 160 appartiennent au genre Hypericum.

Hypericum perforatum. *Mille-pertuis.* — Herbe vivace, élevée, à tiges tétragones, feuilles opposées, ponctuées, glanduleuses, fleurs en panicule jaunes, pentamères, à étamines nombreuses en phalanges. — Été.

Hab. — Champs, bords des chemins.

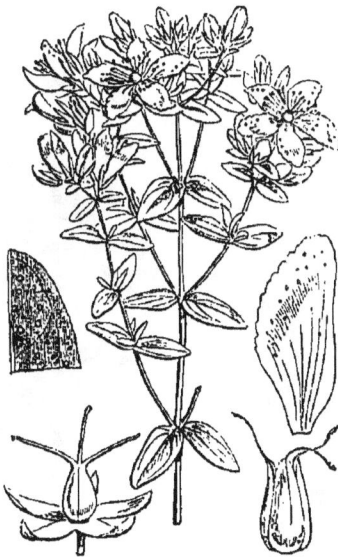

Hypericum perforatum.

Fig. 126.

Prop. et usages. — Le *Mille-pertuis* est un stimulant balsamique peu usité. On a employé de même d'autres *Hypericum* indigènes : l'*H. Androsæmum* L. à fruits bacciens, l'*H. Tetragonum*, l'*H. nummularium* des Alpes, etc.

V. — TRICOQUES

EUPHORBIACÉES

Les Euphorbiacées, bien que formant une famille très naturelle, offrent très peu de caractères communs, les 200 genres dans lesquels on peut faire entrer les 3000 espèces connues, offrent de grandes variations dans la constitution et la disposition de leurs pièces florales. Si les fleurs sont le plus souvent apétales chez nos espèces indigènes, un très grand nombre d'Euphorbiacées, étrangères à nos régions, sont pourvues de corolle. Les fleurs sont en général unisexuées, le grand genre *Euphorbia* semble faire exception, si, contrairement aux vues de beaucoup de botanistes, l'on ne considère pas la fleur comme une inflorescence, chaque étamine comme une fleur mâle et le gynécée central comme une fleur femelle (fig. 128).

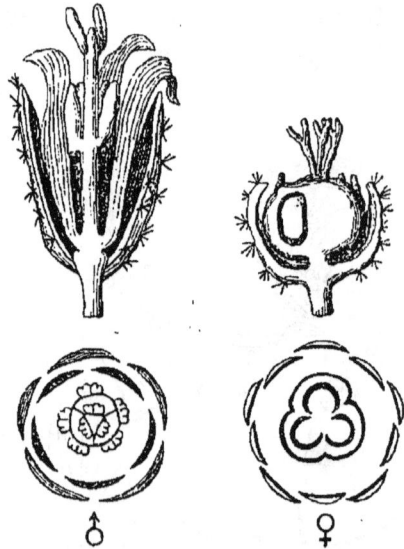

Crozophora tinctoria.
Fig. 127.

Le périanthe est tantôt simple, calycinal, tantôt double et souvent dissemblable, dans les fleurs de chaque sexe. Les étamines sont en nombre variable, tantôt isomères aux pièces du périanthe, tantôt en nombre moindre ou bien supérieur, les filets sont libres, soudés entre eux ou encore ramifiés, l'ovaire est sessile ou porté sur un gynophore, formé régulièrement de *trois carpelles* (très rarement 2 : *Mercurialis* ou 5-20 : *Hura*) et surmonté par autant de styles entiers ou bifides. Les ovules sont solitaires dans chaque loge ou 2 collatéraux dans quelques genres (Phyllanthées). Ces ovules anatropes sont descendants, ont le micropyle en haut et en dehors, ils sont insérés à l'angle interne des loges et à ce niveau

une saillie de placenta, appelée obturateur, s'applique souvent
sur le micropyle.

Le fruit est normalement une capsule qui se disjoint en
autant de coques qu'il y a de carpelles, ces coques, qui abandonnent une columelle centrale, s'ouvrent elles-mêmes suivant
leur suture dorsale (déhisc. loculicide) souvent avec élasticité.

Les graines à *testa* le plus souvent *crustacé* sont remarquables par la présence d'une *caroncule* charnue le plus souvent
limitée à la région micropylaire (fig. 131, *c*). Sous les téguments,
on trouve un albumen abondant, charnu, huileux, dans lequel
existe un grand embryon droit à cotylédons généralement
foliacées (Platylobées). Cependant les Euphorbiacées australiennes à port de bruyère ont les cotylédons étroits semi-
cylindriques (Stenolobées).

Les Euphorbiacées ont des organes de végétation excessivement variables, ce sont des arbres, arbustes, herbes vivaces
ou annuelles, les tiges prennent dans certains genres (*Euphorbia resinifera*) l'apparence de *Cactus* ou s'aplatissent en cladodes (*Phyllanthus*). Les feuilles sont le plus souvent alternes,
stipulées et pourvues d'une paire de glandes à la base du limbe
ou à l'extrémité du pétiole. L'existence d'un latex sécrété et
contenu dans des cellules très longues et ramifiées, épaissis-
sant leurs parois dans les parties âgées, est un caractère très
saillant, mais non général, chez les *Euphorbiacées*.

Cette famille vaste et polymorphe offre des affinités multiples : les types les plus rudimentaires paraissent se rapprocher
des familles apétales, spécialement des *Artocarpées* par la
diclinie, l'apétalie, la présence d'un latex, mais en diffèrent
beaucoup par la structure de l'ovaire pluricarpellé et pluriloculaire. Les Euphorbiacées pétalés ont des affinités bien
plus manifestes avec les Malvacées et Géraniales, elles ont en
commun avec les Malvacées les étamines souvent soudées en
colonne, un ovaire formé de carpelles verticillés autour d'un
axe central, elles en diffèrent toujours par leur ovule à micropyle supérieur et raphé ventral et leur albumen abondant. Les Linées ont, avec certaines Euphorbiacées pétalés, une
grande ressemblance et n'en diffèrent que par leurs fleurs hermaphrodites et la structure du péricarpe.

On connaît plus de 3,000 Euphorbiacées, habitant les ré
gions chaudes des deux mondes. Quatre grands genres communs aux deux continents (*Euphorbia, Croton, Phyllanthus, Aca-*
lypha) comprennent, à eux seuls, près de 2,000 espèces.

Clef.—A. Fruit composé de 3 coques; loges ovariennes
        uni-ovulées :
     a. Fleurs paraissant hermaphrodites, mais for-
        mées d'un involucre contenant des fleurs
        mâles réduites à une seule étamine, et au
        centre, une fleur femelle formée d'un pistil. EUPHORBIA.
     b. Fleurs apétales en grappes, les supérieures
        femelles, les inférieures mâles, à étamines
        très ramifiées; style à trois branches bifides;
        feuilles palmatilobées...................... RICINUS.
     c. Fleurs pétalées :
       × Fleurs pentamères, étamines à filets libres
         courbés dans le bouton................ CROTON.
      ×× Filets des étamines soudés en colonne :
        O Calice imbriqué...................... JATROPHA.
        OO Calice valvaire, herbe à poils étoilés,
         fleurs en grappe dense, axillaire..... CROZOPHORA.
     d. Apétales :
       × 10 étamines libres, feuilles palmées...... MANIHOT.
      ×× Étamines en colonne, arbre f. 3-foliolées.. HEVEA.
    ××× Fleurs trimères........................ EXCOECARIA.
  B. Fruit à 5-20 carpelles........................ HURA.
  C. Fruit à 2 carpelles; feuilles opposées.......... MERCURIALIS.
  D. Loges ovariennes bi-ovulées :
     a. Feuilles isolées; étamines 3................ PHYLLANTUS.
     b. Feuilles opposées elliptiques, coriaces; éta-
       mines 4 épisépales..................... BUXUS.

Euphorbia. *Euphorbe.* — Les Euphorbes ont des fleurs
hermaphrodites regardées comme
des inflorescences, le périgone et
gamosépale à 5, rarement 4 divisions, alternant avec autant de lobes glanduleux, parfois pétaloïdes;
les étamines sont en nombre indéfini, mais disposées en 5 faisceaux
oppositisépales, leur filet est articulé, les anthères s'ouvrent par
deux fentes latérales ou extrorses,
le pistil est supporté par une colonne

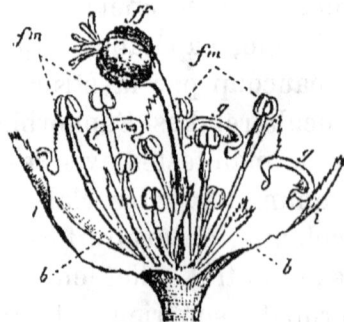

Euphorbia.
Fig. 128.

centrale ordinairement recourbée, l'ovaire a 3 loges, le fruit est une capsule tricoque. Ce genre est répandu dans toutes les régions du globe, il comprend plus de 500 espèces presque toutes herbacées, quelquefois frutescentes ou cactiformes, à latex âcre.

Euphorbia Lathyris. *Épurge.* — Grande plante annuelle à tige dichotome, feuilles opposées, séssiles sans stipules d'un vert foncé, capsule grande et graine brune ovoïde tronquée à la base, réticulée, rugueuse. Été.

Hab. Lieux cultivés, Europe.

Prop. et usages. Les *graines d'Épurge* donnent par expression

Euphorbia Lathyris.
Fig. 129.

Euphorbia resinifera.
Fig. 130.

une huile odorante, âcre, purgative et vomitive à la dose de 10-20 gouttes, peu usitée.

Euphorbia helioscopia. Réveil-matin. — Feuilles éparses, divisions glanduleuses du périgone arrondies, capsule à coques lisses et graines alvéolées.

Euphorbia Cyparissias. Petite Esule. — Vivace à petites feuilles étroites.

Cet Euphorbe et d'autres espèces indigènes ont été employées comme purgatives. Leurs latex passent dans certains pays pour capables de détruire les verrues (*Herbe aux verrues*).

Euphorbia resinifera. *Euphorbe.* — Arabe *Darkmous, Tikiout.* Tige de 1-2 mètres, cactiforme, rameuse, quadrangulaire, épineuse sur les angles, fleurs polygames, en cymes de trois, sur de petits rameaux, campanulées avec lobes glanduleux du périanthe très développés et jaune d'or.

Hab. — Maroc.

Prop. et usages. — Fournit par incision la *Résine d'Euphorbe*, émétique et purgative et même rubéfiante, peu usitée.

Euphorbia Beaumierana et *Euphorbia officinarum* de la même section, mais 9-10-gones et à fleurs rouges, sont utilisés au Maroc pour le tannage des cuirs.

Euphorbia Ipécacuanha. — Plante vivace de l'Amérique N., est émétique, sa souche est un des *Faux ipécas blancs* américains.

Euphorbia pilulifera. — Herbe annuelle, verte tachée de rouge à feuilles opposées. Régions tropicales.

Prop. et usages. — Préconisé dans le traitement de l'asthme.

Ricinus communis. *Ricin.* — Plante herbacée ou arborescente à feuilles palmatilobées, grandes, pétiolées ; inflorescence terminale ou oppositifoliées, grappes de cymes multiflores, les femelles au-dessus des mâles, fleurs mâles à 5-3 pétales valvaires, étamines nombreuses ramifiées, anthères à loges globuleuses, fruit tricoque de volume variable, lisse ou hérissé. La graine luisante, tachée de brun, à caroncule bien développée contient un albumen huileux.

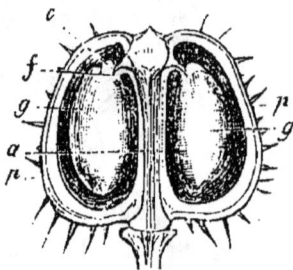

Ricinus communis.
Fig. 131.

Hab. — Originaire de l'Inde, naturalisé dans les pays chauds et tempérés des deux mondes où il présente une série de variétés.

Prop. et usages. — On retire de la graine l'*Huile de Ricin*, purgatif très usité, corps gras industriel. Feuilles employées en cataplasme.

Jatropha Curcas. *Médicinier.* — Arbrisseau de l'Amérique tropicale et de la côte occidentale d'Afrique à graine analogue à celle du Ricin, mais à teinte noirâtre plus uniforme et mat, donne une huile très drastique non employée en Europe.

Hevea guyanensis. *Siphonia elastica. Arbre à Caoutchouc.* — Les *Hevea* sont de grands arbres à feuilles trifoliolées à latex abondant et riche en caoutchouc.

Hab. — Guyane et nord du Brésil.

Prop. et usages. — On retire par des incisions sur le tronc le latex qui se concrète dans des vases. Le *Caoutchouc* ne provient pas seulement de 7-8 espèces d'*Hevea* exploitées, mais aussi d'arbres appartenant à d'autres familles. L'Amérique centrale, les Antilles, le Pérou produisent un caoutchouc qui découle du *Castilloa elastica* (Artocarpées), dans l'Asie tropicale et l'Australie, ce sont des *Ficus* qui sont exploités, certaines Apocynées et Asclépiadées produisent aussi du caoutchouc.

Manihot utilissima. *Manioc.* — Arbrisseau à feuilles palmées dont plusieurs racines se renflent et deviennent des réserves de fécule, mêlée à un suc plus ou moins vénéneux, suivant la variété.

Hab. — Originaire de l'Amérique méridionale, où il est cultivé en grand depuis l'antiquité, introduit en Afrique, puis en Amérique.

Prop. et usages. — Le *Manioc* présente un grand nombre de variétés, la plus intéressante est le *Manioc doux* (Manihot dulcis; M. Aipi); ses racines ne contiennent pas de suc toxique et peuvent être consommées sans aucune des préparations que l'on doit faire subir aux autres variétés des *Maniocs amers* dont l'amidon doit être privé, par expression et dessiccation, des liquides de la plante. Cette fécule est connue sous les noms de *Tapioca, Cassave, Moussache, Manioc*.

Crozophora tinctoria. *Maurelle* (fig. 127). — Plante grisâtre, étalée, couverte d'un duvet étoilé, à feuilles longuement pédonculées à fleurs monoïques les mâles pétalés, filets des étamines soudés en colonne, capsule à trois coques écailleuses. Fin de l'été.

Hab. — Champs, région méditerranéenne.

Prop. et usages. — Autrefois cultivé pour la fabrication du *Tournesol en drapeaux* qui servait à teindre des sirops, fromages, etc., en rouge. Le *tournesol en pain* est fourni par des Lichens (v. p. l.).

Echinus philippinensis. *Kamala.* — De l'Inde, ses graines sont couvertes de petites vésicules rouges isolables qui forment par leur réunion une poussière colorée servant à la teinture des soies et employée aussi comme ténifuge dans l'Inde.

Croton Tiglium. *Croton.* — Petit arbre à feuilles alternes ovales acuminées, fleurs petites nombreuses, capsule elliptique contenant des graines brunes ressemblant à celles du *Ricin*, mais plus petites, à caroncule flétrie.

Hab. — Inde, introduit dans la région tropicale des deux mondes.

Prop. et usages. — Graine connue sous le nom de *Petit pignon d'Inde, Graine de Tigli*, fournit de l'*Huile de Croton*.

Croton Eluteria. *Cascarille.* — Petit arbre des îles Bahama dont l'écorce aromatique en fragments roulés recouverts d'un lichen blanc est connue sous le nom d'*Ecorce de Cascarille*, elle renferme une résine et une huile volatile très odorantes.

Il existe un nombre considérable d'espèces et de Croton aromatiques (C. gratissimus, C. thurifer, etc.).

Excœcaria cebifera. *Stilingia.* — *Arbre à suif.* Arbre assez élevé dont les graines très abondantes sont recouvertes d'un dépôt épais de cire. Originaire de la Chine, où on utilise la cire qu'il produit.

Mercurialis annua. *Mercuriale.* — Herbe glabre à feuilles opposées, pâles, capsule à 2 coques herissées de pointes vertes ; fleurs mâles à étamines nombreuses, anthères à loges globuleuses indépendantes.

Hab. — Lieux cultivés.

Prop. et usages. — La mercuriale fraîche est un purgatif populaire. On prépare, suivant le Codex, le *Miel de Mercuriale* avec son suc.

Mercurialis annua.
Fig. 132.

Buxus sempervirens.
Fig. 133.

Hypomane Mancenilla. *Mancenillier.* — Arbre des Antilles dont le suc est excessivement âcre.

Hura crepitans. *Sablier.* —Fruit détonant lors de la déhiscence, suc très toxique employé pour la pêche, en empoisonnant les cours d'eau.

Aleurites moluccana. Noix de Bancoul.

Phyllanthus urinaria. — Euphorbiacées à loges bi-ovulées, plusieurs espèces sont employées en Asie comme diurétique et antisyphilitique.

Buxus sempervirens. *Buis.* — Arbuste à feuilles opposées elliptiques, coriaces, luisantes, fleurs mâles tétramères. fleurs femelles à 6 sépales, ovaire à 3 loges bi-ovulées, capsule couronnée par 3 cornes et s'ouvrant en 3 valves (fig. 133).

Hab. — Montagnes et collines calcaires.

Prop. et usages. — Plante amère contenant de la *Buxine*, les feuilles sont purgatives, nauséeuses, employées frauduleusement à la place du houblon dans la fabrication de la bière.

L'écorce a été préconisée comme fébrifuge, et le sulfate de buxine proposé comme succédané du sulfate de quinine.

VI. — ROSALES

Les Légumineuses et les Rosacées forment un groupement naturel assez homogène, cependant les Légumineuses se distinguent par leur carpelle unique et par l'orientation de la fleur qui présente un sépale antérieur et deux postérieurs, un pétale postérieur et deux antérieurs. Chez les Rosacées on trouve un sépale postérieur et deux antérieurs, un pétale antérieur et deux postérieurs.

ROSACÉES

Fleurs complètes, rarement unisexuées (*Brayera*, *Quillaja*), régulières, ordinairement pentamères. Le calice avec le sépale médian toujours postérieur forme un plateau, une coupe ou un tube portant sur ses bords les sépales, pétales, étamines et au centre le ou les carpelles (*Calyciflores*). Cette base de la fleur porte aussi le nom de réceptacle (fig. 136, *r*). Sa forme varie ainsi que ses rapports avec les carpelles. Les étamines sont souvent au nombre de 20 en trois verticilles, ou en nombre plus considérable, 30, 40, 60 ; dans d'autres genres on trouve 1 ou 2 verticilles de 5 étamines, nombre qui peut encore être réduit par avortement (1 dans *Alchemilla*).

Chez les Rosacées c'est le gynécée qui est le plus sujet à varier, il est généralement formé de carpelles indépendants, se développant soit en dehors de toute enveloppe réceptaculaire comme chez *Prunus, Fragaria, Rubus*, soit au contraire dans le fond d'un réceptacle sec ou charnu, *Rosa, Pyrus, Agrimonia*.

Le nombre des carpelles varie aussi, il est réduit à un chez les *Prunées* qui, par ce caractère, sont rapprochées des *Légumineuses*; chez les *Spiræa, Quillaja, Pyrus*, il y a cinq carpelles comme chez les *Geraniales*, enfin nous trouvons un nombre indéfini

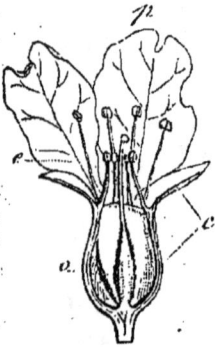

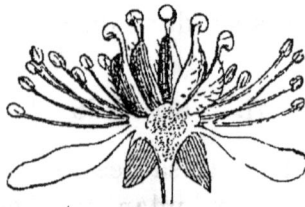

Prunus.　　　　　Spiræa.　　　　　Rosa.
Fig. 134.　　　　Fig. 135.　　　　Fig. 136.

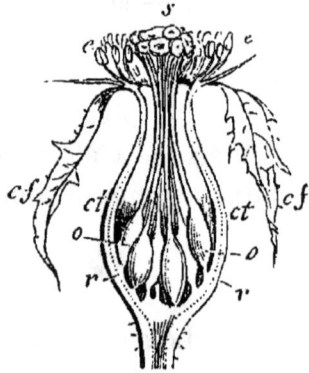

de carpelles chez les *Fragariées* comme chez les *Renonculacées*.

Le fruit des Rosacées à carpelles libres est une drupe (*Prunus*) ou un groupe de drupes (*Rubus*), ou d'akènes sur un réceptacle charnu (*Fragaria*), ou dans une coupe réceptaculaire profonde (*Rosa*), ou encore un fruit multiple de cinq gousses (*Quillaja*). Chez les *Pomées* les carpelles concrescents avec le tube réceptaculaire forment un fruit charnu dont la zone externe est formée par le réceptacle et la zone interne seulement par le pistil (*Pyrus*). La graine est ordinairement exalbuminée, l'embryon est droit, rarement enroulé (*Quillaja*). Les Rosacées sont des arbres, arbustes ou herbes, à feuilles le plus souvent alternes, fréquemment composées, presque toujours stipulées, elles sont riches en tannin, en gomme provenant d'une altération de la tige, elles fournissent un grand nombre de fruits comestibles.

On connaît plus de 1,500 espèces de Rosacées répandues dans toutes les zones.

Clef. — Série A. — Carpelles libres, développés en fruits en dehors de toute enveloppe réceptaculaire :

I. *PRUNÉES*. — Un carpelle, deux ovules ascendants; drupe, feuilles simples................. Prunus.

II. *SPIRÉES*. — Carpelles 5, en verticille :

× Fleurs toutes complètes; fruit folliculaire. Spiræa.

×× Fleurs polygames dioïques; fruit composé de 5 gousses................... Quillaya.

III. *FRAGARIÉES*. — Nombreux carpelles 1-2 ovulés :

a. Nombreux akènes sur un réceptacle charnu. Fragaria.

b. Akènes sur un réceptacle sec............. Potentilla.

c. Styles accrescents après la floraison....... Geum.

d. Petites drupes sur un réceptacle charnu; arbustes épineux....................... Rubus.

Série B. — Carpelles libres ou concrescents, dans une cavité réceptaculaire, à parois sèches ou charnues :

IV. *AGRIMONIÉES*. — Akènes libres dans un tube sec :

a. Fleurs pétalées :

× Fleurs complètes, herbes; étamines 10. Agrimonia.

×× Fleurs polygames dioïques; étamines 20; arbre élevé....................... Brayera.

b. Fleurs apétales tétramères :

× Calice et calicule 1-4 étamines......... Alchemilla.

×× Périgone simple; 4-8 étamines......... Poterium.

V. *ROSÉES*. — Nombreux carpelles devenant des akènes dans un tube charnu............... Rosa.

VI. *POMÉES*. — 1-5 carpelles devenant charnus et concrescents avec le tube accru et charnu qui les contient :

a. Arbres à feuilles caduques :

× Endocarpe coriace; fruits à pépins :

O Loges biovulées.................. Pyrus.

OO Loges pluri-ovulées, pluriséminées.. Cydonia.

×× Endocarpe fragile, peu distinct........ Sorbus.

××× Endocarpe osseux, formant un noyau autour de la graine............. .... Cratægus.

b. Arbres à feuilles persistantes; baie à endocarpe membraneux... .... Photinia.

I. — *PRUNÉES.*

Prunus. — Les *Prunus* sont des Rosacées à un seul carpelle devenant une drupe, le calice ainsi que la coupe du réceptacle sur les bords de laquelle il s'insère, avec 5 pétales et une vingtaine d'étamines, sont caduques, le carpelle solitaire contient 2 ovules dont un seul se développe généralement; la drupe a un épicarpe glabre ou velouté, un endocarpe formant autour de la graine un noyau lisse ou rugueux.

Clef. — A. Sect. *Amygdalus*. — Drupe veloutée ; feuilles
condupliquées dans la préfoliaison :
   a. Mésocarpe charnu ; noyau sillonné...... P. PERSICA.
   b. Mésocarpe coriace ; noyau criblé........ P. AMYGDALUS.
B. Sect. *Armeniaca*. — Drupe veloutée ; noyau
creusé d'un sillon sur les bords ; préfoliaison convolutée.................. P. ARMENIACA.
C. Sect. *Euprunus*. — Drupe glabre, glauque,
préfoliaison convolutée............... P. DOMESTICA.
D. Sect. *Cerasus*. — Drupe glabre, longuement
pédonculée, brillante ; préfoliaison condupliquée ; fleurs solitaires ou en ombelle. P. AVIUM.
E. Sect. *Lauro-cerasus*. — Drupe glabre ; préfoliaison condupliquée ; fleurs en grappes :
   a. Feuilles persistantes .... P. LAURO-CERASUS.
   b. Feuilles caduques :
     ×Grappes dressées (Amérique)......... P. SEROTINA.
    ×× Grappes pendantes................ P. PADUS.
   ××× Grappe courte, dressée, corymbiforme. P. MAHALEB.

Prunus Amygdalus. *Amandier*. — Arbre à feuilles lancéolées aiguës, à stipules linéaires caduques, à fleurs solitaires
ou fasciculées sur les branches de l'année précédente et apparaissant avant les feuilles ; périanthe pentamère, étamines
nombreuses, ovaire formé d'un seul carpelle uni-loculaire,
bi-ovulé, le fruit est une drupe à sarcocarpe se séparant en
deux valves, graine huileuse.

Hab. — Nord Afrique, Asie occidentale, et cultivé.

Prop. et usages. — Les amandes sont suivant les variétés douces
ou amères. Les *Amandes douces* servent à l'extraction d'une huile
estimée, à la préparation de la pâte à looch, du sirop d'orgeat.

Les *Amandes amères* qui sont plus petites contiennent également de l'huile grasse mais de plus un glucoside l'*Amygdaline*,
qui, sous l'influence d'un ferment soluble, l'*Emulsine*, dissout au
contact de l'eau, se dédouble en *glucose, essence d'amandes
amères* et *acide cyanhydrique*. Les amandes amères jouissent donc
des propriétés thérapeutiques et toxiques de l'acide cyanhydrique ; elles sont aussi employées pour masquer les odeurs désa-
gréables de certains médicaments, Asa fœtida, Castoreum, etc.

Prunus Persica. Pêcher. — Est une espèce voisine de l'Amandier, originaire de la Chine, il fournit un fruit justement apprécié,
son amande est amère et contient beaucoup d'amygdaline.

Prunus Armeniaca. — L'*Abricotier* est également originaire de la Chine et cultivé en grand, en Asie et dans le nord de l'Afrique et en Europe.

Prunus domestica. *Prunier*. — Arbre peu élevé à feuilles alternes, ovales aiguës, le fruit est une drupe, lisse, globuleuse ou ovoïde ambrée ou pourpre foncé.

Hab. — Originaire du sud du Caucase.

Prop. et usages. — Les nombreuses variétés de prunes sont comestibles, certaines sont desséchées et deviennent des *pruneaux* employés fréquemment comme laxatif.

Prunus avium. *Cerisier*. — Le Cerisier a des fleurs longuement pédonculées auxquelles succèdent des drupes lisses.

Hab. — Originaire de la région méditerranéenne présente dans les cultures de nombreuses variétés.

Prop. et usages. — Le fruit est consommé frais, sert à la préparation du Kirsch, d'un Ratafia, les amandes sont employées comme condiment en Orient; les plus estimées viennent de Tunisie.

Enfin les *Queues de Cerises* passent pour diurétiques et calmantes, elles produisent au contact de l'eau de l'acide cyanhydrique.

Prunus Lauro-cerasus. *Laurier-cerise*. — Petit arbre à feuilles allongées, lisses, coriaces, persistantes, à fleurs en grappes dressées (fig. 137).

Hab. — Originaire du sud du Caucase; cultivé comme plante d'agrément.

Prop. et usages. — Les feuilles du Laurier-cerise exhalent quand on les froisse une odeur d'amande amère, elles contiennent en effet de l'*Amygdaline* qui sous l'influence de l'*Emulsine* se dédouble en glucose.

Prunus Lauro-cerasus.
Fig. 137.

Essence d'amandes amères et *acide cyanhydrique*.

Pour l'usage médical on prépare de l'*Eau distillée de feuilles de Laurier-cerise* qui agit, par l'acide cyanhydrique, comme sédatif. On emploie aussi les feuilles en nature pour aromatiser les laitages par l'essence d'amandes amères qui se produit aussi au contact de l'eau.

On emploie fréquemment en Amérique l'écorce du Laurier-cerise.

P. Serotina, Prunier de Virginie, qui contient aussi de l'acide cyanhydrique et de plus du *tannin*, est un médicament sédatif et tonique qu'on utilise dans les affections du poumon et du cœur. Employé en Amérique.

II. -- SPIRÉES.

Spiræa Ulmaria. *Reine des prés, Ulmaire.* — Herbe vivace à feuilles pennatiséquées, à folioles sessiles inégales, fleurs petites, blanches, nombreuses, très odorantes, carpelles libres devenant des follicules. *Fl.* — Juin.

Hab. — Europe, Amérique.

Prop. et usages. — Les feuilles sont astringentes, les fleurs qui contiennent de l'hydrure de salicyle ont été employées comme astringentes, diurétiques, sédatives, antirhumatismales.

On emploie également comme astringents les *Sp. Aruncus, Sp. Filipendula* et en Amérique le *Sp. tomentosa.*

Quillaja saponaria. *Bois de Panama.* — Arbre à feuilles simples, alternes, persistantes; fleurs polygames, le fruit est formé à la maturité par 5 gousses à graines ailées.

Hab. — Amérique méridionale.

Prop. et usages. — L'écorce de divers *Quillaja* est connue sous le nom de *Bois de Panama.*

Spiræa Ulmaria.
Fig. 138.

On en a isolé de la *Saponine* qui est inerte; la *lactosine*, hydrate de carbone inerte; l'*acide quillajacique*, glucoside acide se dédoublant en glucose et *Sapogénine* toxique; *Sapotoxine*, glucoside neutre toxique.

L'écorce de Quillaja a été proposée pour remplacer le *Polygala Senega* comme expectorant, on utilise la teinture de cette écorce pour faire des émulsions (coaltar saponiné, etc.).

III. — *FRAGARIÉES.*

Fragaria vesca. *Fraisier.* — Herbe vivace à rhizome épais, à rameaux allongés en coulants, feuilles trifoliolées stipulées, fleurs blanches, 5 mères, à calice accompagné d'un calicule; étamines 20 ou plus; carpelles très nombreux, insérés sur un réceptacle qui devient succulent à la maturité, tandis que les fruits multiples deviennent de petites akènes. *Fl.* — Été, automne.

Hab. — Les bois de l'Europe.

Les fraisiers présentent dans la culture de nombreuses variétés provenant de croisements d'espèces américaines.

Prop. et usages. — Le rhizome de fraisier connu sous le nom de *Racine de fraisier*, est très astringent, le fruit a jouit d'une certaine vogue comme antigoutteux, dépuratif.

Potentilla Tormentilla.
Fig. 139.

Rubus fruticosus.
Fig. 140.

Potentilla Tormentilla. *Tormentille.* — Les Potentilles sont des fraisiers à réceptacle non charnu, la Tormentille est remarquable par son rhizome épais, brun rougeâtre, ses tiges grêles étalées, ses fleurs jaunes petites, tétramères. *Fl.* — Mai-juillet.

Hab. — Europe, bois, prairies.

Prop. et usages. — Rhizome très astringent.

Potentilla reptans et *Anserina*. — Ont mêmes propriétés.

Le *Geum urbanum*, *Benoite*, a aussi un rhizome astringent et odorant, autrefois très estimé.

Rubus fruticosus. *Ronce.* — Fleurs semblables à celles du fraisier; mais sans calicule et à carpelles devenant de petites drupes à la maturité. Tiges grimpantes fortement aiguillonnées, feuilles composées. *Fl.* — Été, automne.

Hab. — Les bois, les haies.

Propr. et usages. — On emploie en France, comme astringent, les feuilles de différentes ronces; en Amérique c'est l'écorce de la racine du *R. villosus* qui est usitée. Certains *Rubus* fournissent des fruits estimés, la Framboise *R. idæus*, et le *R. chamæmorus* des régions polaires.

IV. — *AGRIMONIÉES.*

Agrimonia Eupatoria L. *Aigremoine Eupatoire.* — Herbe vivace

Agrimonia Eupatoria.
Fig. 141.

velue à racines rameuses, tige dressée, à feuilles pennatiséquées à segments dentés, stipules grandes embrassantes. Fleurs petites jaunes, en longues grappes terminales, pentamères, à 2-3 carpelles inclus dans un réceptacle profond, hérissé d'épines crochues, à la maturité un seul akène se développe et reste enfermé dans le réceptacle sec et induré. *Fl.* — Été.

Hab. — Haies, lieux incultes. Europe, région méditerranéenne.

Prop. et usages. — Feuilles autrefois employées comme astringentes.

Brayera anthelminthica. *Hagenia abyssinica. Kousso.* — Arbre à rameaux velus, feuilles composées pennées, à gaine et stipules à la base, les fleurs petites, verdâtres, nombreuses en grappes axillaires ramifiées, les mâles présentent une triple enveloppe florale, l'externe est un calicule : les pétales sont plus courts que le calice, les étamines sont au nombre de 15-30. Au centre on ne trouve que 2 carpelles abortifs. Les fleurs femelles ont un réceptacle plus profond portant calicule, calice et corolle et des étamines stériles. Au fond de la coupe on trouve deux carpelles uniovulés à styles terminés par des stigmates larges, papilleux ; le fruit devient un akène enveloppé par le réceptacle desséché.

Hab. — Abyssinie, région montagneuse, et cultivé dans le même pays.

Propr. et usages. — Ce sont les inflorescences qui sont récoltées, desséchées et livrées au commerce sous le nom de *Kousso*.

Le kousso est un anthelmintique puissant très usité en Abyssinie. On a pensé qu'il agissait mécaniquement sur les parasites par les poils qui recouvrent les inflorescences. On a isolé la *Koussine* qui paraît peu active et proposé d'utiliser le *Koussinate de soude*, plus soluble.

V. — ROSÉES.

Rosa gallica. *Rosier de Provins.* — Petit arbuste à racine rampante, à feuilles 5-7 folioles, vert foncé en dessus, finement tomenteuses en dessous, doublement dentées en scie, fleurs grandes odorantes, pourpre foncé, généralement demidoubles, styles distincts, plus courts que les étamines; fruits globuleux ou ovoïde rouge. *Fl.* — Mai, juin.

Hab. — Europe, Asie.

Prop. et usages. — On récolte les pétales des *Roses de Provins* pour préparer des infusions légèrement astringentes et une *Conserve de roses* considérée comme tonique.

Rosa centifolia. *Rose pâle, Rose choux.* — Fleurs grandes, très doubles, roses; pédoncule glanduleux ainsi que le réceptacle; fruit orange.

Hab. — Forme de jardins provenant probablement d'une espèce asiatique.

Prop. et usages. — Les pétales de roses donnent, par la distillation, l'*Eau de roses* employée pour les collyres.

Le parfum pénétrant des roses peut être isolé sous forme d'huile essentielle (*vraie essence de roses*). En Roumélie et dans l'Inde on obtient ce produit par une série de distillations des pétales du *R. damascena.*

Rosa canina. *Églantier.* — Arbuste souvent élevé à rameaux allongés, arqués, feuilles à folioles simplement dentées; 2-3 fleurs en cyme, à pétales roses, jaunâtres à la base; carpelles nombreux devenant des akènes velus, enfermés dans un réceptacle charnu, rouge. *Fl.* — Mai-juin.

Hab. — Haies, buissons.

Prop. et usages. — Le réceptacle avec les akènes inclus constituent un fruit composé connu sous le nom de *Cynorrhodon;* on en prépare des conserves légèrement astringentes. Les poils qui enveloppent les akènes agissent sur les helminthes.

Les *Bedegars* sont des galles moussues produites par les piqûres du *Cynips rosæ*, elles sont astringentes.

VI. — POMÉES.

Pyrus communis L. *Poirier.* — Arbre à feuilles ovales ou arrondies longuement pétiolées, les fleurs, en corymbe, ont un réceptacle en forme de coupe profonde et portant sur ses bords 5 sépales, 5 pétales, de nombreuses étamines à anthères pourpre, les 5 carpelles sont au fond de la coupe et lui adhèrent par leurs ovaires tandis que les 5 styles sont libres à la maturité; le fruit est formé à la fois par le tube du réceptacle et les ovaires accrus, il présente 5 loges tapissées par un endocarpe cartilagineux et logeant 1-2 graines. *Fl.* — Avril-mai.

Hab. — Bois. Europe et Asie tempérée, cultivée.

Prop. et usages. — Le Poirier fournit un fruit bien connu, une espèce voisine, le **P.** *nivalis* ou **P.** *Salviæfolia* à *feuilles tomenteuses en dessous*, est cultivé pour la production du poiré.

Pyrus Malus, *Pommier.* — Diffère du précédent par ses styles soudées à la base et le fruit ombiliqué à l'insertion du pédoncule. *Fl.* — Printemps.

Hab. — Originaire de l'Europe et de l'Asie tempérée, cultivé.

Prop. et usages. — Fruit comestible et servant à fabriquer le cidre.

Sorbus domestica. *Sorbier.*

Hab. — Europe.

Prop. et usages. — Fruits très astringents avant la maturité, on mange les sorbes blettes.

Cydonia vulgaris. *Cognassier.* — Petit arbre à feuilles ovales couvertes de duvet en dessous, à fleurs grandes, rosées, solitaires, le fruit, jaune doré, est très parfumé à la maturité, les graines ou pepins sont *superposées au nombre de 8 à* 15 dans chaque loge.

Hab. — Originaire de l'Asie tempérée. Cultivé.

Prop. et usages. — Le fruit acerbe et astringent se mange cuit, les graines développent en abondance au contact de l'eau un mucilage utilisé en thérapeutique comme celui de la graine de lin.

Cratægus Mespilus. *Néflier.* — Fruit comestible. Europe.

Cratægus Azarolus L. *Azarolier.* — Fruit comestible, région méditerranéenne.

Cratægus oxyacantha L. *Aubépine.*

Photinia japonica. *Eryobothrya japonica, Bibassier* ou *Néflier du* Japon. — Cultivé dans la région méditerranéenne où il fournit abondamment un fruit comestible qui pourrait aussi donner un cidre. Le pepin très volumineux est riche en amygdaline.

LÉGUMINEUSES,

Les Légumineuses constituent une des plus importantes familles dialypétales superovariées, diplostémones. Les fleurs généralement hermaphrodites, sont le plus souvent pentamères, tantôt régulières (*Mimosées*), tantôt irrégulières (*Papilionacées*), avec deux cycles de cinq étamines et *un pistil formé d'un seul carpelle*, qui devient une *gousse* ou *légume*, rarement une akène ou une drupe. Le calice quelquefois rudimentaire (*Mimosées*) est dialysépale (*Césalpiniées*) ou gamosépale bilabié (*Papilionacées*). La préfloraison est imbriquée ou valvaire (*Mimosées*), le sépale médian est généralement antérieur; la corolle a ses pétales égaux chez les Mimosées. Chez les Papilionacées et les Césalpiniées ils sont inégaux. Le pétale médian qui est posté- rieur (étendard) recouvre les deux latéraux (ailes) qui à leur tour recouvrent les deux antérieurs (carène) chez les Papilionacées

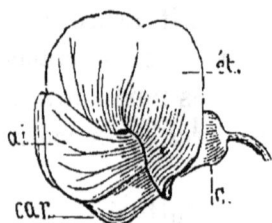

Papilionacées.

Fig. 142.

Papilionacées.

Fig. 143.

(fig. 142); tandis que chez les Césalpiniées les pétales anté- rieurs recouvrent les latéraux qui recouvrent à leur tour le postérieur. Il n'est pas rare de rencontrer des corolles gamo- pétales chez les légumineuses (*Acacia, Trifolium*). Ce sont les

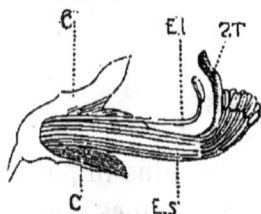

Papilionacées.

Fig. 144.

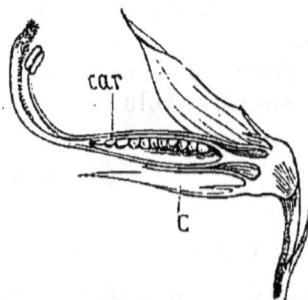

Papilionacées.

Fig. 145.

deux pétales antérieurs qui sont le plus souvent unis pour former la carène. Les 10 étamines de l'androcée sont toutes libres (*Sophora, Anagyris, Cæsalpinia*, etc.) ou toutes soudées en un tube (*Genistées*), ou encore 9 soudées en un tube fendu supérieurement, en face de l'étamine supérieure libre (fig. 144).

On observe assez souvent une réduction de l'androcée typique, par avortement, des staminodes remplacent alors les étamines absentes (*Cassia, Tamarindus*). Rarement les étamines
sont nombreuses par ramification (*Acacia*). Le pistil se compose d'un seul carpelle sessile ou stipité ayant la suture dorsale tournée en avant, il est superposé au sépale antérieur. La
suture ventrale porte sur chacun de ses bords une rangée
d'ovules anatropes ou campylotropes ou bien quelquefois 2 ou
1 seul ovule (*Hæmatoxylon*); il existe cependant quelques légumineuses pluricarpellées; certains *Affonsea* ont 5 carpelles à
leur gynécée. Le fruit qui s'appelle *gousse* ou *légume* s'ouvre normalement par ses deux sutures, rarement par la seule suture
ventrale (*Trigonella*), la gousse est parfois indéhiscente (*Caroubier*) ou bien elle s'étrangle entre les graines et se fractionne
transversalement en autant d'akènes (*Hedysarum*), ailleurs le
fruit se réduit à un seul akène (*Hæmatoxylon*) devenant sama-
roïde chez les *Pterocarpus, Toluifera*. Enfin c'est une drupe semblable à une amande ou une prune chez les *Coumarouna* et *Andira*. Les fruits de certaines légumineuses s'enfoncent dans le
sol et mûrissent leurs graines sous terre (*Arachis, Vicia*). La
graine est albuminée (*Mimosa, Ceratonia, Cassia*) ou plus souvent exalbuminée, l'embryon est droit chez les Césalpiniées
et Mimosées, courbe chez les Papilionacées.

Herbes, arbustes ou grands arbres à feuilles généralement
composées, stipulées, les Légumineuses ont leurs fleurs
généralement groupées en épis, capitules, grappes simples
ou ramifiées. Les Légumineuses sont étroitement alliées
aux *Rosacées* dont elles ne diffèrent que par l'orientation de
la fleur et le pistil à un seul carpelle, elles se rapprochent
aussi des *Geraniales*. Certains genres rappellent les Térébinthacées (*Ceratonia*).

Les Légumineuses ne comprennent pas moins de 7,000 espèces dispersées sur toute la surface du globe; les espèces
arborescentes abondent dans les contrées chaudes.

Les genres sont groupés en trois sous-familles :

I. MIMOSÉES. — Corolle régulière, calice valvaire, embryon
droit.

II. CÉSALPINÉES. — Corolle plus ou moins irrégulière à pétale postérieur recouvert, dans le bouton, par les latéraux, embryon droit.

III. Papilionacées. — Fleurs irrégulières, calice gamopétale, pétale postérieur (étendard) recouvrant les latéraux (ailes), embryon courbe.

Sf. *PAPILIONACÉES.*

Clef. — I. *Genistées.* — Étamines toutes soudées en tube, feuilles composées digitées :

    a. Arbustes uni-trifoliolés, étamines inégales :

        × Calice spathacé unilabié.......... SPARTIUM.
        ×× Calice bilabié, 3 dents unies à la lèvre inférieure.................. CYTISUS.
        ××× Calice bilabié, dents distinctes..... GENISTA.

    b. Feuilles digitées, 5-9 foliolées.......... LUPINUS.

II. *Podalyriées.* — Étamines libres, feuilles trifoliolées, arbustes, pétales de la carène libres, gousse volumineuse stipitée................ ANAGYRIS.

III. *Sophorées.* — Étamines libres, arbres ou arbustes à feuilles composées pennées :

    × Gousse épaisse, moniliforme, indéhiscente, fleurs papilionacées....... SOPHORA.
    ×× Gousse monosperme, étendard large, les autres pétales étroits et distants. TOLUIFERA.

IV. *Dalbergiées.* — Arbres ou arbustes à feuilles pennées, à fruit indéhiscent quelquefois charnu ou monosperme.

    a. Fruit sec :

        × Arbre, fruit suborbiculaire, atténué en aile sur son contour............ PTEROCARPUS.
        ×× Fruit allongé à 4 ailes longitudinales. PISCIDIA.

    b. *Fruit drupacé :*

        × Calice à 2 lobes supérieurs aliformes, 3 inférieurs minimes.............. COUMAROUNA.
        ×× Calice tronqué ou brièvement denté. ANDIRA.

V. *Hédysarées.* — Herbes ou arbrisseaux à feuilles pennées, à *fruit articulé*, indéhiscent, 10 étamines diadelphes 9 + 1.

    a. Gousse bi-pluri-articulée.............. HEDYSARUM.
    b. Gousse toruleuse, 2-3 séminée, mûrissant sous terre .... ARACHIS.

VI. *Trifoliées.* — Herbes non grimpantes à feuilles trifoliolées, à folioles dentées, à fruit souvent indéhiscent.

    a. 10 étamines monadelphes, gousse bivalve. ONONIS.
    b. Corolle gamopétale, gousse petite indéhiscente............................ TRIFOLIUM.
    c. Gousse arquée ou en spirale.......... MEDICAGO.

d. Gousse subglobuleuse, petite, épaisse, indéhiscente ou tardivement bivalve... MELILOTUS.

e. Gousse allongée droite ou arquée, indéhiscente ou ne s'ouvrant que par la
suture ventrale.................... TRIGONELLA.

VII. *Galegées.* — Feuilles pennées, sans vrilles,
herbes, arbustes ou arbres à gousse membraneuse généralement bivalve, rarement indéhiscente :

    a. Herbe à fleur en grappe axillaire, gousse
subcylindrique polysperme.......... GALEGA.

    b. Arbres à fleurs en grappes axillaires, gousse
à suture dorsale épaissie............ ROBINIA.

    c. Anthères à connectif appendiculé d'un
mucron ou d'une glande............. INDIGOFERA.

    d. Gousse à nervure dorsale prolongée dans
l'intérieur du fruit sous forme de cloison. ASTRAGALUS.

    e. Étamines de deux grandeurs, anthères à
loges confluentes au sommet........ GLYCYRRHIZA.

VIII. *Phaséolées.* — Herbes grimpantes, rarement
frutescentes, feuilles trifoliolées, stipellées, les
primordiales opposées :

    a. Carène tordue :

      × Style simplement barbu au sommet. PHASEOLUS.

      ×× Style pourvu, au-dessous du stig-
mate, d'une appendice en capuchon,
hile de la graine très long........ PHYSOSTIGMA.

    b. Carène grande non tordue :

      × Étendard plus court que les ailes,
étamines de deux formes.......... MUCUNA.

      ×× Fruit plat coriace ligneux, déhiscent
au sommet seulement où se trouve
une graine..................... BUTEA.

IX. *Viciées.* — Feuilles paripennées le plus souvent
prolongées en vrille, ou phyllodes à vrille (f.
imparipennées dans *Cicer*), inflorescence axillaire.

    a. 10 étamines.

      1. Tube des étamines tronqué oblique-
ment :

      × Feuilles imparipennées, gousses vé-
siculeuses...................... CICER.

      ×× Feuilles paripennées :

        O gousse polysperme, graines
rondes.................... VICIA.

        OO gousse à 1-2 graines lenticu-
laires..................... LENS.

      2. Tube staminal tronqué à angle droit :

      × Style comprimé d'avant en arrière. LATHYRUS.

      ×× Style comprimé latéralement...... PISUM.

    b. 9 étamines, tige ligneuse à la base, vrilles
abortives.......................... ABRUS.

Genistées.

Cytisus scoparius (*Sarothamnus*). *Genêt à balai.* — Arbrisseau à feuilles inférieures pétiolées, les supérieures sessiles, unifoliolées, style contourné épaissi au sommet, gousse très poilue sur les bords.

Hab. — Europe, terrains siliceux.

Prop. et usages. — On a isolé de ce genêt la *Spartéine*, dont le sulfate est employé dans le traitement des affections cardiaques comme régulateur du cœur.

Cytisus Laburnum. *Aubours.* — Arbre ou arbuste à feuilles trifoliolées, pâles en dessous, fleurs jaunes grandes en grappes pendantes, gousse velue à bord supérieur épais caréné.

Hab. — Europe.

Cytisus scoparius.

Fig. 146.

Prop. et usages. — Le Cytise est purgatif, émétique ; mais toxique (paralyso-moteur). Toute la plante et surtout les graines, l'écorce et les fleurs sont riches en *Cytisine* et *Laburnine*.

Spartium junceum. *Genêt d'Espagne.* — Arbuste à longs rameaux verts, moelleux, striés, flexibles, feuilles peu nombreuses, fleurs jaunes grandes odorantes, en grappe lâche.

Hab. — Région méditerranéenne et cultivé.

Prop. et usages. — Purgatif.

Genista tinctoria. — Arbuste à fleurs petites en grappes compactes.

Hab. — Europe.

Prop. et usages. — Fleurs purgatives.

Lupinus albus. *Lupin.* — Herbe annuelle à tige dressée, feuilles digitées 5-7 foliolées, fleurs blanches en grappe terminale ; gousse coriace contractée sur les graines qui sont lenticulaires.

Hab. — Cultivé dans la région méditerranéenne pour sa graine alimentaire.

Prop. et usages. — Les Lupins contiennent un alcaloïde toxique, la Lupinine.

Podalyriées.

Anagyris fœtida. *Bois-puant*. — Arbuste fétide à feuilles trifoliolées d'un vert pâle, fleurs jaunes, maculées de noir, en grappes, à étendard court, gousses longues bosselées à graines grandes réniformes violettes. *Fl.* — En hiver.

Hab. — La région méditerranéenne.

Prop. et usages. — L'*Anagyre* jouit des propriétés éméto-cathartiques des Genêts et surtout du Cytise (*C. Laburnum*). On l'a même proposé comme un succédané du Séné.

Les graines ont provoqué des empoisonnements chez des soldats de l'armée d'Afrique qui en avaient pris comme aliment. On a retiré de cette plante un alcaloïde, l'*Anagyrine*.

Sophorées.

Toluifera Balsamum. *Tolu*. — Arbre à feuilles imparipennées ponctuées, glanduleuses, fleurs en grappes ; l'étendard est grand avec onglet linéaire et recouvre les 4 autres pétales qui sont égaux, lancéolés, les 10 étamines sont libres, le fruit long de 5 à 8 centimètres, aplati, ailé, bombé seulement à son sommet, où se trouve une graine.

Hab. — La Colombie, le Vénézuéla.

Prop. et usages. — Le *Baume de Tolu* est retiré de cet arbre au moyen d'incisions.

Toluifera Pereiræ. — Diffère du précédent par ses feuilles et les rameaux de l'inflorescence légèrement pubescents, le fruit souvent plus petit, plus longuement stipité.

Hab. — L'Amérique centrale, la côte du Baume dans l'État de San-Salvador, le Mexique, le Guatemala, etc.

Prop. et usages. — On retire de cet arbre le *Baume du Pérou*, en supprimant sur le tronc des fragments d'écorce, que l'on remplace par du coton, on chauffe alors l'arbre au moyen de torches, et le baume liquéfié exsude et est absorbé par les plaques de coton, que l'on traite ensuite par l'eau bouillante. Le fruit donne aussi un baume (Baume blanc) que l'on retire de sa cavité.

Dalbergiées.

Pterocarpus Marsupium. *Kino du Malabar.* — Grand arbre à feuilles, 5 à 7 foliolées, folioles ovales coriaces; fleurs jaune pâle en grappes lâches ramifiées, fruit stipité orbiculaire à aile périphérique membraneuse; 1 à 2 graines.

Hab. — Inde, Ceylan.

Prop. et usages. — Le suc de cet arbre desséché est le *Kino de l'Inde* ou *du Malabar.*

Le *Kino* renferme un tannin particulier, l'acide *kino-tannique*, de la *pyro-catéchine*, du *rouge de kino.* Le kino est employé comme astringent.

D'autres *kino* sont récoltés, mais moins usités :

Kino de l'Inde (Butea frondosa).

Kino d'Eucalyptus. Australie.

Kino de la Jamaïque (Coccoloba uvifera).

Kino de la Colombie (Rhizophora Mangle).

Pterocarpus santalinus. — Inde. *Santal rouge*, bois astringent.

Piscidia erythrina L. *Boisivrant.* — Arbuste à feuilles 5 foliolées, fleurs en grappes, gousse allongée à quatre ailes longitudinales.

Hab. — Les Antilles.

Le *Piscidia* est employé pour la pêche par les habitants des Antilles. Introduit dans la thérapeutique comme hypnotique, on en a retiré la *Piscidine.*

Coumarouna odorata. *Fève Tonka.* — Arbre à feuilles composées, fleurs petites en grappes composées; le fruit est une drupe ovoïde semblable à une amande, la graine est allongée, cylindrique, ridée.

Hab. — La Guyane.

Prop. et usages. — La *Fève tonka* contient un parfum (*Coumarine*) que l'on retrouve chez d'autres légumineuses (Mélilot, Fenugrec, etc.).

Andira anthelminthica. *Angelins.* — Arbre à fruit drupacé semblable à une prune, dont la graine ainsi que celles d'autres espèces du même genre est employée en Amérique comme vermifuge sous le nom d'*Angelin.*

Andira Araroba. — Arbre du Brésil dont l'écorce réduite en poudre (*poudre d'Araroba*) est employée dans le traitement des affections cutanées.

Hedysarées.

Hedysarum Onobrychis. Sainfoin. Esparcette.
Hedysarum coronarium. Sainfoin d'Espagne, plante fourragère.

Arachis hypogœa. *Arachide. Cacaouette.* — Herbe à feuilles 4-foliolées à fleurs axillaires assez grandes, jaunes, à carpelle pauci-ovulé, gousse souterraine étranglée, réticulée, et contenant généralement deux graines à embryon huileux.

Hab. — Originaire d'Amérique australe, cultivé dans tous les pays chauds.

Prop. et usages. — On retire des graines l'*Huile d'arachide;* grillées dans la gousse, elles sont comestibles et s'emploient pour la préparation d'une sorte de chocolat.

Trifoliées.

Ononis spinosa, *Arrête-bœuf. Bugrane.* — Petit arbrisseau épineux à feuilles brièvement pétiolées, les inférieures trifoliolées, les supérieures unifoliolées, fleurs assez grandes, roses veinées, solitaires; à l'aisselle des feuilles, dans la partie supérieure des rameaux, gousse ovale; souche souterraine volumineuse. *Fl.* — Été.

Hab. — Commun dans les prairies.

Prop. et usages. — Les parties souterraines ont été très vantées comme diurétiques.

Ononis spinosa.
Fig. 147.

Trifolium pratense et *Tr. incarnatum,* sont des trèfles cultivés comme fourrage.

Medicago sativa. Luzerne. — Originaire du Nord-Afrique et de l'Asie occidentale, très cultivé comme fourrage.

Melilotus officinalis. *Mélilot.* — Herbe à feuilles trifolio-lées, à petites fleurs jaunes odorantes disposées en grappes spiciformes effilées, corolle caduque à étendard ne dépassant pas les ailes, gousse ovoïde indéhiscente, réticulée, rugueuse.

Hab. — Champs, prairies.

Prop. et usages. — Cette plante et quelques espèces voisines four-nissent une eau distillée employée en collyres. Les Arabes emploient les fruits des Mélilots comme aro-matique (*Chnane*).

Trigonella Fœnum græcum. *Fenu-grec.* — Herbe devenant très odorante par la dessiccation, à tige dressée, à fleurs axillaires sessiles; gousse terminée par un long bec, courbée en faux, contenant 10-20 graines comprimées, à embryon pourvu d'une radicule épaisse repliée sur la face d'un cotylé-don. *Fl.* — Été.

Melilotus officinalis.
Fig. 148.

Hab. — Originaire de l'Asie occidentale, subspontané et cul-tivé dans le Midi de l'Europe.

Prop. et usages. — Le *Fenu-grec* est une plante fourragère, sa graine qui donne une grande quantité de mucilage a servi aussi de base à la préparation de différents médicaments émol-lients.

Galegées.

Galega officinalis. *Galega, Rue des chèvres.* — Herbe vivace à feuilles imparipennées, fleurs violacées en grappes axillaires ou ter-minales, étamines monadelphes, gousse linéaire sub-cylindrique. *Fl.* — Été.

Hab. — La région méditerranéenne.

Prop. et usages. — Plante fourragère qui a passé pour sudorifique et antisyphilitique, elle a aussi été employée en teinture sous le nom de *Faux indigo*.

Indigofera tinctoria. *Indigotier*. — Petit arbuste à feuilles
imparipennées ; petites fleurs nombreuses, en grappes axillaires, la gousse est étroite, cylindrique, un peu resserrée entre
les graines.

Hab. — Les régions tropicales, où il est cultivé ainsi que
d'autres espèces.

Prop. et usages. — Les Indigotiers contiennent de l'*Indican*
que l'on retire en laissant macérer les plantes dans l'eau, la
solution ainsi obtenue est incolore ; mais elle fermente et l'*Indican* se dédouble en *Indiglucine*, matière sucrée, et *Indigo*
qui précipite en grumeaux bleus. L'*Indigo* est surtout une matière industrielle, on l'a cependant
employé dans le traitement des névroses.

Robinia pseudo-acacia. *Robinier*,
vulg. *Acacia*. — Arbre à rameaux aiguillonnés, à feuilles imparipennées,
fleurs blanches en grappes pendantes,
très odorantes. *Fl*. — Été.

Hab. — Originaire d'Amérique, fréquemment cultivé.

Prop. et usages. — Les fleurs ont
été regardées comme antispasmodiques, l'écorce et les racines passent
pour avoir des propriétés purgatives et
toxiques à haute dose.

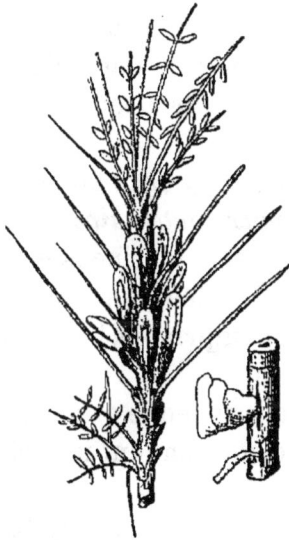

Astragalus gummifer.
Fig. 149.

Astragalus gummifer. *Astragale
à Gomme adragante*. — Arbuste rameux,
à feuilles composées pennées, rapprochées vers le sommet des
rameaux qu'elles embrassent par une gaine large ; après la
chute des folioles, le pétiole principal induré devient une
longue épine persistante.

Les fleurs solitaires ou fasciculées par 2 ou 3 à l'aisselle des
feuilles inférieures sont petites, jaunes, la gousse est petite,
ovoïde, laineuse et ne contient qu'une graine.

Hab. — Asie Mineure, Syrie, Arménie, Hindoustan. D'autres
Astragales à gomme adragante viennent en Orient. Ce sont
l'*A. verus*, *A. brachycalyx*,, *A. adscendens*, *A. pycnocladus*, etc.

Prop. et usages. — La *Gomme adragante* est une production morbide (*gummose*), les parois cellulaires du tissu fondamental se transforment en adragante qui, sous l'influence de l'eau, gonfle et acquiert dans la plante une tension considérable, aussi la moindre solution dè continuité, que présente la tige, sert d'issue à la gomme, qui y passe comme par une filière. Suivant la forme de ces ouvertures, l'Adragante se présente en lames ou en cylindres. Pour faciliter la sortie de ce produit les collecteurs pratiquent eux-mêmes les ouvertures.

Le marché de Smyrne donne à l'exportation plus de 4,500 quintaux de Gomme Adragante.

L'Adragante entre comme véhicule dans beaucoup de préparations pharmaceutiques, elle est insoluble dans l'eau ; mais y gonfle beaucoup, elle répond à maints usages dans l'industrie.

Glycyrrhiza glabra. *Réglisse.* — Souche vivace émettant des tiges aériennes dressées et des *rameaux souterrains* épais, ligneux, *très allongés ;* feuilles imparipennées, glutineuses en dessous, fleurs bleuâtres, brièvement pédicellées en grappes axillaires, gousse courte, 2-3 centimètres, comprimée, bosselée, contenant 2-6 graines brunes lenticulaires.

Hab. — Originaire de la région méditerranéenne et cultivé.

Propr. et usages. — La racine et la tige contiennent un principe sucré, la *Glycyrrhizine.*

On trouve dans le commerce, sous le nom de *Bois de réglisse*, les rameaux souterrains de cette plante ; mais on peut utiliser aussi pour le même usage l'*Abrus precatorius.*

Phaséolées.

Phaseolus vulgaris. *Haricot commun.* — Herbe à tige anguleuse ordinairement volubile, à feuilles trifoliolées, fleurs en grappes, calice bilabié, étendard large et carène contournée en spirale ainsi que le style et les étamines, gousse bivalve allongée, bosselée ; graines réniformes.

Hab. — Origine complètement inconnue, cultivé sous une foule de variétés. Un grand nombre d'autres *Phaséolées* sont alimentaires. Les haricots contiennent 60 p. 100 de fécule et 20 à 25 de *Légumine* qui diffère assez peu de la caséine. Les Chinois font en effet avec la légumine des graines de *Phaséolus* de véritables fromages.

Physostigma·venenosum. *Fève de Calabar.* — Grande liane à feuilles semblables à celles du haricot, fleurs violacées en grappes pendantes, aussi très analogues à celles du haricot, le style est remarquable par un appendice en capuchon placé sous le stigmate.

La gousse acuminée contient 1-3 grosses graines arquées et présentant sur le bord convexe, un long hile linéaire, sous un tégument coriace se trouve un gros embryon à cotylédons épais.

Hab. — Le golfe de Guinée.

Prop. et usages. — Les graines servent de poison d'épreuve dans l'Afrique australe. C'est un paralyso-moteur comme le Curare.

On retire de la *Fève de Calabar* un alcaloïde, l'*Esérine*, employé surtout dans la thérapeutique oculaire.

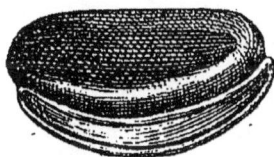

Physostigma venenosum.
Fig. 150.

L'*Esérine* rétrécit la pupille et produit une myopie artificielle.

Mucuna pruriens. *Pois à gratter* et **Mucuna urens.** *Grand pois à gratter.* — Tige volubile à feuilles trifoliolées, fleurs bleues et longues grappes pendantes, *carène droite très longue, étamines dimorphes*, 5 basifixes, 5 versatiles, gousse chargée de poils barbelés au sommet.

Hab. — Originaires de l'Inde et cultivés dans toutes les régions tropicales.

Prop. et usages. — Les poils de *Mucuna* constituent un anthelmintique mécanique. Ils sont employés avec succès contre les *Ascaris* et *Oxyures*. On peut aussi les utiliser comme révulsif cutané.

Butea frondosa. *Butéa à Kino.* — Arbre à feuilles trifoliolées, à grandes fleurs orangées en grappes pendantes. La gousse est large, plate, membraneuse, et ne contient qu'une graine qui est *logée dans sa partie supérieure, qui seule est déhiscente.*

Hab. — Commun dans l'Asie tropicale ainsi que d'autres espèces voisines.

Prop. et usages. — On retire du *Butea* par incision un suc rouge qui devient le *Kino de butée* ou *Kino de l'Inde;* il a les propriétés astringentes des autres Kinos.

Le *Coccus lacca* détermine la formation sur les branches du *Butea* d'une *Gomme-laque.*

Viciées.

Vicia Faba. *Fève.* — Tige simple à feuilles composées-pennées terminées par une pointe sétacée, fleurs grandes, blanches ou violettes, avec une tache noire sur les ailes, en grappes très brièvement pédonculées, gousses sessiles, très grandes, enflées, graines déprimées sur les faces.

Hab. — Inconnu à l'état sauvage, fréquemment cultivé.

Prop. et usages. — Graine alimentaire, fleurs employées dans le traitement des coliques néphrétiques.

Vicia sativa. Vesce. — Plante fourragère.

Vicia Ervilla. Ers. — Plante fourragère dont la graine passe pour vénéneuse.

Lens esculenta. *Lentille.* — Herbe à tige rameuse, feuilles terminées en vrilles, fleurs petites (1 à 3 millimètres), pédoncule aristé, gousse comprimée prolongée en bec, 1 à 2 graines lenticulaires. — *Fl.* Mai, juillet.

Hab. — Région méditerranéenne; cultivé pour sa graine alimentaire.

Prop. et usages. — Le bouillon de lentilles a été donné dans le traitement de la variole.

Cicer arietinum. *Pois chiche.* — Herbe à tiges dressées, à feuilles imparipennées à folioles dentées en scie, gousse velue, renflée, apiculée à 2 graines ovoïdes, anguleuses terminées en bec au-dessus du hile.

Hab. — Originaire d'Orient, fréquemment cultivé dans la région méditerranéenne.

Lathyrus sativus. *Gesse ;* arabe *Djilben.* — Herbe à tiges étroitement ailées, couchées ou grimpantes, à fleurs solitaires grandes, blanches, roses ou bleues sur des pédoncules plus longs que le pétiole de la feuille. Style droit, tordu sur son axe, gousse munie de 2 ailes sur le dos, graine grosse, anguleuse, lisse.

Hab. — Originaire d'Orient, très cultivé dans la région méditerranéenne comme fourrage et pour ses graines alimentaires, qui causent les mêmes accidents que celles du suivant.

Lathyrus Cicera. *Jarosse, Gessette.* — Diffère du précédent par ses pédoncules plus courts, sa gousse canaliculée sur le dos, ses graines teintées de brun, ses fleurs rouge brique.

Hab. — Région méditerranéenne. Cultivé comme fourrage. Ses graines sont parfois moulues et mêlées aux céréales pour l'alimentation ; il en résulte des accidents paralytiques (*lathyrisme*) graves, se traduisant par une claudication spéciale et résultant probablement de l'action toxique sur l'axe rachidien d'un alcaloïde volatil.

Pisum sativum. *Petit pois.* — Herbe à tige grimpante, feuilles terminées par une vrille rameuse à 2-3 paires de folioles ovales ondulées, fleurs grandes, blanches ou violacées, gousse ordinairement enflée à graines globuleuses lisses concolores.

Abrus precatorius. *Liane-réglisse. Jiquirity.* — Liane grêle à feuilles paripennées, terminées par un mucron, fleurs roses en grappes ; l'androcée ne compte que 9 étamines, la gousse est courte, large, et contient 4 à 6 graines globuleuses rouges tachées de noir.

Hab. — Originaire de l'Inde et fréquemment cultivé dans les pays chauds.

Prop. et usages. — La racine contient, comme celle du *Glycirrhiza*, de la *glycirrhizine*. Le macéré de graines de *Jiquirity* est employé pour combattre les conjonctivites granuleuses chroniques.

Sf. *CÉSALPINIÉES*.

Clef. — A. Fleurs pétalées :
    a. Anthères versatiles.
        × Carpelle inséré sur le fond du ré-
        ceptacle :
            O Gousse s'ouvrant normalement
            par les sutures ou indéhiscente.   CÆSALPINIA.
            OO Gousse s'ouvrant par le milieu
            des faces du carpelle en 2 pseu-
            dovalves naviculaires........   HÆMATOXYLON.
        ×× Carpelle stipité inséré sur la paroi
        postérieure d'un réceptacle tubuleux :
            O Sépales 4, pétales 3-2 rudimen-
            taires, 3 étamines, fruit indé-
            hiscent....................   TAMARINDUS.
            OO Sépales 4, pétales 5, étamines 10,
            fruit indéhiscent............   HYMENÆA.
    b. Anthères basifixes inégales, graines albu-
    minées ....   CASSIA.
    B. Fleurs apétales, fruit indéhiscent :
        × Fl. polygames dioïques, 5 sépales
        rudimentaires, pétales 0,5 étamines,
        carpelle pluriovulé...............   CERATONIA.
        ×× 4 sépales, 10 étamines, carpelle bi-
        ovulé, fruit une seule graine arillée.   COPAIFERA.

Cæsalpinia. — Arbres ou arbustes à feuilles bipennées, fleurs pentamères, irrégulières, jaunes ou rouges, sépales li- bres, pétale postérieur recouvert par les latéraux dans la pré- floraison, 10 étamines libres à filets velus. Ce genre fournit un assez grand nombre de produits à la thérapeutique et à l'in- dustrie.

Cæsalpinia Bonducella. *Bonduc.* — Arbuste grimpant à fruit hérissé, 1 à 2 graines grises.

Hab. — Régions tropicales.

Prop. et usages. — Les graines de *Bonduc* renferment un principe résineux amer (*bonducine*), de l'huile, un tannin ; elles passent pour toniques et antipériodiques.

Cæsalpinia echinata. — Bois de Fernambouc.

Cæsalpinia tinctoria. — Originaire de l'Amérique méridionale, employé en teinture et en tannerie, très astringent.

Cæsalpinia pulcherrima L. *Poincinia, Flamboyant, Poinciade.* — Est cultivé dans les pays chauds, passe pour tonique fébrifuge (fleurs), stimulant, emménagogue, ses feuilles sont purgatives à la façon du Sené.

Cælaspinia Sappan L. — Indes, bois de Sappan. Emménagogue, abortif, employé dans la teinture.

Hæmatoxylon campechiacum. *Bois de Campêche.* - Arbre épineux (stipules), à feuilles pennées, à petites fleurs presque régulières en grappes, auxquelles succèdent des gousses comprimées membraneuses et ne s'ouvrant pas par les sutures ; mais par le milieu des faces, en deux valves naviculaires.

Hab. — Amérique centrale et Antilles ; cultivé dans les serres et jardins.

Prop. et usages. — Le cœur rouge et dur du bois est riche en matière colorante et principes astringents, qui le font employer comme anti-diarrhéique.

Tamarindus indica. *Tamarinier.* — Grand arbre à feuilles pennées, portant au sommet des rameaux des grappes de fleurs jaune-pourpré, très irrégulières, le calice n'a que 4 sépales, les deux postérieurs étant soudés, la corolle est réduite aux 3 pétales postérieurs, tandis que ce sont les 3 étamines antérieures qui seules sont fertiles, le fruit est presque cylindrique, à mésocarpe pulpeux, à endocarpe partagé en autant de logettes qu'il y a de graines.

Hab. — Afrique tropicale, cultivé dans les pays chauds.

Prop. et usages. — La *Pulpe de Tamarin* est employée comme laxatif, comme la pulpe de Casse.

Hymenæa verrucosa. *Copals.* — Arbre à feuilles bifoliolées, à fruit indéhiscent, 1-2 sperme verruqueux, pulpeux à l'intérieur.

Hab. — Afrique orientale, Maurice, Bourbon.

Prop. et usages. — Produit l'*Animé d'Orient, Copal dur*, résine que l'on récolte sur les arbres, sur le sol ou dans des sables où elle est enfouie depuis une époque très reculée.

Hymenæa Courbaril. *Copal américain.*

D'autres *Hymenæa* donnent des produits analogues.

Cassia. — Arbres ou arbustes à feuilles pennées, fleurs subirrégulières à 5 sépales libres inégaux, à 5 pétales dont le postérieur est recouvert dans le bouton par les 2 latéraux ; l'androcée se compose soit des 10 étamines typiques, soit des 7 étamines antérieures, les filets des 3 étamines les plus antérieures étant toujours plus longs ; les anthères sont basifixes, le carpelle stipité devient

Cassia.
Fig. 151.

une gousse très variable qui permet d'établir deux sections :

a. *Fistula*. — 10 étamines fertiles, 3 plus longues en avant. Gousse indéhiscente cylindrique cloisonnée,

b. *Senna*. — 7 étamines fertiles, gousse bivalve comprimée.

a. *Fistula*.

Cassia Fistula. *Canéficier*. — Arbre à feuilles composées-pennées, grandes fleurs jaunes, nombreuses, en grappes pendantes, gousse cylindrique de 30 à 40 centimètres, indéhiscente, cloisonnée, et contenant une pulpe sucrée et des graines à *albumen corné* très développé.

Hab. — Indes et Antilles.

Prop. et usages. — La Pulpe de Casse est employée comme laxatif.

b. *Senna*.

Cassia acutifolia. *Séné d'Alexandrie, de Nubie, de la Palthe*. — Arbuste peu élevé à feuilles 8-10 foliolées, à folioles insymétriques ovales lancéolées, gousse membraneuse oblongue de 4 à 5 centimètres de long sur 2 de large, à faces ne présentant, au niveau des graines, aucune crête saillante.

Hab. — Afrique tropicale, Nubie, Timbouctou, etc.; présente un certain nombre de variétés.

Cassia angustifolia. *Séné de Tinevelly, de l'Inde, de Moka, de la Pique.* — Feuilles et gousses plus allongées.

Cassia angustifolia.

Fig. 152.

Hab. — Arabie, l'Inde, où il est cultivé en grand.

Prop. et usages. — On emploie les feuilles et quelquefois les gousses (follicules) de ces deux espèces comme purgatif.

L'acide cathartique paraît être le principe actif; les urines des personnes qui ont pris du Séné deviennent rouges en présence de la potasse caustique.

Cassia obovata. — A des folioles courtes obovales, obtuses, et une gousse pourvue au niveau du sommet de chaque semence d'une courte crête saillante. Fournit un Séné de qualité inférieure qui est rejeté de la consommation, il était connu sous les noms de *Séné d'Italie, de Tripoli, du Sénégal, d'Alep.*

De nombreux *Cassia* américains jouissent des mêmes propriétés purgatives, entre autres le *C. marylandica. Séné des États-Unis.*

Cassia alata. *Dartrier.* — Fruit quadriailé rég. tropicale. Antiherpétique.

Ceratonia Siliqua. *Caroubier.* — Bel arbre à feuilles paripennées, coriaces, fleurs naissant sur le vieux bois, polygames, dioïques à réceptacle évasé portant 5 sépales minuscules, pas de pétales, 5 étamines développées dans les fleurs mâles, rudimentaires dans les femelles, qui présentent un carpelle stipité, gousse épaisse, indéhiscente, à mésocarpe drupacé, contenant des graines à albumen corné abondant. — Fl. Octobre.

Hab. — Région méditerranéenne.

Prop. et usages. — Gousses volumineuses, contenant une pulpe abondante très employée pour la nourriture des chevaux. A été proposé comme purgatif.

Copaifera officinalis. *Copahu.* — Arbre à feuilles paripennées, 6-8 folioles ovales lancéolées, insymétriques, parsemées de ponctuations glanduleuses translucides ; les fleurs en grappes composées axillaires sont hermaphrodites, le calice a 4 divisions, la corolle manque, les étamines au nombre de 10-13 légèrement inégales entourent un ovaire orbiculaire surmonté d'un style grêle devenant une gousse courte, épaisse, ne renfermant qu'une graine qui est enveloppée en partie par une arille charnue ; l'embryon dépourvu d'albumen est volumineux à cotylédons épais.

Hab. — Amérique centrale et Nord de l'Amérique australe. Cultivé aux Antilles et dans les pays tropicaux.

Prop. et usages. — On retire au moyen d'une incision profonde faite à la base du tronc des Copaïers l'*Oléo-résine de Copahu.*

Le *Copaifera officinalis* L.

Copaifera officinalis.
Fig. 153.

est représenté dans les Guyanes et au Brésil par un certain nombre d'espèces affines qui fournissent abondamment du Copahu. Ce sont notamment les **Copaifera Martii, Copaifera Langsdorffii, Copaifera guianensis.**

Sf. *MIMOSÉES.*

Acacia. — Arbres ou arbustes originaires surtout d'Afrique et d'Australie, à fleurs petites, nombreuses, en épis ou capitules, le calice le plus souvent pentamère est *valvaire*, il est souvent rudimentaire, la corolle a des divisions valvaires en nombre égal à celles du calice, elle est souvent gamopétale ; les étamines nombreuses sont tantôt libres, tantôt soudées en tube. Le gynécée est formé d'un seul carpelle qui devient une gousse bivalve, mais quelquefois indéhiscente, et même étranglée dans l'intervalle des graines. Les feuilles sont dans la règle bi-pennées, chez les espèces australiennes elles sont souvent réduites au pétiole qui est aplati foliiforme (*phyllodes*).

Acacia Senegal. *Acacia à gomme.* — Arbuste tortueux, épineux, à petites feuilles bi-pennées, à petites fleurs jaunes en *longs épis axillaires*, gousse membraneuse réticulée.

Hab. — Afrique tropicale, du Sénégal à la Nubie.

Prop. et usages. — Les Acacias sous l'influence de lésions diverses laissent exsuder la *Gomme arabique*.

C'est du Sénégal que provient la gomme en boule rougeâtre, et du Cordofan (Nubie) la gomme blanche.

Acacia arabica A. *vera*. — Arbre ou arbuste épineux, à feuilles bi-pennées, à fleurs *en capitules sphériques*. Gousses étranglées dans l'intervalle des semences.

Acacia Senegal.

Fig. 154.

Hab. — Répandu avec un assez grand nombre de variétés dans toute l'Afrique tropicale et l'Inde.

Prop. et usages. — L'*Acacia arabica* fournit :

1° Une faible partie de la gomme arabique : *Gomme de l'Inde*;

2° Une *écorce* astringente antidysentérique ;

3° Des gousses (*bablahs*) riches en tannin, employées surtout pour le tannage.

Acacia capensis. *Gomme du Cap.* — Le Cap.

Acacia gummifera. *Gomme de Mogador.* — Maroc.

Acacia tortilis. — Tunisie, Tripolitaine.

Acacia Farnesiana. *Acacia de Farnes, Cassie.* — A des fleurs jaunes, très odorantes, en capitules, gousse volumineuse cylindrique pulpeuse à l'intérieur, originaire de l'Inde ; il est très cultivé dans la région méditerranéenne pour la parfumerie.

Acacia Catechu. *Acacia à cachou du Pégu.* — Arbre épineux à feuilles bi-pennées, petites fleurs jaunes en épis, gousse aplatie.

Hab. — Originaire des Indes et naturalisé aux Antilles.

Prop. et usages. — L'*Acacia Catechu* ainsi que quelques espèces voisines fournissent le *Cachou du Pégu*, substance astringente préparée avec le bois que l'on coupe en fragments, que l'on fait bouillir dans de l'eau, qui est ensuite évaporée pour en retirer l'extrait.

On cite d'autres Cachous moins utilisés ou rares : cachou de l'*Areca Catechu* et de l'*Uncaria Gambir*.

Les cachous sont remarquables par une sorte de tannin appelé *catéchine* ou *acide catéchique*, ils donnent par la distillation sèche la *pyrocatéchine*.

Acacia decurrens d'Australie. — Vient très bien sur le littoral algérien ainsi que les suivants. Écorce très riche en tannin, donne aussi une gomme identique à la gomme arabique.

Acacia leiophylla. — Australie. Tannin et gomme.
Acacia pycnantha. — Australie. Tannin et gomme.
Acacia melanoxylon. — Australie. Tannin et gomme.
Acacia cyanophylla. — Australie. Tannin.

Acacia anthelminthica (Albizzia anthelminthica). *Moussenna.* — Arbre à écorce lisse, à feuilles bipennées, à folioles peu nombreuses assez grandes, fleurs en capitules à étamines unies en tube.

Hab. — Abyssinie.

Prop. et usages. — L'*Écorce de Moussenna* passe pour anthelminthique.

Mimosa pudica. — Sensitive.

VII. — CARYOPHYLLINÉES.

CARYOPHYLLÉES.

Dialypétales superovariées, à type diplostémone, cyclospermées.

Les fleurs hermaphrodites sont pentamères, rarement tétramères ; le pistil est formé par un nombre variable de carpelles, formant un ovaire d'abord pluri-loculaire, dans lequel les cloisons disparaissent de bonne heure, laissant *libre au centre une colonne placentaire* portant des ovules campylotropes ; la graine est remarquable par l'*embryon courbé autour d'un albu-*

men amylacé (fig. 155) (comme chez les Chénopodiacées), ex-
cepté chez les Dianthées.

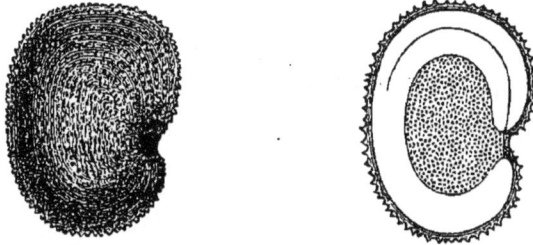

Caryophyllées. Graine (*Lychnis Sithago*).
Fig. 155.

Les feuilles sont opposées, le plus souvent sans stipules.

Clef. — I. *SILENÉES. Calice gamosépale* :
     a. Calices munis d'un calicule, à la base,
        2 styles. Embryon droit.............. DIANTHUS.
     b. Calices sans calicule. 2 styles. Embryon
        courbe........................... SAPONARIA.
     c. Calices sans calicule. 5 styles. Embryon
        courbe........................... LYCHNIS.
  II. *ALSINÉES. Calice à sépales libres* :
     a. Feuilles sans stipules. 3 styles. Pétales bi-
        fides............... .... STELLARIA.
     b. Feuilles à stipules, scarieuses. 3 styles... SPERGULA.
        5 styles .... SPERGULARIA.

Dianthus Caryophyllus. *Œillet rouge.* — Calice pentamère gamosépale, tubuleux, accompagné à la base de
bractées formant un calicule; la corolle est à 5 pétales libres à onglet, longs; étamines au nombre de 10. Les 2 carpelles forment un ovaire uniloculaire par résorption des cloisons, 2 styles; la colonne placentaire porte des grains discoïdes
à hile sur une face et contenant un embryon droit. L'œillet
rouge est une herbe vivace, glauque, à feuilles opposées, à
fleurs odorantes, solitaires ou géminées au sommet des rameaux.
— *Fl.* Été.

Hab. — Vieux murs. Europe méridionale et cultivé.

Prop. et usages. — Les pétales ont une odeur de girofle
qui les a fait employer comme excitants, sudorifiques, cor-
diaux, etc. On en prépare un sirop.

Saponaria officinalis. *Saponaire*. — Les Saponaires diffèrent des œillets par leur graine à hile latéral, et à embryon annulaire entourant l'albumen, leur calice dépourvu de calicule à la base.

La Saponaire officinale est une herbe à souche vivace, à rameaux noueux. Les feuilles sont opposées, ovales, lancéolées, trinerviées ; les fleurs en cymes sont roses, lègèrement odo-

Saponaria officinalis.
Fig. 156.

Lychnis Githago.
Fig. 157.

rantes. Calice pentamère gamosépale, corolle à 5 pétales. Étamines 10, styles 2.

Hab. — Lieux frais.

Prop. et usages. — Toutes les parties de la plante donnent une décoction qui mousse comme de l'eau de savon. Cette propriété lui vient de la *Saponine*, dont la solution visqueuse émulsionne les corps gras. C'est probablement son action dissolvante des corps gras, qui a porté à regarder la Saponaire comme fondante, désobstruante, etc.

La *Saponaire d'Orient* (*Gypsophila struthium* L.) fournit à la matière médicale une racine qui contient les mêmes principes et peut servir aux mêmes usages que la Saponaire officinale.

Lychnis Githago Lamk. *Nielle des blés.* — Périanthe pentamère, 10 étamines, 5 styles. Été. Commun dans les moissons. La Nielle des blés a des graines qui se mêlent aux céréales et communiquent à la farine leurs propriétés vénéneuses. Toute la plante contient de la Saponine.

Spergularia rubra.
Fig. 158.

Spergularia rubra. *Arenaria.* — Plante pubérulente, couchée, à feuilles linéaires stipulées opposées, à rameaux fleuris dressés, feuillés, à petites fleurs lilas, 5 sépales, 5 pétales, 10 étamines, 3 styles.

Hab. — Champs sablonneux. Europe, Asie, Amérique, Nord Afrique.

Prop. et usages. — Diurétique.

TAMARISCINÉES.

Tamarix germanica. — Arbuste à feuilles minuscules très nombreuses, fleurs petites en grappes, 10 étamines, à filets soudés en tube, style nul, graine munie d'une chevelure stipitée.

Hab. — Bord des rivières.

Prop. et usages. — Astringent.

Tamarix Gallica. — Arbre ou arbuste très rameux à feuilles squamiformes plus longues que larges, recouvertes de sels déliquescents, fleurs roses en grappes serrées cylindriques.

Hab. — Bois des eaux.

Tamarix articulata. — Arbre à ramuscules très longs, feuilles formant une gaine complète autour des rameaux, 5 étamines.

Hab. — Région Saharienne.

Tamarix germanica.
Fig. 159.

Prop. et usages. — Les galles de cet arbre sont employées par les Arabes comme astringentes et pour le tannage.

Tamarix mannifera. — Voisin du *T. Gallica*, nourrit le *Coccus mannifera*, donne un miellat qui en se concrétant devient une manne. Orient.

VIII. — PARIÉTALES.

Le groupe des Pariétales est caractérisé par un ovaire uniloculaire formé de carpelles soudés bords à bords ; si l'ovaire
est cloisonné, les cloisons sont nettement d'origine placentaire
(*Crucifères, pavots*). On peut dans le groupement des pariétales
facilement distinguer deux séries : une première comprenant
les *Crucifères, Résédacées, Capparidées, Papavéracées*, est surtout alliée aux *Renonculacées, Berbéridées*, etc. ; la seconde avec
les *Violariées, Bixacées, Cistinées*, a plus de parenté avec les
Malvales.

> *a. Cruciflores*, fleurs 2-4 divisions, rarement
>   plus.
>   ⨯ Sépales 4, pétales 4, étamines 6, al-
>   bumen 0...................... CRUCIFÈRES.
>   ⨯⨯ Sépales 4, pétales 4, étamines nom-
>   breuses, albumen 0............. CAPPARIDÉES.
>   ⨯⨯⨯ Calice 4-7, pétales 4-7, étamines 3-40,
>   albumen 0..................... RÉSÉDACÉES.
>   ⨯⨯⨯⨯ Graine albuminée. Sépales 2-3, pé-
>   tales 4-6..................... PAPAVÉRACÉES.
> *b. Cistiflores*, fleurs pentamères, graine al-
>   buminée :
>   ⨯ Étamines nombreuses, libres, co-
>   rolle rosacée................. CISTACÉES.
>   ⨯⨯ Étamines connées ou conniventes
>   autour du gynécée............. VIOLARIÉES.

CRUCIFÉRES.

Les Crucifères forment une des rares familles faciles à caractériser parmi les polypétales ; l'organisation florale n'y étant
sujette qu'à des variations d'ordre secondaire. Ce groupement
homogène est par contre difficile à diviser en tribus et genres.
Les fleurs, hermaphrodites en grappes, ont un calice de
4 sépales libres, en 2 paires ; les 2 latéraux sont souvent bossus
à la base. Une corolle de 4 pétales en croix, alternant avec les
sépales. L'androcée est caractéristique, il est formé de 6 étamines (tétradynames) : 2 latérales plus courtes et 4 antéropos-
térieures plus grandes. A la base des filets staminaux on observe des nectaires. Le pistil se compose de 2 carpelles latéraux
soudés bords à bords, en un ovaire uniloculaire à 2 placentas

pariétaux, portant 2 rangées d'ovules campylotropes et se
prolongeant l'un et l'autre vers l'axe de manière à former par

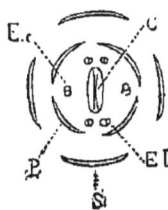

Crucifères.

Fig. 160.

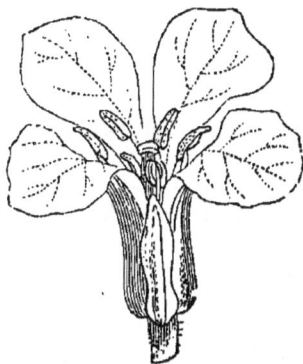

Fig. 161.

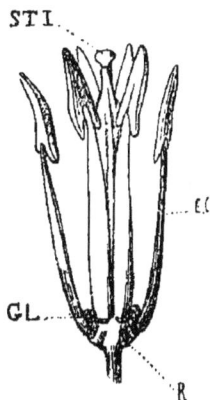

Androcée de Crucifère.

Fig. 162.

leur jonction une cloison placentaire. Le fruit est une capsule
bivalve qui porte le nom de *silique* quand elle est beaucoup

Silique.

Fig. 163.

plus longue que large, et de *silicule* si la largeur égale la longueur. Le fruit est parfois indéhiscent et alors fréquemment susceptible
de se fragmenter dans la longueur en articles;
il est même indéhiscent et monosperme chez
l'*Isatis*. La graine non albuminée a un embryon
oléagineux courbé, c'est-à-dire à radicule repliée sur les bords ou sur le dos des cotylédons.

Les Crucifères sont étroitement alliées aux
Capparidées, Papavéracées et aux Résédacées;
elles diffèrent des Capparidées par leur androcée, des Résédacées par le nombre des pièces
florales, des Papavéracées par l'absence d'albumen.

La famille des Crucifères comprend environ
1,200 espèces dispersées dans toutes les régions; mais plus abondantes dans l'hémisphère boréal et spécialement dans le bassin méditerranéen.

Presque toutes les Crucifères ont des propriétés stimulantes
antiscorbutiques, qu'elles doivent à des glucosides où il entre

une notable quantité de soufre et d'azote. Leurs graines oléagineuses fournissent abondamment des huiles grasses, les
parties herbacées sont comestibles.

Clef. — A. *Cheiranthées.* — Silique déhiscente suivant la
longueur.
    a. Brassicées. — Cotylédons pliés en long,
      radicule dorsale ((o.................. BRASSICA.
      × Graines bisériées, valves uninerviées. DIPLOTAXIS.
      ×× Pétales clairs, veinés de violet, valve
      3 nerviées, graines bisériées......... ERUCA.
    b. Sisymbriées. — Cotylédons plans, radicule
      dorsale ||o........................ SISYMBRIUM.
    c. Arabidées. — Cotylédons plans, radicule
      latérale =o........................
      × Silique à valves turgides, sans nervures,
      graines bisériées, plantes aquatiques. NASTURTIUM.
      ×× Silique ancipitée, tétragone, nervure
      dorsale saillante, style court cylin-
      drique, graines unisériées.......... BARBAREA.
      ××× Silique comprimée à nervure dorsale,
      fl. blanches ou lilas, graines compri-
      mées........................... ARABIS.
      ×××× Valves de la silique sans nervures à
      déhiscence élastique, fl. lilas ou
      blanches.......................... CARDAMINE.
      ××××× Silique tétragone, stigmate bifide
      formé de 2 lames dressées, graines
      comprimées....................... CHEIRANTHUS.
  B. *Raphanées.* — Silique allongée, oblongue, coni-
  que ou moniliforme, indéhiscente............. RAPHANUS.
  C. *Cakilées.* — Silique courte à 2 articles superposés.
    a. Article inférieur dilaté au sommet, en
      2 saillies latérales, article supérieur ca-
      duque, tétragone ancipité............ CAKILE.
    b. Article inférieur pédicelliforme, le supé-
      rieur globuleux, uniloculaire........ CRAMBE.
  D. *Isatidées.* — Silicule indéhiscente uniloculaire
  uniséminée.................................... ISATIS.
  E. *Lunariées.* — Silicule déhiscente, valves planes
  ou convexes, cloison aussi large qu'elles.
    a. Valves sans nervure dorsale, 1-2 graines
      comprimées....................... ALYSSUM.
    b. Valves convexes à nervure dorsale :
      × Fleurs blanches, silicule globuleuse. COCHLEARIA.
      ×× Fl. jaunes, silicule à bords saillants. CAMELINA.
  F. *Thlaspidées.* — Silicule à valves pliées, naviculaires à cloison très étroite.
    a. Loges monospermes :
      × Fl. à pétales inégaux.............. IBERIS.

>< Fl. à pétales égaux.................... Lepidium.
b. Loges polyspermes :
>< Silicule à valves carénées ailées..... Thlaspi.
>< >< Silicule triangulaire, échancrée au
sommet, radicule dorsale........... Capsella.

Brassica.

Section I. *Brassica.* — Graines unisériées, valve de la silique à nervure dorsale seule saillante.

Brassica oleracea. *Chou.* — Plante glauque, glabre à feuilles charnues; les supérieures, embrassantes, fleurs grandes jaunes ou jaunâtres en grappe lâche, siliques redressées sur les pédoncules; graines brunes, lisses.

Hab. — Originaire d'Europe et du Nord-Afrique.

Prop. et usages. — Le chou est une plante alimentaire très cultivée dans les pays tempérés, où suivant les variétés obtenues par la culture, il devient le *Chou-cabus,* le *Chou-fleur, Chou de Bruxelles,* etc. Le chou est légèrement antiscorbutique.

Brassica Napus. *Chou navet. Colza.* — Siliques étalées comme leurs pédoncules, graines finement alvéolées.

v. *a. esculenta.* — Racine renflée. *Chou navet.* Tige renflée. *Chou rave.*

v. *b. Oleifera.* — Graines oléagineuses. *Colza.*

Brassica asperifolia. *Rave navet.* — Feuilles d'un vert clair, hérissées de poils, jamais glaucescentes.

v. *Esculenta.* — Racine renflée. *Rave, Navet.*

v. *Oleifera.* — Graines oléaigneuses. *Navette.*

Brassica nigra.

Fig. 164.

Brassica nigra. *Moutarde noire* (fig. 164). — Feuilles toutes pétiolées, fleurs en grappes corymbiformes, pédoncules et siliques dressés, style court, conique. Graine assez petite, brune.

Hab. — Europe, nord Afrique.

Cultivé pour sa graine, présente une variété à siliques plus grosses, nombreuses, rapprochées sur les rameaux, à graines plus volumineuses.

Prop. et uasges. — En médecine, on utilise la *Farine de graines de moutarde noire* comme rubéfiant. L'*Essence de moutarde*, qui est le principe actif, ne préexiste pas dans la graine, mais prend naissance lorsque la farine de moutarde noire est en contact avec l'eau. Un ferment soluble, la *Myrosine*, est alors dissous ; il hydrate l'acide myronique du myronate de potasse (*Sinigrine*) également contenu dans la graine, et le dédouble en *glucose* et *essence de moutarde* (*sulfocyanate d'allyle*).

SECTION II. *Ceratosinapis.* — Valves de la silique à 3 nervures parallèles, égales, *silique prolongée en bec conique plus court que le fruit.*

Brassica arvensis. *Moutarde sauvage* (fig. 165). — Fleurs petites, silique prolongée en un bec conique plus court que le fruit, graines lisses, petites, brunes.

Hab. — Dans les champs.

Prop. et usages. — A à peu près les mêmes propriétés que la moutarde noire. On peut retirer une huile à brûler de ses graines.

SECTION III. *Leucosinapis.* — Valves à 3 nervures, *bec* surmontant la silique, long, plan, ensiforme.

Brassica arvensis.
Fig. 165.

Brassica alba.
Fig. 166.

Brassica alba. *Moutarde blanche* (fig. 166). — Plante rameuse hispide, fleurs assez grandes, sépales étalés, silique à bec 2 à 3 fois plus long que les valves, graines globuleuses grosses, jaunes ou brunes.

Hab. — Champs, décombres.

Prop. et usages. — Les graines produisent un mucilage superficiel qui les a fait employer contre la constipation ; elles sont alors avalées comme des granules. La farine est un stimulant que l'on emploie fréquemment comme condiment.

Les graines contiennent de la *Sinalbine* et de la *Myrosine*, qui décompose la Sinalbine en présence de l'eau et met en liberté un principe piquant (*sulfocyanate d'acrinyle*).

SECTION IV. *Diplotaxis.* Graines bisériées, comprimées, valves uninerviées.

Diplotaxis tenuifolia. *Roquette sauvage.* — Herbe vivace, à odeur forte, grandes fleurs jaunes.

Hab. — Les vieux murs, collines incultes.

Prop. et usages — On a préparé avec cette crucifère un sirop antiscorbutique.

SECTION V. *Eruca.* — Pétales clairs, veinés de violet, silique à valves à 3 nervures peu saillantes, l'une dorsale, les deux autres marginales, graines bisériées.

Brassica Eruca. *Eruca sativa. Roquette.* — Tige lisse, rameuse à feuilles un peu épaisses, fleurs grandes jaunâtres ou blanches veinées, silique turgide surmontée d'un style ensiforme.

Hab. — Champs, décombres.

Prop. et usages. — Stimulant et antiscorbutique. La Roquette est employée surtout comme condiment, elle avait autrefois une grande réputation comme aphrodisiaque.

Sisymbrium officinale. *Erysimum* (fig. 167), *Velar. Herbe aux chantres.* — Tige dressée à rameaux durs, divariqués, feuilles inférieures roncinées, fleurs petites, jaunes, en grappes nues, siliques appliquées, courtes, atténuées en cône au sommet, graines brunes finement ponctuées.

Fig. 167.
Sisymbrium officinale.

Hab. — Décombres, bords des chemins.

Prop. et usages. — Le Vélar entre dans la composition du *Sirop d'Erysimum* du Codex; il a joui d'une grande réputation dans le traitement des laryngites des chanteurs.

Nasturtium officinale. *Cresson de fontaine* (fig. 168). — Herbe aquatique, fistuleuse, couchée, à feuilles pennatiséquées, un peu épaisses, à saveur piquante, fleurs blanches, siliques courtes, bosselées, un peu arquées, étalées, longuement pédonculées.

Hab. — Ruisseaux.

Prop. et usages. — Le Cresson est un stimulant antiscorbutique (*Sirop antiscorbutique*), anticatarrhal; il passe, chez les Arabes, pour un aphrodisiaque.

Nasturtium officinale.
Fig. 168.

Sisymbrium Alliaria.
Fig. 169.

Sisymbrium Alliaria (fig. 169). *Alliaire.* — Tige peu rameuse à feuilles réniformes à la base, fleurs blanches, silique allongée, herbe à odeur d'ail. Printemps.

Hab. — Haies, bois.

Prop. et usages. — L'Alliaire contient de l'essence d'ail, elle doit être employée fraîche; elle est alors stimulante diaphorétique.

Barbarea præcox *et Barbarea vulgaris* se mangent en salade comme le Cresson de fontaine et ont à peu près les mêmes propriétés.

Cardamine pratensis. — *Cresson des prés*, à fleurs lilas et *Cardamine amara* à petites fleurs blanches, sont quelquefois employés comme les autres cressons. Il en est de même du Cresson alénois, *Lepidum sativum*.

Raphanus sativus L. *Radis*. — Herbe hérissée de poils à racine charnue, à fleurs grandes blanches ou violettes, siliques renflées indéhiscentes à mésocarpe spongieux.

v. α. Radicula, racine blanche ou rose (*Radis rose*).

v. β. niger, racine compacte âcre noire extérieurement (*Radis noir*).

Hab. — Probablement originaire de l'Asie occidentale. Cultivé communément.

Prop. et usages. — Les Radis sont comestibles et possèdent les propriétés générales d'un grand nombre de Crucifères. Le Radis noir surtout est stimulant, diurétique, antiscorbutique, anticatarrhal, etc., on utilise son suc incorporé à du miel, à du sirop.

Raphanus Raphanistrum (fig. 170), *Radis sauvage*, fruits lomentacés. Commun dans les moissons.

Isatis tinctoria. *Pastel* (fig. 171). — Cultivé autrefois comme plante tinctoriale.

Raphanus.	Isatis.	Cochlearia officinalis.
Fig. 170.	Fig. 171.	Fig. 172.

Cochlearia officinalis (fig. 172). *Herbe au scorbut.* — Petite herbe glabre, à tige très rameuse, feuilles un peu épaisses, les radicales en cuiller; fleurs assez grandes, blanches; silicule ovale, graines tuberculeuses.

Hab. — Les côtes de l'Océan.

Prop. et usages. — Le Cochlearia est le plus usité des antiscorbutiques. On prépare avec la plante verte une teinture, un sirop, un extrait et un vin.

Cochlearia Armoracia (fig. 173). *Raifort sauvage. Cran de Bretagne.* — Souche vivace, charnue, verticale, émettant des tiges élevées, à feuilles inférieures très grandes, pétiolées, elliptiques, oblongues. Les fleurs sont petites, blanches, en grappes ramifiées, la silicule est petite, globuleuse, et les graines sont lisses.

Cochlearia Armoracia.
Fig. 173.

Hab. — Originaire de l'est de l'Europe; cultivé depuis longtemps et naturalisé en France, notamment dans l'ouest.

Prop. et usages. — La *Racine de Raifort* coupée ou broyée ne tarde pas à développer, à la suite d'une fermentation analogue à celle de la graine de moutarde, une essence sulfurée, âcre, caustique, et d'une odeur excessivement pénétrante. Le *Raifort* est, de toutes les Crucifères, celle dont les propriétés stimulantes, diurétiques, diaphorétiques, antiscorbutiques sont les plus puissantes. On emploie la racine râpée, l'infusion, la teinture, le Sirop de Raifort.

Camelina sativa (fig. 174). *Cameline.* — Herbe annuelle, tige feuillée à fleurs jaunes. Silicule déhiscente, à valves munies d'une nervure dorsale, avec prolongement réfléchi qui embrasse la base du style. Graines jaunes; cotylédons plans, radicule dorsale.

Hab. — Originaire de l'Europe tempérée, est cultivé pour l'huile que l'on retire de ses graines.

Lepidium sativum. *Cresson alénois.* — Herbe annuelle dressée, glauque, à saveur piquante, feuilles inférieures pennatifides, fleurs blanches, silicule orbiculaire à valves carénées, ailées.

Hab. — Probablement originaire de Perse, très cultivé comme salade.

Prop. et usages. — Le Cresson alénois est stimulant, apéritif, antiscorbutique.

Capsella Bursa pastoris (fig. 175). — Herbe annuelle à fleurs

Camelina sativa.
Fig. 174.

Capsella Bursa pastoris.
Fig. 175.

blanches, à feuilles radicales en rosettes. Silicule triangulaire échancrée au sommet, plane, comprimée.

Hab. — Commun dans les champs et bords des chemins.

Prop. et usages. — A été proposé comme astringent et emménagogue.

CAPPARIDACÉES.

Les Capparidacées se rattachent étroitement aux Crucifères et aux Papavéracées ; elles comprennent deux séries ou tribus :

1° Les *Cléomées*, qui ne diffèrent des Crucifères que par leurs 6 étamines non tétradynames et la silique non cloisonnée par les placentas.

2° Les *Capparidées* ont des étamines nombreuses ; le fruit, porté sur un prolongement du réceptacle (*podogyne*), est baccien ou drupacé ; ce sont des arbres ou arbrisseaux.

Les Capparidacées comprennent 500 espèces des régions chaudes. Toutes les Capparidacées ont une saveur piquante, sinapisante, et des graines non albuminées à embryon huileux.

Capparis spinosa. *Câprier.* — Arbrisseau à tiges flexueuses portant des feuilles alternes ovales, arrondies, à pétioles munis à la base de deux épines courbées ; fleurs grandes, 4 sépales et pétales alternes et en croix ; étamines nombreuses à

filets ondulés; baie ovale allongée, portée sur un long pédicelle qui dépasse les étamines. *Fl.* —Juin, juillet.

Hab.—Région méditerranéenne.

Prop. et usages. — Les Câpres sont les boutons; on confit
aussi le fruit; l'un et l'autre sont piquants et stimulants.

MORINGÉES.

Moringa aptera.—Le *Ben aptère* fournit, en Égypte et en
Arabie, la *Noix de Ben*, dont on retire l'*Huile de Ben*, très estimée pour la parfumerie et l'horlogerie, parce qu'elle ne rancit
pas.

RÉSÉDACÉES.

Reseda odorata L. — Réséda odorant. Cultivé pour son
odeur suave.

Reseda luteola.
Fig. 176.

Reseda luteola. *Gaude* (fig. 176). — Tige raide dressée à
feuilles longues, entières; fleurs petites à 4 sépales, 3 stigmates, en grappes allongées. — Été.

Hab. — Champs, lieux incultes.

Prop. et usages. — La *Gaude* fournit un principe tinctorial jaune intense.

PAPAVÉRACÉES.

Les Papavéracées ont des fleurs hermaphrodites à 2, très rarement 3 sépales caduques. La corolle a 4 pétales sur 2 cycles, rarement plus. Les 2 paires de pétales sont semblables (Pavots) ou dissemblables (*Fumaria*). Les étamines sont le plus

Fleur.

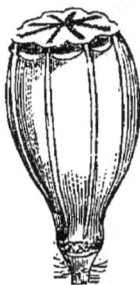

Capsule.

Cloisons placentaires.

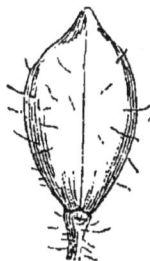

Boutons avec les 2 sépales.

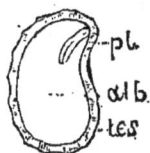

Graine, *pl.* embryon.

Graine.

Fig. 177-182. — Papaver.

souvent nombreuses ou réduites (Fumariées) à 4 ou 6 en deux faisceaux. Le pistil est en général formé de 2 carpelles latéraux, réunis bords à bords et formant un ovaire à 2 placentas pariétaux (*Chelidonium*), ou bien il se compose de 3 à 15 carpelles. Les placentas sont toujours pariétaux ; mais s'avancent vers le centre et peuvent former des cloisons (*Pavots*, fig. 179). Le fruit est le plus souvent capsulaire, formé de 2 à 15 carpelles contenant un grand nombre de graines. Chez les *Fumaria*, il est

cependant indéhiscent et monosperme. Les graines sont pourvues d'un albumen huileux, abondant (fig. 181).

Les Papavéracées sont des herbes à feuilles alternes sans
stipules ; elles sont presque toujours pourvues de cellules laticifères à latex blanc, jaune, rouge.

On connaît environ 160 espèces des régions tempérées et
subtropicales de l'hémisphère boréal ; quelques espèces se sont
répandues avec certaines cultures et les suivent dans toutes
les régions (Coquelicot).

Les Papavéracées se rapprochent surtout des Berbéridées,
des Crucifères et des Renonculacées. Elles diffèrent des Berbéridées et des Renonculacées par leur fruit syncarpé, des Crucifères par leur graine albuminée.

Clef. – I. *Eupapavéracées. — Pétales semblables, étamines
libres, nombreuses, latex coloré :*
    A. Carpelles nombreux, unis en un ovaire unilo-
        culaire, stigmates sessiles rayonnant.
        a. Capsule arrondie, déhiscente par des
           pores sous la couronne des stigmates,
           ou indéhiscente, 2 sépales, 4 pétales,
           étamines nombreuses.............. PAPAVER.
        b. Capsule oblongue, ne s'ouvrant que dans
           sa portion supérieure par des valves
           courtes......................... ARGEMONE.
    B. Capsule allongée siliquiforme, s'ouvrant en
        deux valves abandonnant entre elles le
        cadre placentaire, 2 sépales, latex coloré :
        a. Pétales 8-12. Capsule oblongue, bivalve.
           rhizome rampant, latex rougeâtre.... SANGUINARIA.
        b. Pétales 4, stigmate bilobé, graines aril-
           lées, pas de cloison placentaire, latex
           jaune........................... CHELIDONIUM.
        c. Stigmate 4-lobé, capsules à placentaire
           plus ou moins développé........... GLAUCIUM.
        d. Sépales soudés en coiffe, capsule bivalve
           s'ouvrant en 2 valves entraînant les
           placentas sur leurs bords ; stigmates
           à 4 lobes divergents, suc aqueux.... ESCHSCHOLTZIA.
        e. Pétales 0, fleurs en panicules, tige élevée. BOCCONIA.
  II. *Fumariées. — 4 pétales dissemblables, étamines
en nombre défini, 2 sépales, pas de latex coloré.*
    A. 4 étamines libres, 4 pétales semblables 2 à 2
        et étalés................................ HYPECOUM.
    B. 2 phalanges d'étamines composées chacune
        d'une anthère biloculaire centrale et de 2 la-
        térales uniloculaires :

a. Les 2 pétales externes en sac à la base. Dicentra.
b. 1 pétale externe bossu ou éperonné,
   l'autre plan, capsule bivalve........ Corydalis.
c. Pétale supérieur bossu, mais carpelle
   uniovulé, fruit petit, indéhiscent..... Fumaria.

Papaver somniferum. *Pavot* (fig. 183). — Plante annuelle glauque, peu ramifiée, laiteuse, feuilles sessiles incisées, dentées. Fleurs grandes terminales, longuement pédonculées, à bouton d'abord penché, deux sépales caduques enfermant une corolle à préfloraison chiffonnée, composée de 4 pétales sur

Papaver somniferum.
Fig. 183.

2 verticilles. Les étamines sont en grand nombre; l'ovaire est subglobuleux et coiffé par le style large, très court, denté et présentant sur la face supérieure autant de lignes stigmatifères qu'il y a de carpelles dans la composition du gynécée. Les graines, petites et très nombreuses, sont réniformes, réticulées, de couleur blanchâtre, violacée, bleuâtre ou noirâtre. — *Fl.* Été.

Hab. — Le Pavot est une plante cultivée depuis longtemps et qui dérive probablement d'une forme encore sauvage dans la région méditerranéenne (*P. setigerum*); on distingue dans le *P. somniferum* trois variétés :

Papaver somniferum, album. *Pavot blanc. Pavot à Opium.* — Fleurs blanches ou lilas pâle, capsule de 10 à 12 carpelles, indéhiscente, ovoïde ou déprimée, à graines blanchâtres.

Hab. — Cultivé en Égypte, en Asie Mineure, Perse, Inde et Chine pour la préparation de l'Opium, et en Europe pour la récolte des *Têtes de Pavots*.

Prop. et usages. — La capsule verte du Pavot laisse écouler, lorsqu'on l'incise, un latex blanc abondant qui, concrété et desséché, constitue l'*Opium.* C'est l'Opium récolté en Asie Mineure qui, par la voie de Smyrne, parvient surtout en Europe. L'Opium contient un grand nombre d'alcaloïdes, dont les principaux sont : 1° *Morphine* (10 p. 100) ; 2° *Narcotine* (6 p. 100) ; 3° *Papavérine* (1 p. 100) ; 4° *Codéine* (0,3 p. 100) ; 5° *Thébaïne* (0,15 p. 100).

Les *Têtes de pavots* doivent leur action calmante à l'Opium qu'elles renferment en quantités très inégales, du reste, suivant le degré de maturité. Une capsule mûre étant à peu près inerte, tandis que, cueillie plus tôt, elle renferme des quantités notables d'alcaloïdes.

Papaver somniferum, nigrum. *Pavot à huile d'œillettes.* — Les fleurs sont rouges, tachées de noir à la base ; la capsule, plus petite, est le plus souvent déhiscente par des pores, qui laissent échapper des graines brunes, grises ou bleuâtres.

Hab. — Cultivé dans le nord de la France, la Belgique, l'Allemagne, pour extraire de ses graines l'*huile d'œillettes*. On peut aussi, par des incisions, retirer de ses capsules vertes un Opium aussi riche en alcaloïdes que l'Opium du pavot blanc.

Papaver somniferum V, **setigerum**. — Feuilles à lobes terminés par une soie, sépales pourvues de poils épars ; capsule de 7 ou 8 carpelles. *Fl.* — Été.

Hab. — La région méditerranéenne, commun en Algérie, est regardé comme la forme sauvage du *P. somniferum*, paraît avoir été cultivé très anciennement par les Lacustres en Suisse ; est encore cultivé dans le nord de la France conjointement avec le *P. somniferum nigrum*, pour l'huile d'œillettes.

Papaver Rhœas. *C'oquelicot* (fig. 184). — Herbe hérissée de poils, à feuilles découpées en lobes allongés, grande fleur d'un rouge vif ; étamines nombreuses noirâtres, ovaire lisse, coiffé par un style plat, court. *Fl.* — Été.

Hab. — Originaire d'Orient et introduit en Europe avec les céréales.

Papaver Rhœas.

Fig. 184.

Prop. et usages. — On emploie les *Pétales de coquelicots* à titre de calmants en infusion ; ils entrent dans la composition de sirops pectoraux, auxquels ils communiquent une belle couleur rouge.

Argemone mexicana. — Herbe épineuse à latex jaune, à fleur terminale grande, blanche ou jaune ; diffère des pavots par sa capsule allongée s'ouvrant supérieurement par des valves.

Hab. — Amérique du Sud, naturalisé dans les pays chauds.

Prop. et usages. — Le latex jaune est âcre, il est utilisé comme caustique (chancres, verrues) et contient aussi de la *Morphine*. Les graines sont émétiques, et l'huile que l'on en retire est très drastique.

Sanguinaria canadensis. *Sanguinaire du Canada.* - Herbe vivace à rhizome horizontal, son latex rouge lui a valu son nom. Le fruit est une silique.

Hab. — Le Canada et les États-Unis.

Prop. et usages. — Le rhizome, que l'on emploie dans son pays natal, est émétique, purgatif à haute dose et stimulant, diaphorétique, expectorant à petites doses ; il exercerait même une action sédative sur le cœur : pris en grande quantité, il devient un poison narcotico-âcre.

Chelidonium majus. *Chélidoine. Grande Éclair* (fig. 185). — Herbe à tige rameuse, souche vivace à feuilles inégalement lobées, à latex jaune, orangé, fleurs jaunes assez grandes en cymes ombelliformes , organisées, comme celles des Pavots, mais à gynécée, formé de deux carpelles seulement. Le fruit allongé est donc une silique ou capsule bivalve ; il contient des graines remarquables par une arille en forme de crête. Printemps.

Hab. — Commun en Europe, rare dans le nord de l'Afrique.

Prop. et usages. — Employé à l'extérieur comme irritant (verrues).

Chelidonium majus.
Fig. 185.

Glaucium luteum. *Pavot cornu.* - Les Glaucium sont remarquables par la longueur de la capsule bivalve présentant une cloison médiane placentaire et renfermant un très grand nombre de graines oléagineuses.

Hab. — Région méditerranéenne.

Prop. et usages. — Les Glaucium avec leur latex jaune et leur organisation florale se rapprochent de la Chélidoine dont ils ont les propriétés vénéneuses; on a proposé d'utiliser leurs graines pour la production d'une huile.

Eschscholtzia californica. — Herbe vivace ou annuelle, à feuilles très découpées, glauques, sépales soudés en une coiffe caduque, fleurs grandes d'un beau jaune, longuement pédonculées, capsule linéaire, sillonnée.

Hab. — Amérique.

Prop. et usages. — Toute la plante contient de la *Morphine*.

Bocconia frutescens. — Grand arbrisseau à suc jaune, grandes feuilles lobées, fleurs petites en grappes terminales, sans pétales.

Hab. — Antilles, Mexique, cultivé pour l'ornement.

Prop. et usages. — Suc purgatif et vermifuge.

II. *FUMARIÉES.*

Fumaria officinalis. *Fumeterre* (fig. 186). — Herbe annuelle glauque, à feuilles multiséquées ; grappes de petites fleurs roses irrégulières, à 2 sépales petits latéraux, à corolle formée d'un pétale supérieur prolongé en un éperon obtus ; d'un pétale inférieur opposé au précédent et non éperonné, enfin de deux pétales latéraux oppositisépales ; l'androcée est constitué par 2 étamines à filet trifurqué, composées chacune d'une anthère, biloculaire flanquée de deux anthères uniloculaires. *Fl.* — Printemps, été.

Hab. — Dans les champs cultivés, on peut utiliser de même *F. capreolata, parviflora, agraria,* etc.

Fumaria officinalis.

Fig. 186.

Prop. et usages. — La *Fumeterre* a joui d'une grande réputation comme tonique, dépurative, antiscorbutique. On l'emploie encore quelquefois en tisane ; elle entre dans la composition du *Sirop de Chicorée ;* on en prépare un *Sirop* et un *Extrait de*

Fumeterre. Les *Fumaria* renferment un alcaloïde amer, la *Fu-marine*, et de l'acide fumarique.

Corydalis cava. — Plante glauque molle à fleurs grandes en grappe dressée sur une tige portant deux feuilles découpées et partant d'un tubercule souterrain creux, fruit capsulaire.

Hab. — Europe.

Prop. et usages. — Peu usité, *amer, dépuratif, vermifuge* (Corydaline).

VIOLARIÉES.

Les Violariées ont des fleurs le plus souvent irrégulières, isostémones, dont l'ovaire libre est muni de placentas pariétaux, portant de nombreux ovules anatropes. Le fruit est généralement une capsule à déhiscence dorsale, ou rarement une baie. La graine contient un petit embryon droit logé dans un albumen charnu.

Les Violariées sont des herbes ou des arbrisseaux à feuilles isolées, stipulées ; elles comptent environ 250 espèces des contrées tempérées et tropicales.

Ce sont des plantes faiblement évacuantes ou vomitives.

Les Violariées sont alliées aux Cistées, qui en diffèrent par leurs fleurs régulières et leurs ovules orthotropes, et à certaines Bixacées dont elles diffèrent par l'irrégularité de la corolle et la cohérence des étamines.

Viola odorata.
Fig. 187.

Viola odorata. *Violette* (fig. 187). — Herbe vivace en touffe, à tiges couchées, indurées, radicantes; feuilles largement ovales en cœur; fleur violette ou blanche très odorante, à 5 sépales égaux, à 5 pétales inégaux : l'inférieur prolongé en éperon qui loge 2 nectaires, fournis par la base des deux étamines inférieures ; anthères réunies en anneau, mais non soudées.

Capsule s'ouvrant en 3 valves, portant en leur milieu les placentas pariétaux. A la fin de la saison, les Violettes présentent des *fleurs cleistogames*, ayant l'apparence de boutons qui, bien que ne s'épanouissant pas, sont fertiles.

Hab. — Haies, bois. Cultivée.

Prop. et usages. — On emploie les *Fleurs de Violettes* en infusion comme émollientes, expectorantes ; elles servent à la préparation du *Sirop de Violettes*. Les tiges sont vomitives, purgatives, à la dose de 2-8 grammes. Elles constituent un bon succédané de l'Ipéca. On y a découvert un alcaloïde, la *Violine*, très peu différente de l'*Émétine*.

On substitue souvent à tort aux *V. odorota* les *V. canina*, *V. hirta*, *V.sylvatica* plus communes et plus fleuries.

Viola tricolor. *Pensée sauvage* (fig. 188). — Herbe annuelle, tige anguleuse, étalée, dressée, fleurs variant beaucoup pour la grandeur et la couleur : la gorge est jaune avec les pétales blancs, jaunes ou violets. Les 4 pétales supérieurs sont étalés, redressés dès la base.

Hab. — Dans les champs cultivés et jusque dans la région alpine.

Viola tricolor.
Fig. 188.

Prop. et usages. — La *Pensée sauvage* est un expectorant; mais elle est employée le plus souvent comme dépuratif.

Ionidium parviflorum (*Ipecacuanha blanc du Chili*).
Ionidium Ipécacuanha (*Faux ipéca du Brésil et de la Guyane*).
Ionidium microphyllum (*Racine de Cuchunchilli du Pérou*) et beaucoup d'autres espèces du même genre sont des vomitifs et purgatifs très employés par les indigènes de l'Amérique du Sud.

CISTINÉES.

Les Cistinées sont des arbrisseaux ou herbes habitant principalement la région méditerranéenne, les fleurs régulières sont généralement pentamères à étamines nombreuses, le fruit est une capsule souvent cloisonnée par les placentas.

Cistus creticus. — Arbrisseau très rameux, à feuilles opposées, à pétiole ailé, s'élargissant en une gaine embrassant le
rameau, glutineuses sur les jeunes pousses ; fleurs grandes roses ou violacées.

Hab. — La région méditerranéenne.

Prop. et usages. — Les *Cistes* sécrètent sur leurs rameaux une
substance résineuse (*Ladanum*) qui est récoltée avec des râ-
teaux de lanières de cuir, que l'on racle après les avoir pro-
menés dans les Cistes. On obtient aussi du *Ladanum* en pei-
gnant les chèvres qui ont brouté dans les broussailles où les
Cistes abondent. On prépare encore un Ladanum en plongeant
les rameaux résineux dans l'eau bouillante (*Cistus ladaniferus*).

Cistus albidus, en arabe *El atheia*. — Les feuilles de cette
Cistinée ainsi que celle d'autres espèces sont employées en
infusion théiforme par les Arabes.

BIXACÉES.

Les Bixacées forment parmi les *Pariétales* une famille de
passage vers les *Malvales*. Les fleurs régulières sont le plus
souvent pentamères, fréquemment polygames ou dioïques.
Les étamines sont nombreuses, quelquefois seulement en
nombre défini et soudées avec le tube de la corolle gamopétale (*Carica*). Le pistil peut être formé de 2 carpelles antéro-
postérieurs ou de 3-5, les placentas pariétaux sont couverts
d'ovules *anatropes*, le fruit est souvent baccien, quelquefois
capsulaire.

Les Bixacées comprennent 240 espèces habitant la zone tropicale, ce sont des arbres ou des arbustes.

Les Bixacées sont étroitement liées aux Cistinées qui diffèrent par leurs ovules anatropes, aux Hypéricinées, aux Passiflorées, aux Malvacées.

Bixa Orellana. *Rocouyer*. — Arbuste à feuilles ovales acuminées
glabres, à fleur rose pentamère, polystémone. Le fruit rouge est
formé de deux carpelles à déhiscence dorsale. Les deux valves sont
hérissées d'aiguillons. Les graines sont remarquables par un segment
extérieur chargé de matière tinctoriale jaune.

Hab. — Originaire d'Amérique, cultivé dans les pays tropicaux.

Prop. et usages. — Fournit une matière colorante jaune-rouge. Les Caraïbes se teignent la peau avec le *Rocou* dans le but d'éviter les piqûres des moustiques.

Carica Papaya. *Papayer.* — Arbres à latex blanc, à feuilles digitées longuement pédonculées réunies en couronne. Les fleurs qui naissent sur le tronc sont unisexuées : les mâles sont gamopétales et les femelles dialypétales, l'ovaire formé de cinq carpelles ; le fruit vert est gorgé de latex, à la maturité il devient volumineux et comestible.

Hab. — Amérique-Sud et cultivé dans les pays tropicaux.

Prop. et usages. — Le fruit se mange cru et cuit, le latex contient de la *Papaïne* qui dissout les matières albuminoïdes comme la pepsine. Certains Papayers sont des poisons redoutables.

PASSIFLORÉES.

Les Passiflorées sont presque toutes des plantes grimpantes à l'aide de vrilles. Le calice et la corolle sont concrescents à la base et forment une *cupule*, la corolle porte une couronne, l'androcée et l'ovaire sont souvent portés sur un prolongement du réceptacle au delà du cycle des pétales, le fruit est une capsule. Les Passiflorées se relient aux Bixacées par les *Carica*.

Passiflora quadrangularis. *Barbadine.* — Pulpe du fruit acidulée, la racine fraîche passe pour narcotique. D'autres Passiflores ont des fruits comestibles.

IX. — RANALES.

Les familles qui se groupent autour des Renonculacées ont un réceptacle généralement convexe, parfois très allongé, portant des organes floraux souvent spiralés ou disposés sur plusieurs cycles ; les relations de nombre dans les formations florales sont sujettes à varier, les étamines sont le plus souvent nombreuses, la corolle peut manquer et être remplacée par le calice coloré ou des staminodes, le gynécée est formé par des carpelles en nombre souvent considérable et indépendants les uns des autres.

Division en familles.

A. — Périanthe sur le type 5, calice simple, corolle simple.

I. *Renonculacées.*

B. — Fleurs sur le type 3-2-4.

II. *Magnoliacées..*	Calice simple, corolle double, albumen entier.
III. *Anonacées....*	Calice simple, corolle double, albumen ruminé.
IV. *Ménispermées.*	Calice double, corolle double, fleurs dioïques, carpelles uniovulés, fruit drupacé.
V. *Berbéridées...*	Calice double, corolle double, carpelles pluriovulés. fruit baccien.
VI. *Laurinées.....*	Calice et corolle semblables, sépaloïdes ou pétaloïdes, anthères à valves, plantes aromatiques.

C. — Calice et corolle souvent indéterminés.

VII. *Monimiacées..*	Calice et corolle concrescents, feuilles opposées.
VIII. *Nymphéacées..*	Plantes aquatiques à feuilles peltées ou en cornet.

RENONCULACÉES

L'organisation florale des Renonculacées est sujette à bien des variations et se prête peu à une description générale. C'est une famille où il faut tenir un grand compte de l'enchaînement des caractères, et pour bien en saisir les traits fondamentaux, étudier plusieurs types (*Renoncule, Anémone, Aquilegia, Delphinium Actæa*). Le réceptacle floral est normalement très convexe et même très souvent allongé, il devient par exception concave chez les Pivoines.

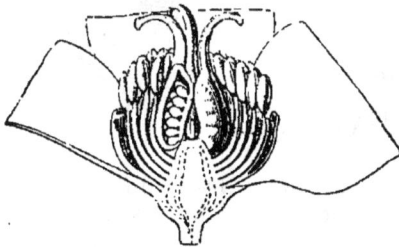

Helleborus.
Fig. 189.

Le périanthe coloré est tantôt un calice (*Anémone*), tantôt une corolle (*Renoncule*). Les étamines qui prennent quelquefois une apparence de pétales rudimentaires (*staminodes*) sont en nombre indéfini. Les anthères, adnées au filet, sont le plus souvent extrorses. Les carpelles sont presque toujours indépendants (*Apocarpées*) et nombreux, ils peuvent être uniséminés (*akène*) (fig. 194), ou multiséminés (*follicule*) (fig. 195), très rarement les follicules plus ou moins soudés à la base forment une capsule (*Nigella*).

Les ovules anatropes se transforment en graines (fig. 195), à raphé saillant, à embryon très petit à la base d'un albumen corné ou charnu.

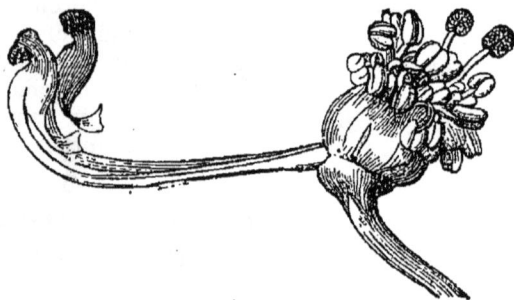

Aconit Napel.

Fig. 190.

Fig. 191.

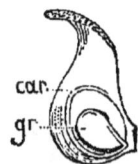
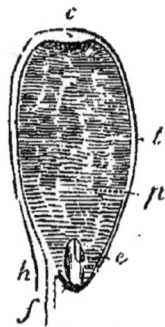

Étamine de Renoncule.
Fig. 192.

Follicule d'Aquilegia.
Fig. 193.

Akène de Renoncule.
Fig. 194.

Graine d'Hellébore (*).
Coupe longitudinale.
Fig. 195.

Les Renonculacées sont des herbes annuelles ou vivaces (les Clématites sont sarmenteuses, grimpantes et les Pivoines frutescentes). Les feuilles alternes (opposées dans Clématite) ont un pétiole souvent dilaté amplexicaule, mais privé de vraies stipules.

(*) *f*, funicule; *h*, hile; *t*, téguments; *c*, chalaze; *e*, embryon; *p*, albumen.

Cette famille compte environ 600 espèces répandues surtout dans les régions tempérées, froides ou montagneuses du globe. Les Renonculacées ont souvent une action locale irritante, déterminent des vomissements, de la diarrhée, des vertiges avec troubles sensitifs et paralysies partielles et à haute dose la mort par arrêt du cœur. Cette âcreté, très marquée chez certaines Renoncules, Anémones, Clématites, permet de les utiliser comme drastiques et même comme vésicants. Elles sont des plus vénéneuses par des alcaloïdes (*Aconitine*) paralysants. Quelques-unes (*Coptis*, *Xanthorhiza*) sont simplement amères.

Clef. — I. *Helléborées. Fruits polyspermes déhiscents* (follicules).

   × Fleurs régulières pentamères :
    O Fleur formée par le calice, pétales remplacés par de petits cornets .... HELLEBORUS.
    OO 5 sépales colorés caducs, pétales ou staminodes nectarifères en capuchon, follicules plus ou moins soudés .... NIGELLA.
    OOO 5 sépales pétaloïdes, les 5 pétales longuement éperonnés, 5 follicules libres ou peu soudés...... AQUILEGIA.
   ×× Fleurs irrégulières, calice pétaloïde :
    O Le sépale postérieur prolongé en casque, follicules libres........ ACONITUM.
    OO Le sépale postérieur prolongé en éperon .... DELPHINIUM.
  II. *Renonculées. Fruits monospermes* (Akènes).
   × Calice et corolle................... RANUNCULUS.
   ×× Calice pétaloïde :
    O Herbe à tige feuillée, carpelles ridés, anguleux .... ADONIS.
    OO Herbe à feuilles radicales et présentant au-dessous de la fleur un involucre foliacé.,.............. ANEMONE.
    OOO Arbrisseaux grimpants, feuilles opposées, pétiole souvent tortile, akène plumeux .... CLEMATIS.
    OOOO Herbe vivace, feuilles alternes, fleurs petites en grappes à étamines saillantes............... THALICTRUM.
  III. *Péoniées. Étamines introrses :*
   × Réceptacle concave, calice et corolle, carpelles polyspermes.............. PÆONIA.
   ×× Un seul carpelle......... .... ACTÆA.

Aconitum Napellus. *Aconit Napel.* — Racine napiforme remplacée chaque année par une ou deux nouvelles, qui se développent de la base des bourgeons inférieurs souterrains ; ces nouvelles racines alimentent avec leurs réserves les tiges florifères de l'année qui suit leur production. Les feuilles palmatiséquées à segments bi-trifides, forment une touffe d'où émerge la tige qui se termine par une grappe principale, longue et serrée ; fleurs bleues à calice pétaloïde, dont le sépale postérieur en capuchon, recouvre deux nectaires en forme de cornet renversé porté sur un onglet assez long (fig. 191). Les 6 autres nectaires sont rudimentaires et réduits à des languettes(*Staminodes*). Étamines en nombre indéfini ; les 3 follicules contiennent des graines trièdres ridées, sur une seule face.

Hab. — Lieux ombragés dans les montagnes de l'Europe.

Prop. et usages. — On utilise les *Feuilles* et les *Racines d'Aconit.* Les feuilles fraîches renferment un peu d'*Aconitine*, les feuilles sèches en sont presque dépourvues. La *Racine d'Aconit* renferme deux alcaloïdes, l'*Aconitine* et la *Napelline* (amorphe). L'*Aconitine* est le plus important, un kilogramme de racine en renferme en moyenne $0^{gr},5$. L'aconitine est un poison ayant de l'analogie avec le *Curare*, il paralyse les terminaisons motrices. L'aconitine abaisse la température, ralentit le cœur et la respiration, on l'emploie en thérapeutique comme antinévralgique et décongestionnant (paralysie des vaso-moteurs). Les meilleures préparations d'*Aconit* sont l'*Alcoolature de racine* et l'*Aconitine* cristallisée qui doit être maniée avec la plus grande prudence.

Aconitum ferox. — Cet Aconit représente dans l'Himalaya le *Napel* dont il est très voisin ; mais plus robuste et à 5 carpelles au lieu de 3.

Prop. et usages. — La racine sert à l'extraction de l'*Aconi-*

Aconitum Napellus.

Fig. 196.

tine anglaise, qui diffère de l'Aconitine du Napel, et a reçu le nom de *Pseudo-aconitine*, substance aussi dangereuse que la précédente.

Aconitum lycoctonum. *Aconit tue-loup*. — Fleurs jaunes en grappes ovales.

Hab. — Bois et prés des montagnes.

Prop. et usages. — Contient deux alcaloïdes, *Lycaconitine* et *Myoctonine* inusités.

Aconitum Anthora. — Fleurs jaunes, feuilles très découpées. Europe, toxique.

Aconitum heterophyllum, de l'Himalaya.

Prop. et usages. — Racines employées aux Indes comme fébrifuges, ne contient pas d'*Aconitine*, mais de l'*Atisine*; elle n'est pas toxique.

Aconitum japonicum. *Aconit japonais*. — Contient de l'*Aconitine* et de la *Japaconitine*.

Aconitum Lycoctonum.

Fig. 197.

Delphinium Staphisagria. *Staphisaigre*. — Grande plante à racine pivotante, feuilles palmées, fleurs bleu violacé en grappe, sépales pétaloïdes velus, le postérieur prolongé vers sa base en un éperon court, obtus, bifide, logeant dans son intérieur deux éperons des nectaires pétaloïdes qui lui sont opposés. Le plus souvent fruit de 3 follicules ne contenant que quelques grosses graines en forme de quartier, réticulées, d'un brun grisâtre.

Hab. — Commun dans la région méditerranéenne.

Prop. et usages. — La *Graine de Staphisaigre* était très employée jadis pour détruire les poux (huile, pommade, poudre de Staphisaigre), la teinture à l'extérieur passe pour anti-névralgique. Ces graines sont très toxiques et contiennent des alcaloïdes : la *Delphinine*, la *Delphinoïdine* et la *Staphisagrine*.

On peut en isoler aussi une huile grasse (27 p. 100).

Delphinium Consolida. *Pied d'alouette* (fig. 198). — Plante élancée à feuilles découpées en lanières, fleurs bleues longuement éperonnées, un seul carpelle.

Hab. — Fréquent dans les moissons et les jardins.

Prop. et usages. — Beaucoup d'analogie avec la *Staphisaigre.* Les graines contiennent de la *Delphinine*, une huile grasse, une essence et une résine. Les graines passent pour diurétiques à petites doses, la teinture de graines est quelquefois prescrite contre l'asthme. Dans le Caucase la racine est regardée comme antiscrofuleuse.

Delphinium Consolida.
Fig. 198.

Helleborus niger.
Fig. 199.

Helleborus niger. *Rose de Noël. Ellébore noir* (1). — Herbe à rhizome horizontal, chargé de racines adventives et portant une touffe de grandes feuilles pétiolées palmatiséquées, glabres, luisantes; 2-3 fleurs grandes, blanc rosé. Hiver.

Hab. — Europe, Orient, cultivé.

Prop. et usages. — Les Ellébores sont employés comme purgatifs drastiques (hydropisie, rhumatisme). Ce sont des plantes toxiques, provoquant des évacuations surabondantes, des vertiges, de la paralysie et la mort par arrêt du cœur. On a isolé deux glucosides, l'*elléborine* et l'*elléboréine.*

(1) On appelle aussi *Ellebore* les *Veratrum* (Colchicées).

Helleborus fœtidus. *Pied de Griffon.* — Plante à odeur fétide, tige élevée ramifiée portant des bractées vert pâle et de nombreuses fleurs verdâtres; février-avril. CCC dans les haies, bois.

Helleborus viridis. — Fleurs vertes en cymes sur des rameaux sans bractées. *Fl.* — Mars-avril, Europe méridionale.

Helleborus orientalis. — Passe pour le fameux Ellébore d'Anticyre.

Nigella arvensis. *Nigelle.* — Plante annuelle de 1-3 décimètres, grêle, à feuilles très découpées, à lobes linéaires; fleurs bleuâtres, follicules soudés dans les trois quarts inférieurs; graines noires triquetres, ponctuées. *Fl.* — Été. Les moissons.

Nigella sativa L. — Follicules soudés jusqu'au sommet en une capsule ovale, graines ridées transversalement.

Été, le midi et cultivé.

Nigella sativa.

Fig. 200.

Aquilegia vulgaris.

Fig. 201.

Nigella damascena L. — Se reconnaît à un involucre à folioles pinnatifides au-dessous de la fleur; midi et cultivé.

Prop. et usages. — Les graines des Nigelles sont aromatiques, piquantes et servent d'épices, elles sont connues sous les noms de Poivrette, *Cumin noir, toute épice, semences de Nigelle.*

Aquilegia vulgaris. *Ancolie.* — Tige dressée 3-9 décimètres sortant d'une touffe de feuilles biternées, à fleurs grandes bleues à calice pétaloïde, les pétales à longs éperons courbés. *Fl.* — Juin. Bois, commun.

Prop. et usages. — Les graines ont été quelquefois prescrites comme diurétiques et diaphorétiques.

Ranunculus. *Renoncule.* — Les Renoncules sont nombreuses dans os régions; certaines sont très justement redoutées comme véné-euses, aucune ne fournit de médicament usité, les plus mal famées ont:

Ranunculus sceleratus (fig. 202). — Herbe fistuleuse à feuilles labres, palmatipartites à la base, à pétales plus petits que le calice, est urtout remarquable par le nombre, *une centaine*, de petits carpelles.
Hab. — AC marais et fossés.

Ranunculus Flammula. Petite douve. — A feuilles lancéolées et même inéaires entières, ondulées, à fleurs jaunes.
Hab. — Marais et fossés.

R. acris. R. bulbosus. — Communs dans les prés.

Ranunculus sceleratus.
Fig. 202.

Adonis vernalis.
Fig. 203.

Adonis vernalis. — Herbe vivace, presque glabre, à feuilles sessiles, à divisions capillaires, grandes fleurs jaunes.
Hab. — Les montagnes, Europe.

Prop. et usages. — Les *Adonis* contiennent un glucoside, l'*adonidine*. Les préparations d'*Adonis* agissent comme la Digitale sur le cœur, elles sont diurétiques.

Adonis microcarpa. — A fleurs rouges ou jaunes, est annuel. Région méditerranéenne. Mêmes propriétés que le précédent.

Anemone. — Les Anémones diffèrent des Renoncules par leur périanthe coloré formé par le calice, la corolle étant absente, la graine est suspendue dans l'akène. Ce genre ne fournit pas d'espèces usitées en médecine aujourd'hui ; mais quelques-unes ont joui d'une grande réputation, elles sont vénéneuses comme les Renoncules.

Adonis autumnalis.
Fig. 204.

Anemone Pulsatilla.
Fig. 205.

Anemone Pulsatilla. *Pulsatille*. — Souche épaisse, feuilles divisées en lanières, poilues, fleur terminale, dressée puis penchée, se redressant à la maturité, 6 sépales violets, velus soyeux, carpelles à longs styles persistants, plumeux.

Hab. — Coteaux secs. Europe.

Prop. et usages. — La *Pulsatille* est encore employée dans la médecine homéopathique. Elle a passé pour antisyphilitique, ses parties fraîches sont âcres.

Anemone nemorosa. *Silvie*. — Souche horizontale allongée, feuilles trifoliolées, tige à involucre à trois folioles pétiolées au-dessous de la fleur, qui est blanche ou rose, carpelles terminés par une pointe courte glabre. Les bois, commun en Europe.

Anemone palmata. — Souche épaisse, feuilles réniformes à 3-5 lobes obtus, involucre à folioles soudées à la base, fleur jaune grande, à sépales extérieurs velus, carpelles laineux à style glabre.

Le midi de la France. R. très commune en Algérie.

La souche est très âcre, caustique et a été proposée comme vésicant.

Clematis Vitalba. *Herbe aux gueux* (fig. 206). — Les Clématites diffèrent des Anémomes par leurs organes de végétation, les tiges sont grimpantes, sarmenteuses, les feuilles opposées à pétiole tortile, les étamines nombreuses, les carpelles aussi, 5-ovulés, mais monospermes par avortement des 4 ovules supérieurs.

Prop. et usages. — Les Clématites sont très irritantes et peuvent déterminer l'ulcération de la peau par l'application des feuilles contuses.

Hydrastis canadensis. — Herbe vivace, 3 sépales péta-loïdes, carpelles nombreux biovulés devenant des baies.

Hab. — Amérique Nord.

Prop. et usages. — Le rhizome d'Hydrastis renferme deux alcaloïdes : la *Berbérine* et l'*Hydrastine*, une résine amère. Passe pour fébrifuge, cholagogue. On le vante aussi comme diuréti-que et anticatarrhal ; l'*hydrastinine*, produit d'oxydation de l'hydrastine, est préconisée en injection sous-cutanée contre les métrorrhagies.

Clematis Vitalba.
Fig. 206.

Thalictrum.
Fig. 207.

Thalictrum macrocarpum. — Les *Thalictrum* sont des herbes à rhizome vivace, feuilles divisées à fleurs petites, nombreuses, à calice pétaloïde très caduc, corolle nulle, étamines longues et car-pelles nombreux.

Prop. et usages. — Les parties souterraines du *Th. macrocarpum* contiennent un alcaloïde se rapprochant de l'Aconitine, la *Thalictrine*.

Actæa spicata. — Herbe vivace à fruit baccien, fleurs petites à étamines saillantes.

Prop. et usages. — On a employé le rhizome comme purgatif, toutes les parties de la plante sont vénéneuses.

Actæa racemosa de l'Amérique du Nord. — Le fruit est un follicule. Les médecins américains emploient le rhizome comme expectorant et sédatif.

Pæonia officinalis. *Pivoine.* — Plante glabre à grandes feuilles découpées un peu glauques en dessous, fleurs grandes, rouges, carpelles 2-4 divergents à la maturité.

Pæonia officinalis.
Fig. 208.

Hab. — Montagnes de l'Europe méridionale.

Prop. et usages. — Pétales et racines employés dans l'ancienne médecine, inusités aujourd'hui.

MAGNOLIACÉES.

Les Magnoliacées se rattachent aux Renonculacées dont elles offrent les principaux caractères : réceptacle convexe, souvent très allongé, disposition spiralée d'une partie des pièces florales, le nombre indéfini des étamines à anthères adnées, les carpelles indépendants souvent nombreux, la graine à albumen abondant et embryon petit.

Les espèces de Magnoliacées connues appartiennent presque toutes à l'Asie tropicale et orientale ou à l'Amérique du Nord.

Clef. — I. *Magnoliées.* — Pièces florales très nettement spiralées, carpelles nombreux, biovulés, arbres à feuilles stipulées :
  a. Carpelles coriaces déhiscents par le dos, anthères introrses........... Magnolia.
  b. Anthères extrorses, des samares..... Liriodendron.

II. *Iliciées.* — Fleur obscurément spiralée, carpelles 5-12 en verticille :

   *a.*Carpelles unispermes formant une étoile à 8-15 rayons.................... ILICIUM.

   b. Carpelles charnus indéhiscents polyspermes........................ DRIMYS.

III. *Canellacées.* — Pièces florales verticillées, étamines monadelphes, ovaire pluricarpellé, uniloculaire à placentas pariétaux.

   a. Inflorescence en panicule terminale... CANELLA.

   b. Des appendices pétaloïdes entre la corolle et l'andracée............ ... CINNAMODENDRON.

Magnolia grandiflora. — Arbre à grandes feuilles coriaces persistantes à stipules enveloppant le bourgeon ; les fleurs grandes, odorantes, d'abord enveloppées par une bractée spathiforme, ont 3 sépales bisériés, un grand nombre d'étamines et de carpelles insérés en spirale sur un réceptacle très allongé ; les carpelles deviennent ligneux et s'ouvrent par le dos donnant issue à une ou deux graines qui restent un certain temps suspendues par un funicule très long ; ces graines sont remarquables par leurs trois téguments dont l'extérieur est charnu.

Hab. — Originaire de l'Amérique du Nord, très cultivé.

Prop. et usages. — Les *Écorces de Magnolia* sont amères, aromatiques, on les emploie comme toniques et fébrifuges. *Magnolia glauca, quinquina de Virginie ; M. acuminata, M. auriculata* à écorce utilisée en Amérique.

Magnolia champoca. — Asie. Les fleurs donnent une essence très estimée, l'écorce amère est regardée comme fébrifuge.

Liriodendron tulipifera. *Tulipier.* — Grand arbre à feuilles lyrées, à carpelles devenant des samares.

Hab. — Amérique du Nord, cultivé.

Prop. et usages. — Son écorce est regardée aux États-Unis comme un succédané du quinquina.

Ilicium verum, Hooker. *Badianier.* — Petit arbre à feuilles elliptiques lancéolées ; fleurs axillaires à pédoncules courts et épais, périanthe globuleux formé de 10 folioles concaves, 40 étamines, 8 carpelles formant une étoile et contenant chacun une graine s'ouvrant à la maturité suivant l'angle interne.

Hab. — Sud de la Chine.

Prop. et usages. — On ne connaît l'arbre qui fournit l'*Anis étoilé* que depuis 1887. On attribuait à tort cette drogue à l'*Ilicium anisatum*, le *Skimmi* des Japonais, dont le fruit est toxique. La *Badiane* ou *Anis étoilé* donne une essence qui entre dans les absinthes, anisettes.

Ilicium.
Fig. 209.

Ilicium Floridanum. — Amérique, le fruit est aussi aromatique ; il a 12 carpelles en étoile.

Mêmes usages que le précédent. Il importe de ne pas confondre ces Badianes avec le *Skimmi* des Japonais (*I. religiosum*) qui est toxique.

Drimys Winteri. — Les Drimys sont des *Ilicium* à carpelles pluriovulés ; le *Dr. Winteri* fournit une drogue très rare, l'*Écorce de Winter* : il croît sur le versant occidental de l'Amérique du Sud.

Canella alba. — S'éloigne beaucoup des Magnoliacées par ses étamines monadelphes et surtout par son ovaire uniloculaire formé de trois carpelles à placentas pariétaux.

Hab. — Antilles, îles Bahama, Floride.

Prop. et usages. — Écorce très aromatique, tonique, stimulante.

Cinnamodendron corticosum. — Arbre de la Jamaïque, très voisin du *Canella*, fournit une *Fausse écorce de Winter*.

Cinamosma fragrans. H. B. — Arbuste de Madagascar à écorce très aromatique, inusité.

ANONACÉES.

Les Anonacées diffèrent à peine des Magnoliacées, la fleur est trimère, 3 sépales, 6 pétales, l'albumen de la graine est *ruminé* et loge un petit embryon ; ce sont des arbres ou arbustes souvent aromatiques à feuilles alternes sans stipules. On connaît environ 400 Anonacées des régions tropicales des deux mondes.

Anona squamosa. *Pomme cannelle.* — Les Anones donnent un fruit charnu, formé par les carpelles soudés et insérés en grand nombre sur un long réceptacle.

Plusieurs espèces sont cultivées comme arbres fruitiers dans les colonies (A. Muricata, A. Corossol, A. Cherimolia), elles sont toutes d'origine américaine.

Anona palustris. — Amérique du Sud. Bois mou remplaçant le liège.

Unona odorata. — Conang des Moluques, donne l'*Huile de Macassar.*

Xylopia æthiopica. — Poivre de Guinée.

MÉNISPERMÉES.

Les Ménispermées sont le plus souvent des lianes à feuilles alternes sans stipules, ordinairement palminerves. Les fleurs, construites sur le type 3, sont dioïques, les carpelles sont biovulés ; mais un ovule avorte toujours. Le fruit est formé de drupes le plus souvent courbées en fer à cheval ; la graine contient un embryon de même forme, à cotylédons appliqués ou divariqués. On connaît environ 100 Ménispermées des régions tropicales.

Chasmanthera palmata. *Menispermum palmatum. Jateorrhiza Columbo.* — Colombo. Herbe grimpante à rhizome vivace portant de nombreuses racines fusiformes, feuilles à 5-7 lobes, cordées à la base; fleurs trimères, 6 étamines s'ouvrant par des pores; fruit formé de 1-3 drupes, graine albuminée, embryon arqué à *cotylédons* membraneux *divariqués*, c'est-à-dire séparés par une lame d'albumen.

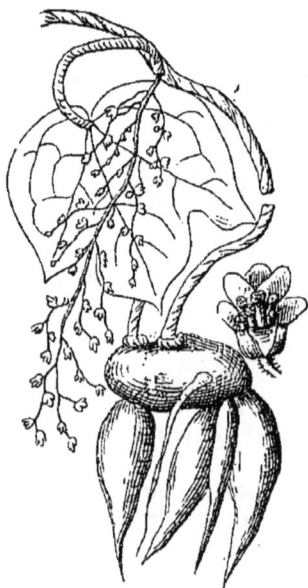

Colombo.
Chasmanthera palmata.
Fig. 210.

Hab. — Côte orientale de l'Afrique tropicale. Cultivé dans les pays tropicaux.

Prop. et usages. — La *Racine de Colombo* coupée en rondelles est une drogue assez usitée comme amer sans tannin, dans le traitement des dyspepsies, diarrhée. La Racine de Colombo contient un principe amer, la *Colombine*, un acide amer, *acide co-lombique*, et de la *Berbérine*.

Anamirta Cocculus. *Coque du Levant.* — Grande liane à feuilles alternes ovale cordée ; fleurs unisexuées, petites, tri-mères, en grappes ; fruit formé de dru-pes, ovales réniformes.

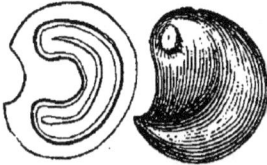

Hab. — Inde, Ceylan, Malaisie.

Prop. et usages. — Ce fruit, brun noirâtre, contient dans un noyau une graine souvent rétractée par la des-siccation. La *Coque du Levant* contient la *Picrotoxine*, poison violent. On a

Anamirta cocculus.
Fig. 211.

beaucoup employé ce produit pour empoisonner les rivières.

Chondrodendron tomentosum. *Pareira brava.* — Grande liane du Brésil. La racine tortueuse est employée au Brésil comme fébrifuge.

Cissampelos Pareira. Faux Pareira brava.

BERBÉRIDÉES.

Fleurs généralement hermaphrodites à pièces florales pluri-sériées, en nombre multiple de 3 ou de 2 ; étamines à filet sou-vent irritable, à anthères s'ouvrant par deux valves ou par des fentes longitudinales. Un seul carpelle à ovaire pluriovulé, style très court ou nul ; baie quelquefois déhiscente (*Epime-dium*) ; graine albuminée, embryon droit.

Les Berbéridées sont des herbes ou arbrisseaux à feuilles souvent dentées, épineuses, se transformant parfois en épines (*Berberis*).

Podophyllum peltatum. — Plante vivace à rhizome renflé de distance en distance en nœud, d'où naissent des racines adventives et un ou plusieurs bourgeons, devenant des rameaux aériens herbacés, portant deux feuilles opposées pé-tiolées, palmatilobées, ayant dans leur bifurcation une fleur penchée à 3 sépales, 3 pétales extérieures et en nombre variable sur un deuxième rang plus intérieur, 3 étamines for-mant un premier verticille et un nombre variable d'étamines sur un cycle plus interne. Le fruit est une baie ovoïde jaune, comestible, contenant 10-30 graines.

Hab. — Amérique du Nord.

Prop. et usages. — On emploie le rhizome dont on extrait une résine nommée *Podophylline* qui est assez communément employée comme purgatif. Le rhizome contient aussi de la *Berbérine* et de la *Saponine*.

Berberis vulgaris. *Épine-vinette.* — Arbuste épineux à feuilles fasciculées, raides, bordées de dentelures épineuses, ou transformées en épines 2-5 partites; les fleurs jaunes en grappes penchées et axillaires ont 6 sépales, 6 pétales, 6 étamines à filet irritable, pistil d'un seul carpelle. La baie allongée, rouge, renferme 2-3 graines.

Hab. — Europe, commun dans les haies.

Prop. et usages. — Baies acidules comestibles, utilisées pour la préparation de boissons vineuses. L'écorce tinctoriale, amère, fébrifuge, contient plusieurs alcaloï-

Berberis vulgaris.
Fig. 212.

des dont les principaux sont la *berbérine* et l'*Oxyacanthine*.

Berberis Lycium. *B. asiatica* et *B. aristata.* — Ces trois espèces de l'Inde fournissent à la pharmacopée de l'Inde les *Écorces de Berberis indica* riches en berbérine et employées comme fébrifuges. Les indigènes en font un extrait, le *Ruzot*. Le *Lycium* des Anciens est le *B. Lycium.*

LAURINÉES.

Les Laurinées constituent une famille très naturelle. Ce sont des plantes ligneuses hermaphrodites ou dioïques par avortement, à fleurs petites, nombreuses, les femelles à réceptacle petit, concave; à périanthe à 6, rarement 4 divisions bisériées, le cycle interne est quelquefois plus développé et pétaloïde.

Les étamines ou staminodes sont en nombre multiple des
pièces du périanthe et sur 3 ou 4 verticilles ; les étamines
extérieures sont introrses, fertiles ; les intérieures souvent
extrorses et biglanduleuses à la base, quelquefois stériles.
Les *anthères*, 2 ou 4-loculaires, *s'ouvrent par des panneaux;
le pistil est formé d'un seul carpelle;* l'ovaire uniloculaire a un
ovule descendant, anatrope, c'est-à-dire à micropyle dirigé en
haut. Le fruit est le plus souvent baccien, à graine non albuminée, embryon droit à cotylédons grands, charnus, huileux.
Les Laurinées sont des arbres ou arbrisseaux à essence aromatique, à bois très dur, à feuilles entières ou 2-3 lobées,
coriaces, persistantes, alternes, rarement opposées, *sans stipules*, souvent ponctuées glanduleuses.

Les 900 espèces décrites appartiennent en grande partie aux
régions chaudes de l'Asie, Australie et Amérique. On en trouve
aussi quelques-unes dans la région méditerranéenne et en
Afrique.

Clef. — *a.* Anthères quadriloculaires, fleurs hermaphrodites
en grappe lâche, 9 étamines, 3 sériées, puis
3 staminodes, réceptacle un peu concave en
coupe, feuilles souvent triplinerviées........ CINNAMOMUM.
b. Réceptacle formant une coupe profonde accrescente, étamines courtes........ .... NECTANDRA.
c. Fleurs dioïques, périanthe à 6 divisions, étamines 9, anthères toutes introrses quadriloculaires.................................... SASSAFRAS.
*d.*Fleurs polygames ou dioïques, périanthe à 4 divisions, étamines 12, biglanduleuses à la base,
anthères biloculaires introrses, fleurs en om-
bellule sur un rameau axillaire............. LAURUS.

Cinnamomum. — Les Cinnamomum sont des arbres toujours verts comprenant environ cinquante espèces propres à
l'Asie tropicale et subtropicale, ils fournissent à la matière
médicale les *Cannelles* et le *Camphre*.

Cinnamomum Zeylanicum. *Cannellier de Ceylan* (fig. 213).
— Arbre aromatique à feuilles opposées, entières, coriaces, triplinerviées, fleurs hermaphrodites à préfloraison valvaire en
grappe.

La cannelle du commerce est l'écorce de jeunes rameaux
grattés et privés ainsi du suber et d'une partie du parenchyme

cortical, le restant des couches corticales et surtout le liber présentent de nombreux et larges réservoirs à essence. Ces fragments d'écorce sont roulés en tubes minces emboîtés les uns dans les autres. On retire encore du Cannellier de Ceylan une essence des feuilles et une autre de la racine qui peut donner un Camphre.

Cinnamomum Cassia. — Fournit la *Cannelle de Chine*, qui est une écorce roulée en tubes plus irréguliers, non emboîtés, plus épais que la Cannelle de Ceylan, elle est moins estimée, sa saveur aromatique étant moins agréable.

Cinnamomum Camphora. *Camphrier.* — Bel arbre assez élevé à feuilles alternes, coriaces, glauques en dessous, à odeur de camphre quand on les froisse.

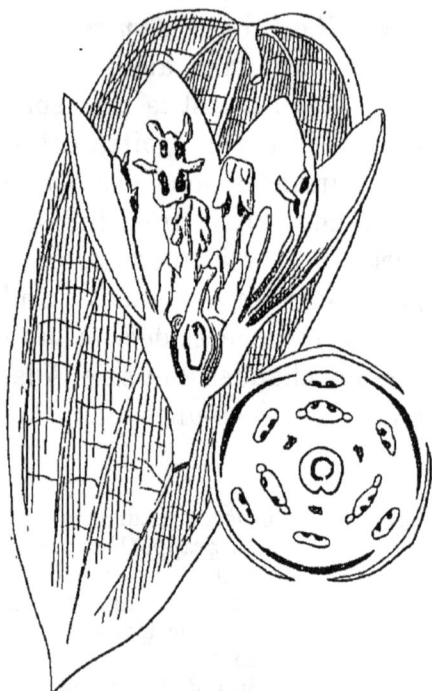

Cinnamomum Zeylanicum.
Fig. 213.

Est originaire de la Chine et du Japon et vient bien dans les pays un peu chauds, dans la région méditerranéenne. Il prospère en Algérie.

Prop. et usages. — On retire de son bois le *Camphre* qui est préparé par la distillation des copeaux. Ce produit est ensuite raffiné en Europe.

Nectandra Rodiæi. *Bebeeru, Bibiru.* — Grand arbre de la Guyane anglaise dont l'écorce contient un alcaloïde, la *bébéerine,* qui a passé pour fébrifuge,

Nectandra Pichurim major donne la *Grosse fève Pichurim.* Venezuela.

Sassafras officinalis. *Sassafras.* — Bel arbre des régions tempérées et chaudes de l'Amérique du Nord, à feuilles non persistantes, à limbe tantôt entier, ovale, tantôt 2-3 lobé; s'acclimate bien en Europe.

Prop. et usages. — On utilise la racine qui contient, dans des cellules sécrétrices dispersées dans l'écorce et le bois, des carbures d'hydrogène (Safrène) et des essences oxygénées aromatiques (Camphre de Sassafras, etc.) que l'on retire par distillation.

Le *bois de Sassafras* était, dans l'ancienne médecine, un des bois sudorifiques très usités.

Laurus nobilis. *Laurier d'Apollon. Laurier sauce.* — Arbre à feuilles coriaces, vert foncé, odorantes, à fleurs en ombellules. Le fruit est une baie uniséminée, ovoïde, noire, à péricarpe mince, la graine, grosse, contient un embryon huileux.

Hab. — Indigène dans toute la région méditerranéenne et cultivé dans les pays tempérés. Les feuilles, qui contiennent une essence aromatique, sont utilisées comme condiment.

Prop. et usages. — Les baies de Laurier contiennent une huile grasse et une essence volatile; exprimée par pression, ce mélange oléagineux est vert; il entre dans la composition du *Baume de Fioravanti.*

Ravensara aromatica. *Noix de Ravensara.* — Madagascar, aromate et stimulant.

Persea gratissima. *Avocatier.* — Grosse baie comestible, répandu dans les pays chauds, mûrit à Alger.

MYRISTICACÉES.

Cette famille ne comprend que le genre *Myristica.* Ses affinités avec les Laurinées sont moins évidentes qu'avec les Anonacées. Comme chez les Laurinées, le gynécée est uniloculaire, uniovulé, mais l'ovule est inséré dans le fond de la cavité, si bien qu'il est ascendant. Ses fleurs sont petites en forme de grelot, tripartites supérieuremeut, diclines, les étamines en nombre variable, monadelphes, à anthères extrorses. Le fruit est une baie s'ouvrant par deux valves et mettant ainsi en liberté une graine volumineuse, entourée d'un *arille.* La graine est pourvue d'un albumen odorant profondément ruminé par des prolongements de la membrane interne de la graine, l'embryon est petit, basilaire.

Myristica fragrans. *Muscadier*. — Arbre très ramifié à feuilles persistantes, très odorantes, le fruit piriforme, déhiscent, contient une graine ovoïde, enveloppée par un arille rougeâtre, charnu, lacinié.

Hab. — Originaire des îles de l'archipel indien, le Muscadier y est cultivé ainsi qu'aux Antilles et dans l'Amérique du Sud.

Prop. et usges. — On utilise la graine ou *Noix muscade* et son arille, connu sous le nom de *Macis*. Ce sont deux produits aromatiques stimulants, par les essences volatiles qu'ils contiennent.

Myristica fatua des Moluques, produit la *Muscade longue*, assez rare dans le commerce, et moins aromatique que la Muscade ovoïde.

MONIMIACÉES.

Cette famille est caractérisée par la forme concave du réceptacle, les feuilles du périanthe nombreuses ne se distinguent pas nettement en calice et corolle, les étamines nombreuses ressemblent à celles des Laurinées, elles s'ouvrent souvent par des valves, les carpelles sont nombreux, uni ou biovulés; le réceptacle persistant et accru forme une induvie autour des fruits. Ce sont des plantes aromatiques à feuilles opposées sans stipules.

Peumus Boldo. *Boldo*. — Petit arbre à feuilles ovales obtuses, persistantes opposées, rugueuses, fleurs dioïques en grappes axillaires ou terminales.

Hab. — Chili. Vient bien à Alger.

Peumus Boldo.
Fig. 214.

Prop. et usages. — Employé par les Chiliens dans le traitement des affections hépatiques, on a isolé des feuilles une

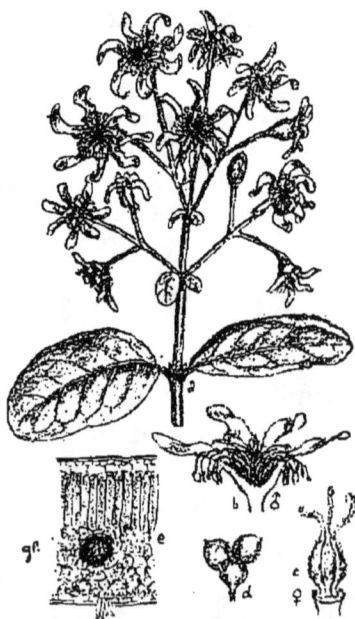

essence et un alcaloïde, la *Boldine*, et un glucoside, la *Boldoglucine*. Le *Boldo* paraît être un bon stimulant des fonctions digestives et un excitant général comme les aromatiques.

NYMPHÉACÉES.

Plantes aquatiques à feuilles peltées, les fleurs solitaires sont grandes, à sépales, pétales et étamines en assez grand nombre, suivant une même spire ou en verticilles de 3-6-4-5; carpelles généralement nombreux, souvent concrescents en un ovaire pluriloculaire à nombreux ovules ; la graine renferme un embryon droit muni à la fois d'un albumen charnu et d'un périsperme amylacé ; les *Nelumbium* manquent d'albumen et de périsperme.

Les Nymphéacées (35 espèces) sont répandues dans les eaux douces des pays chauds et tempérés.

Nymphea alba. *Nénuphar blanc.* — Rhizome couché dans la vase et portant des feuilles peltées flottantes longuement pédonculées et de grandes fleurs blanches, le fruit est une capsule semi-infère marquée de cicatrices produites par la chute des pétales et des étamines.

Hab. — Les eaux stagnantes.

Prop. et usages. — Fleurs utilisées pour faire un sirop calmant. Rhizome ayant les mêmes propriétés que le suivant.

Nymphea alba.

Fig. 215.

Nuphar luteum. *Nénuphar jaune.* — Fleurs jaunes, pétales bien plus petits que le calice, capsule supère rétrécie en col au sommet.

Hab. — Mares, rivières. Europe.

Prop. et usages. — Le *rhizome de Nénuphar* contient un alcaloïde, la *Nupharine*, de l'amidon, du *sucre*, du *tannin*, des *résines* et *matières grasses*.

Le *Rhizome de Nénuphar* a été employé comme calmant

anaphrodisiaque, il est astringent par le tannin; l'amidon qu'il contient le fait rechercher comme aliment (Russie).

Sarracena purpurea. — Herbe vivace à feuilles en cornet pourvu d'un opercule.

Hab. — Amérique du Nord.

Prop. et usages. — Diurétique, passe chez les Indiens de l'Amérique du Nord pour un spécifique de la variole.

C. — *APÉTALES.*

Les plantes de ce type sont remarquables par leurs fleurs généralement peu apparentes et à périanthe simple, le plus souvent verdâtre scarieux. Ce périanthe peut même, dans certains cas, manquer et les organes sexuels se trouvent simplement abrités par des bractées (Pipéracées).

Ce groupe est artificiel. Il comprend une série de familles ayant souvent beaucoup plus d'affinités avec les pétalées qu'entre elles. C'est ainsi que les Euphorbiacées présentant chez beaucoup d'espèces une véritable corolle sont généralement placées parmi les dialypétales près des Malvacées. Des auteurs estimés les classent cependant parmi les Apétales, en se basant sur l'absence de corolle, chez des genres assez nombreux; il en est de même des Laurinées, avec leur périanthe bisérié, dont le cycle interne peut dans beaucoup de genres être regardé comme corolle.

Quelques apétales sont aussi remarquables par des fleurs vivement colorées, la Belle-de-nuit (*Mirabilis Jalapa*), certains *Daphné*, par exemple, ont un périanthe pétaloïde. Les apétales ont souvent des fleurs diclines et en très grand nombre produisant un pollen abondant, facilement entraîné par le vent sur des stigmates saillants, pourvus de poils et de papilles sur une large étendue.

Division des apétales.

A. Curvembryées..... Fleurs hermaphrodites ou diclines, périanthées, étamines uni ou bisériées, ovaire supère uniloculaire contenant un ovule basilaire, graine à albumen farineux, *embryon courbe* excentrique latéral ou périphérique, rarement droit, herbes, rarement arbres :

CHÉNOPODIACÉES.

Fleurs petites hermaphrodites ou diclines à périanthe her- bacé simple, 3-4-5 divisions, persistant et souvent accrescent autour du fruit; étamines 3-4-5, opposées aux divisions du périanthe; ovaire supère 1- loculaire, surmonté de 2-3-4 styles ou stigmates, ovule solitaire amphitrope; fruit: utricule, caryopse ou baie; graine albuminée ou non à *embryon arqué* ou *annulaire* périphérique ou en spirale plate ou conique.

Les Chénopodiacées sont le plus souvent herbacées rarement frutescentes, généralement glabres, glauques farineuses, souvent charnues, leurs feuilles alternes manquent de stipules, l'inflorescence est souvent compacte, formée de nombreuses petites fleurs en glomérules, épis ou grappes feuillés.

Cette famille compte 520 espèces environ qui habitent les terrains salés (plantes halophiles) aussi bien sur les rivages maritimes qu'au voisinage des lacs ou sources salées et même dans les déserts; on en trouve aussi un grand nombre dans les deux continents auprès des habitations dans les décombres, les cultures, stations riches en principes azotés.

Salsola.
Fig. 216.

Ces plantes fournissent des produits assez peu usités à la matière médicale et un assez grand nombre sont alimentaires.

Clef. — A. Feuilles larges planes :
    a. Fleurs toutes semblables.
        ✕ Fleurs hermaphrodites à 2-3-4-5 divisions, 5 étamines, 2-3 styles, fruit entouré par le périanthe mais n'y adhérant pas...................... CHENOPODIUM.
        ✕✕ Périanthe urcéolé adhérent et induré autour du fruit, racine charnue, tige sillonnée .... BETA.
    b. Fleurs mâles et femelles dissemblables, fleur femelle à périanthe globuleux, 2-4 dents entourant le fruit et surmonté de 2 épines, style 4-5........ SPINACA.

B. Feuilles rudimentaires, cylindriques ou subulées : ·
    a. Plante ligneuse à tige continue, à feuilles
        linéaires fasciculées, périanthe, 4 divi-
        sions, 4 étamines, 2 styles, graine ver-
        ticale............................. CAMPHOROSMA.
    b. Tige articulée, aphylle, fleurs dans des
        excavations des articles, étamines 1-2,
        stigmates 2, embryon condupliqué, al-
        bumen 0.......................... SALICORNIA.
    c. Fleurs à l'aisselle de feuilles cylindracées,
        charnues, périanthe 5 divisions, 5 éta-
        mines, 3-5 stigmates................ SUOEDA.
    d. Feuilles souvent piquantes, périanthe en-
        tourant le fruit à 4-5 divisions présen-
        tant sur le dos une aile scarieuse.... SALSOLA.

Chenopodium Quinoa. — Le *Quinoa* est une plante alimentaire très cultivée autrefois dans la Nouvelle-Grenade, Chili, Pérou.

La graine peut tenir lieu d'une céréale. Les feuilles fournissent un bon légume herbacé.

Chenopodium anthelminthicum. — Fruits anthelminthiques usités en Amérique.

Chenopodium ambrosioïdes. *Thé du Mexique.* — Est une grande plante verte à feuilles allongées, sinuées, dentées, à odeur aromatique.

Chenopodium vulvaria.
Fig. 217.

Beta vulgaris.
Fig. 218.

Hab. — Amérique, naturalisé dans la région méditerranéenne.
Prop. et usages. — Stimulant, stomachique, fruits anthelminthiques.

Chenopodium Botrys. — *Botrys.* Vert glauque, à pubescence visqueuse, odeur aromatique. Europe.

Chenopodium vulvaria. — La *Vulvaire* est une plante annuelle fétide à feuilles ovales, rhomboïdales entières, elle contient de la propylamine. Cultures Europe, nord Afrique.

Chenopodium bonus Henricus. — Plante vivace, feuilles grandes, hastées, 2 styles très longs.

Spontané autour des habitations en Europe et en Amérique, légume herbacé.

Beta vulgaris. *Betterave* (fig. 218). — Dans les terrains sablonneux de la région méditerranéenne, cultivée tantôt pour ses racines (betterave), tantôt pour ses feuilles employées comme légume (Bette, Poirée).

Cette plante a été fortement améliorée par la sélection (Vilmorin) et a fourni des races très distinctes pour la nourriture des bestiaux et pour la production du sucre.

Spinaca oleracea. — L'épinard est originaire de la Perse et a été introduit en Europe vers le quinzième siècle.

Camphorosma Monspeliaca. *Camphrée de Montpellier.* — Plante ligneuse à la base, à odeur aromatique, était employée autrefois comme expectorant, diurétique, sudorifique. Elle croît sur les côtes de la Méditerranée.

Les espèces des genres *Salsola*, *Halogeton*, *Suœda*, *Salicornia*, fournissaient autrefois par incinération les *Soudes.* — Cet alcali est aujourd'hui obtenu par le procédé Leblanc aux dépens du sulfate de soude.

PHYTOLACCÉES.

Les Phytolaccées diffèrent surtout des Chénopodiacées par leur ovaire composé de plusieurs carpelles verticillés, plus ou moins distincts ou cohérents et uniovulés, les styles sont insérés à l'angle central des carpelles ; le fruit est souvent baccien.

Phytolacca. — Fleurs hermaphrodites ou diclines, en grappe, périanthe à 5 divisions, étamines 5-25, fruit déprimé, globuleux, formé par 5-12 carpelles charnus, libres ou connés, herbes ou arbres.

Phytolacca decandra. *Raisin d'Amérique.* — Fleurs en grappes extra-axillaires, 10 étamines, ovaire formé par 10-12 carpelles verticillés et soudés, fruit charnu, noir, feuilles simples, alternes, tige de 1-2 mètres, rameuse.

Hab. — Originaire d'Amérique, cultivé autrefois dans le midi de l'Europe, s'y est naturalisé depuis.

Prop. et usages. — Les baies contiennent un suc pourpre qui est quelquefois employé pour colorer les vins. Cette fraude doit être sérieusement prohibée, ces fruits n'étant pas inoffensifs, mais contenant des principes drastiques.

Phytolacca drastica. — Chili, Racine purgative.

Petiveria alliacea L. — Amérique du Sud. Racine de Pipi, diurétique, sudorifique.

POLYGONÉES.

Les plantes de la famille des Polygonées sont remarquables par le nombre ternaire des parties de la fleur, la présence d'un ocréa (stipule en forme de gaine), les ovules orthotropes. Les fleurs hermaphrodites ou rarement diclines ont un

Rumex Patientia.
Fig. 219.

périanthe plus souvent herbacé, quelquefois pétaloïde à 6-5 divisions ou 4, souvent bisériées; étamines 6-8-9 rarement moins, 1-2 sériées; ovaire supère, trigone ou comprimé uniloculaire à 3-2 styles terminés par des stigmates dilatés. Ovule unique orthotrope; fruit : akène ou caryopse, trigone, quelquefois comprimé ou tétragone, souvent recouvert par le périanthe accrescent; graine libre ou soudée avec l'endocarpe, albumen farineux.

Les Polygonées sont des herbes, rarement des arbustes (Orient) ou des arbres (Amérique tropicale) à feuilles le plus souvent alternes, à stipule engainante (ocréa). Répandues sur toute la surface du globe au nombre de 600 environ.

Clef. — I. *Rumicées.*
    a. Périanthe à 6 divisions à segments intérieurs accrescents et recouvrant le fruit, étamines 6............................ RUMEX.
    b. Périanthe, 6 divisions, persistant, fruit découvert à 3 ailes, étamines 9.......... RHEUM.
II. *Eupolygonées.*—Périanthe 5 divisions, rarement 4, étamines 6-8 ou moins, styles souvent filiformes. POLYGONUM.

III. *Coccolobées.* — Arbres ou arbrisseaux souvent à tige grimpante. Périanthe 5 divisions, étamines 8 ou moins. Albumen sillonné. Périanthe à tube charnu entourant le fruit.................... Coccoloba.

Rumex. — Sect. I. *Acetosa.* — Rumex acides à feuilles hastées, sagittées, périanthe à segments intérieurs très accrescents, veinés-scarieux, jamais calleux, styles soudés avec les angles de l'ovaire.

Rumex acetosa. *Oseille.* — Fleurs dioïques, feuilles à oreil-lettes parallèles, périanthe à valves débordant le fruit, à sé-pales extérieurs réfractés.

Hab. — Europe. Asie. Cultivé.

Prop. et usages. — Légume herbacé acide (ac. oxalique), d'autres espèces sauvages de la même section sont aussi comestibles.

Sect. II. *Lapathum.* — Rumex amers, âpres, purgatifs à feuilles atténuées, tronquées, cordées à la base. Styles libres.

Rumex Patientia.
Fig. 220, 221 et 222.

Rumex Patientia. *Patience.* — Racine vivace, charnue, jaune à l'intérieur, à saveur amère. Tige 1 à 2 mètres, feuilles planes ordinairement très amples, fleurs en faux verticilles formant au sommet de la tige une ample panicule. Divisions intérieures du périanthe entières ou denticulées, l'extérieure seule munie d'une callosité. Juillet, août.

Hab. — Turquie, Perse. Cultivé. Légume herbacé.

Prop. et usages. — Les *R. Patientia*, *R. acutus*, *R. crispus*, *R. aquaticus*, plantes des lieux humides, fournissent la *racine de Patience*, employée comme *dépurative*, le *R. alpinus* a les mêmes propriétés et porte le nom de *Rhubarbe des Moines*.

Rheum officinale.

Fig. 223.

Rheum officinale H. B. *Rhubarbe.* — Grande plante à souche vivace volumineuse, en partie aérienne, produisant chaque année un grand bouquet de feuilles palmées, atteignant $1^m,50$, limbe à contour général orbiculaire, un peu plus large que long, à 5 nervures à la base, correspondant à 5 lobes incisés inégalement; inflorescences de 2 mètres foliifères ramifiées et portant un grand nombre de grappes denses de cymes de fleurs d'un vert blanchâtre, à 6 divisions, 9 étamines ; fruits à 3 ailes.

Cette espèce qui croît dans le Thibet n'a été connue en Europe et introduite dans les jardins que depuis 1867. Envoyée par M. Dabry, consul de France, à la Société d'acclimatation, elle a reçu de l'éminent professeur de botanique médicale de la Faculté de Paris, le nom de *Rh. officinale*, qui lui convient très bien, puisqu'elle fournit, incontestablement, une grande partie de la Rhubarbe du commerce qui vient de la Chine. Cette plante paraît susceptible d'être cultivée en grand en Europe.

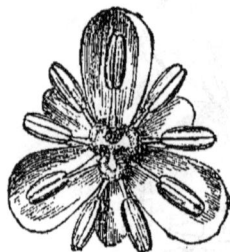

Rheum officinale.
Fig. 224.

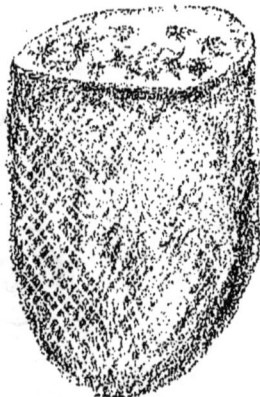

Rhubarbe.
Fig. 225.

Prop. et usages. — La drogue désignée sous le nom de *Racine de Rhubarbe* est la souche vivace de la plante, coupée en morceaux, après avoir été mondée d'une partie de son écorce. Les fragments sont séchés et souvent enfilés par une corde destinée à les suspendre. La Rhubarbe a une coloration jaune plus ou moins foncée ; sa surface est parsemée d'étoiles dues à des faisceaux libéroligneux ; elle croque sous la dent, à cause de la grande quantité d'oxalate de chaux qu'elle contient. Elle colore la salive en jaune et a une saveur amère et une odeur propre.

Les principes actifs sont :

1° La Chrysophane, principe colorant et glucoside amer ;

2° Des matières résinoïdes jaunes à propriétés purgatives ;

3º Des tannins ;

4º Des malates et oxalates de chaux ;

5º Un principe odorant.

Rheum palmatum. — Très voisin du *Rh. officinale*, la feuille a un contour également suborbiculaire cordé ; mais elle est *bien plus profondément* 5-7 *lobée* et le limbe présente sur toute sa surface un revêtement blanchâtre et rugueux qui lui donne un faciès à part.

Cultivée depuis longtemps dans les jardins botaniques, cette espèce occuperait, en Asie, la longue chaîne de Tartarie chinoise, jusqu'au lac Kukuna ou pays de Tangout.

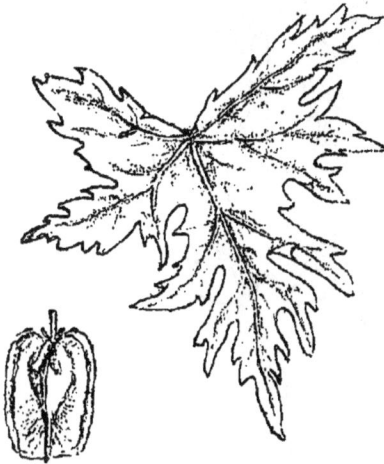

Selon Maximovich une variété : *Tanguticum*, de cette espèce serait récoltée par les Tangutes et vendue aux Chinois qui dirigent ce produit sur Pékin et Shangaï.

Le *Rh. palmatum* var. *Tanguticum* fournit donc une partie de la *Rhubarbe de Chine*.

Rheum palmatum.

Fig. 226.

Rheum hybridum. — Diffère de *Rh. officinale* par le pétiole canaliculé en dessus et le contour général du limbe oval, c'est-à-dire plus long que large, par suite du plus grand développement du lobe médian.

Cette espèce offre des variétés horticoles fréquemment cultivées et employées comme légumes. Les volumineux pétioles tendres remplis d'un suc acidulé servent à faire des confitures. Il en est de même du *Rh. undulatum*.

La variété *Colinianum* à feuilles plus allongées donnerait dans le midi de la Chine une partie de la Rhubarbe du commerce, suivant Mgr Chauveau.

Rheum Rhaponticum. — Cette espèce diffère des précédentes par ses feuilles inférieures plus larges que longues, mais *non divisées*, elle est originaire de l'Altaï.

Cultivée en France, en Angleterre, en Autriche, en Sibérie,

elle donne le produit peu usité connu sous le nom de *Rha-pontic* ou *Rhubarbe indigène*.

Rheum undulatum.
Fig. 227.

D'autres *Rheum* fournissent des Rhubarbes peu employées en raison de leur rareté ou de leur mauvaise qualité : *Rh. Emodi* et *Rh. Webbianum* de l'Himalaya, par exemple.

Polygonum aviculare (fig. 228). — Herbe étalée, rameuse, à feuilles lancéolées, ovales ou oblongues, fleurs petites, roses ou blanches, fasciculées à l'aisselle, akène trigone luisant.

Hab. — Bord des chemins, culture.

Prop. et usages. — Racine astringente.

Polygonum Bistorta. *Bistorte* (fig. 229). — Petite plante des prairies montagneuses à souche contournée en S, d'où lui vient son nom, les fleurs sont roses en panicule spiciforme dense cylindrique ; elle fleurit en mai-juillet.

Prop. et usages. — Tannin, acide gallique.

Polygonum Hydropiper. *Poivre d'eau.* — Plante annuelle, fleurs en épis grêles, périanthe glanduleux, saveur àcre, poivrée. Bord des eaux. Juillet.

Polygonum fagopyrum. — Le *Blé noir* ou *Sarrasin* est une plante annuelle à fleurs en grappes longuement pédonculéées, axillaires et formant un corymbe, feuilles sagittées.

Polygonum aviculare.
Fig. 228.

Polygonum Bistorta.
Fig. 229.

Polygorum fagopynum.
Fig. 230.

Hab. — Originaire de la Mandschourie, cette espèce a été introduite en Europe au moyen âge et a pris une place importante dans les cultures.

Prop. et usages. — Dans les contrées stériles, elle tient lieu de céréales. Sa graine donne abondamment une farine de bonne qualité.

Coccoloba uvifera. *Raisinier d'Amérique.* — Arbre à grandes feuilles cordées, coriaces, à fruit bacciforme en grappe, acidule, comestible. On extrait de son bois un Kino, connu sous le nom de *Kino d'Amérique* ou *de la Jamaïque*, croît aux Antilles.

PIPÉRACÉES.

Fleurs petites bisexuées ou unisexuées dépourvues de périanthe à 2-3-6 étamines à anthères biloculaires ou uniloculaires par confluence des loges, ovaire subglobuleux, uniloculaire, uniovulé, ovule basilaire orthotrope, 1 stigmate ou 3-4 indiquant un même nombre de carpelles. Baie sèche ou charnue, graine globuleuse, à albumen nucellaire ou périsperme très développé et logeant, dans une petite cavité superficielle, l'albumen du sac embryonnaire et l'embryon.

Les Pipéracées sont souvent ligneuses, sarmenteuses à nœuds saillants, feuilles le plus souvent alternes à odeur aromatique, inflorescence en grappe ou épi, généralement simple, terminal ou oppositifolié.

Les Pipéracées sont des plantes des pays tropicaux ; deux grands genres, *Piper* (600 espèces), et *Peperonia* (400 espèces) se partagent presque toutes les formes connues.

Piper nigrum. *Poivre.* — Fleurs en longs épis, enchâssées dans des fossettes du rachis et à l'aisselle d'une bractée, le grain de poivre est une baie contenant une graine à périsperme volumineux, logeant à sa partie supérieure un embryon minime dans un albumen charnu.

Hab. — Originaire de l'Inde, cultivé à Goa, Sumatra.

Prop. et usages. — Les principes actifs du poivre consistent en une huile essentielle à odeur piquante, une résine âcre, une matière cristallisable, Pipérine.

Piper longum et **P. officinarum**. *Poivre long.* — Épi cylindrique formé d'un grand nombre de baies sessiles et très rapprochées.

Mêmes propriétés que le précédent, peu usité.

Piper Cubeba. *Cubèbe.* — Plante grimpante de Bornéo
Java, Sumatra, les baies sont pédonculées et forment une
grappe (Poivre à queue).

Prop. et usages. — On utilise ses baies,
cueillies avant maturité complète. Il doit
ses propriétés à une résine et à une huile
volatile qui laisse déposer un camphre de
Cubèbe. On a isolé aussi la Cubébine, corps
neutre, insipide, inactif.

Piper Betle. *Bétel.* — Ses feuilles servent à envelopper le mélange de chaux et
d'Arec qui constitue ce masticatoire dont
l'usage est si répandu dans l'Asie tropicale.

Piper angustifolium. *Matico.* — Arbuste à feuilles longues, pointues, coriaces,
pubescentes en dessous.

Hab. — Pérou, Bolivie.

Piper Cubeba.
Fig. 231.

Prop. et usages. — On emploie ses feuilles aux mêmes
usages que le Cubèbe.

Piper methysticum. *Kawa-Kawa.* — La racine de Kawa sert
à préparer une boisson très estimée des habitants des îles de
l'Océanie. On a pu isoler de cette racine : *une résine* qui aurait
les propriétés anesthésiques de la cocaïne, et un principe
cristallisé : la *méthysticine*, jugé inactif. On a proposé le Kawa
comme antiblennorrhagique et apéritif. Un grand nombre
d'autres *Piper* sont utilisés dans leur pays natal.

URTICACÉES.

Apétales à fleurs unisexuées ou polygames, périanthe à
3-4-5 divisions, étamines généralement en même nombre
que les divisions sépaloïdes auxquelles elles sont opposées,
ovaire 1-2 carpelles, uniloculaire uniovulé, embryon à radicule
supère, albumen mince, charnu ou nul. Arbres ou herbes,
feuilles à stipules souvent fugaces.

Clef. — A. *Ovule descendant anatrope ou amphitrope, ovaire 1-2 carpelles.*

    I. *Ulmées.* — Arbres à fleurs polygames solitaires ou en inflorescence lâche, à 5 divisions, 5 étamines à filet dressé dans le bouton, 2 styles, feuilles alternes distiques.

        × Fruit sec, samare.................. Ulmus.
        ×× Fruit drupacé .... Celtis.

    II. *Cannabinées.* — Herbes dressées ou grimpantes, fleurs dioïques, les mâles en panicule, filet des étamines court dressé dans le bouton, périanthe femelle gamophylle, 2 styles, feuilles opposées, palminerves.

        × Tige dressée, feuilles inférieures opposées, embryon courbe............ Cannabis.
        ×× Tiges volubiles, feuilles toutes opposées, embryon en spirale........... Humulus.

    III. *Morées.* — Arbres, arbrisseaux, rarement herbes vivaces, à suc laiteux, fl. monoïques ou dioïques à 4 divisions, les femelles en inflorescence serrée, étamines à filet courbé dans le bouton et se redressant avec élasticité à la floraison, style souvent excentrique, simple ou bifide, fruit sec dans le périanthe devenu charnu.

        × Arbre à fleurs en épis courts........ Morus.
        ×× Fleurs sur un réceptacle général plan. Dorstenia.

    IV. *Artocarpées.* — Arbres laiteux, fleurs unisexuées, étamines dressées dans le bouton, *fleurs insérées sur un réceptacle général charnu* renfermant les fruits à maturité (figue), les stipules ordinairement amplexicaules forment une coiffe protégeant le bourgeon terminal.:...................... Ficus.

  B. *Ovule dressé, orthotrope, style simple :*

    V. *Urticées.* — Herbes ou arbustes, rarement arbre, à fleurs 4-5 mères, unisexuées ou polygames, style simple en pinceau, étamines à filet incurvé dans le bouton et se redressant avec élasticité à la floraison :

        × Feuilles opposées, urticantes, fleurs unisexuées .... Urtica.
        ×× Feuilles entières alternes, fleurs polygames................................ Parietaria.

Sf. *ULMÉES.*

Ulmus campestris. *Orme champêtre.* — Grand arbre à branches subéreuses, fleurissant abondamment au printemps avant l'apparition des feuilles, les fleurs sont polygames, à périanthe gamophylle, à 5 divisions, l'ovaire est formé de 2 carpelles, mais il est presque toujours uniovulé, le fruit est bordé par une aile membraneuse réticulée (samare).

Hab. — Très répandu en Europe.

Prop. et usages. — L'écorce d'Orme est astringente, tonique, elle a été très employée en médecine, elle est riche en fibres textiles, est propre à tanner les peaux, elle contient une matière colorante jaune.

Ulmus fulva. — Amérique. Écorce mucilagineuse.

Celtis australis. *Micocoulier.* — Grand arbre de la région méditerranéenne, à organisation florale rappelant l'Orme, mais à fruit drupacé. La graine fournit une huile de qualité inférieure ; des *Celtis* très voisins des précédents végètent aux États-Unis, d'autres en Orient, ils fournissent de bons bois, des écorces astringentes propres à tanner.

Sf. *CANNABINÉES.*

Cannabis sativa. *Chanvre.* — Herbe annuelle dioïque, à odeur forte, à feuilles inférieures opposées palmatiséquées ;

fleurs mâles pentamères formant une longue panicule, les femelles sessiles en glomérules, à périanthe gamophylle, ovaire à 2 styles, le fruit est un akène à graine très peu albuminée, embryon à radicule repliée sur les cotylédons.

Cette plante spontanée dans la Sibérie méridionale est la seule espèce du genre ; mais elle présente plusieurs variétés dont la plus intéressante est le :

Cannabis indica, Chanvre indien, *Hachisch, Kif* des Arabes.

Le Chanvre est un textile excellent, les feuilles, surtout celles du *C. indica,* qui contiennent une résine et une essence volatile, pro-

Cannabis sativa.

Fig. 232.

duisent une ivresse délirante et finalement une sédation du système nerveux.

Les Orientaux consomment beaucoup d'un électuaire (haschisch) fait avec cette plante, les Arabes fument, dans de petites pipes, les feuilles desséchées et pilées et il n'est pas rare que ces mangeurs ou fumeurs de Chanvre deviennent furieux au même titre que les alcooliques.

Le fruit du Chanvre ou *Chènevis* est très oléagineux. On en retire une huile utilisée dans l'industrie.

Humulus Lupulus. *Houblon.* — Herbe grimpante, scabre à souche vivace, à feuilles opposées palmatilobées, fleurs mâles semblables à celle du Chanvre en grappe, fleurs femelles en chaton à nombreuses et grandes bractées scarieuses, formant des cônes ovoïdes, ovaire à deux styles, uniloculaire uniovulé, entouré d'un périanthe gamophylle, graine à embryon enroulé en spirale. Le périanthe et les bractées sont parsemés de glandules jaunâtres et résineuses formées par émergence de l'épiderme et se détachant à la maturité en une poussière nommée *Lupulin*, qui communique au cône ses propriétés aromatiques, amères.

Humulus Lupulus.
Fig. 233.

Le Houblon est originaire d'Europe où il est cultivé depuis longtemps, une seconde espèce (*H. japonicus*) appartient à la Chine et au Japon.

Sf. *MORÉES*.

Morus nigra. *Mûrier noir.* — Arbre à suc laiteux ou opalin, à fleurs axillaires, les mâles en chaton, les femelles insérées sur un axe court, les unes et les autres tétramères, ovaire surmonté de deux styles; le fruit devient une drupe entourée des sépales charnus, toute l'inflorescence forme un fruit composé noir à suc pourpré.

Hab. — Originaire d'Asie, cultivé.

Prop. et usages. — Le fruit qui est comestible sert à la préparation d'un sirop et à colorer les vins.

Morus alba. *Mûrier blanc.* — Arbre moins grand que le précédent à feuilles plus minces, moins rudes, calice à *sépales glabres aux bords*, *stigmates glabres*, fruits moitié plus petits, souvent blancs, toujours moins colorés, originaire d'Orient. Son fruit est comestible ; mais il est cultivé pour la feuille, qui sert à nourrir les vers à soie.

Morus nigra.

Fig. 234.

Morus alba.

Fig. 235.

Broussonetia papyrifera. *Mûrier à papier*. — Arbre originaire de la Chine où on utilise ses fibres corticales comme textile pour les étoffes et le papier, il croît très bien dans les régions tempérées, où il est aujourd'hui très répandu comme arbre d'ornement.

Dorstenia brasiliensis. *Contrayerva*. — Herbe vivace à souche rougeâtre, à saveur âcre, l'inflorescence a la forme d'un disque, ses fleurs femelles sont invaginées dans des cavités du réceptacle.

Prop. et usages. — On utilise au Brésil la souche qui est stimulante et sudorifique et passe pour efficace contre la morsure des serpents.

Sf. *ARTOCARPÉES*.

Ficus carica. *Figuier*. — Arbre à feuilles pubescentes scabres, 3-7 lobées, fleurs mâles trimères, fleurs femelles à 5 sépales ; style latéral filiforme bifide ; fruit composé, formé par le réceptacle charnu contenant les fleurs femelles et leurs pédicelles devenus succulents à la maturité.

Hab. — Originaire de la région moyenne et méridionale du

bassin méditerranéen, cultivé pour son fruit dans les pays tempérés, a produit de très nombreuses variétés.

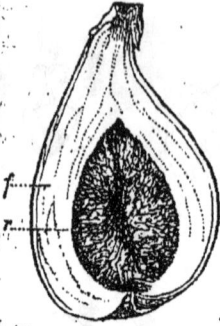

Fig. 236.
Ficus carica.

Fig. 237.
Fleur mâle.

Fig. 238.
Fleur femelle.

Ficus elastica et F. rubiginosa. — Beaux arbres d'ornement

Ficus religiosa.
Fig. 239.

dans la région chaude du bassin méditerranéen, fournissent des

caoutchoucs impurs dans leurs pays d'origine : Asie tropicale et Aus-
trálie.

Ficus indica et **F. religiosa** et nombre d'autres arbres nourrissent le *Coccus lacca*, cochenille qui produit une matière résineuse,
connue sous le nom de *Laque*, dans laquelle les femelles meurent
emprisonnées avec leurs œufs formant un enduit épais autour des
branches.

La laque sert à la teinture, à la fabrication du vernis des ébénistes,
de la cire à cacheter, elle entre dans la préparation de quelques
opiats dentifrices.

Castilloa elastica. — Fournit le *Caoutchouc de l'Amérique
centrale* (voy. Hevea, p. 149).

Artocarpus incisa. *Arbre à pain.* — Grand arbre à bois mou, à
fleurs monoïques sur un réceptacle commun très volumineux gorgé
de fécule.

Prop. et usages. — Arbre de l'Asie tropicale et de l'Océanie et cultivé dans l'Amérique équinoxiale pour son fruit composé comestible.

Artocarpus integrifolia. *Jacquier.* — Dont les fruits pèsent jusqu'à 40 kilog., est aussi cultivé dans les mêmes régions.

Antiaris toxicaria. *Antiar.* — Arbre dont le suc très toxique servait autrefois chez les Javanais à enduire les armes et dont l'inoculation passait pour mortelle.

Galactodendron utile. *Arbre à la vache.* — Grand arbre de l'Amérique du Sud, fournit en abondance un latex qui serait un véritable
lait végétal, au dire des voyageurs.

Sf. *URTICÉES*

Urtica dioica. *Grande ortie.* — Plante vivace à rhizomes
rampants à petites fleurs 4-5 mères dioïques, en grappes axillaires rameuses, feuilles fortement dentées, ovales, lancéolées,
acuminées, en cœur à la base ; toute la plante est hérissée de
poils urticants.

Hab. — Croît dans le voisinage des habitations.

Urtica urens. — Plante annuelle à fleurs monoïques en
grappes axillaires simples, feuilles opposées fortement dentées,
ovales elliptiques.

Hab. — Cultures et voisinage des habitations. Moins urti-
cant que le précédent.

Prop. et usages. — Les différentes espèces d'*Orties* indigènes possèdent à un degré variable la propriété de déter-

miner l'*urtication* qui résulte de la piqûre de la peau par des poils fragiles et l'inoculation d'un principe caustique sécrété dans leur partie basilaire. La thérapeutique peut tirer parti de cette action énergique sur la peau. Certains *Urtica* ou *Laportea* indiens sont réputés dangereux et redoutés pour leurs piqûres très

Urtica dioica.
Fig. 240.

Urtica urens, fl. ♀.
Fig. 241.

douloureuses et produisant des désordres généraux, fièvre, symptômes tétaniques, et même la mort.

Bœhmeria nivea. *Ramie.* — Les Bœhmeria sont des orties inermes, souvent frutescentes, à périanthe femelle adhérent à l'ovaire.

Un certain nombre d'espèces ou variétés de *Bœhmeria* sont cultivées en Chine et dans l'Inde, pour l'excellente matière textile qu'elles fournissent; cette culture s'introduit depuis peu dans la région méditerranéenne.

Parietaria officinalis. *Pariétaire. Perce-muraille.* — Plante vivace des murailles et décombres, velue, mais inerme, à feuilles entières, alternes, fleurs polygames en petites cymes axillaires ses-

Parietaria officinalis.
Fig. 242.

siles à fleur centrale femelle et les périphériques mâles ou hermaphrodites.

Prop. et usages. — La Pariétaire passe pour être riche en azotate de potasse, elle est employée comme diurétique.

JUGLANDÉES.

Les Juglandées forment une petite famille dont le Noyer est le type, ce sont des apétales à inflorescence mâle en chaton, à fleurs monoïques, à ovaire infère, graine non albuminée ; les Juglandées diffèrent des Cupulifères par leur ovaire à placenta central, portant un ovule orthotrope dressé, par leurs feuilles pennées. Le fruit, formé de deux carpelles logés dans un réceptacle accru, est charnu à la périphérie (brou) et induré en deux coquilles à l'intérieur, contenant une graine sans albumen, à cotylédons bilobés, sinués, à radicule supère très courte.

Juglans regia. *Noyer.* — Grand arbre à écorce blanchâtre, feuilles glabres composées de 7-9 folioles sans stipules, odorantes, à saveur amère résineuse.

Hab. — Asie tempérée, cultivé.

Juglans regia.
Fig. 243.

Prop. et usages. — La graine huileuse est comestible et donne en abondance une huile estimée. La coque herbacée ou brou de noix, ainsi que les feuilles, sont utilisées comme astringent antiscrofuleux, on y trouve un tannin, une matière résineuse âcre et amère et un sucre particulier. Les Arabes emploient comme masticatoire l'écorce de la racine.

Juglans cinerea du Canada, cultivé. Écorce purgative, officinale aux États-Unis.

CUPULIFÈRES.

Apétales à fleurs monoïques, les mâles en chatons, à périanthe petit ou nul, à 3-6 ou nombreuses étamines, les femelles en épis, capitules ou solitaires, à ovaire infère de 2-3 loges avec autant de styles, ovules solitaires, ou géminés pendants; le fruit est un gland entouré en partie ou complètement par une cupule formée de bractées libres ou soudées, la graine est souvent unique, par avortement des ovules dans les loges collatérales, albumen nul et cotylédons volumineux à radicule courte.

Arbres ou arbrisseaux à feuilles alternes simples. Les Cupulifères comprennent plus de 500 espèces répandues dans les régions tempérées de l'hémisphère boréal.

Clef. — *a*. Périanthe femelle à 4-6 lobes, ovaire à 3-6 styles, 3-6 loges biovulées.

       × Chatons mâles le plus souvent pendants, ovaire à 3 styles, gland entouré à sa base par une cupule écailleuse.... QUERCUS.

      ×× Chatons longs, dressés, ovaire à 6 styles, involucre hérissé de piquants entourant complètement 1-3 glands et s'ouvrant à la maturité par 2-4 valves............. CASTANEA.

      ××× Chatons mâles globuleux pendants, ovaire à 3 styles, involucre complet ligneux s'ouvrant en 4 valves et contenant 2-4 glands...................... FAGUS.

    b. Périanthe nul, 2 styles, loges uniovulées, gland dur entouré à sa base par une cupule foliacée. CORYLUS.

Quercus lusitanica. *Q. infectoria. Chêne à galles.* — Arbre des montagnes de la péninsule Ibérique, de la Barbarie et de l'Orient, très variable dans son port, la forme de ses feuilles et de son fruit, les feuilles sont coriaces caduques mais tardivement, la cupule est couverte de petites écailles gibbeuses. Ce chêne est surtout remarquable par la fréquence sur ses rameaux de galles produites par un Cynips (*Diplolepis gallæ tinctoriæ*) dont les œufs, déposés par la femelle dans les jeunes bourgeons qui s'hypertrophient, forment des corps à peu près sphériques, renfer-

Cynips.

Fig. 244.

mant d'abord l'œuf puis la larve et la nymphe du Cynips qui, insecte parfait, s'ouvre une galerie vers l'extérieur et s'échappe.

Ces *Galles* sont surtout récoltées dans le Levant sur la forme nommée *Q. infectoria*, elles renferment 65 p. 100 d'acide gallo-tannique, 4 p. 100 d'acide gallique.

Quercus Robur. *Chêne Rouvre.* — Grand arbre répandu dans toute l'Europe, à feuilles ca-duques, et à cupule à écailles cour-tes et apprimées, le *Q. pedunculata* est la forme à fruits portés sur un long pédoncule et à feuilles à peu près sessiles. Le *Q. sessiliflora* est la forme à fruit courtement pédon-culé et à feuilles pétiolées. Le *Q. pubescens* a des feuilles pubescentes.

Prop. et usages. — L'écorce du chêne est riche en un tannin parti-culier, l'*acide querci-tannique* (7 à 10 p. 100) formant avec la gélatine une combinaison qui résiste à la putréfaction, on y trouve aussi la *Quercine*, substance amère. L'écorce de chêne est tonique, astringente, antiseptique, fébrifuge.

Quercus Robur.
Fig. 245.

Quercus tinctoria. *Chêne Quercitron.* — Amérique du Nord. Con-tient une matière colorante jaune, *Quercitrine.*

Quercus Suber. *Chêne-liège.* — Arbre de moyenne taille, à feuilles coriaces, persistantes, à écorce formée à la périphérie par une couche épaisse de liège.

Hab. — Région méditerranéenne.

Prop. et usages. — Tous les 8-10 ans, on détache l'étui de liège autour du tronc et des principales branches.

Quercus ilex. *Yeuse.* — Arbre à écorce brune, feuilles persis-tantes, coriaces, polymorphes, dentées, épineuses ou entières plus ou moins blanches en dessous.

Hab. — Région méditerranéenne.

Prop et usages. — La variété *Q. Ballota* fournit un gland doux, qui entre pour une large part dans l'alimentation des Kabyles torréfiés, il devient le Café de glands doux.

Quercus Ægilops. *Chêne velani.* — Cupules très grosses, servent dans le tannage.

Quercus coccifera. *Chêne au Kermès.* — Arbuste très ramifié à feuilles dentées épineuses, vert clair, glabres sur les deux faces, gland mûrissant en deux ans.

Cochenille-Kermes.

Fig. 246.

Quercus coccifera.

Fig. 247.

Hab. — Tout le bassin méditerranéen.

Prop. et usages. — On récoltait autrefois sur ce chêne la *Graine d'écarlate* ou *Kermès animal* (*Chermes Vermilio* Planch.) qui servait à préparer une belle couleur rouge et a joui en médecine d'une grande réputation comme tonique et astringent.

Castanea vulgaris. *Châtaignier.* — Grand arbre à branches étalées à grandes feuilles dentées, les fruits sont enfermés dans un involucre épineux s'ouvrant en 4 valves, leur péricarpe est coriace, la graine a des cotylédons volumineux plissés, farineux (fig. 248).

Hab. — Spontané dans les terrains siliceux du midi de l'Europe et du Nord-Afrique, cultivé en Europe et en Amérique.

Prop. et us. — La châtaigne est un comestible précieux et l'écorce de Châtaignier a à peu près les mêmes propriétés que celles des Chênes.

Fagus sylvatica. *Hêtre, Fayard.* — Grand arbre à écorce lisse, grisâtre, à feuilles ovales, les fruits sont complètement renfermés dans un involucre fructifère, ligneux, à 4 valves (fig. 249).

Prop. et usages. — Le fruit est la *Faine* dont l'embryon est riche en huile. L'*huile de faine* se mange ou sert à l'éclairage, le charbon de bois de hêtre entre dans la fabrication de la

Castanea vulgaris.

Fig. 248.

Hêtre. *Fagus sylvatica.*

Fig. 249.

poudre et son écorce est tannante. On utilise la *Créosote du* goudron de Hêtre dans le traitement de la tuberculose.

Corylus avellana. *Noisetier, Coudrier.* — Arbuste dont le fruit à péricarpe ligneux (noisette) est muni à sa base d'une cupule foliacée. *Prop. et usages.* — La noisette est riche en huile.

SALICINÉES.

Cette famille comprend environ 300 espèces réparties dans les genres *Salix* et *Populus*, ce sont des arbres ou arbrisseaux dioïques à inflorescence en chaton, l'ovaire est formé de deux carpelles avec des placentas pariétaux, portant des ovules en nombre et insérés sur deux rangées : le fruit est une capsule à deux valves contenant de petites graines couvertes de longues soies.

Populus nigra. *Peuplier*. — Arbre élevé à bourgeons en-

Graine de Saule.
Fig. 250.

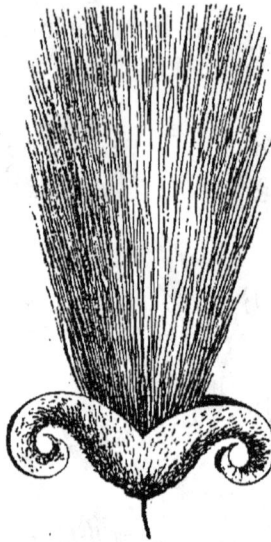

Fruit de Saule.
Fig. 251.

Fig. 252.
Populus nigra.

Fig. 253.
Salix alba.

duits d'un suc résineux et jeunes pousses glabres glutineuses, feuilles longues, pétiolées, triangulaires, acuminées, glabres; chatons pendants, disque glanduleux cyathiforme simulant un périanthe rudimentaire.

Hab. — Europe, Asie, Nord-Afrique.

Prop. et usages. — On emploie les *Bourgeons de peupliers* à l'intérieur en tisane et à l'extérieur dans l'*Onguent populeum*, ce peuplier sert à la préparation du *charbon médicinal*.

Populus alba, feuilles blanches tomenteuses en dessous.

Prop. et usages. — Écorce riche en tannin et salicine proposée comme fébrifuge.

Salix alba. *Saule.* — Les Saules diffèrent des peupliers par les chatons dressés plus denses, le disque glanduleux réduit à 1-2 glandes libres, les ovules moins nombreux, les feuilles plus étroites.

Prop. et usages. — Les différents Saules arborescents contiennent dans leur écorce des matières colorantes, du tannin et de la *Salicine*; ils passent pour fébrifuges, antiseptiques.

THYMÉLÉES.

Périanthe simple, mais souvent coloré pétaloïde, en tube avec 1-2 verticilles d'étamines, pistil généralement d'un seul carpelle uniovulé ou bien chez les *Aquilaria* de deux carpelles.

Le fruit est une baie, un akène ou une drupe. Les Thymélées sont généralement des arbrisseaux riches en matières colorantes, à écorce fibreuse, contenant un suc irritant, rubéfiant et même vésicant, à feuilles entières souvent coriaces non stipulées.

Daphne. — Ce genre est caractérisé par des fleurs hermaphrodites à périanthe tubuleux à 4 divisions, 8 étamines sur deux rangs, insérées à des hauteurs différentes sur le tube; le style est court ou à peu près nul, le fruit drupacé ou baccien.

Daphne Gnidium. *Garou. Sain-Bois.* — Arbrisseau de 6 à 12 décimètres, à rameaux dressés couverts de feuilles lancéolées linéaires nombreuses, rapprochées, imbriquées, fleurs petites, blanches, odorantes, en grappes terminales, baie ovoïde, rouge clair à maturité.

Hab. — Abonde dans toute la région méditerranéenne.

Prop. et usages. — L'*Écorce de Garou* est utilisée pour ses propriétés rubéfiantes, vésicantes. Les feuilles, et surtout les baies, sont des purgatifs énergiques, le principe actif est une résine âcre. Les Arabes emploient les feuilles pour la teinture en jaune, ils regardent l'infusion comme un abortif.

Daphne Mezereum. *Mézéréon. Bois-Gentil* (fig. 254).

Arbrisseaux rameux à feuilles caduques et naissant après les fleurs, celles-ci sont roses, odorantes, sessiles le long des rameaux couronnés par une rosette de jeunes feuilles.

Hab. — Les stations montagneuses de l'Europe.

Prop. et usages. — Il fournit une *Écorce de Mézéréon* analogue à celle de Garou.

Daphne Mezereum.

Fig. 254.

Daphne Laureola. *Lauréole.* — Arbrisseau à fleurs vertes, odorantes en petites grappes au sommet des rameaux, dans une rosette terminale de feuilles persistantes, coriaces, luisantes.

Hab. — Dans les bois.

Prop. et usages. — Mêmes propriétés que les précédents et utilisées dans la médecine populaire.

On utilise quelquefois le liber fibreux de certaines Thymélées ; le *Daphne Cannabina* donne un papier aux Indes, et le *Lagetta funifera*, des cordes dans l'Amérique méridionale.

Aquilaria malaccencis. — Thymélée à 2 carpelles, qui fournit le *bois d'Aigle* ou *bois d'Aloès*, bois odorant, résineux, brûlé comme parfum, inusité en thérapeutique.

SANTALACÉES.

Fleurs bisexuées ou unisexuées à 3-4-5 divisions, en partie concrescentes avec le pistil, isostémones ; le pistil a 3 carpelles réunis bords à bords, pour former un ovaire uniloculaire, les placentas sont unis en une *colonne centrale libre*, qui porte trois ovules orthotropes *sans téguments ;* mais un seul se déve-loppe en une graine à albumen charnu, contenant un petit em-bryon, le fruit est une drupe ou un akène.

Santalum album. *Santal blanc, Santal citrin.* — Petit arbre à feuilles et rameaux opposés, à petites fleurs nom-breuses en panicules au sommet des ra-meaux. Le périanthe, à 4 divisions, forme inférieurement une coupe adnée à l'ovaire et portant sur ses bords 4 écailles et 4 éta-mines, ovaire contenant sur un placenta central libre 2-3 ovules *sans téguments, orthotropes pendants.*

Hab. — Indes, Java et cultivé.

Prop. et usages. — On emploie le *Bois de Santal (Santal citrin),* qui est amer et imprégné d'une essence très odorante. L'*Essence de Santal* est un excellent balsa-mique employé dans le traitement des blennorrhagies, cystites, bronchites. On la retire du bois des tiges et surtout des ra-cines du *Santal blanc.* L'exploitation in-considérée du Santal rendra bientôt cette drogue très rare si des plantations ne compensent pas la récolte annuelle qui est de plus de 7,000 tonnes, d'une valeur d'environ 5 millions.

Santalum album.

Fig. 255.

D'autres *Santalum* des divers pays tropicaux donnent un produit analogue :

S. Freycinetianum aux Sandwich.

S. Austro-caledonicum, Nouvelle-Calédonie.

S. Spicatum, Australie.

Il ne faut pas confondre le *Santal citrin* avec le *Santal citrin de Cochinchine (Epicharis Loureri)* ni avec le Santal rouge *(Pte-rocarpus Santalinus).*

LORANTHACÉES.

Arbustes verts, parasites sur les branches des arbres, à fleurs le plus souvent unisexuées, à 3-5-6 divisions, isotémones, pistil de 2-3 carpelles, ovaire uniloculaire.

Viscum album. *Gui.* — Tiges à ramifications divergentes, formant une touffe arrondie, feuilles épaisses, oblongues, obtuses, fleurs en petites têtes sessiles, terminales ou axillaires. Fleur mâle à 4 sépales, produisant dans le parenchyme de leur face supérieure un grand nombre de sacs polliniques, s'ouvrant par un pore ; dans la fleur femelle les deux carpelles se soudent sur toute leur face ventrale sans former de cavité ovarienne ni d'ovules ; mais des sacs embryonnaires se montrent dans l'assise sous-épidermique de la face interne des carpelles. Le fruit est une baie globuleuse blanche, contenant un suc visqueux.

Hab. — Parasite sur les arbres et surtout sur les pommiers.

Viscum album.

Fig. 256.

Prop. et usages. — La décoction de Gui était employée autrefois dans le traitement de l'asthme, de la coqueluche, épilepsie, hystérie, etc., l'extrait passe pour un paralyso-moteur. On extrait du Gui de la glu, on a isolé la Viscine.

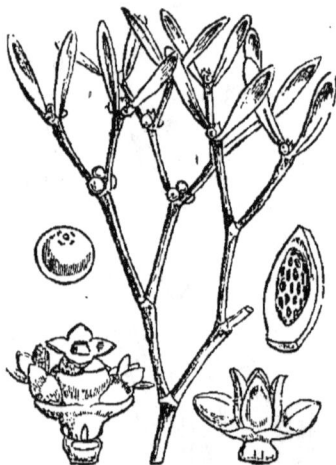

BALANOPHORÉES.

Cynomorium coccineum. *Champignon de Malte.* — Plante parasite charnue, rougeâtre, fungiforme, naissant d'un rhizome et consistant en une tige courte, épaisse, portant un volumineux chaton de fleurs mâles et de fleurs femelles ou bisexuées.

Hab. — Parasite sur les racines de Salsolacées, très abondant dans certaines localités du nord Afrique.

Prop. et usages. — Riche en tannin.

ARISTOLOCHIÉES.

Les Aristolochiées sont remarquables parmi les apétales, avec lesquelles elles ont du reste très peu d'affinités, leurs fleurs sont grandes, solitaires, *hermaphrodites*, les *étamines* sont *insérées à la base du style*, l'*ovaire* est infère *pluriloculaire pluriovulé*, avec des ovules anatropes, *graines albuminées*, embryon petit.

Aristolochia rotunda. *Aristoloche.* — Tige herbacée, étalée, à rhizome tubéreux rond, périanthe tubuleux, irrégulier, renflé au niveau des organes reproducteurs, étamines unisériées, à filets adnés à la colonne stylaire qui est terminée par 6 lobes stigmatiques correspondant à 6 carpelles.

Hab. — Région méditerranéenne.

Prop. et usages. — On trouve dans' les droguiers l'*Aristoloche ronde*, qui passe pour emménagogue, il en est de même de l'*Aristoloche longue* dont la souche est allongée.

Aristolochia serpentaria. *Serpentaire de Virginie.* — Tige herbacée, peu élévée, fleur brune, pourpre à rhizome horizontal, portant des racines longues, grêles, enchevêtrées.

Hab. — États-Unis.

Prop. et usages. — Le rhizome de *Serpentaire de Virginie* figure dans les droguiers et passe pour diaphorétique diurétique.

Aristolochia Clematitis.
Fig. 257.

Aristolochia Clematitis. — Herbe vivace à tiges dressées, à fleurs en cymes axillaires.

Hab. — Lieux incultes, bord des eaux.

Prop. et usages. — Le rhizome âcre et amer est toxique, il est employé quelquefois dans le traitement de la goutte et des rhumatismes.

Asarum europæum. *Cabaret.* — Herbe à rhizome vivace, feuilles réniformes, fleurs terminales à 3 lobes, 12 étamines bisériées.

Prop. et usages. — Rhizome purgatif et émétique.

II. — CLASSE DES MONOCOTYLÉDONES.

Un seul cotylédon à l'embryon, absence de formations libéro-ligneuses, issues d'une assise génératrice normale entre le bois et le liber. Le plus souvent les feuilles engainantes présentent une nervation parallèle, généralement la fleur est trimère.

Division des Monocotylédones.

A. Pétalinées. — Fleurs grandes ternaires, périanthe, à 2 cycles pétaloïdes, 2 cycles rarement 1 d'étamines, un seul cycle de carpelles :
  a. Ovaire supère .... Liliacées.
  b. Ovaire infère :
    1º Fleurs régulières ou sub-régulières :
      ✕ 6 étamines .... Amaryllidées.
      ✕✕ 3 étamines .... Iridées.
    2º Fleurs irrégulières :
      ✕ Étamines fertiles libres 1/2-1-6, des étamines pétalisées, pollen pulvérulent, ovaire à placentation axille, graine à albumen amylacé et souvent périsperme charnu................ Scitaminées.
      ✕✕ Étamines 1-1/2-2-3 soudées aux styles (gynostème), pollen aggloméré en pollinies, graines non albuminées très petites.................. Orchidées.
B. Sépalinées. — Fleurs petites ternaires à périanthe sépaloïde, coriace persistant :
      ✕ Fruit charnu..................... Palmiers.
      ✕✕ Fruit capsulaire .... Joncées.
C. Nudiflores. — Périanthe nul ou rudimentaire, ovaire libre :
      ✕ Albumen charnu, fleurs souvent unisexuées, inflorescence en spadice enveloppé par une grande spathe, feuilles à nervures saillantes réticulées............................ Aroïdées.
      ✕✕ Albumen amylacé, inflorescence en épi, en grappe de fleurs très petites, souvent cachées entre des bractées sèches (glumes), fruit uniséminé, indéhiscent, feuilles parallélinerves .. Glumacées.

LILIACÉES.

Fleurs le plus souvent vivement colorées, à 6 divisions bisériées, 6 étamines égales ou subégales, bisériées, libres ou sou-

dées au périanthe, 3 carpelles unis en un ovaire supère à
3 loges, à placentas axiles, les 3 styles sont rarement libres

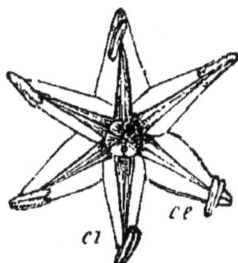

Scilla.
Fig. 258.

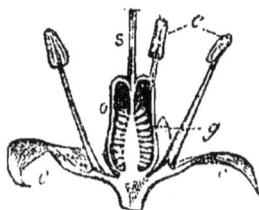

Scilla.
Fig. 259.

(*Colchique*), mais le plus souvent soudés en un seul. Ovules
anatropes, rarement orthotropes (*Smilax*), en 2 séries dans

Scilla.
Fig. 260.

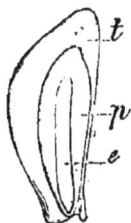

Scilla (*).
Fig. 261.

Graine d'allium.
Fig. 262.

chaque loge, rarement solitaires. Le fruit est une capsule loculicide ou septicide ou une baie ; l'embryon repose dans un

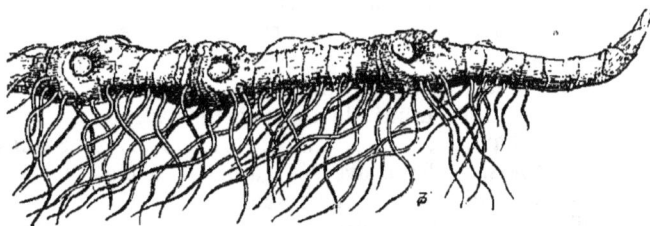

Rizome de Polygonatum.
Fig. 263.

albumen abondant, corné, cartilagineux ou charnu, jamais farineux (fig. 261 et 262).

(*) Graine ; *t*, tégument ; *p*, albumen ; *e*, embryon.

Les Liliacées sont généralement vivaces et pourvues de bulbes ou rhizomes et racines tubérisées, plus rarement elles sont frutescentes et même arborescentes (*Dracœna*).

On connaît plus de 2,000 Liliacées répandues dans les régions tempérées et chaudes.

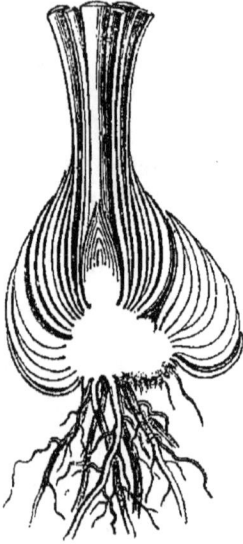

Bulbe de Lis.

Fig. 264.

Ovaire de Tulipe.

Fig. 265.

A. *Tige non bulbeuse, feuilles éparses, fleurs petites à anthères introrses. Fruit baccien.*
   I. *Smilacées.* — Tige sarmenteuse, feuilles coriaces pétiolées, ovules orthotropes pendants :
   Petites fleurs dioïques en grappe ou ombellules, pétiole muni de deux vrilles stipulaires, baie.............................. SMILAX.
   II. *Asparagées.* — Tige dressée rameuse à cladodes foliiformes ou aciculaires, fleurs dioïques par avortement, baie.
   × Fleurs sur des cladodes foliiformes, 3 étamines à filets connés. RUSCUS.
   ×× Cladodes aciculaires, 6 étamines libres.. .... ASPARAGUS.
   III. *Convallariées.* — Tige herbacée ou rhizome feuillé, fleurs bisexuées, ovule anatrope.
   × Tige herbacée feuillée, fleurs tubuleuses axillaires.................. POLYGONATUM.

×× Feuilles insérées sur le rhizome, grappe simple aphylle de fleurs en grelots .... CONVALLARIA.

××× Périanthe à 8-10 divisions, 8-10 éta-mines, 4-5 styles .... PARIS.

B. *Feuilles réunies au sommet d'une tige allongée, ou groupées sur un axe très court et formant bulbe, style simple.*

IV. *Dracœnées.* — Feuilles coriaces au sommet d'une tige arborescente, fruit baccien ou loculicide.

× Ovule solitaire dans chaque loge, baie............................ DRACOENA.

×× Ovule en grand nombre, capsule.. YUCCA.

V. *Aloinées.* — Feuilles grasses à bords souvent épineux, grappes de fleurs aux aisselles des feuilles supérieures, périanthe en tube. ALOE.

VI. *Asphodélées.* — Rhizome court à racines sou-vent fasciculées et tubéreuses, inflores-cence en grappe simple ou ramifiée, pé-rianthe très étalé, étamines à filet élargi à la base et recouvrant l'ovaire, 2 ovules dans chaque loge....................... ASPHODELUS.

VII. *Alliées.* — Bulbeuses, fleurs en ombelle termi-nale entourée de bractées membraneuses. ALLIUM.

VIII. *Scillées.* — Bulbeuses, fleurs en grappe simple terminale, bractées herbacées sou-vent petites caduques sous chaque fleur.

× Graines ovoïdes ou anguleuses... SCILLA.

×× Graines très comprimées........ URGINEA.

IX. *Tulipées.* — Bulbeuses, tige dressée, feuillée, fleurs grandes peu nombreuses.

× Anthères dorsifixes.............. LILIUM.

×× Anthères basifixes.............. TULIPA.

C. 3 *styles libres, capsule septicide :*

X. *Colchicées.* — Bulbe plein enveloppé par les gaines des feuilles, 1-3 fleurs à divisions du périanthe à longs onglets libres ou soudés en tube, anthères introrses, 3 styles.......... COLCHICUM.

XI. *Vératrées.* — Tige dressée, fleurs étoilées, po-lygames en grappes, étamines extrorses.

× Graines ailées, tige feuillée...... VERATRUM.

×× Graines anguleuses, feuilles radi-cales .... SCHOENOCOLON.

Smilax medica. *Salsepareille du Mexique.* — Grande liane dioïque, à rhizome portant des racines adventives, longues et volumineuses, rameaux aériens, anguleux, flexueux, à aiguil-lons peu nombreux, feuilles très grandes 1-2 décim., ovales en cœur parcourues par 7-9 nervures dont une médiane droite.

les autres parallèles aux bords et convergeant vers le sommet ;
le pétiole est souvent muni de deux vrilles. Les fleurs petites,
unisexuées, sont groupées en une petite grappe.

Hab. — Mexique.

Prop. et usages. — Les racines adventives, longues d'un mètre, constituent la *Salsepareille du Mexique* ou *de la Vera-Cruz.*

Smilax officinalis. *Salsepareille rouge,* de *la Jamaïque.*

Prop. et usages. — On ignore
quelles sont les espèces qui
donnent les Salsepareilles de
Honduras, du Brésil. Les Salsepareilles produites par diverses espèces du genre *Smilax*
renferment de l'amidon, une
résine amère, la *Smilacine,* qui
se rapproche de la saponine.
La *Salsepareille* a joui longtemps d'une grande réputation
comme dépuratif, sudorifique,
diurétique.

Smilax China. — Chine, Japon, mêmes propriétés.

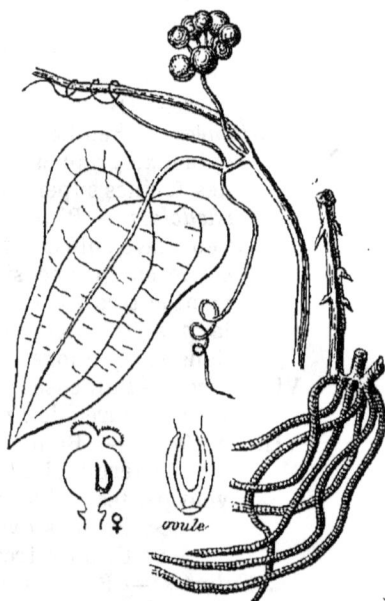

Smilax medica.

Fig. 266.

Ruscus aculeatus. *Fragon,
petit Houx.* — Arbrisseau à cla-
dodes foliacés, coriaces, piquants et portant les fleurs sur une de
leurs faces, baies rouges, rhizomes noueux, garnis de longues racines.

Prop. et usages. — Le Fragon fournit une des *Cinq racines apéritives.*

Asparagus officinalis. *Asperge.* — Tige grêle, très rameuse à rameaux foliiformes, sétacés, fasciculés par 3-6, à
l'aisselle d'une petite écaille (feuille), rhizome garni de longues
racines charnues et donnant naissance au printemps à de jeunes pousses comestibles.

Hab. — Dans les terrains sablonneux, Europe et Barbarie.
Est aussi cultivé en grand dans les mêmes régions.

Prop. et usages. — Comestible. La *Racine d'Asperge* est

usitée comme diurétique. On a isolé de l'asperge l'*Asparagine*.

Convallaria maialis. *Muguet* (fig. 268). — Souche grêle rampante, portant des feuilles pétiolées entre lesquelles s'élève une grappe simple, unilatérale, des fleurs blanches en grelot très odorantes.

Assez répandu dans les bois en Europe.

Asparagus officinalis.
Fig. 267.

Convallaria maialis.
Fig. 268.

Prop. et usages. — Le Muguet contient deux glucosides, la *Convallarine* et la *Convallamarine*, on a beaucoup vanté l'extrait de *Convallaria* comme diurétique et tonique du cœur.

Polygonatum vulgare. *Sceau de Salomon.* — Grosse souche horizontale noueuse et présentant à chaque épaississement une cicatrice arrondie, correspondant aux rameaux aériens des années précédentes, tige anguleuse, arquée au sommet, portant sur deux rangées des feuilles sessiles et alternes, à l'aisselle desquelles naissent des fleurs portées sur un pédoncule réfléchi.

Hab. — Dans les bois ainsi que le *P. multiflorum.* Europe.

Prop. et usages. — Peu employé aujourd'hui, toute la plante et spécialement les fruits sont émétiques et purgatifs.

Paris quadrifolia. *Parisette.* — Souche noueuse, tige simple, portant un verticille de 4 feuilles, entre lesquelles se trouve une fleur grande dressée. Baie grosse, noire, bleuâtre, bois humides.Europe. Plante vénéneuse.

Dracœna Draco. *Dragonnier.* — Liliacée gigantesque dont le tronc se ramifie et prend, avec les années, des proportions qui font placer certains sujets parmi les géants du règne végétal, les rameaux sont terminés par une touffe de longues feuilles ensiformes, coriaces ; fleurs petites, nombreuses sur des axes ramifiés, fruit baccien monosperme.

Hab. — Originaire des Canaries.

Prop. et usages. — Sur les sujets âgés on a récolté autrefois un *Sang dragon* qui ne se trouve plus dans le commerce, c'est le *Calamus Draco* qui donne le véritable *Sang dragon*, un produit analogue provient aussi du *Pterocarpus Draco* (légumineuses).

Aloe vera. *Aloe vulgaris.* *Aloès* (fig. 270). — Tige courte entourée à sa base de nombreux rejetons, feuilles grasses étalées puis ascendantes, dentées épineuses, inflorescence rameuse partant du centre de la touffe de feuilles et portant un grand nombre de fleurs jaunes tubuleuses, 6 étamines, ovaires à 3 loges avec une double rangée d'ovules dans chaque.

Hab. — L'Afrique australe, les côtes de la mer Rouge, le nord de l'Afrique, la Grèce, l'Italie et l'Espagne, introduit aux Antilles et cultivé.

Prop. et usages. — Un certain nombre d'espèces du genre *Aloe* fournissent

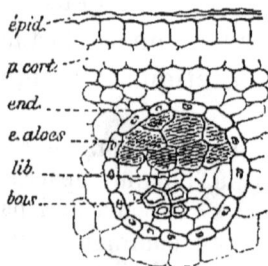

Cellules à aloès.
Fig. 269.

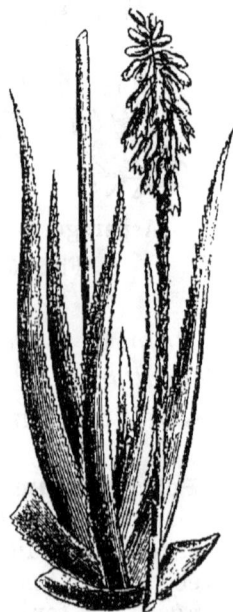

Aloe vera.
Fig. 270.

l'*Aloès* qui est produit par l'évaporation au soleil ou sur un foyer, du suc des feuilles. Ce suc jaune est sécrété et contenu dans une série de cellules en rapport avec la face externe, des faisceaux libéro-ligneux (fig. 269), il s'écoule spontanément de la feuille coupée et placée verticalement sur un récipient.

On obtient ainsi un produit pur et brillant, après évaporation de l'eau, le plus souvent, dans de grandes bassines.

Les Aloès du commerce varient beaucoup, suivant leur provenance ou leur mode de préparation, et on distingue :

1° L'*Aloès Succotrin* ou Soccotrin, qui est *translucide* ou *hépatique*, vient des côtes orientales d'Afrique, mais pas de Soccotra, il est assez rare et remplacé par les suivants :

2° *Aloès du Cap* et de *Natal* abondants dans le commerce.

3° *Aloès des Barbades*.

L'Aloès est constitué en grande partie, 25 p. 100, par un principe amer cristallisant en prismes jaunes, l'*Aloïne*, ce corps présente chez chaque sorte d'Aloès quelques propriétés chimiques particulières, aussi on distingue la *Barbaloïne*, la *Socaloïne*, le *Nataloïne*, on trouve encore dans l'Aloès une huile essentielle, des matières résineuses.

L'Aloès à petites doses est regardé comme stomachique, à doses plus élevées il est purgatif, il congestionne l'utérus et devient ainsi emménagogue et même abortif.

Aloe Spicata, A. linguiformis, A. perfoliata, A. mitræformis, A. soccotrina sont utilisés sur la côte orientale d'Afrique pour la production de l'Aloès.

Allium sativum. *Ail.* — Bulbe déprimé à gros caïeux, tiges portant des feuilles planes, carénées, ombelles de fleurs entremêlées de bulbilles ou uniquement bulbifères.

Allium sativum.
Fig. 271.

Hab. — Cultivé par les peuples les plus anciens de l'Asie et de l'Europe.

Prop. et usages. — L'ail renferme une essence constituée en grande partie par du *sulfure d'Allyle.* L'ail est un vermifuge populaire, à l'extérieur il est rubéfiant et même vésicant, à l'intérieur il produit une élévation de la température, propriété bien connue des simulateurs.

Allium Porrum. *Poireau.* — Voisin du précédent, bulbe allongé, feuilles à carène rugueuse.

Hab. — Dérive de l'*A. Ampeloprasum,* très répandu dans la région méditerranéenne.

Allium Cepa. *Oignon.* — Bulbe volumineux, tige fistuleuse renflée, ventrue à la base, feuilles cylindriques fistuleuses.

Hab. — Originaire de la Perse et cultivé de la plus haute antiquité.

Prop. et usages. — Condiment, passe pour diurétique.

Allium Ascalonicum. Echalotte.

Allium fistulosum. Ciboule.

Allium Schœnoprasum. Ciboulette.

Scilla maritima (*Urginea Scilla*). *Scille.* — Bulbe rougeâtre volumineux, longue grappe de fleurs blanches, naissant à la fin de l'été après la destruction des feuilles, perianthe à 6 divisions en étoile, 6 étamines, capsule trivalve renfermant de nombreuses graines comprimées noires.

Hab. — Région méditerranéenne, très répandu en Algérie.

Prop. et usages. — Les *bulbes de Scille* contiennent : 1° un sucre incristallisable; 2° une essence à odeur désagréable; 3° la *Scillitine,* qui ne paraît pas un corps pur, mais un mélange complexe, on a en effet distingué la *Scillipicrine* qui agit sur le cœur, *Scillotoxine,* très toxique, paralyse le cœur, la *Scilline* moins active.

Scilla maritima.
Fig. 272.

Les squames fraîches de Scille sont fortement rubéfiantes,

desséchées elles sont la base de différentes préparations pharmaceutiques, évacuantes, diurétiques, expectorantes et toxiques, à doses élevées.

Poudre de Scille, extrait, teinture, Oxymel scillitique, vins de la Charité, de Trousseau.

Asphodelus ramosus. *Asphodèle.* — Herbe vivace à racines fasciculées tubérisées, hampe florale ramifiée, portant à l'extrémité de ses rameaux des fleurs blanches rapprochées, les 6 étamines ont le filet élargi à la base et couvrant un ovaire à loges biovulées, le fruit d'abord plus ou moins charnu devient une capsule loculicide.

Hab. — Région méditerranéenne, où ce type se fragmente en plusieurs espèces de second ordre (*A. microcarpus, A. albus*).

Prop. et usages. — Les racines fraîches renferment un principe âcre,

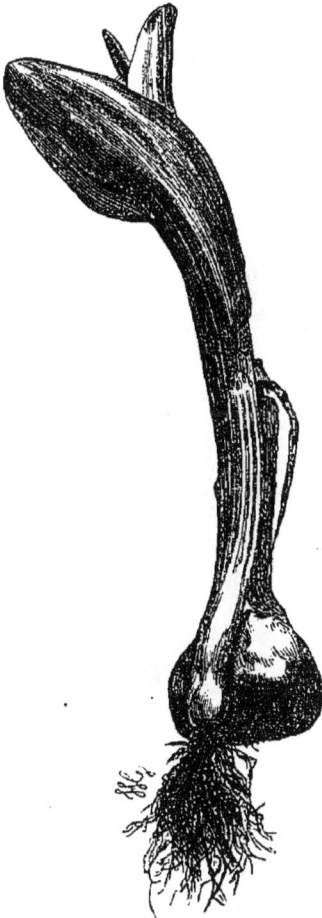

Colchicum autumnale.

Fig. 273.

Colchicum autumnale.

Fig. 274.

volatil, qui les a fait employer comme révulsif par les anciens, du sucre susceptible d'être converti en alcool.

Colchicum autumnale. *Colchique.* — Bulbe plein entouré de gaines noirâtres donnant naissance à 1-3 grandes fleurs roses, paraissant à l'automne avant les feuilles, le périanthe est prolongé en un tube très long, 6 étamines inégales, 3 styles libres ; capsule triloculaire septicide, paraissant au printemps avec les feuilles, graines arillées, globuleuses, brunes chagrinées.

Hab. — Pâturages de l'Europe moyenne et région méditerranéenne où il est souvent remplacé par des espèces affines.

Prop. et usages. — Toute la plante et surtout les graines (30 p. 100) renferment une substance neutre, la *Colchicine* qui paraît être le principe actif.

Les préparations de Colchique sont suivant les doses purgatives, diurétiques, sédatives, on les emploie surtout pour combattre le rhumatisme et la goutte.

Le Colchique à haute dose amène la mort après une superpurgation, de la prostration, puis arrêt du cœur et de la respiration.

Veratrum album. *Hellébore blanc.* — Tige feuillée naissant d'un rhizome, feuilles alternes, elliptiques, obtuses, plissées, pubescentes ; inflorescence ramifiée de fleurs nombreuses, petites, verdâtres, polygames.

Hab. — Montagnes de l'Europe.

Prop. et usages. — Rhizome irritant, rubéfiant, parasiticide à l'extérieur, émétique, purgatif, à haute dose toxique, renferme plusieurs alcaloïdes. *Veratalbine, Jervine, Pseudo-jervine.*

Veratrum viride. Hellébore blanc d'Amérique. — Mêmes propriétés.

Veratrum album.
Fig. 275.

Schœnocaulon officinale. *Cévadille.* — Plante bulbeuse à feuilles toutes radicales, inflorescence en grappe simple, allongée dressée, fleurs hexamères, graines petites un peu arquées, noires.

Hab. — Mexique, Guatemala, Venezuela ; cultivée à Vera-Cruz.

Les *graines de Cévadille* sont employées à l'extraction de la *Vératrine* qu'on utilise comme analgésique, diurétique, elle est toxique (arrêt du cœur et paralysie des muscles et de la respiration).

AMARYLLIDÉES.

Les Amaryllidées sont des Liliacées à ovaire infère, le périanthe à 6 divisions bisériées, libres ou plus ou moins soudées, le plus souvent égales dans le même verticille, 6 étamines; l'ovaire infère est très apparent au-dessous de la fleur, triloculaire à loges multiovulées, rarement 1-2 ovules (Dioscorées); il devient une capsule loculicide, ou rarement une baie. Les organes de végétation présentent aussi des analogies avec ceux des Liliacées, aux *Aloe* correspondent les *Agave*, aux *Smilax* les *Dioscorœa*, les autres Amaryllidées sont bulbeuses ou rhizomateuses comme la majorité des Liliacées.

Clef. — I. *Amaryllées.* — Fleurs bisexuées grandes et colorées, plantes bulbeuses.
    × Une couronne sur le tube du périanthe, étamines insérées au-dessous de la couronne .... NARCISSUS.
    ×× Couronne dentée portant les étamines......................... PANCRATIUM.
    ××× Pas de couronne, anthères versatiles, étamines à filets filiformes......... AMARYLLIS.
II. *Agavées.* — Feuilles épaisses coriaces en rosette sur un rhizome ou une tige dressée, fleurs en grappe .... AGAVÉ.
III. *Dioscorées.* — Fleurs unisexuées, petites, verdâtres, ovaire à loges 1-2 ovulées, plantes volubiles.
    × Baie sphérique, graine globuleuse.. TAMUS.
    ×× Capsule, 3 lobées, graine comprimée. DIOSCORÉA.

Narcissus Pseudo-narcissus. *Narcisse des prés.* — Bulbe portant des feuilles linéaires et une hampe terminée par une grande spathe contenant une fleur penchée jaune, à tube en entonnoir, se terminant par les 6 divisions du périanthe et une couronne campanulée à peu près de même longueur; l'ovaire adhérent avec le tube du périanthe est visible au dessous de la fleur, il devient une capsule loculicide.

Hab. — Europe.

Prop. et usages. — La fleur du *Narcisse des prés* a été employée comme vomitif expectorant, le bulbe renferme un alcaloïde toxique, la *Pseudo-narcissine. Narcissus poeticus* et *N. Tazetta* jouissent des mêmes propriétés.

Amaryllis Belladona. — Bulbe volumineux, fleurs grandes, roses, à la fin de l'été et feuilles en automne.

Hab. — Mexique et très cultivé pour l'ornement.

Prop. et usages. — Les bulbes des *Amaryllidées* sont généralement toxiques, certaines espèces sont encore utilisées comme émétique (*Crinum asiaticum*).

Amaryllis lutea. — Bulbe moyen, fleur jaune dressée.

Hab. — Région méditerranéenne.

Prop. et usages. — Bulbe purgatif, inusité.

Agave Americana. *Maguey.* — Rosettes de grandes et larges

Narcissus Pseudo-narcissus.
Fig. 276.

Tamus communis.
Fig. 277.

feuilles dentées et à pointe acérée, inflorescence élevée, ramifiée, multiflore.

Hab. — Amérique, naturalisé dans la région méditerranéenne.

Prop. et usages. — Le parenchyme des feuilles est rubéfiant, au Mexique l'*Agave Americana* et d'*autres espèces* donnent abondamment par une section totale du jeune bourgeon un liquide sucré,

Aquamiel, dont la récolte se fait à l'aide d'une grande pipette, le même pied peut donner en cinq mois 1100 litres.

Cet *Aquamiel* contient de 9 à 10 p. 100 de sucre ; évaporé, ce liquide sucré donne un *Miel* ; fermenté il devient une boisson très célèbre, le *Pulque* avec 3,5 à 4 p. 100 d'alcool, il passe pour diurétique, et l'ivresse qu'il provoque serait gaie ; mais son usage provoque souvent des exanthèmes. Le Pulque ne se conserve pas longtemps, et par distillation on en retire une boisson très enivrante, le *mexical* ou *mescal* ou *aguardiente* de *Maguey.* Un chimiste mexicain a isolé un alcaloïde, l'*Agavine.*

Les fibres des feuilles d'Agave sont très employées comme textile.

Tamus communis. *Taminier. Herbe aux femmes battues.* — Souche charnue, tige herbacée volubile, feuilles pétiolées, ovales en cœur, fleurs dioïques, petites, verdâtres, en grappes, baie rouge (fig. 277).

Hab. — Bois, haies.

Prop. et usages. — Racine purgative, baies rouges ayant causé des empoisonnements.

Dioscoræa sativa, *D. Batatas, D. japonica, D. alata. Ignames.* — Les Ignames croissent surtout en Asie, quelques espèces cultivées donnent une volumineuse racine féculente et sucrée.

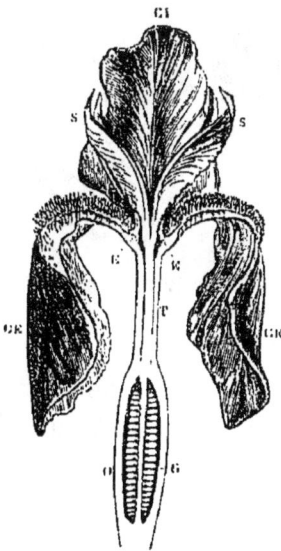

Iris.

Fig. 278.

IRIDÉES.

Les Iridées se rapprochent beaucoup par leur ovaire infère des Amaryllidées, mais s'en distinguent par leur androcée à 3 étamines à anthère généralement extrorse, le style est trifide, à branches souvent dilatées et même pétaloïdes. Ce sont des herbes vivaces, à rhizome rampant, ou à bulbe plein, à feuilles généralement fasciculées à la base des tiges ou distiques, comprimées par le côté, engainantes et équitantes. — On a décrit environ 700 Iridées des régions chaudes et tempérées dont plus de la moitié sont de l'Afrique australe.

Clef. —   × Fleur régulière, terminale ou peu nombreuses, pièces du périanthe dissemblables, les externes réfléchies, styles à lobes pétaloïdes.......... Iris.
×× Fleur régulière, pièces du périanthe sem-

blables, style à 3 branches allongées obco-
niques .... Crocus.
××× Fleurs irrégulières en grappe allongée....... Gladiolus.

Iris Florentina. *Iris de Florence.* — Rhizome épais (à odeur de violette sur le sec), feuilles vert glauque, comprimées par le côté, équitantes ensiformes, tige peu ramifiée portant quelques grandes fleurs blanches légèrement teintées de violet, enveloppées d'abord dans des spathes membraneuses, les 3 divisions externes sont réfléchies, barbues, les internes dressées, les 3 étamines extrorses sont insérées à la base des segments externes et s'appuient par le dos sur les trois branches pétaloïdes du style ; capsule triloculaire, loculicide à graines comprimées.

Hab. — Originaire d'Orient, naturalisé dans la région méditerranéenne, cultivé.

Prop. et usages. — On prépare un parfum estimé avec les rhizomes, quand on les distille on obtient le *Camphre d'iris* qui présente le parfum de violette de l'Iris, la teinture de rhizome contient une *résine* de saveur âcre. — On fabriquait autrefois avec le rhizome d'Iris les *pois à cautère*.

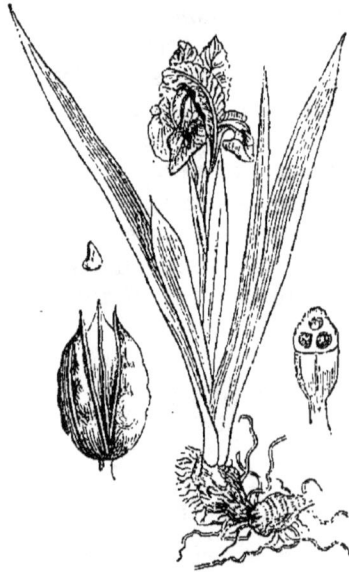

Iris florentina.
Fig. 279.

Iris germanica. — Semblable au précédent, mais à grandes fleurs bleues odorantes.

Prop. et usages. — Rhizome substitué parfois à celui du précédent.

Iris pallescens. — Intermédiaire entre les deux précédents, mêmes usages.

Iris fœtidissima. — Plante fétide, feuilles très vertes, fleurs bleu livide veinées, divisions externes non barbues. Graine rouge.

Hab. — Europe, nord Afrique.

Prop. et usages. — Évacuant diurétique, peu usité.

Iris Pseudo-acorus. *Iris des marais.* — Grande plante de marais à fleurs jaunes.

Prop. et usages. — Rhizome éméto-cathartique, les graines qui acquièrent par la torréfaction un parfum agréable ont été proposées, pendant le blocus, comme succédané du café.

Crocus sativus. *Safran.* — Bulbe plein, sphérique déprimé, entouré d'enveloppes fibrilleuses, portant des feuilles qui se développent après la floraison et sont étroites allongées, à face supérieure blanchâtre et concave; les fleurs grandes violettes ont un ovaire infère triloculaire, surmonté d'un long style à trois branches dilatées plissées au sommet. Fl. Automne.

Hab. — Originaire d'Orient, cultivé en France (Gâtinais), en Italie et Espagne.

Prop. et usages. — On emploie le style trifide et d'un beau jaune et à odeur aromatique, on en a isolé :

a. Une *huile essentielle* à peine jaunâtre ayant l'odeur de Safran.

b. La *Crocine*, glucoside jaune brun.

Crocus sativus.
Fig. 280.

Le Safran est un aromatique stimulant très usité comme emménagogue. Il entre dans le Laudanum de Sydenham, l'élixir de Garus.

SCITAMINÉES.

Les Scitaminées sont surtout remarquables par les modifications de leur androcée ; le périanthe est en général peu apparent et formé de trois pièces externes libres ou soudées et de trois pièces internes libres ou diversement cohérentes entre elles ou avec les pièces externes ou l'androcée. Dans la tribu des Musées on trouve 6 ou 5 étamines souvent inégales, mais chez les Zingibéracées, bien plus riches en formes variées, les étamines ont une grande tendance à se pétaliser et on n'en trouve plus qu'une de fertile, la postérieure du cycle interne, elle n'est même pourvue que d'une moitié d'anthère chez les

Canna; les autres étamines pétalisées forment la partie la plus apparente de la fleur. Le pistil est formé de 3 carpelles soudés en un ovaire infère, triloculaire ou uniloculaire par avortement. Le fruit est quelquefois baccien, mais en général sec, capsulaire. La graine est souvent arillée avec un albumen amylacé, entourant l'embryon et un périsperme charnu ou corné. Les Scitaminées sont herbacées, mais en général de grandes tailles, elles ont un port caractéristique dû à leurs feuilles grandes engainantes à large limbe penninerve, elles sont la plupart pourvues de rhizome rampant plus ou moins renflé, tuberculeux, amylacé et souvent aromatique.

Clef. — I. *Musées.* — 6-5 étamines fertiles .... MUSA.
    II. *Marantées.* — Une demi-anthère seulement.
        × Ovaire triloculaire, pluriovulé........ CANNA.
        ×× Ovaire à une seule loge bien développée et uniovulé.................. .... MARANTA.
    III. *Zingibérées.* — Une anthère à 2 loges.
        × Étamine fertile à filet pourvu de deux dilatations latérales pétaloïdes, anthère à loges éperonnées................... CURCUMA.
        ×× Connectif dépassant les loges sous forme d'appendice linéaire................. ZINGIBER.
        ××× Connectif dépassant les loges sous forme de crête........................... AMOMUM.
        ×××× Connectif ne dépassant pas les loges :
            O Filet long, connectif large...... ALPINIA.
            OO Filet court, connectif non dilaté, tige florifère sans feuille........ ELETTARIA.

Musa Sapientium. *Bananier.* — Grande plante herbacée, à rhizome noueux, donnant naissance à de grandes feuilles elliptiques penninerves, dont les gaines s'emboîtent mutuellement de manière à constituer une tige herbacée, un rameau, qui se fait jour entre ce faisceau de feuilles, porte une grappe pendante de nombreuses fleurs en demi-verticilles ; ces fleurs sont groupées par 10-12 à l'aisselle d'une bractée coriace colorée, elles ne sont fertiles qu'à la base de l'inflorescence. Le périanthe est bilabié, la lèvre supérieure est formée par la cohérence de 5 pièces, la lèvre inférieure représente la sixième division ; l'androcée est formé typiquement de 6 étamines (*Musa ensete*), mais chez la majorité des *Musa* 5 étamines seulement se développent, elles sont plus grandes dans les fleurs terminales mâles ; l'ovaire infère est formé de 3 carpelles ; mais les ovules ne se développent pas dans les Bananiers cultivés dont l'intérieur du fruit est rempli d'une pulpe farineuse, puis sucrée.

Hab. — Cultivé dans tous les pays chauds, originaire de l'Asie méridionale.

Prop. et usages. — Le Bananier est une plante économique d'une grande valeur; son fruit fournit en abondance un aliment féculent, très usité dans les pays chauds; il devient aussi très sucré et parfumé dans certaines variétés.

Canna edulis. *Balisier.* — Rhizome charnu, féculent, volumineux, noueux, feuilles grandes, ovales, penninerves, avec les nervures secondaires parallèles, fleurs géminées, en grappes au sommet des rameaux, 3 sépales, 3 pétales libres, lancéolés, aiguës, étamines pétalisées, rouges, striées de jaune, la postérieure porte sur un côté une demi-anthère, l'ovaire infère est triloculaire, à loges pluriovulées.

Hab. — Amérique Sud, cultivé aux Antilles.

Prop. et usages. — On retire des rhizomes râpés une fécule connue sous le nom de *Toulema*, que l'on substitue à l'*Arowroot* dont elle a l'apparence et les qualités.

Maranta arundinacea. *Arowroot.* — Rhizome renflé cylindrique annelé par des cicatrices de feuilles, rameaux aériens feuillés, fleurs à 3 sépales, 3 pétales soudés en tube trilobé, deux staminodes pétalisés, une étamine fertile à moitié pétalisée, l'ovaire est uniloculaire par avortement de deux loges, il est uniovulé.

Hab. — Antilles et Amérique centrale, cultivé dans les pays chauds.

Prop. et usages. — On retire du rhizome une fécule très estimée connue sous le nom d'*Arowroot* d'Amérique.

Curcuma longa. *Curcuma.* — Rhizome arrondi avec des rameaux tuberculeux portant des racines longues et renflées jaunes à l'intérieur; feuilles toutes radicales, fleurs jaunes en épi cylindroïde, garni de larges bractées, l'étamine fertile à deux lobes latéraux pétalisés.

Hab. — Originaire de l'Inde, cultivé dans les régions tropicales.

Prop. et usages. — Les *Curcuma* ont des rhizomes riches en fécule comme les *Maranta* et *Canna* et donnent l'*Arowroot* de l'Inde (*Curcuma angustifolia*).

Le *Curcuma longa* contient aussi une matière colorante, *Curcumine*, et une huile essentielle.

Le *Curcuma rond* est le rhizome principal, le *Curcuma long* ses rameaux.

Zingiber officinale. *Gingembre.* — Rhizome très aromatique articulé, écailleux sur la face supérieure donnant naissance à des tiges aériennes à feuilles étroites aiguës, les florifères sans feuilles; l'inflorescence est en grappe terminale avec de larges bractées, la fleur est formée de 3 sépales cohérents, 3 pétales en tube à la base, libres supérieurement, l'étamine fertile est surmontée d'un prolongement linéaire qui embrasse l'extrémité du style, les deux staminodes sont pétalisés et cohérents en un labelle qui par sa forme rappelle celui des *Orchis*, les trois carpelles deviennent une capsule loculicide.

Hab. — Asie tropicale, cultivé dans tous les pays chauds.

Prop. et usages. — Le Gingembre renferme une huile essentielle, une résine neutre et une substance de saveur piquante, *Gingeral.* C'est un stimulant aromatique, il passe même pour aphrodisiaque, on l'emploie surtout comme condiment, on prépare un sirop et des confitures de Gingembre.

Zingiber officinale.
Fig. 281.

Alpinia officinarum. *Galanga.* — Les *Alpinia* ressemblent beaucoup au *Zingiber;* mais leur étamine fertile n'est pas surmontée par un prolongement du connectif, ce dernier est large et replié en gouttière sur le style qui passe entre les deux loges de l'anthère et se termine par un stigmate immédiatement au-dessus de l'étamine.

Hab. — Chine méridionale.

Prop. et usages. — Le rhizome est le *petit Galanga officina l*, stimulant et aromatique comme le Gingembre.

Alpinia Galanga. *Grand Galanga.* — Java, mêmes propriétés.

Amomum Melegueta. *Maniguette.* — Rhizome long, écailleux, donnant naissance à des rameaux feuillés et à des rameaux florifères aphylles, courts et terminés par une grande fleur blanche purpurine, le pétale postérieur de la corolle est grand

et en capuchon, l'étamine fertile a un connectif dépassant les loges sous forme d'une crête; l'ovaire, formé de 3 carpelles, devient un fruit pyriforme volumineux, charnu, rouge, triloculaire et contenant un grand nombre de petites graines irrégulières brunes arillées.

Hab. — Côte occidentale d'Afrique et cultivé dans les pays tropicaux.

Prop. et usages. — La graine connue sous le nom de *Maniguette*, *graine de Paradis* a une saveur piquante, aromatique, qui la fait employer comme le poivre.

Elettaria Cardamomum. *Cardamome.* — Grande plante rhizomateuse à feuilles larges, à fleur présentant un grand labelle cunéiforme rose et une étamine petite sans appendice; l'ovaire triloculaire devient une capsule jaune pâle, striée, s'ouvrant en 3 valves, graines brunes.

Hab. — Indes, cultivé dans l'Asie tropicale.

Prop. et usages. — Les *graines des Cardamomes* contiennent une essence, elles sont piquantes, aromatiques et entrent, à titre de stimulant, dans quelques préparations officinales.

ORCHIDÉES.

Les *Orchidées* sont, comme les *Scitaminées*, des Monocotylédones à ovaire infère et à fleur irrégulière. Irrégularité qui porte surtout sur les pétales et l'androcée; les 3 sépales sont souvent colorés, les 3 pétales sont fort inégaux; le postérieur, beaucoup plus développé, devient antérieur par suite d'une torsion du pédicelle de la fleur, il porte le nom de *labelle*. L'androcée est généralement réduit à l'étamine antérieure du cycle interne, opposée au labelle; les autres étamines sont souvent représentées par des staminodes ou se développent dans quelques genres; *l'étamine est concrescente avec le style* et l'ensemble reçoit le nom de *gynostème*, le pollen est rarement pulvérulent, mais réuni en *pollinies* (fig. 284) qui sont le plus souvent reliées par des filets gommeux à de petites pelotes visqueuses (rétinacle), qui se développent dans le lobe antérieur du stigmate, modifié en forme de bec (*rostellum*). Ces pollinies fixées par ces rétinacles gluants, sur les insectes qui butinent, vont ainsi d'une fleur à l'autre pour y opérer la fécondation. Le fruit est une capsule à trois placentas parié-

Fleur d'Orchis ; A, anthère, ST, stigmate ; O, ovaire.
Fig. 283.

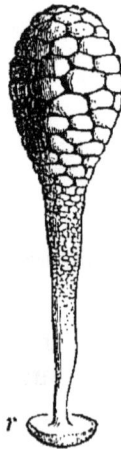

Épi d'Orchis.
Fig. 282.

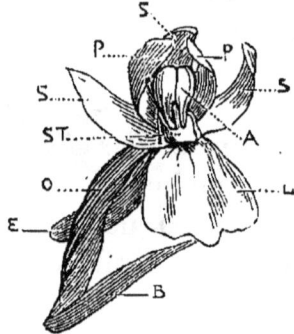

Pollinie ; r, rétinacle.
Fig. 284.

taux (fig. 285). Les graines sont très petites et sous un tégument membraneux se trouve un petit embryon non différencié et pas d'albumen.

Les Orchidées sont des herbes vivaces terrestres ou épiphytes ; dans le premier cas, elles sont souvent pourvues d'un

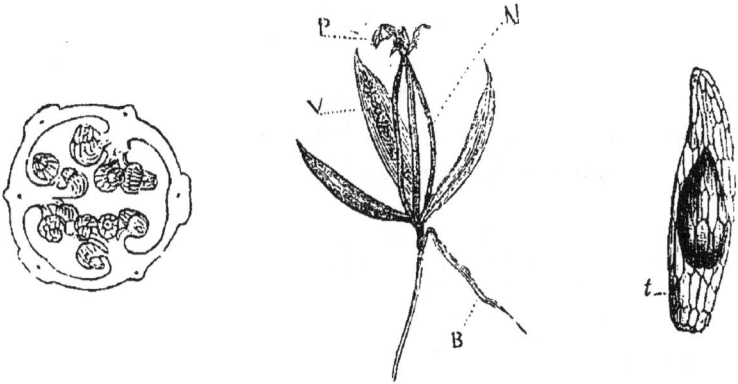

Coupe de l'ovaire.   Déhiscence d'une capsule d'Orchis.   Graine.

Fig. 285.   Fig. 286.   Fig. 287.

tubercule qui se forme chaque année par la concrescence de racines autour d'un bourgeon qui ne se développera que l'an-

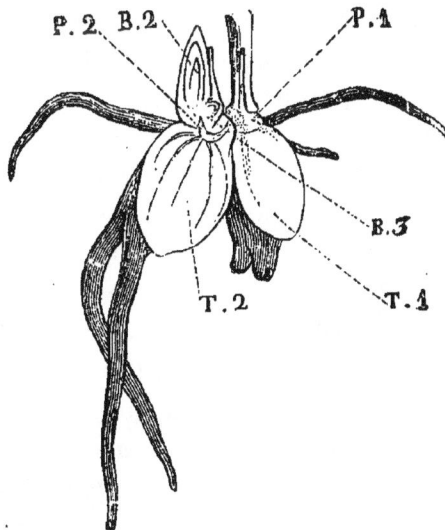

Tubercules d'Orchis.
Fig. 288.

née suivante. Aussi trouve-t-on deux tubercules : l'un épuisé par la plante fleurie, l'autre gorgé de réserves (fig. 288).

Losqu'elles grimpent sur les arbres, les Orchidées peuvent prendre la forme de liane (*Vanilla*); elles présentent alors souvent des racines aériennes; les feuilles sont engainantes, ovales ou linéaires, entières, parallèlinerves.

Cette famille est une des plus nombreuses, elle est bien limitée et n'a d'affinités qu'avec les Scitaminées. On connaît environ 6,000 Orchidées de toutes les régions, on en cultive un grand nombre pour leur forme et leur coloris.

Clef. — A. Plantes herbacées à 2 tubercules.
        × Labelle muni d'éperon.................. ORCHIS.
        ×× Pas d'éperon, un seul rétinacle......... ACERAS.
        ××× Pas d'éperon, 2 rétinacles............. OPHRYS.
  B. Plante grimpante à feuilles planes, charnues, subsessiles, labelle en cornet, fruit à 2 valves inégales. VANILLA.

Orchis mascula. — Deux gros tubercules oblongs, tige simple dressée, feuilles engainantes à la base, lancéolées oblongues; épi allongé de fleurs purpurines, naissant à l'aisselle d'une bractée et attachées par leur ovaire infère tordu de manière à ramener en avant le côté postérieur de la fleur; le périanthe externe est formé de 3 sépales assez semblables dressés; mais les trois pétales sont très inégaux, un d'eux devient le labelle qui pend en forme de tablier et se prolonge en arrière en éperon nectarifère; les deux autres, plus petits, sont connivents avec le sépale postérieur. Au-dessus de l'orifice d'entrée de la cavité de l'éperon, se voit une saillie qui représente à la fois le style et une étamine postérieure soudés (gynostème); l'anthère contient deux masses polliniques pourvues chacune d'un rétinacle qui les fait adhérer sur les insectes qui sont les agents nécessaires de la pollinisation; l'ovaire est tordu, uniloculaire, à 3 carpelles, à placentas pariétaux; le fruit s'ouvre en 6 fentes détachant les 3 placentas (fig. 286).

Hab. — Commun dans les prairies au printemps, ainsi qu'un assez grand nombre d'autres espèces ayant les mêmes propriétés.

Prop. et usages. — Les tubercules desséchés d'*Orchis* et d'*Ophrys* deviennent le produit féculent connu sous le nom de *Salep*. C'est surtout en Orient que le Salep (*Salib misri*) est recherché. On récolte les bulbes des *Eulophia campestris* et *herbacea*.

Orchis mascula.
Fig. 289.

Aceras anthropophora.
Fig. 290.

Aceras anthropophora (fig. 290). — Labelle sans éperon, jaune ferrugineux, ayant l'apparence d'une silhouette humaine.

Hab. — Commun sur les coteaux secs.

Prop. et usages. — Les feuilles acquièrent par la dessiccation une odeur agréable de coumarine; leur infusion est digestive, stimulante, sudorifique.

Angræcum fragrans. — *Faham* de Bourbon et Maurice; donne les *feuilles de Faham*, à odeur agréable due à de la coumarine, employées en infusions théiformes stimulantes.

Vanilla planifolia. *Vanille.* — Tige grimpante à l'aide de racines aériennes; feuilles ovales, lancéolées, charnues, coriaces; fleurs en grappe axillaire, à 5 divisions jaune verdâtre autour du labelle qui est en cornet à orifice frangé; l'ovaire infère est formé de 3 carpelles avec 3 placentas pariétaux; le fruit allongé (15 à 20 cent.), finement strié, s'ouvre par deux fentes et contient de nombreuses petites graines et des poils fins tapissent les angles de la cavité.

Hab. — Mexique, cultivée dans la région tropicale, Antilles, Brésil, Madagascar, Bourbon, Java et même dans les serres en Europe où elle fleurit et fructifie bien.

Vanilla planifolia.

Fig. 291.

b, fruit; *c*, coupe transversale du fruit; *d*, graine; *e*, coupe de la graine.

Prop. et usages. — Le fruit, qui contient de 1 à 2 p. 100 de vanilline, est recherché pour son parfum agréable.

Vanilla pompona. Vanillon.

Vanilla guianensis. Vanille grosse de la Guyane.

PALMIERS.

Les Palmiers sont des Monocotylédones à petites fleurs régulières, souvent unisexuées, à périanthe persistant double, mais sépaloïdes, 6 étamines, rarement 3 ou un multiple de 3;

le pistil est formé de 3 carpelles souvent cohérents, plus rarement indépendants (*Phénix*). Chaque loge contient 1 ou 2 ovules anatropes ou orthotropes ; le fruit varie et présente des dispositions qui peuvent se grouper ainsi :

a. Les 3 carpelles sont soudés en un ovaire à 3 loges, dans chacune des loges 1 ovule se développe en graine.

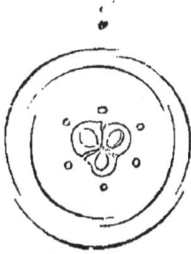

Diagramme d'une fleur femelle.
Fig. 292.

Fleur femelle de Palmier nain.
Fig. 293.

Diagramme d'une fleur mâle.
Fig. 294.

b. Les 3 carpelles soudés forment un ovaire à 3 loges, une de ces loges contient une graine, les deux autres restent vides.

c. Les 3 carpelles soudés forment un ovaire et se développent tous les 3 pour entourer une seule graine (*Areca*).

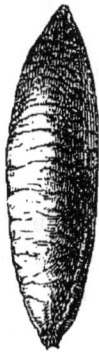

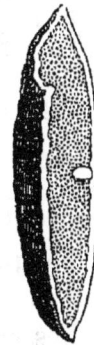

Graine de Dattier.
Fig. 295.

d. Les 3 carpelles soudés forment un ovaire, mais 2 carpelles avortent et une seule loge se développe contenant une seule graine.

e. Les 3 carpelles restent indépendants : 1 seul se développe en fruit (Dattier), ou bien 2 ou tous les 3 deviennent des baies indépendantes.

Le fruit est une baie ou une drupe, la zone interne des carpelles devenant très dure comme dans les *Cocos*, la zone externe est alors charnue, fibreuse (cocotier) ou oléagineuse (*Elacis*). Chez les *Calamus*, *Raphis*, *Metroxylon*, etc., l'ovaire est couvert d'écailles imbriquées qui s'accroissent et forment une cuirasse luisante recouvrant le fruit. La graine est formée par un albumen corné ou charnu très abondant, homogène ou ruminé, ou creusé d'une cavité contenant une émulsion (*Cocos*) ; l'embryon est petit et à la germination il allonge énormément le pétiole du cotylédon et descend ainsi profondément dans le sol. Les inflorescences (régime) sont axillaires ou terminales et renfermées d'abord dans une ou plusieurs grandes bractées coriaces (*spathes*).

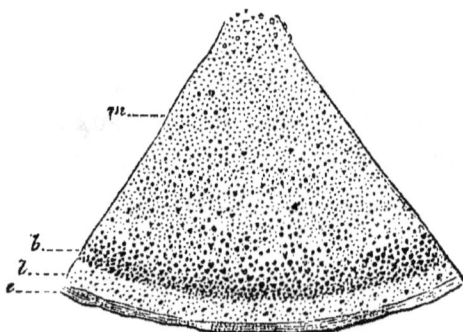

Secteur détaché d'une coupe d'un stipe de Palmier.
Fig. 296.

Les Palmiers sont des arbres à tronc élancé (*stipe*), couronné par un bouquet de grandes feuilles penninerves ou palminerves qui se déchirent au moment de leur épanouissement ; quand elles sont fanées, elle se désarticulent souvent et laissent le tronc nu (*Cocos*) ; mais quelquefois aussi les bases des pétioles persistent sous forme d'écailles protégeant le tronc (Dattier). Certains Palmiers restent plus humbles et forment des touffes à l'aide de rhizome ou deviennent des lianes enlaçant les arbres des forêts tropicales (*Calamus*).

Les Palmiers qui portent une inflorescence terminale meurent après la fructification, mais laissent souvent des rejetons (Sagoutier).

On a décrit près de 1,200 Palmiers, ils habitent surtout la zone tropicale de l'Amérique. On en retrouve en Asie, en Australie ; ils deviennent moins nombreux en Afrique.

Les produits des Palmiers sont très utilisés dans les pays tropicaux, on en retire une assez grande variété d'aliments et beaucoup d'autres produits économiques.

Clef. — I. *Phénicées.* — Les 3 carpelles libres, 1 seul le plus souvent se développe en fruit.

       × Feuilles pennées, graine sillonnée.. PHŒNIX.

       ×× Feuilles flabellées................ CHAMŒROPS.

II. *Arecées.* — Les 3 carpelles unis en un seul ovaire, drupe à noyau fermé, feuilles pennées.

    a. Ovaire uniloculaire, 3-6 étamines, régime paraissant au-dessous de la couronne de feuilles, albumen ruminé............. ARECA.

    b. Ovaire triloculaire :

       × 9-15 étamines, régime au milieu des feuilles pennées................ CEROXYLON.

       ×× Étamines en grand nombre, 2-3 graines dans le fruit, feuilles pennées... ARENGA.

       ××× Étamines 10-150, 1-2 graines dans le fruit, feuilles bipennées............ CARYOTA.

III. *Cocosées.* — Ovaire de 3 carpelles soudés, drupe à noyau perforé, albumen oléagineux.

       × Fleurs mâles dans des alvéoles du régime, 6 étamines soudées en tube, péricarpe huileux.................. ELÆIS.

       ×× Étamines libres, péricarpe charnu fibreux, noyau 1-seminé............ COCOS.

IV. *Lépidocaryées.* — Fruit recouvert d'écailles dures, luisantes.

       × Tige grimpante.................. CALAMUS.

       ×× Arbre élevé monocarpique, régime terminal........................ METROXYLON.

Phœnix dactylifera. *Dattier.* — Palmier élancé à stipe garni par les bases persistantes des feuilles, portant une touffe de feuilles étalées tombantes ; régime à une seule spathe, pendant, à fleurs petites dioïques ; ovaire à 3 carpelles distincts dont un se développe en un fruit cylindrique charnu, ayant à sa base le périanthe persistant et contenant une graine longue sillonnée d'un côté et marquée de l'autre côté d'une petite dépression qui loge l'embryon.

Hab. — Très répandu dans la région désertique où il est toujours cultivé ou échappé de culture ; il mûrit aussi ses fruits sur quelques points de la région méditerranéenne, notamment

Phœnix dactylifera.
Fig. 297.

à Elche (Espagne). Dans les oasis de l'Algérie, les indigènes distinguent plus de 50 variétés de qualités très différentes.

Prop. et usages. — Les produits du Dattier sont nombreux ; les dattes se mangent fraîches ou sèches, on en retire un sirop (miel de dattes) ; desséchées, elles sont converties en farine ou on les comprime en gâteaux. Par incision, le Dattier fournit une sève sucrée (lait de palmier), qui fermentée devient un vin de palmier (Lagmi) ; distillé, il donne un alcool (Kirchem). Un palmier peut donner 8 à 10 litres de sève sucrée par vingt-quatre heures, pendant trois à quatre mois.

La datte est un des *Fruits pectoraux.*

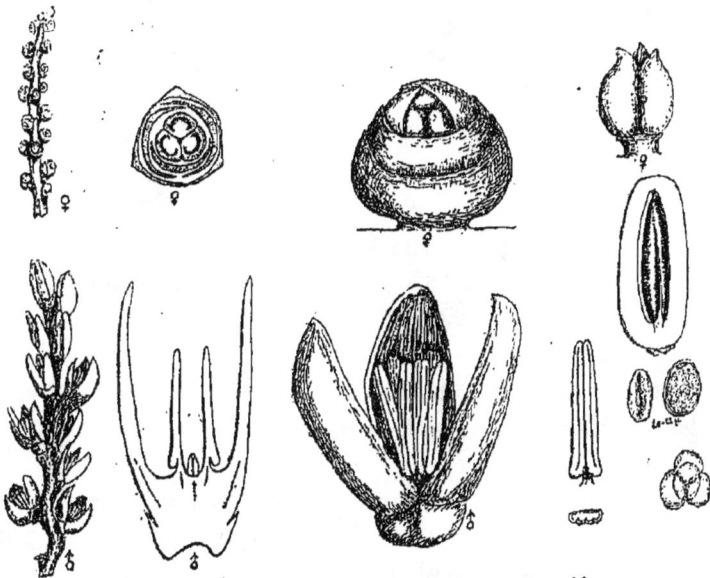

Phœnix dactylifera, fl. femelle et fl. mâle.
Fig. 298.

Phœnix sylvestris. Inde. — Vin de palme et sucre retiré de la sève.

Chamærops humilis. *Palmier nain. Arabe, Doum.* — Générale-ment acaule ; mais peut s'élever à plusieurs mètres, feuilles palmées à pétiole épineux, régime de fruits globuleux, charnus, à grosse graine arrondie, à albumen ruminé.

Hab. — La région méditerranéenne, très commun en Algérie.

Prop. et usages. — Ses feuilles, divisées en fines lanières, devien-nent le *crin végétal,* le bourgeon terminal est comestible, les fruits sont astringents.

Areca Catechu. *Arec.* — Palmier à tige très élancée, cou-ronnée par de grandes feuilles pennatiséquées, au-dessous des-quelles naît un régime ramifié à fruit d'abord charnu, formé par la cohérence des 3 carpelles ; mais ne contenant qu'une graine volumineuse à albumen ruminé.

Hab. — Asie et Océanie tropicales, fréquemment cultivé dans ces régions.

Prop. et usages. — La *Noix d'Arec* est riche en tannin. On retire des fruits non mûrs un cachou qui ne vient pas dans le commerce. La *Noix d'Arec* et le Bétel, additionnés d'un peu de

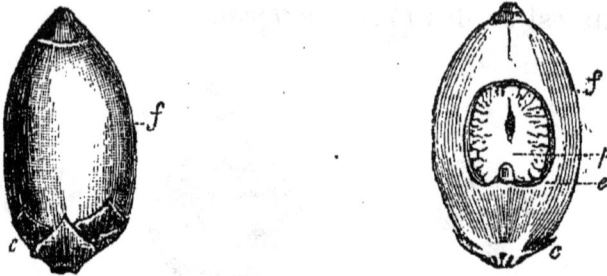

Areca catechu, *Noix d'Arec.*
c, pénanthe ; *f*, péricarpe ; *e*, embryon ; *p*, albumen.
Fig. 299 et 300.

chaux, constituent un masticatoire dont l'usage est général chez les peuples de l'Asie tropicale.

Ceroxylon andicola. — Grand palmier de l'Amérique tropicale, donne sur ses feuilles une cire végétale que l'on récolte pour les mêmes uages que la cire d'abeilles.

Copernicia cerifera. Brésil. — Même produit.

Arenga saccharifera. — Grand palmier dont le stype est entouré des bases persistantes et longuement épineuses des pétioles, accompagnées d'un réseau fibreux (textile), feuilles larges, pennatiséquées, vert sombre, fruit formé de 3 carpelles contenant 3 graines.

Hab. — Asie méridionale.

Prop. et usages. — On retire par incision une sève sucrée, abondante, dont on extrait le sucre (*jaggery*), ou que l'on fait fermenter pour la production d'une liqueur alcoolique (*Neva*). L'alcool retiré par distillation est l'*arrack;* d'autres palmiers fournissent des produits similaires. Lorsque l'arbre a été ainsi privé de sa sève, on l'abat et on retire du stipe une grande quantité d'un *Sagou* (50 à 100 kil. par arbre).

Caryota urens. — Grand palmier monocarpique, à tronc lisse, avec les cicatrices annulaires des feuilles tombées, feuilles bipennatiséquées, à segments cunéiformes.

Hab. — Asie tropicale.

Prop. et usages. — Comme le précédent donne en abondance une sève sucrée susceptible de fermenter.

Elæis guineensis. — Originaire de la côte de Guinée, il fournit une huile que les nègres retirent du sarcocarpe, il est cultivé aussi dans l'Amérique tropicale pour l'extraction de l'*huile de palme* que l'on peut retirer du fruit et de la graine.

Cocos nucifera. *Cocotier*. — Grand arbre à tronc lisse, à longues feuilles pennées, régime de gros fruits, obtusément trigones, d'abord charnus, puis fibreux, à endocarpe très dur, percé de 3 trous et contenant une graine à albumen solidifié seulement à la périphérie, le centre restant laiteux.

Hab. — Les bords de la mer dans toute la région tropicale.

Prop. et usages. — Donne un vin de palmier, un fruit comestible huileux.

Calamus Draco, *Rotang*. — Tige longue (20 à 50 m.) grimpante, feuilles à pétioles épineux, fruit recouvert d'écailles imbriquées laissant exsuder à la maturité une résine rougeâtre.

Hab. — Malaisie, Bornéo, Sumatra.

Prop. et usages. — La résine rouge des fruits réunie en boules ou en bâtons est le *Sangdragon*, produit astringent.

Metroxylon Sagu. *Sagoutier*. — Grand arbre portant une couronne de larges feuilles pennées, au milieu de laquelle apparaît une inflorescence terminale, ample, très ramifiée, qui est bientôt suivie de la mort de la plante; le fruit est couvert d'écailles lisses imbriquées. Les Sagoutiers se reproduisent surtout par des rejetons.

Hab. — Cultivé dans toute l'Asie tropicale et l'Océanie.

Prop. et usages. — On retire, par le lavage, du tronc découpé une fécule alimentaire, *le Sagou*.

AROIDÉES.

Cette famille comprend une série de plantes chez lesquelles le périanthe est nul ou rudimentaire, et les nombreuses fleurs, réduites aux organes sexués, sont portées sur un axe charnu, quelquefois prolongé en un appendice stérile (*spadice*) et enveloppé dès sa base par une bractée ou *spathe*. Les fleurs uni-sexuées sont : les mâles formées de 1-10 étamines et les fe-melles réduites au pistil composé de 1-2-3 jusqu'à 9 carpelles, contenant dans un ovaire 1-2-3 loculaire des ovules ortho-tropes (*Arum, Acorus*), anatropes ou campylotropes ; les fleurs sont rarement hermaphrodites ou pourvues d'un périanthe rudimentaire ; le fruit est baccien et la graine le plus souvent pourvue d'un albumen charnu abondant.

Les Aroïdées ont fréquemment des rhizomes tuberculeux féculents, leurs feuilles sont rarement rubanées (*Acorus*); mais ordinairement pétiolées avec limbe à nervation pennée ou pal-mée. Les plantes de cette famille sont le plus souvent pourvues d'appareils sécréteurs bien développés, toutes leurs parties contiennent des principes volatils âcres et vénéneux.

On connaît environ 900 Aroïdées répandues surtout dans les régions tropicales.

Clef. — I. *Arées.* — *Fleurs nues et unisexuées.*
        ✕ Spadice à appendice stérile....... ARUM.
        ✕✕ Spadice non appendiculé.
            O Souche épaisse tubéreuse.... COLOCASIA.
            OO Tige allongée grimpante..... PHILODENDRON.
II. *Callées.* — *Fleurs nues et hermaphrodites.*
        ✕ Herbe aquatique à spathe persis-
          tante.............................. CALLA.
        ✕✕ Arbrisseau grimpant, spathe ca-
          duque............................. SCINDAPSUS.
III. *Acorées.* — *Fleurs périanthées hermaphrodites.*
    Plantes aromatiques à feuilles ensiformes,
    bractée foliacée prolongeant l'axe, spadice
    paraissant latéral........................ ACORUS.

Arum maculatum. *Pied de veau* (fig. 302). — Rhizome court renflé en tubercule féculent et portant des rameaux aé-riens à grandes feuilles ovales, aiguës, hastées à la base, lon-guement pédonculées, souvent tachées; spadice dans une spathe en cornet blanc verdâtre, à fleurs femelles à la base et se prolongeant en un long appendice violet charnu. A la ma-turité, la spathe, l'appendice et les fleurs mâles sont détruits et il ne reste plus au sommet de l'axe que les baies rouges qui succèdent aux fleurs femelles. Avril-mai.

Hab. — Les bois de l'Europe centrale; dans l'Europe méridionale l'*A. italicum*, à appendice plus court et jaune et à feuilles paraissant dès l'automne, remplace l'*A. maculatum*.

Prop. et usages. — Toutes les parties de ces plantes sont âcres et ont causé des accidents chez les enfants. On peut utiliser cette âcreté en employant la plante fraîchement broyée en cataplasme rubéfiant et même vésicant. La dessiccation et l'ébullition prolongée, en éliminant les principes âcres et toxiques, rendent les tubercules féculents alimentaires, on en a même extrait

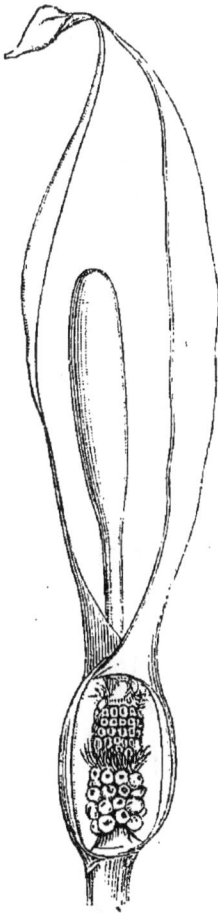

Arum, spathe ouverte.
Fleurs femelles en bas, fleurs mâles au-dessus.
Fig. 301.

Arum maculatum.
Fig. 302.

un bel amidon. Les Arabes en consomment des quantités considérables dans le Tell algérien (*A. italicum*).

Arum Dracunculus. *Arum serpentaire.* — Gros rhizome tuberculeux, feuilles à 5 divisions, spathe grande violet livide.

Hab. — Midi de l'Europe.

Prop. et usages. — Le rhizome (*Racine d'Arum serpentaire*) coupé en rondelles est rarement employé comme drastique.

Colocasia Antiquorum. *Colocase.* — Originaire de l'Inde, cultivé dans les stations humides des pays tropicaux, comestible.

Amorphophallus Rivieri var. *Konjak.* Le *Konjak.* — Cultivé au Japon. Ces deux Aroïdées et d'autres encore fournissent abondamment des rhizomes alimentaires; mais qui doivent subir certaines préparations pour les débarrasser de leurs principes caustiques.

Acorus Calamus. *Acore vrai. Calamus aromaticus.* — Rhizome épais, horizontal, articulé, pourvu de racines sur sa face inférieure, très aromatique; feuilles allongées ensiformes; rameau florifère ressemblant à une feuille et portant un épi paraissant latéral par suite du développement d'une bractée foliacée dans le prolongement de la tige; les fleurs petites, hermaphrodites, ont un périanthe à 6 divisions scarieuses, 6 étamines, un pistil à 3 carpelles, ovaire triloculaire à ovules orthotropes; fruit indéhiscent multiséminé. Été.

Hab. — Probablement originaire du sud de l'Asie, naturalisé en Europe et en Amérique.

Prop. et usages. — Le rhizome, tonique, aromatique, passe même pour fébrifuge dans l'Inde. Il renferme 1 p. 100 d'huile essentielle à odeur agréable, du tannin et un glucoside, l'*Acorine*, aromatique et amère et une très petite quantité d'un alcaloïde, la *Calamine*.

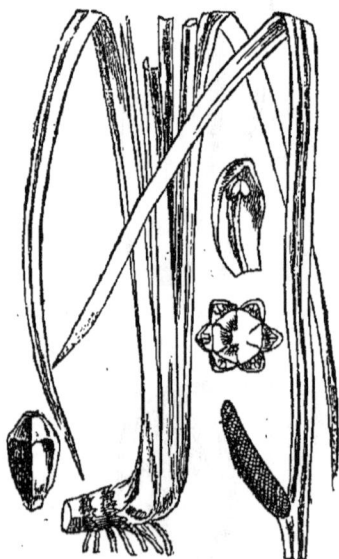

Acorus Calamus.
Fig. 303.

CYPÉRACÉES.

Plantes herbacées souvent pourvues de rhizomes rampants, quelquefois tubéreux, tige aérienne souvent anguleuse, triquètre; feuilles tristiques, graminiformes, à gaine non fendue;

fleurs bisexuées ou unisexuées, en épillets souvent agrégés en épi, glomérule ou grappe; le périanthe est nul ou rudimentaire, représenté par 3-6 soies, il est remplacé par une écaille protectrice; le plus souvent 3 étamines à anthères basifixes, ovaire libre à 3 angles et surmonté de 3 styles, rarement 2; ovule unique, basilaire, anatrope; le fruit est un akène trigone ou lenticulaire, graine à albumen farineux.

Les Cypéracées constituent une famille comptant plus de 3,000 espèces répandues dans les stations humides de toutes les régions; elles sont liées aux Graminées qui en diffèrent notamment par les chaumes non anguleux, leurs anthères dorsifixes, leur graine adhérente au péricarpe (caryopse), leur embryon extrorse, etc.

Le Cypéracées fournissent assez peu de plantes économiques.

Cyperus longus.
Fig. 304.

Carex arenaria.
Fig. 305.

Cyperus longus. *Souchet long* (fig. 304). — Rhizome noir très odorant non renflé, portant des tiges aériennes terminées par une inflorescence ombelliforme d'épillets; à la base de l'inflorescence de grandes bractées foliacées forment un involucre.

Hab. — Europe, Nord-Afrique, Asie.

Prop. et usages. — Le *Souchet long* est très aromatique, amer et astringent ; drogue oubliée, employée seulement en parfumerie.

Cyperus rotundus. Souchet rond. — Rhizome grêle se renflant en tubercules.

Mêmes propriétes que le précédent.

Cyperus esculentus. — Le Souchet comestible est remarquable par son rhizome renflé en tubercules féculents (30 p. 100), sucrés (12 p. 100), et huileux (25 p. 100), qui sont communément consommés dans la région méditerranéenne après avoir été légèrement torréfiés.

Carex arenaria. *Laiche des sables.* — Les rhizomes très allongés de cette plante constituent la drogue connue sous le nom de *Salsepareille d'Allemagne*. Ils sont légèrement amers et aromatiques ; ils ont été employés autrefois comme succédané de la Salsepareille.

GRAMINÉES.

Herbes à racines grêles fibreuses, à tige cylindrique noueuse, creuse (chaume), rarement pleine ; feuilles isolées, rarement

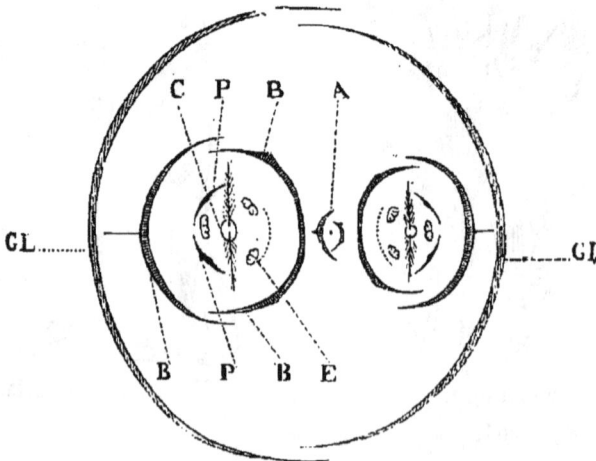

Diagramme d'un épillet d'*Avena*.

GL, glumes ; E, étamines ; 3 fleurs dont une stérile ; A, B, glumelles ; P, glumellules.

Fig. 306.

2-3 à la base des nœuds, alternes, distiques, à gaine embrassant

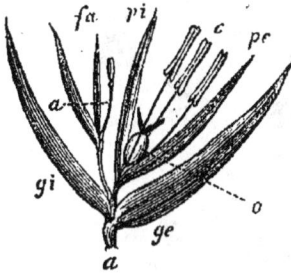

Epillet d'Avoine.

ge, gi, glumes ; pe, pi, glumelles ;
fa, fl. stérile.

Fig. 307.

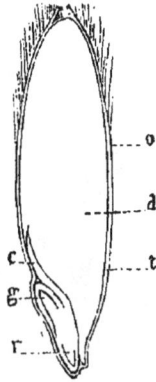

Coupe d'un grain d'Avoine.

t, téguments ; a, albumen ; r, radicule ; g, gemmule ; c, cotylédon.

Fig. 308.

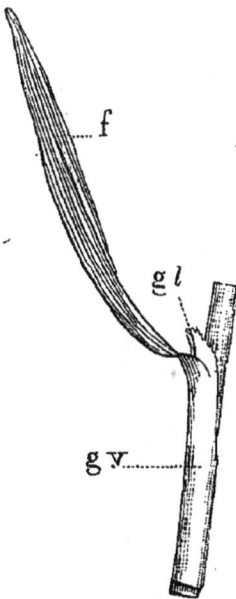

Feuille de *Phalaris.*

gv, gaîne ; f, limbe ; gl, ligule.

Fig. 309.

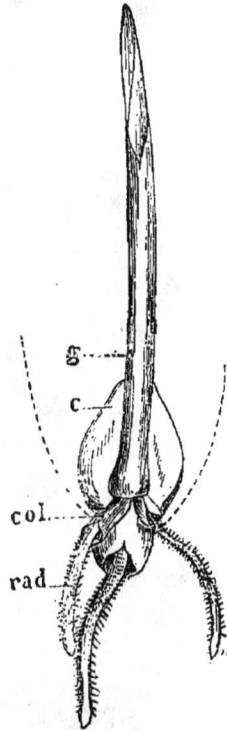

Germination d'Avoine.

rad, radicelles ; col. gaîne
radiculaire ou coléorhize.

Fig. 310.

la tige, limbe linéaire, rubané, canaliculé, à bords souvent ru-

Saccharum officinarum. Bambusa arundinacea.
Fig. 311.

des, jonciformes dans les stations sèches. La ligne d'intersec-
tion du limbe et de la gaine porte un appendice stipulaire
nommé *ligule* (fig. 309) ; fleurs solitaires ou groupées en petits
épis (épillets) et cachées entre des bractées (glumes et glumelles) (fig. 307), 3 étamines (rarement 6-2-1), à anthères dorsifixes ; ovaire libre, uniloculaire, uniovulé, ovule ascendant,
2 rarement 3 stigmates ; fruit libre ou adhérent aux glumelles,
sec, à péricarpe mince presque toujours soudé à la graine
(caryops) ; embryon, en dehors de l'albumen dans une fossette
à la base de sa face antérieure, composé d'un corps et d'un cotylédon servant à absorber les réserves, à les transmettre à la
plantule (fig. 308). A la germination, les racines traversent une
gaine radiculaire qui leur constitue des vaginules ou coléorhizes
(fig. 310).

On connaît environ 4,000 graminées, elles habitent toutes les
régions du globe.

Clef des genres.

A. *Une seule fleur dans chaque épillet pédicellé.*
    I. *Maydées.* — Fleurs mâles en panicule termi-
    nale, les femelles en gros épi axillaire....... ZEA.
    II. *Oryzées.* — Epillet uniflore comprimé par le
    côté à glumes petites, glumelle inférieure
    carénée hérissée, 6 étamines.............. ORYZA.
    III. *Andropogonées.* — Epillets uniflores par 2
    ou par 3, articulés avec leur pédicelle :
        × Epillets à fleurs bisexuées entourées de
        longs poils soyeux en panicule, tige
        pleine sucrée, feuilles larges....... SACCHARUM.
        ×× Epillets les uns sessiles et fertiles, les
        autres pédicellés stériles :
        O Glumes membraneuses.......... ANDROPOGON.
        OO Glumes coriaces............... SORGHUM.
    IV. *Phalaridées.* — Epillets uniflores comprimés
    par le côté, la fleur est accompagnée à sa base
    d'une ou de deux glumelles stériles.
        × Glumes grandes égales............. PHALARIS.
        ×× Glumes inégales, 2 étamines........ ANTHOXANTHUM.
    V. *Spartinées.* — 4-7 épis étroits unilatéraux,
    groupés en une ombelle simple............ DACTYLON.
B. *Epillet contenant deux ou plusieurs fleurs.*
    VI. *Avenées.* — Epillets au moins biflores en
    panicule, glumes grandes enveloppant les
    fleurs, glumelle inférieure à la fin enroulée et
    portant sur le dos une arête genouillée tor-
    tile. Caryopse sillonné................... AVENA.

VII. *Festucées.* — Epillets multiflores, glumelles plus longues que les glumes, arête non genouillée :
Epillets à fleurs barbues à la base, glumelles membraneuses .... ARUNDO.
VIII. *Hordées.* — Epillets sessiles insérés dans des échancrures de l'axe.
   a. Epillets multiflores :
      × Epillets touchant le rachis par le dos, à une seule glume, sauf le terminal. LOLIUM.
      ×× Epillets biflores, glumes lancéolées, acuminées, uninerviées........... SECALE.
      ××× Epillets, 3-10 flores................. TRITICUM.
   b. Epillets uniflores par 3 sur les échancrures de l'axe, glumes subulées simulant un involucre................................ HORDEUM.

Zea Maïs. *Maïs* (fig. 312). — Tige de 1-3 m., à entrenœuds pleins, feuilles larges, épillets mâles, 2-flores en panicule terminale, les femelles uniflores à glumes hyalines, réunies sur un axe charnu formant un épi cylindrique, volumineux, axillaire et recouvert par de nombreuses bractées que dépassent des styles filiformes longuement pendants ; caryopse souvent comprimé, albumen ayant des grains de fécule polyédriques.

Hab. — Amérique, mais inconnu à l'état sauvage, très cultivé dans les régions chaudes et tempérées.

Prop. et usages. — Les tiges pleines contiennent beaucoup de sucre. Les *Stigmates de Maïs* sont employés comme diurétiques et prescrits surtout contre la gravelle et le catarrhe vésical.

La farine de maïs ne contient pas de gluten et ne se prête pas à la panification ; les matières albuminoïdes (8 p. 100) sont représentées surtout par de la caséine : elle contient 73 p. 100 d'amidon, 3 p. 100 de sucre et 5 p. 100 de matière grasse. Cette farine, très propre à produire l'engraissement, a été proposée comme aliment reconstituant pour les tuberculeux. Par la fermentation du Maïs on obtient, dans différents pays, des boissons alcooliques ; l'industrie en retire des quantités considérables de bon alcool.

On a accusé le Maïs de provoquer la Pellagre, mais il paraît bien établi que la farine non avariée ne peut être incriminée ; mais les Maïs restés humides et ayant subi une altération contiendraient un alcaloïde qui serait l'agent toxique produisant cette redoutable maladie.

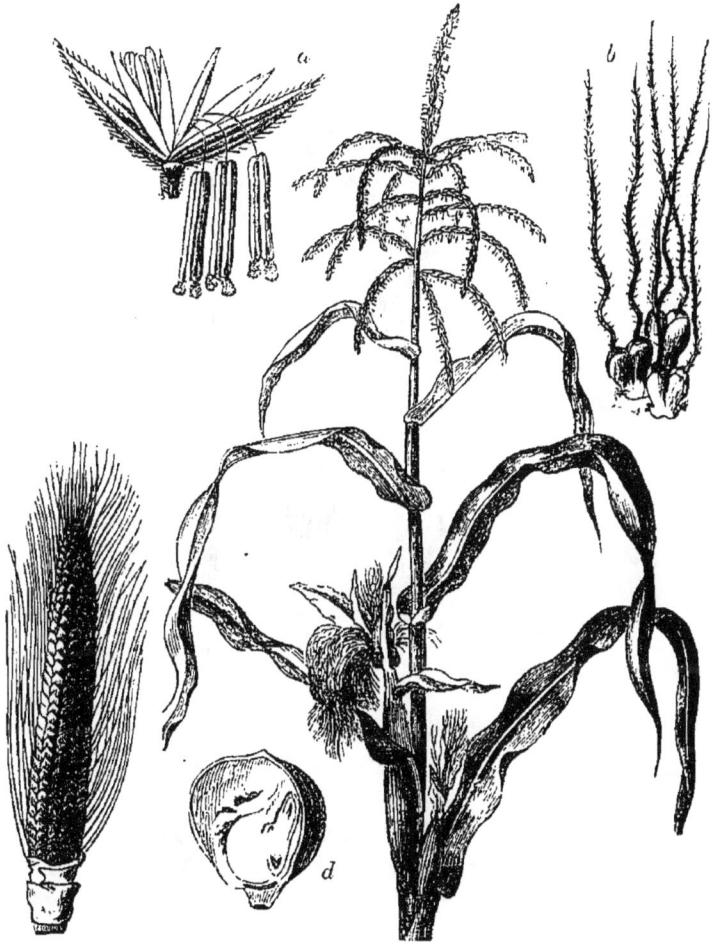

Zea maïs.
Fig. 312.

Oryza sativa. *Riz* (fig. 313). — Tige dressée grêle, feuilles linéaires, longues, rudes, panicule allongée à ramcaux flexueux, comprimés par le côté, glumelle hérissée, 6 étamines.

Hab. — Originaire de l'Indo-Chine, cultivé dans les régions tempérées et chaudes des deux-mondes.

Prop. et usages. — Le grain surtout riche en fécule, 85 p. 100, est un aliment très répandu. On en retire l'amidon de riz en grains très petits polyédriques ; il fournit aussi un bon alcool.

Zizania palustris (Indian-Rice). — Cultivé sur les bords des rivières, lacs, étangs, pour l'alimentation de l'homme et aussi pour nourrir les poissons des viviers.

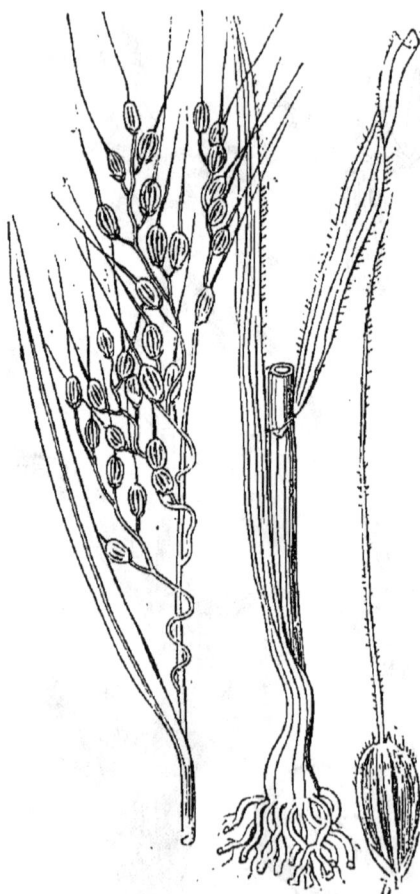

Oryza sativa.
Fig. 313.

Saccharum officinarum. *Canne à sucre* (fig. 314). — Rhizomes donnant naissance à de nombreuses tiges aériennes cylindriques, pleines et contenant beaucoup de sucre, à nœuds saillants et présentant vers la base de la tige de petites saillies, origines des racines adventives; feuilles larges, à gaines pourvues vers l'ouverture de poils caducs piquants; les épillets soyeux sont géminés ou ternés et groupés en une grande panicule pyramidale.

Hab. — Inconnu à l'état spontané, est probablement originaire de l'Indo-Chine, cultivé aujourd'hui dans tous les pays tropicaux. On distingue dans les cultures un assez grand nombre de variétés.

Prop. et usages. — La Canne à sucre a pendant longtemps été seule à fournir le sucre cristallisé que l'on retire aujourd'hui d'un assez grand nombre de plantes, notamment de la Bette-rave. La mélasse et le rhum sont aussi des produits de la Canne à sucre.

Sorghum vulgare, *Sorgho*. — Les Sorghos donnent en abondance un grain alimentaire, employé aussi pour la fabrication de l'alcool. Le nombre des es-pèces ou variétés cultivées est très considérable.

Sorghum saccharatum. - Amérique ; tige pleine sucrée. Plante fourragère et à sucre.

Andropogon Nardus. -- Grande Graminée remarquable, ainsi que quelques autres espèces du même genre (*A. Citratus, A. Schœnanthus, A. Muricatus*), par des essences odorantes sécrétées par les feuilles ou les racines.

Hab. — Originaire de Ceylan, elle y est abondamment culti-vée ainsi que dans l'Inde.

Prop. et usages. — On retire de l'*A. Nardus* une essence rap-pelant l'essence de Citronelle (Essence de verveine).

Sorghum vulgare.
Fig. 314.

Andropogon citratus. — Indes ; donne l'*Essence de mélisse des Indes.*

Andropogon Schœnanthus. — Donne une essence connue sous les noms de *Rusa oil, oil of Ginger grass*, et ayant l'odeur de l'essence de rose à laquelle on la substitue quelquefois

Andropognon laniger. — Du nord de l'Afrique, est le *Schœnante officinal* à odeur analogue à celle de l'*A. Schœnanthus.*

Andropognon muricatus. *Vétiver.* — Racines grêles, fibreuses, très odorantes, employées surtout daŋs la parfumerie.

Panicum miliaceum.

Fig. 315.

Phalaris canariensis.

Fig. 316.

Panicum miliaceum. *Millet.* — Très cultivé depuis les temps anciens en Asie et dans l'Europe orientale (fig. 315).

Setaria italica. *Millet d'Italie.* — Inflorescence en longue grappe cylindrique. Cultivé aussi en Asie et Europe depuis les temps les plus reculés.

Pennisetum typhoïdeum. *Penicillaria spicata. Millet des Nègres.* — Cultivé dans l'Afrique centrale pour la préparation du kouskous.

Stenotaphrum americanum. *Chiendent américain.* — Rhizome diurétique (Amérique sud).

Phalaris canariensis. *Alpiste.* — Graine de Canaries (fig. 316).

Anthoxanthum odoratum. *Flouve odorante.* — Herbe très odorante, le plus souvent à souche fibreuse, feuilles d'un vert gai, planes, un peu velues ou glabres, grappe dense, d'épillets uniflores, fleur à deux étamines, glumes très inégales (fig. 317).

Hab. — Prairies, champs, bois communs.

Prop. et usages. — La *Flouve* communique son odeur aromatique aux foins; elle paraît contenir de la coumarine. On en fait un extrait odorant substitué à la vanille.

Dactylon officinale. *Chiendent Pied-de-Poule.* — Souche

Antoxanthum odoratum.
(Flouve.)

Fig. 317.

Dactylon officinale.
(Chiendent Pied-de-Poule.)

Fig. 318.

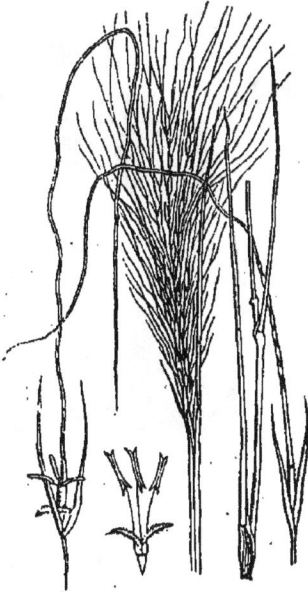

Stipa capillata.

Fig. 319.

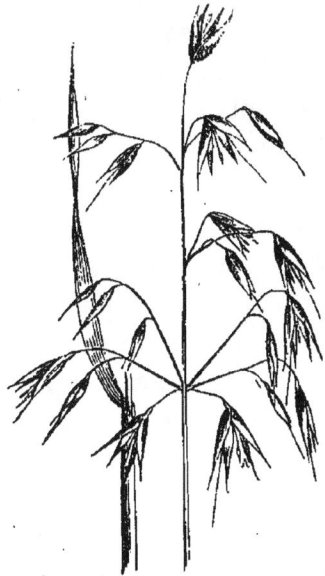

Avena sativa.

Fig. 320.

rameuse, écailleuse, à rhizomes longuement traçants, feuilles glauques plus courtes sur les rameaux stériles insérées *par deux à chaque nœud*, inflorescence en épi digité (fig. 318).

— Commun.

Prop. et usages. — Le Chiendent Pied-de-Poule est employé aux mêmes usages que le Chiendent (*Triticum repens*).

Eleusine Coracana. *Le Korakan*. — Cultivé comme céréale dans l'extrème Orient et l'Afrique australe. En Abyssinie on en fait de la bière.

Stipa tenacissima. *Halfa*. — Sud de l'Espagne et nord Afrique. Textile important. Ses fleurs donnent une infusion excitante.

Stipa capillata. — Les fruits pourvus d'un callus très piquant pénètrent dans la peau des moutons (surtout en Russie) et causent des accidents parfois mortels (fig. 319).

Arundo Donax. *Canne de Provence*. — Rhizome rampant volumineux, portant des chaumes élevés à feuilles très grandes, épillets à fleurs barbues en grande panicule.

Hab. — La région méditerranéenne.

Prop. et usages. — La décoction faite avec le rhizome de *Canne de Provence* a joui d'une grande réputation comme anti-laiteuse, et bien des médecins, qui la considèrent comme inerte, la prescrivent encore journellement aux nouvelles accouchées qui ne doivent pas nourrir.

Avena sativa. *Avoine*. — Herbe annuelle à gros épillets pendants, en grande panicule lâche étalée ; fruit allongé, atténué en pointe ; amidon formé de petits grains groupés.

Hab. — Fréquemment cultivé ainsi que l'*Avena orientalis*.

Prop. et usages. — Le grain d'avoine privé de ses enveloppes constitue le *Gruau* ou *Avena*, le péricarpe contient un principe aromatique, la *Vanilline* et l'*Avenine* qui est un excitant neuro-musculaire.

Lolium temulentum.
Fig. 321.

Lolium temulentum. *Ivraie* (fig. 321). — Herbe annuelle
a épillets sessiles touchant l'axe par le dos, et à une seule
glume, sauf le terminal, glume grande égalant ou dépassant
l'épillet, fleurs ventrues à maturité. Amidon en grains très
petits, polyédriques.

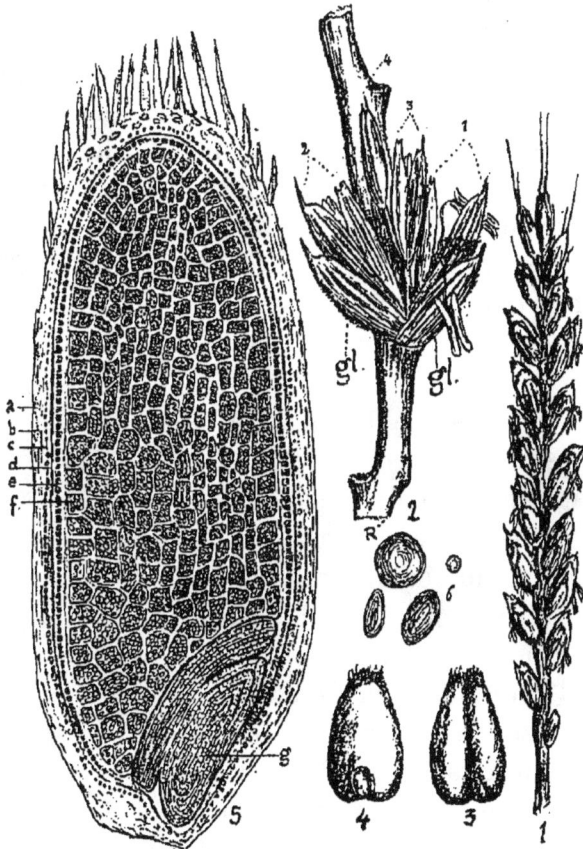

Triticum sativum (*).

Fig. 322.

Hab. — Dans les moissons ; cosmopolite.

Prop. et usages. — L'Ivraie a toujours passé pour capable de
communiquer des propriétés délétères à la farine du Blé à laquelle
elle se trouve parfois mêlée. On a extrait de l'Ivraie

(*) 1, un épi; 2, un épillet, *gl*, *gl*, glumes, R, rachis; 3 et 4, grains;
5, coupe du grain : *a*, *b*; *c*, *d*, péricarpe et tégument de la graine, *e*, cellules à gluten, *f*, amidon, *g*, embryon; 6, amidon.

une matière neutre cristallisable qui est narcotique stupéfiante.

Triticum sativum. *Blé, Froment* (fig. 322). — Herbe annuelle portant un épi dense d'épillets à 3-5 fleurs, regardant le rachis par le côté, grain oblong à sillon longitudinal et velu au sommet, amidon lenticulaire.

Hab. — Inconnu à l'état sauvage, regardé comme originaire de l'Asie (Euphrate). Cultivé en Chine, depuis la plus haute antiquité. Le blé présente de nombreuses races (plus de 1,700). Les *Blés durs* ont un grain corné semi-translucide, dur, donnant une farine grise plus riche en gluten. Les *Blés demi-durs* sont blanc farineux au centre, cornés à la périphérie. Les *Blés tendres*, plus légers (75 kilog. l'hectolitre, au lieu de 80 kil. que pèsent les blés durs), ont une cassure blanche farineuse, ils s'écrasent facilement.

Prop. et usages. — Le Blé soumis au moulin est réduit en une poudre que le blutage sépare en deux parties. Le *son*, formé par les enveloppes du grain, la farine, qui comprend l'albumen et l'embryon. Le son, 18 à 20 p. 100, est riche en substances azotées; mais il contient de la *Céréaline* qui, en fluidifiant le gluten et l'amidon, rend le pain grisâtre, lourd et indigeste. La farine se compose d'amidon 55 à 75 p. 100, de gluten 8 à 17 p. 100, de dextrine, glucose, matières grasses, principes albuminoïdes solubles.

Triticum repens. *Chiendent* (fig. 323). — Herbe vivace à rhizome longuement rampant, à épi allongé, lâche, à grain adhérent aux glumelles.

Triticum repens.

Fig. 323.

Hab. — Cosmopolite.

Prop. et usages. — On emploie le rhizome comme diurétique.

Secale cereale. *Seigle* (fig. 324). — L'épillet du Seigle

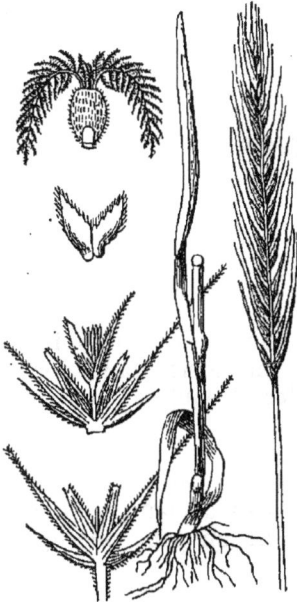

Secale cereale.
Fig. 324 et 325.

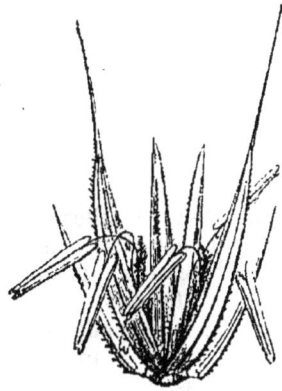

Un épillet de Seigle.
Fig. 326.

est formé de deux fleurs avec le rudiment d'une troisième, il a des glumes uninerviées.

Hab. — Cultivé dans les pays montagneux et siliceux où le Froment ne donne pas de récolte.

Prop. et usages. — Farine alimentaire légèrement laxative. Comme beaucoup d'autres Graminées, le Seigle nourrit l'Ergot (*Claviceps purpurea*).

Hordeum vulgare. *Orge.* — Les épillets sont uniflores et groupés 3 par 3 sur chaque dent du rachis, glumes subulées, placées en dehors sur le même plan, et simulant à chaque nœud un demi-involure, grain adhérent aux glumelles.

Hordeum vulgare.
Fig. 327.

Hab. — Cultivé dans les pays tempérés.

Prop. et usages. — La farine d'Orge donne un pain grossier. En médecine on utilise l'*Orge mondé et perlé*. La fabrication de la bière exige une assez grande quantité d'Orge.

GYMNOSPERMES.

La classe des Gymnospermes ne renferme que trois familles :

I. *Conifères.* Deux feuilles carpellaires ouvertes sont unies par les bords voisins et forment une seule écaille portant deux ovules nus sur sa face dorsale qui est tournée en haut (fig. 334).

II. *Cycadées..* Les carpelles ouverts isolés (*Cycas*) ou groupés en cônes sont simples et portent des ovules nus.

III. *Gnétacées.* Les carpelles sont fermés mais dépourvus de stigmates, l'ovule envoie à l'extérieur un tube micropilaire sur lequel germe le pollen.

CONIFÈRES.

Les plantes de cette famille présentent de très nombreuses particularités, aussi bien dans l'organisation florale que dans les organes de végétation. Les fleurs sont nues et unisexuées ; les fleurs mâles (fig. 329), ordinairement très nombreuses, confient aux vents de véritables nuages de pollen (plantes anémophiles), elles sont constituées par un petit rameau dont les feuilles, transformées en étamines, portent des sacs polliniques en nombre variable (*Abies* 2, *Juniperus* 3-4, *Taxus* 5-8).

Le grain de pollen des Conifères est *cloisonné avant sa mise en liberté*, il est souvent pourvu de deux vésicules pleines d'air facilitant le transport par le vent. La fleur femelle naît à l'aisselle d'une bractée ou d'une feuille (*Ginkgo*). Le plus souvent ces fleurs femelles sont groupées sur un petit rameau. Chez les Pins ce rameau femelle allongé porte un grand nombre de fleurs très rapprochées en spirale qui forment le *cône*, mais chez les *Biota*, *Callitris*, les carpelles forment des verticilles de 3-4 et constituent à maturité un fruit ayant une apparence valvaire, chaque écaille carpellaire s'éloignant l'une de l'autre. — Chez les *Taxus* où une seule écaille carpellaire est fertile, les fleurs sont solitaires. — Chez les *Juniperus* les écailles carpellaires deviennent charnues, le cône globuleux simule alors une baie. Ces carpelles peuvent ne pas se déve-

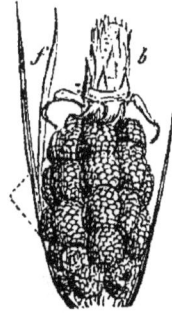

Inflorescences mâles du *Pinus sylvestris*.

Fig. 329.

Pinus sylvestris.

Fig. 328.

Étamine avec les deux sacs polliniques.

Fig. 330.

lopper et le fruit est réduit à une ou deux graines nues (*Cephalotaxus*, *Taxus*, etc.). La fleur femelle, formée sur un rameau abortif à l'aisselle d'une bractée, est constituée par deux feuilles carpellaires soudées par leurs bords voisins, l'écaille unique qui résulte de cette soudure présente sa face dorsale en haut, du côté de l'axe et sa face ventrale en bas, du côté de la bractée à laquelle elle adhère souvent (fig. 333). Les ovules naissent sur la face dorsale de l'écaille carpellaire, ils sont toujours orthotropes et à un seul tégument qui se prolonge plus ou moins au-dessus du nucelle (fig. 334).

Chez les *Cephalotaxus*, le carpelle reste rudimentaire et le pistil se réduit alors à l'ovule.

La graine (fig. 335) est pourvue d'un tégument ligneux ou

Coupe de l'étamine.

Fig. 331.

Jeunes cônes.

Fig. 332.

membraneux, souvent prolongé en aile, l'expansion membraneuse qui forme l'aile peut aussi provenir d'une lame de tissu enlevée à la face dorsale du carpelle ; l'embryon droit dans un

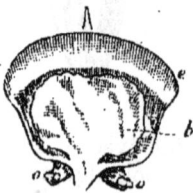

Écaille d'un cône de *Pinus* (*).

Fig. 333.

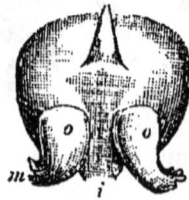

La même écaille, face supérieure (**).

Fig. 334.

endosperme charnu a souvent 2 cotylédons ; mais aussi 3-4-6-9 et même 15 ; ce nombre pouvant varier d'une graine à l'autre dans la même espèce (*Pinus, Abies*) (fig. 336, 337).

(*) *b*, bractée ; *e*, écaille ; *oo*, sommets des ovules.
(**) *oo*, ovules ; *m*, micropyle.

Les Conifères sont ligneuses, ramifiées, à feuilles généralement uninerves, souvent aciculaires, parfois adhérentes au ra-

Écaille d'un cône
mûr (*).

Fig. 335.

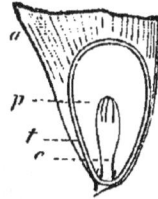

Coupe de la
graine (**).

Fig. 336.

meau qui les porte et qu'elles semblent couvrir d'écailles (*Cupressus, Juniperus Sabina*).

Des glandes et des canaux secréteurs résinifères (fig. 338)

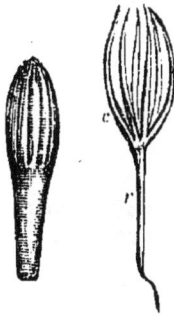

Embryon extrait de la
graine.

Fig. 337.

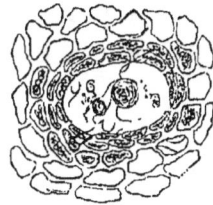

Glande résinifère.

Fig. 338.

se trouvent dans les divers organes. Le bois est formé d'une manière très uniforme de vaisseaux fermés, munis de *ponctuations aérolées* disposées sur les faces latérales (fig. 339).

(*) *g*, une des deux graines, l'autre manque.
(**) *p*, albumen; *e*, embryon.

Les 400 Conifères connues sont répandues dans toutes les

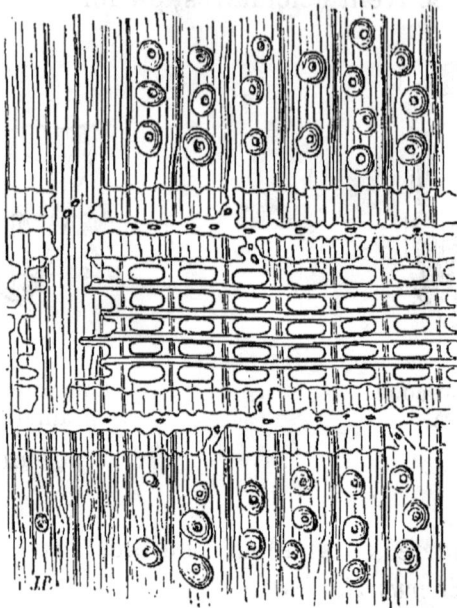

Vaisseaux fermés à ponctuations aréolées des Conifères.

Fig. 339.

régions; mais le plus grand nombre habite l'hémisphère boréal et les montagnes de la zone tropicale.

Clef. — I. PINOÏDÉES :
    a. Cône allongé, formé d'écailles insérées en spirale :
      1. Rameaux de deux sortes : allongés et courts :
        × Feuilles persistantes :
          O Écailles du cône épaisses, des feuilles
            aciculaires sur les rameaux courts seu-
            lement.............................. PINUS.
          OO Écailles minces, des feuilles sur les ra-
            meaux courts et sur les r. allongés.... CEDRUS.
        ×× Feuilles caduques...................... LARIX.
      2. Des rameaux allongés, pas de rameaux courts:
        × Feuilles quadrangulaires, cônes pendants
          à écailles persistantes.............. PICEA.
        ×× Feuilles planes, cônes dressés à écailles
          caduques............................ ABIES.
    b. Cônes courts formés d'écailles en verticille :
      1. Cônes à écailles ligneuses :
        × Écailles pelletées..................... CUPRESSUS.
        ×× 4 écailles seulement................... CALLITRIS.
      2 Cônes prenant l'apparence d'une baie..... .. JUNIPERUS.

II. Taxoïdées. — Pas de cône. Graine à arille rouge,
pas de canaux résineux............. .... Taxus.

Pinus Pinaster. *Pinus maritima. Pin maritime. Pin de Bordeaux.* — Arbre élevé à cime conique, branches verticillées,
feuilles géminées, longues 12-20 centimètres, larges, grosses,
luisantes, cônes portés sur de gros et courts pédoncules ligneux, persistant très longtemps sans s'ouvrir, par 2-3, rarement solitaires, étalés ou plus souvent pendants, ovoïdes,
coniques, atténués, presque pointus, 8-12 centimètres, à écailles solides, luisantes à apophyse très saillante, pointue. Graines noirâtres, ailées.

Hab. — Toutes les parties maritimes de l'Europe, l'est de
l'Algérie. Cultivé dans les Landes.

Prop. et usages. — Toutes les parties des Pins sont riches en
oléorésine contenue dans des canaux sécréteurs.

On obtient la *Térébenthine de Bordeaux* en faisant des incisions au tronc; elle s'écoule dans des godets. Cette térébenthine
brute est ensuite purifiée au soleil ou par la chaleur.

La *Térébenthine de Bordeaux* est constituée par 75 p. 100
de *résine* ou *colophane* et 25 p. 100 d'*Essence de Térébenthine*
qui abandonnée au contact de l'eau forme un hydrate,
la *Terpine.*

On retire encore du Pin :

Le *Galipot,* térébenthine desséchée sur l'arbre.

La *Poix résine,* obtenue en brassant la colophane avec de
l'eau.

La *Poix noire,* préparée en brûlant les filtres de paille qui
ont servi à filtrer la Térébenthine et les éclats du tronc, la
combustion se fait de haut en bas, la résine coule dans une
cuve remplie d'eau.

Le *Goudron* s'obtient par la combustion lente (distillation *per
descensum*) du bois dans un four creusé en terre, dans le récipient on trouve au fond le *goudron* et au-dessus un liquide
noirâtre, *huile empyreumatique,* qu'il ne faut pas confondre
avec l'*huile de Cade* de l'*Oxycèdre.*

Sève de Pin maritime. — Ce liquide découle des Pins soumis
au procédé de Boucherie pour la conservation du bois, on peut
l'obtenir en raclant la surface du bois fraîchement dénudé.

Pinus sylvestris. *Pin du Nord, Pin de Russie* (fig. 340). — Arbre élevé, à branches étalées, bourgeons allongés, coniques, pointus, très résineux ; feuilles géminées, piquantes, longues de 5-8 centimètres, d'un vert glaucescent, cônes de 4-5 centimètres légèrement courbés, écailles à apophyse presque plane, graines très petites à aile très mince.

Hab. — Toute l'Europe centrale et boréale, le nord de l'Asie.

Prop. et usages. — Le Pin sylvestre est aussi riche en canaux oléo-résineux, il fournit :

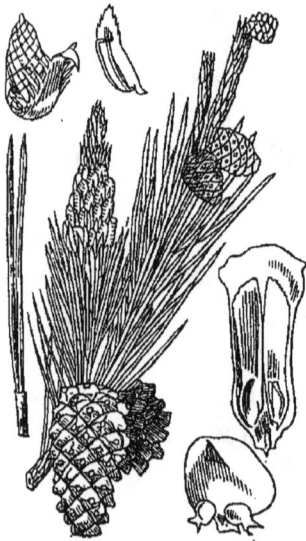

Pinus sylvestris.

Fig. 340.

Pinus Pinea.

Fig. 341.

Bourgeons de Sapins, employés en infusion comme balsamique et diurétique ; ils ont servi aussi à aromatiser la bière (Bière de Sapinette).

Térébenthine de Russie, Goudron, Créosote.

Écorce riche en *tannin* employée pour le tannage. Bois très solide recherché pour l'industrie,

Pinus Halepensis. *Pin d'Alep.* — Arbre à feuilles plus fines que les précédents, à bourgeons petits, allongés, cônes pendants solitaires.

Prop. et usages. — Exploité en Algérie par les Arabes pour la térébenthine et le goudron.

Pinus Pinea. *Pin Pignon*. — Arbre élevé, à branches étalées en parasol, feuilles géminées, cône gros ovoïde, arrondi au sommet, graine *non ailée*, grosse, renfermant une *amande comestible*.

Hab. — Région méditerranéenne où il est fréquemment cultivé pour son fruit et pour l'ornement.

Pinus australis, *Pitch Pine*. — Arbre élevé de 25-30 mètres, à tronc dénudé, à branches éparses, bourgeons très gros, feuilles ternées, triquètres de 28-30 centimètres, cônes de 15-20 centimètres, cylindriques, obtus, graines ailées.

Hab. — Virginie, Floride dans les dunes voisines de la mer.

Prop. et usages. — Fournit la *Térébenthine d'Amérique* qui présente les caractères de la *Térébenthine de Bordeaux*.

Pinus Tœda. — *Torch-Pine*.

Hab. — Virginie, Caroline. Mêmes usages que le précédent.

Cedrus Libani. *Cèdre*. — Arbre élevé à branches éparses, très grosses, presque horizontalement étalées, feuilles fasciculées sur les ramilles. Cônes ovoïdes obtus, à écailles très serrées membraneuses, bois très odorant.

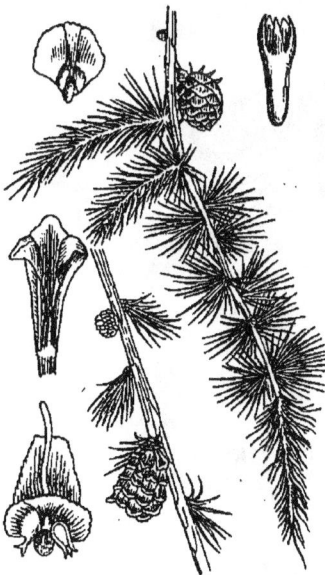

Larix europæa.
Fig. 342.

Hab. — Syrie, Algérie, Maroc, sur les montagnes élevées.

Prop. et usages. — La *Itésine de Cèdre* est un produit rare. Il serait cependant intéressant d'expérimenter les produits résineux du Cèdre qui ont été abandonnés par la médecine moderne.

Larix europæa. *Mélèze*. — Grand arbre à branches étalées, à rameaux grêles pendants, *feuilles caduques* fasciculées sur des rameaux courts, cônes petits, 3-5 centimètres, graines petites.

Hab. — Les Alpes de l'Europe centrale, Suède, Russie.

Prop. et usages. — La *Térébenthine de Venise* s'extrait du Mélèze.

On pratique dans l'arbre un trou pénétrant jusqu'au centre, on le bouche et à l'automne on en retire la résine accumulée

La *Manne de Briançon* est une matière sucrée qui se trouve sur les feuilles du Mélèze (Mélézitose).

L'*Écorce de Mélèze* a servi à préparer une teinture usitée dans le traitement des affections pulmonaires.

La *Sève de Mélèze* obtenue en raclant la zone cambiale est riche en *Coniférine* ou *Abiétine* qui sert à la fabrication de la *Vanilline artificielle*.

L'*Agaric blanc* ou Polypore officinal croît sur le Mélèze.

Picea excelsa. Sapin de Norvège.

Fig. 343.

Picea excelsa. *Épicea, Pesse, Sapin de Norvège*. — Arbre très droit, pyramidal, branches verticillées finalement réfléchies, ramules souvent très longs et pendants de chaque côté des branches; feuilles subtétragones raides, cônes pendants cylindriques, fusiformes, à écailles minces et persistantes.

Hab. — Europe, les Pyrénées, Alpes, Vosges, le Nord, très cultivé dans les parcs.

Prop. et usages. — La Térébenthine obtenue par incision de ce Sapin est désignée sous le nom de *Poix de Bourgogne*, elle est récoltée en Finlande, dans la Forêt-Noire, en Suisse.

La *Poix de Bourgogne* est le plus souvent falsifiée au moyen de la Poix résine additionnée de Térebenthine ou d'Essence.

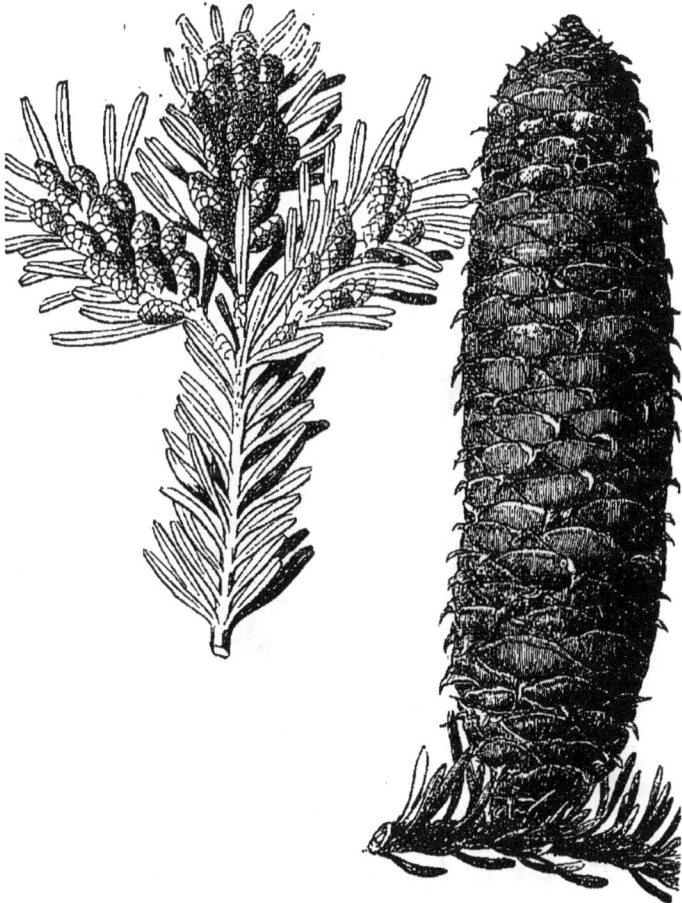

Sapin des Vosges. Abies pectinata.

Fig. 344.

Abies pectinata. *Sapin des Vosges, Sapin argenté.* — Arbre pyramidal élancé, branches verticillées, étalées, feuilles distiques, planes, vert luisant en dessus, glauques en dessous, légèrement échancrées au sommet ; cônes dressés cylindriques à écailles caduques.

Hab. — Les montagnes de l'Europe centrale. La Térébenthine de ce Sapin est très rare, on la désigne sous le nom de *Térébenthine de Strasbourg*, elle a une odeur agréable de citron.

Abies balsamea. — Assez semblable à l'*A. pectinata*, cône plus petit.

Hab. — Amérique Nord.

Prop. et usages. — La Térébenthine de ce Sapin est connue sous le nom de *Baume du Canada*.

Cupressus sempervirens. *Cyprès.* — Le cône très astringent était autrefois usité et désigné sous le nom de *Noix de Cyprès* (fig. 345).

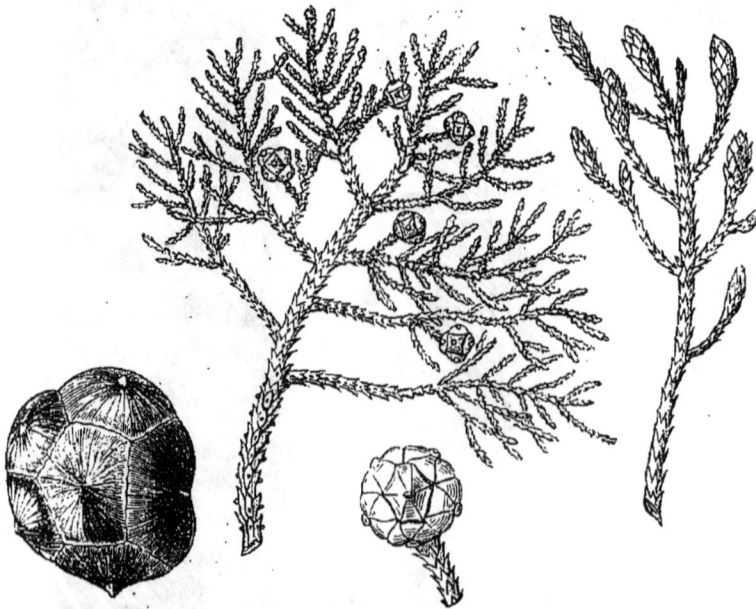

Cône de Cyprès.

Cupressus sempervirens.

Fig. 345.

Fig. 346.

Callitris quadrivalvis du nord de l'Afrique, passe pour fournir la *Sandaraque*.

Thuia occidentalis. — Médic. homœopathique.

Biota orientalis. *Thuia.* — Ornement.

Juniperus communis, *Genévrier.* — Arbuste rameux à feuilles linéaires, rigides, spinescentes, à fruit globuleux, charnu, bleu noireâtre, à 3 graines, à saveur sucrée et aromatique.

Hab. — Europe et nord de l'Asie.

Prop. et usages. — Le fruit appelé *Baie de Genièvre* est employé comme stimulant, diurétique, sudorifique, balsamique (4-8 grammes en infusion), on en retire une Essence.

Dans le Nord on prépare une eau-de-vie de grains parfumée aux baies de Genièvre. Le Genièvre entre dans le vin diurétique de la Charité.

Biota orientalis.

Fig. 347.

Juniperus communis.

Fig. 348.

Juniperus Oxycedrus. *Cade. Oxycèdre.* — Arbrisseau, quelquefois petit arbre, à feuilles étalées étroites, longuement aciculaires, fruit sphérique ou un peu allongé, rouge, orangé ou brun.

Hab. — Presque toute la région méditerranéenne.

Prop. et usages. — Le bois de Cade brûlé dans un fourneau sans courant d'air et que l'on creuse dans le sol fournit un goudron appelé *Huile de Cade* qui est un bon parasiticide.

Juniperus Sabina. *Sabine* (fig. 350). — Arbrisseau dioïque à feuilles ovales, imbriquées comme des écailles, fruit bleu foncé, porté sur des pédoncules recourbés.

Hab. — Midi de l'Europe.

Prop. et usages. — Les feuilles de Sabine présentent sur le dos une vésicule résinifère, elles sont âcres, très odorantes, on en retire l'*Essence de Sabine*. La Sabine est abortive, elle paraît déterminer l'hypérémie de l'utérus. La *poudre de Sabine* est escharotique.

Oxycèdre.
Fig. 349.

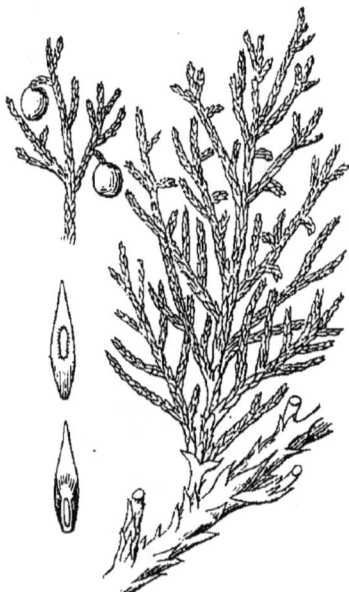

Juniperus Sabina.
Fig. 350.

Taxus baccata.
Fig. 351.

Fig. 352.

Juniperus virginiana. — États-Unis. Employé aux mêmes usages que la Sabine.

Juniperus phænicea. — Arbrisseau à rameaux assez semblables à ceux de la Sabine, mais à feuilles dépourvues de vésicules résinifères, à fruit roux assez gros.

Hab. — Région méditerranéenne.

Prop. et usages. — Peu usité comme astringent.

Taxus baccata. *If* (fig. 351). — Arbre ayant le port du Sapin, mais à fruit isolé entouré par une arille rouge.

Hab. — Région méditerranéenne de l'hémisphère boréal.

Prop et usages. — Les feuilles sont toxiques, elles contiennent de la taxine, l'arille du fruit est comestible.

CYCADÉES.

Cette famille établit un passage des Phanérogames aux Fougères ; l'appareil végétatif et la structure de la tige des Cycadées rappellent les Cryptogames vasculaires. Les fleurs toujours dioïques sont chez les *Cycas* des rosettes de feuilles plus petites que les feuilles vertes et alternant avec elles sur une tige simple. L'organe femelle est composé de carpelles ayant encore la forme des feuilles vertes ; mais portant un certain nombre d'ovules remplaçant les folioles inférieures (fig. 353,6). L'organe mâle se compose aussi d'un grand nombre de feuilles modifiées portant sur toute leur face inférieure de nombreux sacs polliniques ou microsporanges. Dans la tribu des *Encéphalartées* la fleur prend l'apparence d'un cône. La tige des Cycadées est souvent tuberculeuse, quand elle s'allonge c'est lentement et sans se ramifier, c'est alors une colonne couronnée par de grandes feuilles pennées, coriaces, souvent spinescentes. La production des rosettes de grandes feuilles alterne avec le développement d'un grand nombre d'écailles qui habillent le bourgeon terminal. La tige présente un grand développement de la moelle qui est riche en amidon que l'on recueille, chez quelques espèces ; le bois est formé de vaisseaux fermés comme chez les Conifères. Des canaux sécréteurs gommifères se rencontrent en grand nombre dans l'écorce et dans la moelle.

On connaît environ 90 Cycadées des régions chaudes; mais cette famille a eu autrefois beaucoup de représentants répandus par toute la terre, comme le démontrent les nombreuses espèces fossiles, principalement du Jurassique.

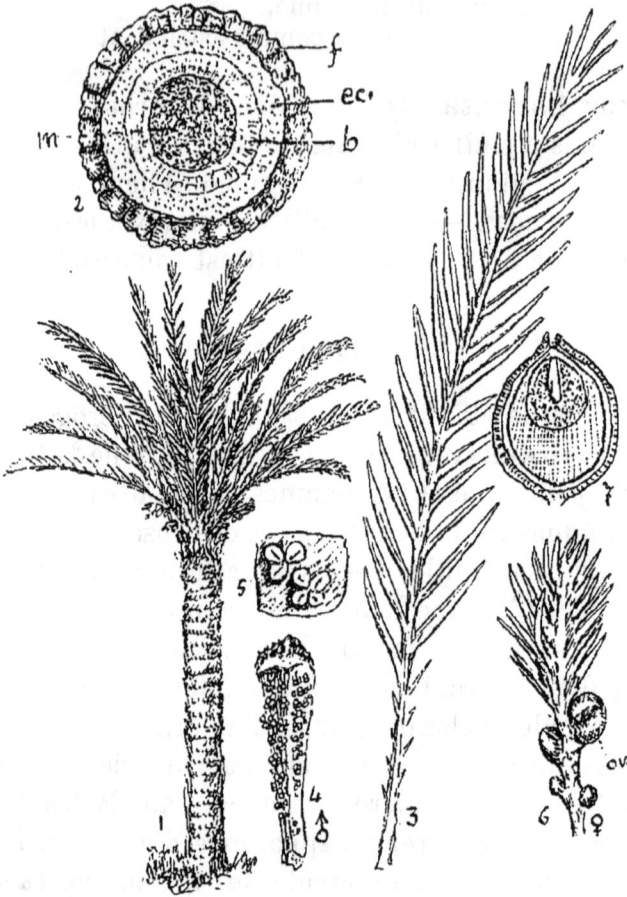

Cycas. — 1, port; 2, coupe du tronc : *f,* base des feuilles; *ec,* écorce; *b,* bois; *m,* moelle; 3, une feuille; 4, feuille mâle ou étamine; 5, sacs polliniques; 6, feuille femelle ou carpelle; *ov,* ovule; 7, graine.

Fig. 353.

Cycas revoluta. — La moelle de cet arbre donne le *Sagou du Japon.*

Cycas circinalis. — *Sagou de la Nouvelle-Hollande.*

Cycas inermis. — *Sagou de Cochinchine.*

Encephalartos Caffer. — Afrique. Moelle riche en amidon (*Pain des Cafres*).

Dioon edule. — Mexique. Les graines donnent une farine.

GNÉTACÉES.

Ephedra distachya. — Arbuste de 3-4 décimètres, sans feuilles vertes, mais à nombreux rameaux verts, striés, articulés, munis à chaque articulation d'une gaine formée par deux écailles opposées, concrescentes ; fleurs dioïques, les mâles en épis, les fleurs femelles sont géminées, enveloppées par un involucre dont les folioles deviennent charnues et donnent au fruit un aspect bacciforme. Deux carpelles concrescents forment un ovaire clos, mais dépourvu de stigmate, ils portent un ovule orthotrope dont le tégument se prolonge en un tube qui traverse la cavité ovarienne et se dilate en entonnoir.

Hab. — Sur les bords de l'Océan et de la Méditerranée.

Prop. et usages. — Ses branches et ses fleurs étaient employées autrefois comme astringentes, on en a isolé dans ces derniers temps un alcaloïde, *Éphédrine*, qui serait mydriatique et paralysant du cœur. Les fruits acidulés sont comestibles.

CRYPTOGAMES VASCULAIRES.

(FOUGÈRES ET FAMILLES ALLIÉES.)

Les Cryptogames vasculaires constituent un embranchement qui est aujourd'hui en décadence, c'est aux flores fossiles (Carbonifère et Permien) qu'il faut demander les types les plus puissants du groupe. Les caractères généraux présentés par ces plantes sont surtout dans leur appareil de reproduction dont l'étude permet de bien comprendre la valeur morphologique des organes homologues des Phanérogames.

Les organes floraux proprement dits n'existent pas, ils étaient déjà très réduits chez les Gymnospermes. Le pollen a cependant son équivalent dans une spore différenciée (*Microspore*) qui en germant aboutira à la formation d'éléments mâles ou *Anthérozoïdes*, tandis que le pollen des Phanérogames en se développant sur le stigmate ou sur l'ovule forme un organe (boyau pollinique), se mettant en rapport avec l'élément femelle.

Chez les Cryptogames vasculaires, les spores femelles (*Macrospores*) s'isoleront de la plante pour former en germant un organe sexué dans lequel l'œuf, fécondé par les anthérozoïdes, se développera en un embryon qui émettra des racines, une tige et deviendra une plante feuillée portant des spores. L'équivalent de la spore femelle des Cryptogames vasculaires se retrouve chez les Phanérogames : c'est le sac embryonnaire du nucelle où se forme l'œuf et l'embryon, qui ainsi placé sur un organe de la plante mère se développe à ses dépens et devient la graine. Chez les Cryptogames vasculaires on ne trouve pas toujours les deux spores différenciées, c'est-à-dire : la *Microspore* équivalente du grain de pollen et donnant un prothalle mâle à anthérozoïdes, la *Macrospore* équivalente du sac embryonnaire des Phanérogames et donnant un prothalle femelle à oosphère devenant œuf, puis embryon après fécondation ; les spores peuvent en effet être toutes semblables et produire des prothalles unisexués ou bisexués.

Divisions en classes.

I. *Lycopodinées.* Feuilles très simples, le plus souvent très petites, *racine à ramification dichotome*, tige à ramification latérale paraissant le plus souvent dichotome.

II. *Equisétinées .* Tige cylindrique noueuse, ramifiée en verticilles aux nœuds, sporanges naissant sur des feuilles modifiées formant un épi terminal.

III. *Filicinées....* Tige pourvue de feuilles bien développées, les sporanges naissent sur les feuilles ordinaires ou sur des feuilles modifiées.

LYCOPODINÉES.

Lycopodium clavatum. — *Lycopode.* Tige allongée, ram-

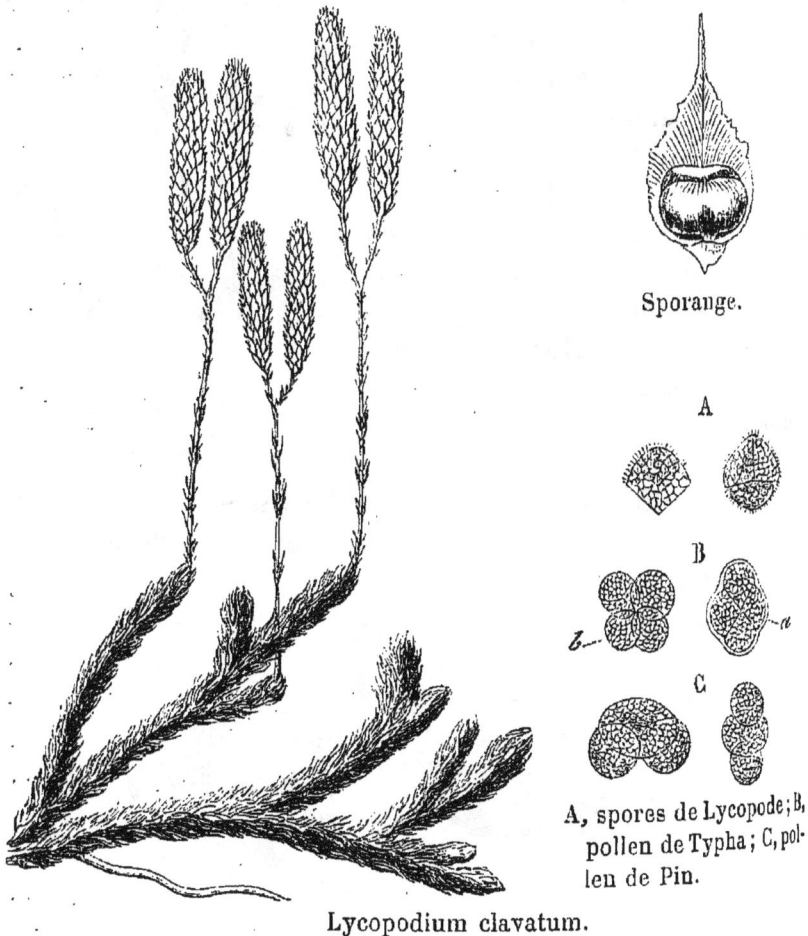

Sporange.

A

B

C

A, spores de Lycopode; B, pollen de Typha; C, pollen de Pin.

Lycopodium clavatum.

Fig. 354.

pante, 6-8 décimètres, très rameuse, rameaux émettant des racines adventives et couverts de feuilles subulées, molles, muces, très rapprochées, terminées par un long poil blanc, rameaux fertiles ascendants terminés par un épi cylindracé formé de bractées ovales acuminées, à l'aisselle desquelles naissent des sporanges uniloculaires s'ouvrant par une fente transversale et contenant des spores extrêmement petites et pulvérulentes, réunies par 4 en paquets trigones. Ces spores présentent une face convexe et trois autres réunies en une pyramide triangulaire à bords saillants, la paroi externe est réticulée.

Hab. — Bois, très répandu, Europe, Asie, Amérique, Australie, etc.

Prop. et usages. — Les spores de Lycopode contiennent 45 p. 100 d'huile grasse, on les emploie pour dessécher les surfaces excoriées, pour enrober les pilules. On a falsifié le Lycopode (fig. 354, A) avec du pollen de Typha (fig. 354, B) et du pollen de Pin (fig. 354, C).

Lycopodium Selago. — Sporanges naissant à l'aisselle des feuilles et non en épi.

Prop. et usages. — A été employé

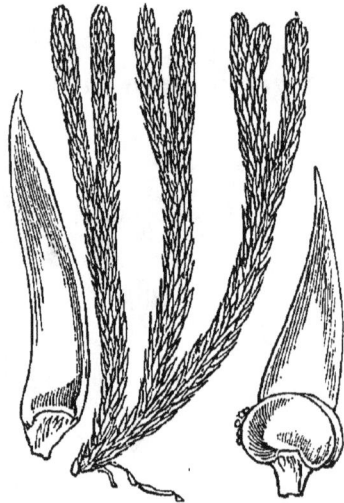

Lycopodium Selago.
Fig. 355.

comme purgatif et émétique. *Lycopodium saururum*, Péligran, Bourbon, voisin du précédent, contient un alcaloïde toxique : *péligranine*.

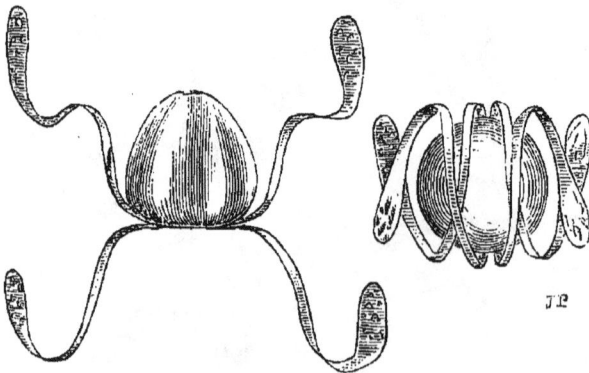

Spores d'Equisetum.
Fig. 356.

ÉQUISÉTINÉES.

Equisetum. *Prêle.* — Les Prêles sont des herbes vivaces des lieux marécageux, leur tige est cylindrique, articulée, munie aux nœuds de rameaux verticillés, l'épiderme est plus ou moins silicifié; les sporanges naissent sur la face inférieure d'écailles peletées, verticillées en forme d'épi, au sommet de la tige ou des rameaux; les spores sont munies de 4 appendices filiformes renflées au sommet, s'enroulant autour de la spore ou se déroulant (fig. 356.

Prop. et usages. — On a préco-

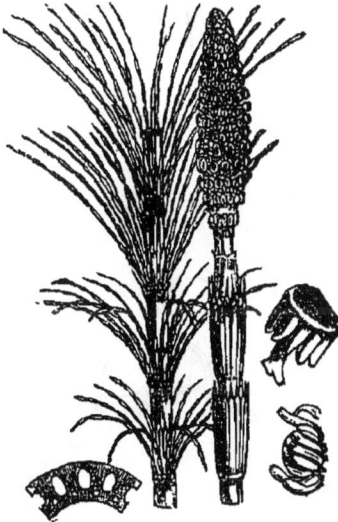

Equisetum Telmateja.

Fig. 357.

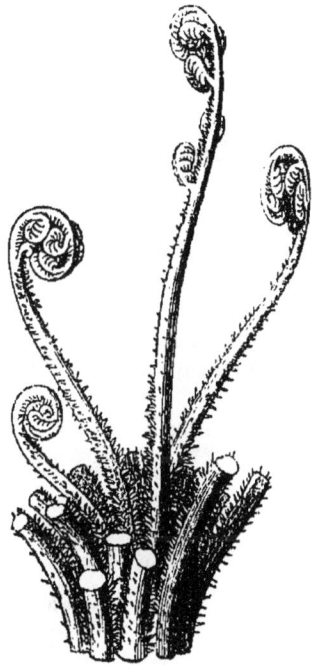

Préfoliation circinée des Fougères.

Fig. 358.

nisé les Prêles (*E. limosum, palustre, Telmateja,* etc.) comme astringentes et diurétiques.

FILICINÉES (*Fougères*).

Les Fougères sont dans nos régions des plantes à tige rampante, dessus ou dans la terre et portant des feuilles souvent très rapprochées et d'abord enroulées en crosse. Ces feuilles sont très rarement entières; mais au contraire lobées, séquées, composées, réalisant les formes les plus compliquées; dans leur jeunesse, elles sont souvent recouvertes de poils écaileux qui persistent sur les pétioles. Les spores sont contenues

Sores réniformes de l'*Aspi-*
dium Filix mas. — *ind*, indusie.

Fig. 359.

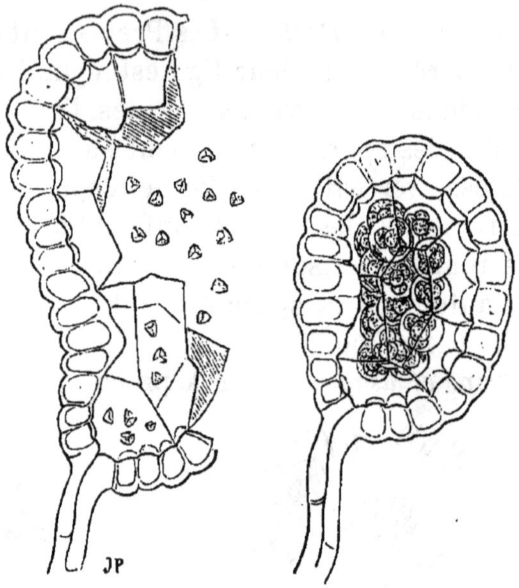

Sporange.

Fig. 360.

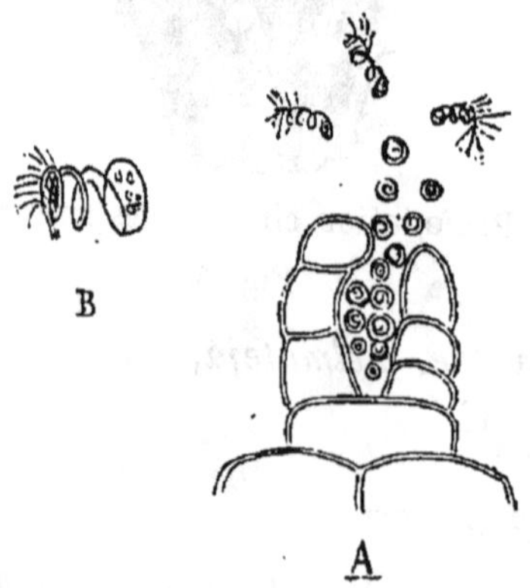

Anthéridie et anthérozoïdes
des Fougères.

Fig. 361.

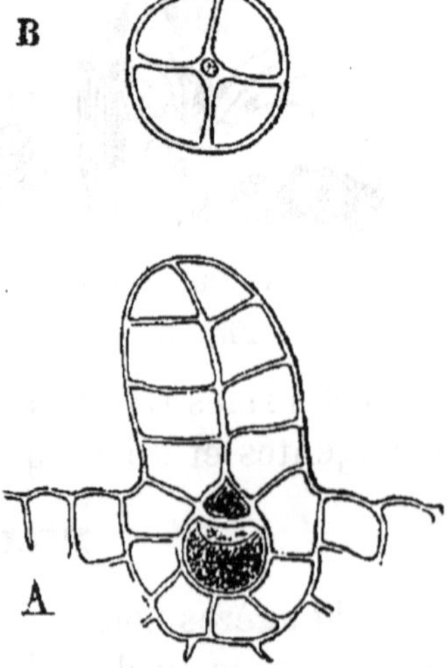

Archégone des
Fougères.

Fig. 362.

dans des sacs appelés *sporanges* qui sont groupés en petits amas ou *sores* ordinairement cachés sous une membrane ou *indusie* (fig. 359).

Les sporanges (fig. 360) sont remarquables par une rangée de cellules épaissies, formant un *anneau* qui à la maturité tend à se redresser et à ouvrir le sporange en le déchirant.

La spore en germant donne une petite expansion verte appelée *prothalle*. Celui-ci développe dans des cellules modifiées des *anthérozoïdes* (fig. 361), qui pénétrant dans un organe en forme de sac appelé *archégone* (fig. 362), y fécondent une oosphère. L'œuf devient un embryon et enfin une fougère s'affranchissant du prothalle en développant des racines.

On connaît près de 4000 Fougères dont la grande majorité appartient aux contrées chaudes et humides où elles atteignent de grandes dimensions (Fougères arborescentes).

Clef. — I. Groupes de sporanges ou *sores* dépourvus d'indusie :

    + Sores arrondis, feuilles pennatipartites....... *Polydium vulgare.*

    ++ Sores linéaires entremêlés d'écailles scarieuses. *Ceterach officinarum.*

II. Sores munis d'indusie :

    + Sores suborbiculaires, indusie membraneux fixé par le centre et par un pli allant du centre à la circonférence (fig. 358), ce qui le rend réniforme. Rachis des feuilles écailleux, lobes crénelés, dentés à dents mutiques............ *Aspidium Filix mas.*

    ++ Sores linéaires ou ovales avec indusie soudé par le bord externe, libre par le bord interne.. *Asplenium :*

    O Feuilles à contour triangulaire, indusie à bord entier.......... *Aspl. Adianthum nigrum.*

    OO Indusie fimbrié...... *Aspl. Ruta muraria.*

    OOO Feuilles simplement pennatisequées .... *Aspl. Trichomanes.*

    +++ Sores linéaires à indusie bivalve. Feuille entière oblongue lancéolée ... *Scolopendrium officinale.*

    ++++ Sporanges naissant très près du bord de la face

inférieure des feuilles
et formant des sores
linéaires longeant les
bords des segments. In-
dusie continu avec le
bord de la feuille..... *Pteris.*
Feuille de 6-15 déc. bi-
tripennati-sequées.... *Pteris Aquilina.*
++++ Sores arrondis ou oblongs
fixés sur l'indusie, pla-
cés sur le bord et au
sommet de la feuille.
Indusie continu avec le
bord de la feuille..... *Adianthum.*
Segments cunéiformes
sur des pédicelles ca-
pillaires............. *A. Capillus Veneris.*

Polypodium vulgare. *Polypode du chêne.* — Rhizome
superficiel, traçant, charnu,
d'une saveur sucrée, couvert
d'écailles scarieuses, portant
des feuilles ovales lancéolées
dans leur contour, simplement

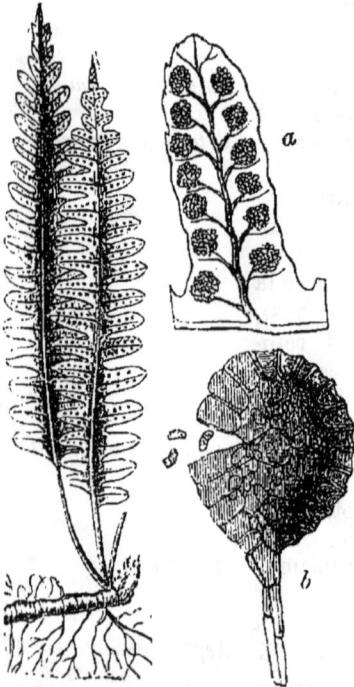

Polypodium vulgare.

Fig. 363.

Ceterach officinarum.

Fig. 364.

pennatipartites à segments alternes portant les groupes arrondis de sporanges ou sores sur deux rangs parallèles.

Hab. — Vieux murs, troncs, etc.

Prop. et usages. — Le rhizome du *Polypode du chêne*, oublié aujourd'hui, a joui d'une certaine vogue, il a été employé comme laxatif, expectorant, vermifuge et même antigoutteux. Sa saveur agréable rappelant celle de la réglisse le fait rechercher par les enfants. On a isolé du rhizome du Polypode de l'amidon, du sucre, une matière astringente, de la gomme et de la saponine.

Ceterach officinarum. *Doradille.* — Petite touffe de nombreuses feuilles pennatipartites à segments alternes, épais, arrondis, verts en dessus, couverts d'écailles brillantes roussâtres en dessous (fig. 364).

Hab. — Vieux murs, rochers.

Prop. et usages. — La *Doradille* est diurétique et astringente, elle a été très employée dans les affections des voies urinaires (gravelle, catarrhe vésical). Elle est aujourd'hui à peu près abandonnée.

Aspidium Filix mas, *Fougère mâle* (fig. 365 et 359). — Grande touffe d'un beau vert; feuilles de 5-10 décimètres à rachis écailleux, oblongues, lancéolées dans leur pourtour, pennatiséquées, à segments pennatipartites, glabres en dessous; lobes adhérents par toute leur base, crénelés, dentés à dents aiguës, mais mutiques. Sores en deux séries à la base des lobes, à indusie subréniforme, *adhérant par le centre et par un pli allant du centre à la circonférence*, souche volumineuse, entourée par les bases écailleuses des feuilles qui forment une enveloppe continue deux fois plus épaisse que le rhizome lui-même, de nombreuses racines noires naissent à la base des pétioles.

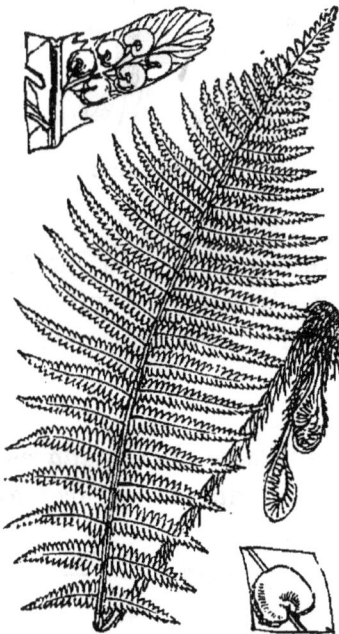
Aspidium Filix mas.
Fig. 365.

Hab. — Bois. Europe.

Prop. et usages. — Le *Rhizome de Fougère mâle* renferme de l'amidon, du sucre, une huile grasse verte, une huile essentielle, une résine, du tannin et de la *Filicine*, principe cristallisable soluble dans l'éther et les essences et qui paraît être le principe actif. Les propriétés vermifuges de la Fougère mâle sont très anciennement connues, l'*Extrait éthéré de rhizome frais* est un très bon ténifuge. A haute dose cet extrait devient toxique.

Adianthum Capillus veneris. *Capillaire de Montpellier.* — Feuilles à segments d'un vert gai, obovales cunéiformes pendus à des pétiolules très fins le long du rachis qui est lui-même grêle, noir luisant, sores sous le bord et au sommet des lobes, indusie continu avec le bord de la feuille.

Hab. — Roches humides, cascades.

Asplenium Ruta muraria.
Fig. 366.

Prop. et usages. — Remède vulgaire des affections bronchiques, paraît à peu près inerte.

Adianthum pedatum. *Capillaire du Canada.* — Feuille pédalée à long pétiole, pétiolules très courts, lobe très asymétrique.

Hab. — Amér. N.

Prop. et usages. — La feuille de *Capillaire du Canada* est béchique, expectorante, légèrement mucilagineuse et aromatique.

Asplenium Adianthum nigrum. *Capillaire noir.* — Peu usité.

Asplenium Ruta muraria. Rue des murailles. Sauve-vie. — Peu usité.

Asplenium Trichomanes. — Employé quelquefois comme les Capillaires.

Scolopendrium officinale. *Scolopendre, Langue de cerf.*

Hab. — Commun dans les endroits frais et ombragés.

Prop. et usages. — Très usité autrefois, paraît astringent et diurétique.

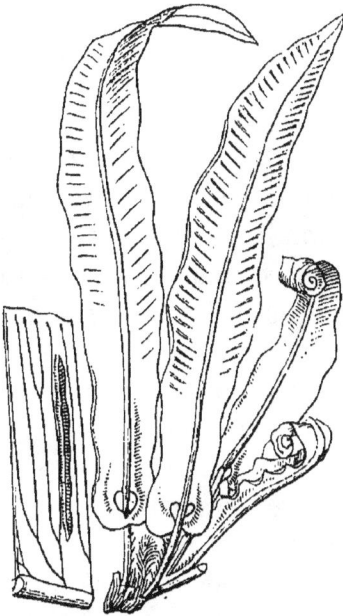

Scolopendrium officinale.
Fig. 367.

Pteris aquilina.
Fig. 368.

Pteris aquilina. *Fougère aigle* (fig. 368).

Hab. — Dans les régions sablonneuses.

Prop. et usages. — On a brûlé cette fougère pour en retirer la potasse qui abonde dans ses cendres.

THALLOPHYTES.

L'embranchement des *Thallophytes* ne forme pas une division naturelle comparable aux embranchements des Phanérogames, Fougères, Mousses. C'est tout un monde composé des types les plus variés dans leur forme extérieure, leur structure, leur reproduction, leur développement ; aussi les caractères généraux de ce groupe sont purement négatifs : pas de fleurs, pas de racines, pas de feuilles ; ce sont des plantes réduites à la tige ou *thalle*.

On peut cependant caractériser :

1° *Algues*. — Les Algues sont des végétaux cellulaires pourvus de chlorophylle, c'est-à-dire capables de prendre leur carbone à l'acide carbonique et d'emmagasiner la force vive de la radiation solaire.

2° *Champignons*. — Sont dépourvus de chlorophylle, prennent, comme les animaux, des aliments complexes, utilisant la force vive qui y est déjà engagée, ou vivent en parasites.

3° *Lichens*. — Sont considérés comme une *association d'une Algue et d'un Champignon*. L'Algue préside aux fonctions de nutrition, assimile le carbone ; le Champignon se développe aux dépens de l'Algue emprisonnée ou protégée dans les mailles de son tissu.

4° Les *Bactéries*. — Algues de très petites dimensions, sans chlorophylle, se multipliant par une bipartition qui leur a valu le nom de *Schizophytes*.

ALGUES.

Les Algues vivent submergées ou dans des stations humides au moins temporairement, elles sont libres et mobiles ou fixées, elles ont besoin de la lumière pour se développer, puisqu'elles sont pourvues de chlorophylle, elles sont rarement parasites si on excepte les *Bactériacées* que l'on peut placer parmi les

Champignons, ou considérer comme un groupe indépendant.

Le thalle des Algues affecte les formes et les dimensions les plus variées, il peut être unicellulaire ou bien cloisonné et alors filamenteux, plan ou massif. La couleur du thalle a une certaine importance, un pigment surajouté à la chlorophylle la masque plus ou moins, ce principe colorant est soluble dans l'eau et insoluble dans l'alcool et l'éther, il·peut être : 1° bleu, les Algues sont dites : Algues bleues ou *Cyanophycées*; 2° jaune brun chez les Algues brunes ou *Phéophycées*; 3° rouge chez les *Floridées* ou *Rhodophycées*; 4° les Algues vertes ou

Zygnema.

Fig. 369.

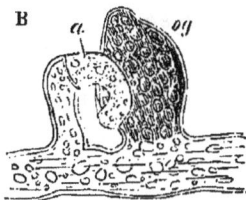

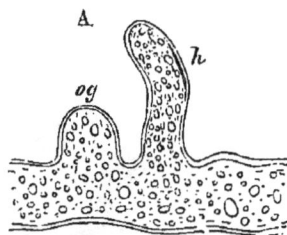

Vaucheria. — B, A, une branche du Thalle portant un oogone et une anthéridie.

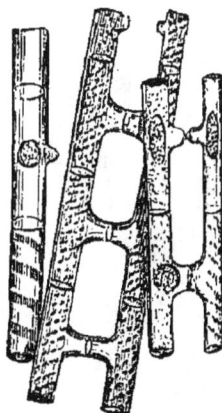

Fig. 370.

Spirogyres en conjugaison.

Fig 371.

Chlorophycées présentent de la chlorophylle avec un peu de xanthophylle.

La reproduction chez les Algues s'effectue par des spores ou par des œufs, les spores sont souvent mobiles (zoospores).

Les Algues constituent un aliment pour beaucoup d'animaux. dans l'Asie orientale et le nord de l'Europe, l'homme fait aussi une assez grande consommation d'Algues marines.

On retire des Algues de la soude, de la potasse, de l'iode et du brome. On prépare une colle, des apprêts, des gelées alimentaires, avec les Algues riches en principe mucilagineux (gélose). Cette gélose est aussi, depuis quelques années, très employée pour préparer des milieux de culture pour bactéries. Le mucilage des Algues marines sert encore pour la préparation de bons cataplasmes émollients. Enfin la décoction ou l'infusion d'un assez grand nombre d'Algues marines est vermifuge (*Mousse de Corse*).

ALGUES BRUNES.

Fucus vesiculosus. *Varec vésiculeux, Chêne marin des Anciens.* — Algue brune, solidement fixée aux rochers par des crampons partant d'un plateau d'où s'élève une tige pouvant atteindre 60 centimètres, ramifiée en branches aplaties et munie de grosses vésicules remplies d'air.

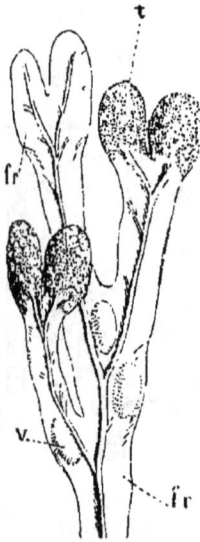

Fucus vesiculosus.—
v, vésicule d'air;
t, renflement charnu où sont localisés les conceptacles.

Fig. 372.

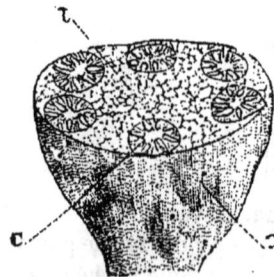

Coupe d'un renflement:
c, conceptacle.

Fig. 373.

Les organes de reproduction (conceptacles, fig. 373) occupent les extrémités, ils sont unisexués dioïques, les uns produisent des Anthérozoïdes, les autres des Oosphères qui sont mises en liberté.

Hab. — Côtes de l'Océan sur les rochers submergés ou découverts à marée basse.

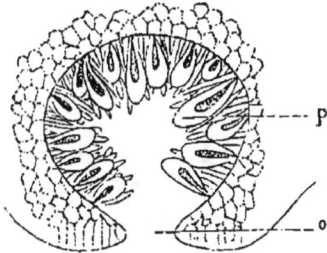

Coupe d'un conceptacle femelle : *p*, oogone.

Fig. 374.

Prop. et usages. — Arrachés par les flots, ces *Fucus* forment sur les plages des amas, souvent considérables, que les populations maritimes recueillent sous le nom de *Varecs* ou *Goemons*.

A certaines époques de l'année, on fait même de véritables coupes dans les prairies marines de *Fucus*. On utilise les Varecs pour la nourriture du bétail, et on les répand comme engrais (potasse, azote). L'incinération des *Fucus* et d'autres grandes algues, les *Laminaires*, donne une cendre riche en *potasse*, mais on y recherche surtout l'*Iode et le Brome* que l'on a pendant longtemps retirés uniquement de ces plantes marines. Aujourd'hui les salpêtres du Chili donnent ces métalloïdes à un prix de revient souvent inférieur.

L'*Ethiops végétal* qui contient de l'iode se préparait en calcinant en vase clos différents *Fucus*.

Fucus serratus. — Mêmes usages que le précédent ainsi que d'autres espèces (fig. 374-378).

Laminaria Cloustoni (*L. digitata*). *Laminaire.* — Fronde profondément divisée s'évasant subitement au sommet d'un long stipe.

Hab. — Rivages de l'Océan. C.

Prop. et usages. — Le stipe de Laminaire est quelquefois employé pour dilater des trajets fistuleux ; introduit sec, il gonfle par la chaleur et l'humidité, ces fragments de Laminaire acquièrent, après gonflement, un diamètre atteignant une fois et demie le diamètre primitif.

Laminaria saccharina. *Laminaire sucrée.* — Thalle ayant la forme d'une longue feuille (de 2 à 3 mètres) ondulée sur les bords, pétiolée et fixée aux rochers par des crampons rameux. Par la dessiccation la Laminaire se recouvre de *mannite*. Les Laminaires sont riches en iode et traitées comme les *Fucus*.

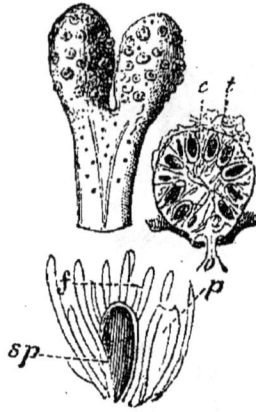

Fucus serratus.

Fig. 375.

Fucus serratus.

Conceptacles femelles : *sp*, oogones.

Fig. 376.

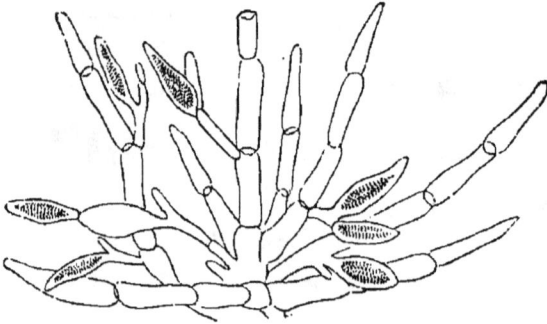

Anthéridies des conceptacles mâles.

Fig. 377.

Anthéridies et anthérozoïdes.

Fig. 378.

ALGUES ROSES, FLORIDÉES.

Chondrus crispus. *Carragaen; Mousse perlée.* — De couleur
variable, pourpre, brune ou verte, pédicule aplati portant une
fronde plate, plane ou crispée dichotome de 5-8 centimètres, à

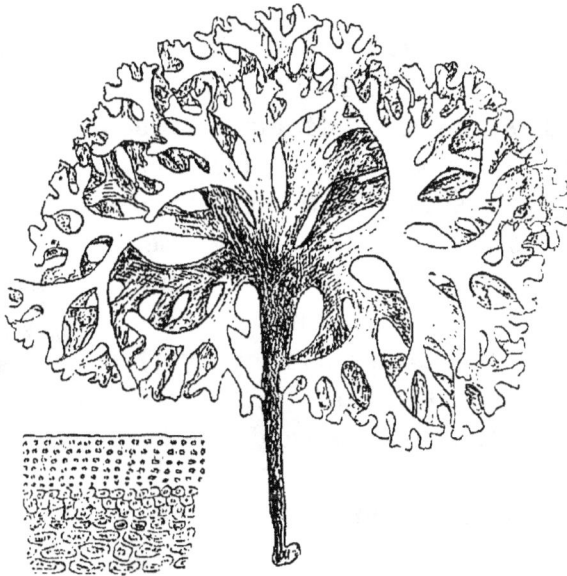

Carragaen, Chondrus crispus.

Fig. 379.

segments linéaires cunéiformes. Le tissu du thalle est formé
de cellules très irrégulières pourvues d'une membrane gélifiée
très épaisse.

Hab. — Commune dans les mers du Nord.

Prop. et usages. — On trouve dans le commerce cette Algue
desséchée, crispée, décolorée; elle a une odeur faible, et pas
de saveur marquée. Plongé dans l'eau bouillante le Carragaen
se dissout presque complètement et donne une gelée très con-
sistante. En thérapeutique c'est un médicament émollient, il
peut être aussi analeptique. La décoction de Carragaen, additionnée de lait et édulcorée, est bien tolérée dans certaines
affections du tube digestif (diarrhée, dysenterie); on prépare

avec de l'ouate imprégnée de mucilage de Carragaen de très bons cataplasmes (C. Lelièvre).

Gracilaria lichenoïdes. *Mousse de Ceylan.* — Thalle filamenteux ramifié.

Hab. — Ceylan, îles de la Sonde, Moluques.

Prop. et usages. — Alimentaire comme le Carragaen, donne une gelée que l'on utilise pour donner de la consistance aux confitures.

Gracilaria confervoides et **Gloiopeltis tenax**, servent à la préparation de la *Phycocolle* ou *Colle du Japon.*

Gigartina spinosa et **isiformis** donnent l'*Agar-Agar* très employé pour sa gélose qui convient très bien pour préparer des milieux solides, propres à la culture des Bactériacées.

Corallina officinalis (fig. 380). — Cette Algue, en touffes épaisses hautes de 4-6 centimètres, solidement fixées aux rochers, est incrustée de calcaire, ses filaments grêles sont formés d'articles emboîtés les uns dans les autres ; à l'extrémité des rameaux un sac ovoïde percé d'un trou renferme de petits filaments allongés contenant chacun 4 spores (tétraspores).

Hab. — Commune sur toutes les côtes d'Europe et surtout sur celles de la Méditerranée.

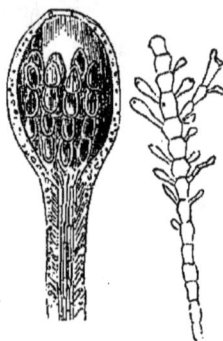

Corallina officinalis.
Fig. 380.

Prop. et usages. — A passé pour anthelminthique, se trouve souvent en grande abondance dans le mélange complexe nommé *Mousse de Corse.*

Mousse de Corse. — On donne ce nom à un mélange de petites algues appartenant à divers genres et comprenant aussi de nombreuses impuretés ; malgré son nom, la Mousse de Corse est, le plus souvent, récoltée sur les côtes de Provence et sa composition est variable. On regarde généralement comme devant former les éléments principaux : *Alsidium Helminthocorton* qui a reçu le nom que les anciens donnaient à cette drogue, *Jania corniculata, Jania rubens, Caulerpa prolifera, Bryopsis Balbisiana, Corallina officinalis, Gelidium corneum* et divers *Ceramium.*

Prop. et usages. — La Mousse de Corse est un vermifuge.

ALGUES VERTES.

Ulva Lactuca. *Laitue de mer.* — Thalle membraneux d'un beau vert, abonde sur les rochers maritimes.

Prop. et usages. — Comestible.

Enteromorpha compressa. — Thalle membraneux en tube creux par isolement des deux assises de cellules. Recherché comme aliment par les Japonais.

DIATOMÉES.

Algues microscopiques, unicellulaires, d'une régularité géométrique, à membranes d'enveloppe incrustées de silice. Chaque

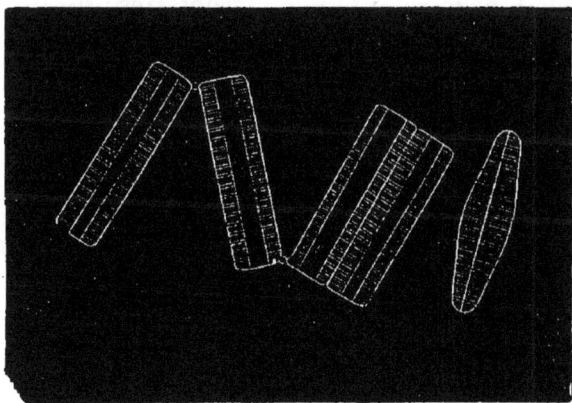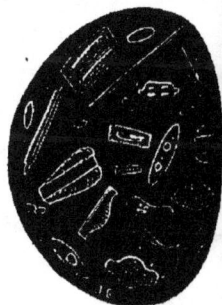

Diatomées.

Fig. 381.   Fig. 382.

individu est protégé par deux valves réunies entre elles comme une boîte et son couvercle. Beaucoup de Diatomées sont mobiles.

Les carapaces de Diatomées accumulées aux mêmes endroits ont formé des dépôts de *tripoli* exploités sur différents points du globe.

CHAMPIGNONS.

L'absence de chlorophylle est le caractère fondamental des Champignons ; ne pouvant pas, comme les plantes vertes, utiliser le carbone de l'acide carbonique et la radiation solaire, ces végétaux recherchent les composés organiques complexes, créés par les végétaux à chlorophylle, ou les animaux.

Les Champignons comme les animaux ont en effet besoin de ces aliments susceptibles d'êtres brûlés, c'est-à-dire de donner la quantité de chaleur nécessaire à la nutrition, à la reproduction, en un mot aux manifestations de la vie ; les éléments purement minéraux isolés ne peuvent pas être utilisés par les Champignons, qui puiseront leur nourriture, tantôt dans les débris végétaux ou animaux qu'ils dédoubleront et analyseront, jusqu'à les faire retourner à la forme minérale, en bénéficiant de la force vive engagée dans les combinaisons défaites ; tantôt directement dans le corps des végétaux ou animaux vivants, et dans ce cas ils seront parasites.

Incapables d'emmagasiner la radiation solaire, les Champignons n'ont aucun besoin de lumière, cependant leur thalle qui se développe dans la profondeur du substratum vient souvent porter à la lumière les spores qui doivent être dispersées.

On désigne les organes de végétation des Champignons par le mot *Thalle ;* mais on dit aussi en parlant des thalles filamenteux : *mycelium ;* du thalle formé de protoplasma : un *plasmode* (Myxomycètes).

Les branches du thalle s'enchevêtrent souvent en une masse plus ou moins compacte nommée *sclérote*, ressemblant à un tubercule dont la couche externe brune forme un tégument sous lequel se trouve une réserve. Sous cette forme condensée le thalle est à l'état de vie latente ; quand les conditions sont favorables le *sclérote*, végète produisant un nouveau thalle ou des organes reproducteurs.

Le thalle du Champignon produit des spores qui le multiplient ; mais suivant les conditions extérieures le même thalle peut donner plusieurs sortes de spores, ayant une forme, une origine et un rôle différents. Des branches différenciées du thalle peuvent se conjuguer et former à leur point d'union une spore que l'on doit regarder comme un œuf, on la nomme aussi zygospore (Mucorinées, Péronosporées).

On divise habituellement les Champignons en deux sous-classes établies sur la présence ou l'absence d'une membrane cellulosique autour du protoplasma.

I. Les champignons à protoplasma nu ou *Plasmodiophores* ne comprennent que l'ordre des MYXOMYCÈTES.

II. Les champignons à protoplasma enfermé dans des cellules peuvent se diviser en :

BASIDIOMYCÈTES produisant leurs spores par bourgeonnement sur des cellules mères nommées *basides* (fig. 385).

ASCOMYCÈTES produisant leurs spores à l'intérieur des cellules mères nommées *asques* (fig. 400).

URÉDINÉES parasites des végétaux formant des taches de *rouille* dues à des groupes de spores rompant l'épiderme.

USTILAGINÉES parasites des végétaux envahissant la plante entière et formant dans des organes déterminés des amas noirs de spores (*charbon*).

OOMYCÈTES, champignons capables de former des œufs et, malgré des dimensions assez grandes, unicellulaires. A cet ordre se rattachent les *Mucorinées*, les *Péronosporées*, les *Entomophtorées*.

Enfin on doit encore désigner sous le nom de *Champignons inférieurs* des formes qui ne représentent que des phases du développement de certains Ascomycètes, mais qui doivent être connues sous cet état, qui est le plus fréquent et le mieux étudié. Tels sont les HYPnOMYCÈTES comprenant les *Mucédinées* et *Dématiées*.

Dans le but de grouper les faits suivant un ordre plutôt pratique, nous examinerons les Champignons au point de vue médical, après les avoir groupés de la manière suivante :

a. CHAMPIGNONS COMESTIBLES, TOXIQUES, MÉDICAMENTEUX.

b. LICHENS.

c. PHYTOPARASITES ou champignons vivant en parasites sur les plantes et y produisant des maladies.

d. ENTOMOPARASITES. Parasites des insectes.

e. ÉPIDERMOPHYTES. Champignons des teignes et de la peau.

f. MOISISSURES.

g. LEVURES.

CHAMPIGNONS COMESTIBLES, TOXIQUES ET MÉDICAMENTEUX.

Deux ordres de Champignons fournissent les espèces comestibles, les BASIDIOMYCÈTES et les ASCOMYCÈTES.

Chez les Basidiomycètes les cellules sporifères ou basides sont d'ordinaire accolées en une membrane qui est l'*hymenium*, la place occupée par cette membrane dans le champignon sert de base à la division des Basidiomycètes.

Tantôt l'hyménium s'étend sur les surfaces extérieures des réceptacles et on a les *Hyménomycètes ;* tantôt, au contraire, l'hyménium tapisse l'*intérieur* de cavités contenues dans le réceptacle et l'on a les *Gastéromycètes.*

HYMÉNOMYCÈTES.

Constitution générale d'un Hyménomycète. — Un champignon de ce groupe se compose d'une partie végétative, *mycélium*, puisant dans le sol les éléments de la nutrition, et d'une partie visible au dehors, le champignon proprement dit, qui est le *réceptacle fructifère.*

Chez les *Amanites* par exemple, ce réceptacle est assez différencié et présente :

La VOLVE (fig. 383, *v*) ou enveloppe générale qui recouvre tout le champignon dans sa jeunesse et qui se déchire laissant à la base de la plante une

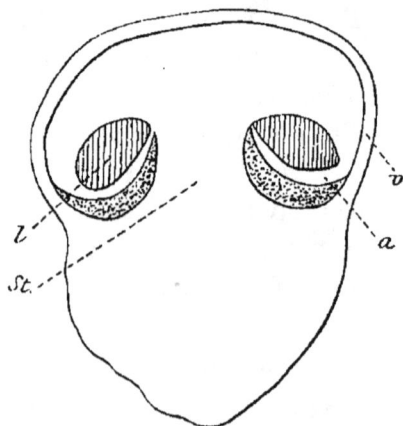

Amanite : *v*, volve; *a*, anneau ; *l*, lames; *st*, stipe.

Fig. 383.

sorte de cupule. Le mode de déhiscence de cette volve permet de bien caractériser les groupes d'Amanites. Dans l'*Amanita Cæsarea, ovoidea, phalloïdes*, la *volve membraneuse* se déchire au sommet seulement et persiste tout entière, formant une coupe à la base du stipe. Dans l'*Amanita muscaria* (fig. 387), *rubescens*, *pantherina*, la volve se brise en fragments dont les uns restent à la base du stipe et les autres emportés par le chapeau y persistent sous forme de nombreuses verrues blanches.

La volve est encore bien développée dans le genre *Volvaria*, mais manque chez les autres Agaricinées; son absence devient alors un caractère négatif important.

Le STIPE ou pied est cylindrique, il peut être plein ou fistuleux, en général il est formé d'hyphes ayant une direction parallèle; quand les cellules sont longues et étroites le stipe est *fibreux*, il devient *grenu* chez les *Russules* et les *Lactaires* parce qu'il est alors formé de cellules à peu près sphériques. Ordinairement le stipe est inséré au centre du chapeau; mais il peut être excentrique ou même tout à fait latéral (*Pleurotus*).

Le CHAPEAU est formé par l'épanouissement du stipe; mais il se produit souvent à la limite du chapeau et du stipe un tissu à éléments grêles qui rend cette zone fragile, il en résulte que l'on détache très nettement le chapeau du stipe; on dit alors que le *stipe est distinct du chapeau* (*Amanite*). Dans d'autres cas les hyphes du stipe passent sans modification dans le chapeau et il n'existe pas de ligne de rupture; on dit alors que le *stipe est continu avec le chapeau* (*Mousseron*).

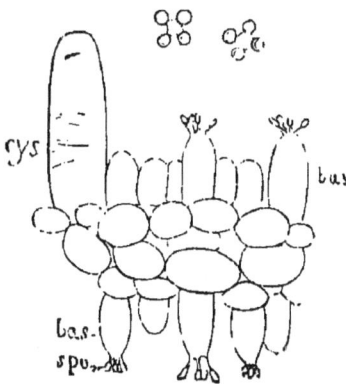

Basides et spores, cystides, paraphyses.

Fig. 384.

Le chapeau est aussi appelé *Hyménophore* en raison de la présence de l'hyménium qui en tapisse une partie.

L'ANNEAU (fig. 383, *a*) réunit le stipe au bord du chapeau, il retombe d'ordinaire sur le stipe et lui forme une collerette; mais il peut rester aussi sous forme de frange à la marge du chapeau.

Chez le *Lepiota procera* et certains Coprins l'anneau est libre et flottant. Dans d'autres cas il est inséré tout au sommet du stipe. Les caractères tirés de la présence ou de l'absence de l'anneau sont utilisés pour subdiviser les Agaricinées.

L'Hyménium formé par l'accolement des cellules sporifères tapisse les *lames*, *plis* ou *pores*.

On doit y distinguer :

1° Les *basides*, grosses cellules saillantes terminées par des pointes ou *stérigmates* qui portent les spores (fig. 385).

2° Les *cystides*, cellules également volumineuses mais stériles, souvent caractéristiques (fig. 384).

3° Les *paraphyses*, cellules fondamentales de l'hyménium. sont des basides arrêtées dans leur développement.

Les *spores* naissent à l'extrémité des stérigmates.

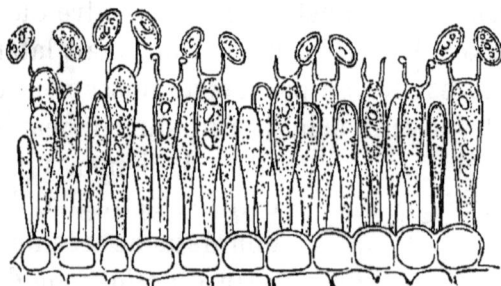

Basides et spores, paraphyses.

Fig. 385.

La spore est gorgée de protoplasma hyalin, on y observe des vacuoles, des gouttelettes huileuses. On y distingue une membrane externe ou *épispore* avec *pore germinatif* et une *endospore*, à la base de la spore on trouve généralement un petit appendice qui est l'extrémité du sporophore.

La membrane externe peut porter des ornements externes (*spores échinulées*). Toutes les spores jeunes sont incolores, adultes elles prennent des couleurs très nettes, caractère qui a une grande valeur pour la classification.

Les teintes fondamentales sont :

Le blanc (*Leucosporées*).

Le rose (*Rhodosporées*).

Le jaune d'ocre (*Ochrosporées*).

Le violet pourpré et le noir (*Mélanosporées*).

Pour bien juger de la couleur des spores, on place le chapeau sur du papier, l'hyménium en bas et on attend quelques heures, les spores accumulées sur le papier donnent bientôt la teinte très apparente.

Division en familles.

I.	*Agaricinées*.	Hyménium sur des lames.
II.	*Polyporées*..	Hyménium tapissant des tubes ou pores.
III.	*Hydnées*	Hyménium tapissant des pointes ou crêtes.
IV.	*Téléphorées* .	Formant une surface unie à la face inférieure.
V.	*Clavariées* ..	Hyménium tapissant toute la surface.

AGARICINÉES.

Hyménomycètes à hyménium infère sur des lames rayonnantes.

Clef. — I. *Leucosporées :* Spores blanches.
    a. Spores lisses :
      + Chapeau distinct du stipe facilement
       séparable :
        O Une volve.................... Amanita.
        OO Un anneau mobile, pas de volve. Lepiota.
      ++ Chapeau est l'épanouissement du
       stipe, il n'est pas facilement séparable :
        O Un anneau, lames sinuées.... Armillaria.
        OO Pas d'anneau, lames sinuées. Tricholoma.
        OOO Revivescents après dessiccation.................... Marasmius.
       OOOO Stipe nul ou excentrique, lames
        décurrentes à bords minces. Pleurotus.
       OOOOO Lames décurrentes à bords
        épais dichotomes.......... Cantharellus.
    b. Spores échinulées : Tissu grenu cassant :
      Ch. lactescent...................... Lactarius.
      Non lactescent........ .... Russula.
    II. *Rhodosporées :* Spores roses :
      + Une volve..................... Volvaria.
      ++ Chapeau et stipe confluents, lames
       sinuées, spores anguleuses....... Entoloma.
    III. *Ochrosporées :* Spores ochracées :
      + Un anneau membraneux........ . Pholiota.
      ++ Pas d'anneau, lames sinuées....... Hebeloma.
      +++ Un voile général aranéeux (cortine)
       distinct de l'épiderme du chapeau. Cortinarius.
    IV. *Mélanosporées :* Spores pourprées ou noires :

Un collier fixe...................... AGARICUS.
Pas de collier fixe, champignons déli-
    quescents....................... COPRINUS.

Amanita. *Oronge.* — Les Agaricinées Leucosporées de ce genre sont remarquables par un voile général ou *Volve* distinct de l'épiderme du chapeau et qui enveloppe le jeune champignon. Au moment de l'épanouissement cette volve peut se fendre pour laisser sortir le chapeau et le pied qui le porte, les débris de la volve forment alors une gaine qui entoure la base du pied ; dans d'autres cas (*Amanita venenosa*), la volve se sépare de la base du pied suivant une ligne circulaire et y laisse un simple bourrelet annulaire. La partie ainsi détachée reste parfois membraneuse ; mais chez d'autres espèces elle se divise en petits fragments en forme de *verrues* qui adhèrent au chapeau. Enfin, la volve peut ne laisser à la base du pied que des débris en forme d'écailles. Le collier est généralement très visible chez les Amanites, il peut manquer chez une forme de l'*Oronge blanche*, il n'existe jamais dans la section *Amanitopsis* (*A. vaginata*).

Les *Amanita* peuvent être confondus avec les *Volvaria* qui ont une volve et pas de collier, mais des spores roses.

Clef. — A. Un collier :
    I. Pas de verrues sur le chapeau :
        + Volve formànt une gaine à la base
           du pied :
           O Chapeau orange, chair,
             feuillets, pied jaune clair. AMANITA CÆSAREA (C.).
           OO Blanc soyeux, pied plein. A. OVOIDEA (C.).
           OOO Jaunâtre, olivâtre vis-
             queux... .... A. PHALLOIDES (Ven.).
           OOOO Blanc gélatineux 5-7 cent.
             pied creux supérieure-
             ment................. A. VERNA (Ven.).
        ++ Volve détachée circulairement
          près de la base du pied, blanc
          ou jaunâtre................ A. VENENOSA (Ven.).
    II. Des verrues sur le chapeau :
        + Volve formant un bourrelet an-
        nulaire :
           O Chapeau rouge, chair jau-
             nâtre................. A. MUSCARIA (Ven.).
           OO Chapeau brun olivâtre,
             chair blanche......... A. PANTHERINA (Ven.).

++ Volve fugace écailleuse, chair
rougissant au contact de l'air. A. RUBESCENS (C.).
B. Pas de collier........................ A. VAGINATA (C.).

Amanita cæsarea. *Oronge.* — Chapeau jaune orangé, lisse;
marge striée, chair ferme, jaune sous l'épiderme, *feuillets inégaux jaunes;* pied plein gros bulbeux; collier large; volve complète, ample, très blanche, persistante.

Hab. — Bois des régions chaudes de l'Europe.

Prop. et usages. — Cette Amanite est considérée comme le
champignon le plus délicat;
elle ressemble à l'*Amanita Muscaria* très toxique, qui diffère
par sa volve incomplète, le

Oronge.
Amanita cæsarea.

Fig. 386.

Fausse-Oronge.
Amanita muscaria.

Fig. 387.

dessus du chapeau parsemé de verrues, les *feuillets* et le *stipe
blancs.*

Amanita muscaria, *Amanite Tue-mouche, Fausse-Oronge.* —
Chapeau d'un beau rouge ou orangé, *parsemé de verrues anguleuses, feuillets blancs,* la volve coupée circulairement, lors de la
déhiscence laisse seulement au-dessus du bulbe du pied un rebord formé de *fragments écailleux blancs.* Collier large retombant.

Hab. — Très répandu, l'Europe, l'Asie, l'Amérique, Nord-Afrique R.

Prop. et usages. — La *Fausse-Oronge* est extrêmement véné-neuse, elle peut être confondue avec l'*Oronge vraie* qui n'a pas de verrues sur le chapeau et dont les feuillets sont jaune clair ainsi que le pied. — On a retiré de ce Champignon un alca-loïde, la *Muscarine* et l'*Amanitine* dont la constitution est la même que celle de la Névrine et qui, par oxydation, donne la Muscarine.

La *Muscarine* produit la salivation, des secousses musculaires, le ralentissement du cœur, puis son arrêt en diastole.

L'empoisonnement par la *Fausse-Oronge* se manifeste peu après son ingestion. Les symptômes sont les suivants :

Douleurs épigastriques, vomissements, selles glaireuses san-guinolentes, ivresse, vertige, respiration haletante, irrégularité du cœur, syncope, délire, stupeur, coma, enfin la mort qui peut survenir tardivement. On devra combattre l'intoxication par les vomitifs, les purgatifs huileux, lavements purgatifs. Puis on administrera le tannin, la caféine, ou la théobromine qui, en augmentant la diurèse, faciliteront l'élimination. L'ac-tion sur le cœur de ces agents est aussi à rechercher pour neutraliser l'effet paralysant de la *Muscarine*. Pour relever les forces du malade on aura recours aux stimulants ordinaires, injection d'éther, etc., on devra cependant se méfier de l'al-cool qui peut favoriser l'absorption en même temps qu'il faci-lite l'élimination. Les frictions, sinapismes, sont aussi indiqués.

En Sibérie les Amanites toxiques sont recherchées pour la préparation de boissons enivrantes.

La Muscarine étant soluble dans l'eau acidulée, on conçoit que la *Fausse-Oronge* devienne comestible après une ébullition prolongée dans de l'eau renouvelée, aussi ce Champignon ainsi préparé sert d'aliment en Russie et même en France, à Gé-nolhac (Gard).

Les Russes et les Polonais récoltent les Champignons comes-tibles en même temps que ceux qui sont toxiques, ils les font macérer dans le vinaigre et les conservent dans du sel, en ayant soin de rejeter le vinaigre et la saumure, ces Champi-gnons passés ensuite à l'eau bouillante sont consommés sans danger, le principe toxique dissous dans les liquides étant rejeté. — Gérard en 1851 a indiqué un procédé analogue, qu'il est bon de connaître pour en tirer parti le cas échéant, mais que l'on doit éviter de trop répandre, de peur qu'une modification apportée au procédé ne soit suivie d'accidents graves.

Cinq cents grammes de champignons coupés en tranches et mis en macération pendant quelques heures dans un litre d'eau contenant trois cuillerées de vinaigre et deux de sel, sont ensuite soumis à une ébullition, d'un quart d'heure au moins, dans une grande quantité d'eau que l'on rejette ensuite. Ces champignons cuits sont, après un lavage et un égouttage, propres à la consommation. C'est l'innocuité des champignons toxiques ainsi préparés qui a contribué à accréditer cette erreur qu'une même espèce de champignon pouvait être toxique dans une région et alimentaire dans une autre.

Amanita pantherina. — Chapeau olivâtre, brun légèrement visqueux, couvert de petites verrues blanches, chair blanche, volve annulaire à la base du pied. Odeur nulle, saveur vireuse.

Hab. — Bois, Europe, Nord-Afrique, Amérique.

Prop. et usages. — Cette espèce toxique peut être confondue avec l'*Am. rubescens* comestible, dont la volve ne laisse pas de bourrelet circulaire à la base du pied et dont la chair rougit au contact de l'air, et avec certaines variétés de l'*Amanita vaginata* qui se reconnaît à l'absence de collier et de verrues sur le chapeau.

Amanita rubescens. — Chapeau charnu, rouge cendré, parsemé de verrues inégales, farineuses, peu adhérentes, feuillets nombreux rougissant quand on les froisse; pied blanc, strié, écailleux, collier large, strié; chair molle, aqueuse, rougissant au contact de l'air, saveur un peu amère.

Hab. — Bois, Europe, Nord-Afrique, Amérique.

Prop. et usages. — Comestible, peut se confondre avec la *Fausse Oronge* et avec l'*Amanita pantherina.*

Amanita vaginata. *Coucoumelle, grisette.* — Chapeau gris ou brun, olivâtre, mince, campanulé, strié à la marge, pied fistuleux, fragile, *sans collier*, volve.

Hab. — Commune, Europe, Nord-Afrique.

Prop. et usages. — Comestible. A ne pas confondre avec l'*A. pantherina.*

Amanita ovoïdea. *Boulé*, *Oronge blanche.* — Chapeau blanc (10-15 centimètres) charnu, lisse, feuillets blancs; pied plein cylindrique gros, blanc, à peine renflé, collier épais large ou écailleux et fugace, volve ample, complète, irrégulièrement déchirée. Chair blanche ferme, odeur et goût agréables.

Hab. — Région méditerranéenne.

Prop. et usages. — Cette Amanite qui est très bonne est souvent le sujet de méprises funestes, on peut en effet très facilement la confondre avec l'*A. verna* et l'*A. venenosa.*

Amanita verna. *Amanite printanière.* — Amanite blanche différant de la précédente par le chapeau plus ou moins visqueux, le pied creux au sommet, sa taille plus petite : diam. chapeau 5-7 centimètres.

Hab. — Forêts d'Europe.

Prop. et usages. — Cette Amanite très vénéneuse se confond avec l'*Am. ovoidea* et avec la Boule-de-neige ou *Agaricus arvensis* qui peut se distinguer par l'absence de volve et les *feuillets cendrés, rosés, violacés ou noirâtres*, sa saveur agréable.

Amanita phalloïdes. — Très semblable au précédent; mais chapeau jaunâtre, verdâtre olivacé (fig. 388).

Hab. — Bois, Europe, Nord-Afrique, Amérique.

Prop. et usages. — Très toxique. Comme le suivant.

Amanita venenosa. *A. Mappa. A. citrina. A. bulbosa.* — Cette Amanite est blanche, plus rarement citrine ou verdâtre à chapeau squameux, remarquable par la volve *déhiscente circulairement près de sa base et ne laissant après sa chute qu'une trace annulaire*, un rebord plus ou moins saillant au-dessus du renflement du bulbe (fig. 389).

Hab. — Dans les forêts de toute l'Europe et du Nord-Afrique, CC.

Prop. et usages. — Cette espèce est celle qui cause presque tous les empoisonnements par les Champignons dans nos régions, elle est très répandue et ressemble beaucoup à l'*Agaricus arvensis* ou *boule-de-neige* et aux petits échantillons de l'*Am. ovoidea, Oronge blanche.* Sa couleur est variable, tantôt d'un blanc pur, tantôt d'un blanc plus ou moins teinté de jaune citrin ou verdâtre.

L'*Agaricus arvensis* se reconnaît à ses feuillets cendrés, rosés puis bruns. Quant à l'*Oronge blanche* la confusion est plus fa-

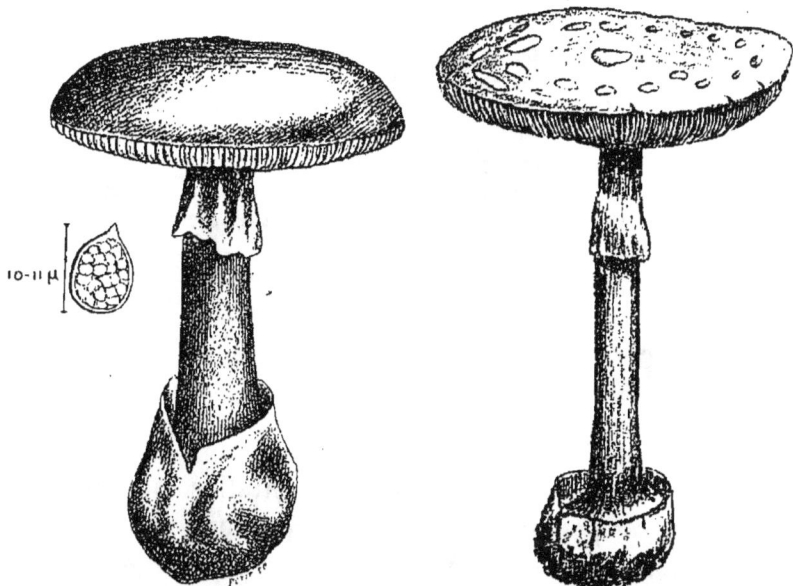

Amanita phalloïdes.
Fig. 388.

Amanita venenosa.
Fig. 389.

cile, sa volve est entière, ample et non tronquée près de la base.

L'empoisonnement par l'*Amanite vénéneuse* ou *bulbeuse* présente des symptômes à peu près identiques à ceux décrits à propos de la *Fausse Oronge*. Le caractère particulièrement remarquable de cet empoisonnement réside dans le long espace de temps, neuf à douze heures, qui s'écoule depuis l'ingestion du champignon jusqu'aux premiers symptômes. La mort peut survenir après 2-4 jours et même plus et les victimes de ces accidents, qui échappent à la mort, ne se rétablissent que très lentement.

Agaricus campestris. *Pratella. Agaric champêtre.* — Le genre *Agaricus* est caractérisé par ses spores brun pourpre à maturité; les feuillets d'abord rose cendré deviennent noirs, la volve est incomplète; mais le pied porte un anneau membraneux, le chapeau charnu se sépare facilement du pied. Les espèces comestibles du g. *Agaricus* sont voisines du *Champi-*

gnon de couche (*Ag. campestris*), elles peuvent être regardées comme sous-espèces et classées dans l'ordre suivant :

+ Blanc, pied creux :
    O Chapeau floconneux .... *Agaricus arvensis.*
    OO Lamelles assez larges, pourprées. *A. cretaceus.*
    OOO Lamelles cendrées puis brunissant. *A. silvicola.*
++ Pied plein :
    O Chair restant blanche à l'air (boule de neige) .... *A. pratensis.*
    OO Chair rougissant légèrement à l'air (champignon de couche)....... *A. campestris.*
    OOO Chapeau et base du pied jaunissant à l'air lors du détachement de l'épiderme................ *A. xanthodermus.*
    OOOO Chapeau squameux conique, chair brunissant à l'air............. *A. silvaticus.*

Hab. — Cosmopolite.

Prop. et usages. — Les *Agaricus* ou Pratelles sont très recherchés, l'*Ag. campestris* est même l'objet d'une grande culture. On peut confondre certaines variétés à feuillets pâles avec les *Amanita venenosa* et *A. verna.* Cette confusion occasionne de fréquents empoisonnements (*V. Amanita*).

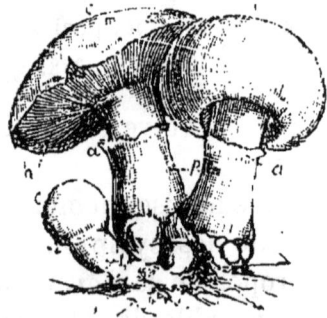

Agaricus campestris.

Fig. 390.

Volvaria gloiocephala. — Port d'un *Amanita*, mais spores roses, chapeau glutineux blanchâtre, fuligineux, conique puis convexe, plan mamelonné, chair aqueuse, feuillets blancs puis rosés et même brun clair, pied long, volve annulaire souvent oblitérée.

Hab. — Le midi de l'Europe, dans les champs, très commun en Algérie pendant la saison pluvieuse.

Prop. et usages. — Passe pour toxique.

Lepiota procera. *Parasol, grande Coulemelle.* — Organisation d'un *Amanita* mais pas de volve, chapeau mou, ovoïde puis campanulé, étalé, proéminant au centre, sec, bistré roux, à surface se déchirant pour se relever en écailles larges brunes, disposées circulairement sur un fond clair, diam. 10, 20 centimètres et plus, feuillets n'atteignant pas le pied, ventrus, blanc jaunâtre, pied ferme, droit, bulbeux, recouvert d'écailles brunâtres, collier grand, *mobile*. Chair peu abondante, molle à odeur agréable.

Hab. — Clairières des bois; cosmopolite.

Prop. et usages. — Ce champignon est recherché comme comestible, on peut difficilement le confondre avec une espèce toxique.

Tricholoma. — Agaricinées charnus à pied et chapeau confluents, pas d'anneau, spores blanches, lisses; *feuillets insérés au pied par un sinus* (fig. 391).

Tricholoma Georgi. — Mousseron. Espèce comestible très estimée (fig. 391).

Tricholoma personatum. — Pied bleu. Comestible.

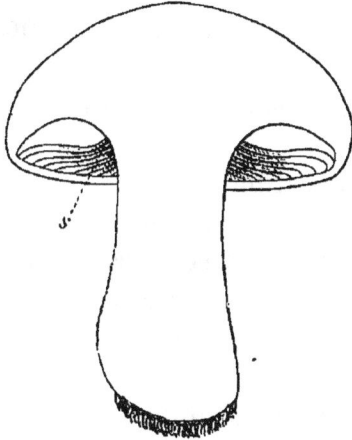
Tricholoma.
Fig. 391.

Tricholoma nudum. — Comestible.
Tricholoma terreum. — Comestible.

Entoloma. — Comme *Tricholoma* pas de volve, pas de collier, feuillets sinués ; mais *spores anguleuses roses*.

O Chapeau large, luisant, livide............	*E. lividum Ven.*
OO Chapeau sub-conique, gris, souvent ondulé, difforme, lamelles roses à tranchant crénelé.................................	*E. sepium Com.*

Hebeloma. — Comme *Tricholoma*, pas de volve, pas de collier, *feuillets sinués, spores ochracées*.

Hebeloma crustiliniforme. — Chapeau roussâtre, légèrement visqueux, plus ou moins irrégulier; feuillets sinués, ochracés à tranchant denticulé, odeur et saveur sinapisées.

Hab. — Abondant dans les bois.

Prop. et usages. — Regardé comme suspect, il est cependant consommé. Vendu quelquefois en grande quantité au marché à Alger, il ne paraît pas avoir causé d'accidents.

Pholiota Ægerita. *Pivoulade*. — En touffes sur les peupliers et quelques autres arbres, chapeau arrondi jaune, plus pâle à la circonférence, pied courbe, flexueux, collier blanc, feuillets très étroits sub-décurrents, spores ovoïdes ochracées, chair blanche, odeur et saveur agréables.

Prop. et usages. — Excellent champignon, Dioscoride en décrit la culture qui se faisait en enfouissant des troncs de peupliers.

Pholiota cylindracea. — Pivoulade du saule, comme le précédent en touffes sur les vieux saules avec le *Pleurotus salignus* et le *Lentinus tigrinus*, tous trois comestibles.

Armillaria mellea. *Grande souchette, Tête de méduse.* — En touffe compacte sur les troncs, les vieilles souches, chapeau campanulé brun jaunâtre, ponctué; pied plein, fibreux; collier blanc persistant; feuillets décurrents; spores blanches.

Hab. — Très commun dans les forêts.

Prop. et usages. — La saveur âcre de ce champignon se perd avec la cuisson et il peut être consommé sans inconvénient. En Italie et en Autriche, il est vendu sur les marchés (voy. Champignons parasites des plantes).

Lactarius. *Lactaire.* — Ce genre est nettement caractérisé par de nombreux *laticifères* laissant écouler un *latex* abondant à la moindre blessure. Ce lait est blanc ou diversement coloré, jaune, rouge, il est doux ou très âcre. Les cellules courtes forment une *trame vésiculeuse fragile*, se continuant sans changement du pied dans le chapeau. Les *spores* globuleuses sont *échinulées*.

L'empoisonnement par les Lactaires vénéneux se manifeste surtout par des douleurs épigastriques, des vomissements et coliques; les accidents nerveux graves que provoquent les Amanites manquent, aussi la guérison est habituelle.

Clef des Lactaires.

† Lait rouge......................................	L. DELICIOSUS *Com.*
†† Lait devenant jaune et âcre....	L. THEIOGALUS *Ven.*
††† Lait blanc :	
O Chapeau blanc :	
* Partie supérieure du chapeau tomenteuse.....................	L. VELLEREUS *Susp.*
** Infundibuliforme non tomenteux.	L. PIPERATUS *Com.*

OO Chapeau blanc tacheté de rouge,
feuillets roses................. L. CONTROVERSUS *Com.*
OOO Chapeau avec des zones concen-
triques :
　Bords du chapeau tomenteux
　villeux .... L. TORMINOSUS *Ven.*
OOOO Chapeau de couleur uniforme sans
zones :
　★ Lait très âcre............. .. L. RUFUS *Ven.*
　★★ Lait doux très abondant...... L. VOLEMUS *Com.*

Lactarius deliciosus. *Rougillon*, *Champignon du pin. Sanguin.* — Chapeau charnu plus ou moins déprimé au centre, un peu visqueux, zoné, orangé, tournant au verdâtre en vieillissant. — Chair compacte, lait rouge, odeur agréable.

Hab. — Sous les Conifères, abondant.

Prop. et usages. — Comestible, très commun sur les marchés du Midi et de l'Algérie où il est parfois accompagné de quelques *Lactarius torminosus* ou autres espèces âcres n'ayant pas de latex rouge.

Lactarius torminosus. — Chapeau convexe puis déprimé, visqueux, orangé, clair zoné, *couvert d'un duvet épais à la marge* qui est enroulée. Pied plein court, lait blanc très âcre.

Hab. — Bois friche.

Prop. et usages. — Drastique violent.

Lactarius Volemus. *Vachette.* — Chapeau charnu compacte, rigide, déprimé, sec, jaune ou brun orangé, feuillets jaunâtre pâle, pied plus pâle atténué, chair blanche cassante, odeur agréable, lait doux.

Hab. — Les bois.

Prop. et usages. — Très agréable à manger, même cru, peut se confondre avec le *L. rufus* dont le lait est très âcre.

Russula. *Russules.* — Les *Russules*, comme les *Lactaires*, sont fragiles, à cassure grenue en raison des cellules sphériques qui dominent dans leur tissu, les laticifères existent aussi ; mais le latex ne s'écoule pas au dehors, les *spores* sont globuleuses, *échinulées.* Les Russules ont souvent des couleurs vives, mais assez variables dans la même espèce. Comme chez les Lactaires les espèces nuisibles ont une saveur âcre très piquante, tandis que les espèces comestibles ont une saveur douce.

Les Russules sont très abondantes dans les bois et offrent

une ressource alimentaire importante, une vingtaine d'espèces sont comestibles en France, autant sont suspectes ou vénéneuses, les accidents causés par les Russules toxiques sont

Russula.

Fig. 392.

de même nature que ceux qui suivent l'ingestion des Lactaires vénéneuses.

Les premiers symptômes consistant en vomissements, douleurs à l'épigastre, paraissent peu après l'ingestion, la terminaison est très rarement funeste, ces accidents gastro-intestinaux ne nécessitent pas un traitement aussi compliqué et aussi prolongé que l'intoxication par les Amanites.

Clef des Russules.

+ Chapeau à bords infléchis dans le jeune âge, jamais striés, lames inégales, chair compacte, pas de pellicule, stipe solide :
Noir en vieillissant.......... R. NIGRICANS *Ven.*
En entonnoir, blanc, amer... R. DELICA *Susp.*
++ Chapeau à bords infléchis non striés; pellicule mince fortement adnée, lames fourchues mélangées de plus courtes :

Vert, lames adnées décurren-
tes, amer.................. R. FURCATA *Ven.*

Rouge, lames blanches, âcre. R. SARDONIA *Ven.*

Gris violacé, ondulé, difforme,
lames blanc jaunâtre, doux. R. DEPALLENS *Com.*

+++ Chapeau rigide, sec, un peu soyeux,
crevassé, marge droite, non
strié, chair jaune, lames rigides élargies en avant :

O Ch. verdâtre aréolé, verru-
queux, doux............ R. VIRESCENS *Com.*

OO Blanc, lames épaisses dis-
tantes, doux.......... .. R. LACTEA *Com.*

OOO Acre, rouge, lames blanches. R. RUBRA *Ven.*

++++ Chapeau charnu ferme, marge striée,
pellicule à peu près séparable,
lames minces, les unes courtes, les autres fourchues :

O Doux, rouge, pieds et lames
blancs................. R. VESCA *Com.*

OO Doux, vert, olivâtre, lames
étroites, blanches....... R. HETEROPHYLLA *Com.*

OOO Doux, pourpré verdissant,
marge bleuissante, lames
blanches ... . R. CYANOXANTHA *Com.*

+++++ Fragile, pellicule séparable, visqueux
par l'humide, marge non en-
roulée, lames presque toutes
égales :

O Chair blanche sous la pellicule, lames blanches, très
âcre................... R. FRAGILIS *Ven.*

OO Chair rouge sous la pelli-
cule, lames blanches, âcre. R. EMETICA *Ven.*

OOO Lames et spores jaunes, chapeau couleur variable, sa-
veur douce............. R. ALUTACEA *Com.*

Pleurotus. *Pleurote.* — Champignons charnus, tenaces, à
pied excentrique, latéral ou nul, venant sur le bois ou les
souches des plantes vivaces, spores blanches.

Pleurotus olearius. *Pleurote de l'olivier.* — Jaune brun,
peu régulier en entonnoir, lamelles jaunes.

Hab. — Isolé ou en touffe sur les oliviers, lentisques, etc.
Région méditerranéenne CC.

Prop. et usages. — Dans la région méditerranéenne, ce
champignon, pris pour une *Chanterelle*, cause fréquemment des
accidents, mais sans gravité, il est très émétique et son inges-

tion est bientôt suivie de vomissements. Le *Pleurote de l'olivier* est phosphorescent.

Pleurotus Eryngii. *Oreilles de chardon.* — Sur les souches mortes de l'Éryngium, comestible, est très estimé.

Pleurotus Ferulæ. Oreille de la Férule, Champignon du Fenouil (Alger). — Très abondant en Algérie (*Fouga* des Arabes) et en Italie sur les souches de Férule, comestible.

Pleurotus ostreatus. — Pied latéral, lames anastomosées postérieurement, sur les troncs, comestible.

Cantharellus. *Chanterelle.* — Champignons charnus à pied central ou excentrique, chapeau en entonnoir, *lames épaisses* rameuses dichotomes.

Cantharellus cibarius. *Chanterelle, Girolle.* — Glabre, *jaune d'œuf*, en entonnoir à contour irrégulier anguleux, lames veiniformes, chair blanche, saveur poivrée.

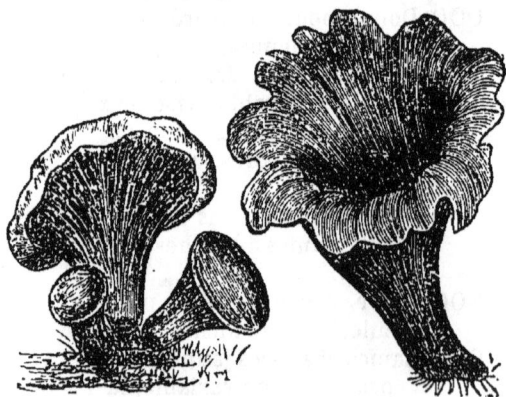

Cantharellus cibarius.

Fig. 393.

Prop. et usages. — Très recherché surtout dans le Midi, ne pas le confondre avec le *Pleurote de l'olivier* qui a de véritables lames non ramifiées, ni avec le suivant.

Cantharellus aurantiacus. — Pied plus long, lames moins épaisses plus rapprochées, chapeau subtomenteux orangé. — Bois de pins. Suspect.

POLYPORÉES.

L'hyménium, au lieu d'être porté par des lames comme chez les *Agaricinées*, tapisse des pores.

a. Hymenium mou, entièrement tubuleux, facilement séparable de l'hyménophore............................... Boletus.
b. Ordinairement coriaces persistants, hymenium non séparable du chapeau.................................... Polyporus.

Boletus. *Bolets, Cèpes.* — Les Bolets comestibles sont assez nombreux, le *B. edulis,* Cèpe de Bordeaux, en est le type le plus connu, il est bien caractérisé par son gros pied bulbeux finement réticulé, ses tubes d'abord blancs, puis jaunes, deviennent verdâtres, la chair est blanche, vineuse sous la pellicule qui se détache facilement, odeur et saveur agréables.

Boletus edulis.

Fig. 394.

Les espèces de Bolets, vénéneuses ou suspectes, qui ont la forme du Cèpe de Bordeaux, ont une chair changeante passant rapidement au bleu ou au rouge violacé.

Le *Boletus granulatus, Nonette, Bolet de pin,* très commun sous les pins, est généralement recherché dans le Midi et en Algérie, sa chair est molle et se réduit à peu de chose par la coction ; mais il est très bon.

Clef des Bolets.

+ Pied épais veiné, chapeau glabre :
    O Brun, pores blanc jaunâtre, verdissant
        à la fin, chair blanche, goût agréable. B. EDULIS *Com.*
    OO Chair devenant bleue, rouge, violette :

★ Pores rouges, chair jaune rougissant...................... B. LURIDUS *Ven.*

★★ Grand, pied ventru, chapeau pâle
   blanc verdâtre, chair devenant
   rouge violacé................. B. SATANAS *Ven.*

★★★ Blanc jaunâtre, pores d'abord
   blanc, chair blanche devenant
   instantanément bleue......... B. CYANESCENS *Ven.*

++ Pied médiocre non veiné :

★ Chapeau visqueux, brun ferrugineux, pied court, jaune ponctué
   granulé, pores jaunes, chair
   molle jaune vers la surface.... B. GRANULATUS *Com.*

★★ Pied orné d'un collier.......... B. LUTEUS *Ven.*

★★★ Chapeau villeux-tomenteux, pied
   sillonné costé, pores grands
   anguleux jaunes.............. B. SUBTOMENTOSUS *Susp.*

Polyporus. — Chez les Polypores les tubes, semblables à ceux des Bolets, ne se séparent pas du chapeau. Ces champignons sont le plus souvent coriaces, subéreux et croissent indéfiniment.

Polyporus officinalis. *Agaric blanc.* — Charnu-subéreux, blanchâtre, sessile, sur les troncs de Mélèzes, chair coriace

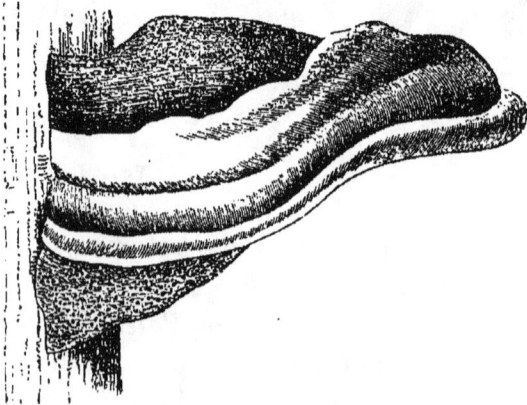

Polyporus fomentarius.

Fig. 395.

très blanche, saveur amère, âcre, tubes courts jaunâtres.

Hab. — Sur le Mélèze. Les Alpes, Circassie, Corinthie.

Prop. et usages. — Purgatif drastique, employé autrefois contre la goutte. A petite dose prescrit contre les sueurs nocturnes des phtisiques, l'*Agaricine* qui est un des principes actifs est aussi usitée.

Polyporus fomentarius. *Amadouvier* (fig. 395). — Gros champignon en forme de sabot de cheval, appliqué par le côté sur les troncs, pores stratifiés en couches indiquant l'âge du sujet. Chair épaisse, fibreuse, sèche, de couleur ferrugineuse.

Hab. — Frêne, saule, peuplier, chêne, etc.

Prop. et usages. — Sa chair est coupée en tranches que l'on bat au maillet, elle devient l'*Amadou*, employé comme hémostatique.

HYDNÉES.

Hyménium en aiguillons, on ne connaît pas d'*Hydnum* vénéneux ; mais peu d'espèces sont comestibles.

Hydnum repandum. *Pied de mouton blanc.* —Blanc, blanchâtre, chamois, chair blanche compacte, cassante, aiguillons coniques décurrents sur le pied.

Prop. et usages. — Très recherché.

CLAVARIÉES.

Clavaria. *Clavaires.* —Champignons rameux coralloïdes ou

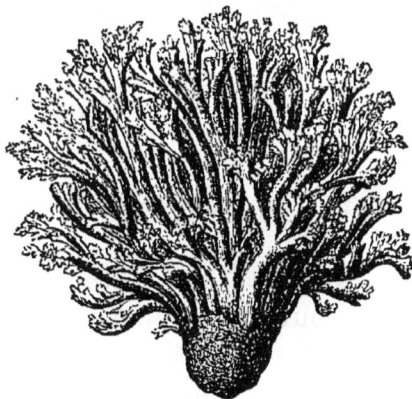

Clavaria.

Fig. 396.

simples, mais pas de chapeau, hyménium couvrant les rameaux.
Clavaria flava (fig. 396). *Cl. botrytis. Cl. cinerea.* — Cham-

pignons frisés. Un grand nombre d'espèces de Clavaires sont comestibles. Il y a des Clavaires coriaces et indigestes; mais pas de toxiques.

GASTÉROMYCÈTES.

L'appareil sporifère est creusé de cavités internes tapissées par un hyménium dont les basides portent 2-8 spores. La partie périphérique du champignon se nomme *Peridium*, on y distingue souvent deux couches; ce *peridium* se détruit, se déchire ou s'ouvre régulièrement pour mettre les spores en liberté sous forme d'une poussière impalpable.

Lycoperdon. *Vesse de loup.* — Ce genre contient un assez grand nombre de champignons communs dans les prairies et les bois, ils sont très peu recherchés, mais cependant comestibles quand on les cueille avant maturité. Les spores forment une poudre fine employée comme hémostatique. Ces spores échinulées provoquent des ophtalmies, des éternuments et même des hémorrhagies nasales.

Lycoperdon giganteum. — Globe blanc très gros, spores jaunes. *Lyc. gemmatum, hirtum, pratense.*

Polysaccum arenarium. — Un grand nombre de péridioles sphériques de la grosseur d'un pois. D'abord ocracé, puis brun foncé, spores brunes.

Prop. et usages. — Comestible quand il est très jeune, riche en une matière colorante violette.

ASCOMYCÈTES.

Tuber melanosporum. *Truffe noire.* — Souterrain, globuleux, brun noirâtre, couvert de veines polygonales, pulpe parcourue par des veinules roussâtres et contenant les asques qui renferment 3-6 spores finement échinulées.

Hab. — Dans les bois de chênes.

Prop. et usages. — Très estimé de tous les temps, passe pour aphrodisiaque. On consomme encore *Tuber brumale, T. æstivum, T. mesentericum, T. uncinatum* et *T. magnatum,* truffe blanche, très parfumée.

Terfezia africana Chatin, en arabe *Teurfass*. — Souterrain, ocracé sans odeur, blanchâtre, à l'intérieur asques grandes à 8-spores oblongues.

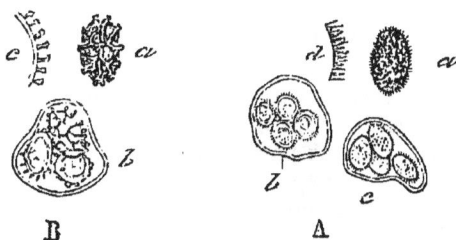

A, Tuber melanosporum; B, Tuber mesentericum.
b, asque; *a*, spores.

Fig. 397.

Prop. et usages. — Terrains sablonneux de la région méditerranéenne, très abondant dans la région désertique de l'Algérie où les indigènes en font une grande consommation, serait, suivant quelques auteurs, la manne des Anciens.

Morchella. *Morilles.* — Les Morilles se reconnaissent facilement à un chapeau creux alvéolé, l'hyménium qui recouvre la partie alvéolaire est constitué par des asques contenant huit spores.

Hab. — Bois au printemps.

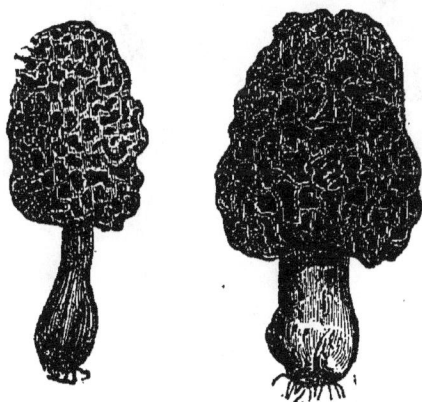

Morchella esculenta.

Fig. 398.

Prop. et usages. — Ce Champignon est très recherché, il peut cependant provoquer des accidents que l'on a d'abord attribués à des Morilles putréfiées, mais qui paraissent bien dépendre d'un principe toxique assez fugace (Acide helvellique). A Marengo près Alger, une forêt d'ormes et frênes fournit une assez grande quantité de Morilles (*Morchella conica*) qui, mangées fraîches et en quantité, produisent une ivresse passagère. La dessiccation ou l'ébullition débarrassent ces champignons du principe toxique.

Clef des Morilles.

+ Chapeau excavé en aréoles polymorphes.... M. ESCULENTA.
++ Alvéoles formées par des côtes longitudinales réunies par des rides transversales :
   O Chapeau cylindrique............. ..... M. DELICIOSA.
   OO Chapeau conique................... M. CONICA.

Helvella esculenta (fig. 399). — Comestible.

Peziza. *Pezizes.* — Réceptacle en forme de coupe plus ou moins évasée, l'hyménium, constitué par des asques, recouvre

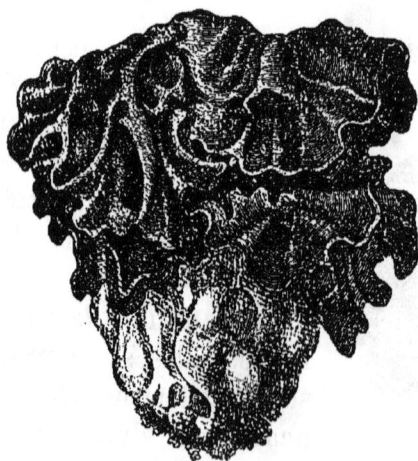

Helvella esculenta.

Fig. 399.

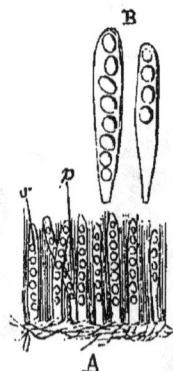

Asques de Peziza.

Fig. 400.

la partie supérieure. Les grosses Pezizes, *P. Acetabulum, cochleata, venosa*, etc., sont comestibles, mais rarement récoltées.

Claviceps purpurea. *Ergot.* — L'*Ergot du seigle* est une production fungique brun noirâtre, de 1 à 5 centimètres de long sur 2-4 millimètres d'épaisseur, il s'est substitué dans les glumes de l'épi au grain qu'il a complètement détruit ; sous cette forme l'*Ergot* ne présente pas d'organes de reproduction, il n'est formé que d'un mycélium homogène, c'est une sorte de tubercule appelé *sclérote*.

TRABUT. — Botanique méd.   24

Placé sur de la terre humide l'Ergot se fend et laisse sortir de petites boules rougeâtres de la grosseur d'un grain de mil

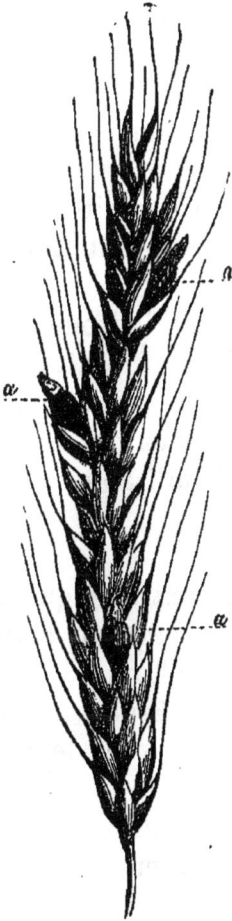

Fig. 402.

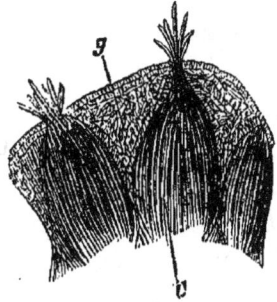

Fig. 406.

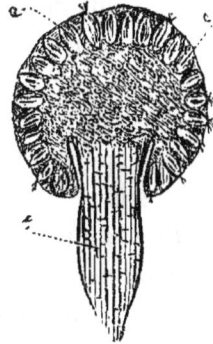

Fig. 405.

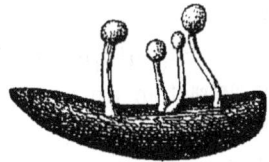

Ergot du seigle.
Fig. 401.

Ergot du dyss.
Fig. 403.

Fig. 404.

Claviceps purpurea.

et portées sur un pédicelle qui s'allonge (fig. 404). Ces petites sphères nommées conceptacles sont percées d'un grand nombre d'orifices qui conduisent dans de petites cavités remplies d'*asques* ou sacs de spores très allongés et contenant des *spores filiformes* (fig. 405 et 406).

Mises en liberté au printemps, ces spores parviennent sur

les ovaires des Graminées, y produisent un *mycelium* dont les cellules superficielles s'allongent et se fragmentent en spores dites *conidies*, ces spores sont engluées dans un exsudat sucré, puis transportées par les insectes ou la pluie sur les ovaires voisins, bientôt envahis à leur tour. Le mycélium continuant son développement se substitue complètement à l'ovaire, il forme un corps cylindrique noir qui n'est autre que le *Sclérote* ou *Ergot*.

Hab. — Ce Champignon parasite envahit les ovaires d'un très grand nombre de Graminées. Il peut être récolté facilement pour les usages médicaux, sur le *Seigle*, le *Froment*, l'*Avoine*, le *Dyss* (*Ampelodesmos tenax*, Algérie), sur le froment le sclérote est plus gros et moins long, sur le *Dyss* au contraire il devient très long et peut atteindre 10 centimètres (fig. 403).

Prop. et usages. — On a isolé de l'Ergot un assez grand nombre de substances ; l'*Ergotinine*, alcaloïde cristallisable, paraît être le principe actif.

On emploie :

1° L'*Ergot pulvérisé* ; 2° l'*Ergotine Bonjean*, extrait aqueux ; 3° l'*Ergotine de Wiggers*, extrait alcoolique ; 4° l'*extrait hydroalcoolique d'Yvon* ; 5° l'*Ergotinine cristallisée* de Tanret.

Les céréales qui ne sont pas débarrassées des Ergots ont occasionné une intoxication particulière, connue sous le nom d'*Ergotisme*.

La thérapeutique utilise l'Ergot en poudre pour provoquer la contraction de l'utérus dans le but de faciliter l'expulsion du fœtus ou d'arrêter une hémorrhagie. Les extraits et l'ergotinine sont surtout employés pour combattre les hémoptysies et autres hémorrhagies. L'Ergot agit spécialement sur les fibres musculaires lisses dont il détermine la constriction, il diminue ainsi le calibre des vaisseaux.

Ouvrages à consulter sur les Champignons comestibles et vénéneux :

Richon et Roze, Atlas des Champignons comestibles et vénéneux.
Planchon, des Champignons comestibles et vénéneux, thèse de Montpellier.
Patouillard, des Hyménomycètes d'Europe.
Gillet, les Champignons.
Quelet, Flore mycologique de France.
Tulasne, Mémoire sur l'Ergot des glumacées, *Ann. des Sc. nat.*, 1853.

LICHENS.

Les Lichens forment un groupe de Cryptogames assez homogène, réunis cependant dans ces derniers temps aux Champignons dont ils se rapprochent énormément par les organes de reproduction, tout en différant par la présence, dans le thalle, de cellules vertes capables d'assimiler le carbone et d'utiliser la radiation solaire.

Les Lichens sont donc Algues par leur nutrition, et Champignons par leur reproduction. Mais il paraît démontré que cet état intermédiaire est dû à une véritable *association d'une Algue* et *d'un Champignon*. Les cellules vertes assimilant le carbone peuvent vivre libres, elles deviennent des Algues appartenant aux diverses familles des Conferves, Cyanophycées, Protococcées, etc. Mais le Champignon adapté à l'existence de parasite ne peut pas retrouver son autonomie, comme l'Algue qu'il a emprisonnée. La vie en commun est nécessaire pour le Champignon et facultative

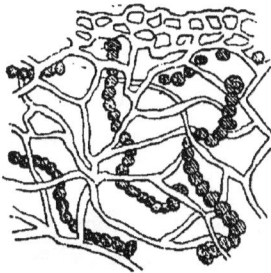

Collema. — Gonidies et Hyphes.

Fig. 407.

pour l'Algue ; en un mot le Champignon vivrait en parasite aux dépens de l'Algue, mais en favorisant son développement. Tantôt l'Algue prédomine sur le Champignon ou l'égale (*Ephebe, Collema*); mais souvent le Champignon prédomine et les cellules de l'Algue se localisent, elles habitent une couche distincte (couche verte).

Thalle. — Les lichens se présentent sous forme d'expansions crustacées, foliacées, appliquées sur les pierres, la terre, les écorces d'arbres, ils peuvent aussi avoir la forme de filaments ou d'arborescences, de là trois types de thalles :

Thalle crustacé. — Forme une croûte complètement adhérente au support.

Thalle foliacé. — Expansion foliacée fixée au support par plusieurs points, de forme plus ou moins orbiculaire et s'éloignant du centre par l'accroissement, on y distingue des lobes plus ou moins imbriqués (fig. 410).

Thalle fruticuleux. — En forme de buisson, il est pendant ou dressé et plus ou moins ramifié (fig. 416).

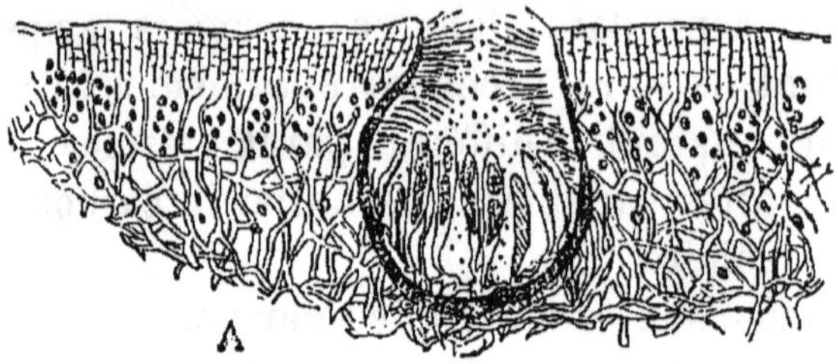

Endocarpon. — Coupe de l'apothécie.

Fig. 408.

Le thalle de certaines espèces reste caché sous les fibres des écorces ou dans les interstices des pierres, il est dit alors *hypophléode.* A la face inférieure du thalle principalement des Lichens foliacés il existe des filaments qui servent de crampons, on les nomme rhizines, et leur ensemble constitue l'*hypothalle.*

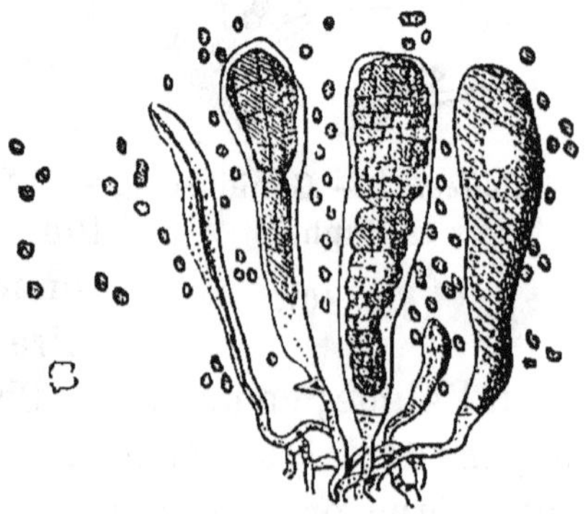

Endocarpon. — Asques.

Fig. 409.

Structure du thalle. — On distingue dans un thalle deux éléments :

a. Des filaments incolores ramifiés à parois épaisses (hyphes) (fig. 407).

b. Les cellules à chlorophylle ou *gonidies* qui seraient des algues emprisonnées (fig. 407).

Ces éléments forment des couches souvent au nombre de trois (fig. 414).

1° Une couche corticale (*d, c*).

2° Une couche gonidiale ou couche verte (*g*).

3° Une couche médullaire (M).

Organes reproducteurs. — Les *Apothécies*, presque toujours d'une couleur différente de celle du thalle, sont très apparentes, leur forme est, en général, celle d'une coupe ou d'un disque, elles sont parfois plongées dans l'intérieur du thalle et ne communiquent avec l'extérieur que par une petite ouverture, elles sont presque identiques aux organes de reproduction des Discomycètes. On y distingue donc un hyménium formé d'asques ou *thèques* contenant les spores et des *paraphyses* stériles (fig. 412 et 413).

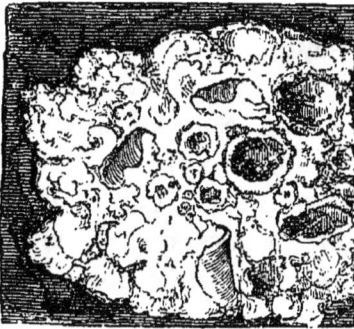

Parmelia.

Fig. 410.

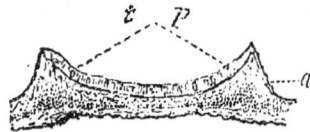

Son apothécie.

Fig. 411.

Outre les apothécies on trouve sur le thalle des Lichens des conceptacles en forme de bouteille ou globuleux, remplis de petites spores particulières nommées *spermaties*, parce qu'on a cru qu'elles jouaient le rôle d'un organe mâle. A la surface du thalle on trouve fréquemment de petits

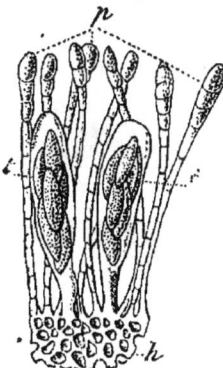

Asques
et paraphyses (*p*).

Fig. 412.

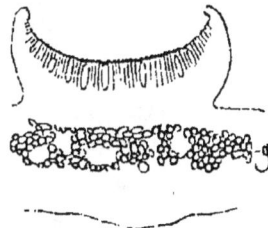

Apothécie.

Fig. 413.

amas de *gonidies* expulsées et couvertes de quelques filaments. Ces éléments forment une poussière, on les nomme *sorédies*. Les sorédies sont dispersées et s'accroissent par multiplication de leurs éléments et produisent autant de thalles nouveaux.

Composition chimique des Lichens. — Le principe immédiat

qu'on trouve abondant dans la grande majorité des Lichens est un hydrate de carbone ($C^{12}H^{10}O^{10}$) sous des états de condensation variables passant ainsi de la *métacellulose* à l'*amidon*. Une forme intermédiaire entre ces deux états domine le plus souvent, c'est la *Lichénine* soluble dans l'eau chaude et se prenant ensuite en gelée, elle donne avec l'iode une coloration rouge vineux. On observe aussi de la *granulose* bleuissant par l'iode surtout dans une substance appelée gélatine hyméniale parce qu'elle imbibe l'*hymenium* ou l'ensemble des asques et paraphyses, la *granulose* paraît aussi dans la couche médullaire du thalle du *Cetraria Islandica*. On a noté encore plus rarement l'amidon en grain, l'inuline.

L'*Acide cétrarique* ($C^{18}H^{16}O^{16}$) est très amer, on l'obtient en traitant le Lichen d'Islande par l'alcool bouillant additionné d'une très petite quantité de carbonate de potasse. L'acide cétrarique cristallise en aiguilles blanches, il forme avec les alcalis des sels jaunes solubles excessivement amers. On peut donc débarrasser les Lichens de ce principe amer, en les faisant macérer vingt-quatre heures, dans une solution de carbonate alcalin; le Lichen d'Islande contient 3 p. 100 d'acide cétrarique.

L'*Acide lichénique* $C^4H^6O^8$ est un isomère de l'*Acide fumarique*, il existe à l'état de sel de chaux dans quelques Lichens.

Les *Matières colorantes* retirées des Lichens proviennent de la transformation d'acides incolores : acides *érythrique*, *lécanorique*, *orsellique*, *évernique*, etc., qui eux-mêmes résultent du dédoublement de plusieurs principes immédiats des Lichens, ainsi : l'*acide orsellique* est en combinaison avec l'*érythrite* (alcool tétratomique), cette combinaison d'*érythrite diorsellique* se dédouble au moyen de la chaux, l'*acide orsellique* se dédouble lui-même en *orcine* et acide carbonique. L'*orcine* en présence de l'ammoniaque et de l'oxygène de l'air se transforme en *orcéine* qui est d'une belle couleur rouge très soluble dans l'alcool (*Orseille*, *Carmin d'Orseille*, *Pourpre d'Orseille*).

Les *substances minérales* abondent dans les espèces crustacées, c'est l'oxalate de chaux qui prédomine; le *Lecanora esculenta* en contient 65 p. 100.

En résumé, les Lichens renferment trois substances susceptibles d'utilisation :

1° La *lichénine*, substance amylacée alimentaire et pouvant être convertie en alcool (usines en Suède).

2° L'*acide cétrarique*, principe amer tonique et fébrifuge.

3° Les *substances colorantes* donnant l'*Orseille* et le *Tournesol*.

a. — Lichens médicinaux et économiques.

Cetraria islandica. *Lichen d'Islande.* — Thalle foliacé dressé pouvant atteindre 10 centimètres, à lobes étalés déchiquetés et ciliés sur les bords, d'un gris roussâtre brillant et brun verdâtre olivâtre par place, la face inférieure est pâle et présente des dépressions irrégulières. Les apothécies sont presque terminales, planes, d'un rouge brun. Une coupe mince du thalle

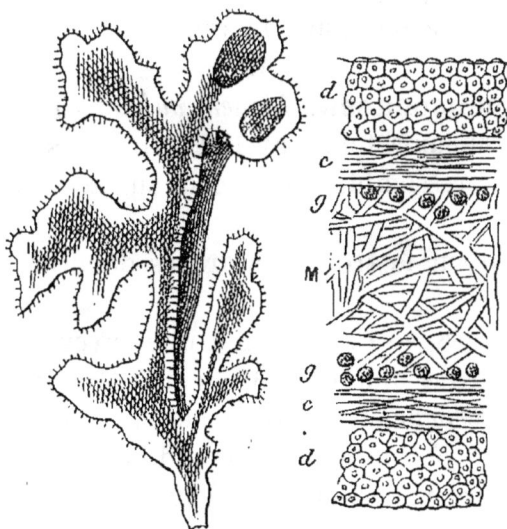

Cetraria Islandica.

Fig. 414.

(fig. 414) montre : au centre une *couche médullaire* (M) formée de filaments ou hyphes à parois épaisses assemblés en un tissu lâche lacuneux ; de part et d'autre de cette partie centrale les couches vertes où l'on distingue les gonidies vertes (*g*) regardées comme des algues emprisonnées ; en dehors des *gonidies* les hyphes forment un feutrage très dense sans laisser de lacunes (*c*). Enfin les deux faces du thalle sont limitées par une couche corticale mince formée d'éléments très serrés (*d*).

La coupe exécutée au niveau d'une apothécie présente la même disposition, mais à la face supérieure apparaissent les organes reproducteurs : *thèques* ou *asques* contenant 8 spores elliptiques, incolores, non cloisonnées, ces asques sont entre-mêlés de paraphyses qui les dépassent (fig. 412).

Hab. — Toute la zone arctique et les montagnes de la zone tempérée.

Prop. et usages. — Employé comme aliment et comme médicament. Les Islandais en préparent une farine qui, privée d'amertume par une macération, est mangée bouillie dans de l'eau ou du lait; la décoction se prend alors en gelée par le refroidissement. — Comme médicament le *Lichen d'Islande* est émollient et analeptique par le mucilage et la lichénine, l'*acide cétrarique* ou principe amer le rend tonique et même fébrifuge.

Lobaria pulmonacea. *Lichen pulmonaire.* — Thalle très large membraneux atteignant 30 centimètres, bosselé, aérolé, ayant quelque ressemblance avec la surface du poumon, d'où son nom.

Hab. — Vit sur le tronc des arbres dans les forêts, cosmopolites.

Prop. et usages. — Ce Lichen a une saveur amère attribuée à l'*acide stictinique* analogue à l'acide cétrarique, il renferme comme le *Cetraria* beaucoup de lichénine, le Lichen pulmonaire peut être employé comme le Lichen d'Islande; mais il est plus amer. Le *Lichen pulmonaire* est employé dans le Nord de la Russie pour remplacer le houblon dans la fabrication de la bière. En Angleterre on retire de ce Lichen une couleur brune. On a pu s'en servir pour le tannage des peaux.

Cladonia rangiferina. *Lichen des Rennes.* — Thalle fruticuleux, c'est-à-dire formant de petits buissons serrés à tiges très rameuses creuses de 4 à 20 centimètres.

Hab. — Très commun dans les terrains arides, c'est en Laponie qu'il atteint son plus grand développement.

Prop. et usages. — Dans les régions boréales les Rennes se nourrissent pendant une grande partie de l'année de ce Lichen

qu'ils trouvent sous la neige. Le *Lichen des Rennes* peut servir
à l'alimentation de l'homme, il peut en médecine être employé
au même usage que le *Lichen d'Islande.*

En Suède plusieurs fabriques retirent de l'alcool de ce Lichen.
La lichénine est transformée en glucose par l'acide sulfurique,
puis le glucose est soumis à la fermentation alcoolique. Réduit

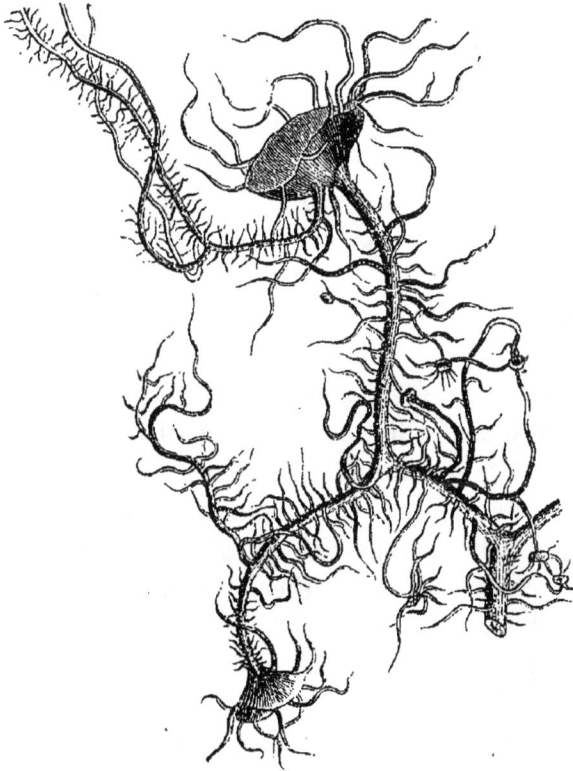

Usnea barbata.

Fig. 415.

en poudre le Lichen des Rennes est employé dans la parfumerie (*Poudre de Chypre*).

. **Cladonia pyxidata.** *Lichen pyxidé.* — Remarquable par ses
rameaux ou *podétie* se terminant en entonnoir à marge crénelée.

Hab. — Très commun dans les endroits secs sur le bord des
fossés.

Prop. et usages. — A été employé aux mêmes usages que le Lichen d'Islande. En Allemagne il a passé pour fébrifuge.

Pertusaria communis. — Très amère, a passé pour fébrifuge.

Usnea barbata. — Thalle extrêmement rameux souvent longuement pendant sous les branches des arbres dans les grandes forêts, les apothécies ont les bords ciliés (fig. 415).

Hab. — Cosmopolite.

Prop. et usages. — Les Usnées étaient employées dans l'ancienne médecine pour combattre les diarrhées et les affections des organes respiratoires. Les Usnées peuvent donner des matières colorantes rouges, jaunes et vertes. L'*Usnea longissima* est remarquable par la longueur de son thalle qui peut atteindre 10 mètres.

Evernia prunastri. — Thalle fruticuleux plan, blanc cendré ou verdâtre.

Hab. — Commun sur les branches et les troncs.

Prop. et usages. — En Égypte est employé comme aliment mêlé au pain, dans le même pays est utilisé parfois pour la fabrication de la bière (Delile). Ce Lichen renferme un principe astringent qui l'a fait employer en médecine.

Peltigera canina. *Mousse de chien.* — Thalle très développé vert dessus, blanc dessous, apothécie brun roux.

Hab. — Très commun dans les bois.

Prop. et usages. — Inusité, a passé pour un remède contre la rage (*Poudre antilysse*).

Physcia parietina. — En abondance sur les murs, les arbres; son thalle d'un jaune doré porte des apothécies d'une couleur un peu plus sombre.

Hab. — Cosmopolite.

Prop. et usages. — Le *Lichen des murailles* est amer, astringent, il a rendu des services dans le traitement des diarrhées et a passé pour fébrifuge, il contient de l'acide *chrysophanique*, ce qui le fait employer en Suède pour teindre les laines en jaune.

Lecanora esculenta. *Lichen de la manne.* — Se présente sous forme de petites masses arrondies mamelonnées libres sur le sol.

Hab. — Steppes de la Russie, Perse, Algérie.

Prop. et usages. — Le *Lecanora esculenta* contient 65 p. 100 d'oxalate de chaux et 23 p. 100 de lichénine, 2,5 p. 100 d'inuline; il constitue une nourriture très défectueuse, il est inusité.

b. — Lichens tinctoriaux.

Les couleurs que l'on retire des Lichens sout variables et dépendent souvent du procédé qui sert à leur préparation; ce sont le plus souvent des teintes rouges, purpurines, violacées ou jaunes.

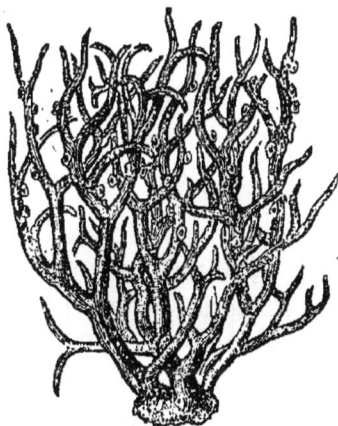

Rocella tinctoria.

Fig. 416.

Rocella tinctoria. *Orseille de mer.* — Thalle fruticuleux, blanchâtre, farineux, apothécies noires pruineuses.

Hab. — Les côtes de la Manche, des Canaries, Sénégambie, Indes, Chili, etc.

Prop. et usages. — Cette espèce fournit une grande partie de l'*Orseille de mer.*

Roccela Phycopsis. — Très voisin du précédent auquel il est parfois mêlé, abonde sur les côtes de la Méditerranée et de l'Océan, Portugal, Maroc, Algérie.

Prop. et usages. — Donnait une Orseille connue sous le nom d'*Herbe de Mogador.*

Roccella fuciformis. — *Herbe de Madère.*

Roccella Montagnei. — Très riche en matière colorante. Madagascar, côte de Coromandel, Java.

Pour obtenir l'*Orseille* on fait macérer les Lichens broyés dans de l'urine, puis on ajoute après quelques jours 5 p. 100 de chaux éteinte et un peu d'acide arsénieux et d'alun. Après un mois de fermentation la coloration est complète. Les fabriques d'Orseille ont perfectionné ce procédé, ce qui leur a permis d'obtenir des produits plus purs qui luttent encore avec les matières colorantes tirées de la houille.

Le *Tournesol* s'obtient de la même manière, mais on ajoute
du carbonate de potasse et on laisse la fermentation se prolon-
ger; l'*Orcéine* se transforme en une matière bleue, la masse fermentée épaissie par de la craie ou du plâtre est moulée en
petits cubes ou cônes livrés au commerce.

Lecanora Parella. — Croûtes blanchâtres verruqueuses
recouvrant souvent des espaces considérables.

Hab. — Toute l'Europe. Les Auvergnats le récoltent, autrefois on le trouvait dans le commerce sous le nom de *Parelle
d'Auvergne*.

Ouvrages à consulter : *Magnin*, Lichens utiles, Lyon, 1878 ; *Henneguy*, les
Lichens utiles, Paris, 1883.

PHYTOPARASITES.

URÉDINÉES (*Rouilles*).

Les Urédinées sont parasites dans les végétaux et y provoquent de graves maladies, connues sous le nom de *Rouilles*. Le
thalle se développe en nombreux filaments dans les méats intercellulaires entourant les cellules ; mais n'y pénétrant pas.
Les spores se forment sous l'épiderme qui se déchire ensuite
pour les mettre en liberté ; des spores très différentes peuvent
naître sur le même thalle. Souvent les premières spores à membrane mince se répandent comme une poussière jaune et germent de suite (*Urédospores*), elles multiplient ainsi rapidement
la maladie. A la fin de l'été des spores brunes à membrane
épaisse se forment, on les nomme *téleutospores*, elles sont hibernantes, c'est-à-dire qu'elles ne germeront qu'au printemps
suivant pour donner les premières *rouilles* qui se fixeront sur
les hôtes habituels. Il arrive souvent chez les Urédinées que la
même espèce vit en parasite alternativement sur deux hôtes
différents.

Les spores hibernantes du *Puccinia graminis* donnent des
sporidies ou petites spores qui germent sur les feuilles d'É-
pine-vinette ou *Berberis*. Sur cet hôte le thalle, qui se développe dans la feuille même, forme bientôt deux organes sporifères : l'un sur la face supérieure (*spermogonie*) produisant des

spores qui répandent la maladie sur les *Berberis*, l'autre (écidie) produisant des spores orangées qui ne germeront que sur les Graminées et spécialement sur les blés qu'elles infecteront. Ces Urédinées qui passent ainsi par deux hôtes sont dites hété-roïques.

a. Téleutospores uniloculaires............. Uromyces.
b. Téleutospores biloculaires :
    + Sores pulvérulents......... .... Puccinia.
    ++ Sores gélatineux... .... Gymnosporangium.
c. Téleutospores, 3-pluriseptées............ Phragmidium.

Puccinia Graminis. *Rouille des blés.* — Sur les graminées: Spores d'été formant des dépôts pulvérulents jaunes (Urédospores), spores hibernantes biloculaires (Téleutospores) en amas bruns allongés. Sur les *Berberis :* pustules jaunes (*Æcidium*) devenant pulvérulentes par suite de la mise en liberté des *écidiospores* et *spermogonies* occupant les mêmes feuilles (fig. 417, A).

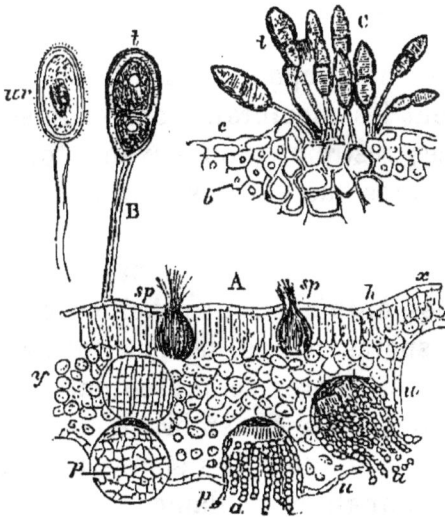

Puccinia graminis. — A, feuille de *Berberis; sp*, spermogonie ; *p*, ecidiun ; *ur*, urédospore; B, téleutospores; C, téleutospores sur feuille de graminées.

Fig. 417.

Hab. — La *Rouille* cause, certaines années humides, de grands dégâts dans les champs de céréales; certaines variétés de blé sont plus fortement atteintes, d'autres présentent une immunité relative. La destruction des *Berberis* devrait restreindre les ravages de la *Rouille*, mais le *Puccinia Rubigovera* atteint de même les céréales et forme des écidiospores sur les Borraginées des champs qu'il faudrait aussi arracher dès le printemps.

Puccinia Malvacearum — Pustules brunes de Téleutospores biloculaires, sur la face inférieure des feuilles de Malvacées.

Hab. — Cette Puccinie originaire de l'Amérique Sud a envahi toutes les Malvacées indigènes et cultivées sur l'Ancien continent. Elle déprécie les feuilles de Mauve, qui doivent être cueillies avant le développement du parasite.

Puccinia pilocarpi. — Pustules noires sur les feuilles de Jaborandi (*Pilocarpus pinnatifolius*).

Les feuilles altérées par ce parasite ne sont pas rares dans les officines.

Phragmidium rosarum. Rouille des rosiers.

Hemileia vastatrix. Maladie des Caféiers. — Forme des pustules orangées sur les feuilles des Caféiers, cause de grands dégâts.

USTILAGINÉES (*Charbon, Carie*).

Champignons parasites des Phanérogames. Le thalle rameux cloisonné perfore souvent les membranes des cellules, il se localise dans des espaces restreints, ou envahit toute la plante, mais ne forme les spores que sur des points déterminés.

Les ovaires des Graminées sont souvent altérés par les Ustilaginées; dans d'autres cas les anthères sont envahies et le pollen est remplacé par des spores noires, la fleur tout entière peut aussi être détruite. Les spores se présentent sous forme d'une poussière noire, elles ont une membrane épaisse, brune lisse ou munie de crêtes de pointes. Ces spores brunes donnent au moment de leur germination un filament qui produit des spores secondaires ou sporidies qui parvenues sur les plantes hospitalières les infectent par leur filament germinatif qui s'introduit dans les tissus.

Ustilago segetum. *Charbon des céréales.* — La fleur entière est détruite et recouverte d'une poussière noire qui fait connaître de loin les épis malades; spores globuleuses souvent irrégulièrement anguleuses de 5 à 8 μ, olivâtres, brunâtres, lisses ou ponctuées.

Hab. — Les Graminées; attaque le Blé, l'Orge et surtout l'Avoine.

Ustilago Maydis. *Charbon du Maïs.* — Ce Charbon du Maïs est remarquable par la formation de pustules longues de plusieurs centimètres remplies de spores et pouvant former des amas de la grosseur du poing. Ces pustules, remplies d'abord d'une masse gluante noire, se dessèchent et se résolvent en poussière. On trouve ces pustules non seulement sur les organes floraux, mais sur les tiges et même sur les feuilles. Spores échinulées globuleuses sub-elliptiques, 8-13 μ.

Hab. — Assez commun dans les cultures de Maïs.

Prop. et usages. — On a retiré de cet *Ustilago* un alcaloïde, l'*Ustilagine.* Le *Charbon du Maïs* paraît jouir des propriétés de l'*Ergot*, il provoquerait l'avortement des vaches pleines qui broutent la plante malade.

Il est inscrit à la pharmacopée des États-Unis.

Tilletia Tritici et **Tilletia laevis.** *La Carie du Blé.* — Ces deux Champignons attaquent le blé et causent la maladie connue sous le nom de *Carie.* Les épis malades ne se distinguent des épis sains que par un examen attentif; dans l'épi malade, les épillets sont un peu plus écartés, et à maturité, cet épi ne se penche pas sous le poids du grain, mais reste dressé. Le grain carié paraît intact, mais si on l'écrase, on le trouve rempli d'une poussière noire composée de spores, l'odeur en est fétide. Les spores globuleuses ont le plus souvent 17 μ de diamètre, elles sont brunes et régulièrement réticulées.

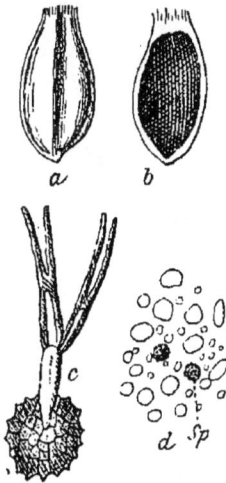

Tilletia tritici. — *ab*, grain carié; *c*, spores germant; *d*, farine avec spores.

Fig. 418.

Ces spores germent au moment des semailles et donnent des sporidies filiformes qui réunies deux à deux par une commissure transversale (copulation) ressemblent à la lettre H, des sporidies secondaires naissent de ces couples et infectent les jeunes plantes de blé.

Hab. — La Carie peut dans certaines circonstances se développer avec une telle intensité sur les céréales que les farines faites avec les grains avariés acquièrent une odeur repoussante de poissons pourris et probablement une action nuisible; l'examen au microscope de ces farines permet de déceler très facilement la spore très caractéristique du *Tilletia* (fig. 418).

PÉRONOSPORÉES.

Les Péronosporées sont des parasites redoutables des Phanérogames, le thalle se développe dans les espaces intercellulaires du corps de l'hôte et perce les membranes cellulaires au moyen de suçoirs qui pénètrent dans l'intérieur même des cellules. Ce thalle, développé ainsi à l'intérieur de la plante hospitalière, envoie dans l'air, à travers une ouverture stomatique, des rameaux qui se couvrent de spores destinées à propager immédiatement le parasite sur les plantes environnantes. A l'intérieur de la plante certaines branches de thalle se renflent et copulent. L'œuf ainsi formé s'entoure d'une membrane épaisse, brune. Cet œuf ne sera mis en liberté que par la destruction des tissus au sein desquels il s'est formé. En hiver l'œuf résiste en effet à la putréfaction qui détruit les feuilles

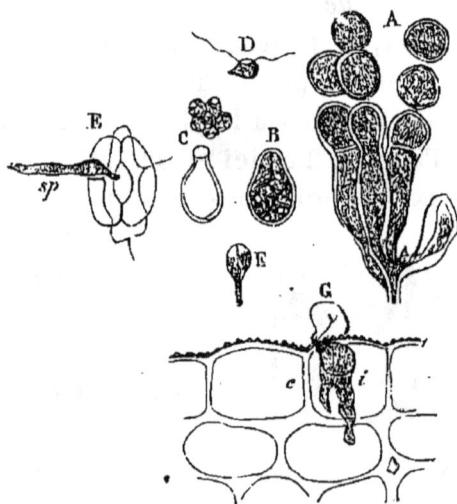

A, F, *Cystopus candidus;* D, zoospore; G, *Peronospora infestans* perçant une cellule épidermique.

Fig. 419.

et les parties herbacées où il était enfermé. Après un repos plus ou moins long l'œuf germera d'une manière très variable et finalement donnera des spores mobiles (zoospores) qui retrouveront la plante hospitalière en germination ou développant ses bourgeons.

Peronospora infestans. — Maladie des pommes de terre et d'un grand nombre d'autres Solanées; sévit en Europe depuis 1845; a restreint la culture des pommes de terre qui n'a pu se relever que par le choix des variétés plus résistantes.

Peronospora viticola. *Mildew. Peronospora de la vigne.* — Vient d'Amérique, ravage les vignes d'Europe depuis une vingtaine d'années, sévit inégalement sur les différents cépages.

Un grand nombre de plantes cultivées sont atteintes par des Pero-
nosporées plus ou moins nuisibles.

Peronospora viti-
cola.

Fig. 420.

Hyménomycètes parasites des végétaux.

Armillaria mellea (Voir la description
page 359). — Le thalle des Hyménomycètes se
développe presque toujours dans la terre ou sur
des végétaux en décomposition; mais certaines
espèces se sont adaptées à la vie parasitaire
et attaquent les racines des arbres. L'*Armillaria mellea* cause de grands dégâts dans les
forêts. La spore développe d'abord un thalle
filamenteux ordinaire dont les branches s'enchevêtrent en tubercules qui s'allongent en cor-
dons rameux semblables à des racines (rhizomorphes). Puis ces rhizomorphes pénètrent dans
les racines des arbres et s'insinuent dans la
couche génératrice, serpentent entre le bois et
le liber, formant ainsi un réseau serré d'où
naissent des filaments qui pénètrent dans les
rayons médullaires et absorbent toutes les substances nutritives.
L'arbre ne tarde pas à périr et sur la souche morte s'élèvent les
touffes d'appareils sporifères sous forme d'Agarics (*Souchette, Armillaria mellea*).

Trametes radiciperda. — Cause les mêmes dégâts dans les forêts
et tue les arbres en envahissant la couche génératrice. Sur les arbres
qu'il a fait mourir se forment des réceptacles fructifères en forme
de plaques blanches irrégulières et percées de trous nombreux dans
lesquels naissent les spores (Polyporées).

Polypores. — Les Polypores parasites sont nombreux. Leurs spores
ne germent pas sur l'écorce, mais sur le bois mis à nu par une plaie,
la rupture d'une branche. Le mycélium se développe dans le cœur
de l'arbre qui est détruit à la longue; suivant les espèces le développement du mycélium est plus ou moins rapide, dans certains cas il
est assez lent pour que les arbres vivent de longues années avec leur
parasite.

Ascomycètes parasites des végétaux.

Les Ascomycètes parasites des végétaux sont très nombreux et
provoquent un grand nombre de maladies. Les uns sont épiphytes,
puisent leur nourriture dans les cellules épidermiques, emprisonnent
alors leur hôte dans un lacis. Les autres pénètrent plus ou moins
dans les tissus profonds.

Exoascus deformans. *Cloque du pêcher.* — Le thalle envahit

l'intérieur de la feuille et y provoque des boursouflures, puis des filaments viennent entre l'épiderme et la cuticule qu'ils déchirent en
s'allongeant; il se forme ainsi à la surface de la feuille une assise de
cellules cylindriques serrées les unes contre les autres, chacune
d'elles forme une cloison à sa base et sépare une petite cellule inférieure et une grande cellule supérieure qui est un asque contenant
bientôt 6-8 spores.

Erysiphe. — Le thalle s'étend sur les feuilles et les tiges en appli-
quant et enfonçant çà et là des suçoirs dans les cellules épidermiques; tandis que des branches dressées, cloi-
sonnées, portent un chapelet de spores (conidies) qui se désarticulent et se disséminent
(*Oïdium*), on voit aussi çà et là se constituer
de petites sphères noirâtres qui sont des périthèces contenant des asques.

L'Erysiphe Tukeri, connu aussi sous le
nom d'*Oïdium de la vigne*, développe son thalle
et ses conidies sur toutes les parties de la vigne
et principalement sur les jeunes grains qui
sont rapidement détruits.

On ne connaît pas le *périthèce* de ce parasite qui se multiplie en Europe seulement par
ses conidies (*Oïdium*); mais il est probable
qu'en Amérique, son pays d'origine, cet *Erysiphe* présente son cycle complet de développement.

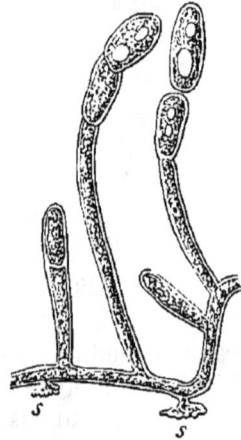

Oïdium de la vigne.

Fig. 421.

Peziza. — Plusieurs *Pezizes* sont parasites.
Leur thalle filamenteux envahit l'intérieur de
la plante hospitalière, en sort sous forme de moisissure, qui donne
d'abondantes conidies. A la fin de la saison le thalle se feutre en
une masse noire, dure, appelée *sclérote* d'où procèdent plus tard les
périthèces, en forme de cupule, tapissés par les asques.

Peziza sclerotiorum. Brassica. — Atteint les pommes de terre.

Peziza trifoliorum. — Tue les trèfles.

Peziza kauffmanniana. — Envahit les chanvres.

Peziza bulborum. — Maladie noire des jacinthes.

Peziza calycina. — Sur les jeunes mélèzes, provoque un écoulement
de résine et des plaies chancreuses; l'arbre dépérit et meurt.

Myxomycètes parasites des végétaux.

Plasmodiophora Brassicæ. *Hernie du chou.* — Provoque des ex-
croissances grisâtres sur les racines des choux et de quelques Crucifères. Le thalle de ce champignon est formé d'une masse protoplasmique sans enveloppe qui envahit de proche en proche les cellules de la
plante hospitalière. Quand il a atteint un certain développement ce

corps protoplasmique se fragmente en petites portions qui s'arrondissent, s'entourent d'une membrane et deviennent ainsi autant de spores, qui ne seront mises en liberté que par la putréfaction de la racine, dans l'intérieur de laquelle elles se sont formées. Ces spores, très petites, laissent échapper à la germination une zoospore qui prend ensuite la forme amibe et pénètre dans les jeunes racines des choux et y provoque la tumeur par prolifération qui a valu à cette maladie le nom de hernie.

ENTOMOPARASITES.

Les Champignons parasites des animaux sont relativement peu nombreux. Les espèces bien étudiées sont surtout les parasites des Articulés. Des épidémies très meurtrières sévissent sur les espèces d'insectes qui à certains moments se développent en grand nombre et l'observation de ces faits a donné l'idée de propager les germes de ces maladies (*Entomophtora*) parmi les insectes nuisibles à nos cultures. Quelques essais heureux permettent d'espérer que ce problème est susceptible d'une solution avantageuse pour l'agriculture.

Les espèces suivantes peuvent donner une idée de ce parasitisme remarquable par le développement vraiment extraordinaire que prend le Champignon avant de causer la mort. Les tissus de l'insecte sont consommés complètement, la peau, les trachées et l'intestin persistent seuls au milieu d'une masse fongueuse considérable. La virulence n'existe pas et la mort ne survient que par le passage de la masse vivante de l'hôte dans l'organisme de son parasite, les tissus paraissent donc consommés dans l'ordre inverse de leur importance fonctionnelle.

Empusa Muscæ. — Vers la fin de l'été les mouches atteintes par ce parasite meurent avec un abdomen volumineux distendu à surface blanche, farineuse, une poudre blanche (spores) est aussi répandue tout autour du cadavre.

Un examen au microscope du contenu de l'abdomen montre un thalle dissocié, c'est-à-dire formé de cellules arrondies indépendantes et bourgeonnant. Pour produire des spores chacune de ces cellules isolées s'est allongée en un filament qui a percé la peau de la mouche et donné une spore. La spore ainsi formée est projetée à une assez grande distance, elle emporte aussi une masse de matière gluante et si bien que la spore frappant directement une mouche s'y colle, germe, envoie un filament, à travers la peau, dans la cavité abdominale où, bourgeonnant, il produit bientôt les nombreuses cellules qui distendent les anneaux par leur accumulation ; mais des spores ainsi tombées autour du cadavre de la mouche infectée germent aussi sur leur support et à l'extrémité des filaments qui en sortent naissent des spores secondaires qui sont projetées sur les mouches passant à portée.

Entomophtora radicans. — Vit sur les chenilles de la *Piéride du Chou*. Le thalle est filamenteux, très ramifié ; il se développe assez rapidement (5 jours) dans le corps de la chenille dont il distend la peau. Après la mort de l'animal, des branches du thalle sortent sous forme de crampons et fixent le cadavre sur le support, d'autres branches très ramifiées donnent des spores qui sont projetées sur les larves voisines, qu'elles infectent en germant sur leur peau. Chez les *Entomophtora* deux branches du thalle peuvent s'unir par leur sommet et former par copulation un œuf qui passera à l'état de vie latente et ne germera qu'au printemps suivant.

Cordyceps militaris. — Les *Cordyceps* sont représentés par un assez grand nombre d'espèces vivant principalement sur les larves des insectes qu'ils font périr. Leur organisation rappelle celle du *Claviceps purpurea* ; un premier stade de développement correspond à la formation des spores libres ou conidies (*Isaria farinosa*) qui propagent immédiatement le parasite sur les hôtes à portée. Plus tard il se forme un stroma pourpre, allongé, dont la zone périphérique est garnie de périthèces dans lesquels on trouve des asques très allongés et contenant des spores filiformes aussi très longues qui ne propagent le Cordyceps que sur la génération suivante d'insectes.

Botrytis Bassiana. *Muscardine des vers à soie.* — Le Ver à soie atteint par ce parasite paraît d'abord d'un blanc plus mat, il se meut lentement,

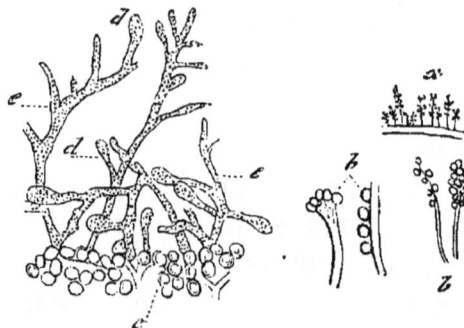

Botrytis Bassiana.

Fig. 422.

il devient mou et meurt. Sept à huit heures après son corps durcit, puis devient rougeâtre. Après vingt-quatre heures il se recouvre d'une efflorescence blanche farineuse qui n'est autre chose qu'un amas de spores. Ces spores inoculées à un individu sain déterminent l'apparition de la maladie. Cette efflorescence qui se dissémine facilement étend donc très vite les ravages de la *Muscardine* dans une magnanerie. Le Ver à soie est aussi atteint par la *Pébrine* qui est causée par le *Microsporidium Bombycis* (Sporozoaires) et la *Flacherie* due à une fermentation anormale dans l'intestin.

DERMATOPHYTES.

Un certain nombre de Champignons vivent en parasites sur les différentes parties des téguments des Vertébrés. Chez l'homme on connaît quelques espèces qui produisent des affections bien déterminées de la peau, le *Favus*, la *Tondante*, groupées sous l'appellation générique de *Teignes*. Ces Dermatophytes ne sont pas propres à l'espèce humaine ; on les rencontre dans les mêmes conditions d'habitat chez d'autres Mammifères.

Ces organismes parfaitement adaptés à la vie parasitaire ne semblent pas avoir été observés vivants sur les substances organiques, comme certaines moisissures dont ils se rapprochent (*Oïdium lactis*). On peut cependant cultiver les Champignons des teignes sur des substances nutritives, ils végètent alors avec vigueur, donnant non seulement des spores par fragmentation des filaments mycéliens, mais aussi des zygospores (Duclaux).

La peau dans des conditions normales ou pathologiques peut aussi nourrir des parasites inoffensifs, dont quelques-uns même peuvent être considérés comme normaux. Enfin certaines végétations de nature fungique ont été rencontrées accidentellement dans des lésions cutanées et l'on n'a pas jusqu'à ce jour déterminé rigoureusement leur rôle dans la genèse de la maladie.

Achorion Schœnleinii, Remak.
Oïdium porriginis, Montagne.
Oospora porriginis, Saccardo.
Champignon du Favus ou *teigne faveuse*. — Ce parasite se dé-

veloppe surtout dans les régions pileuses et principalement sur le cuir chevelu. Les premières phases du développement se passent dans la gaine même du poil, qui est complètement envahie par les filaments et les spores, lorsque le parasite paraît à l'extérieur sous forme d'une petite concrétion jaunâtre, à la base du poil. Ce dernier paraît ainsi sortir d'une petite cupule appelée le *godet favique*. Ce *godet* d'abord à peine visible s'accroît rapidement et forme bientôt une cupule saillante ayant jusqu'à 2 centimètres de diamètre. Le godet favique en s'étendant finit par former de larges croûtes saillantes qui, se rencontrant, constituent une incrustation anfractueuse, qui exhale une odeur caractéristique de souris. L'examen microscopique de la concrétion blanc jaunâtre cassante d'un jeune godet montre des filaments flexueux simples ou rameux continus, des spores formées par fragmentation des filaments, assez irrégulières, globuleuses, ovales ou plus ou moins allongées de 3-6 μ de diamètre (fig. 423).

Pour faire un examen complet de ce parasite il faut soumettre les fragments du godet favique à un dégraissage par l'éther. Après vingt-quatre heures de séjour dans ce liquide, on placera les fragments du Favus dans de l'alcool, où l'on peut les conserver. De petits fragments sont ensuite dissociés à l'aide d'aiguilles et examinés d'abord dans une solution de potasse. On peut aussi colorer quelques préparations, avec de l'iode ou avec le bleu de méthyle alcalinisé. Le cheveu doit être aussi examiné, arraché au centre d'un godet et préparé de la même

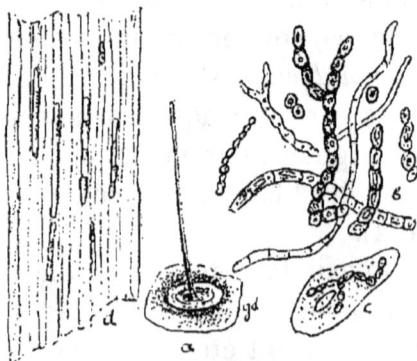

Achorion Schœnleinii. — *a*, godet; *b*, fragment pris dans un godet; *c*, épithélium; *d*, cheveu.

Fig. 423.

manière, il se montre complètement envahi par le parasite. Enfin une coupe d'un lambeau de peau durci dans l'alcool montre aussi l'*Achorion* dans l'épaisseur de l'épiderme

Le Champignon de la Teigne faveuse est cultivé assez facilement :

a. en cellule humide; *b.* en milieux liquides; *c.* en milieux solides; *d.* sur les animaux.

En cellule humide la spore gonfle, germe et donne des filaments ramifiés, cloisonnés, çà et là, inégalement renflés, ondulés, bourgeonnant sur de nombreux points pour donner des spores. La température optimum est 33°.

En milieux liquides c'est dans le bouillon de veau, le lait et surtout l'eau de touraillon que l'*Achorion* végète vigoureusesement et produit au-dessus du liquide une couche cotonneuse pigmentée en jaune en dessous à odeur de souris.

Sur gélatine l'*Achorion* se développe moins bien que dans les liquides, il forme néanmoins des îlots isolés qui prennent la forme caractéristique en godet.

La culture de l'*Achorion* n'est possible que dans les milieux très faiblement acides; avec 2,5 d'acide tartrique ou acétique par litre, les spores ne germent pas. Après avoir séjourné dans un liquide contenant 12 grammes d'acide tartrique par litre les spores n'ont plus germé (Verujski, *Ann. Inst. Past.*, 1887).

Dans les cultures l'*Achorion* se montre très sensible aux antiseptiques et si la Teigne est demeurée si rebelle, c'est évidemment parce qu'il est difficile d'atteindre le Champignon dans les gaines du poil.

Le *Favus* se développe le plus souvent sur le cuir chevelu; mais il peut envahir d'autres régions et suivant son siège on aura:

1° *Favus du système pileux* pouvant se montrer sur toutes les parties pileuses.

2° *Favus de l'épiderme*, sous forme de furfuration jaunâtre, il est généralement dû à l'inoculation par les ongles chez les teigneux.

3° *Favus de l'ongle* ou *Onychomycose favique*. — L'ongle jaunit, se flétrit, des nodosités se forment et finalement il est plus ou moins détruit, l'*Onychomycose* se rencontre assez fréquemment chez les teigneux, etc.

4° *Favus généralisé*. — Non seulement la peau est envahie, mais la muqueuse intestinale (Kaposi, 1885).

La *Teigne faveuse* atteint assez souvent de petits mammifères, surtout la souris, le chat et même le chien, on conçoit facilement comment ces animaux peuvent devenir des agents de transmission.

Trichophyton tonsurans. *Champignon de la Teigne tondante.* — Le *Trichophyton* habite de préférence les poils qu'il rend cassants; mais il envahit aussi l'épiderme et les ongles. Un fragment de cheveu, provenant d'une plaque trichophytique, montre très facilement son parasite, il suffit de le dégraisser par l'éther ou l'ammoniaque et de l'examiner dans une solution de potasse. Traité par le chloroforme et desséché, le cheveu trichophytique paraît blanc crayeux. Au microscope

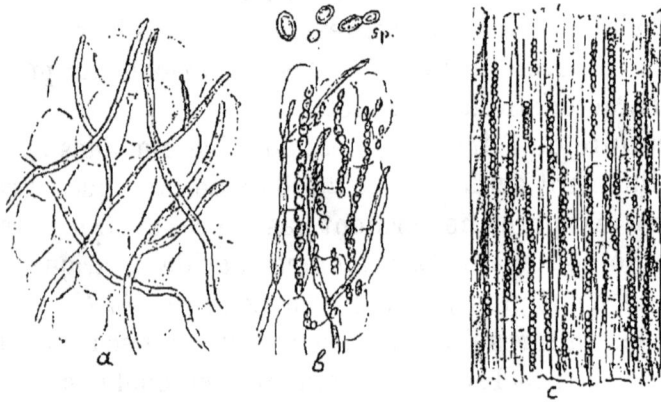

Trichophyton tonsurans. — *a*, herpès; *b*, gaine; *c*, cheveu.

Fig. 424.

il apparaît infiltré de spores (fig. 424, *c*), sa surface en est complètement recouverte et dans la profondeur même il en est bourré. Ces spores sont globuleuses, réfractent fortement la lumière, elles ont de 3 à 4 μ, elles se colorent, mais assez lentement, par le violet de méthyle.

Le mycelium du *Trichophyton* moins abondant que les spores est plus difficile à observer, il parcourt le cheveu dans sa longueur, il est formé par des filaments de 4 à 5 μ de large, brillants, ramifiés et se segmentant en spores vers les extrémités. Ces filaments mycéliens s'observent presque seuls sur les lamelles d'épiderme d'une *Trichophytie cutanée* (fig. 424, *a*).

Le *Trichophyton* peut se cultiver facilement comme le *Favus*. En cellule humide il croît plus vite que l'*Achorion* du *Favus* et donne un mycélium plus ténu, moins segmenté. Dans les milieux liquides, eau de malt par exemple, le *Trichophyton* forme des touffes flottantes, cotonneuses, avec de nombreux filaments sporifères, ces touffes en se réunissant constituent une membrane assez résistante et adhérant aux parois du vase.

Dans les cultures anciennes le mycelium immergé dans le liquide se fragmente aussi en spores, M. Duclaux qui a fait connaître les premières cultures pures des parasites des Teignes a aussi observé la formation de *zygospores* par des filaments spiralés du mycelium.

Sur gélatine ou gélose additionnée de glycérine le Trichophyton donne à la superficie une plaque cotonneuse en saillie; mais ne prenant pas la forme en godet comme l'*Achorion*. Le *Trichophyton* peut envahir non seulement le cuir chevelu; mais il peut provoquer sur la surface cutanée toute une série de lésions prises autrefois pour autant d'affections distinctes.

Trichochytie du cuir chevelu. — Teigne tondante.

Trichophytie de la barbe. Sycosis trichophytique, Mentagre.

Trichophytie de l'épiderme. Érythème trichophytique.

Trichophytie de l'épiderme avec desquamation. Pityriasis trichophytique.

Trichophytie de l'épiderme avec vésiculation. Herpès circiné trichophytique.

Trichophytie de l'ongle. Onychomycose trichophytique.

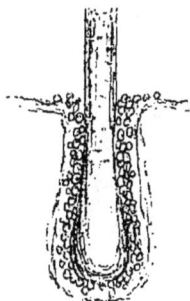

Trichophyton depilans, d'après M. Megnin.

Fig. 425.

Le *Trichophyton tonsurans* se rencontre aussi chez quelques mammifères, le cheval en est fréquemment atteint et transmet le mal à l'homme directement ou par l'intermédiaire d'objets contaminés tels que les couvertures.

Trichophyton depilans, Mégnin. *Teigne ulcéreuse.* — Ce *Trichophyton* est commun sur les jeunes veaux, il a été distingué par M. Mégnin. Il passe assez facilement sur le cuir chevelu des enfants. On le reconnaît à ses spores qui sont deux fois plus grosses que celles du *T. tonsurans*, jaunâtres, habitant le follicule et non le poil.

. Le poil tombe sans se briser, le follicule est le point de départ d'une affection vésiculeuse, puis ulcéreuse qui se couvre de croûtes.

Trichophyton decalvans Bazin. — Sous ce nom Bazin a désigné un parasite voisin du *Tr. tonsurans* et qui se rencontrerait dans une *Fausse-Pélade*.

Microsporon Audouini de Gruby, 1843. (*Trichophyton?*). — Les dermatologistes qui, après Gruby et Bazin, ont recherché le parasite décrit en 1843, n'ont rien trouvé de semblable et c'est à tort que l'on donnerait le nom de *Microporon Audouini* à l'épidermiphyte décrit par M. Malassez comme cause de certaines Pelades (voy. *Microsporon Capillitii*). Le microphyte de Gruby est en effet formé de *filaments mycéliens, ramifiés, très grêles, terminés par des spores globuleuses* et pénétrant jusqu'au fond du follicule, en entourant la tige du poil qui présente des *spores dans son intérieur*.

Le parasite de M. Malassez manque absolument de filaments, n'étant composé que de corpuscules sphériques (voy. fig. 426) bourgeonnant à la manière des *Saccharomyces*. Si de nouvelles recherches ne remettent pas sur les traces du *Microsporon Audouini* de Gruby, il faudra croire que cet auteur avait rencontré une forme parasitaire exceptionnelle, peut-être même un *Trichophyton* se présentant avec des caractères anormaux.

Sporotrichum furfur. *Microsporon furfur*, *Champignon du Pityriasis versicolor*. — Ce champignon habite l'épiderme dont il détermine l'exfoliation, en végétant entre les cellules plates. L'affection qu'il produit, appelée *Pityriasis versicolor*, se caractérise à l'œil nu par des taches jaunâtres occupant souvent de grandes surfaces. Ces taches sont aussi le siège d'une desquamation continuelle, accompagnée de prurit surtout sous l'influence de la sudation.

Pour observer ce parasite, un lambeau d'épiderme pris sur une tache de *Pityriasis* sera d'abord dégraissé à l'éther, puis immergé dans

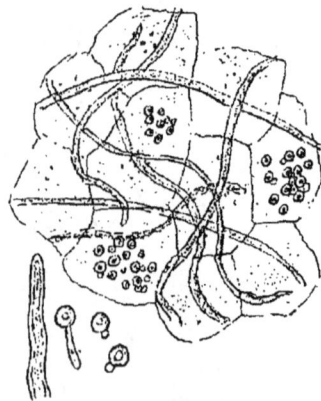

Sporotrichum furfur.

Fig. 426.

une solution alcoolique d'éosine, ou de bleu de quinoléine ou d'hématoxyline, et enfin examiné dans la solution de potasse à 20 p. 100. On remarque de suite de nombreux groupes de spores arrondies de 4 à 8 μ formant des amas très distincts. Ces spores se multiplient par bourgeonnement, aussi en trouve-t-on de très petites n'ayant encore que 3 μ et les amas s'arrondissent, formant ainsi des colonies qui s'étendent de proche en proche. Dans les espaces compris entre les groupes de spores, les filaments mycéliens qui n'ont que 2 à 3 μ de largeur serpentent entre les cellules épidermiques.

Le groupement de spores en amas indépendant des filaments mycéliens est très caractéristique et pourrait porter à croire que l'on se trouve en présence de deux organismes différents vivant sur un même substratum.

Sporotrichum minutissimum. *Microsporon minutissimum.* — Filaments irréguliers, très ténus, spores très petites. Espèce mal connue qui a été regardée comme le parasite pathogène déterminant l'*Erythrasma*, affection de la peau de la région inguino-scrotale. Serait peut-être identique au *Leptotryx epidermidis* de Bizzozero, regardé par cet auteur comme un parasite normal de la peau, abondant surtout dans l'*Intertrigo*. (Voy. Balzer, Erythrasma, *Ann. de dermatologie*, 1883.)

Trichosporon ovoideum de Behrend. *Champignon de la Trichomycose nodulaire* de Renoy. — La *Trichomycose nodulaire* ou *piedra* très commune en Colombie est une affection parasitaire des cheveux qui sont couverts de nodosités échelonnées du haut en bas. Ces nodosités sont formées par un agglutinement de globules dans une glaire comparable à celle du godet favique. La racine du cheveu n'est pas atteinte. Les éléments de ce thalle dissocié ont environ 10 μ et se présentent mêlés à des Bactériacées vivant en grand nombre dans la nodosité.

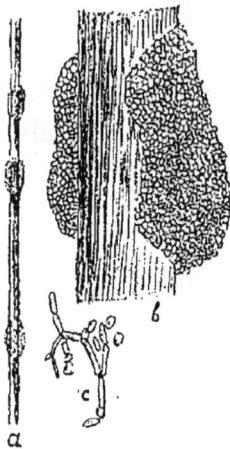

Trichomycose nodu-
laire,
d'après Renoy.
Fig. 427.

Lepocolla repens. *Epidermophyton* de Lang. — Sous ce nom on désigne un microphyte qui se trouverait dans la papule squameuse du *Psoriasis*. Les filaments de ce Champignon rampent sur les parois des capillaires et dans le réseau de Malpighi, et produisent d'abondantes spores endogènes. (Voy. *Eklund, Lepocolla repens,* in *Annales de dermatologie,* 1883.)

L'existence de ce parasite est loin d'être admise par tous les observateurs.

Microsporon Capillitii. *Saccharomyces Capillitii* Oud. et Pekelh. (Saccardo). *Saccharomyces sphericus* Bizzozero ; *Microsporon Audouini* de beaucoup d'auteurs, mais pas de Gruby.

Groupe de corpuscules sphériques de 2 à 6 μ à parois très épaisses, à contenu homogène très réfringent, bourgeonnant à la manière des *Saccharomyces*. Habite les pellicules, il est regardé par les uns comme un parasite inoffensif, et par les autres au contraire comme la cause de certaines *Pelades*. M. Malassez, en faisant connaître l'habitat de ce dermatophyte à la surface même de l'épiderme ou dans les couches superficielles seulement, fait remarquer qu'au voisinage de l'orifice du follicule pileux l'épiderme subit une altération importante, sa couche cornée s'hypertrophie et se continue avec la gaine interne du

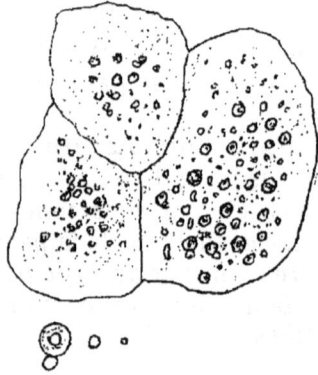

Microsporon Capillitii.

Fig. 428.

follicule également très hypertrophiée, le cheveu est d'abord étouffé au milieu de cet amas de cellules qui, venant ensuite à tomber, laissent le follicule béant et le cheveu sans maintien ; et de là probablement l'alopécie de cette Pelade. Dans cette affection les cheveux tombés sont souvent décolorés, atrophiés, cassants ; mais ils ne présentent pas de parasites ni à la superficie, ni dans la profondeur, comme dans la Trichophytie, les corpuscules de *Microsporon* qui peuvent suivre le cheveu se trouvent seulement dans les cellules épidermiques qui l'entourent.

Sans causer une vraie *Pelade* le *Microsporon* paraît aussi provoquer, quand il se développe en grande quantité, la chute d'un grand nombre de cheveux comme l'espèce suivante qui est peu différente.

Microsporon Malassezii. *Saccharomyces ovale* Bizzozero.

— Très abondant sur les pellicules dans le *Pityriasis simple*, les pellicules dégraissées à l'éther et examinées après coloration (fig. 429) montrent de nombreux corpuscules ovoïdes allongés et de 3,5 sur 2,5 µ se divisant d'une manière le plus souvent inégale, c'est par le bourgeonnement que cet organisme pullule, il ne paraît pas former de filaments mycéliens.

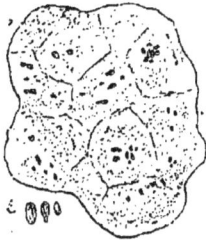

Microsporon Malassezii.

Fig. 429.

Ce *Microsporon* en se multipliant dans les couches superficielles de l'épiderme détache de nombreuses pellicules, il provoque une chute de cheveux qui est combattue avec succès par les lotions savonneuses, puis par le bichlorure de mercure.

Microsporon dispar. Vidal. **M.** *anomæon. Champignon du Pityriasis circiné et marginé.* — Sur les cellules épithéliales grattées sur un pityriasis circiné, M. Vidal décrit des spores de 1 µ à 3 µ se présentant par groupe ou en chapelet de 5 à 6. (Voy. Vidal, *Annales de dermatologie*, 1882.)

Saccharomyces albicans : Rees, 1877. *Oïdium albicans,* Robin, 1847. — *Syringospora Robini*, Quinquaud, 1868. *Champignon du Muguet.* — Sur la langue, le voile du palais, le pharynx, le Champignon du *Muguet* forme un enduit d'apparence caséeuse, qui est constitué par des filaments plus ou moins longs ramifiés, cloisonnés et des globules analogues à ceux des levures, les uns rattachés aux filaments, les autres libres. Les filaments de 3 à 4 µ. de large présentent dans leur protoplasma, d'abord hyalin, des vacuoles remplies d'un liquide ambré, autrefois décrites comme spores (Robin), des granulations mobiles prenant avec une très grande intensité les couleurs basiques d'aniline comme les Bactéries. Les globules ayant la forme d'une levure et qui paraissent représenter le faciès normal du microphyte sont les uns globuleux, les autres ovoïdes, certains ont une forme allongée et passent aux filaments.

Ensemencé sur gélatine peptone, le Champignon du *Muguet* conserve sa forme levure et bourgeonne activement à la manière des *Saccharomyces*.

Cultivé sur carotte cuite, à 35°, le Champignon du muguet forme une colonie blanche crémeuse, composée surtout de globules bourgeonnant activement, les filaments sont rares.

Dans les cultures certains globules de *Saccharomyces albicans* différencient dans l'intérieur de leur protoplasma de grosses granulations inégales (fig. 430), simulant des ascospores ; mais on a observé de véritables spores durables (fig. 430), MM. Roux et Linossier les ont obtenues dans des cultures faites dans le liquide de Naegeli composé d'eau 100, tartrate d'ammoniaque 1, phosphate bipotassique 0,1, sulfate de magnésie 0,02, chlorure de calcium 0,01 et additionné de 1 à 5 p. 100 de saccharose. La température nécessaire pour leur apparition est de 25° à 30°. Ces spores, qui naissent

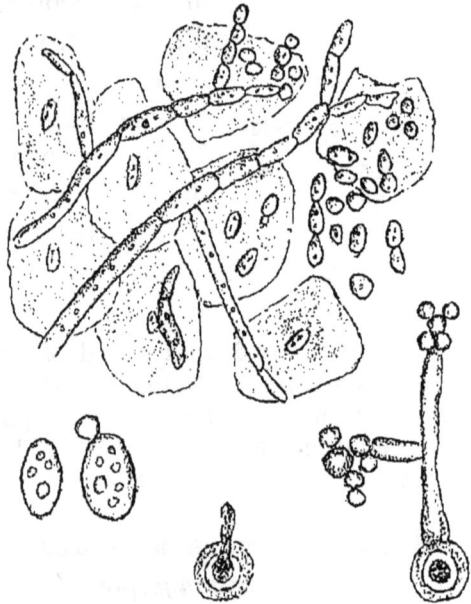

Saccharomyces albicans, Muguet.

Fig. 430.

à l'extrémité d'un filament ou d'une chaîne de globules, se font remarquer par leur forme sphérique, leur diamètre plus grand, leur protoplasma plus réfringent, plus granuleux, leur membrane d'enveloppe plus épaisse (*Chlamydospores*); les solutions d'iode les colorent plus vivement; mais le bleu de méthylène, au contraire, les colore moins que les filaments et globules.

Le développement du Muguet, sur une muqueuse, ne paraît possible qu'autant qu'un défaut de nutrition en a modifié profondément les sécrétions. Dans la bouche des enfants athrepsiques, le mélange de lait et de salive devient un milieu favorable, le sucre de lait dans ces conditions est dédoublé avec formation de glucose, aliment très recherché par le *Saccharo-*

myces albicans. Mais si par des lavages alcalins fréquents, on neutralise les liquides de la bouche, la végétation parasitaire est entravée et cesse même. La guérison définitive n'est toutefois obtenue que par la disparition de l'état général ou local qui a créé l'état de réceptivité. L'alcalin dans la bouche a seulement entravé une fermentation qui préparait l'aliment du Muguet, cet organisme végétant très bien dans un milieu de culture alcalin, mais contenant du glucose. En un mot les alcalins dilués favorisent le développement du Muguet *in vitro* dans des liquides nutritifs convenables ; tandis que ces mêmes alcalins dilués peuvent dans la bouche des enfants entraver l'élaboration, par la salive, de certaines substances alimentaires nécessaires au Muguet. Ce dernier meurt alors de faim ; mais non de l'action directe des alcalins (voy. Linossier et Roux).

On a observé le Muguet dans les régions suivantes :

La *bouche* est le siège habituel, l'abondance de la végétation est très variable, elle peut ne consister qu'en quelques grains épars sur la langue ou les joues et dans d'autres cas tapisser la bouche dans toute son étendue.

Le *pharynx* et l'*œsophage* peuvent aussi être envahis, l'estomac lui-même (Parrot) n'est pas à l'abri des atteintes du Muguet, et un grand nombre d'auteurs ont admis l'existence du Muguet dans l'*intestin*. M. Parrot rapporte un exemple de localisation du Muguet dans la substance du *poumon*, la production mycosique avait la grosseur d'un noyau de cerise. Le mamelon de la femme qui nourrit un enfant atteint du Muguet peut être affecté aussi de ce champignon, qui y végète aux dépens d'aliments laissés par la bouche malade du nourrisson.

Il existe enfin une *Mycose muguétique expérimentale;* le lapin auquel on injecte le *Saccharomyces albicans* présente dans les reins une végétation abondante analogue à celle obtenue avec les *Aspergillus* ou *Mucor*.

MOISISSURES.

Un très grand nombre de Champignons filamenteux qui se développent sur les matières végétales ou animales en voie de décomposition ont reçu le nom de *Moisissures*. Considérés ainsi ces êtres ne constituent pas un groupe naturel; mais une série de représentants de familles bien différentes, ayant acquis quelques caractères communs, par suite de leur développement dans des milieux semblables.

Parmi ces Moisissures on trouve en effet : 1° la famille des *Mucorinées* bien caractérisée par l'existence d'un renflement terminal du thalle en *Sporange*, dans l'intérieur duquel se développent des spores et aussi par la formation moins facile à observer d'œufs, résultant de la copulation de deux rameaux du thalle (fig. 434); 2° les groupes des *Mucédinées* et des *Dématiées* qui comprennent un grand nombre de champignons ayant toujours un thalle filamenteux, mais des spores *externes*. On sait aujourd'hui que beaucoup de ces *Mucédinées* ne sont que des formes imparfaites ou premiers stades de champignons Ascomycètes. Mais en présence de la difficulté de suivre le développement complet de ces Cryptogames et par conséquent de rattacher un stade à l'autre, il est indispensable de décrire et de nommer toutes les formes telles qu'elles se présentent à l'observation et ceci d'autant mieux que, pendant une série indéfinie de générations, ces formes montrent une véritable autonomie.

Les Moisissures présentent à un point de vue pratique certains caractères biologiques communs de grande importance; elles jouent un rôle comme *ferment*, ce sont des agents de la transformation et de la destruction des matières organiques, qui retournent à l'atmosphère ou à l'eau, sous forme de gaz ou de corps solubles, propres à être utilisés de nouveau.

Les Moisissures en contact avec des milieux nutritifs différents peuvent y sécréter des *diastases* variant avec l'aliment qu'elles ont à utiliser. Le *Penicillium glaucum* donnera dans un liquide riche en sucre de la *Sucrase* ou *Invertine* qui intervertira la Saccharose, sur du lait de la *Présure* qui coagulera la caséine et de la *Caséase* qui dissoudra le caillot de caséine.

Les modifications imprimées aux milieux nutritifs varient beaucoup d'une espèce à l'autre et, bien plus, les mêmes moisissures se comportent différemment suivant la quantité d'oxygène libre qu'elles ont à leur disposition. Certaines espèces peuvent vivre complètement submergées dans un liquide, y continuer leur développement; mais en y subissant des déformations remarquables. Placé ainsi à l'abri de l'air, le thalle, filamenteux dans le principe, se cloisonne et s'égrène en chapelets dont les cellules arrondies deviennent libres; puis continuant leur accroissement, elles ne tardent pas à bourgeonner.

Sous cette forme *les Moisissures immergées ressemblent complètement à des Levures* (*Saccharomyces*) et, comme elles, opèrent des fermentations. Le thalle en *forme de levure* du *Mucor circinelloïdes* peut dans le moût de bière provoquer la fermentation alcoolique et donner une bière en tout comparable à celle obtenue par l'intermédiaire du *Saccharomyces Cerevisiæ*.

Ces Moisissures peuvent altérer nos substances alimentaires et occasionner ainsi des accidents. Mais le degré de nocuité de chacun de ces nombreux organismes n'est pas encore déterminé et dans beaucoup de cas les accidents attribués à une Moisissure avaient une tout autre origine.

Les injections faites à des animaux de liquides de culture et de spores de différentes Moisissures démontrent que plusieurs espèces (*Aspergillus fumigatus, Mucor corymbifer*, etc.) sont capables de provoquer la maladie et d'occasionner la mort. Dans les mêmes conditions d'autres espèces assez voisines des précédentes sont demeurées inoffensives.

Certaines moisissures peuvent aussi se développer dans des organismes à sang chaud, y provoquer des accidents graves amenant la mort; mais l'on ne connaît pas encore d'une manière certaine, chez l'homme, des maladies ayant pour cause unique l'envahissement d'un organe par un parasite de ce groupe.

On a publié cependant un assez grand nombre d'observations de maladies ayant paru sous la dépendance de moisissures développées sur ou dans les tissus vivants :

1° *Otomycoses* avec *Aspergillus fumigatus* et *A. flavescens* dans le conduit auditif.

2° *Keratomycoses* avec mycelium d'*Aspergillus* dans le tissu de la cornée.

3° *Pneumomycoses*, *a* avec *Aspergillus*, *b* avec *Mucor*.

4° *Mycetoma* pied de Madura (*Chionyphe Carteri*).

Dans tous ces cas l'envahissement par la moisissure paraît secondaire et vient compliquer une lésion primitive nécessaire pour préparer le terrain. Jusqu'à preuve du contraire on peut croire que l'organisme humain à l'état normal résiste en général à ces Cryptogames.

Aspergillus glaucus. — Moisissure très commune sur toutes les substances organiques en décomposition, où elle forme des flocons poudreux verdâtres, les filaments du thalle rampants, rameux, indistinctement cloisonnés, sont incolores ; ils donnent naissance à des branches fertiles dressées, simples, non cloisonnées, terminées par un renflement vésiculeux sur lequel s'insèrent des rameaux courts, qui se terminent par un chapelet de spores finement muriquées de 6 à 10 μ. Placée dans des conditions favorables cette moisissure développe un autre appareil reproducteur regardé longtemps comme une espèce distincte appelée *Eurotium herbarum.* C'est une petite sphère (perithèce) friable contenant des asques à 8 spores (fig. 431).

Pour former ce périthèce une branche du thalle s'enroule en tire-bouchon de manière à former une spire creuse, des rameaux partant de la base de cette spire la couvrent de leurs ramuscules cloisonnés, for-

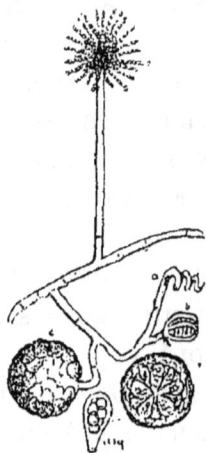

Aspergillus glaucus.

Fig. 431.

mant bientôt une sphère de pseudo-parenchyme qui contient la spire déroulée en partie. Les tours de la spire se cloisonnent, des bourgeons y naissent et s'allongent, se gonflent en résorbant le pseudo-parenchyme, enfin deviennent les asques contenant chacun 8 spores. Ces spores ne germeront qu'après un temps de repos.

L'*Aspergillus* peut croître sur des substratum très différents et sécréter des diastases variant suivant les aliments qu'il peut y rencontrer.

Aspergillus fumigatus. — Diffère de l'*Aspergillus glaucus* par ses branches sporifères un peu dilatées sous le renflement vésiculeux terminal, par ses spores lisses plus petites de 2,5 à 3 μ seulement ; mais le caractère le plus important de cette espèce est tiré de la température élevée (37° à 40°) qui lui convient le mieux. L'*Aspergillus fumigatus* peut trouver dans les organismes à sang chaud un milieu favorable à son développement et depuis longtemps on a observé des maladies mycosiques des voies aériennes chez les oiseaux où l'*Aspergillus* paraît bien l'agent infectant.

On a placé dans une atmosphère chargée d'*Aspergillus fumigatus* des oiseaux très divers et ils mouraient de *Pneumomycose*. Déjà au bout de cinq jours on trouvait dans les bronches de nombreux myceliums et quand la maladie avait duré plus longtemps des ulcérations étendues couvertes de moisissures. La *Pneumomycose aspergillienne* existe donc au moins chez les oiseaux ; elle paraît même se transmettre à l'homme (*pneumomycose des gaveurs*).

Chez les Mammifères, les vaches ont présenté des *Pneumomycoses*, enfin chez l'homme on a signalé des *Aspergillus* dans les crachats et dans les poumons ulcérés, mais on peut croire encore à un développement d'*Aspergillus* sur des lésions antérieures, d'une origine tuberculeuse par exemple. Cependant il n'est pas impossible que les spores d'*Aspergillus* trouvent parfois dans le poumon de l'homme un milieu favorable, cette moisissure provoquerait alors des pneumonies locales avec filaments mycéliens.

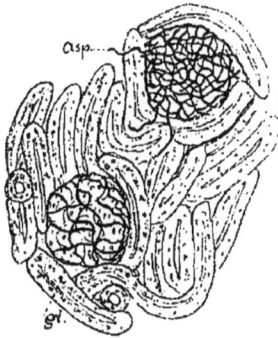

Aspergillus fumigatus.
Mycose expérimentale du rein chez le chien (d'après Baumgarten).
Fig. 432.

On a signalé assez fréquemment l'*Aspergillus fumigatus* dans le conduit auditif externe. Un cérumen anormal constituant probablement un milieu favorable, on conçoit facilement la présence de cette moisissure dans les oreilles malpropres ou déjà malades. Leber a observé un cas d'ulcération de la cornée par un grain d'avoine avec développement considérable d'*Aspergillus* dans la plaie cornéenne (*Keratomycosis*).

Sur la langue on a signalé aussi une production d'*Aspergillus*. Les Aspergillus qui peuvent se développer dans le corps des animaux à sang chaud ont dans ces derniers temps attiré l'attention des expérimentateurs : des injections de spores dans les veines du lapin provoquent la mort, si la quantité en est assez considérable.

On trouve dans les organes et spécialement dans le rein, le foie, le muscle cardiaque, un grand nombre de foyers mycéliens (fig. 432). Des quantités moindres de spores en injections veineuses laissent l'animal en vie ; mais si on le sacrifie après 3-4 jours on peut constater les mêmes foyers mycéliens, mais en nombre moindre ; plus tard tout est résorbé.

Aspergillus flavescens. — Touffe brun jaunâtre, spores jaunes et brunissant, 5-7 μ, se développe le mieux vers 28°.
Rencontré dans l'*Otomycosis*, paraît avoir les mêmes propriétés que l'*Asp. fumigatus.*

Aspergillus nigricans. — Capitule noir de 100 μ, spore brun foncé, 5 μ. Rencontré dans le conduit auditif.

Aspergillus Orizæ. — Les propriétés de cet *Aspergillus* sont utilisées au Japon pour obtenir une liqueur alcoolique du riz. Des grains de riz imprégnés de cette moisissure sont abandonnés dans des conditions d'humidité et de température voulues à une série de fermentations qui transforment l'amidon en dextrine, glucose, puis finalement en un alcool.

Sterigmatocystis nigra. *Aspergillus niger.* — Dans les *Aspergillus* les chapelets de spores naissent d'une série de rameaux courts insérés sur le renflement sphérique du thalle. Chacun de ces ramaux (*baside*) porte dans les *Sterigmatocystis* des rameaux secondaires (*stérigmates*) qui donnent naissance aux chapelets de spores (fig. 433). Les *Sterigmatocystis* jouent un rôle important comme ferments.

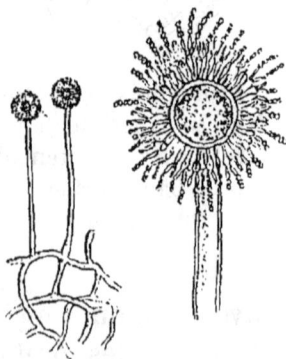

Sterigmatocystis nigra.
Fig. 433.

Le *Sterigmatocystis nigra* est très commun sur les substances végétales en voie de décomposition, surtout quand elles renferment du tannin, il est très remarquable par la propriété de vivre dans les dissolutions de tannin concentrées et d'y provoquer, par sa végétation profonde, le dédou-

blement du tannin en glucose et acide gallique. Ses filaments
fertiles dressés rigides hyalins portent un capitule noir assez
gros, formé à son centre par un renflement sphérique entouré
d'une couche de basides de 40 μ, puis sur chaque baside
4, rarement 5 stérigmates de 8 à 10 μ à l'extrémité desquelles sont les spores brun violacé, verruqueuses, de 3,5 à 4,5 μ.

La fructification ascosporée du *St. nigra* a été obtenue en
vase clos sur de la Noix de galle concassée, les phases du développement du périthèce rappellent les *Aspergillus* (voy. p. 403),
mais chez le *Sterigmatocystis nigra*, une fois que les branches
couvrantes ont achevé leur développement et constitué une
sphérule de tissu durable ou *sclérote*, ce fruit entre dans une
période de repos. Desséchés puis replacés dans un milieu favorable, les sclérotes reprennent seulement la seconde phase
de leur développement, c'est-à-dire forment, puis mûrissent
leurs spores dans les asques développés dans leur intérieur.

C'est en étudiant le *Sterigmatocystis nigra* que M. Raulin a
fait ses intéressantes découvertes sur le *développement d'un
végétal dans un milieu minéral défini*.

La constitution du milieu liquide le plus favorable a été faite
par tâtonnement, en voici la formule :

Eau	1500,00
Sucre candi	70,00
Acide tartrique	4,00
Nitrate d'ammoniaque. . .	4,00
Phosphate d'ammoniaque . .	0,60
Carbonate de potasse	0,60
— de magnésie . . .	0,40
Sulfate d'ammoniaque. . . .	0,25
— de zinc	0,07
— de fer.	0,07
Silicate de potasse.	0,07

Dans ce milieu, le *Sterigmatocystis nigra* ensemencé donne,
après quelques jours, deux récoltes successives de plaques de
moisissures qui, séchées à 100°, pèsent, pour les quantités d'a-
liments indiquées ci-dessus, 25 grammes.

Ces 25 grammes de moisissures représentent un maximum
de récolte ; si maintenant on supprime de ce milieu artificiel

de culture un de ses éléments, on voit la récolte baisser dans les proportions suivantes :

La suppression de la potasse fait tomber la récolte de 25 grammes à 1 gramme ; de l'ammoniaque de 25 grammes à $0^{gr},20$; de l'acide phosphorique de 25 grammes à $0^{gr},14$.

Ces résultats étaient prévus, d'une manière générale on connaît l'importance de ces éléments dans la nutrition des végétaux; mais il est surprenant de voir la suppression de l'*oxyde de zinc* réduire la récolte de 25 grammes à $2^{gr},50$.

L'intervention du zinc qui se trouve dilué au 1/50000 dans le liquide de culture démontre que la *prospérité d'un être vivant peut dépendre d'une proportion infinitésimale dans ses aliments d'un élément utile.*

Ce procédé de culture permet aussi de mesurer le degré de nocuité de certaines substances : la végétation cesse si on ajoute au liquide nourricier 1/500000 de sublimé corrosif; mais le nitrate d'argent est encore plus actif, il suffit de 1/1600000 pour entraver toute végétation du *Sterigmatocystis nigra.*

Cette dernière observation démontre qu'*un être vivant peut être arrêté dans son développement par une quantité infinitésimale de certaines substances qui lui sont particulièrement nuisibles.*

La thérapeutique, mettant à profit cette découverte, cherche un *spécifique* pour chaque parasite infectieux et déjà on peut penser que le mercure et l'iode se comportent vis-à-vis de l'agent infectieux de la syphilis, comme les sels d'argent vis-à-vis du *Sterigmatocystis nigra.*

Le *St. nigra* est employé dans l'industrie pour la préparation de l'acide gallique.

Les fabricants exposent les Noix de galle entières et humectées d'eau à une température de 25° à 30°, pendant un mois, en ayant soin d'ajouter de l'eau et de remuer la masse; après une fermentation silencieuse il se produit un dégagement de gaz, et lorsqu'il est terminé on retire l'acide gallique.

Pendant la première phase de la préparation, le *St. nigra* a dédoublé le tannin en *acide gallique* et *glucose.* Dans la seconde phase, caractérisée par le dégagement gazeux, le glucose isolé est lui-même dédoublé par un ferment alcoolique (*Saccharomyces*) en alcool et acide carbonique.

Dans cette manipulation une partie du tannin est perdue, car le mycélium *superficiel* du *Sterigmatocystis nigra* ne dédouble plus le tannin, mais le consomme. Le dédoublement du tannin par cette moisissure ne peut être obtenu que par les filaments immergés ; au contact de l'air le *Sterigmatocystis nigra* fructifie et brûle le tannin. D'un autre côté la fermentation profonde cesse quand l'oxygène ne peut pas se diffuser en petites quantités dans le liquide où baigne le mycélium. La formation de l'acide gallique étant le résultat d'une hydratation, le *St. nigra* agit donc dans ce cas comme s'il produisait une diastase et par elle une digestion du tannin. Le glucose et le tannin pur, qui est alors transformé en acide gallique, sont en effet absorbés et consommés par la moisissure quand on lui laisse achever son développement.

Un certain nombre de *Sterigmatocystis* se développent sur les produits de droguerie : *St. carbonaria* sur queues de cerises ; *St. fusca*, Staphysaigre ; *St. butyracea*, amandes douces ; *St. glauca*, extrait de jusquiame ; *St. lutea*, sur semen-contra.

Penicillium glaucum. *Pen. crustaceum.* — Les *Penicillium* diffèrent des *Aspergillus* par la disposition des spores sur le filament fertile dressé qui, au lieu de se renfler en sphère, se termine par des branches ramifiées qui portent des spores en chapelets (fig. 434). Des sclérotes se forment aussi comme chez les *Sterigmatocystis*, et après un temps de repos contiennent des asques.

Penicillium glaucum.
Fig. 434.

Le *Pen. glaucum* est excessivement répandu, il forme une moisissure gris verdâtre sur les substances organiques en décomposition. Le thalle filamenteux intriqué, blanc, est cloisonné, les filaments dressés sont ramifiés supérieurement et portent, au sommet des rameaux, des chapelets de spores verdâtres d'environ 4 μ. Les spores du *Pen. glaucum* sont présentes partout et cette moisissure étant moins délicate sur le choix de ses aliments que les autres, on conçoit qu'elle est la plus commune; elle peut sécréter dans les milieux où elle puise ses aliments une grande variété de diastases telles que : amylase, sucrase, présure, caséase; elle peut décomposer le tannin de la Noix de galle en glucose et acide gallique. Enfin le *Penicillium glaucum* en culture sur un liquide ne contenant que de l'ammoniaque et du phosphate et de l'acide paratartrique ou racémique décompose l'acide racémique en acide tartrique droit et en acide tartrique gauche et consomme d'abord le premier (Pasteur, 1860).

Cultivé dans un ballon où l'accès de l'oxygène est difficile, sur du moût de bière stérilisé, le *Penicillium* donne de petites quantités d'alcool (un millième et demi du volume total).

Le *Penicillium glaucum* sert à fabriquer les fromages bleus (Roquefort); on l'ensemence dans la pâte au moyen du pain moisi et on le fait développer à une basse température dans des caves fraîches.

Chromosporium maydis, en italien *Verderame*. — Filament entourant le grain de Maïs, pénétrant entre le cotylédon et l'albumen et donnant des groupes de spores globuleuses, verdâtres, de 2 µ.

Cette moisissure n'est peut-être qu'un état du *Penicillium glaucum*.

Quelques auteurs attribuent la *Pellagre* aux Maïs altérés par le *Penicillium* ou le *Chromosporium*, et le professeur Lombroso aurait même isolé du Maïs moisi un principe toxique capable de reproduire, chez les animaux et même chez l'homme, les symptômes caractéristiques de la Pellagre.

Oospora lactis. *Oïdium lactis.* — Filaments fructifères, simples, droits, incolores, avec une chaîne de spores à leur extrémité; spores courtes, cylindriques, 10-11 µ de long. Forme un revêtement blanc, léger, sur le lait, le fromage et sur d'autres matières organiques.

L'*Oospora lactis* a beaucoup de ressemblance avec les Champignons des Teignes, aussi un moment avait-on assimilé ces parasites à cette moisissure vulgaire.

Oospora crustacea. — En petite touffe rouge minium sur les vieux fromages, la colle, etc.

Oospora pulmonea. — Dans les crachats de pneumonie (?), *Benett.*

b. Mucorinées.

Mucor Mucedo. — Est une Moisissure vulgaire sur les matières végétales ou animales en voie de décomposition. Le thalle est formé de longs filaments continus dans l'intérieur desquels on voit de nombreux petits noyaux ; développé à l'intérieur du milieu nutritif il produit dans l'air des filaments simples, longs de 3 à 10 centimètres, se terminant par un renflement verdâtre séparé du thalle par une cloison qui s'élève, en forme de columelle, dans ce renflement même qui devient un sporange, son protoplasma en effet se divise en petites masses qui s'entourent de cellulose, formant ainsi les spores.

La déhiscence de ce sporange a lieu par dissolution de la paroi devenue soluble et qui abandonne au même moment dans le liquide les nombreuses pointes d'oxalate de chaux dont elle était revêtue. Les spores sont ellipsoïdes, lisses, jaunâtres, de 6-9 μ sur 3-4 μ.

Un autre mode de reproduction peut assurer par des spores durables la conservation de l'espèce; dans l'intérieur du milieu, deux rameaux renflés croissent l'un vers l'autre, jusqu'au contact, en aplatissant leurs extrémités l'une contre l'autre, une cloison isole bientôt chacune de ces extrémités du

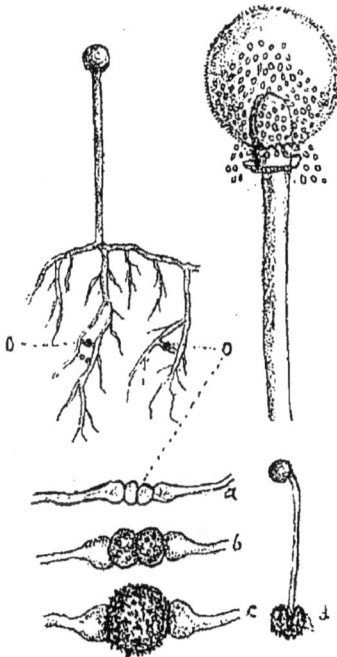

Mucor mucedo.

Fig. 435.

reste du filament, tandis que la double membrane du contact se résorbe et les deux cellules se fusionnent en une seule qui est l'œuf (zygospore), les parois brunissent, s'épaississent, se recouvrent de protubérances verruqueuses (fig. 435).

On peut facilement se procurer le *Mucor Mucedo* en plaçant sous une cloche du crottin de cheval.

Le *Mucor Mucedo* peut vivre submergé dans des liquides et y provoquer des fermentations, ses filaments se désagrègent en cellules courtes et même sphériques, il simule alors une Levure (*Saccharomyces*).

C'est un ferment alcoolique faible : dans du moût de bière

après 15 jours de culture à 23°, il ne donne que 0,4 volume p. 100 d'alcool (Hansen).

Le *Mucor Mucedo* ne développe pas de Sucrase ou Invertine, il ne dédouble donc pas le Saccharose, cependant il végète vigoureusement dans une solution de ce sucre, il ne fait pas fermenter non plus l'Inuline, la Dextrine, le Sucre de lait. Le *Mucor Mucedo* et d'autres Mucorinées se développent dans les liquides les plus variés et souvent dans les solutions pharmaceutiques, les filaments forment une masse glaireuse devenant brunâtre, on y trouve des fragments du thalle passant à la forme de spores arrondies.

Mucor racemosus. — Filaments sporangifères bifurqués ou irrégulièrement rameux. Sporanges petits, 10-60 μ diam., jaune pâle, spores globuleuses-ovoïdes de 5-8 sur 4-4 μ.

Le *Mucor racemosus* est très répandu, on peut l'obtenir aussi en plaçant en culture sous cloche du crottin frais de cheval.

Cultivé en ballon et immergé, ce *Mucor* prend comme d'autres Moisissures une apparence de levure par suite de la segmentation en grains de chapelet de ses filaments, les cellules sphériques isolées bourgeonnent comme des cellules de *Saccharomyces*.

Ensemencé dans du moût de bière stérilisé, il donne, après 14 jours, 1,3 volume p. 100 d'alcool (Hansen).

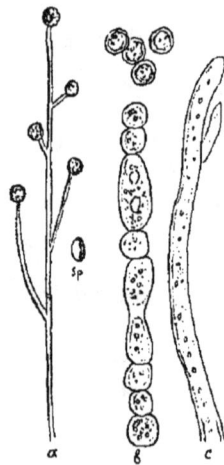

Mucor racemosus.
Fig. 436.

Mucor circinelloïdes. — Filaments sporangifères dressés, rameux, rameaux courts et recourbés portant un petit sporange, spores ovoïdes de 4-5 sur 3 μ.

Quand ce *Mucor* est immergé et prend la forme ferment, ses articles atteignent 20-25 μ de diamètre. Le *Mucor circinelloïdes* est un ferment alcoolique assez énergique, dans le moût de bière stérilisé il donne 4 volumes p. 100 d'alcool et 4,7 volumes p. 100 dans le moût de vin. On peut même, avec ce *Mucor*, préparer une bière assez semblable à celle obtenue avec le

Saccharomyces cerevisiæ, elle a cependant un goût différent, mais non désagréable.

Le *Mucor circinelloïdes* ne pouvant pas intervertir le Sucre de canne, on a proposé de l'utiliser pour extraire le Saccharose dans des mélanges sucrés. Dans les mélasses par exemple, le *Mucor circinelloïdes* peut faire fermenter le Glucose et produire de l'alcool, que l'on retire par distillation, tandis que le saccharose resté seul peut cristalliser.

Les *Mucor spinosus*, *M. erectus* jouissent des mêmes propriétés que les autres espèces énumérées.

En résumé les *Mucor* étudiées provoquent une fermentation alcoolique; mais cette fermentation est lente, ce n'est qu'après un temps relativement très long, 3 mois et plus, qu'ils produisent leur quantité maximum p. 100 d'alcool.

Il existe entre les différentes espèces une très grande variation dans le pouvoir fermentatif, après 6 mois le *Mucor Mucedo* n'a donné dans le moût de bière que 3 volumes p. 100 d'alcool, tandis que le *Mucor erectus* a donné 8 volumes p. 100 après 2 mois 1/2 (Hansen).

Les *Mucor pathogènes* sont encore peu connus :

Mucor corymbifer. — Filaments sporangifères non dressés, ramifiés, portant des sporanges hyalins même à maturité, avec des spores elliptiques de 2—3 μ.

Signalé comme pathogène (*Virchow's Archiv*, Bd. CIII). A l'autopsie d'un homme mort avec des symptômes typhiques, les poumons, l'intestin, le cerveau étaient envahis par un mycélium rapporté à cette espèce.

On a aussi décrit une *Pneumomycose mucorienne* analogue à la *Pneumomycose aspergillienne*. Le *Mucor corymbifer* a aussi été rencontré dans des *Otomycoses*.

Les spores injectées dans le système circulatoire du lapin déterminent la mort après 48 heures. A l'autopsie on trouve dans les reins, les ganglions mésentériques, les plaques de Peyer, des filaments de la moisissure.

Les mêmes injections de spores dans le système circulatoire du chien ne déterminent pas d'accidents, tandis que les injections d'*Aspergillus fumigatus* tuent ce même animal. L'action pathogène ne semble donc pas simplement mécanique, il doit se produire un agent toxique particulier. En effet le *Rhizopus nigricans* qui se développe aussi à une température élevée ne détermine pas d'accidents mortels, ni chez le chien, ni chez le lapin.

Rhizopus nigricans. *Mucor stolonifer.* — Moisissure vulgaire qui diffère du *Mucor* par un thalle stolonifère rampant. Sur les fruits, feuilles, pain, etc.

c. *Dématiées.*

Cladosporium herbarum. — Moisissure noire très répandue recouvrant de taches foncées les parties vivantes et mortes des plantes, les matières organiques d'origine végétale. Le thalle au début est formé de filaments noirs, irréguliers, cloi-

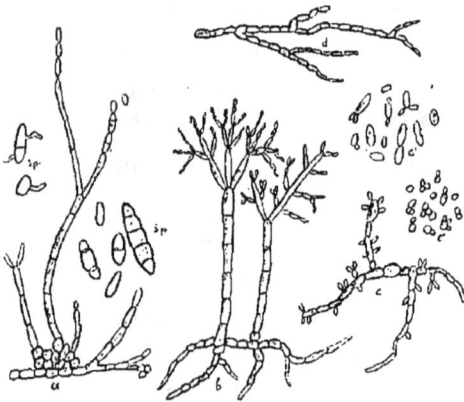

Cladosporium herbarum.
Fig. 437.

sonnés, rampant et produisant çà et là des amas de cellules brunes d'où s'élèvent des filaments sporifères cloisonnés peu ramifiés. Les spores naissent vers le sommet des branches, elles sont parfois en chaîne, très inégales, les unes ovoïdes simples, les autres oblongues elliptiques ou cylindriques 1-3 septées. Sur les fruits ou sur un milieu nutritif riche (gélatine) les branches porifères sont plus nombreuses et portent des chapelets de spores qui font ressembler cette moisissure à un *Penicillium* (fig. 437).

Dans les solutions organiques le *Cladosporium* forme des filaments composés de cellules courtes, d'abord hyalines, puis olivâtres, et brunes, en même temps des cellules, ayant l'apparence de levures, se détachent et se multiplient en bourgeonnant absolument comme les *Saccharomyces* (fig. 437). Cette forme du *Cladosporium* est très répandue ; on peut la trouver dans presque toutes les solutions organiques des laboratoires ou des pharmacies, elle ne craint pas les alcaloïdes, et vit très bien dans une solution concentrée de Sulfate de Quinine ; elle a été désignée sous le nom de *Dematium pullulans* alors qu'on ne la regardait pas comme une phase du *Cladosporium*, mais comme une espèce autonome. Cultivé dans les solutions sucrées, le *Cladosporium* se montre à peu près dépourvu du caractère ferment, la proportion d'alcool formé est très faible. Si la température des solutions contenant des *Cladosporium* est élevée à 50° toute végétation cesse ; à sec il faut une température de 100° pour détruire la vitalité de ses germes. Le *Cladosporium* paraît aussi en relation avec un *Fumago* qui vit sur les feuilles surtout quand elles sont atteintes de miellée ; il y forme un enduit noirâtre semblable à de la suie, connu sous le nom de *Fumagine*.

LEVURES. SACCHAROMYCÈTES.

La dénomination de *Levure* s'applique à un groupe de Champignons dont le thalle se compose de cellules rondes, ovales ou plus ou moins allongées, naissant les unes des autres par bourgeonnement. C'est-à-dire que l'on voit se produire, en dehors de la membrane, une saillie dans laquelle pénètre le protoplasma de la cellule mère et finalement cette petite masse protoplasmique s'isole par une cloison transversale de la cellule qui lui a donné naissance. Ces cellules tantôt isolées, tantôt disposées bout à bout en un chapelet rameux, ont une membrane mince renfermant un protoplasma homogène ou granuleux, souvent creusé de vacuoles ou parsemé de gouttelettes huileuses, ayant parfois l'apparence de spores.

Dans un liquide nutritif convenable le bourgeonnement des *Saccharomyces* est très actif, la multiplication de ces organismes rapide; mais dans des conditions d'existence défavorables un autre mode de reproduction se manifeste. Le protoplasma du globule de levure se divise en 2-4-8 ou 10 masses qui s'arrondissent et s'enveloppent d'une membrane et deviennent ainsi autant de spores. Ces *Endospores* peuvent être desséchées et rester au repos pendant un temps très long, aussi les appelle-t-on cellules ou spores dormantes. *La formation de ces spores endogènes est caractéristique du genre Saccharomyces;* les nom-

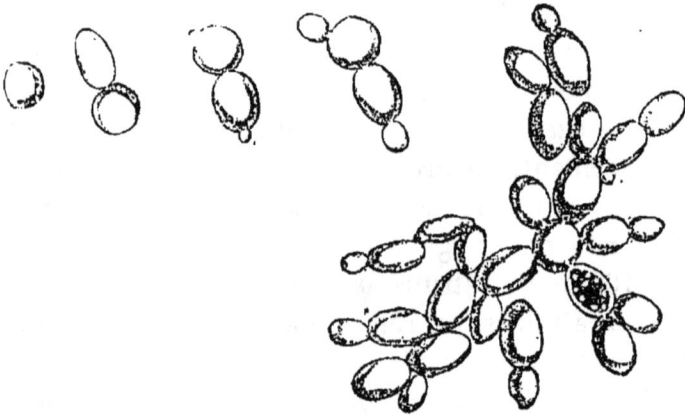

Levure.

Fig. 438.

breux ferments, ayant l'apparence de Levure et ne donnant pas d'endospores, sont regardés comme des organismes appartenant à d'autres groupes de Champignons et modifiés momentanément par leur habitat dans un milieu liquide.

Les *Saccharomyces* sont presque tous des *Ferments alcooliques,* c'est-à-dire possèdent, à un degré plus ou moins prononcé, la faculté de transformer les Sucres en Alcool et Acide carbonique. Et bien que les fermentations alcooliques puissent être provoquées par des organismes très divers, et notamment par des Moisissures immergées, qui prennent alors la forme de levure, ce sont les *Saccharomyces* qui sont les agents des principales fermentations alcooliques sur lesquelles repose la fabrication de la bière, du vin, du cidre, des alcools de distilleries, du kéfir, etc.

Les levures peuvent vivre dans deux conditions physiologiques très différentes. Le *Saccharomyces* se développe à la surface d'un fruit sucré, dans un liquide en couche mince facilement accessible à l'oxygène, sa nutrition est très active, il se multiplie rapidement, utilisant la matière nutritive à sa disposition, le sucre notamment qu'il brûle (acide carbonique et eau) facilement, ayant pour cela de l'oxygène à discrétion. Dans ces conditions qui sont réalisées fréquemment dans la nature, le *Saccharomyces* ne produit pas d'Alcool, il n'est pas Ferment alcoolique, il se nourrit des aliments à sa portée et respire de l'Oxygène ; il est, suivant l'expression de M. Pasteur, *aérobie*, il semble là dans son état normal, puisque c'est dans ces conditions qu'il atteint ses plus grandes dimensions et sa plus grande complication de forme (cellules unies en chapelets). En végétant ainsi au contact de l'air la Levure trouve dans la combustion de la matière alimentaire à l'aide de l'Oxygène la chaleur absolument nécessaire pour l'entretien du travail positif effectué par toute cellule vivante, l'Oxygène apparaît alors comme la source de l'activité vitale, de l'énergie que la cellule est obligée de dépenser.

Mais quand la Levure est submergée, cette source d'énergie fait défaut, cependant l'activité de la nutrition chez la Levure est encore manifeste, l'Oxygène atmosphérique est remplacé évidemment par quelque chose. Cette deuxième condition physiologique a reçu de M. Pasteur le nom de vie sans air (*anaérobie*). Les besoins de la cellule-levure étant restés les mêmes, il fallait trouver la nouvelle source d'énergie qui alimentait le travail de la cellule asphyxiant dans un liquide privé d'air. Le dédoublement du Sucre en Alcool et Acide carbonique, qui s'effectue dès que la Levure est immergée, se fait avec dégagement de chaleur, car des deux corps dédoublés l'un, l'Acide carbonique, est complètement brûlé. C'est cette chaleur dégagée qui est la source de l'énergie nécessaire à la Levure. Mais cette combustion incomplète du sucre ne donne que le dixième environ de la chaleur que donnerait la combustion totale, il en résulte que la levure qui brûlerait 1 gramme de sucre à l'air en dédouble 10 grammes quand l'Oxygène lui fait défaut, et cela pour produire le même effet, c'est-à-dire trouver, pour son

travail intérieur, la même quantité de chaleur ou d'énergie.
C'est là le caractère de ce qu'on a appelé un ferment (surtout
un ferment anaérobie). *Une petite quantité de matière vivante
en action* (Levure) *transforme un poids disproportionné de matière morte.* — Ce dédoublement du Sucre par les Levures
n'est pas une propriété spéciale de ces êtres, c'est une adaptation basée sur une loi générale de la nutrition des végétaux. On démontre en effet : 1° que toute plante ou partie de
plante qui vit peut se procurer, par les combustions au contact de l'oxygène, la force vive nécessaire au travail chimique qui s'opère en elle ; 2° que l'Oxygène venant à faire
défaut, le travail chimique de la plante qui vit continue ; mais
emprunte la chaleur nécessaire à la décomposition du sucre
présent dans les cellules, décomposition qui a pour résidu
l'Alcool et l'Acide carbonique. D'un autre côté on sait que les
plantes vertes, utilisant la radiation solaire, produisent plus
de matières qu'elles n'en consomment, tandis que les végétaux sans Chlorophylle, pourvus d'une puissance de destruction énorme, utilisent les composés organiques qu'ils trouvent
à leur portée. Ces composés qui fermentent sont leurs aliments, aussi les fermentations par ces êtres organisés ne sont
en définitive que des actes de nutrition.

La Levure, vivant immergée dans un liquide sucré totalement
privé d'Oxygène atmosphérique, ne s'y trouve pas dans les
conditions les plus favorables. En effet l'insufflation d'une
petite quantité d'air dans ce milieu ne tarde pas à produire
une fermentation plus vive, attribuée à la multiplication des
globules de levures, constatée après chaque aération du milieu. Les vieilles cellules-levure placées dans un milieu privé
d'oxygène y restent inertes et y meurent, tandis que des Levures
jeunes, encore sous l'influence de l'activité vitale due à l'oxygène, s'y multiplient et y déterminent une fermentation active.

Les Levures doivent donc faire une réserve d'oxygène avant
de se fixer dans le milieu qu'elles vont saturer d'acide carbonique. Cette réserve y est consommée parcimonieusement, car
elle suffit à plusieurs générations. La dose d'oxygène, capable
de rajeunir la levure, est très petite. M. Pasteur ravivait une

fermentation en laissant pénétrer une bulle d'air dans un matras où l'activité de la levure paraissait épuisée.

Une aération bien faite des moûts, qui s'accompagne d'une multiplication plus abondante des globules de levure, provoquera donc une fermentation plus rapide.

M. Pasteur dans ses *Études sur la bière* (1876) admet l'existence d'un *grand nombre d'espèces et de variétés de Levures;* mais ce n'est que dans ces dernières années que l'on a commencé à établir des distinctions nettes entre elles. Par des méthodes de purification on a isolé des espèces affines ou des races, ayant des caractères physiologiques d'une très grande importance au point de vue pratique. M. Hansen a distingué dans la Levure de bière (*Saccharomyces cerevisiæ*) non seulement les *Levures haute et basse;* mais des races dans chacune de ces variétés, la Levure basse race I donne une bière très différente de celle produite par l'action de la Levure basse race II et diverses brasseries ont déjà introduit, dans leur fabrication, la fermentation au moyen de *Levure pure.*

Non seulement les différentes races ou espèces de Levures, provoquant la fermentation de la bière, donnent des produits d'inégales valeurs; mais certains *Saccharomyces* produisent les altérations, les maladies les plus fréquentes et les plus dangereuses de la bière (Hansen).

Une bonne méthode de purification des Levures est donc une découverte précieuse qui marquera un immense progrès dans les industries basées sur le travail de ces ferments.

Pour obtenir une culture pure il fallait absolument faire un *ensemencement par une cellule unique.* C'est à M. Pasteur que l'on doit les premiers essais dans ce sens, il diluait de la Levure séchée dans du gypse en poudre et avec un nuage de cette poussière ensemençait des ballons stérilisés, on comprend que par ce procédé les résultats étaient incertains. M. Hansen dilue le liquide, dans lequel se trouvent les cellules de Levures à isoler, de telle façon qu'une quantité donnée de liquide n'en contienne plus qu'une. Pour ce faire, on étend d'une quantité quelconque d'eau une culture de Levure développée dans un ballon Pasteur, on compte ensuite les cellules de levures contenues dans une goutte étalée sous le microscope. Trouve-t-on par exemple 10 cellules en moyenne dans la goutte, on fait tomber une goutte dans un ballon contenant 20 centimètres cubes d'eau distillée; après avoir agité, on répartit également ces 20 centimètres cubes de dilution dans 20 ballons contenant un liquide nutritif. Dans ces conditions il y a des chances pour avoir, dans quelques ballons au moins, une seule cellule de Levure. Si l'on abandonne ces ballons ensemencés au repos, après les avoir secoués vivement, on voit, au bout de quelques jours, apparaître sur leurs parois une ou plusieurs taches (certains ballons restent stériles). Il est évident que c'est dans les cultures ne présentant qu'une tache qu'on peut avoir presque la certitude d'avoir obtenu une culture pure provenant d'une seule cellule. Un procédé plus rigoureux consiste à disséminer les cellules de Levure dans du moût gélatinisé, coulé sur une plaque mince, renversé sur une chambre humide sous le microscope, on peut alors reconnaître et marquer les cellules dont l'isolement est certain, les colonies qui en proviennent servent à ensemencer un ballon Pasteur, dans lequel il se produira une culture pure.

Les caractères, sur lesquels on base l'analyse et la classification des *Saccharomyces*, doivent être empruntés à toutes les particularités morphologiques et physiologiques de ces êtres, dont la détermination est impossible par la seule apparence des cellules. Il faut étudier :

1° L'*apparence des cellules* dans diverses conditions de culture;

2° La *sporulation;*

3° La *formation des voiles* sur les liquides de cultures;

4° L'*action des Saccharomyces sur les sucres* et autres constituants du liquide nourricier.

Apparence des cellules. — Il faut, pour tenir compte des caractères morphologiques des cellules de Levures, étudier des levures cultivées dans des conditions identiques; les différences observées peuvent alors guider dans la détermination de certains *Saccharomyces*. Les dimensions doivent être notées avec soin. Il est parfois impossible de distinguer, par la seule apparence des cellules, les vraies Levures des *Formes levure* provenant du thalle dissocié de certaines Moisissures vivant immergées. La sporulation ou la culture à la surface peuvent alors fixer l'observateur.

La sporulation. — Les cellules jeunes et vigoureuses peuvent seules se reproduire par sporulation. Il leur faut de l'air, un certain degré d'humidité et une température convenable (25°). On provoque la sporulation en rajeunissant les cellules par une culture de vingt-quatre heures à 25°, puis en les privant de sucre. Pour cela une couche très mince de Levure est étendue sur un petit bloc de plâtre stérilisé, plongeant dans une faible couche d'eau, le tout dans une cuvette de verre fermée (Engel). Au bout de quelques jours on voit apparaître les spores à l'intérieur des cellules sous la forme de corpuscules arrondis.

M. Wasserzug a obtenu la sporulation en cultivant les Levures dans des liquides légèrement acides et non sucrés, puis en déposant une parcelle de cette culture sur un papier buvard placé dans un tube contenant 2-4 centimètres d'eau stérilisée. M. Hansen a déterminé, pour plusieurs espèces, l'influence de la température sur la sporulation. Certaines espèces sporulent à partir $+ 0,5 - + 3°$, d'autres ne sporulent qu'à partir 10°-20°.

Les spores de *Saccharomyces* différents, dans les mêmes conditions de température, apparaissent, plus ou moins rapidement, suivant les espèces. C'est ainsi qu'à 15° le *Saccharomyces Cerevisiæ* forme ses spores, plus tard que tous les autres *Saccharomyces*. On ne confondra pas les spores avec les gouttelettes graisseuses fréquentes dans les vieilles cellules, chauffées et traitées par un mélange d'alcool et d'éther elles disparaissent. Les spores sont colorées facilement ainsi que toute la cellule par le bleu de méthyle; mais si on lave dans l'acide nitrique au 1/3 les spores seules conservent la coloration bleue.

Formation du voile. — Les levures qui ont achevé la fermentation d'un milieu liquide, en végétant dans sa profondeur, ne tardent pas à former, à la surface, au contact de l'air, de petites taches flottantes qui peu à peu s'étendent et se confondent en formant un voile. Dans certains cas, ce voile s'épaissit même jusqu'à prendre la forme d'une peau grisâtre plissée.

L'apparence des cellules composant ce voile, la température favorable à sa formation, le temps qu'il met à s'étendre, sont autant de particularités qui suffisent pour caractériser quelques espèces de *Saccharomyces*.

Action des Saccharomyces sur les sucres et autres constituants du liquide nourricier. — La plupart des *Saccharomyces* (*S. Cerevisiæ*, *S. ellipsoideus*, *S. Pasteurianus*) sécrètent un ferment soluble, l'invertine, qui transforme le Sucre de canne en Sucre interverti, lequel est ensuite fermenté. Ces *Saccharomyces* fermentent également la Glucose et la Maltose; mais pas la Lactose. Les *Saccharomyces Marxianus* et *S. exiguus* fermentent la Glucose et le Sucre de canne, mais pas la Maltose. Le *Saccharomyces membranifaciens* n'a d'action sur aucun de ces sucres.

D'après les résultats trouvés par M. Pasteur, on sait que la Levure de bière, placée dans un liquide approprié, décompose 100 parties de sucre ainsi qu'il suit :

Formation de la levure...................................	1,30
(cellulose, matière grasse, etc.).	
Alcool..	51,10
Acide carbonique...	49,20
Glycérine...	3,40
Acide succinique.	0,65

Les dédoublements ne conduisent donc pas simplement à la formation de l'alcool et de l'acide carbonique qui sont les produits principaux, mais donnent aussi des produits accessoires. Mais le travail chimique produit dans les moûts par les différentes *races* de Levure n'est pas le même. On observe des variations dans le degré d'acidité de la bière, la proportion de glycérine et des autres produits secondaires. Le goût, l'odeur, le temps nécessaire pour la clarification, les qualités de conservation, varient aussi suivant les races de *S. Cerevisiæ* employées; certaines races même sont de vrais ferments de maladie et rendent la bière amère, désagréable, trouble (Hansen).

Des faits analogues ont été observés (Marx) en faisant fermenter des moûts de vin au moyen de levures isolées et cultivées à l'état de pureté. Il paraît déjà possible de produire des vins possédant des caractères déterminés de goût, en ensemençant les moûts stérilisés avec des levures choisies.

Chaque Levure est capable en présence d'un excès de sucre

de produire une certaine proportion maxima d'alcool à peu près constante pour une même Levure et différente d'une Levure à une autre. C'est le *pouvoir alcoogène.*

Le *pouvoir fermentatif* d'une Levure est indiqué par le poids d'alcool formé pendant la disparition d'un poids donné de sucre. Plus la Levure est puissante comme ferment, moins elle emploie de sucre à autre chose qu'à en faire de l'alcool; ce pouvoir fermentatif varie aussi d'une race à l'autre.

Les *Saccharomyces* se rencontrent sur les fruits mûrs entamés, dans le nectar des fleurs. Ce sont les insectes se nourrissant de sucre qui transportent sans cesse les Levures de fleur à fleur et aussi sur les fruits.

Pendant l'hiver les germes des Levures se conservent sur les débris de fruits dans la terre, sur les insectes hibernants. Mais les Levures qui produisent les fermentations les plus anciennement utilisées par l'homme, comme les Levures de bière, paraissent des races domestiques, c'est-à-dire ne vivant que dans le milieu artificiel créé par une industrie très ancienne.

Saccharomyces cerevisiæ. *Levure de bière.* — On réunit sous ce nom deux variétés bien distinctes, la *Levure haute* et la *Levure basse* des brasseries. La première sert de ferment aux bières dites de fermentation haute, cette levure vient flotter à la surface du liquide. La levure basse se dépose dans le fond des vases, dans lesquels se produit une fermentation qui s'opère à une basse température (10°-5°). Chacune des deux variétés comprend aussi une quantité considérable de races donnant des fermentations différentes et des produits très dissemblables.

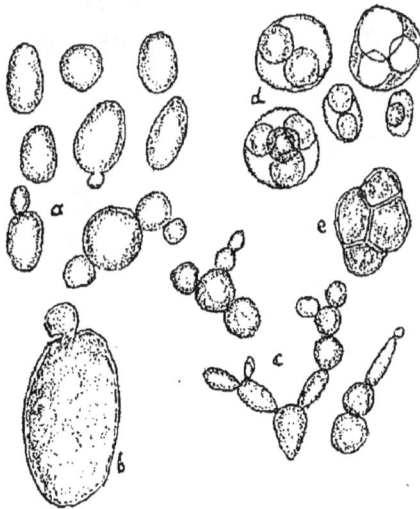

Saccharomyces cerevisiæ. — *a*, levure; *b*, bourgeonnement; *c*, voile; *d*, sporulation; *e*, groupe de spores.
Fig. 439.

Ce type de Levure est formé de cellules rondes ou ovales de 8 à 9 µ. Les jeunes cellules nées par bourgeonnement se détachent rapidement pendant une végétation lente; mais restent unies en chapelet, quand la végétation est rapide.

La Levure basse est un peu plus petite, un peu plus oblongue que la Levure haute. Le *Saccharomyces cerevisiæ* développe 2-4 endospores de 4 à 5 µ renfermés dans des asques de 11 à 14 µ. Les Levures de bière sont utilisées depuis la plus haute antiquité pour la production des boissons fermentées. Les distilleries utilisent surtout la Levure haute.

Les boulangers, pâtissiers emploient quelquefois la Levure de bière pour produire une fermentation panaire.

Dans ces dernières années, à la suite de travaux importants (Hansen) sur les avantages des Levures pures, un grand nombre de brasseurs recherchent parmi les nombreuses races de Levures celles qui leur conviennent le mieux et obtiennent avec certitude les bons types de bière obtenus autrefois par hasard; ils éliminent ainsi les imperfections dues à de mauvaises fermentations.

Saccharomyces ellipsoïdeus. *Levure ordinaire des vins.* — Cellules végétatives elliptiques de 6 µ, solitaires ou groupées en colonies courtes rameuses; asque contenant 2 4 spores de 3 µ-3,5 µ.

Cette Levure présente comme la Levure de bière de très nombreuses races communiquant aux produits de la fermentation des qualités très différentes. Il est probable que la fermentation vineuse, faite encore par des Levures variées, gagnerait aussi à être confiée à des Levures pures et connues pour leur bonne qualité.

Saccharomyces ellipsoïdeus. — *a*, levure; *b*, voile; *c*, spores. Fig. 440.

Saccharomyces Pasteurianus. — Cellules végétatives inégales, ovales, quand le développement est lent; mais pro-

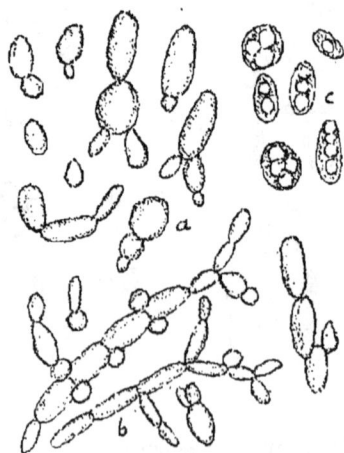

duisant des articles allongés en massues de 18 à 22 μ quand la
végétation est rapide ; les asques souvent allongés contiennent
2-4 spores de 2 μ (fig. 441).

Ferment alcoolique lent ; se rencontre dans le vin, le cidre,
et aussi dans la bière, surtout à la fin de la fermentation, il lui
communique un goût amer, aussi est-il regardé par M. Hansen
comme une levure de maladie.

Saccharomyces Marxianus. — Cellules végétatives les
unes ovales, les autres allongées ; asque contenant des spores
le plus souvent réniformes. Ce *Saccharomyces* ne fermente
pas la maltose, il a été découvert sur les raisins (Marx).

Saccharomyces Reesii. — Asque 4 spores en file longitudinale
dans les vins.

Saccharomyces minor. — Assez semblable au *S. Cerevisiæ,*
mais plus petit ; se rencontre dans le levain et semble jouer un
rôle dans la panification en provoquant une fermentation alcoolique.

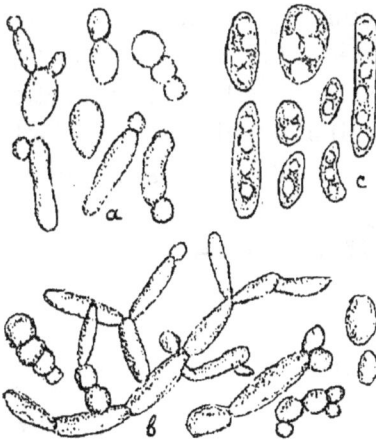

Saccharomyces Pasteurianus. —
a, levure ; b, voile ; c, spores.

Fig. 441.

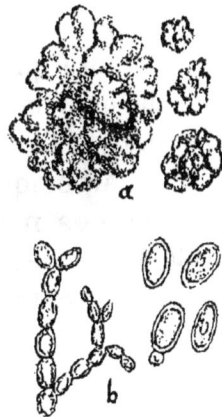

Saccharomyces Kéfir. — a, boule
de kéfir ; b, levure.

Fig. 442.

Saccharomyces Kéfir. — Cellules végétatives sphériques
4-6 μ) ou ovales (9 μ) isolées ou en chapelet se développant
concurremment avec des bactéries et formant ainsi un ferment
complexe servant à préparer, avec du lait de vache, une boisson

alcoolique acide et gazeuse appelée le kéfir, en usage dans le Caucase et récemment introduite dans la thérapeutique. Ce ferment se présente en masses solides, gélatineuses, il peut être desséché et c'est à l'état sec qu'on le trouve dans le commerce.

Pour préparer le kéfir on commence par faire gonfler dans l'eau tiède, pendant 5-6 heures, les boules sèches du ferment. On les lave ensuite avec de l'eau fraîche, puis on les met dans du lait frais, qu'on renouvelle deux ou trois fois par jour, au bout d'une semaine seulement le ferment a acquis une activité suffisante et on peut alors l'employer à la préparation de la boisson. On ajoute environ 50 grammes de ce ferment ainsi préparé à un litre de lait à la température de 18° à 19°; on agite fréquemment. Au bout de vingt-quatre heures le liquide est filtré sur une mousseline, puis versé dans une bouteille bien bouchée que l'on agitera, la fermentation se continue; mais on peut boire le kéfir dès le deuxième jour. Le *Saccharomyces* du kéfir ne pouvant pas fermenter la lactose, on admet qu'une des bactéries (*Vibrio caucasicus*), qui accompagnent la Levure, sécrète un ferment soluble capable de dédoubler le sucre de lait en glucose et galactose qui sont fermentescibles. Une partie des produits du dédoublement servirait à fournir de l'acide lactique (*Bacillus lacticus*) et l'autre serait transformée par la Levure en alcool et acide carbonique.

Saccharomyces membranifaciens. — Ce Saccharomyce ne fermente aucun des sucres mis en expérience jusqu'à présent; cultivé sur le moût de bière il y forme un voile plissé, grisâtre, composé de cellules allongées. La sporulation se produit facilement.

Saccharomyces (?) apiculatus. — Ce ferment n'est rapporté qu'avec doute au genre *Saccharomyces* parce qu'il ne forme pas d'endospores, sa forme très caractéristique est celle d'un citron avec ses deux pointes; on ne peut le confondre avec aucun *Saccharomyces*. On le trouve en grande quantité sur les fruits doux et juteux, dans la levure des vins, dans la levure spontanée

S. apiculatus.

Fig. 443.

de quelques brasseries. Le *Saccharomyces apiculatus* ne fermente pas la maltose et n'intervertit pas la saccharose.

Mycoderma vini et *Cerevisiæ, Saccharomyces Mycoderma. Fleur du vin.* — Organisme encore mal connu ressemblant à un *Saccharomyces* mais ne produisant pas d'endospores. Les germes de cette levure sont très répandus; dès que la bière ou le vin sont exposés à l'action directe de l'air, ils ne tardent pas à se recouvrir d'un voile formé par le Mycoderme (fleur du vin). Il ne fait fermenter aucun sucre, mais brûle l'alcool au contact de l'air. Le *Mycoderma vini* ayant besoin d'une grande quantité d'oxygène pour brûler l'alcool, sa présence à la surface des vins, dans un vase bien bouché, n'est pas à redouter, il intervient même comme agent de désoxydation de l'air qui pénètre. Cependant à la longue il finit par rendre le vin très plat et par favoriser d'autres fermentations nuisibles.

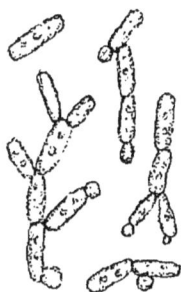

Mycoderma vini.

Fig. 444.

Monilia candida. — Sous ce nom Hansen a désigné un ferment alcoolique provenant d'une Mucédinée, et qui, cultivé dans les liquides sucrés, donne une végétation vigoureuse de cellules semblables à de vrais *Saccharomyces*.

Le caractère le plus intéressant de cette levure est de fermenter directement le Sucre de canne tandis que des autres levures ne fermentent le Saccharose qu'après l'avoir dédoublé par de l'invertine.

Torula de M. Pasteur. — Organismes producteurs d'alcool comme les *Saccharomyces* auxquels ils ressemblent beaucoup; mais ne produisant pas d'endospores et développant souvent un véritable mycélium.

Ces organismes sont très répandus; on les rencontre mêlés aux vraies Levures dont on ne peut les distinguer que par une analyse minutieuse.

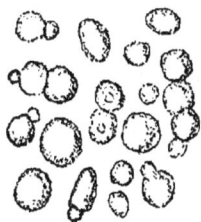

Torula.

Fig. 445.

Il y a plusieurs espèces de *Torula*, toutes fermentent le glucose; mais quelques-unes seulement intervertissent le sucre

de canne et le fermentent ; d'autres sont sans action sur la maltose. M. Duclaux en a décrit un qui fermente la lactose. Certains
Torula jouent un rôle dans la fermentation du vin. D'après
Hansen les *Torula* se rattacheraient à des champignons d'un
ordre plus élevé (voy. *Mucor*).

BACTÉRIES.

Les Bactéries sont des organismes d'une extrême ténuité,
elles apparaissent comme des cellules rondes, cylindriques, en
bâtonnets, en fuseau, etc., dont le diamètre transversal atteint
le plus souvent 1 μ. Ces cellules si petites sont encore peu connues dans les détails intimes de leur structure. Cependant on
distingue, dans les types un peu gros, un contenu de nature
protoplasmique et une mem-
brane d'enveloppe devenant évidente après l'action d'une solution
alcoolique d'iode, qui contracte et
colore le protoplasma et laisse la
membrane comme une ligne claire
très fine délimitant la surface. Le
protoplasma des Bactéries paraît souvent homogène, il absorbe
les matières colorantes avec énergie, ce qui porterait à croire qu'il
est riche en *chromatine* ou substance albuminoïde regardée
comme spéciale au noyau cellulaire ; cette réaction particulière,
ainsi que l'absence de noyau
différencié, ont fait regarder

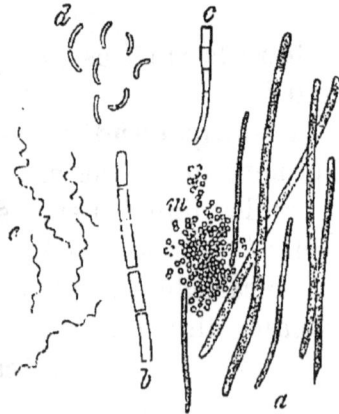

Bactériacées prises sur une dent.
— *a*, Leptothrix buccalis ; *b*,
Bacillus ; *d*, Vibrion en virgule ; *e*, Spirillum ; *m*, Microcoque.

Fig. 446.

comme étant de nature nucléaire tout le contenu de ces cellules (Butchli). La manière dont se comportent les Bactéries, vis-
à-vis des réactifs colorants, est sujette à de nombreuses particularités, qui présentent assez de fixité pour être retenues comme
des caractères spécifiques importants. Le Bacille de la *Tuberculose*, difficile à colorer, ne se décolore plus par les solutions

d'acides minéraux qui décolorent les autres Bactéries teintes par le même procédé.

Le protoplasma de quelques rares Bactéries est, d'après M. Van Tieghem, uniformément coloré en vert pâle par de la chlorophylle.

D'autres Bactériacées plus nombreuses sont colorées en rose par de la *bactériopurpurine*, matière colorante insoluble dans l'eau, l'alcool, le chloroforme, l'ammoniaque, très oxydable et *capable d'absorber la radiation solaire*. Ces Bactéries pourpres, à l'aide des radiations, décomposent l'acide carbonique et assimilent le carbone, réalisant ainsi la synthèse des hydrates de carbone, comme des végétaux à chlorophylle.

Certaines Bactéries vues en masse présentent des colorations très variées ; mais le plus grand nombre est incolore.

Le protoplasma des Bactéries se creuse parfois de *vacuoles* simulant des spores, on observe surtout ce fait dans les vieilles cultures et il paraît un indice de dégénérescence. Chez quelques espèces, vues à un fort grossissement, on note un aspect granuleux du protoplasma et les granulations, parfois volumineuses et disséminées dans la masse hyaline fondamentale, ont été regardées comme de nature nucléaire (Macé). Chez certaines Bactéries le protoplasma n'est pas uniforme dans toute la cellule, il présente une affinité plus grande pour

Bacilles de la Morve avec vacuoles.

Fig. 447.

les couleurs aux deux extrémités de la Bactérie ; c'est sur ce caractère qu'est établi le genre *Pasteurella* dont le type est le *P. cholera gallinarum*.

Les Bactéries des eaux sulfureuses (*Sulfobactéries*) contiennent, souvent en très grande quantité, de fines granulations solubles dans le sulfure de carbone, biréfringentes dans la lumière polarisée, ce sont de petits cristaux de soufre. Chez les *Vibrio butyricus*, *Spirillum amyliferum*, *Sarcina ventriculi* l'iode révèle, par une teinte bleue. la présence d'un amidon soluble. Cette particularité s'observe surtout au moment de la formation des spores et l'on considère cette substance amyloïde comme une réserve pour l'édification des spores.

La *membrane* qui entoure les Bactéries paraît, dans la généralité des cas, un hydrate de carbone très voisin de la cellulose, mais ayant une grande tendance à se gélifier, formant ainsi une enveloppe mucilagineuse. La consistance, l'épaisseur de cette enveloppe sont très différentes, suivant les espèces, et l'on peut s'expliquer l'aptitude très inégale à la coloration des Bactéries par une perméabilité plus ou moins grande de la membrane; cette épaisseur de la membrane peut aussi jouer un rôle important dans la résistance aux causes de destructions : dessiccation, désinfectants, sucs digestifs, phagocytes, etc. Certaines Bactéries ne possèdent pas de cellulose dans leur membrane qui serait uniquement constituée par une substance albuminoïde particulière, la *mycoprotéine* (Nencki, 1879).

La membrane des Bactéries, qui a une grande tendance à se gélifier, forme une gaine glaireuse autour de ces organismes, qui dans certains cas restent groupés dans la gaine de l'individu initial, gaine qui prend aussi le nom de *capsule*. Dans d'autres cas cette substance unit de nombreux individus en un groupe massif appelé *zooglée*. Un *voile* peut se former aussi par la même cohérence due à la gélification des parois.

Microcoques
en zooglée.
Fig. 448.

Formes des Bactéries. — La forme de la cellule qui constitue l'individu chez les Bactéries est encore la seule base de la classification de ces organismes, on distinguera : 1° les Bactéries filamenteuses (*Trichogènes*) pouvant se fragmenter en articles courts ou bâtonnets ou sphériques (*coques*); mais le filament reste l'état initial, il est souvent fixé par une base, ou bien rayonne d'un point central (*Nocardia*); 2° les Bactéries en bâtonnets (*Baculogènes*) : les éléments sont des bâtonnets droits plus ou moins longs, ou tordus en spire comme un tire-bouchon (*Spirillum*); ces bâtonnets peuvent aussi par suite d'une division incomplète constituer des filaments (culture du Bacille du charbon) (fig. 451) ou se fragmenter en articles très courts ou coques; malgré ce polymorphisme on peut reconnaître que la forme initiale est bien en bâtonnet; 3° les Bactéries *Coccogènes* sont des cellules sphériques (*coques*) isolées ou associées, de très faibles dimensions (*micrococci*) ou plus grosses (*macrococci*) comme les Sarcines.

Polymorphisme. — Certaines Bactéries (V. *Proteus*, fig. 454) se sont montrées capables de changer de forme, à un tel point, qu'on a voulu déduire de ce polymorphisme la négation des caractères génériques et spécifiques basés sur la forme; mais il s'en faut de beaucoup que toutes les Bactéries soient polymorphes, et chez les espèces qui le sont, cette variation de la forme est soumise à des influences de milieux que l'on peut le plus souvent déterminer. Le *Bacillus anthracis* examiné dans le sang est formé de bâtonnets droits de 5 μ à 20 μ, cultivé dans le bouillon il forme des filaments très longs enchevêtrés comme des paquets de ficelles.

Mobilité. — Beaucoup de Bactéries sont mobiles, leurs mouvements sont tantôt de simples girations, oscillations, tantôt une véritable translation, qui a fait croire à l'existence d'organes particuliers de locomotion ou cils, cils que l'on regarde encore comme de simples prolongements filiformes provenant de la couche gélatineuse externe étirée au moment de la séparation des articles et dénués de toute motilité.

Bipartition. — Les Bactéries suffisamment accrues ne tardent pas à se multiplier par bipartition. La cellule initiale est coupée en deux par une cloison qui apparaît dans son protoplasma, les deux cellules filles, ainsi formées, se subdivisent à leur tour et, par cette bipartition successive, la multiplication prend, bien vite, des proportions extraordinaires. Un germe peut, en peu de jours, peupler un cube très considérable de liquide.

Formation des spores. — On connaît les spores d'un assez grand nombre de Bactéries. Ce sont des organismes durables, elles peuvent en effet ne germer que longtemps après leur formation, elles subissent la dessiccation, les températures élevées, l'action des agents chimiques, bien mieux que les cellules végétatives qui leur ont donné naissance. De Bary a distingué : 1° les *endospores* qui se forment dans l'intérieur des cellules; 2° les *arthrospores* qui sont des portions arrondies plus résistantes, se détachant des cellules végétatives, avec lesquelles on peut parfois les confondre. La spore se colore plus difficilement que la cellule qui lui a donné naissance; dans les préparations colorées, les spores restent généralement incolores. Mais par le séjour prolongé dans la matière colorante et

par l'action de la chaleur, on peut colorer les spores, puis avec
l'acide azotique au 1/4 on décolore les bâtonnets que l'on peut
ensuite colorer rapidement d'une teinte différente. D'une manière générale les spores se forment lorsque le milieu nutritif
est devenu impropre à la croissance par l'épuisement d'un
principe utile. D'un autre côté dans les cultures on peut empêcher la production des spores par une température défavorable,
par l'action de certaines substances. Ainsi dans un bouillon
phéniqué, ou additionné de bichromate de potasse, le *Bacille du
charbon* ne fait plus de spores; mais, végétant dans ces conditions défavorables, il perd de sa virulence et les spores que
l'on obtiendra, en replaçant le Bacille dans des conditions normales, ne donneront que des *Bacilles atténués* au même degré.

La spore est tantôt plus petite que la cellule-mère où elle
s'est formée (*Bacillus*) et celle-ci ne diffère
pas des autres cellules végétatives n'ayant
pas produit de spore; dans d'autres espèces
la cellule-mère des spores se distingue des
autres cellules par la forme qu'elle acquiert
avant ou pendant la production de la spore,
elle se renfle en forme d'œuf, de fuseau ou
de clou (*Vibrio*) (fig. 449).

On admet qu'une cellule-mère ne forme
qu'une spore, les spores en série, signalées
dans certains bacilles, seraient séparées par
des membranes cloisonnantes difficiles à
observer. Les influences du milieu jouent un
rôle prépondérant dans la production des
spores, les Bactéries parasites se multiplient

Vibrio butyricus.
Fig. 449.

le plus souvent par division dans l'organisme atteint et forment
leurs spores dans des milieux moins favorables à la végétation.

La germination. — La germination se produit quand la
spore mûre rencontre les conditions favorables à la végétation
de l'espèce à laquelle elle appartient, il lui faut toujours de
l'eau, des aliments appropriés, et une température convenable.
La membrane de la spore peut, au moment de la germination,
se gélifier et disparaître, dans d'autres cas elle s'ouvre en long
ou bien en travers. Dans tous les cas la croissance en longueur

de la première cellule se fait toujours dans la direction même du grand diamètre de la spore, qui correspond aussi à la longueur de la cellule-mère. Chez le *Bacillus subtilis* la première cellule reste souvent engagée, par ses extrémités, dans les deux valves de la spore et sort en se pliant en arc, arc dont les branches se rapprochent quelquefois jusqu'à devenir parallèles, une division vers le milieu produit alors deux bacilles qui se sont bien allongés dans la direction du grand axe de la spore ; mais qui ont dévié ayant les extrémités retenues dans la membrane (fig. 451).

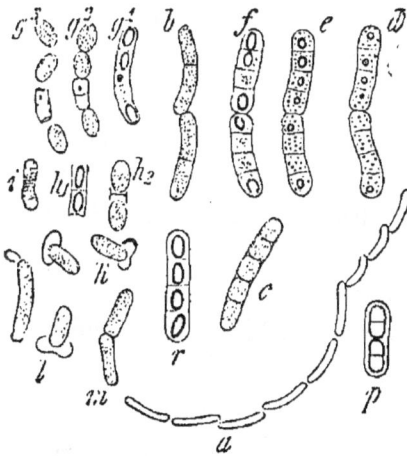

Bacillus megaterium. — *a*, chaîne de bâtonnets ; *b*, bâtonnets ; *c*, bâtonnets au moment où les spores vont se former ; *d*, *f*, formation de spores ; *i*, *h*, *l*, germination (d'après de Bary).

Fig. 450.

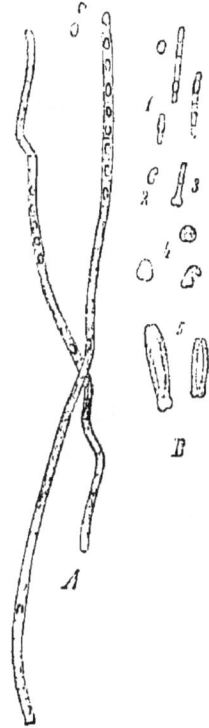

A, Bacillus anthracis ; B, Bacillus subtilis (d'après de Bary). Formation des spores et germination.

Fig. 451.

Notions générales sur la vie des Bactéries. — Les Bactéries bien que très simplement organisées présentent dans leurs fonctions de nutrition une très grande complexité, dans les milieux où elles vivent elles puisent des aliments qu'elles ont préalablement digérés, elles y rejettent aussi les résidus de leur activité vitale et des produits de sécrétion que l'on peut souvent regarder comme des moyens de défense.

Pour opérer la digestion des aliments variés, qui doivent fournir à ces organismes l'énergie dépensée par leur grande activité vitale, les Bactéries sécrètent des *diastases* en nombre très considérable et adaptées à leurs besoins. La digestion des Bactéries s'opère en dehors d'elles, dans le milieu même où elles versent les agents modificateurs de l'aliment.

Le *Vibrio butyricus*, en contact avec de la cellulose, sécrète sur cet hydrate de carbone une diastase qui en fait une glucose propre à l'absorption, ce glucose deviendra, par un acte de nutrition du Vibrion, de l'*acide butyrique,* de l'*acide carbonique* et de l'*hydrogène,* le glucose ainsi dédoublé aura fourni au Vibrion l'énergie (chaleur) devenue disponible par suite de la dislocation de ses molécules. L'hydrogène naissant qui se dégage pendant la destruction du glucose peut opérer, dans le milieu habité par le Ferment butyrique, des réductions ou des hydrogénations, les sulfates peuvent être ainsi transformés en sulfures. Les eaux d'Enghien doivent leur sulfuration à la réduction du sulfate de chaux des terrains environnants (Chevreul). Une Bactérie qui dégage de l'hydrogène peut au contact du soufre, donner de l'*hydrogène sulfuré;* ce gaz se produit souvent dans les tubes en caoutchouc par cet intermédiaire (Miquel).

Dans cet exemple nous devons distinguer parmi les produits qui ont pris naissance dans le milieu habité par le Vibrion butyrique :

a. Un produit de sécrétion en vue d'une digestion à opérer : la diastase de la cellulose, dont l'action très spécialisée est bornée à une seule variété de ce corps et reste sans effet sur les autres (cellulose des fibres), ainsi que sur l'amidon ; cette diastase est approvisionnée d'une quantité de force suffisante, puisée dans l'organisme qui lui a donné naissance, elle produit un travail chimique qui absorbe de la chaleur.

b. Des produits de déchet ou de dédoublement: acide butyrique, acide carbonique, hydrogène provenant du dédoublement du glucose par le Vibrion vivant, qui utilise ainsi pour lui une partie de la chaleur engagée dans la constitution du glucose disloqué.

c. Des produits secondaires provenant de la réaction sur le milieu de ces corps nouvellement dégagés : les acides butyrique et carbonique qui saturent les bases à leur portée, l'hydrogène qui lui aussi entre en combinaison suivant ses affinités (production d'hydrogène sulfuré, de sulfures, etc.).

Le *Vibrion butyrique* capable d'emprunter l'énergie dont il a besoin à des corps organisés qu'il désorganise ne peut pas utiliser l'oxygène atmosphérique, en vue des combustions intimes qui sont la source de l'énergie chez la généralité des organismes vivants, il est tué par ce corps. Ainsi adapté à la vie sans air, il est dit *anaérobie.*

Le nombre des diastases connues, sécrétées par les Bactéries, est déjà considérable et ce nombre s'accroîtra dans la suite, on peut citer :

Amylase transformant l'amidon en glucose.

Sucrase qui intervertit la saccharose.

Diastase de la cellulose qui transforme la cellulose en glucose.

Pepsine et *Trypsine,* transformant les matières albuminoïdes en peptones.

Présure coagulant la caséine.

Diastase de la gélatine opérant la liquéfaction de la gélatine.

Uréase dédoublant l'urée en carbonate d'ammoniaque. Comme chez les organismes supérieurs la diastase n'apparaît que dans les conditions où elle devient nécessaire, la même cellule peut, suivant le cas, en sécréter de différentes. Le *Vibrio butyricus*, ensemencé dans du glucose ou du lactate de chaux, ne sécrète plus la Diastase de la cellulose. Citons aussi certaines diastases toxiques, encore peu connues (tétanos), paraissant jouer un rôle important dans la pathogénie des maladies dites infectieuses. On désigne sous le nom de toxalbumines ces diastases toxiques solubles et d'autres composés albuminoïdes (Fièvre typhoïde, Choléra, *Pyogenes aureus*). Les Bactériacées sécrètent aussi des alcaloïdes qui présentent de grandes analogies avec ceux provenant des végétaux supérieurs, comme chez ces derniers on peut voir là un exemple des moyens de défense si nombreux et si variés, acquis par des organismes vivant en lutte continuelle, ces alcaloïdes deviennent, chez les espèces pathogènes, des agents morbigènes pour l'hôte qui héberge le parasite.

Tandis que le *Vibrion butyrique*, comme beaucoup de Bactériacées, vit à l'abri de l'air, d'autres microbes, comme la *Bactérie
du vinaigre*, recherchent l'oxygène; ils vivent à la surface des
milieux qu'ils habitent, ils portent l'oxygène sur des composés
organiques qui, en brûlant ainsi, livrent une certaine quantité
de leur chaleur. L'alcool ($C^4H^6O^2$) devient sous l'influence du
Bacterium aceti de l'acide acétique ($C^4H^4O^4$); ce même *Bacterium
aceti* oxyde aussi le glucose ($C^{12}H^{12}O^{12}$) et en fait de l'acide
glucosique($C^{12}H^{12}O^{14}$); il peut même oxyder une partie de l'acide
acétique en donnant alors de l'acide carbonique et de l'eau.
Le *Bacterium aceti* est non seulement un aérobie, mais aussi un
ferment oxydant.

Quand on étudie l'action des Bactéries sur les milieux, on
entrevoit une classification de ces êtres, basée non plus sur leur
morphologie, mais sur leur manière de réagir sur les corps
qui les nourrissent ou au contact desquels elles vivent. On se
trouve ainsi en présence de quelques groupes ayant entre eux
des relations certaines; mais aussi des caractères tirés de quelques phénomènes très apparents. Ainsi les *Bactéries de fermentation* produisent des modifications du milieu, des transformations que nous utilisons (alcool et acide acétique) ou qui sont
apparentes par leur importance. Les modifications, qui sont la
résultante d'un acte vital de ces êtres, sont très variées par les
moyens mis en œuvre. Ce sont tantôt des *oxydations* comme
dans le cas du *Bacterium aceti*, ou du *Micrococcus nitrificans* qui
fait de l'*acide azotique* avec des composés ammoniacaux, tantôt
des *dédoublements*, la molécule du produit initial se scinde en
molécules de produits différents, enfin des *réductions* ou des
hydratations. Ce travail est souvent regardé comme une action
directe de la Bactérie sur le substratum; mais dans d'autres cas
on connaît un intermédiaire qui est un ferment soluble ou diastase sécrété par la Bactérie; dans le premier cas on dit que la
Bactérie est *ferment*, dans le second qu'elle est *diastasigène*. Dans
toutes ces manifestations de la vie des Bactéries de fermentation, ce qui frappe c'est la disproportion entre le poids de l'agent
et celui des matières fermentescibles transformées. M. Duclaux a
calculé qu'une Bactérie du vinaigre détruit en vingt-quatre heures
50 à 100 fois son poids d'alcool. Il est certain qu'en dehors des

Bactéries de fermentation, les Bactéries, comme les autres êtres vivants, sécrètent quelques diastases, notamment pour digérer leurs aliments. La décomposition des substances animales ou végétales est réalisée par une série de dédoublements occasionnés par des Bactéries, on donne plus spécialement le nom de *putréfaction* à ces fermentations à produits très complexes, souvent gazeux et très fétides.

Bactéries pathogènes. — Les Bactéries pathogènes sont celles qui peuvent vivre en parasites, au moins temporairement, dans l'organisme animal et y provoquer les maladies dites infectieuses. Très nombreuses, ces Bactéries présentent tous les degrés du parasitisme et on peut distinguer :

1° Des Bactéries qui ne paraissent pas trouver en dehors de l'organisme animal les conditions de leur vie, ces parasites pouvant habiter une ou plusieurs espèces et y provoquer des troubles plus ou moins graves. *Bacillus tuberculosis.*

2° Des Bactéries qui non seulement s'introduisent, pullulent dans l'organisme vivant, mais qui trouvent aussi dans d'autres milieux (eau, sol) les conditions nécessaires à leur existence.

3° Des Bactéries qui normalement vivent en dehors de l'organisme animal, mais qui introduites expérimentalement dans le sang ou le tissu cellulaire provoquent une *maladie expérimentale.*

Une Bactérie pathogène ne provoque pas toujours l'infection de l'organisme dans lequel elle a pu pénétrer, il faut qu'elle trouve dans ce milieu où elle doit vivre en parasite des *conditions spéciales* de nutrition qui ne sont pas toujours réalisées. Ces conditions spéciales favorables à la pullulation des Bactéries constituent la *prédisposition.* L'*immunité* est au contraire l'état de résistance d'un organisme, chez lequel les Bactéries ne rencontrent pas un milieu favorable.

Moyens d'action des Bactéries pathogènes. — La médecine recherche les moyens de préserver l'organisme de l'invasion des Bactéries pathogènes (isolement, désinfection), elle confère quelquefois l'immunité par la vaccine, elle atténue la prédisposition par l'hygiène et la modifie par la thérapeutique.

L'*immunité* est due à tout un système complexe de moyens de défense de l'organisme contre l'invasion microbienne. Ces moyens de défense seulement entrevus méritent cependant d'attirer l'attention.

L'organisme se défend d'une manière générale par la sécrétion de produits toxiques pour les Bactéries, par l'intermédiaire des leucocytes, des cellules lymphatiques, qui absorbent et digèrent les Bactéries qui tentent de s'engager dans un hôte ; ces cellules désignées sous le nom de *Phagocytes* ont donc le rôle très important de débarrasser l'organisme d'hôtes dangereux. Mais si l'énergie digestive de ces agents est insuffisante, la Bactérie peut se multiplier dans leur intérieur même et le phagocyte deviendra un agent de dissémination, ce moyen de défense sera ainsi en défaut, et l'on conçoit alors qu'il y a une immunité dépendant du pouvoir digestif des *Phagocytes* vis-à-vis des différents microbes pathogènes. Le pouvoir digestif du suc gastrique est aussi un moyen très efficace de destruction des Bactéries qui tentent d'envahir l'intestin. Une première invasion microbienne imprime souvent à l'organisme un changement tel qu'une seconde pullulation du même agent pathogène est devenue impossible, c'est là l'origine d'une longue et solide immunité. La vaccination qui confère aussi l'immunité imprime ce changement sans exposer aux mêmes dangers que la maladie infectieuse elle-même.

On explique cette immunité par une action microbicide du sérum sanguin, par l'accoutumance de l'organisme au poison sécrété par le microbe, enfin par une action destructive du sérum sanguin sur les toxines élaborées par les microbes. L'hérédité et la sélection jouent un grand rôle dans l'établissement de l'immunité chez une race, chez un groupe humain. L'immunité acquise par une première atteinte ou par une vaccination se transmet en partie aux descendants par hérédité. La sélection, par la destruction des plus prédisposés, tend aussi à l'établissement d'une race présentant l'immunité. C'est ainsi que l'on peut expliquer l'immunité du mouton algérien vis-à-vis du charbon, de l'habitant des grandes villes vis-à-vis de la fièvre typhoïde. L'acclimatement d'une race, dans un pays nouvellement occupé, s'obtient surtout par la sélection ou survivance des immunités individuelles vis-à-vis de l'endémie.

Beaucoup de Bactériacées produisent des principes colorants, on les nomme *Bactéries chromogènes*, d'autres Bactéries sont remarquables par une phosphorescence très vive, ces organismes appelés *Bactéries photogènes*, habitent les mers et produisent souvent la phosphorescence de la mer, et peuvent même vivre en parasites dans certains Crustacés. Un grand nombre de Bactéries ne provoquent pas dans le milieu où elles vivent de phénomènes aussi remarquables, on les nomme des *Bactéries saprophytes*, leur vie obscure présente moins d'intérêt au point de vue médical.

Classification des Bactéries.

I. **TRICHOGÈNES**. — Filaments fixés ou rayonnants d'un point central, pouvant contenir des bâtonnets et des coques.

    a. Filaments simples ferrugineux, spores dans des filaments spéciaux (pseudo-sporanges). *Crenothrix Kuhniana*........................ CRENOTHRIX.

    b. Spores dans les filaments normaux :

        × Filaments paraissant ramifiés. *Cladothrix dichotoma*....... .... CLADOTHRIX.

        ×× Filaments rayonnant autour d'un centre. *N. actinomyces, N. Foersteri, N. farcinica* .... NOCARDIA.

        ××× Filaments simples articulés. *L. buccalis.* LEPTOTHRIX.

    c. Filaments simples oscillants, spores inconnues, granulations de soufre dans le plasma. *B. alba, B. nivea*................................... BEGGIATOA.

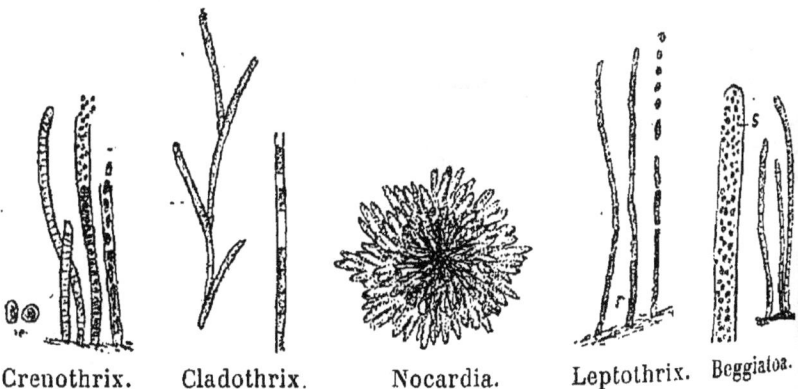

Crenothrix.   Cladothrix.   Nocardia.   Leptothrix. Beggiatoa.

II. **BACULOGÈNES**. — Cellules en forme de bâtonnets pouvant produire des filaments imparfaitement cloisonnés et des coques.

    a. Non capsulés, c'est-à-dire non entourés d'une capsule gélatineuse :

1. Bâtonnets droits ou simplement incurvés.
  × Spores ne provoquant pas de déforma-
    tion du bâtonnet :
      O Bâtonnets très courts souvent el-
        lipsoïdes, plasma uniformément
        réparti. *Bacterium aceti*, *B. termo*,
        B. putredinis, *B. decalvans*......   BACTERIUM.
      OO Bâtonnets longs, endospores. *Bacil-*
        lus tuberculosis, *B. lepræ*, *B. Le-*
        sagei, *B. anthracis*, *B. pyocyaneus*,
        B. ureæ, *B. acidi lactici*, *B. tenuis*,
        B. telmatis, *B. radicicola*, *B. fluo-*
        rescens, *B. virens*, *B. luminosus*..   BACILLUS.
      OOO Bâtonnets à plasma accumulé aux
        deux extrémités qui paraissent
        plus foncées après coloration.
        Pasteurella choleræ gallinarum,
        P. Thuillieri...................   PASTEURELLA.
  ×× Spores dans des bâtonnets renflés fusi-
    formes, claviformes. *Vibrio butyricus*,
    V. rugula, *V. caucasicus*, *V. septicus*,
    V. typhosus, *V. diphteriæ*, *V. Nicolaeri*,
    V. choleræ.......................   VIBRIO.

2. Bâtonnets en spirale. *Sp. Undula*, *Sp. tenue*,
  Sq. Serpens, *Sp. ferrugineum*............   SPIRILLUM.

b. Bâtonnets capsulés. *K. Pasteuri*..............   KLEBSIELLA.

III. COCCOGÈNES. — Cellules toujours arrondies (coques).
  a. Coques agrégées, se divisant suivant 2 ou 3 di-
    rections.
      × Familles cubiques de coques se divisant
        suivant les trois directions..........   SARCINA.

      × Coques se divisant suivant deux directions.   LAMPROPEDIA.

b. Coques en chapelet, enfermées dans une masse
  gélatineuse. *L. mesenteroides*...............   LEUCONOSTOC.

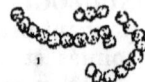

c. Chapelets de coques libres.................   STREPTOCOCCUS.

d. Coques deux par deux. *Neisseria Gonorrheæ*...   Neisseria.

e. Coques par quatre. *Gaffkya tetragena*....... .   Gaffkya.

f. Coques en amas en forme de grappes. *St. pyo-genus*................................. Staphylococcus.

g. Coques solitaires ou en zooglées amorphes.... Micrococcus.

Description.

Dans la description des Bactéries offrant un intérêt au point de vue des sciences médicales, nous ne suivrons pas la classification basée sur la forme de ces êtres ; mais un groupement par catégories établis d'après leur action sur les milieux où elles vivent, nous aurons ainsi :

I. **Bactéries ferments** et *diastasigènes* auxquelles on peut joindre les Sulfo-bactéries et les Ferro-bactéries.

II. **Bactéries pathogènes**, zooparasites.

III. **Les Bactéries phytoparasites.**

IV. **Les Bactéries chromogènes et photogènes.**

V. **Les Bactéries saprophytes et parasites externes.**

BACTÉRIES FERMENTS ET B. DIASTASIGÈNES.

Fermentation acétique.

Bacterium aceti. *Mycoderma aceti*, Pasteur. *Bacillus aceti*. Schrœt. Mère du vinaigre. — Les boissons alcooliques exposées à l'air deviennent rapidement du vinaigre par l'*oxydation* de l'alcool qui est transformé en acide acétique. Ce travail chimique est dû au développement, dans le liquide, d'un être organisé, d'un ferment, le *Bacterium aceti*. C'est M. Pasteur qui a nettement mis en lumière le rôle de cet organisme et fait connaître la fermentation acétique. Le vin exposé à l'air, ne tarde pas à se couvrir d'un voile gris qui se déchire facilement; une baguette de verre, qu'on enfonce dans le liquide, perce le voile et en emporte des fragments en se retirant; mais en vieillissant le voile s'épaissit de plus en plus, se ride et devient plus résistant. Ce voile est formé par le groupement du *B. aceti*, il constitue la *mère de vinaigre*. Quand le *B. aceti* se développe dans la masse même du liquide, il forme une peau gélatineuse immergée qui s'épaissit et tombe au fond du vase. Le *B. aceti* consiste en cellules cylindriques, mais qui ne sont guère plus longues que larges d'un diamètre de 1 μ à 1 μ.5. Ces cellules se multiplient rapidement par division transversale, restent souvent réunies en chapelets, dont les éléments parais-

Fig. 452.

sent plus ou moins arrondis; cette forme normale est souvent accompagnée de cellules très longues, se segmentant en micrococoques ou donnant des articles en forme de fuseaux.

Le *B. aceti* est une bactérie aérobie, le produit auquel il donne naissance, l'acide acétique, étant d'ailleurs un produit d'oxydation, on conçoit que la présence de l'oxygène soit nécessaire pour une fermentation régulière, qui consiste en un transport d'oxygène sur l'alcool par le ferment.

Le *B. aceti* submergé, n'ayant pas une quantité suffisante d'oxygène à sa disposition, n'acétifie pas le liquide alcoolisé, dans lequel il se développe.

Dans les liquides faiblement acides, le *B. aceti* est fréquemment contrarié dans son développement par le *Mycoderma vini* dont le voile épais refoule bientôt le voile du ferment acétique. De plus le *Mycoderma vini*, avide d'oxygène, brûle l'alcool et l'acide acétique et constitue dans le vase une atmosphère d'acide carbonique.

On a décrit, dans ces dernières années, plusieurs Bactéries capables de transformer l'alcool en acide acétique : *Bacterium Pasteurianum* dans la bière se colore en bleu par l'iode. D'autres formes signalées par MM. Duclaux, Mayer, Macé, n'ont pas reçu de noms.

Fermentation lactique.

Bacillus acidi lactici. *Ferment lactique.* — La transformation des sucres tels que lactose, glucose, saccharose, maltose et même de l'inuline, mannite, dulcite et d'autres hydrates de carbone en acide lactique qui se produit dans une foule de circonstances, est due à une Bactérie spéciale (Pasteur). Les liquides, dans lesquels le ferment lactique se développe, doivent renfermer une substance sucrée et une substance azotée, la première est la matière fermentescible qui est décomposée en quantité hors de proportion avec le poids du ferment, tandis que la deuxième est une matière alimentaire, dont le ferment ne consomme qu'une petite quantité.

Le lait qui est, dans les étables, recueilli dans des vases toujours infectés par les germes du *Bacillus acidi lactici* ne tarde pas à aigrir et à se cailler, le *ferment lactique a transformé le sucre de lait en acide lactique qui coagule la caséine.* C'est seulement à 10°,15° que le Bacille de l'acide lactique se multiplie, son activité croît jusqu'à 35°, elle s'arrête vers 46°, une courte ébullition ne tue pas le *B. acidi lactici;* si l'on veut stériliser le lait il est nécessaire de le maintenir pendant une demi-heure à 110° ou de chauffer à plusieurs reprises.

Le *Bacillus acidi lactici* est aérobie, il épuise d'oxygène les liquides dans lesquels il vit. Le milieu neutre lui convient bien, tandis que dans un milieu franchement alcalin la fermentation ne s'établit pas ; d'un autre côté, lorsque la quantité d'acide lactique produit atteint 0,8 p. 100 dans les solutions minérales et un peu plus dans le lait, la fermentation cesse.

On obtient une fermentation lactique régulière en opérant ainsi :

Dans un litre d'eau, on ajoute 100 grammes de sucre, 10 grammes de vieux fromage et une petite quantité de carbonate de chaux pulvérisé.

Le fromage fournit les germes du ferment et les aliments azotés qui lui sont nécessaires. L'acide lactique produit, pendant les huit à dix jours que dure la fermentation, se fixant sur la chaux, le milieu ne devient pas acide et le lactate de chaux cristallise quand on concentre le liquide.

Le *Bacille de l'acide lactique* détermine la fermentation du saccharose sans l'intervertir préalablement, le sucre de lait et la maltose subissent aussi la fermentation lactique, sans que cette fermentation soit précédée par la transformation de ces corps en glucose.

La culture du *Bacille de l'acide lactique* dans un mélange de sucre et craie montre, au-dessus du dépôt de craie, des taches grises visqueuses, constituées par des amas de ce ferment qui au microscope se présente sous forme de courtes cellules immobiles, deux fois aussi longues que larges ; les spores forment deux globules brillants aux deux extrémités de la bactérie. La propriété de coaguler le lait n'est pas spéciale au *B. acidi lactici*, beaucoup d'autres espèces de Bactéries la possèdent au même degré, les unes en donnant de l'acide lactique, d'autres en sécrétant de la *présure* qui coagule aussi la caséine.

Fermentation butyrique et fermentation de la cellulose.

Vibrio butyricus. *Vibrion butyrique*, Pasteur, 1846. *Bacillus amylobacter*, Van Tiegh.

Bâtonnet de 3 μ à 10 μ, large de 1 μ, cylindrique, arrondi à ses extrémités, mobile, bien caractérisé par la forme des cellules-mères de ses spores qui prennent l'aspect d'un fuseau ou d'un clou, produisant une spore ovale dans la partie renflée et aussi par la présence dans ces cellules-mères, avant la formation des spores, d'une matière amylacée bleuissant par l'iode. Le *Vibrion butyrique* est un ferment anaérobie, il est l'agent principal de la fermentation butyrique que subissent les sucres, l'inuline, et les lactates alcalins, le produit principal est l'*acide butyrique* ($C^8H^8O^4$) et il se dégage de l'hydrogène et de l'acide carbonique en proportion très variable.

Vibrio butyricus
(d'après de Bary).
Fig. 453.

Le *ferment butyrique sécrète aussi une diastase qui dissout la variété de cellulose constituant le tissu mou des plantes;* mais

qui respecte les fibres, le liège, la cellulose des champignons
et même l'amidon, cette cellulose dissoute subit ensuite la
fermentation butyrique. Ces propriétés sont mises à profit dans
différentes industries. Dans le rouissage des plantes textiles,
les fibres respectées sont isolées par la dissolution des tissus
intermédiaires. On obtient la fécule de la pomme de terre en
faisant macérer dans l'eau les tranches de ce tubercule, la
cellulose des membranes est dissoute et l'amidon que contiennent les cellules reste inaltéré. Enfin le ferment butyrique joue
un rôle important dans la digestion des Ruminants à laquelle il
concourt, en transformant dans l'intestin de ces animaux la
cellulose du fourrage en composés solubles assimilables.

Fermentation visqueuse.

Lorsqu'on exprime le suc de certaines plantes contenant du
sucre comme la betterave, on le voit souvent devenir visqueux,

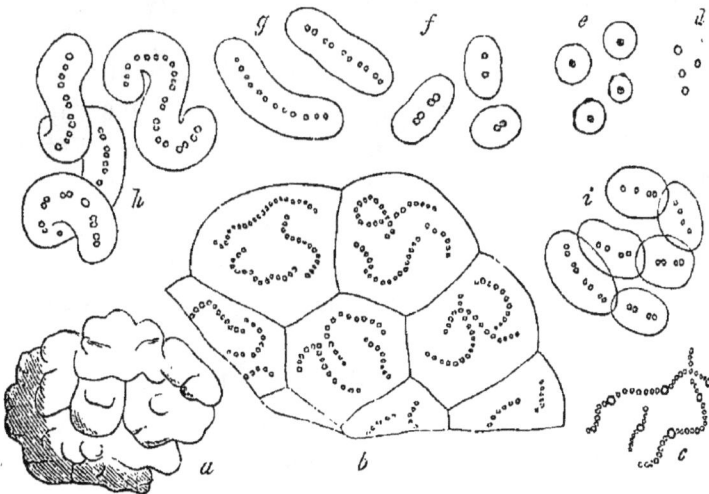

Leuconostoc mesenteroïde. — a, aspect; b, i, G = 520; c, filaments avec
spores; e, i, stades de la germination (d'après Van Tieghem).

Fig. 454.

et une parcelle de ce suc ensemencée dans un liquide de culture contenant du sucre de canne le rend aussi filant, visqueux;
examinés au microscope, ces liquides sucrés ainsi altérés se

montrent peuplés d'organismes nombreux du groupe des Bactéries. La matière visqueuse paraît provenir de la gélification des membranes cellulaires, gélification qui à un degré moindre est normale chez beaucoup de Bactéries qu'elle unit en zooglée.

Leuconostoc mesenteroïdes. *Gomme des sucreries*. — La Gomme des sucreries transforme dans un temps très court des cuves entières de jus de betteraves, en une masse gélatineuse, dans laquelle on observe des chapelets de coques entourés d'une épaisse assise de mucilage ayant la consistance de la gélatine (fig. 453).

Streptococcus viscosus. *Torulacée du vin filant*, Pasteur. — Coques globuleuses de $0\,\mu,2$ à $1\,\mu$ en filaments moniliformes. M. Pasteur a fait connaître cette Bactérie qui cause l'altération du vin et de la bière connue sous le nom de *graisse*. Le liquide contaminé prend une consistance visqueuse et devient filant comme du blanc d'œuf.

Fermentation des matières albuminoïdes, putréfaction.

On sait d'une façon certaine que les décompositions qui se produisent dans les matières albuminoïdes s'accomplissent, presque toujours sous l'influence des microbes. Mais l'étude des phénomènes qui se passent dans ces fermentations et de la part qu'y prennent les différentes espèces de Bactéries n'est pas encore assez avancée, pour permettre de nommer et de caractériser avec précision les nombreux agents des transformations de ces matières.

Les albuminoïdes, comme toutes les autres matières organiques, tendent à se réduire à leurs éléments minéraux, par une série de dédoublements et de décompositions. L'albuminoïde attaqué par les Bactéries donnera successivement : peptones, leucine, tyrosine, urée, ammoniaques composées, alcaloïdes, acides valérianique et acides gras variés et combinés à l'ammoniaque, carbonate d'ammoniaque, acide azotique et même azote; suivant les cas il se dégagera aussi de l'acide carbonique; de l'hydrogène sulfuré ou phosphoré.

Cette série de décompositions n'est jamais l'œuvre d'une seule Bactérie; mais au contraire dans ce travail de destruction une espèce succède à l'autre, prenant des matériaux déjà élaborés pour les amener à une forme encore plus simplifiée, sous laquelle ces aliments sont repris par une espèce moins difficile. A un premier degré un grand nombre de Bactéries liquéfient la gélatine, transforment les albuminoïdes en peptones solubles et poussent les dédoublements jusqu'à la leucine, tyrosine, et même urée. L'*urée* est réduite en *carbonate d'ammoniaque* par un certain nombre de microbes dont quelques-uns sont déjà bien connus. Le carbonate d'ammoniaque devient par le *Micrococcus nitrificans* de l'acide azotique. Les azotates eux-mêmes peuvent être réduits et une partie de l'azote retourne ainsi à l'atmosphère. Certains produits fixes de la putréfaction méritent une mention spéciale, en raison de leur importance comme agents toxiques; ce sont des produits alcalins qui rappellent par leur composition les alcaloïdes organiques, on les désigne sous le nom de *Ptomaïnes*.

La *Nervine putréfactive* de Brieger prend naissance dans les putréfactions de la chair des Mammifères; elle est très toxique.

Le même auteur a retiré des Morues putréfiées un alcaloïde semblable à la muscarine des Amanites et aussi toxique qu'elle. M. Gauthier a isolé des produits liquides de la putréfaction des Maquereaux une ptomaïne toxique. Les fromages putréfiés ont aussi présenté des poisons de la même catégorie, ces agents toxiques nous rendent compte de l'origine des empoisonnements nombreux observés à la suite de l'ingestion d'aliments altérés.

Le nom de *Sepsine* a été donné non à un corps bien déterminé, mais à toute une série d'alcaloïdes de putréfaction. La *cadavérine, putrescine, saprine* sont faiblement ou pas toxiques.

Les Bactéries, capables de donner naissance à ces substances toxiques, ne vivent pas seulement dans les matières animales mortes, certaines espèces se développent aussi aux dépens de l'organisme vivant et l'empoisonnent (Bactéries pathogènes).

Formation de l'hydrogène sulfuré aux dépens du soufre, les alcaloïdes arséniés dans un milieu arsénical. — L'hydrogène sulfuré est un des gaz observés fréquemment dans les fermentations dites putrides, sa production dépend du milieu où se développe le microbe, tantôt l'hydrogène sulfuré apparaît comme un produit de dédoublement des molécules complexes qui contiennent du soufre (albuminates). C'est ainsi que se produit l'hydrogène sulfuré dans l'intestin, par l'action de quelques Bactéries dédoublant les divers albuminates. Dans la vessie l'urine peut aussi se charger d'hydrogène sulfuré par l'effet d'une Bactérie.

Les recherches de Buchner ont fait voir aussi que le Vibrion du choléra pouvait former de l'hydrogène sulfuré dans le sang. Dans d'autres cas on observe l'hydrogénation directe du soufre libre par les Bactéries : le *Bacillus sulfhydrogenus* de M. Miquel, cultivé dans un liquide nutritif exempt de soufre, végète bien et dégage de l'acide carbonique et de l'hydrogène ; introduit-on dans ce milieu des fragments de soufre, l'hydrogène sulfuré se manifeste et l'hydrogénation du soufre continue avec intensité. La production de l'hydrogène sulfuré, que l'on doit attribuer dans ce cas à l'action de l'hydrogène naissant sur le soufre, apparaît alors comme un phénomène secondaire, tout à fait distinct du phénomène de nutrition. L'hydrogène sulfuré qui se dégage des tubes en caoutchouc des biberons malpropres se produit de cette manière.

On peut rapprocher de cette formation d'hydrogène sulfuré les alcaloïdes de la putréfaction formés en présence de l'arsenic qui deviennent des *alcaloïdes arséniés* ayant des propriétés toxiques très énergiques, le fameux poison de Toffa, l'*Aqua toffana* et d'autres non moins célèbres se préparaient en recueillant les liquides qui s'écoulent d'un animal livré à la putréfaction, après avoir été saupoudré d'acide arsénieux ; des arsines ou des alcaloïdes arséniés, plus toxiques que les dissolutions d'acide arsénieux, prennent naissance dans ces conditions.

Bacillus tenuis (*Tyrothrix tenuis*, Duclaux). — Sur le lait, bâtonnets grêles de $0 \mu 6$ de largeur, d'une longueur variable pouvant s'allonger, sans se cloisonner, en longs filaments qui s'enchevêtrent en une pellicule plissée, puis se divisent en articles dans lesquels une spore prend naissance. Pendant le développement rapide de ce Bacille, le lait subit des modifications : il est d'abord coagulé par de la *présure* sécrétée (coagulation très différente de celle produite par l'*acide lactique* provenant de la fermentation lactique du sucre de lait), puis le coagulum se redissout peu à peu sous l'influence d'une autre diastase, la caséase.

Cultivé ainsi dans du lait, le *B. tenuis* donne bientôt de la leucine et tyrosine résultant de la destruction de la caséine, puis du valérianate d'ammoniaque et du carbonate d'ammoniaque. Ce microbe, qui est aérobie, ne donne pas lieu à une de ces fermentations infectes qui sont plus particulièrement désignées sous le nom de *putréfaction*. Concurremment avec d'autres Bactéries le *B. tenuis* contribue à la maturation des fromages (v. Duclaux, le Lait, *Ann. inst. agron.* 1882).

Bacillus urocephalus. — Vit aux dépens de presque toutes les substances azotées, qu'il détruit sans l'intervention de l'oxygène de l'air (anaérobie), il dégage des gaz acide carbonique, hydrogène et hydrogène sulfuré et les matières en fermentation répandent une odeur alliacée putride, caractérisant ces fermentations, qui sont plus particulièrement appelées *putréfaction*.

Bacillus albuminis. *B. putrificus coli*. Fluegge. — Commun dans les matières fécales, ainsi qu'un assez grand nombre d'autres espèces. Les bâtonnets mobiles ont 3 µ de long, ils restent quelquefois unis en longs filaments, la spore prend naissance à une extrémité. Ce bacille est un agent très énergique de décomposition de l'albumine, Bienstock (1) le regarde comme le ferment principal de la putréfaction des matières fécales. Dans des cultures pures il transforme les albuminoïdes jusqu'aux derniers termes de la décomposition : eau, acide carbonique, ammoniaque.

Bacillus Proteus. *Proteus vulgaris*. — Fréquent dans les putréfactions de substances animales, il se présente sous forme de bâtonnets mobiles d'une longueur variable ; parfois, dans les cultures, il forme de longs filaments courbés, ondulés, bouclés ; dans d'autres cas il se fragmente en articles presque sphériques. Les cultures sur gélatine ont un aspect caractéristique (fig. 455).

La liquéfaction de la gélatine est rapide et la culture dégage une odeur désagréable. Dans le bouillon il produit des gaz à odeur putride. Les liquides de culture, filtrés sur porcelaine et injectés, provoquent une intoxication générale avec dyspnée, cyanose, crampes, pouvant occasionner la mort. Ces effets toxiques sont attribués à des produits solubles sécrétés par les Bactéries et accumulés dans le milieu où elles vivent.

Bacillus mirabilis avec le précédent dans la terre, les substances animales en putréfaction, liquéfie moins rapidement la gélatine.

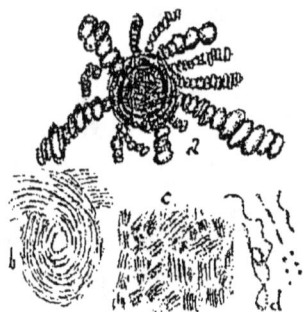

Bacillus Proteus; *a*, culture sur gélatine.

Fig. 455.

Bacterium Termo.

Fig. 456.

Bacterium Termo. — Ce nom a été donné par les anciens auteurs aux Bactéries rencontrées dans les putréfactions. On l'attribue aujourd'hui à une de ces espèces qui, très commune, apparaît au début de la fermentation putride.

Cette Bactérie aérobie vit surtout dans les parties superficielles, elle est formée de bâtonnets courts ($1 \mu 5$ sur $0 \mu 7$) réunis par deux ou en chaîne. Les articles isolés se meuvent rapidement au moyen d'un cil à chaque extrémité. La culture sur gélatine ne développe qu'une faible odeur.

Bacillus Moulei. *Bacille des viandes à odeur de beurre rance des halles de Paris.* — Nocard et Moulé. *Rec. de méd. vétér.*, série 7, t. VI, p. 67.

Produit une putréfaction particulière de la viande qui prend une odeur de beurre rance. Inoffensif pour les lapins, tue les cobayes.

Fermentation de l'urée.

L'urine normale de l'homme et des carnivores exposée à l'air devient ammoniacale, au lieu de conserver la réaction acide qu'elle présente à l'état frais. Sous l'influence de plusieurs Bactériacées dont la plus connue est le *Streptococcus ureæ*, *l'urée est transformée en carbonate d'ammoniaque* avec fixation d'eau. Ce dédoublement a lieu grâce à la production d'une diastase que le *Streptococcus* sécrète. Le *S. Ureæ* est aérobie, c'est-à-dire qu'il a besoin d'oxygène, il ne peut donc pas produire la fermentation ammoniacale dans l'intérieur de la vessie. Mais d'autres bactériacées *anaérobies* dédoublent aussi l'urée.

Streptotoccus ureæ.

Fig. 457.

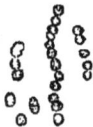

Streptococcus ureæ (*Torule ammoniacale*, Pasteur.) — Microcoques de 0 μ. 8 à 1 μ réunis le plus souvent en séries ou en diplocoques. Espèce si répandue qu'un ballon rempli d'urine stérilisée et neutralisée, exposé à l'air, est rapidement ensemencé.

Bacillus ureæ. — Bacille subcylindrique, arrondi aux extrémités, solitaire ou en filaments de 2 à 6, bâtonnet de 2 μ sur 1 μ, spores elliptiques brillantes, supportant une température de 96°. Anaérobie facultatif. Ce Bacille a été isolé par M. Miquel des eaux d'égout chauffées pendant deux heures entre 80° et 90°, température qui tue les autres germes de ce liquide.

Le *Bacillus ureæ* détermine dans l'urine une modification analogue à celle du *Micrococcus ureæ*. D'autres Bactéries provoquent la même fermentation : *B. Duclauxi*, etc.

Fermentation nitrique. Nitrification.

Micrococcus nitrificans. — On sait aujourd'hui que la production des salpêtres est due à l'action de cette Bactérie *capable d'oxyder les composés ammoniacaux jusqu'à en faire de l'acide azotique*, qui, rencontrant dans le sol des bases, se combine pour former les azotates. Le *Microbe de la nitrification* est très répandu dans toutes les terres végétales, il y nitrifie

l'ammoniaque provenant de la décomposition des matières organiques et donne aux végétaux un de leurs principaux aliments. Une remarquable expérience de M. Duclaux rend
compte de l'importance de ce microbe : dans un sol *exempt de
Bactéries*, mais riche en matières organiques, les plantes restent aussi grêles que dans du sable arrosé d'eau distillée. Les
aliments azotés non rendus assimilables par les ferments ammoniacaux et nitriques restent inutiles.

Le microbe de la nitrification a été difficile à isoler, Schlœ-
sing et Muntz avaient bien démontré dès 1877 qu'une nitrification active se produit sous l'influence d'êtres inférieurs habitant
le sol; mais le côté purement bactériologique de la question
restait obscur. M. Winogradsky paraît (1890) avoir réussi
complètement à isoler le microbe de la nitrification. Le *Ferment nitrique* ne se développe pas sur la gélatine, on conçoit
dès lors que toutes les cultures faites sur ce milieu, en vue de
l'obtenir pur, aient échoué.

M. Winogradsky prépare le liquide de culture suivant :

Sulfate d'ammoniaque...................	1	gramme.
Phosphate de potasse...................	1	—
Eau.........	1000	—

100 centimètres cubes de ce liquide sont placés dans un
matras avec 1 gramme de carbonate de magnésie, suspendu
dans de l'eau distillée, formant avec elle un lait stérilisé. Le
carbonate de magnésie dépose alors, au fond du matras, une
couche blanche couverte d'un liquide limpide. Pour mettre en
train la nitrification, il suffit d'introduire une petite quantité
de tissu végétal, ou une goutte d'un liquide récemment nitrifié.
Au bout de quinze jours toute trace d'ammoniaque a disparu.
A la surface du liquide de culture il se forme un voile très léger ;
mais les Bactéries, qui peuvent y être récoltées, sont toutes incapables de produire une fermentation nitrique, quand on les
a isolées. Quand la nitrification est très active, vers le sixième
jour, le liquide est troublé par une Bactérie ovale qui ne tarde
pas à se déposer sur la couche blanche du carbonate de magnésie, où elle forme une zooglée grisâtre et d'une consistance
gélatineuse. Pour isoler cet organisme qui est bien le ferment

nitrique M. Winogradsky le cultive d'abord dans un liquide privé de matières organiques, où la nitrification se poursuit avec la même intensité ; mais où les autres Bactériacées dépérissent. Puis utilisant la propriété du ferment nitrique de ne pas se développer sur la gélatine, il place sur ce milieu des gouttelettes de culture rendues visibles par du carbonate de chaux ; si au bout d'une semaine aucune colonie ne se développe, les taches de cet ensemencement, demeurées stériles, servent à ensemencer de nouveaux matras où le microbe de la nitrification se développe alors à l'état de pureté.

Sulfo-bactéries.

Bactéries des eaux sulfureuses. — Un assez grand nombre de Bactéries, contenant toutes des granulations de soufre dans leur protoplasma, ne se développent bien que dans des eaux tenant en solution une quantité modérée d'hydrogène sulfuré. Dans les eaux sulfureuses cette végétation a depuis longtemps attiré l'attention et on a désigné en bloc sous le nom de *Sulfuraires, Barégine, Glairine,* les nombreux organismes végétant dans ces conditions si particulières ; ces *Sulfo-bactéries* se rencontrent aussi dans les marais, dans les mares où des matières organiques se putréfient et dégagent de l'hydrogène sulfuré. Ce fait a été interprété de deux manières opposées. Pour les uns ce sont les Sulfo-bactéries qui produisent de l'hydrogène sulfuré, en réduisant les sulfates en dissolution dans l'eau. Pour les autres ces organismes oxyderaient l'hydrogène sulfuré du milieu ambiant dans leur protaplasma, qui emmagasine alors le soufre sous forme de fines granulations ; ce soufre est à son tour transformé en acide sulfurique et excrété. La plante utiliserait l'énergie devenue disponible dans cette combustion.

La divergence de ces opinions s'expliquerait par les expériences suivantes.

Si l'on introduit une certaine quantité de barégine dans de l'eau chargée de gypse, il s'y forme en effet infailliblement de l'hydrogène sulfuré dont on a attribué la production à l'activité vitale des organismes de la barégine. Mais M. Winogradsky fait remarquer que, dans ce cas, la production d'hydrogène sulfuré ne commence qu'au bout de trois à cinq jours et qu'à ce moment on trouve déjà beaucoup de Sulfuraires mortes ; quelques jours après, quand la production d'hydrogène sulfuré est au maximum et quand le liquide est saturé on n'en trouve plus que de mortes et elles ont toutes perdu leurs granulations de soufre : il est probable que l'hydrogène sulfuré est produit dans ce cas par la putréfaction des matières organiques contenant du soufre et non par des *Sulfuraires* qui ne vivent plus.

D'un autre côté des filaments vivants de l'espèce la plus commune de ces Sulfuraires, le *Beggiatoa alba*, étant immergés dans une solution de sulfates et en culture suffisamment pure perdent rapidement leurs granules de soufre et n'en forment plus. Mais aussitôt qu'on leur donne un peu d'hydrogène sulfuré, on voit de nouvelles granulations de soufre apparaître au bout de 2-3 minutes et remplir les cellules en quelques heures. D'après cette expérience le soufre de ces bactéries provient nettement de l'oxydation de l'hydrogène sulfuré.

Pour démontrer que ce soufre est ensuite transformé en acide sulfurique par la plante M. Winogradsky place des Beggiatoa dans des gouttes d'eau de source très pauvre en sulfate, ne donnant pas de réaction avec la solution barytique. Après vingt-quatre, quarante-huit heures, la solution barytique provoque la formation de nombreux cristaux microscopiques de sulfates dans ces cultures.

Ainsi le rôle physiologique des Sulfo-bactéries serait purement oxydant, l'hydrogène sulfuré est oxydé et dépose, dans le protoplasma même, du soufre qui est à son tour transformé en acide sulfurique, qui excrété formera des sulfates.

Les Sulfo-bactéries détruisent donc l'hydrogène sulfuré des eaux sulfureuses et des eaux chargées des produits de putréfaction de matières albuminoïdes. Parmi les Sulfo-bactéries communes on doit signaler :

Beggiatoa alba. — En flocons blancs muqueux dans les eaux sulfureuses et dans les eaux stagnantes, les filaments qui ont 3 à 4 μ de largeur sont libres, ou fixés, sinueux et oscillants, ils renferment des granulations de soufre plus nombreuses à la partie terminale, ils sont nettement segmentés.

Beggiatoa nivea (*Thiothrix* Winogr.). — Flocons blanc de craie, filaments très grêles de $1\,\mu$ $1\,\mu 5$ de largeur dans les eaux sulfureuses.

Mantegazzœa rosea (*Beggiatoa roseo-persicina*). — Dans les eaux stagnantes douces ou salées cette espèce forme à la surface des objets immergés des taches rose violacé, qui sont constituées par des bâtonnets fusiformes de 20 à 30 μ sur $3\,\mu 5$ à 6 μ, libres ou réunis en longs filaments, le protoplasma contient des granulations de soufre, il est coloré par une matière colorante rose, la *Bactériopurpurine*, il absorbe les radiations solaires et assimile le carbone comme le protoplasma vert.

Lamprocystis roseo-persicina. — Flocons muqueux réticulés roses (*Bactériopurpurine*) formés de microcoques elliptiques, subglobuleux, globuleux, dans les eaux stagnantes.

Bibliographie. — Plauchud, *Réduction des sulfates par les Sulfuraires,* *Académie sciences, C. R.,* 1877 et 1882. — Étard et Olivier, *Acad. sc., C. R.,* 1882. — Olivier, *C. R.,* 1888. — Winogradsky, *Phys. Sulfo-bactéries, Ann. Inst. Pasteur,* 1889.

Ferro-bactéries.

Les Bactéries ferrugineuses sont connues depuis longtemps par leur gaine gélatineuse colorée par des dépôts de fer hydraté; elles vivent dans les eaux ferrugineuses naturelles où le fer est à l'état de sel de protoxyde, ou bien dans les eaux marécageuses dont le fer est à l'état d'ocre, mais où il est réduit par des fermentations anaérobies (*F. de la cellulose*).

Les sels de fer semblent faire partie du mélange alimentaire des *Ferrobactéries* comme les sulfures ou l'hydrogène sulfuré de celui des *Sulfo-bactéries*. On doit attribuer à l'action de ces bacries les dépôts de fer limoneux connus sous le nom de minerai de marais. Les Bactéries ferrugineuses qui présentent le plus d'intérêt sont :

Crenothrix Kuhniana. — Très abondant dans certaines eaux légèrement ferrugineuses et riches en matières organiques, dans les puits, citernes, réservoirs où il forme des masses épaisses, glaireuses, colorées en brun ferrugineux, et constituées par des filaments fixés par une extrémité postérieure plus ténue que l'extrémité antérieure élargie. Le contenu de ces filaments se segmente et se résout en un grand nombre d'articles inclus dans la membrane du filament mère qui se gélifie et forme ainsi une gaine glaireuse, chargée d'oxyde de fer. Dans les gros filaments les articles qui se détachent se partagent encore et donnent ainsi naissance à de véritables

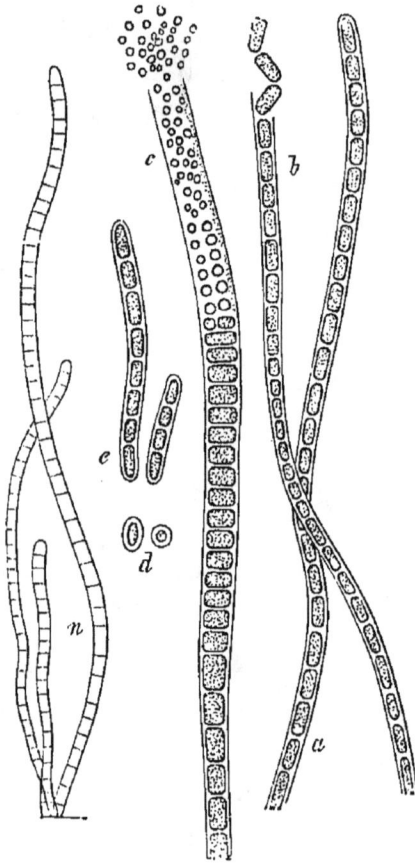

Crenothrix Kuhniana.

Fig. 458.

coques ou *spores* arrondies qui en germant reproduiront de nouveaux filaments.

Le *Crenothrix Kuhniana* se développe parfois en telle quan-tité dans les réservoirs et canaux d'alimentation qu'il peut rendre les eaux impropres à la consommation; l'eau roussâtre prend une odeur désagréable et un mauvais goût, ce que l'on doit attribuer à des putréfactions des éléments morts du *Crenothrix*.

Leptothrix ochracea. — Filaments cylindriques de 1 µ 5 ne contenant pas de *coques*, en flocons muqueux ochreux dans les fontaines et marais.

Spirillum ferrugineum. — En flocons dans les sources ferrugineuses.

Bibliographie. — Giard, Sur le *Crenothrix Kuhniana* (*C. R. Acad. sc.*, 1882, p. 247). — Winogradsky, *Ueber Eisen-Bacterien* (*Botan. Zeit.*, 1888, n° 17). Analyse in *Ann. Inst. Past.*, 1889.

BACTÉRIES PATHOGÈNES.

Bacillus tuberculosis, Koch. *Bacille de la tuberculose.* — Le bacille de Koch est un organisme parasite qui ne peut que difficilement se développer en dehors d'un animal vivant, il

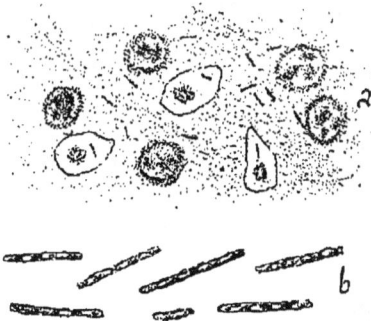

Bacillus tuberculosis. — *a*, crachats; *b*, isolés et plus fortement grossis.

Fig. 459.

cause la maladie infectieuse désignée sous le nom de *tuberculose*, qui est commune à l'homme et à plusieurs animaux. Dans les crachats des phtisiques on retrouve ce Bacille, en se basant sur la réaction particulière qu'il présente, sous l'influence des couleurs d'aniline. A l'inverse des autres Bactériacées le *Bacille de Koch se colore lentement et avec difficulté; mais une fois coloré, l'acide azotique au tiers, qui décolore les autres Bactéries, ne lui enlève pas la teinte qu'il a fixée.* C'est sur cette propriété que sont basées les différentes méthodes de recherche de ce microbe. *Procédé d'Ehrlich :*

1° Écraser entre deux couvre-objet un fragment de crachat, séparer les deux couvre-objet et laisser sécher à l'air.

2° Passer trois fois la préparation à travers une flamme.

3° Coloration de la préparation placée pendant douze heures dans un bain :

Eau d'aniline saturée......................	100 c. c.
Solution alcoolique concentrée de fuchsine......	11
Alcool absolu............................	10

4° Décoloration de la préparation plongée pendant quelques secondes dans l'acide azotique au tiers ou au quart.

5° Lavage dans l'alcool à 60° en passant le couvre-objet plusieurs fois dans le liquide.

6° Coloration du fond pendant quelques minutes dans un bain de bleu de méthylène.

7° Lavage dans l'eau distillée et examen dans ce liquide. Montage au baume après dessiccation si l'on veut conserver les préparations.

On obtient plus rapidement une préparation par le procédé de Fränkel : les lamelles préparées sont colorées par l'eau anilinée additionnée de fuschsine *mais à chaud*, dans ce cas la coloration est complète en six minutes, après lavage on les soumet pendant 2 minutes au mélange :

Alcool...................	50
Eau distillée......	30
Acide azotique.........................	20

Avec excès de bleu de méthylène.

On lave et on examine dans l'eau.

Les bâtonnets ainsi colorés ont de $1\mu 5$ à $3\mu 5$ sur $0\mu 3$, ils sont droits ou légèrement courbés. On distingue souvent, dans le corps même du bâtonnet, quatre à six vacuoles incolores regardées comme des spores. D'un autre côté MM. Babès et Ehrlich en maintenant des préparations pendant plusieurs jours dans la solution fuschinée, puis en les décolorant fortement, obtiennent des bacilles présentant un grain terminal seul coloré en rouge et ayant l'apparence d'une spore.

Les Bacilles de la tuberculose vivants sont immobiles et on les retrouve pendant un temps indéfini dans les crachats qu'on conserve dans un flacon. Koch a isolé et cultivé le Bacille de la tuberculose dans le sérum gélatinisé. Ce n'est qu'au bout de dix à quinze jours qu'on voit apparaître de petites taches blanchâtres ou jaunâtres.

L'inoculation de ces cultures suffit toujours à déterminer, chez les espèces animales susceptibles, une tuberculose généralisée.

Le cobaye et le lapin sont de véritables réactifs de la tuberculose, l'injection des produits tuberculeux déterminant, à coup sûr chez ces animaux, des lésions locales et puis une tuberculose généralisée ; la durée de la survie est de trente à quarante jours.

Lorsqu'un Bacille de la tuberculose pénètre dans l'organisme, il est saisi par un leucocyte qui le transporte à travers la circulation lymphatique, puis il s'arrête dans un organe et devient le point de départ d'un tubercule. Sous l'influence de l'irritation provoquée par le microbe les cellules se sont multipliées et groupées autour de la colonie parasite, la lutte s'engage entre ces phagocytes et les Bacilles qui vont se multipliant, de nouveaux leucocytes affluent et se trouvent bientôt enfermés avec les bacilles dans une sorte de capsule désignée sous le nom de *cellule géante*.

Chez les animaux peu réceptifs M. Metchnikoff a vu les Bacilles ainsi englobés se déformer et périr ; mais chez un animal dont les phagocytes sont impuissants à digérer les Bacilles, ces cellules au lieu de défendre l'organisme transportent les microbes pathogènes et les déposent dans les différents organes. En un mot le Bacille de Koch suscite dans l'organisme un appel très intense de phagocytes ; mais quoique englouti par eux, ce microbe leur résiste et se disperse même par leur intermédiaire.

Les diverses espèces d'animaux sont très inégalement sujettes à la tuberculose.

Le bœuf est fréquemment infecté ; surtout les *vaches laitières*. Le porc est assez rarement atteint, le cheval encore moins souvent, le mouton et la chèvre sont considérés comme à peu près réfractaires. Le chien et le chat jouissent aussi d'une grande immunité.

Micrococcus Malassezi. *Micrococcus de la tuberculose zoogléique, pseudo-tuberculose du lapin d'Eberth.* — MM. Malassez et Vignal en inoculant des lapins et des cobayes avec un nodule tuberculeux sous-cutané de l'avant-bras, où il avait été

impossible de déceler le Bacille de la tuberculose, produisi-
rent chez ces animaux une pseudo-tuberculose qui amena la
mort au bout de six à dix jours. Les granulations d'apparence
tuberculeuse étaient constituées par des zooglées d'un *Micro-*
coccus sphérique ou ovale deux par deux ou en longs chapelets.
Cette même affection a été signalée dans le poumon des poules
par M. Nocard.

Plus récemment MM. Grancher et Ledoux-Lebard communi-
quaient une tuberculose zoogléique à un cobaye avec de l'eau
ayant traversé une faible couche de terre végétale.

La zooglée n'est qu'une phase dans la vie de ce parasite,
après quelques passages dans l'organisme du cobaye et du lapin le microbe se développe en éléments isolés. L'existence de
pseudo-tuberculose paraît un fait démontré par ces observations, ainsi que par celles de MM. Charrin et Roger qui ont décrit chez le lapin encore une autre pseudo-tuberculose d'origine
bactérienne.

Grancher et Lebard, *Arch. de méd. expérim.*, 1889. — Malassez et Vignal,
Arch. de physiologie, 1883 et 1884. — Chantemesse, *Ann. Inst. Past.*, 1887.

Bacillus Lepræ. — Le Bacille de la lèpre ressemble beaucoup à celui de la tuberculose; mais il se colore plus rapidement et fixe encore mieux le colorant.

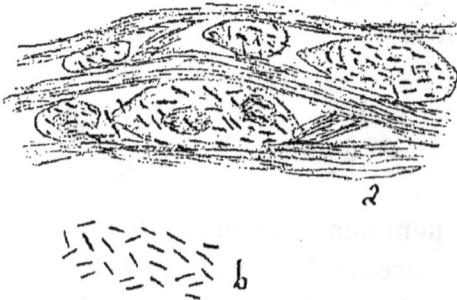

Bacillus Lepræ. — *a*, dans les cellules lépreuses; *b*, isolé.

Fig. 460.

Les Bacilles de la lèpre habitent surtout la peau et les nerfs;
on les trouve en grand nombre dans de grandes cellules du
tissu conjonctif (cellules lépreuses). On a recherché en vain le

Bacille de la lèpre, en dehors des tissus contaminés, malgré l'absence de preuves expérimentales, il paraît bien le parasite déterminant la lèpre dont le caractère contagieux n'est pas douteux; mais la contagion ne deviendrait possible que par les tubercules *ulcérés.*

Bacillus Mallei. *Bacille de la morve.* — Se rencontre dans le pus et le jetage des animaux morveux, le Bacille de la morve est aussi très abondant dans les nodules des poumons et de la rate des animaux morts de cette maladie. Il ressemble beaucoup au bacille de la tuberculose; mais il prend encore plus difficilement les couleurs d'aniline et il se décolore dans l'acide nitrique au tiers. Vivant, il présente une mobilité assez nette. Les cultures, celles sur pomme de terre notamment, restent virulentes, elles prennent sur ce milieu une coloration fauve, chocolat clair qui est regardée comme très caractéristique.

Bacille
de la morve.
Fig. 461.

Bacillus Anthracis. *Bacille du charbon, de la pustule maligne, Bactéridie charbonneuse.* — Dès 1850 ce Bacille a été signalé dans le sang des moutons morts du *Sang de rate* (Rayer et Davaine), par des inoculations expérimentales. Davaine, en 1863, démontrait le rôle capital que jouait cette Bactérie dans l'infection charbonneuse.

Plus tard, M. Pasteur et ses élèves obtenaient des cultures pures, et découvraient la méthode des *vaccinations à l'aide des cultures à virulence atténuée.*

Le *Bacillus anthracis* se retrouve facilement dans le sang d'un animal mort du charbon, ses bâtonnets ont de 5 à 6μ, réunis à deux ou plusieurs, immobiles. Cultivé dans le bouillon le Bacille du charbon forme de longs filaments que les réactifs montrent constitués par des articles courts; dans ces filaments les spores se produisent très vite et y forment des séries de points sombres (fig. 462, *b*). Le *Bacille du charbon* se cultive sur tous les milieux, mais en présence de l'oxygène. Sur plaque de gélatine la culture prend un aspect filamenteux très particulier. Les colonies de trois jours sont formées par des filaments en mèches ondulées, rappelant des cheveux bouclés. En piqûre dans un tube, il se forme un filament central blanc d'où

partent d'autres filaments dans une direction perpendiculaire, le tout rappelant une racine avec ses poils ou une sorte
d'aigrette. Ces cultures possèdent une virulence identique à
celle du sang d'un animal charbonneux; mais dans certaines
conditions la virulence des cultures du *Bacille du charbon* dé-

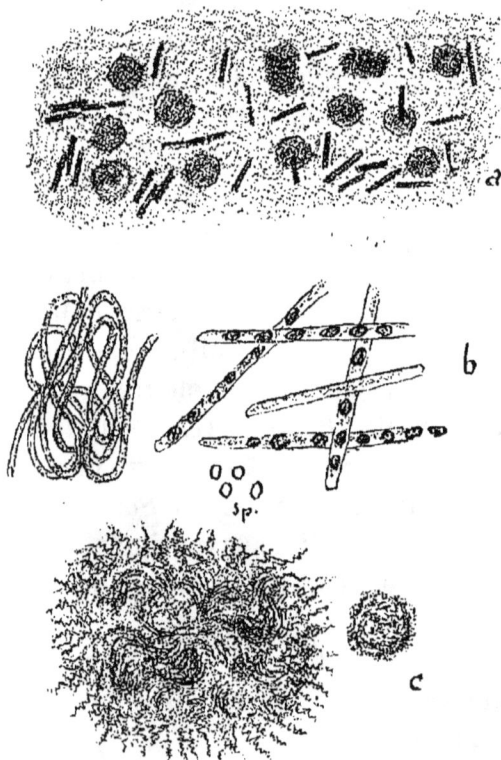

Bacillus anthracis. — *a*, dans le sang; *b*, filaments sporifères (culture);
c, aspect de la culture sur gélatine.

Fig. 462.

croit sous l'influence de causes capables de l'amoindrir.
M. Pasteur a obtenu cette atténuation en cultivant au contact
de l'air la Bactérie charbonneuse dans un bouillon maintenu
à 43°, *température à laquelle les filaments ne peuvent plus produire de spores*. Dans ces conditions la culture devient tous les
jours de moins en moins virulente et donne ainsi tous les degrés d'atténuation. Comme ces virus atténués confèrent, au

moins partiellement, l'immunité, ils peuvent servir à la *vaccination charbonneuse*, déjà connue par ses excellents résultats pratiques. Si on provoque, dans un bouillon déjà atténué, la formation des spores, *la spore formée dans ces conditions fixe le degré de virulence que possédait la culture et la reproduit identique dans de nouvelles cultures.* Pour ramener une Bactérie charbonneuse atténuée à sa virulence normale, il suffit de la faire passer par des inoculations successives, dans le sang d'animaux de moins en moins impressionnables. On obtient encore l'atténuation du virus charbonneux en ajoutant aux cultures des antiseptiques (acide phénique, bichromate de potasse), en faisant agir l'oxygène comprimé, en exposant les cultures aux rayons solaires. La condition exclusive de l'atténuation serait le manque de formation de spores.

Les cadavres d'animaux charbonneux enfouis trop superficiellement abandonnent dans la terre d'innombrables bacilles qui produisent des spores infectant le sol, pour de nombreuses années. Les vers de terre répandent à la surface du sol, avec leurs excréments, les spores prises à une certaine profondeur. Ces germes circulent ensuite avec les eaux superficielles. L'infection des animaux susceptibles se produit par les voies digestives, chez l'homme l'ingestion des viandes charbonneuses peut provoquer aussi le charbon ; mais le plus souvent cette maladie infectieuse se manifeste sous forme de *pustule maligne*. Le point de la peau inoculé se mortifie, puis l'infection se généralise ; on observe surtout cette affection charbonneuse, chez les individus maniant les dépouilles d'animaux charbonneux, l'inoculation se fait par le contact de produits virulents avec des blessures ou éraillures de la peau. On a signalé aussi une pneumonie charbonneuse chez les mégissiers.

Les mouches à trompe pourvue de stylets, les taons, peuvent en piquant, inoculer le charbon, si, ayant piqué des animaux charbonneux, elles ont conservé sur leur trompe quelques Bacilles.

Bacillus Lesagei. *B. de la diarrhée verte bacillaire des nourrissons.* — L'ensemencement sur plaque des déjections vertes des nourrissons donne facilement des cultures pures de ce Bacille, qui se présente en petites colonies verdâtres granuleuses ne liquéfiant pas la gélatine. On peut les cultiver dans les milieux ordinaires, ces cultures dégagent une odeur fade et contiennent des ptomaïnes. *Si le milieu de culture est légèrement acidifié, le développement cesse.* Les produits de cultures inoculés au lapin reproduisent chez cet animal la diarrhée verte avec de nombreux Bacilles. Cette Bactérie végète dans l'eau qui doit pouvoir transmettre la maladie.

Bacillus dysentericus. *B. de la dysenterie épidémique*, Chantemesse et Vidal. — Ce bacille a été rencontré dans les matières fécales, dans les parois de l'intestin et dans les ganglions mésentériques, dans la rate des dysentériques venant du Tonkin. Il est formé de courts bâtonnets peu mobiles se colorant mal par les couleurs d'aniline. Les cobayes contractent une vive inflammation intestinale quand on mêle à leurs aliments des produits de cultures de ce microbe, par inoculation intestinale l'effet pathogène est encore plus marqué.

Bacillus Malariæ. *Klebs et Tommasi-Crudeli*. — MM. Klebs et Tommasi-Crudeli ont retiré de la vase des régions à Malaria un bacille qu'ils ont considéré comme l'agent spécifique de la Malaria, les bâtonnets sont assez semblables au *B. subtilis*. Plus récemment (1890), M. Schiavuzzi (in *Beiträge der Biologie der Pflanzen* de Cohn, v. 2) a isolé de l'air à Pola le même bacille, cultivé en culture pure, il a été inoculé à des lapins qui ont présenté de la fièvre quotidienne et tierce (?), le sang de ces animaux contenait des bacilles et les globules sanguins présentaient des altérations rappelant les lésions décrites par Machiafava sous le nom de *Plasmodium malariæ* (voy. plus loin Sporozoaires).

Vibrio typhosus. *Bacillus typhosus; Bacille typhique; Bacille d'Eberth* (1880). — Cette Bactérie abonde dans les organes des typhiques, dans la rate, le foie, les ganglions mésentériques, les plaques de Peyer. En dehors de l'organisme atteint on rencontre le Vibrion typhique dans l'eau, aussi regarde-t-on les eaux de boisson comme l'agent principal de la propagation de la fièvre typhoïde.

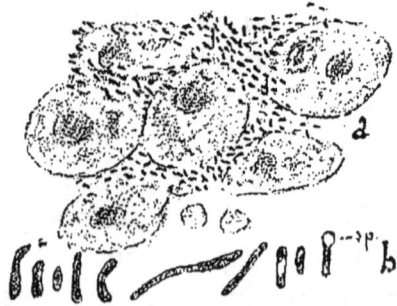

Vibrio typhosus. — *a*, dans la rate; *b*, isolé; *sp*, spore.

Fig. 463.

On peut se procurer le Vibrion typhique par les procédés

suivants : le sang pris dans la rate d'un typhique contient la Bactérie, on peut l'examiner immédiatement ou mieux ensemencer un milieu de culture.

Les matières fécales et souvent les urines sont riches en Vibrions typhiques ; mais dans les matières fécales il est très mélangé ; on peut l'isoler par des cultures dans des *milieux phéniqués* qui sont défavorables au développement des autres microbes.

La rate contient, après la mort, des Vibrions typhiques qui continuent leur développement dans cet organe ; après avoir lavé la rate au sublimé, on la sectionne avec un couteau flambé, du liquide splénique et des particules ensemencés dans de la gélatine-peptone donnent, presque toujours, des cultures pures. Les éléments du *V. typhosus* sont des bâtonnets à extrémités arrondies de 2 à 3 μ, mobiles, ils se colorent par les procédés habituels, tantôt ils sont entièrement colorés, tantôt la couleur est localisée aux deux extrémités, le milieu restant incolore (vacuole). Une petite sphère à l'extrémité du bâtonnet, qui apparaît sur les anciennes cultures sur pomme de terre, est regardée comme une spore (fig. 462, *sp.*).

Dans les cultures, le Bacille de la fièvre typhoïde se développe également bien, au contact ou à l'abri de l'air, à une température de 4° à 46°, avec un optimum de 25° à 30°, les milieux les plus divers lui conviennent : bouillon, lait, gélatine, sérum, urine, gélose, pomme de terre.

La culture en strie sur gélatine apparaît sous forme d'un voile mince translucide à reflets nacrés et bleuâtres. Sur pomme de terre la physionomie est encore plus caractéristique, la surface de la pomme de terre paraît simplement humide, brillante, glacée, elle est recouverte d'une glaire qui examinée au microscope laisse voir une quantité de Bactéries. Brieger a extrait des vieilles cultures une ptomaïne toxique, *typhotoxine*.

Le Vibrion typhique inoculé peut provoquer chez certains animaux, particulièrement chez la souris, une septicémie mortelle.

La recherche du *Vibrion typhique* dans l'eau présente de très sérieuses difficultés, dues au grand nombre de Bactéries vivant normalement dans ce milieu et dont quelques-unes peuvent présenter une très grande ressemblance avec la Bactérie typhogène (*bacille pseudo-typhique* de M. Cassedebat). Le *Bacillus coli* entre autres est très voisin du *V. typhosus* et provenant des matières fécales on conçoit qu'il l'accompagne souvent. On se base pour déterminer le *Vibrio typhosus* sur l'aspect de ses colonies sur plaque de gélatine, sur l'aspect des cultures sur pomme de terre, sur sa propriété de végéter dans un bouillon contenant une assez forte proportion d'acide phénique $\frac{1}{600}$, enfin sur ses caractères microscopiques.

Vibrio Diphteriæ. *Bacillus diphteriæ, Pacinia Lœffleri.* — On ne trouve cet organisme pathogène que sur les parties superficielles des fausses membranes diphtéritiques, où il forme une véritable couche de petits bacilles presque à l'état de pureté, dans les cas à marche rapide. Chez l'homme, succombant à la diphtérie, le sang ni les organes ne contiennent jamais ce microbe. Pour extraire des fausses membranes le *Vibrio diphteriæ*, avec un fil de platine on étale, à la surface d'un tube de sérum coagulé, une petite parcelle de fausse mem-

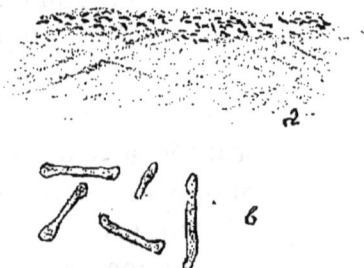

Vibrio diphteriæ. — *a*, fausse membrane.
Fig. 464.

brane, puis avec le même fil sans le recharger on fait plusieurs stries sur d'autres tubes de sérum ; à la température de 33° le long des stries apparaissent des colonies variées. Celles du bacille spécifique se présentent sous forme de petites taches arrondies, blanc grisâtre, dont le centre est plus opaque, elles poussent rapidement sur le sérum et y forment bientôt de petites plaques rondes saillantes. La coupe de la fausse membrane, colorée au violet de méthyle, montre à sa surface d'innombrables Bacilles immobiles, rectilignes, ou incurvés, de la longueur du Bacille de la tuberculose, mais plus épais. Leurs extrémités sont un peu épaissies et plus vivement colorées. Par la solution iodée le milieu se décolore et les extrémités restent teintées. Ces points plus fortement colorés ont été regardés comme des spores, ce qui est douteux, car elles ne résisteraient pas à une température de 60° ; mais dans des cultures sur gélatine M. Babès a obtenu de véritables spores qui apparaissent comme des points clairs entourés d'une membrane, leur développement a lieu dans ces régions tuméfiées et plus aptes à se colorer.

Les cultures pures portées au contact des muqueuses excoriées, chez certains animaux (lapin, cobaye, pigeon, poule) donnent naissance à la fausse membrane diphtéritique.

Les inoculations expérimentales de cultures pures ont même reproduit la paralysie des diphtéritiques.

Les liquides de cultures du Vibrion de la diphtérie se chargent rapidement d'un *poison* très actif, ces liquides filtrés et débarrassés par conséquent de tout organisme vivant occasionnent la mort des animaux, qui en reçoivent de petites doses en injections, l'agent de la diphtérie qui ne pullule pas dans l'organisme, mais qui reste cantonné dans la fausse membrane, semble donc sécréter un poison qui produit les accidents de la maladie, après avoir pénétré dans le sang. La diphtérie des oiseaux de basse-cour qui est très commune est une affection causée par un parasite de nature toute différente.

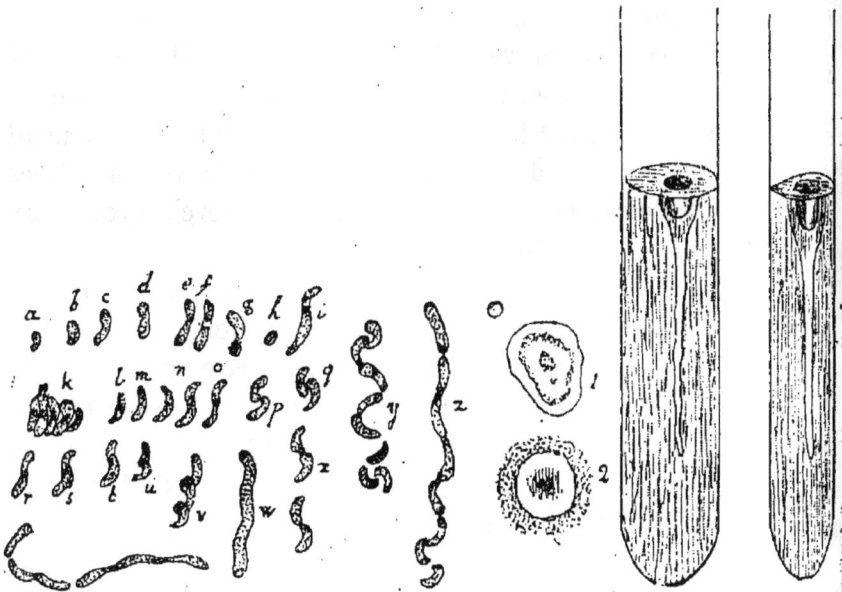

Vibrio choleræ.
Fig. 465.

Vibrio Choleræ. *Bacille du choléra asiatique. Bacille-vir-*

gule de Koch. — Se rencontre en grand nombre dans le contenu de l'intestin des cholériques (Koch, 1884). La couche crémeuse qui recouvre la muqueuse de l'intestin grêle est surtout peuplée de cet organisme. Un flocon de mucus, un grain riziforme des selles, étalés sur une lamelle dans une goutte d'une solution faible de violet de méthyle, montre les Vibrions animés de mouvements très vifs bien que déjà colorés. Ces Bactéries ont de 1 μ5 à 3 μ, leur courbure est variable, ils affectent souvent la forme d'une virgule, d'un arc et dans les cultures la forme en S ou en filaments spiralés. Les cultures s'obtiennent assez facilement dans les divers milieux, où le Vibrion du choléra se montre toujours aérobie vrai.

Dans l'eau ordinaire stérilisée le microbe du choléra meurt au bout d'une semaine environ ; mais l'eau riche en matières organiques lui suffit pendant assez longtemps ; dans l'eau du vieux port de Marseille MM. Nicati et Rietsch ont conservé des Vibrions cholériques vivants pendant vingt jours. Dans les milieux envahis par les espèces de la putréfaction la Bactérie du choléra disparaît rapidement.

Ensemencé sur *plaque de gélatine* il donne rapidement naissance à des colonies assez caractéristiques ; ce sont de petits points blanchâtres qui à la loupe se montrent constitués par un centre opaque entouré d'un cercle granuleux bordé en dehors par une zone claire, c'est entre le centre et le cercle granuleux que la gélatine se liquéfie.

En tube de gélatine (fig. 465) l'inoculation par piqûre donne une culture d'un aspect caractéristique, au bout de 3-4 jours la surface de la gélatine s'est creusée à la partie supérieure du trajet de la piqûre, à ce niveau la gélatine est liquéfiée et à ce moment la culture a pris l'aspect d'un entonnoir, les jours suivants la liquéfaction se continue suivant le trajet de la piqûre déjà indiqué par une traînée blanchâtre.

Dans le *lait* le *Vibrion du choléra* se développe très bien, il peut se cultiver sur beaucoup d'autres substances où il se multiplie très facilement : pomme de terre cuite, viande, œufs, bouillon, choux, pain mouillé.

La température comprise entre 30 et 40° est celle qui lui

convient le mieux, mais il se multiplie encore à 20°; jusqu'à
— 10° il reste vivant.

La dessiccation tue très rapidement le Bacille-virgule, d'une
manière générale les acides arrêtent le développement de ce
microbe et le suc gastrique surtout le détruit.

La végétation du Bacille en virgule est empêchée par :

Le camphre à $\frac{1}{300}$, l'acide phénique $\frac{1}{400}$, la quinine $\frac{1}{5000}$,
l'essence de menthe $\frac{1}{2000}$, le sulfate de cuivre $\frac{1}{25\,000}$, le sublimé $\frac{1}{100\,000}$.

En dehors de l'organisme humain le Vibrion du choléra a été
rencontré dans les flaques d'eau dans les Indes (Koch).

MM. Nicati et Rietsch sont parvenus à reproduire les symptômes du choléra chez les animaux en injectant *directement* le
vibrion cholérique dans le duodénum où il s'est multplié.

D'un autre côté M. Richard a démontré la présence d'un poison dans les déjections choléri-
ques en empoisonnant des porcs
avec ces matières. Les bacilles-
virgule agiraient donc dans le
choléra en fabriquant dans l'intestin des ptomaïnes toxiques
qui, absorbées, causeraient les
symptômes graves de la maladie.

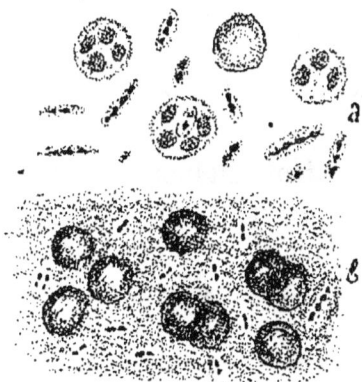

Klebsiella Pasteuri. *Microbe de la salive* Pasteur, 1881.
K. salivaris Trev. *Pneumonie
kokkus* Fränckel. *Diplococcus
pneumoniæ*, Weichselbaum. *Diplococcus lanceolatus capsulatus
pneumonicus* Foa et Bord. *Strep-
tococcus lanceolatus Pasteuri* Gamaleia. *Bactérie de la pneumonie fibrineuse.* — Ce microbe a été isolé la première fois par
M. Pasteur (1881) qui l'a trouvé dans la salive d'un enfant mort
de la rage, puis dans la salive d'un enfant mort de broncho-

Pneumocoque. Klebsiella Pasteuri. — *a*, crachats; *b*, dans le
sang du lapin.

Fig. 466.

pneumonie, enfin dans la salive de personnes bien portantes, MM. Sternberg et Talamon le rencontrèrent dans l'exsudat de la *pneumonie fibrineuse*. En 1885 M. Fraenkel en décrit avec soin les caractères morphologiques et biologiques. MM. Weichselbaum, Netter confirment la présence du Pneumocoque dans la pneumonie.

Le *K. Pasteuri* a la forme lancéolée d'un grain d'orge, il est entouré d'une auréole claire (*capsule*), il se groupe par paires et souvent en petites chaînes de 2-3-4 paires, il est immobile, il retient le violet de méthyle après coloration par le procédé de Gram. Cette espèce se cultive bien dans le bouillon à l'étuve. Le produit de culture jeune inoculé à des lapins, des cobayes ou des souris, les fait mourir en peu de temps, vingt-quatre à quarante-huit heures, il se produit une violente septicémie. M. Talamon a obtenu aussi de véritables pneumonies chez les lapins, en injectant *dans leurs poumons* du sang contenant des *Pneumocoques*.

L'inoculation de l'exsudat pneumonique à la souris détermine toujours, chez cet animal, une septicémie pneumonique à laquelle il succombe ; on rencontre alors dans tous les organes le *Pneumocoque* et ce moyen d'isoler le microbe de la pneumonie paraît le plus sûr.

Le passage successif à travers l'organisme du lapin augmente la virulence du *Pneumocoque*, les lapins inoculés meurent de plus en plus rapidement, le temps qui s'écoule entre l'infection et la mort passe de 48-36 heures à 24, 12 et même 5 heures. On ne trouve pas de symptômes locaux dans ces cas de mort rapide ; mais si on inocule au lapin un *virus atténué* par la culture, on verra se produire une pneumonie et une pleurésie séro-fibrineuses, de la péritonite fibrineuse.

Chez le mouton, beaucoup plus résistant que le lapin, l'inoculation intra-pulmonaire est toujours suivie d'une pneumonie fibrineuse typique, généralement mortelle, les microbes pathogènes abondent dans le tissu pulmonaire malade. Le chien est encore plus réfractaire, l'inoculation intra-pulmonaire produit chez lui une pneumonie franche, rarement mortelle.

De l'observation de ces faits M. Gamaleia tire les conclusions suivantes :

1° Il existe des réceptivités variables par rapport au virus pneumonique. Moins un animal est résistant, moins sont accusés les phénomènes inflammatoires locaux; plus est grande l'abondance des microbes dans le sang du cadavre.

2° *Les animaux peu sensibles offrent une résistance locale*, traduite par des phénomènes réactifs très prononcés, ils subissent par suite de l'infection intra-pulmonaire la *Pneumonie fibrineuse* (chien, mouton). Les animaux trop susceptibles, comme le lapin et la souris, n'ont pas de pneumonie, parce que le virus se généralise chez eux et les tue par une septicémie aiguë.

3° L'homme appartient, par rapport au virus pneumonique, à la catégorie des animaux résistants, cela résulte de la réaction locale étendue qu'il présente dans la pneumonie, de la rareté des microbes dans le sang et de la mortalité faible (10 p. 100).

Chez l'homme le *Pneumocoque* se rencontre non seulement dans la pneumonie; mais paraît aussi en relation avec des pleurésies, des méningites, des péricardites, des péritonites, des otites moyennes.

Le Pneumocoque, se rencontrant dans la salive de beaucoup d'individus bien portants, peut être considéré comme inoffensif, tant que des conditions encore mal déterminées, telles que le froid ou d'autres influences, ne déterminent chez lui une activité plus grande ou ne provoquent sa pullulation dans le parenchyme pulmonaire. C'est là un fait d'une grande importance, au point de vue pathogénique.

Klebsiella Friedlænderi. *Pneumococcus de Friedlænder, Micrococcus pneumoniæ*. — Cette espèce a souvent été confondue avec *K. Pasteuri*, elle est aussi formée par des articles souvent réunis deux à deux et capsulés; par les procédés habituels de coloration les *cocci* se teignent vivement, mais la capsule reste incolore. Le *Pneumocoque de Friedlænder* se décolore par le procédé de Gram, ce qui le distingue du P. de Pasteur. Le Pneumocoque de Friedlænder se trouve dans la salive; mais ses relations avec la pneumonie sont fortement contestées, il serait un simple saprophyte.

Bactéries pyogènes et septiques. — Les différentes maladies consécutives aux plaies, depuis la suppuration simple, jusqu'aux accidents septiques si rapidement mortels, sont sous la dépendance de quelques Bactéries envahissant de proche en proche, ou bien pénétrant dans la circulation, ou encore versant dans le sang des substances toxiques qu'elles fabriquent. Ces organismes produisent des inflammations superficielles ou profondes aboutissant à la suppuration et apparaissant dans les divers tissus : tissu conjonctif, les vaisseaux et ganglions lymphatiques, les veines, les séreuses. Quelques-unes de ces suppurations paraissent se développer sans plaie apparente, érysipèle, abcès, etc.

Cependant ces affections présentent une véritable parenté sinon une communauté d'origine. Le nombre des Bactéries capables de produire la suppuration et les infections septiques paraît considérable. Et si dans les différentes suppurations on a déjà noté depuis longtemps des caractères bien tranchés du pus, qui varie de couleur, d'odeur, de consistance, c'est évidemment à l'intervention de Bactéries dissemblables que l'on peut attribuer cette diversité. Parmi ces organismes pyogènes les uns peuvent être capables de provoquer l'apparition des globules du pus, d'autres ont de plus le pouvoir de produire des agents toxiques souvent fébrigènes, occasionnant des accidents plus ou moins graves; certaines suppurations paraissent donc spécifiques. Dans les plaies concurremment avec les microbes pyogènes vivent d'autres organismes ne provoquant pas le phénomène de la suppuration; mais fabricant aussi des toxines et même capables d'émigrer dans la masse du sang. Des espèces simplement saprogènes, dégageant parfois des gaz infects, peuvent aussi vivre dans les mêmes conditions.

L'étude des organismes vivant dans les plaies a donc été assez difficile, toutes ces espèces ayant entre elles la plus grande ressemblance, il a fallu les isoler, les cultiver et les inoculer; par ces procédés on est arrivé à distinguer les espèces suivantes :

Staphylococcus aureus. — Est la Bactérie pyogène la plus fréquente, on la rencontre dans les suppurations les plus variées. Les *cocci* sphériques ont de $0\mu 6$ à $1\mu 2$; ils sont groupés en amas comparés à des grappes de raisins; mais dans les préparations on rencontre le plus souvent ces éléments dispersés ou groupés seulement en petit nombre. Les cultures, sur milieu solide, sont caractéristiques, elles ont une belle couleur jaune d'or, elles liquéfient la gélatine et inoculées elles produisent une suppuration localisée, ou bien l'infection se généralise et la suppuration apparaît dans les viscères. Une *toxalbumine* isolée tue en quelques jours les lapins et autour du point inoculé il se produit du pus ne renfermant aucun microbe. On trouve le *St. aureus* dans le sol, l'eau, l'air, à la surface de la peau saine, sous les ongles ; c'est un des microbes pathogènes les plus répandus, on l'a signalé dans le furoncle, la phlébite, l'ostéomyélite, certaines endocar-

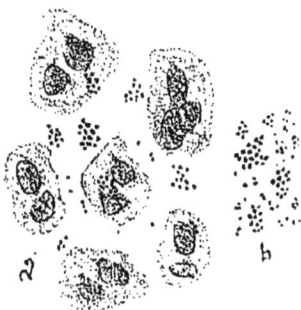

Staphylococcus aureus. — *a*, dans le pus.

Fig. 467.

dites dans les affections pustuleuses et phlycténoïdes de la peau, des muqueuses, dans les pustules de la variole ; dans la blépharite ciliaire et les conjonctivites, dans les angines, dans les lésions tuberculeuses, dans la pneumonie, etc., etc., il est dans beaucoup de ces cas *associé* avec la Bactérie spéciale regardée comme pathogène.

Staphylococcus flavescens. — Voisin du précédent. Sur agar ne devient jaune qu'après huit jours, *coccus* plus petit.

Staphylococcus albus. — Cultures blanches sur agar-agar. Même action pathogène que le *S. aureus*.

Staphylococcus citreus. — Culture jaune citron, assez rare, même action.

Staphylococcus Biskræ. — Très voisin du *S. aureus*, dissout moins rapidement la gélatine, la culture sur pomme de terre ne prend la teinte jaune que 4-5 jours après l'ensemencement, cause le *clou de Biskra, bouton d'Alep.* On peut l'obtenir en ensemençant le sang d'une piqûre faite dans le voisinage du clou.

Micrococcus pyogenes tenuis. *M. Rosenbachii.* — Culture prenant sur agar-agar l'apparence du vernis, cocci irréguliers présentant à leurs deux pôles des points plus foncés. Les abcès causés par ce microcoque sont locaux, sans fièvre ni pyémie.

Streptococcus pyogenes (fig. 468). — Communs dans le pus, les *cocci* sont d'habitude en chaînettes de 5-10. Dans la culture il se forme de longs chapelets flexueux, ce microbe pyogène transforme l'albumine en peptone.

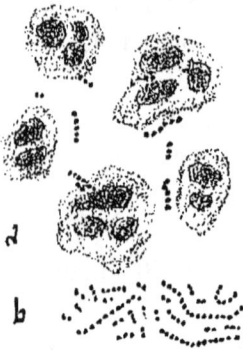

Streptococcus pyogenes.
— *a*, pus; *b*, culture.
Fig. 468.

Streptococcus erysipelatis.
— Coupe de la peau.
Fig. 469.

Streptococcus erysipelatis. — Très semblable au *Streptococcus pyogenes;* mais tandis que les inoculations du dernier sont généralement bénignes, le premier détermine des phlegmons et souvent une mort rapide.

Les *Streptocoques de l'érysipèle* se rencontrent dans la sérosité et le sang des plaques d'érysipèle. On les observe plus facilement dans les coupes de la peau malade, ils occupent presque exclusivement les vaisseaux lymphatiques et les lacunes interfasciculaires du tissu conjonctif (fig. 469).

Streptococcus septicus. — Semblable au précédent, très pathogène, se rencontre avec d'autres Bactéries dans la métrite post-puerpérale.

Bacillus pyocyaneus. *Bacille du pus bleu.* — Avant la généralisation de la méthode antiseptique, fréquemment les linges de pansement prenaient au contact des plaies une coloration bleue due à la présence dans la plaie d'une Bactérie spéciale, dont la particularité est précisément la sécrétion d'un pigment bleu étudié sous le nom de *pyocyanine* (Gessard). Le

Bacillus pyocyaneus est court, mobile, ensemencé dans du bouillon, il le colore rapidement en vert sale. La *pyocyanine* peut s'extraire du bouillon de culture par le chloroforme.

Les cultures sont pathogènes pour les petits animaux et récemment on a observé chez l'homme une infection générale attribuée au *Bacillus pyocyaneus*.

Vibrio Tetani. *Pacinia Nicolaïeri.* Bacille du tétanos. — L'inoculation sous-cutanée de terre végétale détermine non seulement de la septicémie, mais souvent chez les lapins, cobayes,

Vibrio Tetani.
Fig. 470.

souris, un tétanos véritable. M. Nicolaïer, auteur de cette découverte, pense avoir reconnu le *Bacille* du *tétanos* dans de petites collections purulentes qui se produisent au lieu même de l'inoculation. Il est caractérisé par une spore ovale brillante plus grosse que le bâtonnet qui la contient (B. en forme de clou) et se colorant très bien par les couleurs d'aniline. Les cultures du pus de plaies d'animaux ayant le tétanos sont virulentes, mais contiennent plusieurs Bactéries. Brieger a pu isoler de ces cultures des albumines toxiques déterminant la mort des animaux inoculés avec des crampes et paralysies.

MM. Chantemesse et Vidal ont obtenu des cultures pures.

Vibrio septicus, *Cornilia Pasteuri* Trev. *Vibrion septique* de M. Pasteur; *Bacille de la septicémie gangréneuse.* — Très commun dans la terre végétale, d'où on peut le retirer en agitant la terre suspecte avec de l'eau, qui décantée donne un léger dépôt contenant avec le Vibrion septique d'autres Bactéries, dont on se débarrasse en chauffant à 90°. Les spores du *Vibrio septicus* résistant à cette température, le sédiment inoculé à un lapin produit une septicémie à marche rapide avec emphysème. La sérosité, prise dans l'œdème développé autour de la piqûre, contient un grand nombre de bâtonnets isolés ou en chaînettes, animés de mouvements évidents; des spores se forment fréquemment dans les articles isolés qui se renflent alors vers le milieu ou aux extrémités. Le Vibrion septique est *anaérobie*, les cultures ne réussissent que placées dans l'azote, l'hydrogène, ou l'acide carbonique.

La septicémie provoquée par le *V. septique* s'observe chez l'homme, elle est connue sous le nom de *septicémie gangréneuse* ou de *gangrène gazeuse*.

MM. Roux et Chamberland sont parvenus à conférer l'immunité à des cobayes en leur injectant dans la cavité abdominale des liquides de cultures préalablement stérilisés par un chauffage à 105°-110°. C'est là un exemple de *vaccination obtenue par l'effet des substances solubles sécrétées par des Bactéries*.

L'injection de la sérosité prise dans l'œdème d'animaux morts de septicémie, soigneusement privée de germes, suffit pour produire les mêmes accidents que l'inoculation du *Vibrio septicus;* mais alors on ne trouve pas le Vibrion septique dans les organes de ces animaux ainsi intoxiqués.

Neisseria gonorrheæ. *Micrococcus gonorrheæ. Gonococcus.* — Dans le pus d'un écoulement blennorrhagique étalé, desséché, puis coloré par les procédés simples de coloration, on voit très facilement des Microcoques libres dans le liquide, à la surface ou dans le protoplasma même des globules de pus et dans les cellules épithéliales desquammées. Ces Microcoques sont associés deux à deux ou par quatre, formant souvent de petits amas, leur diamètre est de 0 μ 4 à 0 μ 6, examinés à l'état frais ils semblent être mobiles. On rencontre aussi le *Go-nocoque* dans les suppurations et les liquides inflammatoires, formés sous l'influence de la blennorrhagie : ophthalmie, arthrites, épididymite.

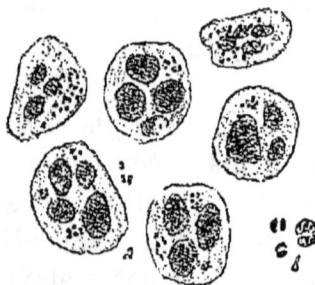

Gonocoque. Neisseria gonorrheæ. — *a*, leucocytes avec gonocoques.

Fig. 471.

Le Microbe de la blennorrhagie se cultive sur la gélatine-peptone et mieux sur le sérum de sang humain. Brunn a inoculé avec succès la culture pure dans l'urèthre.

On rencontre fréquemment associés au *Gonococcus* d'autres microbes, notamment les espèces pyogènes qui peuvent jouer un rôle important dans la marche de la maladie et dans ses complications (bubons).

Le *Gonococcus* pénétrant entre les cellules épithéliales déter-

mine leur chute qui favorise ensuite la sortie des globules de
pus. La muqueuse ainsi privée de sa couche protectrice réagit
et l'inflammation souvent très intense envahit plus ou moins
le tissu conjonctif sous-muqueux et même le tissu érectile des
corps spongieux.

Gaffkya tetragena. *Micrococcus tetragenus.* — Fréquent
dans les crachats des phtisiques, les cocci de 1 μ se montrent le plus souvent réunis par quatre ayant l'aspect d'une

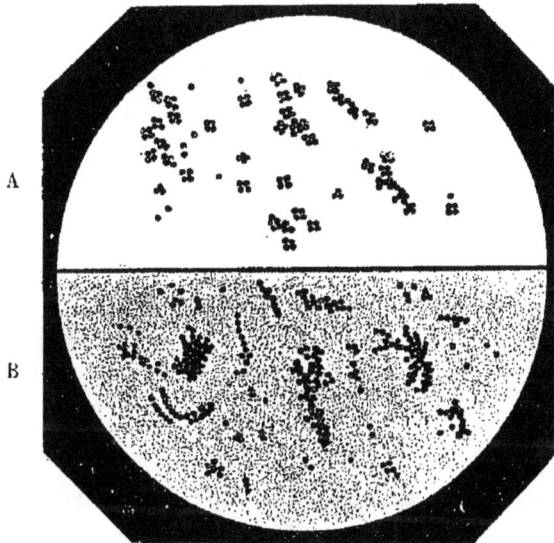

A, Gaffkya tetragena; B, Staphylococcus aureus, d'après Thoinot
et Masselin (1).
Fig. 472.

Sarcine ::. Les cultures sont virulentes pour les souris blanches.

Nocardia Actinomyces. *Actinomyces bovis.* — L'Actinomyces provoque, chez le bœuf, le cheval, le porc et plus rarement chez l'homme, des tumeurs particulières, de consistance
variable tendant, surtout chez l'homme, à la suppuration.
C'est la bouche ou son voisinage qui est le siège de prédi-
lection de ce parasite, qui peut aussi envahir le poumon,
la cavité abdominale, la peau. Dans les tumeurs ou dans
le pus on trouve toujours des *granulations jaunes* isolées ou
groupées en grains pouvant atteindre le volume d'un petit pois.

(1) Thoinot et Masselin, *Précis de microbie.* Masson, 1889.

Ces granulations jaunes présentent au microscope une disposition radiée bien évidente ; les rayons sont formés par des corpuscules pyriformes allongés dont l'extrémité effilée est dirigée vers le centre de la masse, tandis que l'autre arrondie affleure la surface, leur longueur est de 20 à 30 μ. Ces corpuscules pyriformes se présentent souvent isolés dans le pus et contiennent des spores.

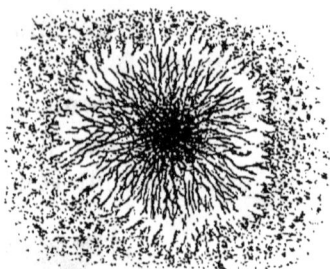

Nocardia Actinomyces.
Fig. 473.

Nocardia Foersteri. *Clado-thrix Foersteri.* — Trouvé dans de petites concrétions du canal lacrymal, il est formé par des filaments très ténus irrégulièrement rameux et groupés en faisceaux.

Bactéries pathogènes des animaux.

Pasteurella choleræ gallinarum (*B. du choléra des poules*). — La maladie épidémique connue sous le nom de *Choléra des poules* est causée par une Bactérie, étudiée avec beaucoup de détail par M. Pasteur, qui a fait connaître à son sujet des faits du plus grand intérêt pour la pathogénie des maladies microbiennes.

Le Bacille pathogène se rencontre dans le sang et dans le liquide de la diarrhée des animaux malades. Ces Bactéries sont des bâtonnets courts de 1 à 2 μ qui après coloration présentent deux extrémités foncées séparés par une partie claire. Souvent ils sont étranglés dans leur partie médiane ressemblant à des *diplocoques*, beaucoup d'individus jeunes ont un diamètre transversal qui est presque égal au diamètre longitudinal.

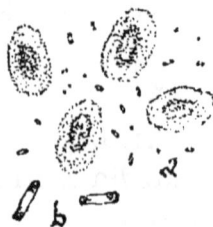

Pasteurella choleræ gallinarum. — *a*, dans le sang.
Fig. 474.

La Bactérie du choléra des poules se cultive facilement dans le bouillon et une goutte de culture, inoculée dans le muscle pectoral de sujets sains, amène la mort, avec les symptômes caractéristiques du mal. *Mais par l'action de l'oxygène de l'air,*

M. Pasteur est parvenu à atténuer la virulence de ces cultures et il s'est trouvé en possession d'un véritable vaccin, qui, inoculé aux animaux susceptibles de contracter la maladie, leur confère l'immunité. Cette découverte est devenue le point de départ des recherches sur l'atténuation des virus, qui nous ont donné les vaccinations contre le Charbon, le Rouget du porc, le Charbon symptomatique. On peut même baser sur ces faits l'espoir de voir un jour la plupart des maladies contagieuses atténuées et transformées en leur propre vaccin.

M. Pasteur a décelé dans les liquides de culture une substance narcotique capable à elle seule de produire le symptôme dominant du Choléra des poules, la somnolence.

Pasteurella Thuillieri. *Bacille du Rouget du porc.* — Le Rouget est une maladie du porc, la peau est parsemée de taches rouges, violacées, les ganglions sont congestionnés, la rate est volumineuse, le sang noir. Le Bacille a la forme d'un très fin bâtonnet. Le pigeon, la souris, le lapin, sont beaucoup plus sensibles que le porc à l'inoculation du Rouget. Le virus du Rouget en passant de lapin à lapin augmente de virulence pour cet animal, mais s'affaiblit pour le porc en lui conférant une immunité peu durable.

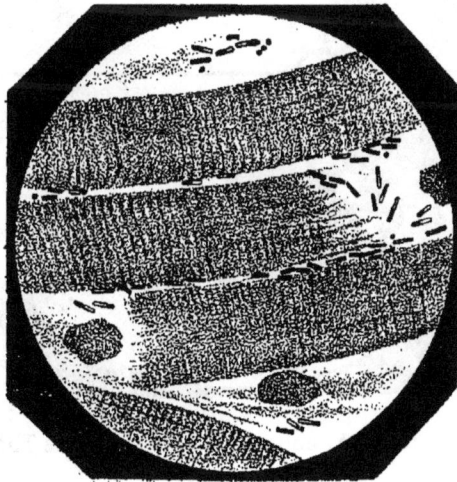

Bacillus Chauvæi. B. du charbon symptomatique, d'après Thoinot
et Masselin.
Fig. 475.

Le virus du Rouget passant en séries sur le pigeon augmente de virulence, un virus de troisième ou de quatrième passage tue toujours le porc.

Bacillus Chauvœi. *Bacille du charbon symptomatique* (fig. 475). — Confondu autrefois avec le Charbon vrai produit par le *B. anthracis*, le Charbon symptomatique est essentiellement caractérisé par une ou plusieurs tumeurs, à accroissement rapide, sonores à la percussion et noires à la partie centrale. Cette maladie est fréquente chez le bœuf, assez rare chez le mouton. L'inoculation expérimentale produit la maladie chez la chèvre et chez le cobaye, les autres animaux sont réfractaires, même le lapin. C'est dans la sérosité péritonéale et le muscle malade du charbon symomatique qu'il faut chercher le *Bacillus Chauvœi*, il est presque impossible de le trouver dans le sang. Ce bacille anaérobie se cultive difficilement et les cultures perdent rapidement leur virulence.

Streptococcus Nocardi. *Mammite contagieuse des vaches laitières.* — Cette mammite chronique caractérisée par un noyau induré qui s'é-

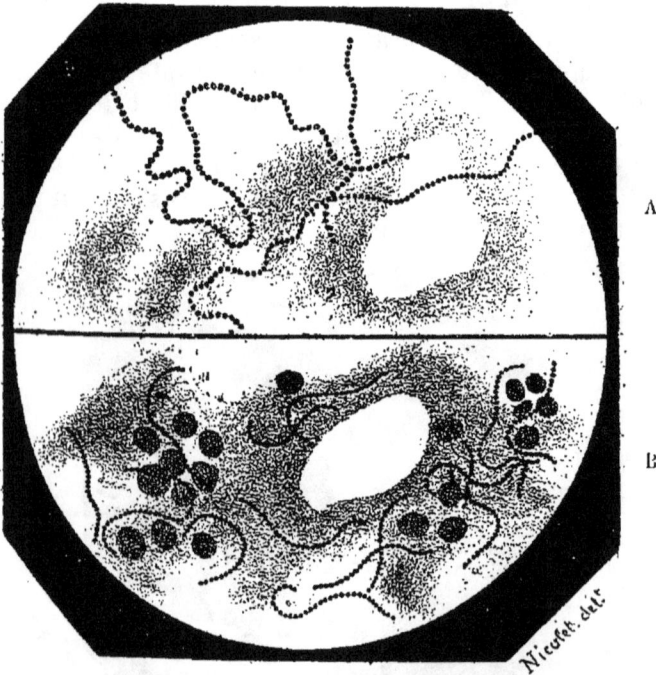

Streptococcus Nocardi. — A, culture; B, lait. D'après Thoinot et Masselin.

Fig. 476.

tend produit une altération complète du lait dans lequel on retrouve de longues chaînettes d'un *Streptococcus*. Cette affection se transmet facilement par la main des trayeurs.

Micrococcus mastobius. *Mammite gangréneuse, araignée, mal de pis.* — Cette mammite gangréneuse qui sévit surtout sur les brebis laitières est presque toujours mortelle. Elle peut facilement s'inocu-

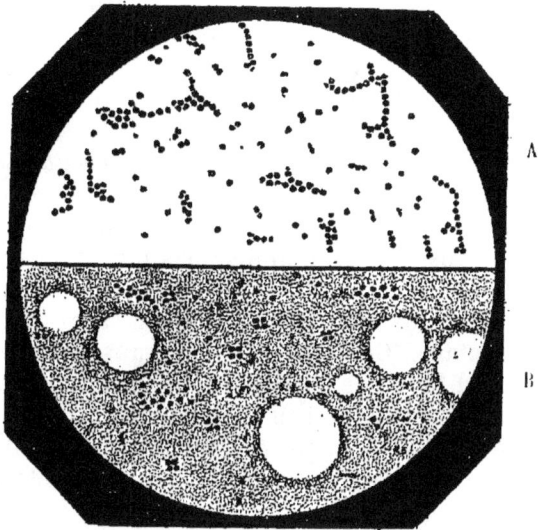

Micrococcus mastobius. — A, culture; B, lait. D'après Thoinot et Masselin.

Fig. 477.

ler à la brebis saine par une injection de lait virulent dans les con

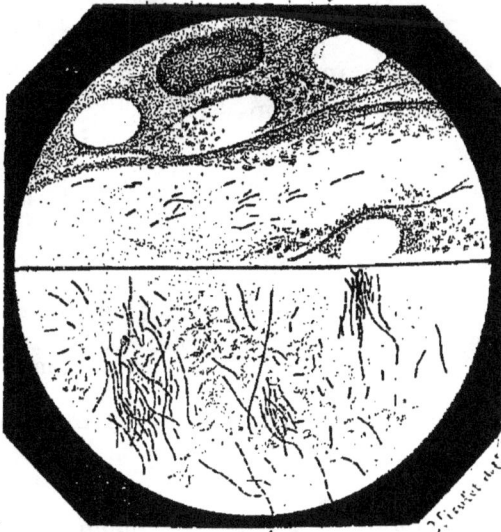

Bacillus murisepticus, d'après Thoinot et Masselin.

Fig. 478.

duits galactophores ; mais le microbe de l'araignée ne tue que les brebis, tous les autres animaux inoculés se sont montrés réfractaires.

Nocardia farcinica. *Farcin du bœuf.* — Cette maladie atteint les Bovidés et est caractérisée par l'inflammation suppurative des vaisseaux et ganglions lymphatiques. Rare en France, fréquente à la Guadeloupe, cette Bactériacée forme des amas de filaments ramifiés, enchevêtrés.

Bacillus murisepticus. *Septicémie expérimentale des souris de Koch.* — Koch en 1878 provoqua cette septicémie chez des souris auxquelles il inoculait du sang putréfié. Une simple piqûre avec une épingle trempée dans le sang d'une souris morte de septicémie suffit pour communiquer la maladie à une autre. La souris des maisons est toujours infectée par cette inoculation, au contraire la souris des champs est réfractaire. Cette maladie est transmissible aux pigeons et aux moineaux, difficilement au lapin. Dans le sang de ces animaux on trouve après coloration de très fins bacilles.

Bacillus mytili. *Bacille pathogène des moules.* — Bâtonnets droits de 0µ8 — 1 µ mobiles, dans le foie des moules qui deviennent toxiques.

Bactéries phytoparasites.

Rhizobium leguminosarum. — Bâtonnets oblongs ou cylindriques inégaux souvent ayant la forme Y ou V.

Cet organisme produit les tubercules radicaux des racines des Légumineuses, et dans ces conditions il serait capable d'assimiler l'azote atmosphérique, si bien que les Légumineuses trouveraient dans ces tubercules une forte réserve d'azote provenant de l'atmosphère. Ainsi s'explique ce fait, depuis longtemps reconnu dans la pratique agricole, que les Légumineuses, loin d'épuiser le sol, l'enrichissent.

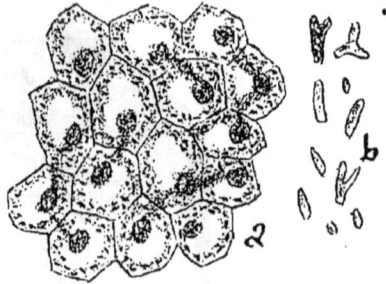

Rhizobium leguminosarum. — *a*, dans un tubercule des racines ; *b*, isolé.

Fig. 479.

Bacillus caulivorus, Prillieux. — Cause une gangrène des *Pelargonium* et des Pommes de terre.

Bacillus Vuillemini. — Tumeurs des Pins d'Alep.

Bacillus oleæ. — Tumeurs de l'Olivier.

Bacillus ampelopsora. — Tumeurs de la Vigne.

Bacillus hyacinthi. — Bulbe et feuilles des Jacinthes atteintes de la *maladie du jaune.* Ce Bacille détruit les parois des cellules et remplit les lacunes d'un mucilage jaune.

Bacterium putredinis. — Dans les parties pourrissantes des végétaux.

Le *Vibrio butyricus* peut aussi se développer dans le parenchyme vivant des végétaux succulents, il le désorganise rapidement.

Bactéries chromogènes et photogènes.

Micrococcus prodigiosus. — Apparaît souvent, sous forme de tache rouge, sur les substances amylacées. Cette Bactérie, qui se rencontre sur les substances alimentaires, ne paraît pas avoir de propriétés pathogènes, elle est surtout intéressante par sa propriété de donner naissance à une matière colorante; il en est de même des *Micrococcus cinnabareus, M. aurantiacus, M. luteus, M. flavus, M. versicolor, M. cyaneus.* — *Bacillus syncyaneus,* bacille du lait bleu. — *Bacillus violaceus,* dans l'eau. — *Bacillus viridis.* — *Bacillus virens.* — *Bacillus fluorescens, putrefaciens.* — *Sarcina lutea,* etc.

Bacillus phosphorescens. — Plusieurs Bactériacées jouissent de la propriété d'émettre des lueurs dans l'obscurité. Le *B. phosphorescens* a été isolé du cadavre d'animaux marins morts et luisant dans l'obscurité.

Bactéries saprophytes et parasites externes.

Bacillus subtilis. *Bacille du foin.* — Très abondant dans les macérations de substances végétales, on l'obtient à l'état de pureté en faisant bouillir une macération de foin neutralisée. Les spores du *B. subtilis* résistant seules à la température de 100°, il se forme bientôt sur le liquide un voile caractéristique.

Les bâtonnets ont de 4 à 6 μ de long sur 0 μ 7 à 0 μ 8 de large, souvent en chaîne; mais aussi isolés et présentant alors dans les liquides des mouvements très vifs produits par l'intermédiaire de deux longs cils découverts par Koch, aux deux extrémités (fig. 480, *c*). Les spores se forment très facilement dans les bâtonnets (fig. 480, *b*), la germination peut s'observer aisément sur des spores bouillies qui germent en deux ou trois heures (fig. 480, *d*). Le *Bacillus subtilis* ne paraît ni zymogène, ni pathogène.

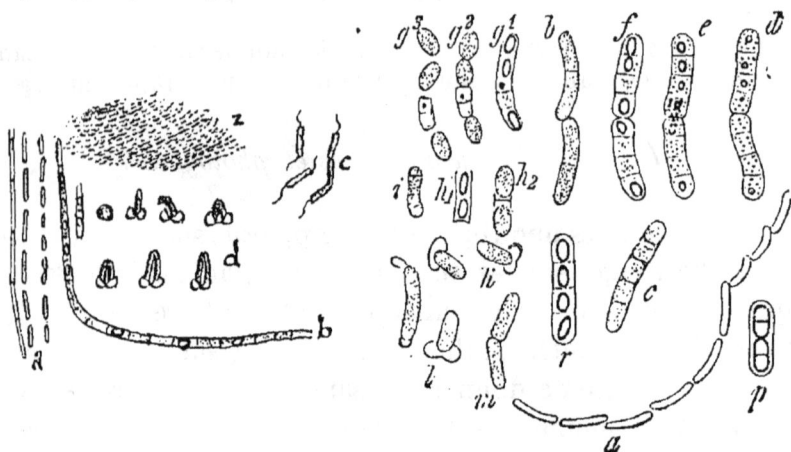

Bacillus subtilis.

Fig. 480.

Bacillus megaterium.

Fig. 481.

Bacillus Megaterium. — Se rencontre dans les liquides de macérations de substances végétales, les bâtonnets mesurent 2µ5 de large et leur longueur peut atteindre 10 à 15 µ. Les spores ovales apparaissent facilement et l'on peut aussi les voir germer (fig. 481).

Micrococcus hæmatodes. *Microcoque de la sueur fétide de l'aisselle*. — Se développe en zooglée sur les poils de la région axillaire, il donne naissance à une matière colorante rouge qui laisse sur le linge une tache rougeâtre. Se cultive à 37°, sur le blanc d'œufs cuits; il y forme une colonie rouge (fig. 482).

Le **Bacillus telmatis saprogenes** II de Rosenbach a été isolé de la sueur des pieds fétide. Culture sur Agar-agar.

Bacterium decalvans. *Microcoque de la pelade*. — Décrit par Thin comme cause de la *pelade*, ce microbe abonderait dans les cellules de la gaine de la racine du cheveu malade. On le trouverait en nombre dans la gaine vitreuse du cheveu malade épilé.

Plus récemment MM. Vaillard et Vincent (1) ont décrit une

(1) *Annales de l'Institut Pasteur*, 1890, p. 446.

Pseudo-pelade de nature microbienne, le Microcoque inoculé aux lapins reproduit une alopécie strictement semblable à celle constatée chez l'homme. M. Quinquaud a décrit une *folliculite destructive des régions velues* 1) qui est aussi de nature micro-

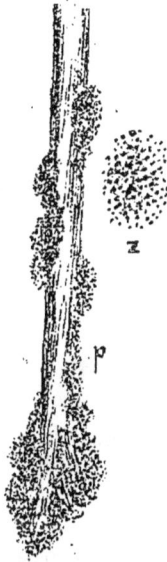

Micrococcus hæmatodes de la sueur
rouge de l'aisselle.

Fig. 482.

Microcoque de la Pseudo-pelade
(d'après Vaillard et Vincent).

Fig. 483.

bienne: sous l'influence de lésions folliculaires la peau s'atrophie et l'alopécie est définitive.

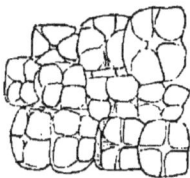

Sarcina ventriculi.

Fig. 484.

Sarcina ventriculi. — Cette Bactériacée est fréquente dans les estomacs où les produits de la digestion restent stagnants, par suite d'une affection de l'organe, elle se présente en paquets cubiques formés de belles cellules rondes, toujours quatre par quatre, à cause de leur mode de division. On n'attribue pas d'influence pathogène à ce parasite.

Sarcina pulmonum. — Confondu pendant longtemps avec le *Sarcina ventriculi,* se rencontre dans les cavernes pulmonaires, les dilatations des bronches, et ne paraît avoir aucune propriété pathogène.

(1) *Société médicale des hôpitaux,* août 1889.

Sarcina lutea. — Très répandue dans l'air, cette espèce vient fréquemment contaminer les cultures sur plaques où elle forme de petites colonies jaune-canari.

Leptothrix buccalis. — Tartre des dents.

Spirillum buccale. — Fréquent dans le tartre dentaire, filament ondulé à mouvements lents.

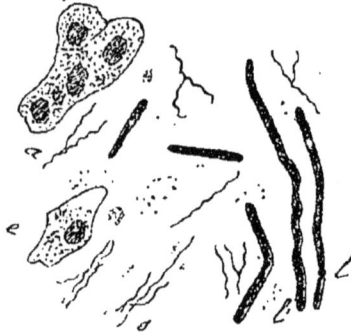

s, Spirillum buccale ; *l*, Leptothrix buccalis.

Fig. 485.

Spirillum plicatile. — Dans les eaux croupissantes, en filaments spiralés doués de mouvements très rapides (100 à 200 μ).

Spirillum serpens. — Plus petit que le précédent, chaque élément n'a que 11 à 30 μ et ne décrit que trois ou quatre tours de spire. Dans les eaux croupissantes.

Spirillum undula. — Dans les liquides en putréfaction.

Annexe aux Bactéries.

PROTISTES ENDOPARASITES.

En dehors des *Bactéries* il existe un assez grand nombre d'organismes inférieurs, pouvant se présenter à l'observateur dans des conditions analogues de parasitisme dans les organes, dans les humeurs, déterminant aussi la maladie. Les Protistes pathogènes de l'homme sont encore peu connus; mais un certain nombre de formes parasites des animaux présentent un intérêt général.

Les Protistes endoparasites se répartissent dans trois classes :

a. *Monériens.*
b. *Sporozoaires.*
c. *Flagellés.*

a. ENDOPARASITES MONÉRIENS.

Amœba coli Lösch (fig. 486). — On a signalé à plusieurs reprises dans le mucus provenant d'entérite et plus spécialement dans les selles de malades atteints d'affections ulcéreuses du gros intestin des *Amibes* qui sont encore mal déterminés. L'*A-*

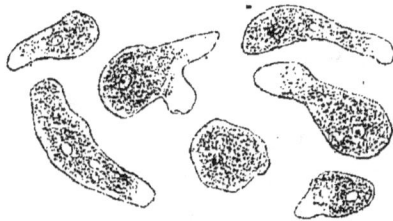

Amœba coli.
Fig. 486.

mœba coli a été observé pour la première fois en 1875 à Saint-Pétersbourg, chez un malade atteint d'ulcérations du gros intestin que Lösch a attribuées à cette Amibe. Injecté par l'anus au chien, ce parasite a reproduit les mêmes désordres sur la muqueuse intestinale de cet animal. L'*Amœba coli* a de 20 à 35 μ, allongé il peut atteindre 60 μ. On distingue dans le corps de l'Amibe un noyau avec nucléole et des vacuoles.

b. SPOROZOAIRES.

Ces organismes parasites désignés aussi sous le nom de *Grégarines, Psorospermies* ne sont bien connus que depuis les travaux du professeur A. Schneider de Poitiers, du professeur Balbiani, de Leuckart et Butchli et plus récemment de MM. Laveran et Danilewski pour les Hémogrégarines. Ces êtres se reproduisent au moyen de spores qui se forment en dehors de

tout acte sexuel, d'où le nom de *Sporozoaires* créé par Leuckart.
On peut distinguer cinq ordres :

1° *Grégarines*, chez les Invertébrés ;

2° *Coccidies* : *a*. dans les épithéliums des Vertébrés et des Mollusques ; *b*. dans le sang des Vertébrés (*Hémogrégarines*) ;

3° *Sarcosporidies* dans les fibres musculaires des Vertébrés ;

4° *Myxosporidies* chez les Poissons ;

5° *Microsporidies* chez les Articulés.

GRÉGARINES.

Les *Grégarines* vivent en parasites dans le tube digestif et dans les différents organes des Invertébrés. Ce sont des organismes cellulaires, pourvus d'un noyau et d'une membrane délicate qui ne présente aucune ouverture ; l'extrémité antérieure du corps s'isole souvent par une cloison et prend l'aspect d'une tête qui porte des crochets ou différents appendices pour la fixation. La nutrition a lieu par endosmose à travers les parois du corps, les mouvements sont parfois très faibles, ils se bornent généralement à un glissement lent.

Dans beaucoup d'espèces, l'animal jeune demeure attaché à la paroi des organes ; puis il devient libre pour former des spores qui se produisent dans la Grégarine enkystée seule ou après une conjugaison avec un autre individu.

Ces spores ont un contenu complètement homogène ou granuleux ; mais on trouve aussi chez certaines espèces des spores pourvues d'un noyau accompagné de corpuscules appelés par M. Schneider *corpuscules falciformes* dont le nombre varie d'un genre à l'autre.

Clepsidrina Blattarum. — Cette Grégarine se rencontre dans le tube digestif du Cafard (*Blatta orientalis*). Pendant sa jeunesse elle se fixe aux cellules épithéliales par l'extrémité antérieure du corps qui prend l'aspect d'une tête (fig. 487, 3), cet article, à apparence de tête, est ensuite abandonné par le reste du corps qui se détache et devient libre, puis s'accole à un individu semblable (fig. 487, 4). Cette espèce est peu mobile. Les deux individus accolés ne tardent pas à former un *kyste* dans lequel naîtront des spores qui s'échapperont par des conduits spéciaux ou *sporoductes* (fig. 487, 9).

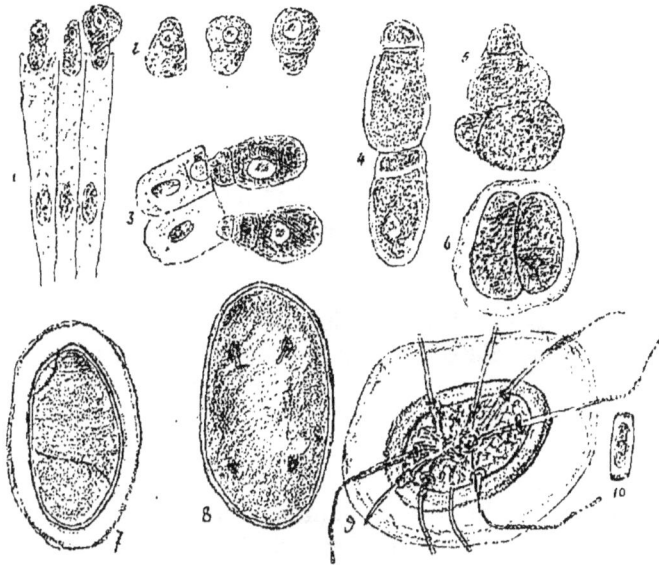

Fig. 487. *Clepsidrina Blattarum*, d'après Schneider. — 1, jeunes *Clepsidrina blattarum* se fixant sur l'épithélium intestinal. — 2, les mêmes isolés, développement ·plus avancé. — 3, *Clepsidrina* complètement développé et fixé par un segment qui sera abandonné quand la grégarine deviendra libre. — 4, deux *Clepsidrina* libres en opposition pour former un kyste. — 5, 6, 7, états plus avancés. — 8, le kyste. — 9, kyste avec sporoductes émettant des spores. — 10, spore.

Clepsidrina ovata. — Intestins du Perce-oreille (*Forficula auricularis*).

Monocystis agilis. — Testicule du lombric.

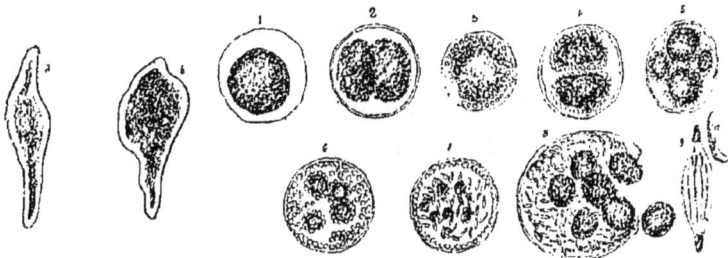

Monocystis agilis.

Fig. 488.

Figure d'après M. Balbiani, *a* et *b*, *Monocystis* adulte et mobile. 1. Kyste de *Monocystis* du testicule du Lombric.

2. Division du contenu d'un kyste en deux masses ovoïdes, au début de la formation des *pseudo-navicelles*.

3. Kyste dont le contenu resté indivis s'est recouvert à sa surface d'une couche de petits globules clairs ou *sporoblastes*.

4. Stade plus avancé d'un kyste semblable à celui représenté fig. 2, chacune des deux masses ovoïdes intérieures s'est recouverte d'une couche de sporoblastes.

5. Kyste dont le contenu s'est divisé en quatre segments inégaux qui ont produit chacun une couche superficielle de sporoblastes.

6. Le contenu s'est presque en entier résolu en sporoblastes et ne renferme plus que quelques amas de la substance granuleuse primitive.

7. Les sporoblastes commencent à se transformer au centre du kyste en *spores naviculaires* (*pseudo-navicelles*), tandis qu'à la surface ils présentent encore leur forme sphérique primitive.

8. Gros kyste rompu par l'effet de la compression; il laisse échapper son contenu formé de pseudo-navicelles presque mûres et de quelques masses granuleuses non transformées en spores.

9. Dernière phase du développement d'une pseudo-navicelle contenant le faisceau des *corps falciformes*.

10. Corps falciforme.

COCCIDIES ou PSOROSPERMIES OVIFORMES.

Les *Coccidies* sont des *parasites intracellulaires*, jamais libres comme les Grégarines pendant la période d'accroissement, elles ont été rencontrées surtout parmi les Vertébrés. Les Coccidies jeunes pénètrent dans les cellules épithéliales, sous forme d'une petite masse amœboïde de protoplasma et s'y développent; au bout d'un certain temps, cette masse protoplasmique s'entoure d'une enveloppe transparente (kyste), puis elle rompt la cellule et tombe dans la cavité de l'organe. Le protoplasma de ce kyste se condense et se segmente en plusieurs sphères qui sont les spores et chaque spore forme un certain nombre de *corpuscules falciformes* (fig. 487).

Division des Coccidies d'après Schneider.

I. MONOSPORÉES. — Tout le contenu du kyste se convertit en une spore unique.

    a. Spore renfermant des corpuscules falciformes en nombre défini.................... ...... ORTHOSPORA.

    b. Spores renfermant un nombre indéfini de corpuscules falciformes...................... EIMERIA.

II. Oligosporées. — Contenu du kyste se convertissant en
un nombre constant et défini de spores.
    A. Deux spores :
        a. Corpuscules falciformes en nombre indéfini... Cyclospora.
        b. Corpuscules falciformes en nombre défini..... Isospora.
    B. Quatre spores :
        Corpuscules au nombre de deux... .... Coccidium.
III. Polysporées. — Contenu du kyste se convertissant en
un grand nombre de spores......................... Klossia.

Eimeria falciformis, Schneider. — Habite les cellules
épithéliales de l'intestin de la souris.

La cellule épithéliale envahie (fig. 489, 1) contient une masse
sphérique de plasma muni d'un noyau, c'est une Coccidie re-
foulant dans un coin le noyau propre de la cellule. Quand la
cellule est complètement ab-

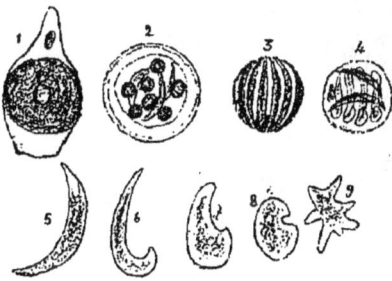

Eimeria falciformis.
Fig. 489.

sorbée la Coccidie mise en liberté tombe dans la cavité intestinale et s'enkyste ; dans
le kyste, le contenu se divise
en globules qui deviennent
des bâtonnets falciformes (fig.
489, 2, 3, 4). Par la rupture du
kyste ces corpuscules sont mis
en liberté et se transforment
en corpuscules amiboïdes
(fig. 489, 7, 8, 9) qui rampent à la surface de l'épithélium, puis
y pénètrent.

M. R. Blanchard attribue à un *Eimeria* les corpuscules pso-
rospermiques observés par MM. Kunstler et Pitres dans le liquide purulent extrait par thoracentèse de la cavité pleurale
d'un marin (*Soc. Biologie*, 1884).

Coccidium oviforme, Leuckart. — Cette Coccidie vit dans
l'épithélium des conduits biliaires du lapin, on l'observe aussi
chez l'homme. Les conduits biliaires très dilatés forment des
poches contenant un liquide purulent, dans lequel nagent des
cellules épithéliales envahies par les Coccidies. La cellule épithéliale est bientôt remplie par la Coccidie qui refoule le noyau
de l'épithélium (fig. 490, 1, 2). La Coccidie forme alors un kyste
ovoïde de 36 μ (fig. 490 3, 4), puis le contenu de ce kyste se con-

dense en une boule qui se détache des parois (fig. 490, 8). C'est sous ces divers aspects que se présentent les Coccidies dans le foie malade; pour étudier la suite de leur développement, il suffit de les placer dans de l'eau, au bout de quelques jours la masse protoplasmique globuleuse du kyste se divise en deux puis en quatre spores (fig. 490, 7, 8, 9, 10), et chaque spore se différen-

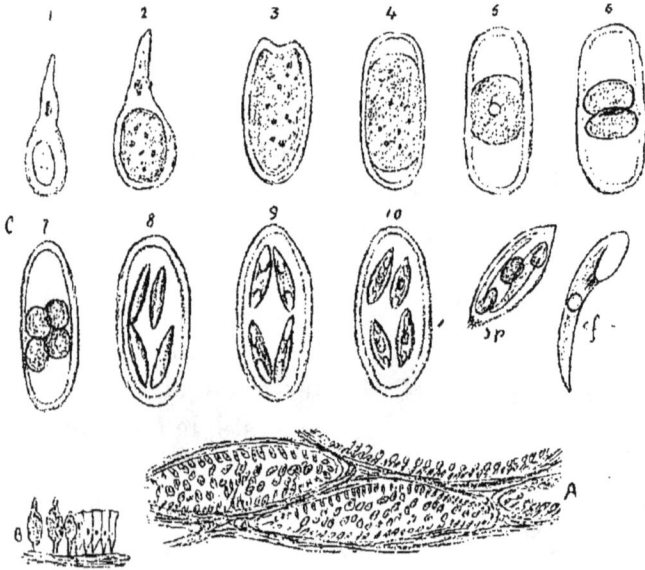

Coccidium oviforme (d'après Balbiani).
Fig. 490.

cie en deux corpuscules falciformes (fig. 490, sp) accolés l'un à l'autre.

Les Coccidies enkystées, rendues avec les déjections du lapin, doivent donc achever leur développement en dehors de l'hôte, dans des réduits humides, pour revenir dans le tube digestif sous forme de spores ou de corpuscules falciformes. Ces Coccidies ont été rencontrées dans le foie de l'homme.

Coccidium perforans Leuckart. Coccidie de l'épithélium intestinal de l'homme d'après Leuckart. — Cette espèce serait très voisine des Coccidies trouvées dans l'intestin du lapin, du chien, des gallinacés domestiques. La présence de ce parasite détermine une chute de l'épithélium, d'où il résulte des troubles inflammatoires.

Klossia soror Schneider. — Dans le rein de la Neritina fluviatilis (fig. 491) (d'après Schneider).

a. Une cellule avec son noyau logeant une Psorospermie.

b. Phase de la sporulation.

c. Sporoblaste déjà formé.

sp. Spores émettant les corpuscules.

Coccidie de la maladie de Paget. — Les squames épithéliales, prises au point malade, présentent dans leur intérieur des corps ronds entourés d'une membrane réfringente à double contour (fig. 492, B). M. Darier (1889) a démontré que ces corps étaient

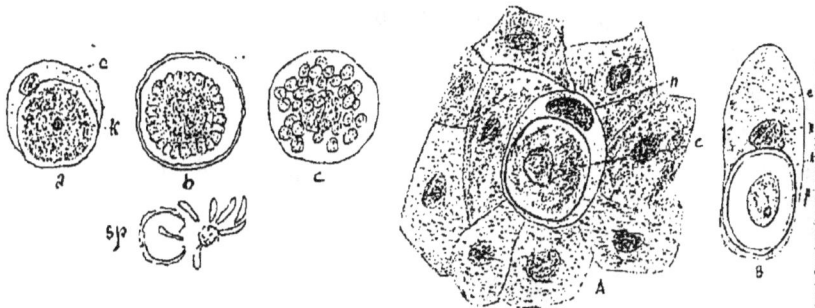

Klossia soror (d'après Schneider).

Fig. 491.

Coccidies de l'épithélioma (d'après Darier).

Fig. 492.

des Psorospermies ou Coccidies, ce parasite de l'épiderme n'est pas encore suffisamment connu dans son évolution, pour qu'il soit possible de le placer dans un des genres décrits des Coccidies.

La *Psorospermose végétante folliculaire* décrite par M. Darier (*Annales de dermatologie*, 1889), le *Molluscum contagiosum*, les *Épithéliomes* seraient aussi des affections de nature psorospermique, d'après les travaux de MM. Darier, Malassez, Albaran, Wickham, Vincent.

HÉMOGRÉGARINES.

La découverte d'Hématozoaires dans le sang des malariaques par M. Laveran (1880) a, dans ces dernières années, provoqué de nombreuses recherches et amené la découverte d'un grand nombre de parasites qui envahissent les globules rouges de différents animaux (1). Ces parasites pénètrent dans les générateurs des hématies sous forme de germe minuscule et s'y développent parallèlement à l'hématie elle-même.

La rate et la moelle des os agissant vis-à-vis du sang comme des filtres, c'est dans ces organes que l'on rencontre surtout ces parasites qui y accomplissent divers stades de leur métamorphose. M. Danilewsky a souvent constaté une absence complète de parasites dans le sang périphérique, alors que le sang de la moelle des os était très riche en formes parasites variées. Les leucocytes qui offrent une bien plus grande résistance (phagocytes) sont rarement atteints ; mais les hématies, proie plus facile, sont spécialement envahies.

Hémomicrobes de la Malaria. — Dans le sang des paludiques M. Laveran a découvert des formes parasites qui se

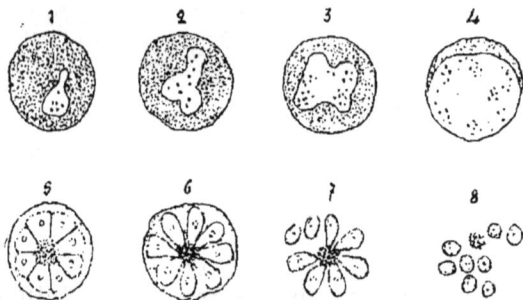

Hématozoaire de la malaria (fièvre quarte) (d'après Golgi). ·
Fig. 493.

présentent sous des aspects si variés qu'il est encore impossible de savoir si on se trouve en présence d'un organisme à métamorphose, ce qui est probable, ou de plusieurs organismes ; on peut toutefois ramener ces éléments parasitaires aux trois types suivants :

1° Un *protiste amœbiforme* (corps sphérique de M. Laveran, *Hematozoon*) envahissant le globule rouge, se substituant à lui, puis, par une division suivant les rayons, formant un *corps en*

(1) Danilewsky, *Parasitologie comparée du sang*, I et II, 1889.

rosace, dont chaque segment s'arrondit et devient une spore ou un sporoblaste (fig. 493).

2° Un autre hémomicrobe (*Polimitus*) muni de flagella qui s'agitent très vivement (fig. 496).

3° Un corps en forme de croissant (*Laverania*) (fig. 497).

Le premier hématozoaire ou *corps sphérique*, déjà très bien étudié par M. Laveran, paraît avoir été suivi plus loin dans son évolution par M. Golgi qui en décrit deux variétés qui se trouveraient l'une dans la fièvre tierce, l'autre dans la fièvre quarte, la fièvre quotidienne présentant l'une ou l'autre forme, le type quotidien n'étant, suivant cet auteur, qu'une tierce doublée ou une quarte triplée, ce qui est très discutable.

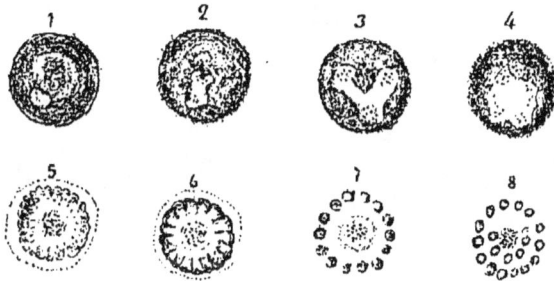

Hématozoaire de la malaria (fièvre tierce) (d'après Golgi).

Fig. 494.

Ce corps se rencontre libre dans le sérum, mais le plus souvent accolé aux hématies ou inclus dans leur substance, vivant évidemment à leurs dépens. Les hématies disparaissent ainsi à mesure que le parasite se développe. Ces microbes présentent des mouvements amiboïdes. A mesure que l'hématozoaire détruit le globule, il se forme dans son intérieur des grains pigmentés (mélanine) provenant de la destruction même de la substance colorante du globule.

La segmentation commence par la concentration des grains de mélanine vers le centre, puis un anneau radié apparaît et s'accentue peu à peu, les segments s'arrondissent et se séparent (fig. 493). D'après Golgi le nombre de ces petits globes serait de 15 à 20 dans les fièvres tierces et de 6 à 12 dans la forme quarte. Les spores provenant de la segmentation de l'hémomi-

crobe sont regardées comme capables d'attaquer de nouveaux
globules et de recommencer le cycle ; mais il se peut aussi que
ces spores se divisent en germes bien plus petits, représentés
dans le sang des fiévreux par un organisme ressemblant à une
Bactérie très mobile, renflée à ses deux extrémités en forme
d'haltère ; ce très petit élément parasitaire a été signalé par
M. Soulié (*Soc. biologie*, 1888, *Diplocoque* en forme d'haltère).
Bien qu'ayant observé très souvent ce corps bactériforme, je
n'ai jamais réussi à le colorer
par les couleurs d'aniline. Gutt-
mayer a décrit aussi de petits
grains brillants unis deux à deux
dans le sang du typhus à re-
chute, il les considère comme des
spores du *Spirochæte* (1).

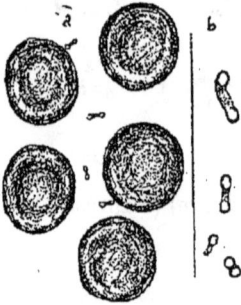

Corps bactériformes en haltère du sang des fiévreux.

Fig. 495.

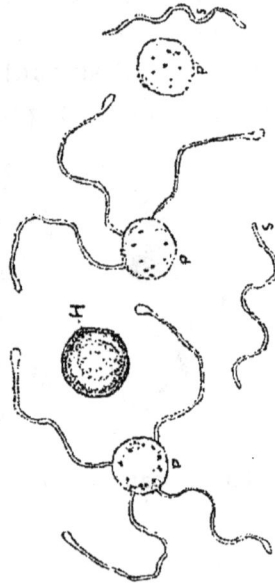

Corps flagellés de Laveran. *Polimitus* du sang des malariaques.

Fig. 496.

2° *Corps flagellés* (Polimitus). — Lorsqu'on examine le sang
d'un grand nombre de fiévreux on trouve de temps à autre, à
l'état libre au milieu des globules, un corps sphérique renfermant des grains de mélanine, ayant à peu près le diamètre d'une
hématie et portant 3 ou 4 flagella très longs (20 à 28 μ) qui *s'a-
gitent avec une grande vivacité*. Ces mouvements ne laissent
aucun doute sur la nature parasitaire de ces corps, si on par-

(1) *Virchow's Arch.*, 1880.

vient à les observer dans de bonnes conditions. A un moment
donné les *flagella* se détachent du corps sphérique, se dé-
placent entre les globules, paraissant vivre d'une vie indépen-
dante, et ayant l'apparence d'un gros Spirillum.

Ces corps à flagella se rencontreraient beaucoup plus souvent
dans le sang pris dans la rate que dans le sang périphérique.
Un hémomicrobe très semblable vivant chez les oiseaux (*Polimitus avium*) se trouve surtout dans le sang pris dans la moelle
des os (Danilewsky).

3° *Corps en croissant de Laveran (Laverania malariæ).* — Ce sont
des éléments cylindriques effilés et d'ordinaire recourbés en

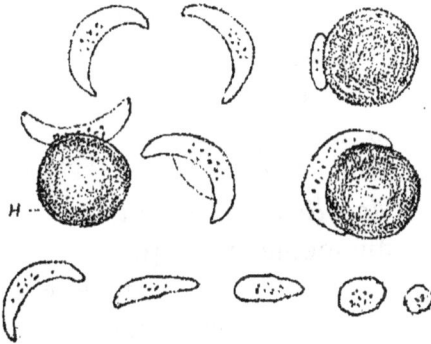

Corps en croissant de Laveran (*Laverania malariæ*).

Fig. 497.

croissant, d'une substance incolore et contenant vers la partie
moyenne des grains de mélanine. La longueur des croissants
est de 8 à 9 μ, la largeur de 2 μ. Cet élément se rencontre seul
ou associé aux autres formes, il paraît plus fréquent dans la
cachexie palustre ou au moins chez les individus atteints de
fièvre récidivée, il résiste davantage à l'action de la quinine.
Les hémomicrobes des paludiques doivent être recherchés peu
de temps avant l'accès ou pendant la période initiale, l'observation peut se faire sans aucune coloration : le sang pris au lo-
bule de l'oreille est étalé sur une lame et observé de suite ; la
couche doit être mince, les globules espacés ; on se trouvera
bien de fermer la préparation avec de la paraffine.

En plaçant et en laissant évaporer, à l'endroit du porte-objet qui recevra le sang, une gouttelette de la solution de bleu de méthyle on obtient facilement la coloration des spores ou globes provenant de la division des corps sphériques, dans certains cas les globules rouges se montrent porteurs de points bleus révélant le parasite globulaire à son début.

Spirochæte Obermeieri. *Sp. du typhus à rechutes.* — Le typhus à rechutes ou fièvre récurrente est une maladie infectieuse fébrile, caractérisée par un accès de fièvre durant ordinairement six jours, suivi d'une période apyrétique de six à dix jours, puis d'un nouvel accès de même durée, pouvant se reproduire une troisième et une quatrième fois.

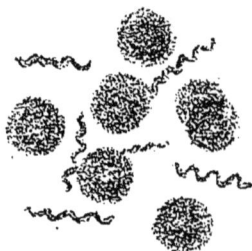

Spirochæte Obermeieri.
Fig. 498.

Le parasite est un filament ondulé mobile très long (15 à 50 μ) dans le sang. D'après Sacharoff (1889) ce filament mobile est un *flagellum* provenant d'un hématozoaire du même type que le *Polimitus* de la malaria. On ne trouve cet hématozoaire dans le sang que pendant l'accès de fièvre, il disparaît quelques heures après la défervescence, pour réapparaître au moment des rechutes qu'il précède de trois à quatre heures. Il ne se colore pas par la fuschine ni par le bleu de méthyle; mais par le violet d'aniline. Koch et Carter ont transmis la maladie à des singes, en leur injectant du sang défibriné de malades atteints de typhus à rechutes. Cinq jours après l'inoculation la fièvre se déclarait et durait une huitaine de jours; mais aucun de ces animaux n'a présenté de rechutes, sans cependant être vaccinés, puisqu'une nouvelle inoculation ramenait une nouvelle période de fièvre.

Spirochæte Evansii. Suna. — Griffith Evans a fait connaître en 1880 une maladie qui sévit aux Indes sur les chameaux, chevaux et mulets et qui est désignée sous le nom de *Suna*. Cette maladie a les caractères d'une fièvre rémittente et le sang des animaux malades contient un grand nombre de filaments spiralés. Ces hématozoaires ont été transmis aux chiens, et Lewis a observé chez les rats de l'Inde des hématozoaires ayant une grande analogie avec ceux de la maladie *Suna*.

D'après Crookshank ce parasite se trouverait aussi (25 p. 100) dans le sang du rat d'Europe.

Polimitus avium. *Polimitus malariæ avium.* — Dans la *malaria chronique* des oiseaux M. Danilevsky (1) décrit un corps sphérique à flagella en tout semblable au corps de Laveran. Ce parasite est d'abord endoglobulaire et ne devient libre qu'après avoir absorbé l'hématie ; il est aussi accompagné de la forme en croissant (*pseudo-vermicule*). Le même auteur distingue encore une *malaria aiguë* des oiseaux avec un hématozoaire très semblables au corps sphérique de Laveran (*Hematozoon*).

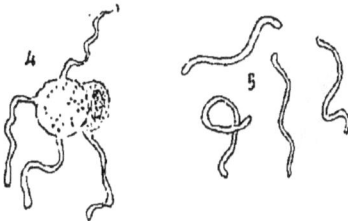

Polimitus avium (Danilewsky).   Hemocytozoon testudinis.

Fig. 499.   Fig. 500.

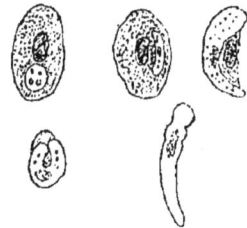

Hemocytozoon testudinis Danilevsky. — Cet hématozoaire se rencontre fréquemment dans le sang des tortues, le parasite inclus dans le globule se présente sous l'aspect de taches oblongues, incolores, il renferme quelques granulations brillantes. A un degré plus avancé, cet hémomicrobe prend la forme vermiculaire puis s'échappe (fig. 501). On observe aussi dans le sang des tortues envahi par l'*Hemocytozoon* des corpuscules de très petites dimensions, ovalaires ou fusiformes, ces corpuscules qui ne sont pas des Microbes affectent apparemment un rapport génétique avec le parasite (Danilewsky).

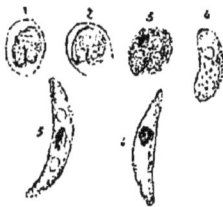

Drepanidium ranarum.

Fig. 501.

Hemocytozoon Lacertarum. — Sang de Lézards.

Drepanidium ranarum. — On rencontre très souvent ce parasite dans le sang des grenouilles, il se développe dans les globules rouges puis en sort sous forme d'un croissant qui rappelle le *Laverania* de la malaria, il prend ensuite une forme de vermicule à extrémité antérieure pointue et se meut alors avec agilité dans le plasma. C'est dans le sang de la rate que l'on trouve en abondance le *Drepanidium*.

(1) *Archives de méd. expérim.*, n° 12, 1890.

SARCOSPORIDIES.

Sarcocystis Miescheri. Ray Lankester. —Ces *Psorosper-mies* sont des parasites des muscles, elles sont fréquentes chez un grand nombre de Mammifères : bœuf, mouton, porc, souris et même le singe.

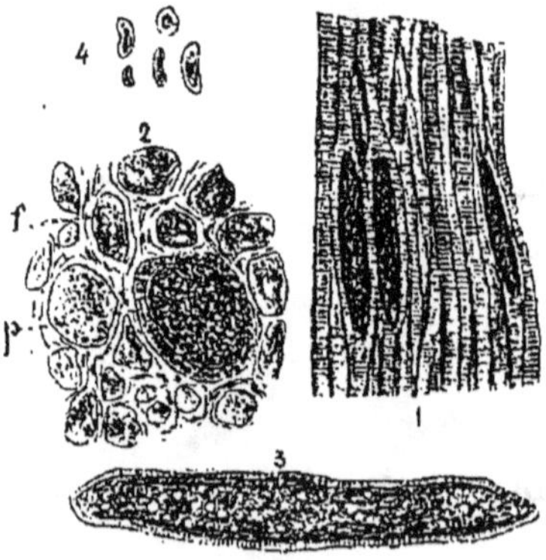

1, Sacs de Sarcosporidies dans les fibres musculaires du Porc. — 2, Coupe transversale des faisceaux musculaires dont l'un est envahi par une sarcosporidie. — 3, Utricule isolée. — 4, Corpuscules. (D'après Raillet.)
Fig. 502.

Le parasite pénètre par les voies digestives et émigre dans les muscles voisins où il s'installe comme la Trichine formant un sac dans l'intérieur d'une fibre musculaire, ce sac se montre rempli de corpuscules de 3 à 5 μ.

MYXOSPORIDIES

ou Psorospermies des Poissons.

Ces Myxosporidies sont constituées par une végétation sarcodique pouvant siéger sur toutes les parties du corps des Poissons, l'épiderme, le tissu conjonctif, les lamelles branchiales, dans les organes internes, reins, foie, vessie, etc.

Myxosporidies.
Fig. 503.

Dans ce sarcode apparaissent des corps reproducteurs de taille et de forme variant avec chaque poisson ; ces spores sont composées d'une enveloppe formée de deux valves, du contenu qui présente à l'un des pôles deux vésicules géminées contenant un long filament enroulé en spirale (fig. 503).

MICROSPORIDIES.

Les Microsporidies sont des parasites très répandus chez les Articulés, les Vers et même les Infusoires ; mais c'est surtout chez les Insectes qu'on les trouve fréquemment (*Psorospermies des Insectes*).

L'appellation de *Microsporidie*, créée par M. Balbiani pour ces êtres, rappelle leur principal caractère, leur extrême ténuité; ce sont les plus petits de tous les Sporozoaires, ils n'ont que 4 μ dans leur plus grande dimension. Les Microsporidies consistent en petits corpuscules très réfringents, envahissant tous les tissus de l'hôte, y formant des amas qui se substituent à l'organe envahi.

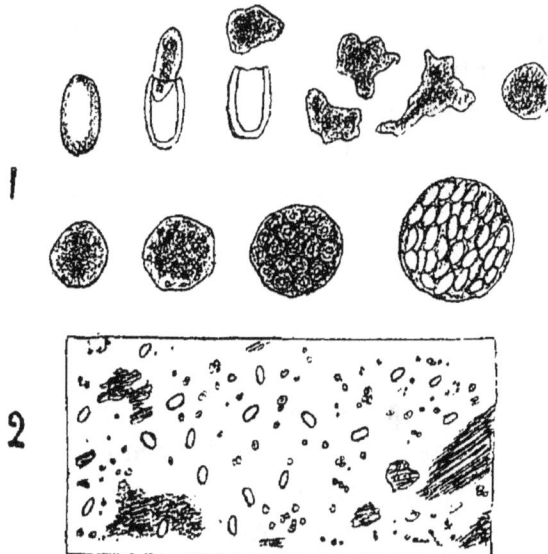

1, Microsporidium Bombycis; 2, fragment broyé d'un Bombyx atteint de pébrine, on y distingue les corpuscules (d'après Balbiani).

Fig. 504.

Microsporidium Bombycis. *Nosema Bombycis.* — Ce Sporozoaire cause la maladie des Vers à soie appelée *pébrine*, le ver est infesté par le tube digestif où germe la spore, la jeune Microsporidie, ayant une apparence ameboïde, pénètre de là dans tous les organes, s'y multiplie rapidement et atteint même les faisceaux spermatiques et les ovules *infestant ainsi les nouvelles générations.* Au sortir de la spore la Microsporidie a une forme améboïde, puis elle se contracte en boule et son intérieur se divise en un grand nombre de spores ovoïdes ayant une membrane brillante très résistante (fig. 504).

Cette maladie, rapidement propagée, paraissait devoir entraver complètement la sériciculture, quand M. Pasteur a fait connaître sa méthode du grainage cellulaire appliquée à des œufs reconnus sains par le microscope.

La pébrine demande trente jours pour rendre le Ver assez malade pour l'empêcher de filer un cocon. On n'obtiendra donc pas de récolte, quand de l'œuf contaminé sera sorti un jeune déjà infecté, l'éducation durant en moyenne trente-cinq jours; mais si l'œuf ou graine est indemne, c'est-à-dire s'il provient d'un papillon exempt de corpuscules, le ver pourra arriver à faire son cocon, même quand il contractera la pébrine dans le cours de l'éducation. Par le procédé de M. Pasteur, qui est aujourd'hui universellement adopté, on peut s'assurer de la pureté des graines par l'examen microscopique des générateurs. Le *Microsporidium bombycis* atteint d'autres insectes, entre autres l'*Attacus Pernyi*, autre Ver à soie; chez cette espèce les Microsporidies ne se développent que sur les parois de l'estomac.

c. ENDOPARASITES FLAGELLÉS.

On a confondu sous l'appellation de *Flagellés* des organismes qui n'ont de commun que la forme des organes de locomotion formés de *flagella*, un certain nombre de ces *Flagellés* ont été déjà réintégrés dans les Algues; d'autres, et les espèces parasites de l'homme en particulier, sont peu connus dans leur développement.

Tableau des Flagellés parasites de l'homme (d'après R. Blanchard).

Corps non échancré.	Queue flagelliforme.	1 flagellum en avant...	*Cercomonas.*
		2 flagellum en avant...	*Cystomonas.*
	Queue rigide, 4 flag.	Pas de membrane ondulante...........	*Monocercomonas.*
		Membrane ondulante..	*Trichomonas.*
Corps échancré en avant......		6 flagellum en avant, 2 en arrière........	*Megastoma.*

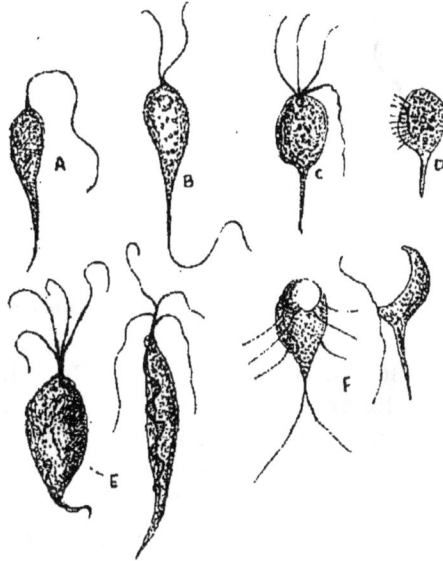

Flagellés de l'homme. — A, Cercomonas; B, Cystomonas; C, Monocercomonas; D, Trichomonas intestinalis; E, Trichomonas vaginalis; F, Megastoma.

Fig. 505.

Cercomonas hominis. Davaine, 1854 (fig. 505 A). — Intestin de l'homme atteint de diarrhée.

Cystomonas urinaria. R. Blanchard (fig. 505 B). — Vessie, rare.

Monocercomonas hominis. Grassi (fig. 505 C). — Déjections diarrhéiques.

Trichomonas vaginalis. Donné (fig. 505 E). — Mucus vaginal commun.

Trichomonas intestinalis. Leuckart (fig. 505 D). — Déjections diarrhéiques.

Megastoma intestinale. R. Blanchard (fig. 505 F). — Intestin des souris, rats, chats, se rencontre aussi chez l'homme.

Trypanosoma ranarum (fig. 506). — Corps comprimé en éventail, bordé d'une membrane ondulante se prolongeant en un flagellum; dans l'intérieur on distingue un noyau grisâtre, commun dans le sang des grenouilles.

Trypanosoma avium. — A une forme cylindrique, a une marche spiralliforme, sang des oiseaux (Danilewsky).

Herpetomonas Lewisii. — Sang du rat.

Hexamita inflata (Dujardin) (fig. 507). — Est un flagellé commun

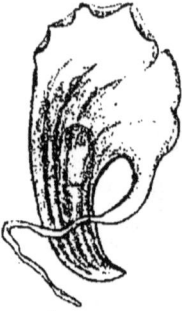

Trypanosoma ranarum.
Fig. 506.

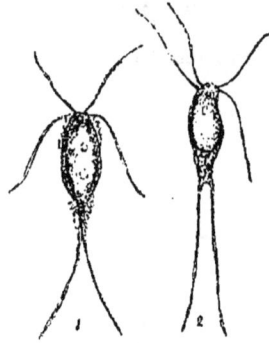

Hexamita inflata.
Fig. 507.

dans les mares et que l'on rencontre aussi (Butchli) dans l'intestin des grenouilles, des tritons et des tortues d'eau (*Emys*) (*Hexamita intestinalis*); mais on le retrouve encore dans la cavité générale, la lymphe, l'urine, la bile et le sang de ces animaux; l'inanition, rendant la muqueuse intestinale plus perméable, favoriserait la pénétration des jeunes formes dans le système vasculaire et lymphatique.

OUVRAGES A CONSULTER :

CORNIL ET BABÈS. — *Les Bactéries*.

MACÉ. — *Traité pratique de bactériologie*.

DUBIEF. — *Manuel de microbiologie*.

THOINOT ET MASSELIN. — *Précis de microbie*.

DE BARY. — *Leçons sur les Bactéries*.

CROOKSHANK. — *Bactériologie*.

FLÜGGE. — *Les Microorganismes*.

DUCLAUX. — *Chimie biologique*.

" — *Le Microbe et la maladie*.

BOURQUELOT. — *Fermentations pharmaceutiques*.

Annales de l'Institut Pasteur.

Journal de micrographie.

Moniteur scientifique de Quesneville.

DEUXIÈME PARTIE
BOTANIQUE GÉNÉRALE.

MORPHOLOGIE ET PHYSIOLOGIE DES PLANTES.

Les plantes, étudiées au point de vue de l'agencement, de la structure et du fonctionnement de leurs parties ou organes, constituent le domaine de la *Botanique générale*. L'analyse et la comparaison de la forme des différentes parties ou *morphologie* nous fait connaître l'organisation des plantes, leur structure, leur développement; tandis que l'étude des forces en jeu dans les organes ou *physiologie* nous révèle les phénomènes complexes de la vie du végétal.

Chez les végétaux supérieurs, par les progrès de la différenciation, les parties ont pris des formes et des fonctions déterminées; tandis que les végétaux inférieurs ont des organes de moins en moins nombreux. A mesure que l'on descend dans la série de ces êtres, les fonctions de la vie tendent à être toutes accomplies par la même partie, elles perdent de leur complexité et deviennent même confuses.

Chez les végétaux à fleurs ou Phanérogames nous voyons chaque partie de la plante s'efforcer plus particulièrement à effectuer un travail, en vue duquel elle semble construite et à première vue, chez ces plantes, on distingue quatre membres presque toujours bien distincts :

a. Une **tige**, qui forme la charpente, transporte les aliments et les fluides nourriciers, les emmagasine au besoin.

b. Une **racine**, née de la tige et qui se fixe dans le sol en même temps qu'elle y puise des aliments.

c. Des **feuilles**, organes spécialement affectés aux échanges gazeux, dont le plus important est l'absorption de l'acide carbonique de l'air en vue d'en retirer le carbone.

d. Des **fleurs** qui assurent la reproduction sexuée par un œuf qui devient l'embryon dans la graine.

LA TIGE.

La tige est l'axe, la charpente, le corps de la plante, elle donne naissance, de bonne heure, à une racine terminale située dans son prolongement, elle porte aussi très souvent des racines latérales ou adventives et c'est toujours sur la tige que naissent les feuilles. La ligne de jonction de la tige avec la racine est le *collet*. On appelle *nœud* le disque transversal où s'attache la feuille et *entre-nœud* l'intervalle qui sépare deux feuilles consécutives.

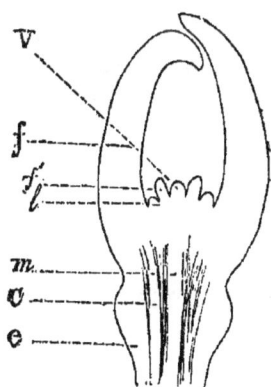

Coupe longitudinale
d'un bourgeou.
Fig. 508.

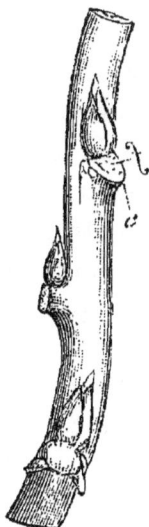

Bourgeons axillaires.

Fig. 509.

Bourgeons à fleurs B et
bourgeons à feuilles A.
Fig. 510.

Le sommet de la tige est enveloppé par les feuilles non encore développées et se recouvrant les unes les autres pour former le *bourgeon terminal* (fig. 508).

A l'intérieur du bourgeon le *cône terminal* de la tige s'accroît, les feuilles les plus externes s'épanouissent, puis le plus souvent les entre-nœuds s'allongent; s'ils restent courts les feuilles épanouies demeurent serrées sur les flancs de la tige dont elles masquent la surface (Dattier, Cycas, etc.). La croissance dans le bourgeon ou croissance *terminale* doit être distinguée de l'allongement des entrenœuds ou *croissance intercalaire*.

La tige ordinairement aérienne est très souvent cylindrique; mais elle peut aussi vivre sous terre et affecter les formes les plus variées, prenant souvent des apparences de racines (rhizomes, tubercules).

A l'*aisselle* des feuilles insérées sur la tige, se trouve normalement un *bourgeon axillaire* qui peut s'allonger aussi et produire un rameau. Ce bourgeon peut rester longtemps latent, la tige est alors simple (Palmiers). Dans certains cas on trouve plusieurs bourgeons à chaque aisselle. La présence des bourgeons et des feuilles, facile à constater, est un bon caractère pratique pour distinguer la tige de la racine.

Le plus ordinairement la tige, fixée au sol par sa base continue avec la racine, est dressée, elle s'élève verticalement, en même temps que la racine descend dans une direction inverse, c'est ce qu'on appelle le *géotropisme négatif* de la tige. Comme chez les racines secondaires, les rameaux insérés sur la tige ne sont pas aussi géotropiques qu'elle, ils forment avec la tige un certain angle variant avec les plantes. Les branches de second, troisième ordre paraissent insensibles au géotropisme et prennent toutes les directions.

La lumière agit aussi énergiquement sur la direction que prend une tige : la partie éclairée devient généralement concave, le sommet s'incline ainsi vers la source lumineuse, recherche la lumière, c'est le *phototropisme positif* de la tige; mais cette courbure est toujours limitée aux régions en voie de croissance, elle est le résultat d'une inégalité d'allongement, les tissus du côté obscur s'allongent plus que les tissus éclairés, d'où une flexion vers la lumière. Il y a aussi des tiges qui sont indifférentes à l'action de la lumière et d'autres enfin qui fuient la lumière (*phototropisme négatif*), ce sont notamment les plantes rampantes, grimpantes. Dans la même plante on peut observer que certaines parties de la tige fuient la lumière, tandis que d'autres la recherchent.

Modifications principales et dénominations des différents types de la tige. — La tige peut se développer entièrement dans l'air, entièrement dans le sol, ou en partie dans le sol, en partie dans l'air; les plantes aquatiques présentent les mêmes relations avec l'eau et le sol. Ces modifications et dénominations peuvent se résumer dans le tableau suivant :

a. Tiges vivant à la lumière	Verticales	Dressées	Tronc (arbres feuillus). Stipe (Palmier). Chaume (Blé). Hampe (Jacinthe).
		Volubiles.	
		Grimpantes.	
		Tubéroïdes (Cactus).	
	Rampantes	Tiges stolonifères.	
b. Tiges souterraines.	Allongées	Rhizomes	Définis. Indéfinis.
	Massives	Bulbes	Tuniqués. Pleins.
		Tubercules.	

Ramification. — La disposition des feuilles sur la tige, et le développement nul, égal, inégal des bourgeons produisent les différents types de ramification.

Si le bourgeon terminal seul se développe, la tige non ramifiée reste *simple*. Si les feuilles sont alternes les branches se détacheront dans différentes directions, à différentes hauteurs sur la tige. Si les feuilles sont opposées, deux branches pourront se développer en face l'une de l'autre. Souvent le bourgeon terminal conserve sa prééminence, il continue l'axe principal; mais il arrive aussi qu'un bourgeon axillaire se développe avec assez de rapidité et d'intensité pour *usurper* la place de la tige principale qui est rejetée sur le côté, cette *usurpation* peut se faire régulièrement et l'axe de croissance de la tige, constitué par une succession de rameaux de générations différentes, s'appelle un *sympode*.

L'extrémité de la tige peut s'allonger indéfiniment par un bourgeon terminal qui épanouit constamment de nouvelles feuilles, ou bien la tige se termine par une fleur ou une inflorescence, l'évolution est alors terminée (*ramification définie*); une ou plusieurs branches latérales peuvent alors prendre la succession de la tige principale arrêtée et continuer dans la même direction.

Bourgeons. — Les bourgeons terminaux, comme les bourgeons latéraux sont les rudiments de la tige ou du rameau, ils
sont composés d'un axe très court recouvert par des feuilles
rudimentaires, reployées sur elles-mêmes de bien des manières
différentes (v. Feuilles). La disposition réciproque des feuilles
dans le bourgeon s'étudie au moyen de coupe transversale ; cette
vernation donne de bons caractères pour la botanique descriptive, on distingue les vernations :

a. Vernation *imbriquée*, les feuilles se recouvrent les unes
les autres en allant de dehors en dedans.

b. Vernation *décussée*, deux feuilles opposées recouvrent la
paire qui suit et qui alterne (fig. 511).

c. Vernation *équitante*, la feuille repliée en long embrasse
celle qui est placée vis-à-vis d'elle (fig. 512).

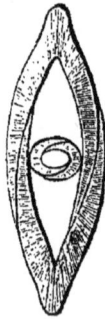

d. Vernation *demi-équitante*, une feuille embrasse la moitié
de l'autre (fig. 513).

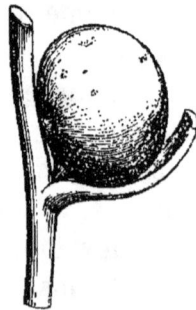

Vernation décussée (Lilas). Fig. 511. — Vernation équitante (Iris). Fig. 512. — Demi-équitante (Sauge). Fig. 513. — Bourgeon-tubercule de Ficaire. Fig. 514.

e. Vernation *valvaire*, quand les feuilles se touchent seulement
par leurs bords.

Les bourgeons peuvent se former sur toutes les parties de la
plante, tige, racine, feuille, fleur; mais les tiges seules ont
normalement des bourgeons qui sont les uns *terminaux*, les
autres *latéraux* ou *axillaires*, c'est-à-dire à l'aisselle des feuilles,
d'autres *adventifs* ou naissant sur des points quelconques.
Tantôt le bourgeon apparaît, grossit, développe ses feuilles,

allonge son axe sans interruption, comme chez les plantes herbacées; tantôt au contraire le bourgeon se forme pendant une saison; mais ne se développe qu'après une période de repos, lors du retour de la saison favorable, ces bourgeons sont dits *hibernants*, ils sont alors souvent écailleux, enduits de résine ou de cire. Les écailles étroitement imbriquées sont des feuilles ou des stipules adaptées à cette fonction de protection des feuilles normales, qui sont étroitement logées sous cette couverture. Les horticulteurs distinguent les *bourgeons à bois* qui ne donneront que des feuilles, des *bourgeons à fleurs* ou *boutons*, des *bourgeons mixtes* qui produiront un rameau feuillé et florifère (fig. 510). Chez un assez grand nombre de plantes les bourgeons deviennent charnus, tubéreux ou bulbeux et sont alors des organes de multiplication, ils se détachent de la plante mère pour se développer en donnant des racines adventives, *Ficaria*, *Dioscorœa*, etc. (fig. 514).

C'est dans la coupe longitudinale d'un bourgeon que l'on peut étudier le développement des feuilles, tantôt *basipète*, tantôt au contraire *basifuge*.

Le cône végétatif de la tige compris dans le bourgeon montre aussi le tissu générateur ou *méristème* qui se différencie en tissus constituant les éléments de la tige.

Structure de la tige (1). — L'étude de la structure de la tige doit se faire par deux séries d'observations : on étudiera

---

(1) Pour l'étude de la structure de la tige on choisira des sujets d'études assez nombreux : *Maïs*, *Rhizome d'Iris*, *Chiendent*, *Jonc*, jeune *Clematis* ou *Aristoloche*, *Bryone*, *Ricin* à divers âges, une *Ombellifère*, une *Labiée*, le *Chanvre* ou la *Ramie*, *Vigne*, *Pinus*, un *Piper*, la *Belle de nuit*, *Phytolacca dioïca*, la *Pomme de terre*, le *Polypode vulgaire*, le *Pteris aquilina*, *Prêle* et des écorces de la matière médicale, *Quinquina*, *Strychnos*, *Galipea*, etc. Ces fragments de tige frais ou conservés dans de l'alcool à 80° seront coupés et examinés après avoir subi l'action des réactifs colorants. On obtient des coupes très démonstratives en les plongeant d'abord très peu de temps dans le *vert d'iode* qui colore toutes les parties lignifiées, puis on les laisse séjourner une demi-heure dans le *carmin aluné* ou *boraté* qui colore les membranes non lignifiées.

Les coupes teintes ainsi doivent être lavées à grande eau avant d'être examinées. Un grand nombre d'autres matières colorantes peuvent aussi être utilisées : *Nigrosine*, *bleu d'aniline*, le *picro-bleu d'aniline*, le *violet-fuschiné*.

Les préparations peuvent être examinées dans l'eau glycérinée, ou montées dans la *glycérine gélatinée*, dans un mélange d'*acétate de potasse* et

d'abord la tige jeune qui vient d'achever sa différenciation, puis on devra suivre les modifications qui se produisent dans les parties plus âgées acquérant, par des changements nombreux, une *structure secondaire*.

Structure primaire de la tige. — La jeune tige des Phanéro-

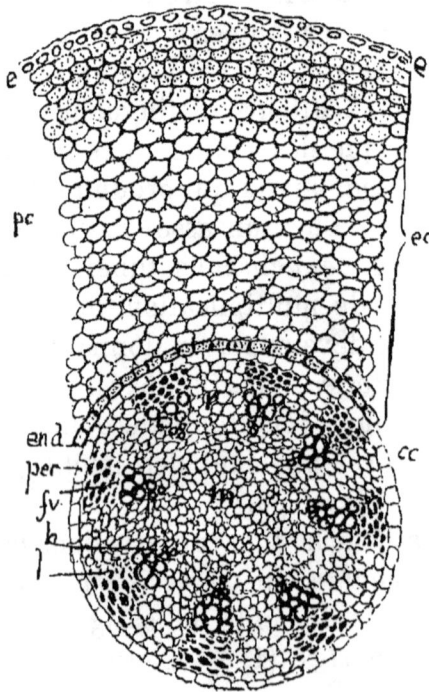

Structure de la tige. — *e*, épiderme ; *ec*, écorce ; *end*, endoderme ; *cc*, cylindre central ; *per*, péricycle ; *fv*, faisceaux ; *b*, bois ; *l*, liber.

Fig. 515.

games se montre composée de trois régions : l'*épiderme*, l'*écorce* et le *cylindre central* (fig. 515).

de gomme, enfin dans le *baume au xylol* après avoir été traitées par l'alcool et l'essence de *girofle*.

Les coupes seront assez minces, pour être claires on les éclaircira encore en les traitant avant la coloration, par la potasse, l'eau de javel. Pour se rendre compte de la distribution de la chlorophylle et d'autres corps intra-cellulaires, il est bon d'examiner des coupes fraîches dans l'eau et traitées par aucun réactif.

Les préparations même conservées devront être dessinées, et les différents tissus déterminés avec soin au moyen de la comparaison avec des figures représentant le même sujet.

L'*épiderme*, formé par une assise de cellules intimement unies, présente des ouvertures stomatiques, des poils, des glandes superficielles.

L'*écorce* de la tige est constituée par des cellules polyédriques contenant souvent de la chlorophylle et de l'amidon ; la dernière assise forme un *endoderme* dont les cellules sont souvent plissées latéralement ou épaissies. Chez un grand nombre de plantes l'écorce différencie une partie de ses éléments en tissus durs résistants : tissu fibreux, scléreux, formé de cellules à parois épaisses, l'écorce acquiert ainsi de la solidité.

Les vaisseaux qui vont des feuilles à la tige et inversement, groupés en faisceaux, traversent le parenchyme cortical souvent horizontalement, dans d'autres cas ces faisceaux libéro-ligneux se relèvent verticalement dans l'écorce et y cheminent sur une certaine hauteur avant de se rendre dans la feuille, ce sont ces *faisceaux corticaux* que l'on rencontre dans les écorces de *Casuarina*, *Calycanthus*, de beaucoup de Monocotylédones.

Le *cylindre central* de la tige commence par le *péricycle* (fig. 515, *per*) assise de cellules à membrane mince ; en dedans du péricycle se trouvent les *faisceaux conducteurs* ou *libéro-ligneux*, séparés par un tissu de cellules à parois minces, *rayons médullaires*, qui se développe surtout au centre du cylindre où il forme la *moelle*. Chaque faisceau présente deux moitiés très différentes, l'externe est le *faisceau libérien*, ce sont surtout des tubes criblés contenant la sève élaborée, c'est-à-dire enrichie des produits de l'assimilation, la moitié interne est composée essentiellement du *bois* ou *faisceau ligneux* charriant les liquides absorbés par les racines (sève ascendante).

Les faisceaux de la tige ne se composent pas seulement d'éléments conducteurs, mais aussi de cellules et fibres. Les éléments du faisceau libérien se développent de dehors en dedans dans une *direction centripète*, tandis que les éléments du faisceau ligneux se développent de dedans en dehors dans une *direction centrifuge*.

Disposition et course des faisceaux. — Les faisceaux conducteurs qui courent tantôt parallèlement à l'axe, tantôt obliquement, s'unissent d'ordinaire aux nœuds par de petites branches horizontales, certains d'entre eux se divisent pour envoyer une branche dans une feuille. Ce faisceau, destiné à une feuille, poursuit souvent sa course dans le cylindre central et ne s'infléchit dans la feuille qu'après avoir traversé un certain nombre d'entre-nœuds. Ces faisceaux sont dits *foliaires* tandis que les autres sont *caulinaires*.

La figure 516 représente la disposition des faisceaux dans la Clématite ; sur les six faisceaux, quatre sont caulinaires (*c*) et donnent au nœud des branches pour deux faisceaux foliaires latéraux, deux sont foliaires (*f*), ce sont les faisceaux médians des deux feuilles.

La disposition et la marche des faisceaux conducteurs dans les tiges présentent de très nombreuses combinaisons à étudier sur quelques exemples typiques.

a. Faisceaux en un seul cercle. — Chez la plus grande partie des Dicotylédones et chez quelques Monocotylédones (Dioscorées).

Les faisceaux forment un seul cercle en dedans du péricycle, en dehors de la moelle, ils sont séparés par des rayons médullaires (fig. 522).

b. Faisceaux sur plusieurs cercles concentriques. — Chez les *Cucurbitacées* à vrilles, les *Actœa*, les *Amarantus*, les faisceaux se disposent sur deux ou plusieurs cercles concentriques autour de la moelle (fig. 517).

c. Faisceaux médullaires. — Chez les *Aralia papyrifera*, *japonica*, *Begonia Rex*, *Ferula communis*, *Opoponax*, *Orobanche*, etc., on trouve des faisceaux dans la moelle n'ayant pas de rapport avec les feuilles. Chez les *Piper*, au contraire, ces faisceaux médullaires se rendent aux feuilles (fig. 518).

d. Faisceaux libériens médullaires. — Chez les *Solanées*, *Convolvulacées*, *Loganiées*, *Apocynées*, *Asclépiadées*, *Gentianées*,

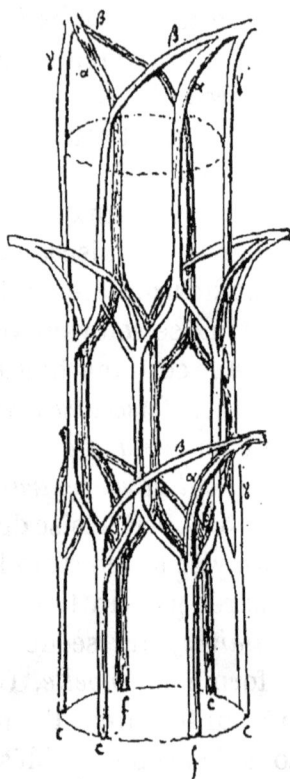

Faisceaux de la Clématite. *c,c,c,c,* faisceaux caulinaires; *f,f,* faisceaux foliaires (d'après Nägeli).

Fig. 516.

Lythrariées, Myrtacées, Thymelées, chez quelques *Chicoracées* *(Tragopogon),* les *Campanula,* les *Croton,* etc., il se forme dans la zone périphérique de la moelle des faisceaux libériens contenant des tubes criblés et du parenchyme, disposés, soit en face des faisceaux libéro-ligneux, soit en face des rayons médullaires.

e. Faisceaux épars dans toute l'étendue du parenchyme. — Un grand nombre de *Monocotylédones,* mais pas toutes, ont leurs faisceaux épars dans tout le parenchyme, disposition qui se retrouve aussi, mais moins fréquemment, chez les *Dicotylédo-*

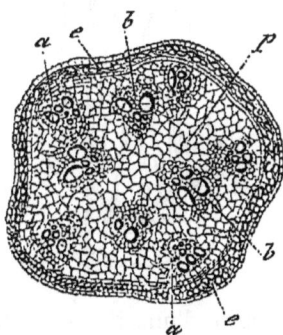

Tige de *Cucurbita,* les faisceaux sont disposés sur deux cercles concentriques.

Fig. 517.

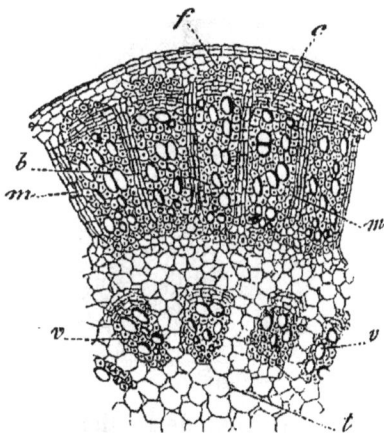

Tige de *Piper* avec faisceaux dans la moelle *v,v.* — *b,* bois normal; *f,* liber; *c,* cambium; *m,* rayons médullaires.

Fig. 518.

nes (Nymphéacéees). Les faisceaux d'une feuille pénètrent dans la moelle jusque vers le centre, puis reviennent peu à peu vers la périphérie en se déplaçant ainsi en spirale (fig. 520). Chez les *Cypéracées* les faisceaux s'unissent latéralement par des anastomoses transverses au niveau des diaphragmes. Enfin chez les *Aroïdées* tuberculeuses, *Arum, Richardia, Colocasia,* les faisceaux en s'anastomosant forment un réseau compliqué.

La moelle qui est au centre du cylindre est très développée surtout dans les tiges tubérisées, au contraire elle est très réduite chez beaucoup de plantes aquatiques, elle peut même disparaître complètement (*Elodea, Ceratophyllum,* etc.).

La moelle se creuse parfois de grandes lacunes aérifères qui allègent la tige (plantes aquatiques, Nymphéacées, *Pontederia*, etc.). Ces cavités se forment tantôt par dissociation, tantôt par destruction précoce des cellules (*Ombellifères*, *Composées*, *Graminées*, *Cypéracées*).

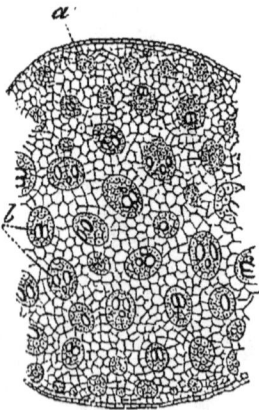

Tige jeune de Dattier.
Faisceaux épars.

Fig. 519.

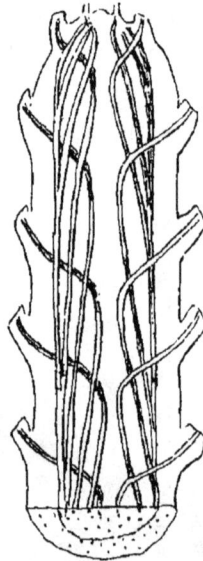

Extrémité d'une tige de Monocotylédone montrant la marche des faisceaux (d'après Falkemberg).

Fig. 520.

Plus souvent encore la moelle et les rayons présentent des cellules à parois épaisses, résistantes (sclérenchyme), qui forment soit des faisceaux épais, soit des couches englobant les faisceaux conducteurs.

Appareil sécréteur. — Dans la structure primaire de la tige on rencontre les différentes formes du tissu sécréteur.

a. Des cellules sécrétrices solitaires à gomme, essence, résine, tannin, cristaux, etc., dans l'épiderme l'écorce et le conjonctif central.

b. Des laticifères dont les troncs principaux sont situés dans la zone interne de l'écorce (Euphorbiacées, Apocynées, Asclépiadées).

c. Des canaux résinifères dans l'écorce des Conifères dans le bois (*Pinus*), dans le liber (*Araucaria*, Térébinthacées).

d. Canaux oléifères chez les *Ombellifères*, les *Composées*, etc.

Origine et insertion des racines sur la tige. — La racine terminale naît de la tige au cours du développement de l'œuf en embryon, elle peut se former à la base de la tige, ou dans son intérieur plus ou moins profondément, elle devra alors percer l'écorce et l'épiderme pour se développer au dehors, aussi dans ce cas sa base reste enveloppée par une gaine (coléorhize). Dans la racine formée sur le prolongement même de la tige on trouve que les tissus correspondent de la manière

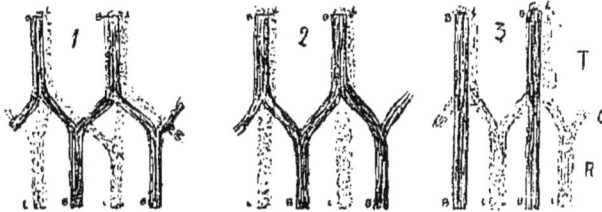

Passage des faisceaux conducteurs de la tige dans la racine primaire.
L, liber; B, bois.

Fig. 521.

suivante : l'épiderme de la tige rencontre au *collet* l'assise pilifère de la racine, l'écorce et l'endoderme de la tige se prolongent dans la racine, le cylindre central se continue aussi directement, mais les faisceaux libéro-ligneux de la tige se dédoublent en passant dans la racine et de différentes manières (fig. 521).

a. Les faisceaux libéro-ligneux de la tige dédoublent leur liber et leur bois; deux moitiés de liber et deux moitiés de bois forment, dans la racine, des faisceaux libériens et des faisceaux ligneux distincts et alternants (fig. 521, 1).

b. Les faisceaux libériens passent directement de la tige dans la racine ; mais les faisceaux ligneux se dédoublent et forment, en se groupant deux à deux dans la racine, des faisceaux ligneux alternant avec les faisceaux libériens C ; plus rarement les faisceaux ligneux passent directement de la tige dans la racine tandis que les faisceaux libériens se dédoublent pour se grouper ensuite deux à deux en faisceaux alternant avec les faisceaux ligneux (fig. 521, 3).

Racines latérales. — Chez les Phanérogames les racines latérales naissent aux dépens du *péricycle* sous forme d'un mamelon conique qui, pour paraître au dehors, se fraye un passage en digérant l'écorce. Quand les racines se développent tardivement sur des tiges déjà âgées, c'est aux dépens du parenchyme libérien en dehors de l'assise génératrice que se forme la jeune racine.

Structure secondaire de la tige. — Beaucoup de tiges conservent indéfiniment leur structure primaire, un grand nombre de

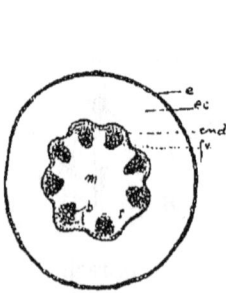

Tige de Ricin, formations primaires. *e*, épiderme; *ec*, écorce; *end*, endoderme; *fv*, faisceaux; *m*, moelle; *r*, rayons.

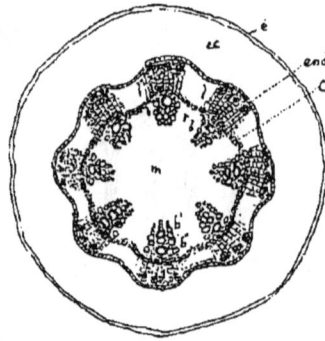

Fig. 522.

Tige de Ricin, formations secondaires. *e*, épiderme; *ec*, écorce; *end*, endoderme; *c*, cambium; *l*, liber; *b*, bois; *r*, rayons; *m*, moelle.

Fig. 523.

Monocotylédones et quelques *Dicotylédones* ne présentent jamais de complications secondaires dans leurs tiges qui augmentent seulement, avec l'âge, les tissus subéreux et scléreux. Mais chez la majorité des *Dicotylédones* et des *Gymnospermes*, des cellules déjà différenciées recommencent à se diviser, redeviennent *génératrices*, forment ainsi plusieurs assises circulaires qui donnent de nouveaux éléments s'adjoignant aux tissus primaires pour épaissir la tige. C'est à ces formations surajoutées qu'est due la *structure secondaire* de la tige.

Dans le cylindre central l'*assise génératrice* se voit entre le liber et le bois des faisceaux, elle se continue d'un faisceau à l'autre et forme un anneau appelé *cambium* (fig. 523, *c*). L'activité de ce cambium s'exerce en donnant, par la division de ses cellules, des cellules nouvelles qui se transforment, *celles qui regardent la périphérie en liber, celles qui regardent le centre en bois*. Ce liber et ce bois secondaires s'épaississent et s'élargissent ; mais des rayons de parenchyme formés de cellules allongées dans le sens du rayon les partagent en compartiments, ces rayons médullaires sont parfois très épais, mais dans d'autres cas réduits à une seule file de cellules.

Le bois secondaire est subdivisé en couches annuelles dont l'épaisseur est très variable. Ce bois renferme toujours des vaisseaux, souvent des cellules et des fibres, puis des éléments sécréteurs (fig. 524).

Chez les Conifères les vaisseaux sont tous fermés, ponctués, aréolés. Ordinairement on trouve des vaisseaux ouverts et des vaisseaux fermés, leur membrane est lignifiée.

Les fibres ligneuses ont des membranes épaisses lignifiées, leur longueur varie de $1^{mm},5$ à $0^{mm},40$. Le parenchyme ligneux renferme souvent de l'amidon, du tannin, parfois ses cellules sont épaissies et ne diffèrent pas des fibres sur une coupe.

Le bois de printemps et le bois d'automne sont souvent formés de tissus différents, il en résulte une limite très nette des couches annuelles, qui se distinguent, dans d'autres cas, par le calibre très réduit des éléments des dernières couches d'automne.

En vieillissant le bois prend chez beaucoup d'arbres une dureté, une densité plus grande, une couleur plus foncée ; à ce moment apparaissent aussi, dans ces tissus en voie de dégénérescence, des *matières colorantes* (Campêche), *des résines, baumes, gommes*.

Pendant que le cylindre central s'accroît ainsi, par le travail de l'assise génératrice intrafasciculaire ou cambium, dans l'écorce toutes les assises cellulaires qui s'étendent depuis l'épiderme jusqu'aux faisceaux, y compris le liber, peuvent, suivant les plantes, devenir génératrices. Dans ce nouveau cercle de prolifération cellulaire ou *méristème*, les cellules qui regardent la périphérie se différencient en un tissu protecteur formé de cellules intimement unies et placées les unes derrière les autres dans le sens du rayon, elles se subérisent et forment ainsi le *suber* ou *liège*. La zone des cellules formées en dedans de l'assise génératrice conserve l'apparence du parenchyme de l'écorce, on y voit des cellules à chlorophylle ou à amidon, on

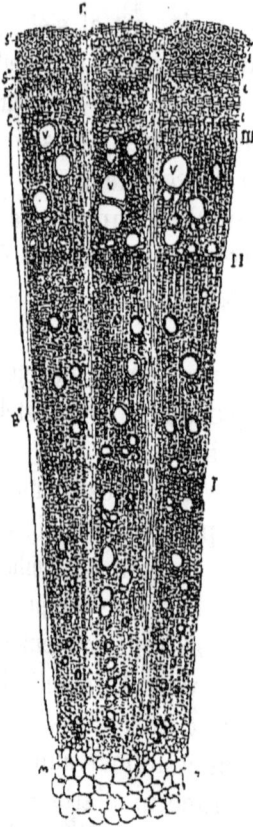

Couches annuelles du bois. Vigne de trois ans. I, II, III, couches du bois ; C, cambium ; L, liber ; S′, S″, S‴, suber ; M, moelle.

Fig. 524.

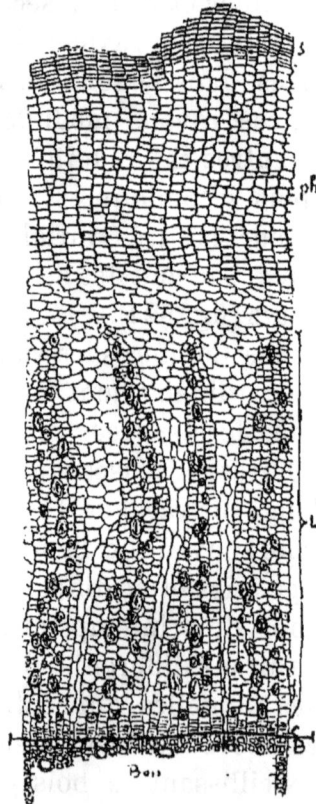

Cinchona succirubra jeune. B, bois, le trait, dans la zone *c* du cambium, indique la limite interne de l'écorce officinale qui comprend : le liber L, *ph* le phelloderme qui surmonte le parenchyme cortical primitif, *s* le suber formé en même temps que le phelloderme par une assise génératrice qui les sépare (d'après Godfrin).

Fig. 525.

appelle ce feuillet le *phelloderme*, et ce *liège* et ce *phelloderme* nés tous les deux de l'assise génératrice externe se nomment ensemble le *périderme*.

La couche de liège, une fois constituée, intercepte les communications entre la tige et les tissus placés en dehors d'elle formant alors une couche plus ou moins épaisse de tissus morts, suivant la profondeur de l'assise génératrice.

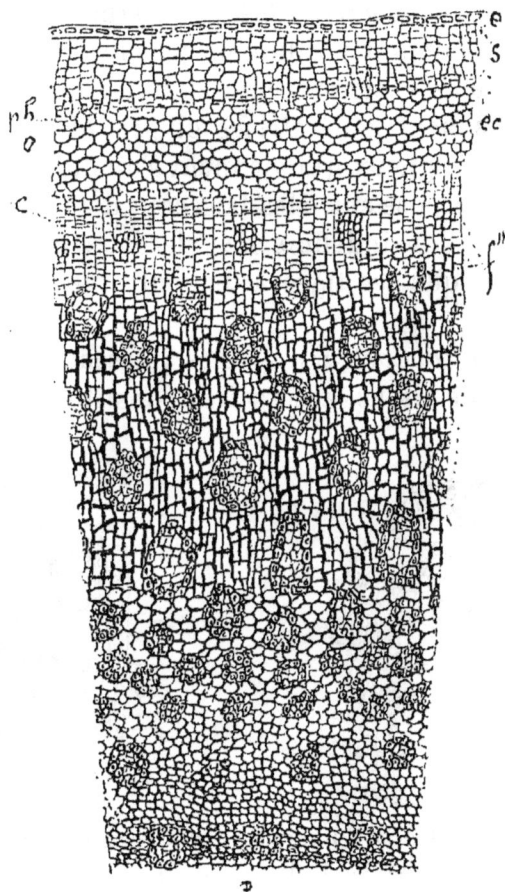

Formations secondaires dans la tige de quelques Monocotylédones. Tige d'*Aloe arborescens*. *f''*, faisceaux secondaires développés dans le phelloderme ; *c*, anneau cambial ; *ec*, écorce ; *ph*, phellogène ; *s*, suber ; *e*, épiderme.

Fig. 526.

Le plus souvent l'assise génératrice externe ne demeure pas indéfiniment active, elle cesse de fonctionner et c'est une assise corticale plus profonde qui devient génératrice, formant un second périderme ; il s'en fait ainsi un troisième, un quatrième et *chaque fois tous les tissus laissés en dehors de l'assise nouvelle meurent* et l'ensemble de ces tissus morts forme une écorce crevassée, sèche, appelée aussi *rhytidome*. Ce *rhytidome* est plus ou moins persistant (Chêne) ou caduc (Platane).

Formations secondaires dans la tige de quelques Monocotylédones. — Chez les *Dracœna, Cordyline, Aloe* (fig. 526), *Yucca*, le péricycle se cloisonne et produit un périderme dont le feuillet interne ou phelloderme présente çà et là des cellules qui, se divisant, deviennent génératrices et produisent un cercle de faisceaux libéro-ligneux qui viennent s'ajouter aux anciens. Le parenchyme interposé entre les faisceaux devient scléreux. C'est par cette formation indéfinie de faisceaux conducteurs dans le phelloderme que ces tiges atteignent avec le temps un diamètre énorme.

Les faisceaux conducteurs. — Les vaisseaux le plus souvent accompagnés de tissus accessoires constituent des faisceaux

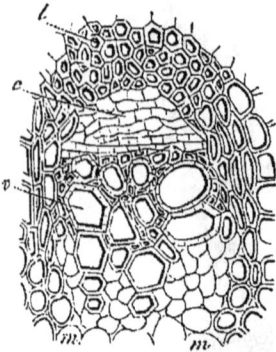

Faisceau collatéral. *Aralia. c*, liber ; *v*, bois ; *l*, fibres scléreuses du péricycle.

Fig. 527.

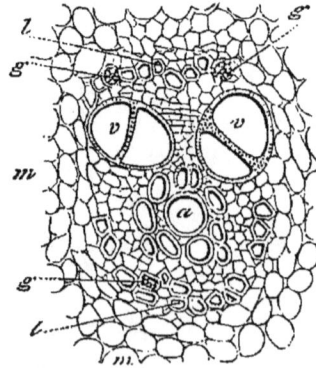

Faisceau bicollatéral. *l, l*, liber ; *g*, ses tubes criblés ; *a, v*, bois.

Fig. 528.

libériens, ligneux, libéro-ligneux suivant les éléments vasculaires qui entrent dans leur composition. Dans la tige et dans la feuille les faisceaux sont toujours doubles (*libéro-ligneux*) ; mais dans la racine primaire les faisceaux ligneux et les faisceaux libériens sont isolés, ils alternent côte à côte (fig. 548). Ce système de vaisseaux se termine par une de ses extrémités dans la racine, par l'autre dans la feuille.

Les deux éléments du faisceau libéro-ligneux, le bois et le

liber, sont presque toujours accolés; le faisceau est dit *faisceau collatéral* (fig. 527), le faisceau libérien peut être pris entre deux faisceaux ligneux; mais souvent le bois est pris entre deux libers, le faisceau est alors *bicollatéral* (fig. 528).

Dans d'autres cas le liber est entouré par le bois (rhizome de beaucoup de Monocotylédones), ou le bois par le liber, le faisceau est alors *concentrique*.

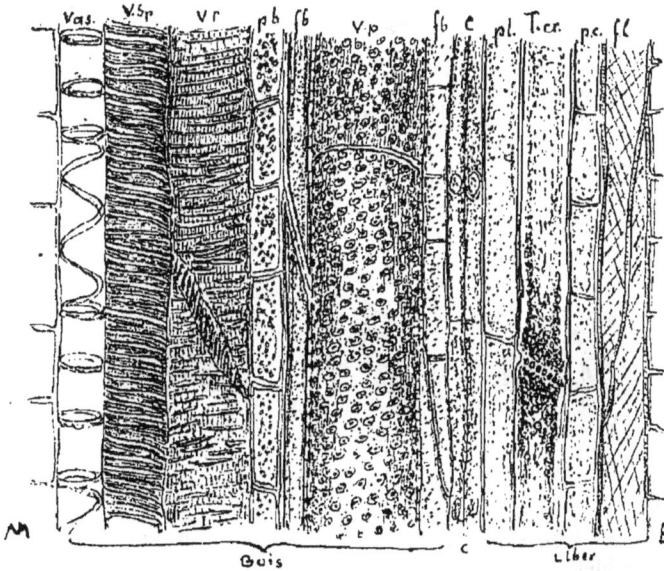

Coupe longitudinale d'un faisceau libéro-ligneux. M, moelle; V.*as*, vaisseau annelé et spiralé; V.*sp*, vaisseau spiralé; V.*r*, vaisseau rayé; *pb*, parenchyme ligneux; *fb*, fibres ligneuses; V.*p*, vaisseau ponctué; C, cambium; *pl*, parenchyme libérien; T.*cr*, tube criblé; *fl*, fibres libériennes; *c*, écorce (d'après Kny).

Fig. 529.

Les faisceaux conducteurs sont le plus souvent revêtus d'un tissu protecteur, de sclérenchyme, qui les rend plus solides et joue un rôle important de soutien.

Quand ils ont atteint leur développement complet les faisceaux sont constitués : les faisceaux libériens par les *tubes criblés*, le *parenchyme libérien* et les *fibres libériennes;* les faisceaux ligneux par les *vaisseaux du bois*, le *parenchyme ligneux* et les *fibres ligneuses*.

a. Faisceau libérien. — Les *tubes criblés* sont ainsi nommés parce qu'ils sont formés de cellules criblées superposées en files longitudinales. Ces cellules, par suite d'une résorption partielle soit des cloisons transverses, soit des parois latérales, sont par places criblées de pores et prennent ainsi l'aspect d'un grillage ou d'un crible (fig. 530).

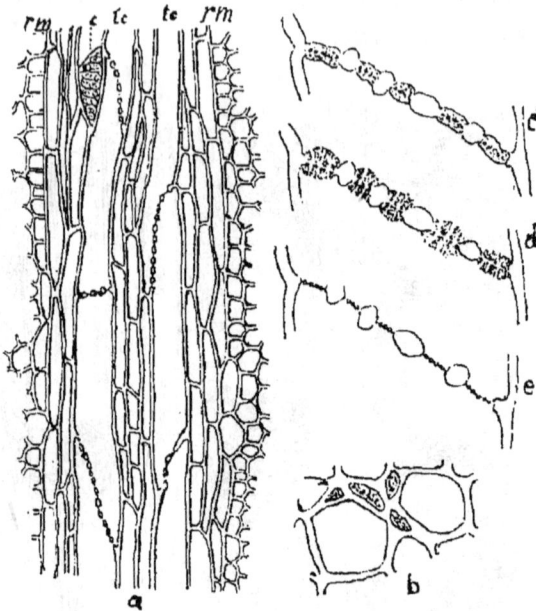

Tubes criblés du *Vitis vinifera*. — *a*, section longitudinale à travers le liber ; *tc*, tubes criblés ; *rm*, rayons médullaires. — *c*, section d'une cloison transverse d'un tube criblé, en hiver les cribles ont leurs pores bouchés par la plaque calleuse. — *d*, ouverture des pores au printemps. — *e*, traité par la potasse le cal est dissous. — *b*, deux tubes en section transversale avec cellules annexes (d'après de Bary et d'après Wilhelm).

Fig. 530.

La membrane des tubes criblés est molle, incolore, formée de cellulose pure. Les plaques criblées sont recouvertes d'une substance calleuse très réfringente et présentant une certaine épaisseur, dans les préparations traitées par le bleu d'aniline, ces plaques se détachent colorées en bleu pur (fig. 530, *c*, *d*, *e*) ; à l'intérieur des tubes criblés, se trouve un cordon proto-plasmique mucilagineux, élargi à ses extrémités et qui envoie des prolongements à travers les pores des cribles, se continuant ainsi d'un tube à l'autre. Les tubes criblés contiennent encore un enduit pariétal mince de protoplasma.

La portion épaissie du crible s'appelle le *cal*. En automne chez beaucoup de végétaux le cal gonfle et ferme ainsi les pores du crible (fig. 530, *c*) qui s'ouvriront de nouveau au prin-

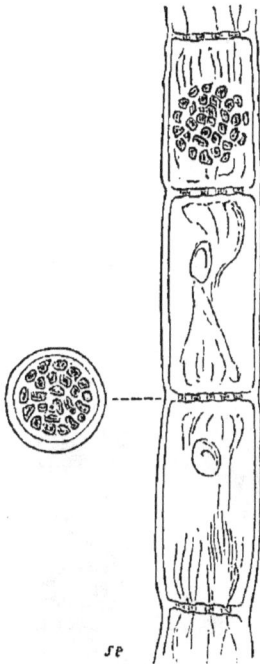

Tube criblé de *Cucurbita*.
Fig. 531.

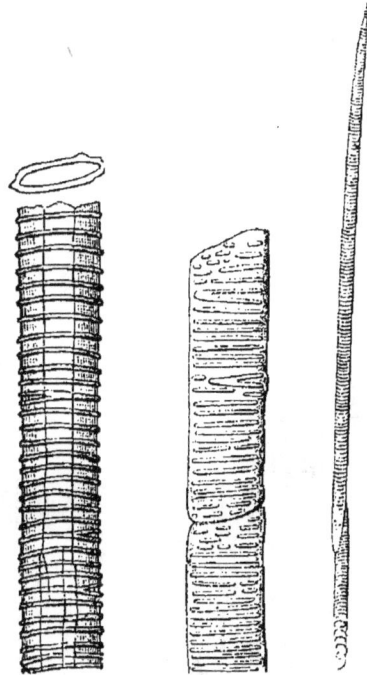

Vaisseaux du bois.
Fig. 532.

temps (fig. 530, *d*). Au moment de leur formation dans le méristème, les futures cellules criblées détachent souvent, par des cloisons obliques, de petites cellules fusiformes qui deviendront des *cellules annexes*, étroitement attachées à la cellule criblée (fig. 530, *b*). Le tissu criblé a pour rôle de transporter dans toute la plante les substances plastiques élaborées par le parenchyme assimilateur.

Les *fibres libériennes* sont parfois très abondantes, à parois épaisses, non lignifiées, souvent longues et effilées à leurs extrémités.

b. Faisceaux ligneux. — Les *vaisseaux du bois* se composent de cellules à membrane lignifiée, munie sur sa face interne de sculptures en relief ou en creux : anneaux, spires, réseaux, ponctuations. Le plus souvent en forme de cylindre ou de prisme, ces cellules sont superposées en files qui constituent les *vaisseaux*. La membrane des faces terminales en contact se résorbe de bonne heure, le vaisseau est alors un tube continu, c'est un *vaisseau ouvert*, dans d'autres cas cette membrane persiste; le vaisseau est interrompu par les cloisons terminales transverses ou obliques; ces *vaisseaux fermés* sont fréquents (bois des Conifères).

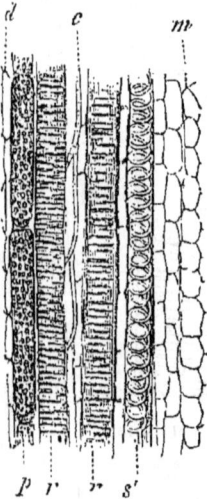

Coupe longitudinale d'un faisceau. *m*, moelle ; *s'*, trachée ; *r*, *r*, vaisseaux rayés ; *p*, vaisseaux ponctués ; *c*, parenchyme ligneux.

Fig. 533.

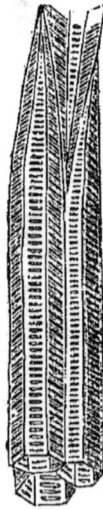

Vaisseaux scalariformes.

Fig. 534.

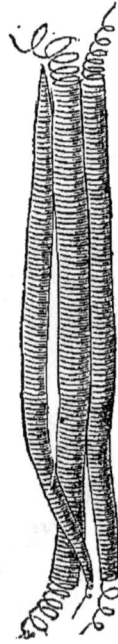

Trachées.

Fig. 535.

Les parois latérales des vaisseaux s'épaississent très inégalement, certaines places restent minces tandis que d'autres s'épaississent et forment une sculpture en relief. On distingue des vaisseaux présentant une série de bandes transversales parallèles se rattachant comme les barreaux d'une échelle aux arêtes qui sont épaissies dans toute la longueur, ce genre de vaisseaux est dit *scalariforme* (fig. 534), chez les vaisseaux *annelés* il se forme une série d'anneaux parallèles (fig. 532)

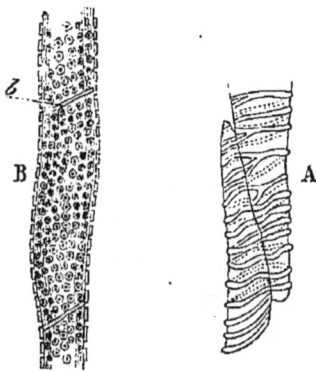

Coupe d'un vais-
seau ponctué.
b, union des
cellules.

Fig. 536.

Union de deux
cellules vas-
culaires.

Fig. 537.

tandis que le *vaisseau spiralé* appelé encore *trachée* présente un épaississement sous forme d'un ou plusieurs rubans spiralés continus. Anneau et spire peuvent s'observer sur le même vaisseau (fig. 534). Si la membrane épaissit la majeure partie de sa surface, ne conserve sa minceur primitive que sur un nombre restreint de petites places isolées où on distinguera des *ponctuations* ou des *raies*, les vaisseaux seront des *vaisseaux ponctués* ou des *vaisseaux rayés*. Les ponctuations se correspondent toujours exactement sur les deux faces en contact des cellules voisines.

La ponctuation ne conserve pas toujours dans toute l'épaisseur de la membrane sa dimension primitive, si sa largeur va en augmentant ou en diminuant progressivement à mesure que la membrane s'épaissit, quand on la regardera de face elle présentera deux cercles concentriques, le second formant une aréole; on la dit donc *aréolée* (fig. 538).

Le protoplasma et le noyau des cellules qui deviennent des vaisseaux disparaissent de bonne heure et sont remplacés par un liquide clair (sève) et de l'air ; ces cellules ainsi transformées cessent donc de vivre, les vaisseaux sont des cellules mortes.

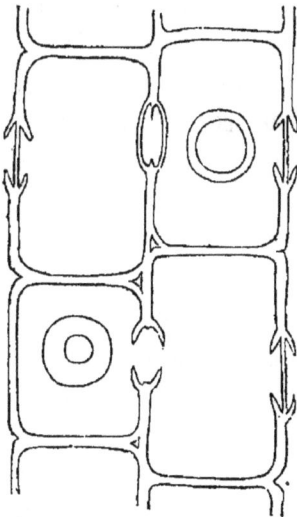

Cellules à ponctuations
aréolées.

Fig. 538.

Les vaisseaux du bois ouverts ou fermés transportent, à travers la plante, l'eau tenant en dissolution une petite quantité de matières solubles, les parois avec leurs plages minces entre les sculptures, les ponctuations, les raies, restent ouvertes aux échanges osmotiques; bien plus, la mince membrane de cellulose qui sépare, à l'endroit d'une ponctuation ; les deux cellules voisines, se résorbe fréquemment, les deux cellules communiquent donc librement l'une avec l'autre. Les épaississements des vaisseaux leur donnent un rôle mécanique important, ce sont des organes de soutien en même temps que des organes de circulation.

Vaisseaux ouverts. — Une file de cellules vasculaires, primitivement closes, épaississent et lignifient leurs faces latérales et résorbent leurs cloisons transverses, en en laissant toutefois une trace, sous forme de bourrelet. Dans quelques cas la cloison se résorbe incomplètement et est remplacée par une sorte de crible ou grillage rappelant les tubes criblés du liber (*Ephedra*, Carduacées, Vigne, Olivier, etc.). La largeur des vaisseaux dépend de l'âge de la plante ; elle est plus grande dans les parties plus âgées, les plantes grimpantes volubiles ont des vaisseaux de très grand calibre.

Vaisseaux fermés. — Les cellules qui composent les vaisseaux fermés sont parfois courtes ; ordinairement longues, pointues, de $0^{mm},10$ à 1 millimètre (bois des Dicotylédones), 4 millimètres (pins), 10 millimètres (Bananier), 12 centimètres (Nelumbium). Ces vaisseaux fermés se trouvent fréquemment chez les Dicotylédones, surtout dans le bois secondaire, dans le bois de la plupart des Monocotylédones ; enfin chez les Conifères, Cycadées, on ne trouve pas de vaisseaux ouverts dans le bois secondaire ; les éléments de ce bois sont des vaisseaux fermés, à ponctuations aréolées, désignés aussi souvent sous le nom de *fibres aréolées*.

Fibres ligneuses. — Les fibres du bois sont épaisses, fortement lignifiées.

Parenchyme ligneux. — Est tantôt formé d'éléments à membranes épaisses qui se confondent avec les fibres, tantôt de cellules à parois minces contenant des réserves, souvent de l'amidon.

Appareil de soutien de la tige. — La plupart des végétaux qui se dressent dans l'air ont, dans leur intérieur, un appareil de soutien comparable au squelette des animaux.

Cet appareil de soutien peut se constituer avec les éléments anatomiques des différentes parties de la tige; mais son ensemble forme une combinaison mécanique qui doit être étudiée à part.

L'appareil mécanique ou de soutien emprunte ses éléments :

1° A l'épiderme, qui devient épais, minéralisé ;

2° Au parenchyme hypodermique épaissi, doublant l'épiderme;

3° Au parenchyme cortical qui épaissit les angles de ses cellules pour faire du collenchyme (fig. 539);

4° A des cellules isolées ou différemment groupées, cellules épaisses (sclérenchyme) appartenant à l'appareil tégumentaire (fig. 546);

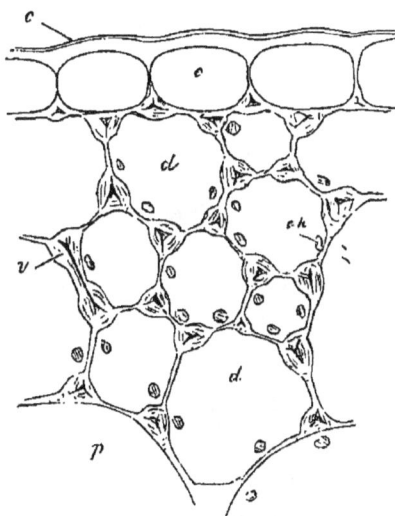

Collenchyme.

Fig. 539.

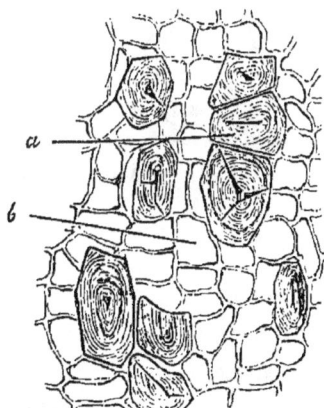

Quinquina Maracaïbo.
a, grosses fibres épaisses.

Fig. 540.

5° Aux éléments scléreux du liber et du bois des faisceaux;

6° A des éléments scléreux annexés aux faisceaux et leur formant une gaine (pericycle scléreux, fig. 527);

7° Au tissu conjonctif de la moelle qui peut aussi devenir scléreux et jouer un rôle mécanique.

Ces éléments résistants, formant charpente, sont toujours disposés conformément au principe mécanique qui régit les constructions, c'est-à-dire de manière à obtenir avec la moindre dépense de matière la plus grande solidité.

La charpente des tiges élevées présente les dispositions les plus variées et doit être considérée chez quelques exemples:

Chez beaucoup de Dicotylédones le tissu de résistance est localisé dans le bois et le liber (fig. 541, 1).

Rubia tinctorium : quatre faisceaux de collenchyme aux angles et le bois (fig. 541, 2).

Labiée : quatre faisceaux de collenchyme aux angles, le liber et le bois (fig. 541, 3).

Aristolochia sempervirens : écorce sclérifiée (fig. 541, 4).

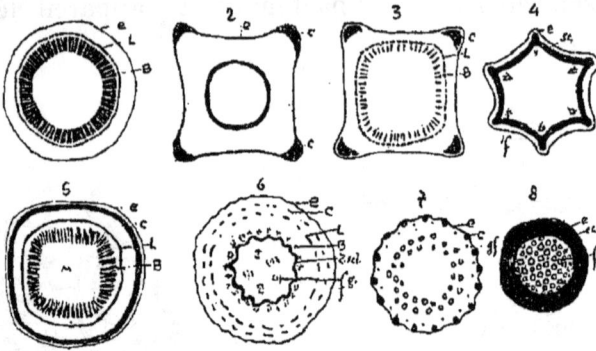

Appareil de soutien de la tige.

Fig. 541.

Justicia Adathoda : collenchyme dans l'écorce, une zone de liber, et le bois (fig. 541, 5).

Piper articulatum : (e) épiderme, (c) collenchyme. — L, liber. B, bois. — *Z scl*, zone scléreuse en arrière des faisceaux. — *fg*, faisceaux avec une gaine scléreuse dans la moelle (fig. 541, 6).

Juncus glaucus : groupes scléreux hypodermiques (c) et gaine des faisceaux (*gf*) (fig. 541, 7).

Rhizome de *Stipa tenacissima :* épiderme et écorce de sclérenchyme, gaine scléreuse des faisceaux (fig. 541, 8).

Les fibres. — La partie principale du squelette des plantes est formée par les fibres, ces cellules mécaniques sont les unes flexibles et tenaces et formées de cellulose pure, les autres sont rigides, dures et imprégnées de *lignine* ou *vasculose*. Cette distinction est importante pour l'industrie des textiles. Les fibres de cellulose pure sont dans l'écorce ou le liber, elles sont plus longues et plus effilées ; chez la Ramie, elles peuvent atteindre de 60 à 200 millimètres, chez le Lin de 4 à 66 millimètres, chez le Chanvre de 5 à 55 millimètres.

Les fibres lignifiées se reconnaissent à la faculté qu'elles ont de se colorer par les couleurs d'aniline (vert d'iode, brun, etc.), de prendre par l'action successive de l'acide sulfurique et de

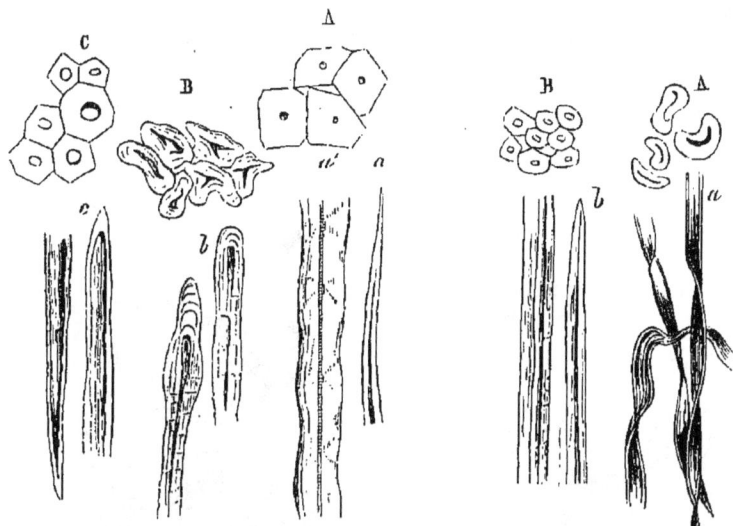

Fibres : A,*aa'*, Lin ; B,*b*, Chanvre ; C,*c*, Jute. A, *a*, Coton (poils); B, *b*, Phormium.

Fig. 542.

l'iode une teinte jaune ; tandis que les fibres cellulosiques bleuissent par ces derniers réactifs.

La substance des fibres n'est pas toujours homogène et l'usage des réactifs fait souvent apparaître sur une coupe de fibre deux ou trois zones concentriques de coloration différente (fig. 543), la fibre du Chanvre bleuit par l'acide sulfurique, puis l'iode ; mais présente une gaine mince lignifiée jaune; la fibre de l'Halfa (*Stipa tenacissima*) présente après l'action de la fuchsine trois zones différemment colorées, inégalement imprégnées de lignine (fig. 543).

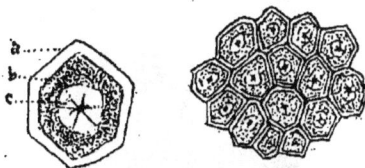

Fibres de l'halfa.

Fig. 543.

Les fibres lignifiées traitées par les alcalis sous pression (135°) perdent la lignine et deviennent souples, c'est par ce procédé que l'on fait du papier très blanc et très souple avec les bois qui, sous pression avec des dissolvants variés, se laissent complètement désagréger. Les fibres étaient unies par une substance comparable à un ciment, principalement formé de pectose, de pectate de chaux (1). Pour étudier les caractères des fibres, on devra les isoler en faisant bouillir les tissus à examiner, pendant une demi-heure, dans une lessive à 10 p. 100 de carbonate de soude, ou dans de l'eau acidulée d'acide chlorhydrique.

Examens de quelques tiges.

Bœhmeria nivea. Ramie (fig. 544). — Écorce remarquable par une couche de collenchyme et la présence de nom-

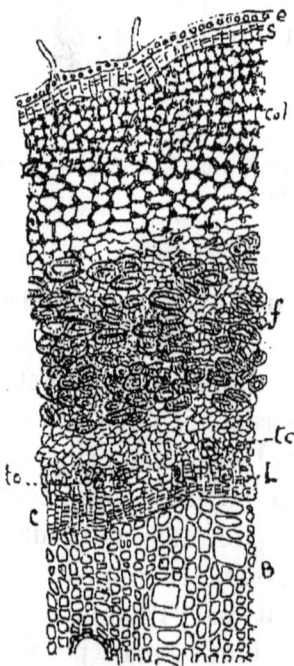

Ramie. — e, épiderme ; s, suber ; col, collenchyme ; f, fibres ; L, liber ; lc, tube criblé ; C, cambium ; B, bois.

Fig. 544.

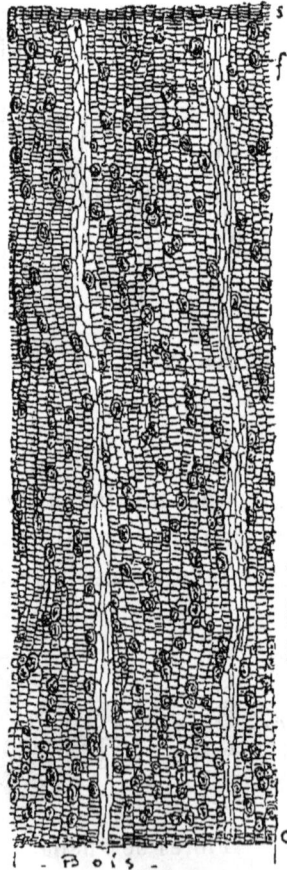

Cinchona Calisaya.
Écorce plate.

Fig. 545.

breuses fibres qui atteignent une grande longueur constituant un textile précieux.

(1) Frémy et Urbain, *Squelette des végétaux, Ann. sc. nat.*, 1882.

Cinchona Calisaya plat (fig. 545). — Cette *écorce officinale* ne contient pas d'*écorce* proprement dite, elle est formée uniquement par le *liber* en lames séparées par les rayons médullaires, la zone génératrice du suber (*s*) s'est développée en plein liber et en a déjà détaché une partie qui s'est desséchée et a été exfoliée.

Vomiquier. Fausse-angusture. (*Strychnos Nux vomica*) (fig. 546). — On distingue trois régions : *pd* le *périderme* avec des cellules en séries radiales les plus externes subéreuses, en dedans de cette couche de suber le *cambium secondaire de l'écorce* ou *phellogène* donnant le suber en

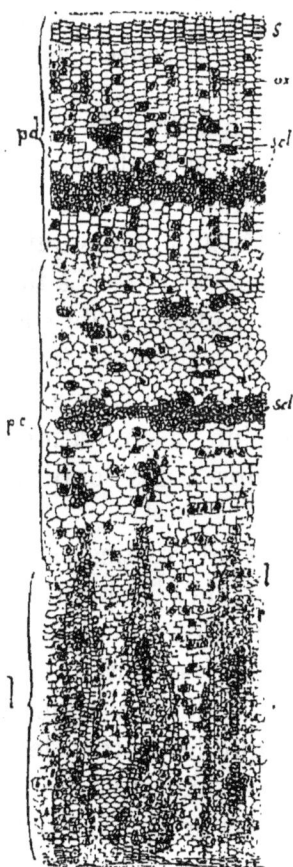

Fausse angusture.
Strychnos Nux vomica.
Fig. 546.

Angusture.
Galipea officinalis.
Fig. 547.

dehors, le phelloderme en dedans. Dans le phelloderme on remarque des cellules scléreuses (*scl*) les unes isolées, les autres en zone concentrique, le parenchyme cortical (*pc*) contient aussi des cellules scléreuses formant une zone continue, ce qui est caractéristique et permet de distinguer cette écorce de celle d'*Angusture* ; *l*, liber formé par des lames contenant quelques cellules scléreuses. Des cellules contenant des cristaux d'oxalates de chaux se rencontrent dans toutes les régions.

Angusture. Galipea officinalis (fig. 547). — Périderme avec quelques cellules épaisses, parenchyme cortical avec des *glandes oléo-résineuses* (*gl*) de grandes dimensions, des paquets isolés de fibres (*f*), des cellules contenant des raphides d'oxalate de chaux ; *l*, liber dont les cellules forment des couches concentriques, cellules de densité diffé- rente à membranes un peu épaissies alternant avec des zones de cel- lules à parois minces. Les glandes et les cellules à raphides y sont représentées ainsi que dans les rayons médullaires, on y voit aussi des paquets de fibres (*b*), disposés suivant une ligne concentrique.

Physiologie de la tige. — La tige, qui produit et porte les deux organes importants de la nutrition, la feuille et la racine, est organisée pour établir des communications entre ces mem- bres développés dans des milieux différents ; mais qui doivent sans cesse échanger les produits de leur activité. La tige fonc- tionne donc surtout comme agent de soutien et de transport, elle est aussi un lieu de réserve pour les aliments élaborés, et comme les autres parties de la plante, elle contribue aux fonc- tions générales de nutrition : respiration, assimilation. Enfin, la tige présente une série d'adaptations à des conditions très variées de l'existence.

La tige, qui se dirige le plus souvent verticalement dans l'atmosphère (géotropisme négatif), est, chez les plantes volubi- les, animée d'un mouvement révolutif du sommet qui, incliné sur l'horizon, cherche un support pour s'y enrouler. Ce mouve- ment est obtenu par une croissance inégale de chaque segment de la tige qui, un moment plus long que les autres, les force à se courber et à former le côté concave plus court, tandis qu'il forme le côté convexe plus long ; mais seulement jusqu'à ce que le segment voisin, plus long à son tour, incurve l'axe dans une autre direction.

La vrille présente un pareil mouvement, elle est sensible au contact du support qui provoque une croissance plus grande du côté opposé au contact, la vrille s'enroule alors et prend son développement normal, le plus souvent les vrilles qui ne rencontrent pas de support s'atrophient et meurent, les sup- ports trop minces ou trop gros ne provoquent pas l'enroulement.

Les rameaux transformés en crochets, des aiguillons, certains poils recourbés accrochent la tige à des supports, des vrilles adhésives remplissent aussi cette fonction (*Ampelopsis*).

Les parties renflées en tubercules emmagasinent différents matériaux : amidon, sucre, eau (Cactées).

Ces tubercules multiplient souvent la plante en se détachant.

Certains rameaux prennent l'apparence de feuilles et fonctionnent comme ces organes (*Cladodes*). Toutes les parties vertes de la tige assimilent le carbone; mais chez certains types des pays secs la feuille reste rudimentaire et toutes ses fonctions sont dévolues à la tige (Cactées).

Circulation dans la tige. — C'est par les faisceaux ligneux que la racine apporte à la tige les produits puisés dans le sol et les faisceaux ligneux de la tige se prolongent dans les feuilles où ils se terminent.

Le liquide du sol est poussé de bas en haut dans la tige par la pression osmotique des poils radicaux. Les feuilles vaporisent l'eau par un travail particulier de la chlorophylle (chlorovaporisation), les vaisseaux se vident et l'aspiration produite ainsi gagne de proche en proche jusqu'à la région des poils absorbants. L'eau vaporisée par les feuilles est remplacée par l'eau absorbée par les poils radicaux. L'expérimentation démontre que plus souvent l'absorption est moins rapide que la chlorovaporisation, le vide tend alors à se faire dans les vaisseaux. Un manomètre adapté à une tige exposée à la grande lumière accuse une pression négative. Le liquide contenu dans les tubes du liber est visqueux et ne circule pas de la même manière, le réseau des faisceaux libériens, qui est en communication avec tous les organes de la plante, fournit à chacun les substances plastiques produites par le travail d'assimilation des tissus verts. Ces substances sont consommées ou mises en réserve, mais l'impulsion qui les déplace n'est autre que l'appel produit par la consommation dans les tissus qui s'en nourrissent ou les emmagasinent. Il n'y a pas de poussée comparable à celle qu'on observe dans les vaisseaux ligneux.

Moyens de défense de la tige. — La tige se protège par les tissus épidermiques modifiés de mille manières à cet effet: cutinisation, cérification, incrustation minérale, poils, glandes;

par des épines, aiguillons, par les rhytidomes ou tissus morts
formant les écorces crevassées ; par des productions subéreuses parfois très importantes (Chêne-liège), par la persistance
des bases des feuilles (Dattier, Chamærops, etc.).

De nombreux produits de sécrétion doivent aussi être regardés comme des moyens de résister à de nombreuses causes
de destruction, aux parasites végétaux et animaux, aux herbivores. Ces tissus sécréteurs abondent dans les tiges et fabriquent tannins, essences, résines, latex, alcaloïdes, oxalates.

LA RACINE.

La racine n'est différenciée que chez les Phanérogames et
Cryptogames vasculaires, les autres végé-
taux qui se fixent au sol le font par le moyen
de poils absorbants comme les Mousses,
ou de crampons ou rhizoïdes dépendant
de la tige. Chez presque toutes les Phanérogames, dans la graine, l'embryon présente une racine déjà bien apparente (*radicule*) (fig. 548 et 549).

Lors de la germination la tige de l'em-

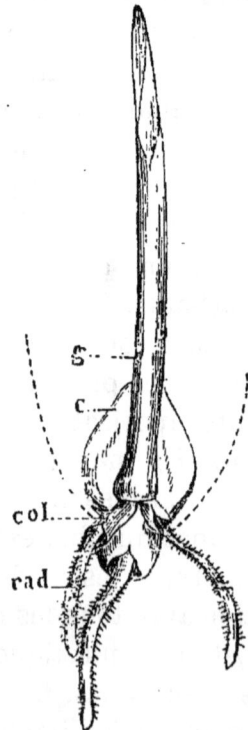

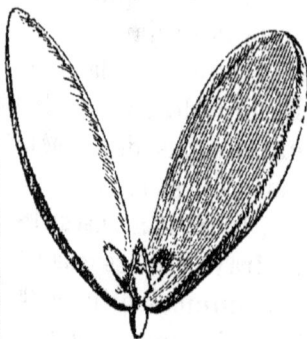
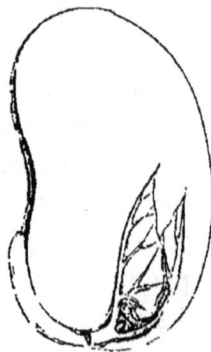

Embryon d'Amandier.   Haricot.   Germination de l'Avoine.

Fig. 548.   Fig. 549.   Fig. 550.

bryon s'allonge et pousse hors de la graine le cône radiculaire
qui s'allonge à son tour rapidement et développe des radicelles.

A ce moment la jeune racine a ordinairement la forme d'un

cylindre terminé en cône, elle se dirige verticalement, la pointe en bas, vers le centre de la terre.

La pointe conique de la racine est recouverte d'une *coiffe* (fig. 553), organe de protection des plus remarquables qui résiste au frottement qu'exercent sur lui les particules anguleuses du sol où pénètre la racine. La coiffe se désagrège et s'exfolie au dehors, mais se régénère au dedans, de manière à conserver toujours son épaisseur. Les racines aquatiques ont aussi une longue coiffe qui protège l'extrémité de la racine contre les animaux et autres causes de destruction.

Poils absorbants de la racine. — Un peu au-dessus de la coiffe, on rencontre une région où des cellules superficielles se sont prolongées en poils incolores. Au-dessus de cette partie ve-loutée on trouve la racine à peu près lisse et brunâtre.

Les poils radicaux s'appliquent étroitement sur les particu-les du sol et deviennent ainsi tortueux, dilatés, très irréguliers. Quand ils se développent dans l'air humide ou dans l'eau, ils sont au contraire régulièrement cylindriques et égaux. Ces poils peuvent manquer, les racines d'oignons développées dans l'eau en sont dépourvues, les racines des Conifères en man-quent aussi.

Allongement de la jeune racine. — La racine ne s'allonge que dans une région très limitée, dans le voisinage du sommet, aussi une racine tronquée à la pointe ne s'accroît plus. La durée de l'allongement de la racine est indéfinie, les racines pénètrent parfois très profondément dans le sol, ou bien s'étendent à de grandes distances. A mesure que la racine s'allonge, la région des poils absorbants se déplace aussi de manière à se tenir toujours à égale distance de la pointe, ce déplacement résulte de la formation continue de nouveaux poils vers le sommet et de la destruction des anciens vers la base.

La pointe de la racine ne pénètre pas en marchant directe-ment dans le sol, elle décrit un mouvement de vis qui favorise la pénétration.

Ramification de la racine. — Des racines secondaires nais-sent sur la racine qui devient le *pivot*; ces racines de second ordre restent groupées autour du pivot (*racine pivotante*) ou le dépassent et forment un faisceau de racines égales (*racines fasciculées*). Les racines secondaires se ramifient, et il peut se produire aussi des racines de troisième, quatrième ordre (radicelles). La disposition des ramifications de la racine est remarquable, ces radicelles naissent toujours les unes au-dessus des autres *en séries longitudinales*.

Le pivot de la racine tend toujours à descendre verticalement dans la terre; placé sur le sol horizontalement, il se courbe à angle droit dans un point voisin du sommet et enfonce ainsi sa pointe, on attribue à l'action de la pesanteur ce *géotropisme* de la racine. Les racines de second ordre ne suivent pas la direction verticale, elles font avec la racine primaire un angle qui diminue à mesure que les racines sont plus bas sur le pivot (de 80° à 60°); les racines de troisième ordre se dirigent dans toutes les directions, elles peuvent même remonter à la surface du sol.

L'humidité agit énergiquement sur les racines qui se détournent quand elles arrivent dans le voisinage d'un corps imbibé d'eau, cet *hydrotropisme* l'emporte sur le géotropisme.

Absorption par les racines. — L'absorption est tout entière localisée sur la région des poils, la pointe coiffée ne peut absorber; les parties âgées, qui ont perdu les poils, sont recouvertes de membranes vieillies devenues imperméables. Quand la racine est dépourvue de poils (Conifères) les cellules périphériques de la même région sont absorbantes, elles restent courtes au lieu de sortir de l'alignement en se prolongeant en poils. Les aliments de la plante sont les uns solides, les autres en dissolution dans l'eau du sol; les aliments solides sont préalablement digérés, c'est-à-dire rendus solubles au contact intime des poils (carbonates, phosphates).

Les aliments principaux empruntés au sol par la racine sont:

Les acides azotique, phosphorique, sulfurique, carbonique, combinés aux bases, potasse, chaux, soude et magnésie, l'oxyde de fer, la silice, le chlore.

Les racines n'absorbent pas les combinaisons organiques, les plantes vertes se nourrissent exclusivement de substances minérales. Les détritus d'origine végétale ou animale ne peuvent leur servir de nourriture qu'après le retour à l'état minéral des matériaux qui les composent (voy. *Nitrification*, p. 450).

Chaque poil de la racine est une cellule contenant un protoplasma acide; à travers la membrane mince, les substances intimement adhérentes aux poils sont d'abord rendues solubles, puis un courant de ces substances s'établit vers l'intérieur du poil, en raison du pouvoir osmotique considérable du contenu; les cellules contiguës reçoivent aussi par diffusion ces substances qui, de cellule en cellule, gagnent toutes les régions de la plante. Si dans un point le corps ainsi diffusé est consommé, le courant s'établit de ce côté et plus la consommation est grande, plus grande est la quantité absorbée.

L'eau absorbée, se rendant aux feuilles où elle est vaporisée ou transpirée en grande quantité, détermine un courant ascendant (sève ascendante).

C'est la dépense que fait la plante de chaque élément nutritif qui en règle l'entrée, la composition chimique du sol n'influe pas sur les quantités absorbées; suivant son organisation particulière chaque plante consomme ses aliments dans des proportions peu sujettes à varier.

Échanges gazeux. — Par toute sa surface la racine respire en absorbant l'oxygène de l'atmosphère confinée du sol, le produit de cette combustion, l'acide carbonique, est rejeté, il faut donc que le sol soit aéré (drainage, labours). Exceptionnellement chez certaines plantes aquatiques la racine vivant à la lumière renferme de la chlorophylle, sous l'influence de la radiation solaire, elle décompose alors l'acide carbonique pour fixer le carbone et rejeter l'oxygène.

Accroissement et adaptations diverses de la racine. — En même temps qu'elle s'allonge la racine s'épaissit souvent. Chez beaucoup de *Dicotylédones* et chez les *Conifères*, elle prend en vieillissant cette plus grande épaisseur par le dépôt intérieur de nouvelles couches. Chez les Monocotylédones, les Fougères, cet épaississement n'a pas lieu ou bien il est très rare et très faible, la racine demeure cylindrique ou conserve une forme acquise de bonne heure.

Un nombre très considérable de plantes ont des racines adaptées à quelques fonctions accessoires. Le Lierre forme le long de sa tige des *crampons* qui sont des racines modifiées. La Vanille enroule ses racines aériennes et s'en sert comme de vrilles pour grimper.

Les *racines-tubercules* ne sont pas rares, elles constituent des réserves (Orchidées, Asphodèle, Jalap, Aconit, Carotte).

Chez les plantes parasites, la racine devient un suçoir qui pénètre plus ou moins profondément dans le corps de l'hôte (Orobanche, Gui).

Origine de la racine. — Dans les conditions ordinaires la racine apparaît dans l'embryon sous l'extrémité inférieure de la tige (*racine terminale*); mais chez la plante accrue la tige jouit encore de la propriété de produire des racines (*racines latérales*) tantôt à des places déterminées (beaucoup de rhizomes, Vanille), tantôt çà et là le long des entre-nœuds à des places indéterminées.

Les racines peuvent se développer, non seulement sur un rameau, mais aussi sur une feuille (*Citrus, Rosa*) placée dans des conditions favorables.

Les racines latérales régulières ou adventives se produisent d'ordinaire à une profondeur assez grande, au-dessous de la surface (R. endogènes) et, pour s'échapper, elles doivent percer des couches de cellules qui forment ainsi une sorte de gaine à leur base. Chez les racines terminales on observe aussi le même fait, mais rarement: la racine des *Graminées, Canna, Mirabilis*, prend naissance profondément au-dessous de la surface de la base; aussi est-elle obligée de percer une sorte de poche au moment de la germination (*coléorhize*) (fig. 550).

Structure de la racine (1). — Au-dessus de la coiffe une jeune racine est composée: d'un *cylindre central* contenant l'appareil conducteur, les vaisseaux du bois alternant avec les faisceaux libériens, puis d'une couche épaisse d'un tissu mou formant une *écorce* autour du cylindre central.

(1) Pour étudier la structure de la racine, il convient, en débutant, de prendre des jeunes racines d'Oignons, d'Iris, de Maïs, de Renoncule, ayant séjourné un moment dans l'alcool. Les coupes sont d'abord placées dans un godet d'eau pour choisir les plus minces que l'on peut encore éclaircir par l'eau de javel, puis par la potasse. Enfin on colore dans un bain de vert d'iode et de carmin boraté. Le séjour de la coupe dans un bain très légèrement fuchsiné donnera aussi un moyen de bien distinguer les parties lignifiées ou subérifiées qui se colorent seules. Pour la coiffe, la racine d'orge, venue en pot, est un exemple très clair et très instructif, la coupe suivant la longueur et par le milieu peut se faire en tenant la racine entre le pouce et l'index. Les formations secondaires seront étudiées sur des coupes de racines plus agées (Pois, Fève, etc.)

L'écorce présente une série d'assises concentriques diversement conformées et adaptées : tout en dehors l'*assise pilifère* (fig. 551, *pil.*) est formée de cellules à membrane mince prolongées le plus souvent en poils absorbants qui n'ont qu'une faible durée, aussi cette assise disparaît de bonne heure, elle est remplacée par l'assise suivante.

La seconde assise est l'*assise épidermoïdale* ou *subéreuse* (fig. 551, S) ; elle protège le corps de la racine, ses cellules

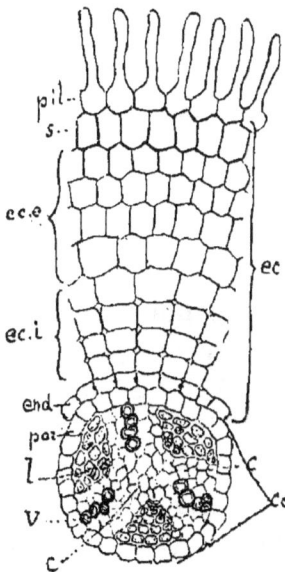

Schéma de la racine. — *ec*, écorce ; *pi'*, assise pilifère ; *s*, suber ; *ec.e*, écorce externe; *ec.i*, écorce interne; *end*, endoderme ; *cc*, cylindre central; *per*,péricycle; *v*, bois ; *l*, liber ; *c*, conjonctif.

Fig. 551.

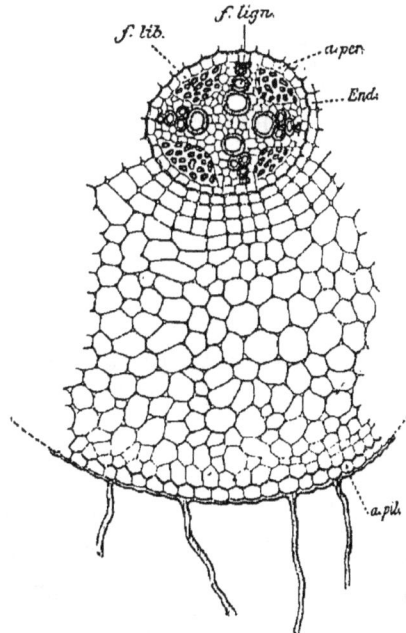

Racine d'une Monocotylédone. *a.pil*, assise pilifère ; *end*, endoderme ; *a.per*, péricycle ; *f.lign*, faisceaux ligneux; *f.lib*, faisceaux libériens.

Fig. 552.

sont intimement unies et plus allongées suivant le rayon, leur membrane se subérise quand l'assise pilifère se flétrit. Dans certains cas la membrane s'épaissit sur les faces externes et latérales comme chez les cellules de l'endoderme et, dans les grosses racines de Palmiers, Asparaginées, les cellules de cette assise se cloisonnent et forment une véritable couche subéreuse. Au-dessous de l'assise épidermoïdale on doit distinguer le *parenchyme cortical* qui se subdivise en deux zones, une *zone externe* de cellules polyédriques intimement unies, disposées en assises concentriques, mais non en séries radiales, comme les cellules de la *zone interne* qui en outre présentent entre elles des *méats* (fig. 551, *ec.i*).

Dans certains cas ces deux zones sont très inégalement développées, la seule zone interne s'observe chez *Hordeum, Lemna, Élodea*, etc. Ailleurs au contraire la zone externe forme à elle seule la presque totalité de l'écorce (*Cycas*). Le développement excessif de la zone externe de l'écorce constitue une racine tubérisée (*Ficaria*).

La deuxième zone, par l'épaississement des parois des cellules des couches les plus internes, forme parfois un manchon solide (tissu scléreux) bien visible chez *Carex, Agave*, beaucoup de *Fougères*.

L'écorce se termine au contact du cylindre central par une assise des plus remarquables, c'est l'*endoderme* (fig. 551 *end*), dans cette couche de protection pour le cylindre central, on observe des cellules fortement unies, engrenées par des plissements; leur membrane est fortement subérisée et parfois épaissie et lignifiée même (*Smilax*) (fig. 555).

Le cylindre central de la racine commence par une assise en contact avec l'endoderme, c'est le *péricycle* (fig. 551, *per*); cette assise est parfois interrompue en face des faisceaux ligneux ou libériens, elle manque chez les *Equisetum;* ailleurs (*Juglans, Smilax*), elle se dédouble et forme une couche plus ou moins épaisse. Les cellules du péricycle ont généralement des parois minces, elles alternent avec les cellules de l'endoderme, cependant elles se sclérifient chez le *Smilax, Vanilla*.

Les *faisceaux ligneux* (fig. 551, *v*), composés de vaisseaux accolés dont le calibre s'élargit de plus en plus en allant vers le centre, *alternent avec les faisceaux libériens* qui restent plus périphériques et qui sont composés de tubes criblés (fig. 551, *l*); le nombre de ces éléments varie de deux à un grand nombre, tout l'espace libre entre les faisceaux est occupé par du parenchyme qui forme la *moelle* au centre, les *rayons médullaires* entre les faisceaux, on désigne aussi sous le nom de *tissu conjonctif* tout ce tissu qui entoure les faisceaux et qui comprend alors le *péricycle*, les *rayons* et la *moelle*.

Le tissu conjonctif est le plus souvent à parois minces; mais il peut aussi se sclérifier et assurer, de concert avec le parenchyme cortical, la solidité de la jeune racine.

La structure primaire de la racine diffère de celle de la tige par les caractères suivants :

La tige jeune a un épiderme vrai (comparer fig. 515 et 552).

La racine a une coiffe, une assise pilifère ou une assise subéreuse épidermoïdale.

La tige a ses faisceaux libériens et ligneux superposés suivant le rayon, le développement du bois y est *centrifuge*.

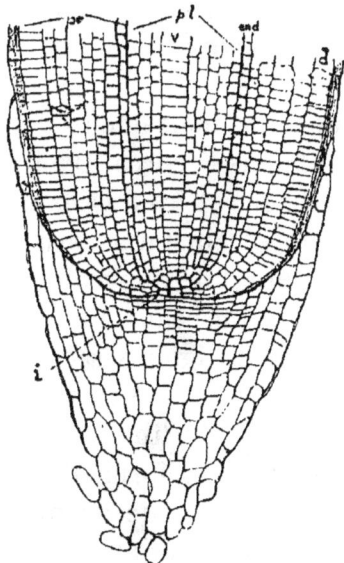

La coiffe, coupe longitudinale de la racine de l'*Hordeum vulgare*. *i*, initiale de la coiffe ; *d*, assise pilifère avec membrane externe épaissie ; *end*, endoderme (d'après Strasburger).

Fig. 553.

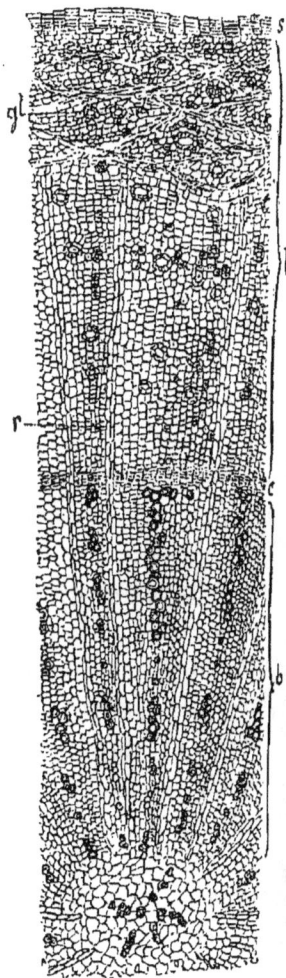

Racine de *Thapsia garganica*. Formations secondaires. *b*, bois secondaire ; *c*, cambium ou zone génératrice ; *l*, liber secondaire ; *s*, suber; *gl*, canaux sécréteurs.

Fig. 554.

La racine a ses faisceaux libériens et ligneux côte à côte,

alternant et le développement du bois y est *centripète*.

Appareil de protection de l'extrémité de la racine : coiffe. — L'épiderme qui recouvre les parties aériennes jeunes de la plante se présente dans la racine à son extrémité où il forme *la coiffe*. A mesure que la racine s'allonge ce tissu épidermique se forme aux dépens de cellules initiales qui, par leur division répétée, constituent le tissu toujours nouveau de l'extrémité de la racine (fig. 553).

Structure secondaire des racines qui s'accroissent en épaisseur. — Chez beaucoup de végétaux les racines n'ont qu'une durée limitée, elles meurent régulièrement, et sont remplacées par d'autres ; ou bien la racine persiste longtemps avec sa structure primaire, mais par les progrès de l'âge elle devient plus dure par subérisation et sclérose (Monocotylédones). Enfin quand la racine s'accroît en épaisseur comme la tige et les rameaux qu'elle alimente, de nouveaux éléments s'ajoutent à la racine primaire, ils sont dits *tissus secondaires*, la racine présente alors une *structure secondaire*.

Les nouveaux tissus se forment ordinairement dans deux régions dans le cylindre central et dans l'écorce. Dans le cylindre central entre les faisceaux libériens et les faisceaux ligneux les cellules se cloisonnent et donnent ainsi une assise génératrice (fig. 554, c) qui est le point de départ de nouveaux faisceaux libériens en dehors et de nouveaux faisceaux ligneux en dedans *comme dans la tige* ; ces faisceaux ligneux secondaires se placent entre les faisceaux primaires, ces éléments ligneux composés de vaisseaux, de cellules et de fibres s'accumulent ensuite dans une direction centrifuge et forment des séries d'assises concentriques pouvant atteindre de grandes épaisseurs ; les faisceaux libériens se développent aussi aux dépens de cette zone génératrice, mais dans une direction centripète. Ces formations secondaires refoulent ainsi en dehors l'écorce qui, le plus souvent, présente aussi son assise génératrice produisant du parenchyme cortical en dedans, dans la direction centrifuge, et du tissu subéreux en dehors dans la direction centripète, ces nouveaux tissus se nomment le *périderme*.

Tissu sécréteur. — Les différentes régions de la racine peuvent présenter des organes sécréteurs : cellules à essence, à

résine, à tannin, à oxalate de chaux, à latex, canaux oléifères
ou laticifères. Le parenchyme cortical est souvent le siège de
ces réservoirs, mais on les trouve aussi dans le cylindre central,
péricycle, rayons, moelle et même dans le bois.

Examen de quelques racines de la matière médicale.

Salsepareille (fig. 555). — Racine conservant sa structure primaire, la
couche externe du parenchyme cortical sclérifiée est nommée sou-

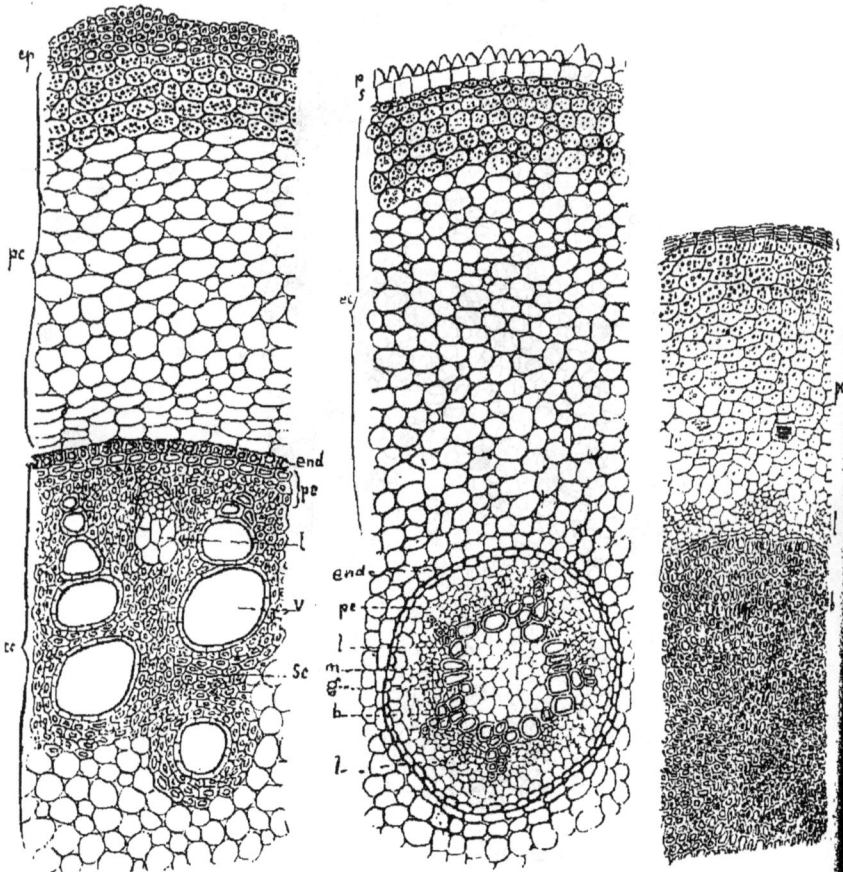

Salsepareille Honduras
(d'après Godfrin).

Fig. 555.

Racine de Valériane
(d'après Godfrin).

Fig. 556.

Ipéca (Cephælis
Ipécacuanha).

Fig. 557.

vent *épiblema*. L'*endoderme* ou couche protectrice (*Kernscheide* des
Allemands) est formée de cellules à parois épaisses et brunes qui
varient suivant les différentes sortes commerciales. En dedans de

l'endoderme le *péricycle* a plusieurs assises de cellules (fig. 555 *pc*). Dans une couche de tissu conjonctif scléreux on voit de gros faisceaux ligneux (*v*) alternant avec les faisceaux libériens (*l*).

Racine de *Valériane officinale* (fig. 556). — *p, assise pilifere; s, couche subéreuse,* d'une seule assise protégeant la racine après la disparition des poils absorbants ; *ec, écorce* à cellules minces, les plus externes con-

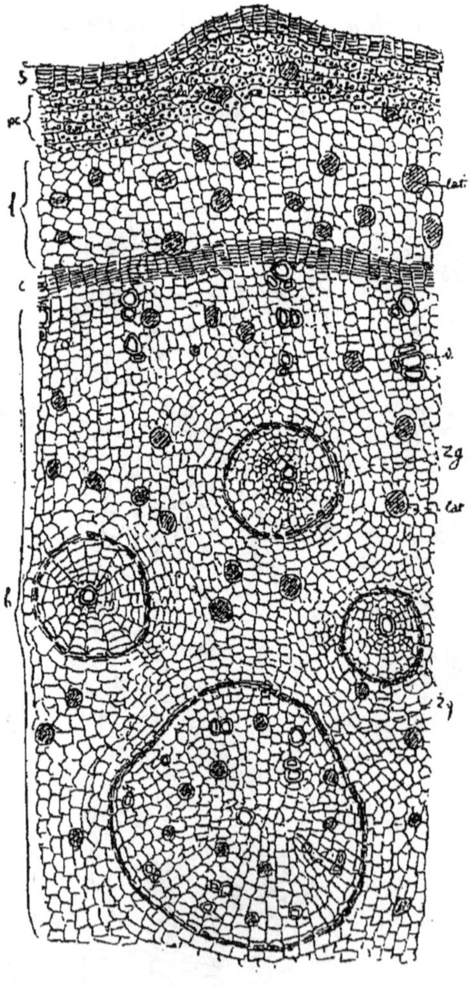

Racine de Jalap.

Fig. 558.

tiennent de l'amidon ; *end*, endoderme ; *pe*, péricycle ; *b*, faisceaux ligneux ; *l*, liber ; entre les faisceaux libériens et ligneux une assise génératrice se forme pour devenir l'origine des formations secondaires.

Racine d'*Ipécacuanha* (*Cephælis Ipecacuanha*) (fig. 557). — *s*, suber ; *pc*, parenchyme cortical ; *l*, liber ; *b*, bois formé de vaisseaux fermés ponctués et de quelques vaisseaux à ouverture étroite et se confondant avec les fibres.

Racine de Thapsia (fig. 554) (3e année). *Thapsia garganica*. — *b*, bois; *c*, cambium; *l*, liber; à la périphérie les éléments du liber s'aplatissent et forment un tissu feuilleté très développé dans les racines âgées, entre les feuillets se trouvent de nombreux canaux à résine (*gl*).

Racine de Jalap (fig. 558). — Racine tuberculeuse. *b*, bois; *c*, cambium; *l*, liber; *s*, suber; *lat*, laticifères; *zg*, zone génératrice de tissu conjonctif se formant autour d'un vaisseau ou d'un groupe de vaisseaux.

Racine de Pareira brava. Chondodendron tomentosum (fig. 559). — Coupe transversale de la racine de *Pareira brava*, quatre zones corti-

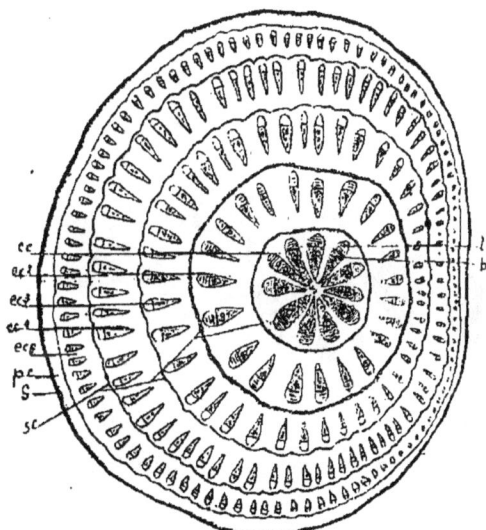

Racine de Pareira brava.

Fig. 559.

cales d'origine anormale contiennent chacune un cercle de faisceaux; chaque zone est séparée par une couche de cellules scléreuses, *sc; l*, liber; *b*, bois des faisceaux ; *s*, suber.

LA FEUILLE.

La feuille naît sur la tige au nœud, le plus souvent sous forme de lame aplatie, elle est l'organe principal des échanges gazeux, c'est elle qui élabore le liquide plastique appelé *sève élaborée*.

Parties constitutives. — La feuille complète comprend trois parties : la *gaine* qui embrasse plus ou moins la tige et s'attache au pourtour du nœud ; le *pétiole*, partie rétrécie de la base, s'insérant sur la tige quand la gaine fait défaut ; le *limbe*, partie essentielle presque toujours en forme de lame. Le limbe s'insère aussi quelquefois directement sur la tige, ces feuilles sans gaine ni pétiole sont dites *sessiles*.

Feuille avec gaine, Heracleum.

Fig. 560.

Limbe. — Le limbe, quand il est aplati, présente une face supérieure et une face inférieure, son plan est perpendiculaire à l'axe de la tige, il est parcouru par des côtes ou *nervures* formant un réseau très compliqué, dans les mailles duquel on voit les cellules vertes du *parenchyme*.

Le système des nervures de la feuille représente à la fois un appareil de circulation et un appareil de soutien, un réseau vasculaire et un squelette.

Nervation. — La disposition des nervures dans le limbe a une grande importance, elle fournit de bons caractères pour la distinction des espèces. On distingue généralement quatre types principaux de nervation :

a. Feuille uninerve. — La feuille ne présente qu'une nervure ; Conifères, Bruyères, Lycopodes, Mousses.

b. Feuille penninerve. — La feuille a une nervure princi-
palè médiane sur laquelle s'insè-
rent des nervures secondaires, disposées comme les barbes d'une
plume, cette nervation pennée est
la plus fréquente.

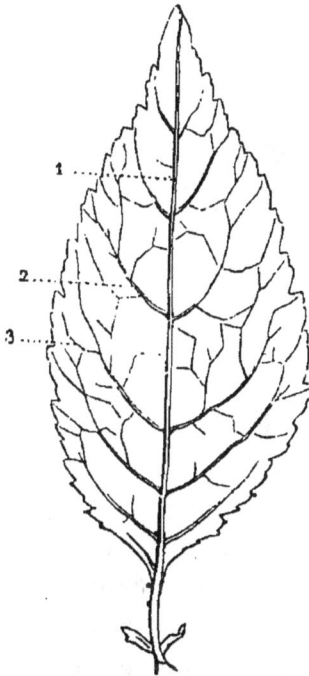

c. Feuille palminerve. — Les nervures s'épanouissent dans le limbe
de manière à rappeler une main, le
pétiole s'épanouit en 3-5-7 nervures
divergentes dans un limbe ayant
souvent un contour plus ou moins
circulaire ou triangulaire.

d. Feuille parallélinerve. — Les
nervures cheminent alors parallèlement dans le limbe, en ligne droite
(F. rectinerves des Graminées, etc.),
ou en ligne courbe (F. curvinerves).

Le parenchyme du limbe est développé très inégalement suivant
les plantes; les adaptations aux climats ont modifié dans toutes les di-
rections cette partie si importante du végétal; on remarque :

Feuille penninerve, Cerisier.

Fig. 561.

Feuille palminerve, Malva.
Fig. 562.

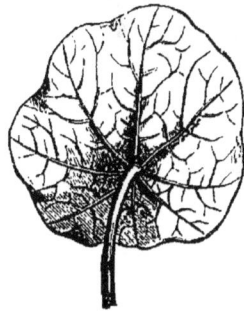

Feuille peltée, Capucine.
Fig. 563.

a. des *limbes membraneux* formant le type le plus ordinaire;

b. limbes massifs gorgés d'eau et masquant toutes les nervures (plantes grasses); *c. limbes coriaces*, résistants (feuilles persis-

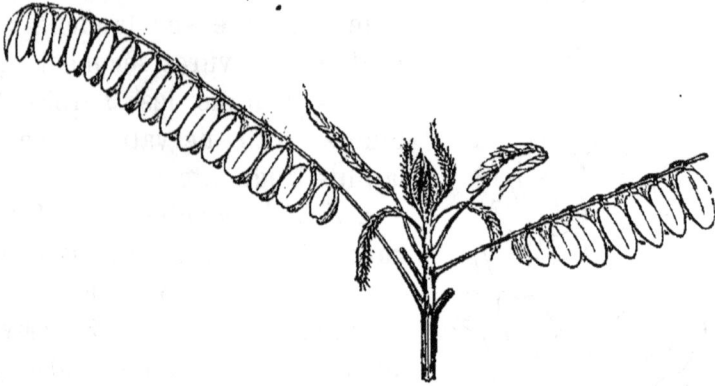

Feuille composée pennée, Amorpha.
Fig. 564.

tantes, aiguilles des Conifères); *d.* des *limbes réduits*, le parenchyme tend à diminuer, les nervures persistent avec une bordure de parenchyme. Chez certaines plantes aquatiques (Ranunculus aquatilis), ces feuilles prennent l'apparence d'un pinceau.

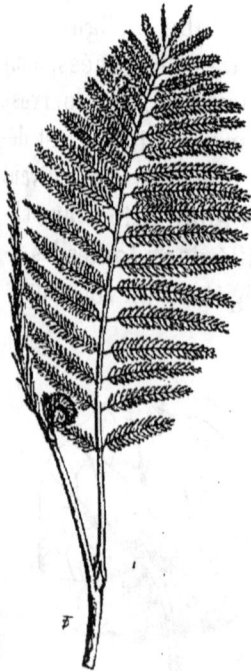

Feuille composée bipennée, Acacia.
Fig. 565.

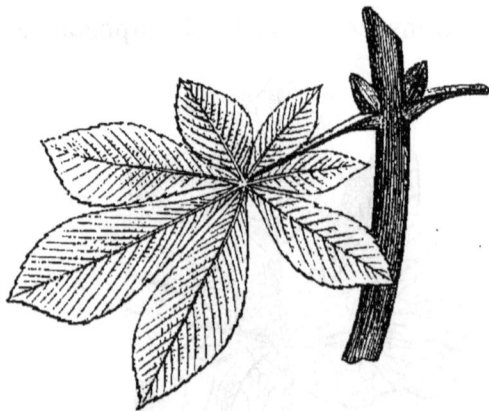

Feuille composée palmée, Marronnier d'Inde.
Fig. 566.

Variations des feuilles dans la même plante. — Beaucoup de

plantes ont pendant leur premier âge des feuilles très nettement différentes des feuilles de la plante adulte. Le Cyprès a

Feuille entière.

Fig. 567.

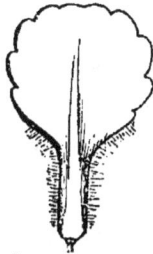

Feuille crénelée.

Fig. 568.

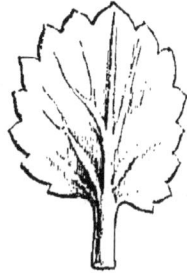

Feuille dentée.

Fig. 569.

d'abord des feuilles piquantes semblables à celles du géné-
vrier, plus tard il prend des feuilles
écailleuses, il en est de même chez le
Juniperus phœnicea; le *Juniperus sinensis* possède les deux formes de feuilles.

Les *Eucalyptus* ont, dans beaucoup
d'espèces, des feuilles juvéniles larges
opposées ne ressemblant en rien aux
feuilles adultes. Le *Populus euphratica*

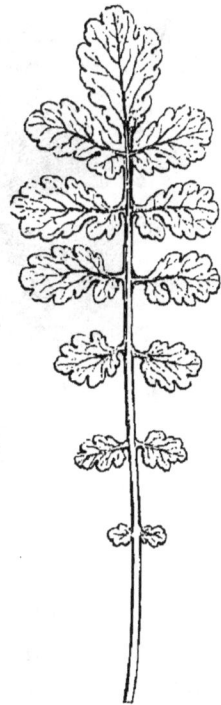

Feuille palmatilobée.

Fig. 570.

Feuille pinnatiséquée,
Chélidoine.

Fig. 571.

a dans sa jeunesse des feuilles étroites elliptiques, n'ayant
rien des feuilles de peuplier qui paraissent plus tard.

Durée. — Les feuilles ont une durée variable; les unes sont caduques, naissent au printemps, tombent à l'automne, ou bien, dans les pays chauds et secs, des feuilles naissent pendant la saison des pluies et tombent pendant la période de sécheresse pour réduire l'évaporation. Les autres sont *persistantes* et durent plusieurs années; celles du Sapin six à sept ans, celles de l'If huit ans, de l'*Abies Pinsapo* seize à dix-sept ans. On rencontre surtout ce feuillage persistant dans les pays à hiver très pro-

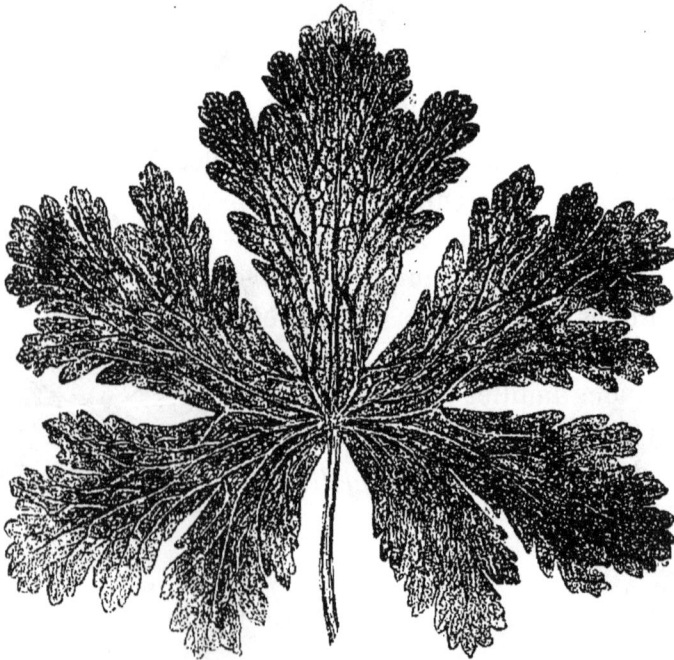

Feuille palmatipartite, Geranium atlanticum.

Fig. 572.

longé; dès que la température redevient favorable les végétaux toujours verts, sans perdre de temps à édifier un feuillage nouveau, reprennent leurs fonctions de nutrition. Les plantes toujours vertes caractérisent aussi les climats à hiver très doux (région méditerranéenne), elles peuvent alors végéter sans subir d'interruption (Olivier, Oranger).

Ramification de la feuille. — Le pétiole ne s'épanouit pas toujours immédiatement dans le limbe, il peut se ramifier en une série de pétioles secondaires qui peuvent se ramifier à leur tour, la feuille est alors *composée* et les petits limbes portés par les pétioles de second, de troisième ordre, sont dits *folioles*.

Si les pétioles secondaires s'insèrent à droite et à gauche du pétiole primaire, la feuille est dite *composée pennée*, et si les pétioles secondaires en portent de tertiaires, *composée bipennée*.

Si les pétioles secondaires divergent comme les doigts de la main, la feuille est *composée palmée* (fig. 566).

Le *limbe* est souvent divisé par des coupures plus ou moins

Acacia australien à phyllodes.

Fig. 573.

profondes entre les nervures principales; on distingue : *a*, le *limbe entier; b*, le *limbe crénelé* présente des festons arrondis; *c*, le *limbe denté* avec des dents aiguës ; *d*, le *limbe lobé* présente des découpures atteignant le milieu de la distance du bord à la nervure principale ; *e*, le *limbe partit* est découpé jusqu'à une faible distance de la nervure ; *d*, le *limbe séqué*, la découpure atteint la nervure.

Pétiole. Phyllode. — Le pétiole porte le limbe, il prend différentes formes, il est très souvent arrondi sur la face inférieure et plan ou concave sur la face supérieure, il est parfois ailé, chez les Peupliers il est comprimé latéralement, ce qui rend la feuille très mobile au moindre vent (Tremble).

Dans certaines feuilles le limbe proprement dit ne se développe pas, le pétiole prend alors une apparence de feuille (phyllode), il s'aplatit en une lame verte fonctionnant comme feuille chez beaucoup d'Acacia australiens; chez le *Lathy-*

Garance, le verticille foliaire est constitué par deux feuilles et quatre stipules ayant l'apparence des feuilles.

Fig. 574.

rus nissolia, les fonctions des feuilles sont dévolues aux pétioles (fig. 573).

Stipules. — Sur beaucoup de tiges on trouve, à droite et à gauche du point où s'insère la feuille, deux lames que l'on considère comme issues de bonne heure de la feuille, ces folioles ordinairement petites peuvent cependant atteindre de grandes dimensions et remplacer même le limbe (*Lathyrus aphaca*). Chez les *Galium* ces stipules deviennent absolument semblables à la feuille qui ne se reconnaît que par ses rapports avec le bourgeon axillaire. Ces stipules fournissent de bons caractères pour la détermination.

Liriodendron, stipules latérales.

Fig. 575.

Lathyrus Aphaca, les stipules remplacent la feuille.

Fig. 576.

Disposition des feuilles sur la tige. — Les feuilles sont toujours insérées avec régularité sur la tige, tantôt elles sont disposées une à chaque nœud ou *isolées*, tantôt *opposées* deux à deux ou *verticillées* en plus grand nombre.

Dans les feuilles isolées on remarque qu'entre deux feuilles consécutives il y a une distance transversale, une *divergence*. Chez les Graminées, la Vigne, le Tilleul, une deuxième feuille est à une $\frac{1}{2}$ circonférence de la première ; chez les Cypéracées, l'Aulne, le Bouleau, elle est à $\frac{1}{3}$ de circonférence ; pour mesurer cette divergence on cherche sur un rameau à partir d'une feuille, prise comme point de départ, une autre exactement superposée, on compte le nombre de tours faits en spire autour de la tige et le nombre de feuilles comprises dans l'espace parcouru et on fait une fraction avec le nombre de tours et le nombre de feuilles : $\frac{1}{2}$ signifie que pour 1 tour on a deux feuilles, la divergence est donc de $\frac{1}{2}$ circonférence; $\frac{1}{3}$ pour 1 tour

3 feuilles, la divergence est donc $\frac{1}{3}$ de circonférence; $\frac{2}{5}$ pour

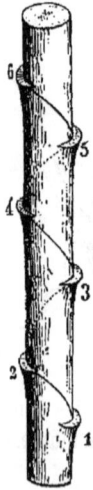

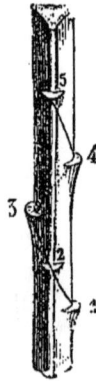

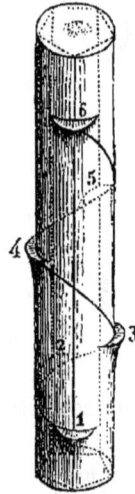

Orme, divergence de $\frac{1}{2}$. Aune, divergence de $\frac{1}{3}$. Pêcher, divergence de $\frac{2}{5}$.

Fig. 577.   Fig. 578.   Fig. 579.

2 tours 5 feuilles, la divergence est de $\frac{2}{5}$ de circonférence.

On trouvera ainsi $\frac{1}{4}, \frac{1}{5}, \frac{2}{7}, \frac{2}{9}, \frac{5}{12}, \frac{3}{8}, \frac{5}{13}$, etc.

Préfoliation. Les feuilles se forment dans le bourgeon, elles s'y reploient pour y occuper le moins de place possible. Cet arrangement qui est très régulier et constant pour chaque espèce est appelé *préfoliation*.

C'est par la section transversale des bourgeons qu'on peut étudier la manière dont les feuilles y sont disposées.

On distinguera :

a. Préfoliation plane. La feuille ne se reploie d'aucune manière, Lilas, Frêne, Oléa. — *b. préfoliation condupliquée*. Une des moitiés s'applique sur l'autre, Chêne, Hêtre, Amandier. — *c. préfoliation réclinée*. La feuille se plie transversalement, la partie supérieure est appliquée sur l'inférieure, Aconit. — *d. préfoliation plissée.* Feuille plissée en éventail, Bouleau,

Préfoliation plane, Lilas.
Fig. 580.

Préfoliation condupliquée, Amandier.
Fig. 581.

Érable, Vigne, Palmiers. — *e. préfoliation involutée.* La feuille roule ses deux moitiés en dedans, sur la face supérieure, Peu-

Préfoliation ré-clinée, Tulipier.
Fig. 582.

Préfoliation involutée, Bourgeon du Peuplier.
Fig. 583.

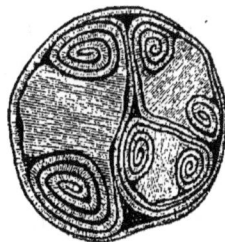

Préfoliation révolutée, Grande Patience.
Fig. 584.

plier, Poirier, Sureau. — *f. préfoliation révolutée.* La feuille roule ses deux moitiés en dehors, sur la face inférieure, Pa-tience, Laurier-rose. — *g. préfoliation convolutée.* La feuille est enroulée en cornet, Prunier, Berberis, Arum. — *h. préfoliation*

Préfoliation convolutée, Canna.
Fig. 585.

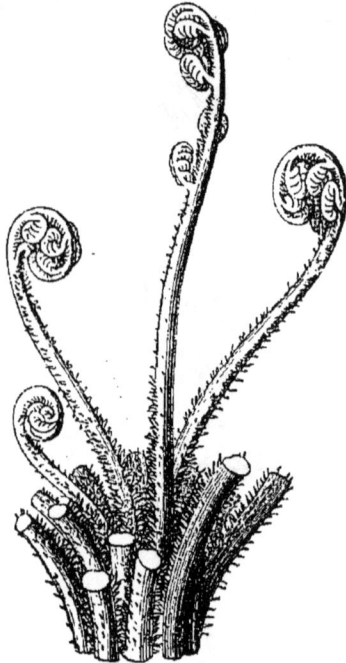

Préfoliation circinée, Fougères.
Fig. 586.

circinée. La feuille s'enroule du sommet à la base en forme de crosse, Fougères, Cycadées.

Adaptation des feuilles à des fonctions particulières. — Les feuilles sont chez beaucoup de plantes non seulement des organes d'assimilation, mais en se modifiant profondément elles deviennent les organes des fonctions les plus variées.

Les feuilles modifiées en écailles protectrices se voient bien autour de certains bourgeons. Les feuilles réserves s'observent chez les Mesembryanthèmes, les Aloès, l'Agave, la Joubarbe, etc. Les *bulbes* sont formés d'écailles épaissies, charnues, gorgées de réserves.

Ajonc, feuilles transformées
en épines.
Fig. 587.

Les feuilles concourent à la défense par leur transformation en épine (Ajonc). Chez les Robiniers, Acacia arabica, etc., ce sont les stipules qui deviennent épineuses.

Les feuilles deviennent des vrilles, chez la Capucine, le *Fumaria capreolata*, la Clématite, les Viciées, les Cucurbitacées.

Chez les *Sarracenia*, les *Nepenthes*, la feuille prend la forme

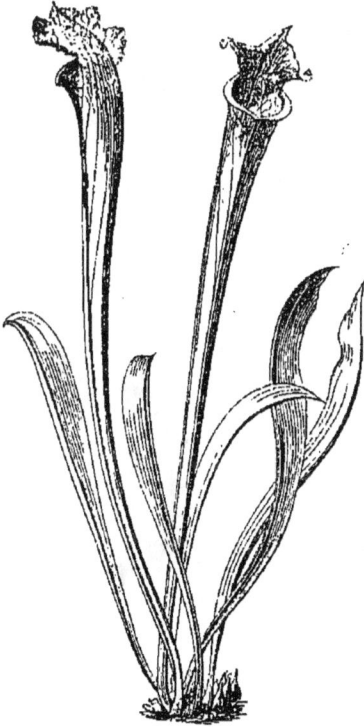

Feuilles de Sarracenia.

Fig. 588.

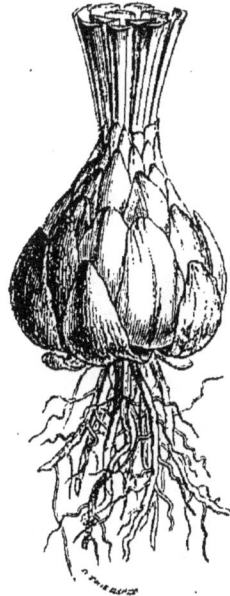

Feuilles formant les écailles d'un bulbe de Lis.

Fig. 589.

d'un réservoir et contient de l'eau. Chez les *Utriculaires* certaines ramifications de feuilles submergées se transforment en une *nasse* où l'on trouve des larves d'insectes, des crustacés qui ne tardent pas y périr. Chez les Fougères, les feuilles portent les organes reproducteurs ou spores tandis que les phanérogames ont des feuilles particulières se consacrant à la reproduction et dont l'ensemble forme la fleur qui sera étudiée séparément.

Structure de la feuille. — L'épiderme de la tige se continue sur la feuille qui en est complètement revêtue, le parenchyme de la tige se continue aussi. Enfin les faisceaux conducteurs, émanés du cylindre central, se ramifient dans la feuille
sous forme de nervures.

Dans le pétiole les faisceaux sont disposés le plus souvent de
manière à se présenter en arc, sur une section transversale,
tournant leur *liber en bas* et leur *bois en haut*. Si l'arc rejoint
ses bords en haut et forme un anneau complet, le pétiole ressemble à une tige. Les faisceaux sont aussi assez souvent

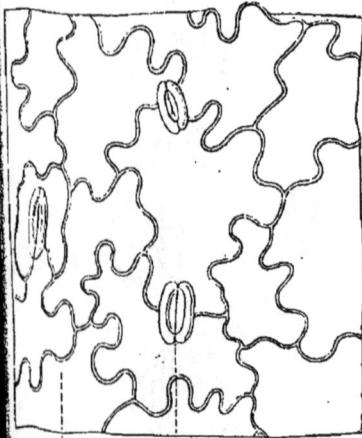

Épiderme d'une feuille de *Rubia*.
s, stomate.
Fig. 590.

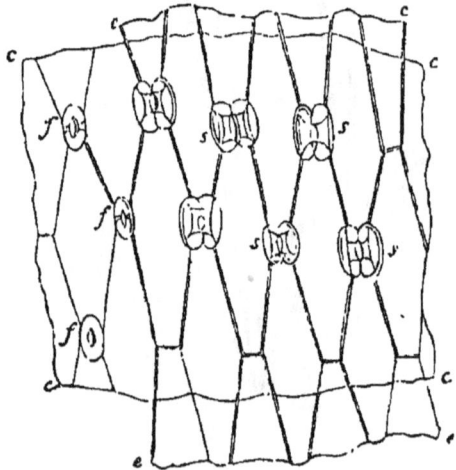

Épiderme d'une feuille d'Iris.
s, stomate.
Fig. 591.

épars dans tout le conjonctif du pétiole ou y forment des
cercles concentriques.

L'endoderme et le péricycle suivent les faisceaux dans le
pétiole qui prend ainsi tous les caractères anatomiques de la
tige.

L'épiderme de la feuille est formé de cellules dont la forme
est en harmonie avec celle du limbe; sur les feuilles allongées,
rubanées, les cellules épidermiques sont longues et étroites;
sur les feuilles élargies elles sont aussi longues que larges,
leurs faces latérales sont souvent ondulées, plissées, de manière
à s'engrener solidement. La face externe de ces cellules est

généralement plus épaisse, la membrane y est cutinisée, c'est-à-dire incrustée de *cutine* plus résistante que la cellulose.

L'ensemble de ces parois externes épaisses cutinisées devient la *cuticule* qui se colore bien par les couleurs d'aniline et se détache facilement par macération. Cette cuticule forme une pellicule hyaline allant d'une cellule à l'autre. La paroi externe est rarement cutinisée dans toute son épaisseur, la couche interne est en cellulose pure, mais la zone moyenne est aussi imprégnée de cutine et forme les *couches cuticulaires.* Cette face cutinisée est constamment imprégnée de cire qui est parfois assez abondante pour exsuder et recouvrir la surface d'un dépôt cireux (*Eucalyptus globulus*).

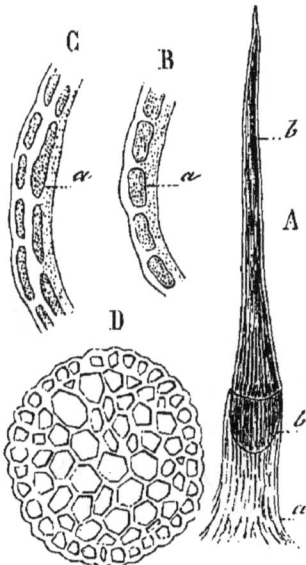

Poil d'*Urtica urens* et glande
(d'après M. Duchartre).
Fig. 592.

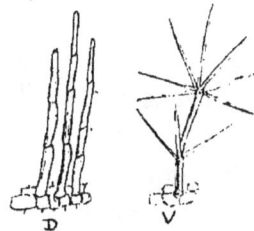

D, poil articulé, feuille de Digitale;
V, poil de Verbascum.
Fig. 593.

La cuticule est aussi souvent incrustée de *silice* (*Graminées*), *de carbonate* et d'*oxalate de chaux* qui augmentent sa résistance.

L'épiderme présente parfois une série de dédoublements, il est alors formé de plusieurs couches. Dans certains *Peperonia*, il se forme ainsi jusqu'à seize couches et l'épiderme devient alors beaucoup plus épais que le parenchyme vert (réserve d'eau).

Poils. — Les cellules épidermiques se prolongent parfois perpendiculairement à la surface et forment des poils qui présentent, dans leur forme et leur constitution, une très grande variation; le poil peut être *unicellulaire,* c'est-à-dire formé d'une cellule unique encastrée dans l'épiderme ; il peut être *articulé*, formé de plusieurs cellules en file ; enfin il y a des poils massifs résultant de l'assemblage d'un grand nombre de cellules.

Le poil *unicellulaire* qui ne fait qu'une médiocre saillie coni-

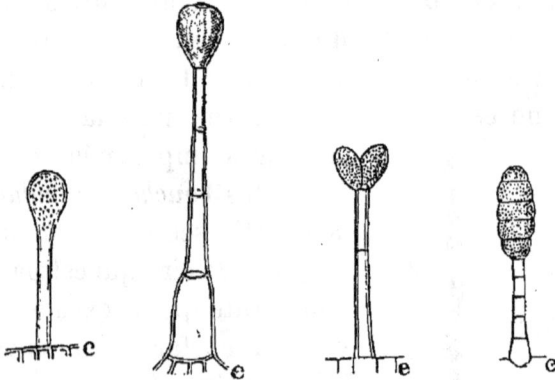

Poils glanduleux.

Fig. 594.

que est une *papille*, les papilles sont parfois gorgées d'eau (*Mesembryanthemum cristallinum*) et ressemblent à des perles brillantes. Le poil allongé est tantôt long, flexueux, laineux, tantôt rigide, piquant. Chez les Orties ce poil fragile se brise par la pointe et inocule un liquide caustique sécrété par une glande annexe (fig. 592).

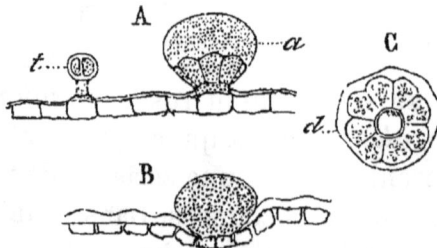

Glandes épidermiques des Labiées.

Fig. 595.

Le poil unicellulaire peut se ramifier en grappe, en dicho-tomie, en navette, en étoile. Les poils *articulés* ou *unisériés* prennent les mêmes formes que les poils unicellulaires, le

nombre de cellules entrant dans leur composition varie de
deux à un grand nombre. La feuille de *Digitale* porte des poils
simplement articulés, tandis que la feuille des *Verbascum*, assez
semblable pour être confondue, a des poils articulés et ramifiés en verticilles (fig. 593).

Les poils massifs sont souvent *écailleux,* ils peuvent se décomposer en une touffe de poils (Malvacées, Chênes, Platane, etc.), ils deviennent des aiguillons comme chez les
Ronces.

Le contenu des poils est, suivant les cas : un protoplasma
semblable à celui des cellules voisines, beaucoup de poils
ne contiennent que de l'air, d'autres devenant sécréteurs
accumulent des essences variées dans leur cellule terminale
(*Labiées*), les poils urticants ont un liquide acide et irritant par
un produit particulier.

Stomates. — L'épiderme est généralement criblé d'ouvertures
stomatiques, petites fentes bordées par une paire de cellules
réniformes, se regardant par leur face concave, et restant intimement unies par leurs extrémités. Les cellules stomatiques
présentent généralement le long de la fente deux arêtes, l'une
en dehors et l'autre en dedans, cet épaississement de la membrane se voit bien sur une coupe (fig. 596). L'espace compris
entre les arêtes externe et la fente est l'*antichambre*; entre la
fente et les arêtes internes se trouve encore une *arrière-
chambre* souvent plus petite.

La situation des cellules stomatiques est souvent superficielle, c'est-à-dire sur le même plan que les autres cellules
épidermiques. Quand l'épiderme est très épaissi, on voit les
stomates au fond d'un puits formé par les cellules voisines
(*Pinus, Aloe, Agave, Ficus*). Les cellules voisines des stomates
prennent souvent une forme particulière rappelant les cellules
stomatiques, ce sont des *cellules annexes des stomates*, elles sont
très visibles chez les Graminées et Cypéracées.

Les cellules stomatiques se distinguent aussi, par leur
contenu, des autres cellules épidermiques, elles conservent un
abondant protoplasma et le plus souvent de la chlorophylle.
La membrane n'est cutinisée que superficiellement, les parois
adhérentes aux cellules profondes restent en cellulose pure.

Un stomate naît par bipartition d'une cellule épidermique appelée *cellule-mère*. La cloison, nouvellement formée, se dédouble en deux lamelles qui s'écartent pour circonscrire l'ouverture (fig. 597, A. B).

On doit distinguer deux sortes de stomates : les *stomates aérifères* qui font communiquer le corps de la plante avec l'atmosphère, les *stomates aquifères* qui servent à expulser des liquides.

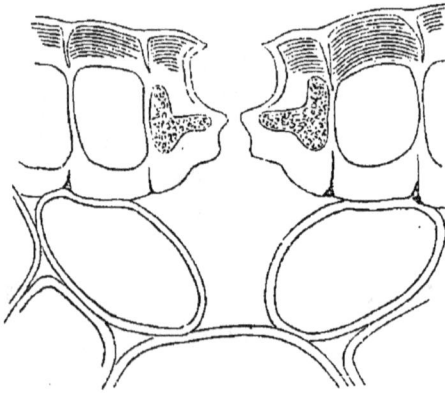

Coupe d'un stomate, épiderme cuticularisé.

Fig. 596.

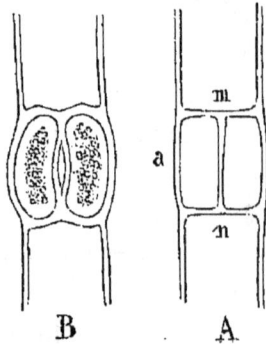

Formation d'un stomate.

Fig. 597.

Les stomates aérifères sont ouverts par la turgescence de leurs cellules, qui inégalement épaissies deviennent concaves du côté le plus résistant. La lumière détermine l'ouverture des stomates qui se ferment à l'obscurité.

Les stomates se trouvent sur les deux faces de beaucoup de feuilles molles des plantes herbacées; chez les arbres la face supérieure de la feuille plus coriace est, le plus souvent, dépourvue de stomates. Le nombre des stomates est aussi variable : chez l'Olivier la face inférieure compte 625 stomates par millimètre carré, et jusqu'à 716 chez le Chou. La moyenne chez la généralité de plantes est de 40 à 300 stomates par millimètre carré. Les stomates sont parfois rassemblés en îlots; chez le Laurier-rose ces plages stomatifères sont enfoncées dans des poches tapissées de poils.

Les *stomates aquifères* demeurent toujours ouverts, ils occupent les extrémités des nervures. Sur les feuilles de beaucoup de Graminées il se fait aussi une fente par laquelle de l'eau est expulsée chaque nuit.

Parenchyme du limbe. — Entre les deux épidermes de la feuille, se trouve le parenchyme parcouru lui-même par les nombreuses nervures qui s'y perdent en se ramifiant. Ce parenchyme peut présenter les modifications suivantes :

1° Parenchyme vert : *a, cellules en palissade; b, cellules rameuses; c, cellules arrondies ou polyédriques.*

2° Parenchyme aqueux incolore (réserve) : *a, sous-épidermique (Tradescantia, Nerium); b, médian* (Aloes).

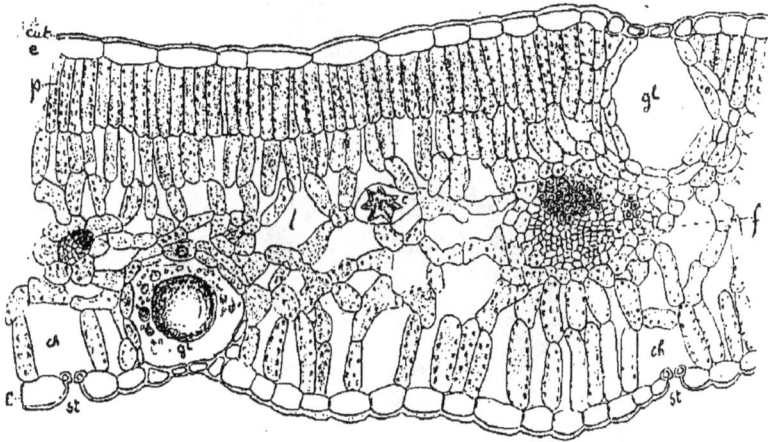

Coupe de la feuille de Rue. — *e*, épiderme; *cut*, cuticule; *p*, parenchyme en palissade; *l*, parenchyme lacuneux; *ch*, chambre stomatique; *st*, stomate; *gl*, glande; *f*, faisceau avec liber en bas, bois en haut (d'après Strasburger).

Fig. 598.

3° Sclérenchyme : *a, couche sous-épidermique (hypoderme); b, faisceaux sous-épidermiques; c, cellules isolées* (Thé).

4° Appareil sécréteur : *a, cellule sécrétrice isolée; b, poches; c, canaux.*

Le *parenchyme vert* est rarement homogène, plus souvent le parenchyme se partage en deux couches de structure différente, la première composée de cellules allongées, dites en *palissade* ne présente que des méats très étroits, la seconde formée de cellules irrégulièrement *rameuses*, ajustées par leur bras et laissant de très grands vides ou méats. Cette couche lacuneuse (fig. 598) est en rapport avec l'épiderme stomatifère et les lacunes aboutissent à la chambre sous-stomatique qui communique avec l'atmosphère. Ces espaces intercellulaires constituent un système de canaux pour les échanges gazeux, l'aération et la production de vapeur d'eau.

Le *parenchyme aqueux* sous-épidermique peut se confondre avec un épiderme dédoublé, il constitue une réserve d'eau, le

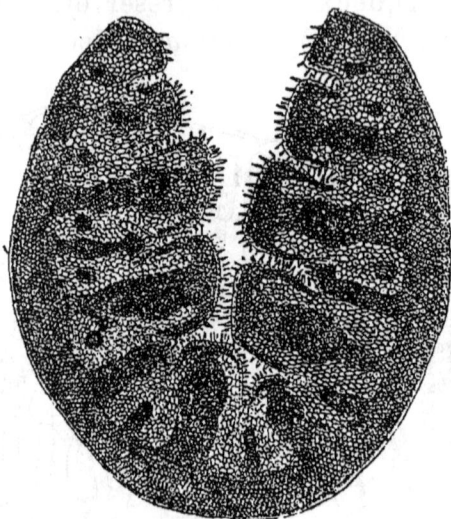

Coupe d'une feuille d'Halfa (*Stipa tenacissima*). Le tissu fibreux est prédominant, le parenchyme vert est réduit à des îlots sur les flancs des nervures.

Fig. 599.

parenchyme aqueux du centre de certaines feuilles grasses forme une sorte de région médullaire, réserve d'eau et de substances assimilées (feuilles d'*Aloe*).

Les feuilles coriaces présentent des cellules épaisses sous l'épiderme (*hypoderme*), tantôt groupées en îlot, tantôt par assise tout autour de la feuille ou sur une des faces, ou sur les bords seulement. Parfois ces cellules mécaniques sont isolées dans le parenchyme comme chez les Camellia (fig. 600).

La feuille peut présenter les diverses formes de l'appareil sécréteur : *a. Cellules isolées* semblables aux autres par l'aspect mais différentes par le contenu, ou bien cellules isolées,

de forme et de dimension permettant de les découvrir facilement; *b. Poches sécrétrices* formées par le concours d'un massif

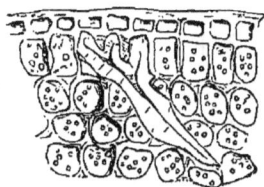

Camellia. Cellule scléreuse au
milieu du parenchyme.

Fig. 600.

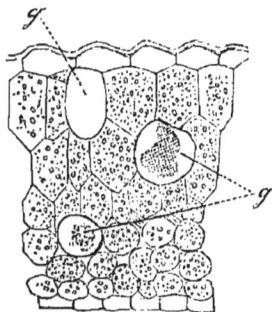

Feuille de *Laurus nobilis.* — *g*,
glande unicellulaire.

Fig. 601.

de cellules, isolant des principes particuliers, souvent des
essences, des huiles, des résines (fig. 598); *c. Canaux* ou réser-

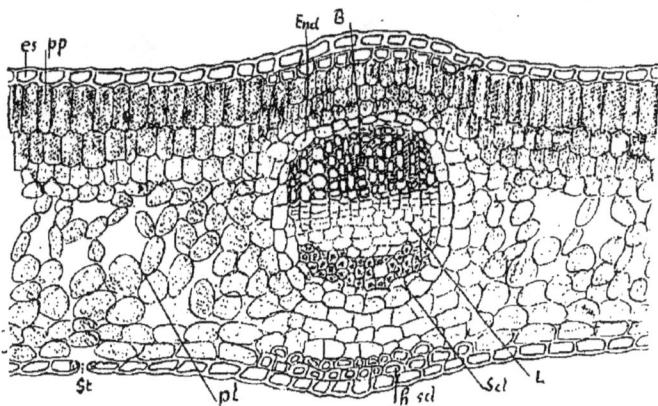

Coupe de la feuille du Laurier-cerise passant par une nervure secondaire.
— *es,* épiderme supérieur; *pp,* parenchyme en palissade; *pl,* parenchyme
lacuneux; *st,* stomate; *end,* endoderme formé par des cellules contenant
l'*émulsine*; B, bois; L, liber; *scl,* péricycle sclérifié (d'après Guignard).

Fig. 602.

voir formé d'un espace intercellulaire dû à l'écartement de
cellules sécrétantes persistant autour du canal qu'elles remplissent de leurs produits; *d.* Les *laticifères* sont aussi représentés dans les feuilles.

Les nervures, leurs terminaisons. — Les nervures principales sont disposées dans le limbe entre les deux épidermes, tandis que les nervures de plus en plus fines qui en procèdent se perdent dans le parenchyme vert. Le faisceau conducteur qui constitue chacune d'elles présente son *liber en bas et son bois en haut*, il est entouré du péricycle et d'un endoderme. Mais dans les derniers ramuscules les tubes criblés disparaissent, le faisceau est réduit à quelques vaisseaux du bois, qui se terminent librement au sein du parenchyme ou s'anastomosent pour former un réseau d'où partent les terminaisons (fig. 603).

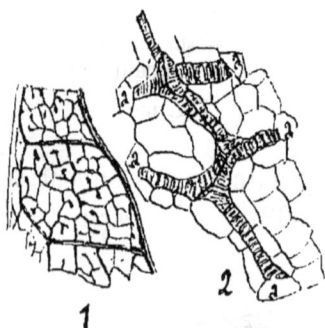

1, Terminaisons des nervures dans le parenchyme. 2, *a*, *a*, extrémité des vaisseaux appuyée contre une cellule du parenchyme.

Fig. 603.

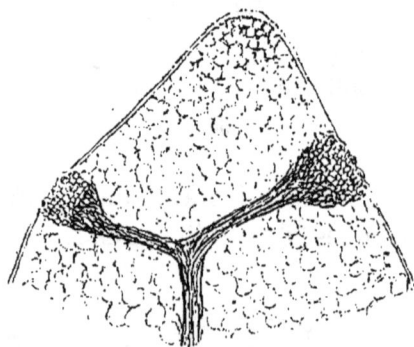

Dent de la feuille de *Crassula arborescens*. — Deux terminaisons de faisceaux contre un massif de cellules surmontées d'un groupe de stomates aquifères d'après de Bary.

Fig. 604.

Avant de se terminer, le dernier ramuscule se montre composé seulement de quelques vaisseaux fermés qui sont des cellules courtes à anneaux, ou spires, ou réseau. A son extrémité le vaisseau terminal s'appuie contre une cellule du parenchyme (fig. 603, *a*). Avant de se terminer le dernier ramuscule se renfle souvent en massue par une dilatation ou une multiplication de ses éléments. Certains ramuscules ne se terminent pas dans le parenchyme vert, mais au-dessous de l'épiderme, dans les points où il sécrète, ou bien encore sous les stomates aquifères (fig. 604).

Origine et insertion de la feuille. — La feuille prend naissance, chez les Phanérogames, près de l'extrémité de la tige par plusieurs cellules initiales, les unes épidermiques, les autres corticales. Les faisceaux de la tige quittent le cylindre central, traversent l'écorce pour gagner le pétiole.

La feuille est parfois concrescente à la tige et ses tissus se confondent par leur face adhérente. Les Cupressinées, certains *Juniperus*, la Sabine entre autres, offrent des exemples de ces feuilles adhérentes (fig. 632). Les *Casuarina* présentent aussi des feuilles concrescentes à la tige.

La chute des feuilles est provoquée par une assise transversale de cellules qui devient génératrice et forme une lame séparatrice, traversant tous les tissus de la base du pétiole, c'est ce nouveau tissu fragile qui cède sous l'influence du poids de la feuille.

Physiologie de la feuille. — Les fonctions de la feuille comprennent une série d'actes physiologiques que l'on peut grouper de la manière suivante :

a. *Formation de la sève élaborée par assimilation du carbone et synthèses des substances organiques.*
Transpiration.
Chlorovaporisation.
Émission de liquide.
Absorption de la radiation solaire.
Décomposition de l'acide carbonique et fixation du carbone.
b. *Respiration.*
Absorption d'oxygène pour les combustions et élimination d'acide carbonique.
c. *Absorption* de l'eau, de l'eau et de substances dissoutes, de principes nutritifs après digestion.
d. *Mise en réserve de l'eau.* — Feuilles à parenchyme aquifère, à épiderme multiple.
e. *Mise en réserve de produits élaborés.* — Écailles des bulbes, feuilles charnues.
f. *Sécrétion de produits variés pour défendre la feuille contre l'action nuisible des influences climatériques, des Bactéries et autres Cryptogames à tendances parasitaires :* Cire superficielle, silice, camphres, résines, tannins, etc., etc.
g. *Sécrétion de produits propres à protéger la plante contre la dent des herbivores :* Silice, oxalate de chaux, calcaire, matières résineuses ou essences, principes amers, âcres, toxiques, poils urticants, etc.
h. *Adaptation à la défense contre la sécheresse et la dent des herbivores par induration des tissus, réduction du parenchyme vert, par aiguillons, poils.*
i. *Mouvements :* Géotropisme de la feuille.
Phototropisme.

Veille et sommeil, action motrice de la radiation.
Action motrice d'une irritation mécanique (Sensitive).
Mouvements spontanés.
i. *Reproduction*. — Bouturage de la feuille.
Bourgeons adventifs.
Sporanges chez les Fougères.
Métamorphose de la feuille en éléments de la fleur. (V. Fleur.)

Formation de la sève élaborée. — La sève ascendante afflue dans la feuille en poursuivant la voie qu'elle a suivie dans la tige : les vaisseaux du bois qui occupent la moitié supérieure des nervures. Ces vaisseaux livrent le liquide aqueux qu'ils con·tiennent aux cellules du parenchyme. Les cellules du parenchyme éliminent l'excès d'eau par la transpiration, par les stomates aquifères et par la chlorovaporisation.

La *transpiration* est continue chez les feuilles, développées dans l'atmosphère ; elle est d'autant plus active que la feuille est pourvue d'un épiderme plus perméable, que la température est plus élevée, que l'air est sec et plus agité. Lorsque la transpiration cesse brusquement par refroidissement le soir, la tension du liquide dans la feuille lui fait franchir les membranes, et des gouttelettes d'eau se forment sur différents points de la feuille où l'on trouve des stomates aquifères. On a longtemps confondu cette exsudation avec la condensation de la rosée. Chez certains arbres au printemps les jeunes feuilles, incomplètement développées, ne suffisent pas à évaporer l'eau apportée et l'exsudation devient une pluie (*Cæsalpinia pluviosa*). Il ne faut pas confondre la transpiration avec la *Chlorovaporisation* qui est sous la dépendance de la chlorophylle.

Chlorovaporisation. — Les radiations solaires absorbées par la chlorophylle ont pour effet de vaporiser une grande quantité d'eau. Cette fonction de la chlorophylle a pendant longtemps été confondue avec la transpiration, elle doit en être distinguée parce qu'elle constitue un phénomène biologique d'un ordre très différent. La chlorovaporisation élimine beaucoup plus d'eau que la transpiration. Un plant de blé au soleil *transpire* $2^{cc},5$ d'eau, pendant le même temps il en *vaporise* $97^{cc},5$.

Pour mesurer la vaporisation on a recours aux expériences suivantes :

1° On ajuste une feuille par son pétiole sur une branche
d'un tube en U plein d'eau (fig. 605), la branche libre qui est
plus étroite indiquera la quantité d'eau prise par la feuille,
car le niveau de l'eau baissera dans cette branche à mesure que
la feuille puisera dans l'autre.

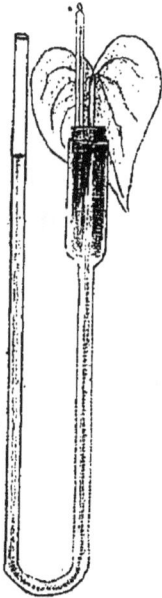

Cette feuille étant placée à la lumière, on organise une expérience semblable avec une feuille de même
espèce ayant même dimension, mais dépourvue de chlorophylle ; ce sera une feuille étiolée ou une feuille blanche d'une variété à
feuilles panachées. La transpiration sera
égale chez les deux feuilles ; mais la vaporisation ne se produira que chez la feuille
ayant de la chlorophylle, il suffira donc de
faire la différence des quantités d'eau enlevées
aux deux tubes en U pour connaître l'intensité
de la chlorovaporisation. On arrive au même
résultat en suspendant chez la plante verte
l'action vaporisatrice de la chlorophylle par
l'éther ou le chloroforme, qui n'ont aucune action sur la transpiration.

La chlorovaporisation atteint souvent une
grande intensité. Un Soleil (*Helianthus annuus*)
en pot dégage par jour 625 grammes d'eau. Un
hectare d'Avoine dégage 25,000 kilogrammes
d'eau. Un Chêne isolé en cinq mois, de juin à
octobre, 111,000 kilogrammes d'eau.

Appareil pour
mesurer la va-
porisation.

Fig. 605.

Comme la transpiration ralentie, la chlorovaporisation, cessant brusquement, donne lieu à l'émission du liquide absorbé ;
chez certaines plantes (Scitaminées, Aroïdées), la quantité
d'eau rejetée est très considérable. Les *Sarracenia*, les *Nepenthes* ont des feuilles en cornet ou urne qui conservent l'eau
ainsi émise (fig. 588).

La sève ascendante se concentre ainsi dans les feuilles, puis
elle s'enrichit bientôt des produits de l'assimilation du carbone.
Ce travail résulte de l'activité de la chlorophylle qui absorbe
les radiations solaires (voy. *Chlorophylle*) et les utilise pour
un travail chimique : la décomposition de l'acide carbonique

qui laisse à la plante le carbone devenant, par suite d'une combinaison avec l'eau, un hydrate de carbone (glucose). Le glucose est ainsi formé par assimilation du carbone de l'acide carbonique atmosphérique et de l'acide carbonique produit dans la plante par la combustion interne ou respiration. Ce glucose circule facilement dans la plante, s'y transforme en d'autres hydrates de carbone, Amidon, Cellulose, Saccharose, Inuline, etc., mais il se combine aussi avec l'azote des composés azotés (Nitrates, Ammoniaque), apportés par la sève ascendante, il se forme alors des *amides* et des *composés albuminoïdes* très variés, dans lesquels entrent aussi le Phosphore, le Soufre, le Potassium, le Calcium, le Fer, etc.

Ces divers produits assimilés, dissous dans une petite quantité d'eau, constituent la *sève élaborée* qui est distribuée par les tubes criblés du liber de chaque nervure, cette sève gagne la tige pour être consommée en chaque point suivant les besoins.

Respiration. — Comme toutes les parties vivantes de la plante, la feuille respire, elle consomme donc sans cesse de l'oxygène et produit de l'acide carboniqne. Mais ce phénomène est masqué pendant le jour par la décomposition de l'acide carbonique, sous l'influence de la chlorophylle, il y a alors une production d'oxygène qui dépasse les besoins respiratoires de la plante, si bien que les feuilles émettent dans ces conditions de l'oxygène. Le soir, le travail d'assimilation du carbone cessant, la respiration devient évidente, la plante absorbe alors de l'oxygène et dégage de l'acide carbonique. Dans les parties dépourvues de chlorophylle la respiration se manifeste, aussi bien le jour que la nuit, par le dégagement de l'acide carbodique et l'absorption d'oxygène.

Absorption de l'eau, de l'eau et de substances dissoutes, de principes nutritifs après digestion. — Les plantes submergées absorbent surtout par les feuilles, qui sont souvent modifiées profondément pour cette fonction (*Ranunculus aquatilis, Utricularia, Salvinia*). Les plantes terrestres peuvent aussi absorber l'eau qui vient à les baigner. Après une grande sécheresse l'eau de la pluie, de la rosée, des brouillards pénètre directement dans la feuille. Dans les contrées sèches les plantes puisent à cette source, elles présentent à ce point de vue un épi-

derme conservant quelques cellules minces facilement per-
méables (*Stipa*), elles sécrètent parfois des sels déliquescents
(*Cressa*), qui favorisent la condensation de l'eau sur leur épiderme. Enfin on doit rattacher à l'absorption par les feuilles
le pouvoir absorbant des cotylédons qui prennent dans l'albumen de la graine les substances nutritives avec lesquelles
ils sont en contact, après que ces substances sont devenues
solubles par une digestion. Les plantes insectivores (*Drosera,
Dionæa*, etc.) sécrètent un liquide acide qui dissout, c'est-à-
dire digère, la proie prise par la feuille, ces principes solubles
sont ensuite absorbés.

Feuilles de Mésembryanthème
(réserve d'eau).

Fig. 606.

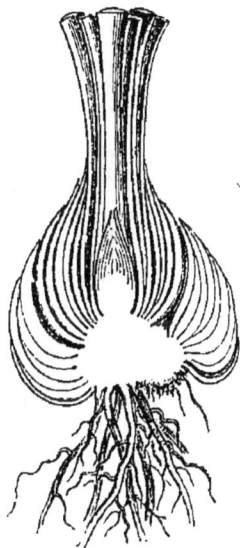

Bulbe du Lis, feuilles écailleuses
nourricières.

Fig. 607.

Mise en réserve de l'eau. — Les plantes des stations qui ont
à supporter un manque d'eau prolongé font souvent une réserve de ce liquide dans les feuilles, qui deviennent alors
grasses (*Sedum, Mesembryanthemum*, etc.), cette réserve s'établit souvent dans le parenchyme profond ou mésophylle; mais
aussi dans l'épiderme (*Peperomia*) ou dans un parenchyme
aquifère sous-épidermique.

Mise en réserve des produits élaborés. — Les feuilles deviennent souvent un magasin de réserve où les produits élaborés s'accumulent pour être utilisés en bloc lors de la floraison et fructification, elles sont alors épaisses et les cellules du parenchyme sont gorgées de sucre, amidon et autres aliments. Des feuilles ou parties des feuilles complètement adaptées à cette fonction deviennent les tuniques charnues ou les écailles des bulbes (fig. 607).

Sécrétion des feuilles. — Les feuilles sont capables de sécréter ou d'isoler des produits très nombreux qui sont presque tous des agents de défense. A la surface des feuilles, de la cire, un enduit siliceux ou un vernis résineux protège l'épiderme contre les germinations des Cryptogames parasites (*Urédinées*, *Péronosporées*, *Ustilaginées*, etc.). Ces surfaces, ne se laissant pas mouiller ni pénétrer, résistent aussi aux Bactéries.

Pour éloigner les herbivores, la plante sécrète à sa superficie et dans sa profondeur un très grand nombre de produits, qui présentent un intérêt au point de vue médical, puisque ces corps se trouvent être précisément des *principes actifs*.

Les glandes externes sont des dépendances de l'épiderme de formes variées, les glandes internes sont des cellules isolées ou des massifs de cellules. Deux produits de ces sécrétions sont parfois destinés à réagir l'un sur l'autre et à ne donner naissance au principe actif qu'au moment où la feuille est blessée, c'est ainsi que l'acide cyanhydrique prend naissance dans les feuilles du Laurier-cerise, par l'action de l'*émulsine*, localisée autour des faisceaux conducteurs, dans les cellules endodermiques (Guignard), sur l'*amygdaline* répandue dans les cellules du parenchyme. Il en est de même chez les feuilles de Crucifères qui possèdent la propriété de développer des *essences sulfurées* qui ne préexistent pas dans la plante et dont la formation n'a lieu qu'après la contusion des tissus mettant en contact un ferment (*myrosine*) et un *glucoside salin* dédoublable et donnant des essences âcres, piquantes.

Les feuilles sécrètent aussi des venins, pouvant être inoculés par des poils creux et fragiles (*Urtica urens*, *Laportea*, etc. La silice, le carbonate de chaux, et surtout l'oxalate de chaux sécrétés en abondance constituent des agents protecteurs faciles à observer. Les raphides, les oursins d'oxalates sont particuliè-

rement efficaces contre les nombreux Mollusques qui attaquent
les plantes. Chez certains *Salsola* (fig. 608) l'épiderme est
doublé d'une couche de cellules contenant des oursins d'oxalate de chaux formant une assise protectrice remarquable.

Les feuilles réagissent assez rapidement sous les influences
climatériques et s'adaptent à de nouvelles conditions, la même
plante (*Stipa*) transportée d'un terrain sec dans un terrain

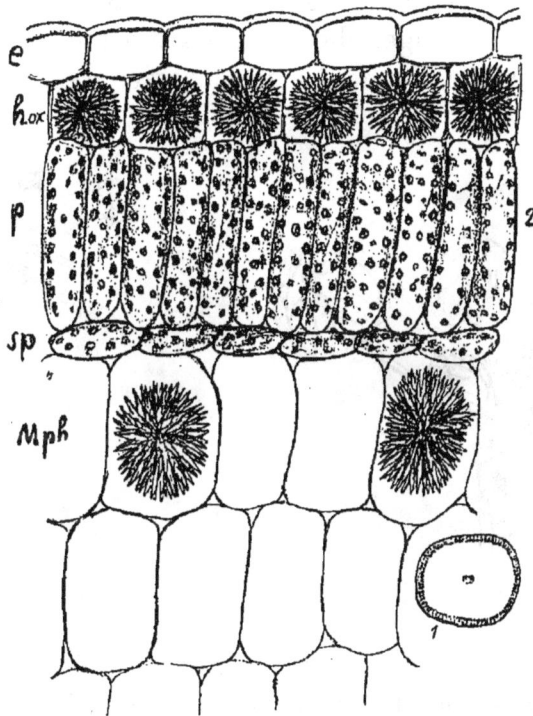

Salsola zygophylla. — Coupe d'une feuille. *e*, épiderme; *hox*, parenchyme
sous-épidermique à cellules contenant des cristaux (oursins d'oxalate de
chaux); *p*, parenchyme en palissade; *Mph*, mésophylle.

Fig. 608.

humide perdra son aspect coriace, les fibres hypodermiques
très développées deviendront moins nombreuses et moins
épaisses. Les dents épineuses, aiguillons et autres moyens de
défenses disparaissent aussi souvent par une protection artificielle dans une culture.

Mouvements des feuilles. — Quand le bourgeon s'épanouit

la feuille se redresse pour prendre une direction perpendiculaire à la tige ou même s'infléchir. Ce mouvement (épinastie)
est provoqué par un plus fort accroissement de la face supérieure ou ventrale; mais cet effet de la croissance n'est pas
seul à déterminer la position que la feuille prendra, les actions de la pesanteur et de la lumière interviennent aussi et
puissamment. La feuille, soumise à ces trois forces directrices,
prendra donc une situation résultante.

Les feuilles présentent vis-à-vis du *géotropisme* les mêmes
adaptations que la tige, elles sont négativement géotropiques,
c'est-à-dire qu'elles tendent à se redresser dans l'air, mais de

Feuilles d'Oxalis pendant le sommeil.

Fig. 609.

Feuille de Mimosa pendant
le sommeil.

Fig. 610.

manière à présenter la face dorsale vers la terre, la face ventrale vers le ciel, direction nécessaire au bon accomplisssement
de leurs fonctions. Quand on change la direction d'un rameau
les feuilles reprennent leur position normale par une torsion
du pétiole et ce mouvement se produit la nuit comme le jour,
il est donc independant de l'action de la lumière.

Vis-à-vis de la lumière (phototropisme) les feuilles se montrent aussi sensibles, les feuilles se dirigent vers la lumière, le

pétiole se courbe, le limbe tend à se disposer perpendiculairement à la direction des rayons lumineux, la face ventrale
tournée vers la source.

Veille et sommeil. — Beaucoup de plantes ont des feuilles
présentant une position diurne, caractérisée par l'épanouissement des surfaces foliaires et une position nocturne, caractérisée par le reploiement des surfaces qui se recouvrent de
différentes manières.

Beaucoup de Légumineuses ont des feuilles ainsi mobiles, le
mouvement est accompli par un renflement spécial ou simplement par la portion basilaire ou la région supérieure du pétiole.

Le reploiement des surfaces foliaires pendant la nuit paraît
un moyen de défense contre l'action du froid des nuits. La
cause mécanique de ce mouvement est la tension des liquides
qui s'accroît rapidement dès que la chlorovaporisation cesse,
les renflements ou parties motrices subissent alors une flexion
provoquée par la turgescence de ces parties.

Action motrice d'une irritation mécanique. — Chez la Sensitive
(*Mimosa pudica*) la plus légère excitation produite par le con-

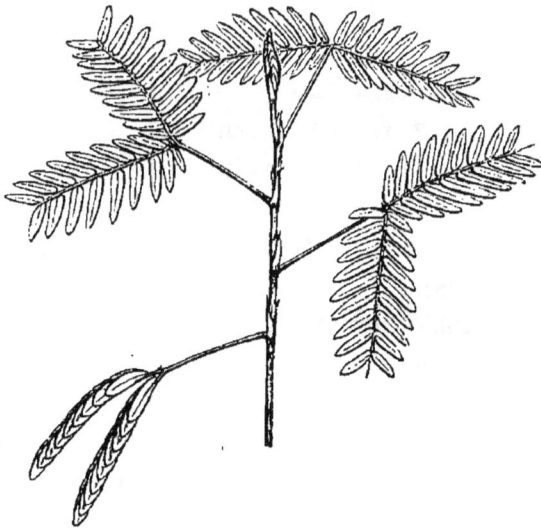

Sensitive après l'excitation d'une feuille.

Fig. 611.

tact d'un corps étranger suffit pour provoquer le relèvement
des folioles le long du pétiole secondaire, tandis que le pétiole

primaire s'affaisse brusquement, la feuille prend alors l'aspect qu'elle a pendant le sommeil. Si l'on porte l'excitation sur une foliole on la voit se relever, puis cette excitation se propage en montant et en descendant le long de la feuille, puis d'une feuille à l'autre. Le mouvement gagne ainsi le végétal tout entier. Si la plante est laissée à elle-même, après un certain temps les folioles s'étalent, les pétioles se redressent et l'attitude normale est reprise.

On peut s'assurer que le siège du mouvement de la Sensitive est dans la face inférieure du renflement, par l'ablation de cette partie on supprime en effet tout mouvement. L'expérience montre que les cellules de cette face inférieure du renflement deviennent flasques à la suite de l'excitation, elles expulsent de l'eau qui se rend dans les espaces intercellulaires de la tige et de la moitié supérieure du renflement. L'eau est expulsée par une brusque contraction du protoplasma, la paroi des cellules qui est mince suit ce mouvement de retrait et l'on conçoit facilement l'inflexion du côté des cellules plus courtes, produisant un raccourcissement local du renflement moteur. Les anesthésiques, chloroforme, éther, suppriment la sensibilité de la Sensitive qui endormie ne réagit plus.

Chez le *Dionæa Muscipula* et les *Drosera,* on observe des mouvements rapides des segments de la feuille qui peut ainsi saisir les Insectes attirés par un liquide visqueux brillant. L'insecte capturé est digéré par un liquide acide sécrété par la feuille qui absorbe ensuite les produits rendus solubles (Plantes insectivores).

En dehors des mouvements provoqués par la croissance (épinastie) et des mouvements provoqués par une irritation mécanique ou par la lumière (sommeil), on observe chez quelques plantes des mouvements périodiques de causes internes mal connues. Ces mouvements périodiques spontanés consistent en un abaissement et un relèvement alternatif de la feuille entière et de chacune de ses folioles. On les observe chez quelques Légumineuses : *Desmodium gyrans, Mimosa, Acacia, Trifolium, Phaseolus,* chez des *Oxalis,* des *Marsilia.* Le mécanisme de ce mouvement réside dans les renflements basilaires des pétioles, qui se gonflent d'eau alternativement vers le haut et vers le

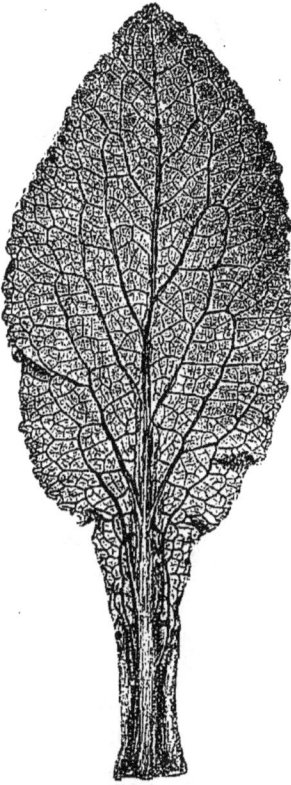

Digitale.
Digitalis purpurea.

Fig. 612.

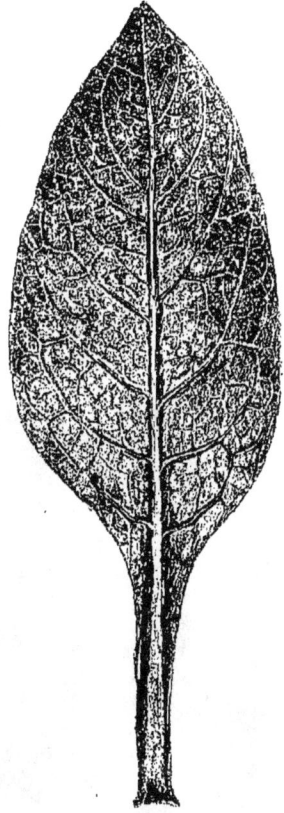

Belladone.
Atropa Belladona.

Fig. 613.

Tinevelly.

Fig. 614.

Sené de la Palthe.

Fig. 615.

C. obovata.

Fig. 616.

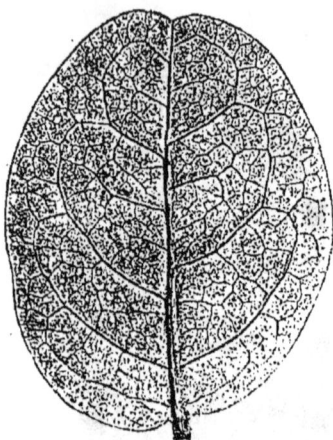

Boldo.
Peumus Boldo.
Fig. 618.

Laurier-cerise.
Prunus Lauro-cerasus.
Fig. 617.

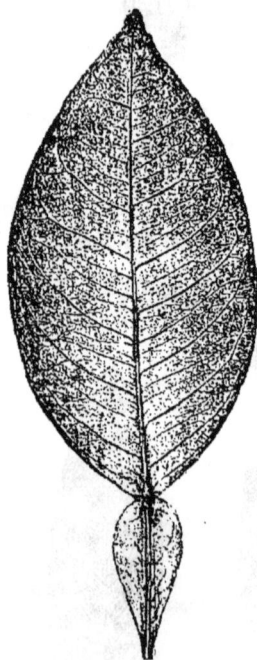

Oranger.
Citrus Aurantium.
Fig. 619.

Thé.
Camellia Thea.
Fig. 620.

Khât.
Catha edulis.
Fig. 621.

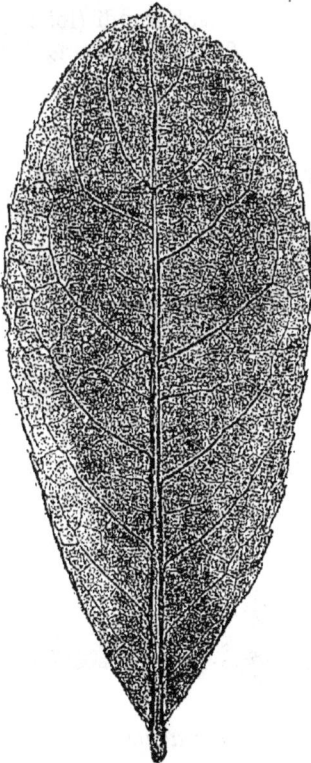

Maté.
Ilex paraguainesis.
Fig. 622.

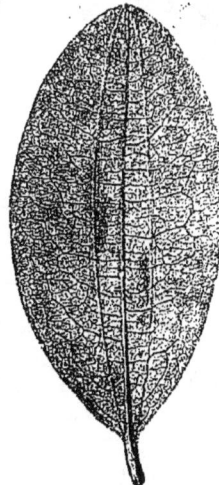

Coca.
Erythroxylon Coca.
Fig. 623.

Armoise.
Artemisia vulgaris.
Fig. 624.

Jaborandi (foliole).
Pilocarpus pennatifolius.
Fig. 625.

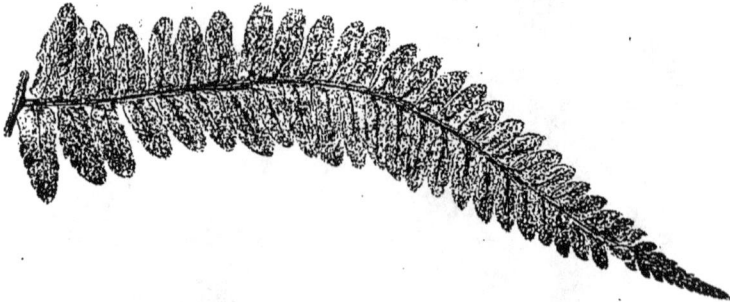

A, pinnule de la fronde d'*Aspidium Filix mas.*
Fig. 626.

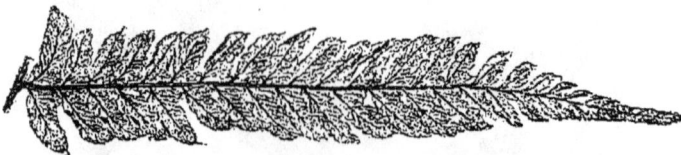

B, pinnule de la fronde d'*Aspidium aculeatum.*
Fig. 627.

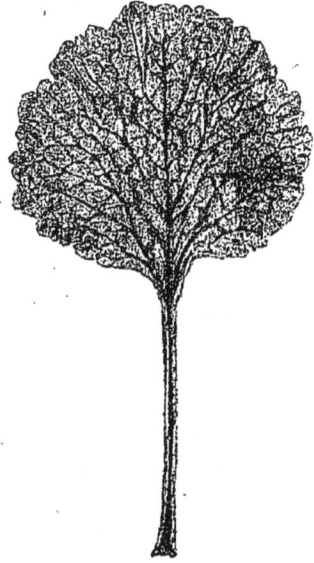

Marrube.
Marrubium vulgare.
Fig. 629.

Matico.
Piper angustifolium.
Fig. 628.

Sauge.
Salvia officinalis.
Fig. 630.

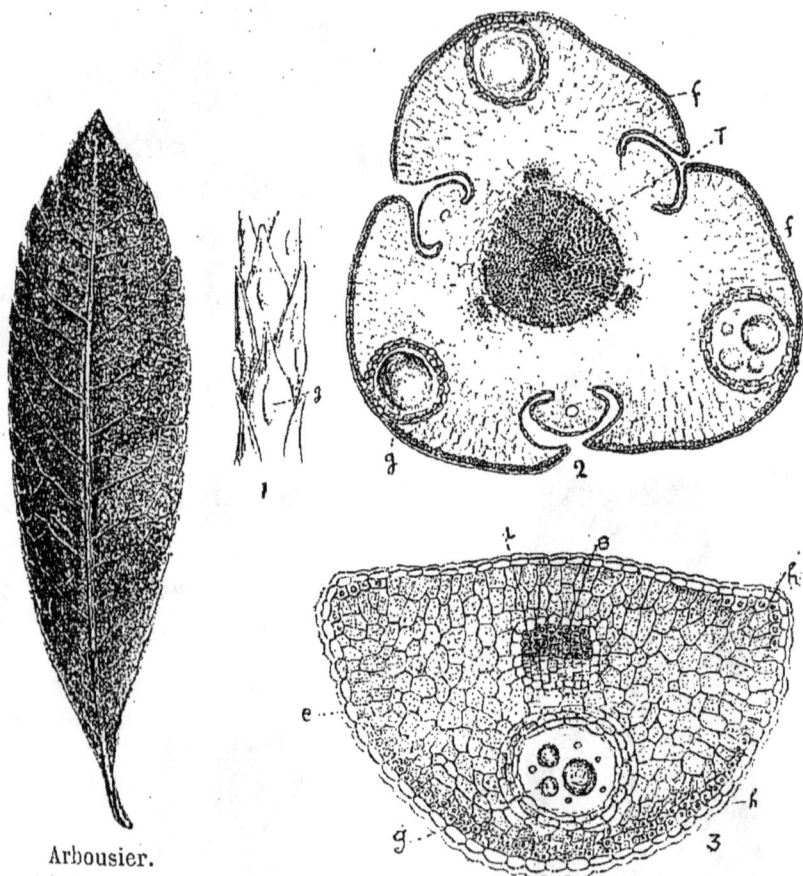

Arbousier.
Arbutus unedo.

Fig. 631.

Sabine (Juniperus Sabina). — 1, un rameau avec
feuilles écailleuses ; 2, coupe du rameau ; *t*, tige ;
f, f, f, trois feuilles avec vésicule résinifère (*g*) ;
3, Coupe d'une feuille isolée.

Fig. 632.

bas, déterminant ainsi un changement périodique de longueur
de chaque moitié, d'où il résulte toujours une flexion du côté
le plus court.

Reproduction. — La feuille assure la reproduction chez les
Fougères où elle porte les sporanges. Les feuilles florales étant
chez les Phanérogames spécialement affectées à cette fonction,
on ne trouve alors que des feuilles reproduisant la plante par
boutures reconstituant tige et racine. Ce bouturage par les
feuilles est couramment employé pour les *Begonia*, les *Pepe-*

ronia. Certaines espèces portent normalement sur les feuilles des bourgeons adventifs (Bryophyllum), d'autres accidentellement (caïeux épiphylles de quelques Liliacées).

LA FLEUR.

Pour assurer la reproduction sexuée, c'est-à-dire par œuf, les Phanérogames différencient un rameau avec les feuilles qu'il porte. Adapté à la reproduction, ce rameau se nomme une *fleur*.

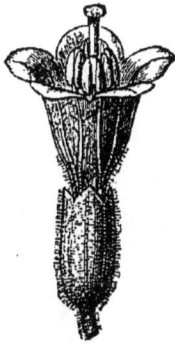

Fleur de Jusquiame blanche.

Fig. 633.

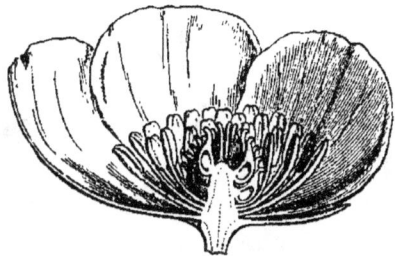

Coupe d'une fleur de Renoncule.

Fig. 634.

Dans le rameau ainsi transformé, la portion qui correspond à la tige est représentée par le *pédicelle* au-dessous des feuilles florales et par le *réceptacle* qui porte les feuilles transformées. Les feuilles qui naissent sur le pédicelle sont les *bractées*. On nomme *calice* le verticille le plus externe de la fleur, ses feuilles sont des *sépales*, le second verticille est la *corolle*, ses feuilles colorées sont les *pétales*. Mais on désigne aussi sous le nom de *périanthe* toute cette enveloppe florale qui ne joue aucun rôle direct dans la production de l'œuf. Le troisième verticille est l'*androcée*, ses feuilles sont les *étamines* qui donnent le *pollen*, destiné à jouer le rôle mâle dans la formation de l'œuf. Le quatrième verticille au centre de la fleur est le *pistil* formé de feuilles appelées *carpelles*, le carpelle produit l'*ovule* dont le *nucelle* forme le corpuscule (*oosphère*) qui joue le rôle femelle dans la formation de l'œuf. Chez certaines fleurs on ne trouve qu'un des organes reproducteurs, la fleur est alors uni-sexuée.

Inflorescence. — On donne le nom d'inflorescence au mode de disposition des fleurs sur la tige. Les fleurs sont *solitaires* ou *groupées*. La disposition des fleurs solitaires ne présente que peu de combinaisons, la fleur solitaire peut être *terminale*, c'est-à-dire terminant la tige ou les rameaux. La fleur solitaire peut aussi occuper l'aisselle d'une feuille, elle est axillaire; si les feuilles sont verticillées on peut trouver au même nœud 2, 3, 4 et plus de fleurs, chacune à l'aisselle de sa feuille. Les fleurs groupées en inflorescence peuvent se répartir en trois catégories.

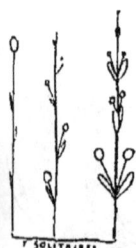

Fleurs solitaires.

Fig. 635.

Inflorescences en cymes.

Fig. 636.

1° Inflorescences définies ou *cymes.*
2° Inflorescences indéfinies ou *grappes* et modifications.
3° Et inflorescences mixtes par la combinaison des deux types précédents, *grappe de cymes*, etc.

Inflorescences définies ou cymes. — Si un rameau est *terminé* par une fleur et qu'un peu plus bas, de l'aisselle d'une bractée, il parte un rameau secondaire également terminé par une fleur, on aura un groupe de deux fleurs sur deux ordres de rameaux, ce sera une Cyme simple *biflore* et *unipare* parce que du même nœud il n'est parti qu'un seul rameau secondaire. Cette Cyme unipare sera triflore si de la bractée plus inférieure il part encore un rameau secondaire, elle deviendra par la même ramification 4-flores, 5-flores, etc., mais elle sera toujours la *cyme simple unipare* (fig. 636). La cyme simple devient *bipare* quand deux bractées au même nœud donnent deux rameaux secondaires (fig. 633). Si le nombre de rameaux au même nœud

Cyme simple unipare.
Caltha palustris.

Fig. 637.

Cyme simple bipare.
Hypericum.

Fig. 638.

est considérable, la cyme prend l'apparence d'une ombelle et
devient *cyme ombelliforme*. Quand les fleurs d'une cyme sont

Glomérule composé. — *Mentha aquatica.*

Fig. 639.

sessiles, elles forment un petit groupe de fleurs appelé *glomé-*

rule (fig. 638) qu'il ne faut pas confondre avec le *capitule*, les fleurs plus âgées du glomérule se trouvent au centre, son développement est donc centrifuge; chez le capitule, les fleurs âgées sont à la périphérie.

Lorsque la cyme se complique par le développement de rameaux de 3ᵉ et 4ᵉ ordre sur les rameaux secondaires, on dit que la *cyme* est *composée*, cette inflorescence devient parfois très ramifiée et porte un grand nombre de fleurs. Les *cymes com-*

Cyme unipare scorpioïde de la jusquiame.
(*Hyoscianus niger*).
Fig. 640.

Inflorescence dite scorpioïde
du Myosotis.
Fig. 641.

posées sont aussi *unipares*, *bipares*, *pluripares*, suivant qu'au même nœud il naît un seul rameau, deux ou plus. La *cyme composée unipare* présente deux types : à chaque degré nouveau de ramification le rameau dominant est situé alternativement à 180° à droite et à gauche du rameau primitif, le sympode oscillera autour d'une direction rectiligne (fig. 636), *la cyme unipare sera hélicoïde;* si le rameau usurpant se trouve chaque fois du même côté du rameau primitif, le sympode se recourbe et devient *scorpioïde* (fig. 636).

L'inflorescence est encore scorpioïde quand les axes qui se succèdent se développent alternativement suivant des spires de sens opposés. Les bractées qui se succèdent, au lieu de décrire la même spire, vont l'une à droite, l'autre à gauche, si bien que, si la divergence est faible (72°), elles occupent toutes un seul côté de l'axe, disposées sur deux rangs ; les fleurs sont du côté convexe de l'inflorescence et aussi sur deux rangées

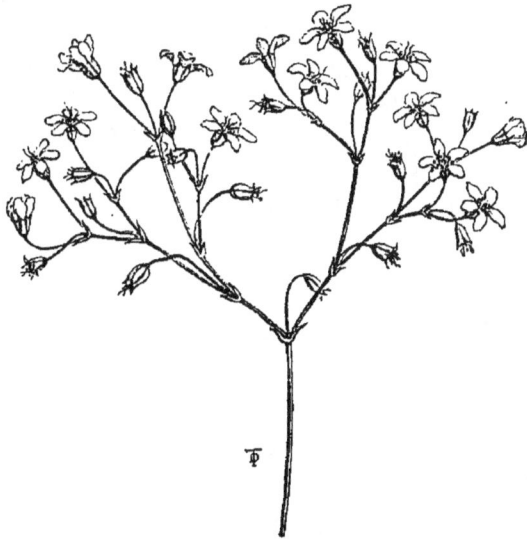

Cyme bipare du *Gypsophila*.

Fig. 642.

courbes. Enfin on appelle encore inflorescence scorpioïde certaines inflorescences de Borraginées (Myosotis, Héliotrope) et de Solanées qui, dépourvues de bractées, paraissent des grappes unilatérales (fig. 641).

La cyme composée *bipare* ou *dichotome* est constituée par une inflorescence définie dont le rameau primitif est débordé par deux rameaux latéraux et ceci répété un certain nombre de fois (fig. 642).

L'inflorescence unipare provient parfois d'un rameau à bractées opposées qui devrait pour cela former une cyme dichotomique; mais un des bourgeons axillaires avorte et la cyme prend l'apparence d'une grappe (fig. 643).

Inflorescences indéfinies ou en grappes. — Ces inflorescences prennent naissance lorsqu'un seul et même axe produit successivement des rameaux latéraux, dont le développement est inférieur ou seulement égal à celui de la portion de l'axe floral située au-dessus de leur insertion.

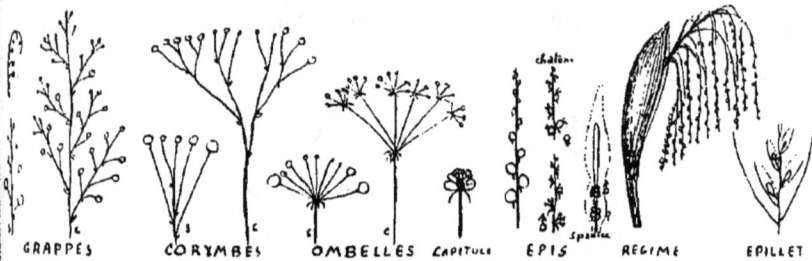

GRAPPES   CORYMBES   OMBELLES CAPITULE   ÉPIS   RÉGIME   ÉPILLET

Inflorescences dérivées de la grappe ou inflorescences indéfinies.

Fig. 643.

Le type de ces inflorescences est la *grappe*; les fleurs sont portées sur des ramifications secondaires de l'axe que l'on nomme pédicelles (fig. 643); si les pédicelles sont eux-mêmes insérés sur des ramifications de deuxième ou troisième ordre, la *grappe* est *composée*, on la nomme aussi *panicule*.

Le *corymbe* est une grappe dont les pédicelles inégaux portent les fleurs à peu près au même niveau (fig. 643), le *corymbe* est *simple* ou *composé*.

L'*ombelle* est une grappe dont tous les rameaux à peu près égaux partent du même point de l'axe pour diverger comme les fourchettes d'une ombrelle, l'ombelle d'ombelles est une ombelle composée (Ombellifères), les bractées mères sont rapprochées en verticilles (*involucre* et *involucelle*).

Le *capitule* est une grappe dont l'axe très court porte un grand nombre de fleurs sessiles en tête, les bractées sous-florales forment souvent un involucre (fig. 643).

L'*épi* présente des fleurs sessiles sur un axe allongé; si les fleurs sont unisexuées on lui donne le nom de *chaton*; si l'axe allongé est charnu, enveloppé dans une bractée appelée spathe, l'épi devient un *spadice*. La grappe d'épis des Palmiers enfermée

Ombelle simple et involucre.
Astrantia major.

Fig. 644.

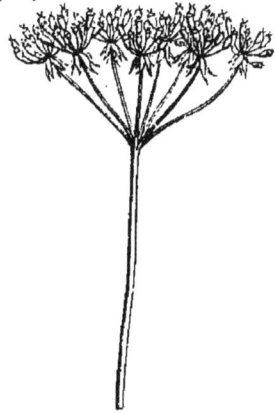

Ombelle composé avec involucelle.
Chœrophyllum temulum.

Fig. 645.

Inflorescence en capitule. — *Acacia Farnesiana.*

Fig. 646.

aussi un moment dans une spathe est un *régime*. L'*épillet* des Graminées est formé par un axe portant une ou plusieurs fleurs sessiles, le tout enveloppé par deux bractées ou *glumes*.

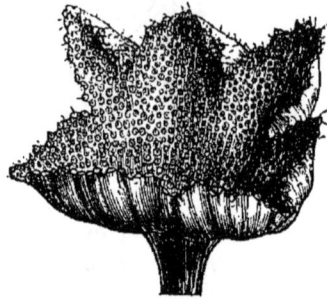

Capitule de *Dorstenia con-trayerva*.

Fig. 648.

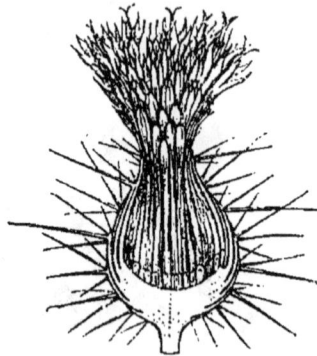

Coupe d'un capitule de com-posées. — *Centaurea*.

Fig. 649.

Grappe de cymes unipares scor-pioïdes. Marronnier d'Inde.

Fig. 647.

Inflorescences mixtes. — Les inflorescences indéfinies ou grappes peuvent au lieu de fleurs porter sur leurs ramifications des cymes, on a ainsi des grappes de cymes (Marronnier) ou des corymbes de cymes (Sureau). Une cyme bipare peut porter sur ses dernières ramifications des cymes unipares. Ce sont ces combinaisons fréquentes de deux types d'inflorescences que l'on nomme *inflorescences mixtes*.

Tableau des inflorescences.

A. *Solitaires* .... { Fl. terminales.
{ Fl. axillaires.

I. *Inflorescences définies* ou *cymes*.

Cymes simples .... { Unipare.
{ Bipare.
{ Ombelliforme.
{ Glomérule.

Cymes composées... { Unipares hélicoïde.
{ — scorpioïdes.
{ Bipare.
{ Glomérule composé.

B. *Groupées* .... { II. *Inflorescences indéfinies* ou *grappes*.
Grappe simple et grappe composée.
Corymbe simple et corymbe composé.
Ombelle simple et ombelle omposée.
Capitule.
Épi simple et épi composé.
— chaton.
— spadice.
— régime.

III. *Inflorescences mixtes*.
Grappe d'épis, d'ombelles, de cymes.
Corymbe de cymes.
Grappe de capitules.
Cyme de capitules.
— bipare de cymes unipares, etc.

Involucre de quatre bractées entourant un glomérule de fleurs.
Cornus florida.
Fig. 650.

Bractées. — Le pédicelle floral porte normalement un certain nombre de feuilles, modifiées, souvent rudimentaires, in-colores ou au contraire vivement colorées.

Les Bractées de certaines plantes constituent la partie ap-parente de la fleur, les vraies fleurs restant insignifiantes (Bougainville, *Cornus florida*, fig. 650).

Les bractées **rapprochées** de la fleur deviennent un *involu-cre* comme chez les Anémones, chez les Ombellifères elles forment une collerette à la base des ombelles et ombellules. Les relations de position des bractées, dans une inflorescence, ont une certaine importance : dans les cymes les fleurs sont situées en face des bractées, dans les grappes elles sont à l'ais-selle. Certaines inflorescences sont caractérisées par l'absence de bractées (Crucifères),

Chez un grand nombre de Monocotylédones (Aroïdées, Pal-miers) une large bractée appelée *spathe* enveloppe dans le jeune âge toute l'inflorescence.

Pédicelle. — Le pédicelle qui porte la fleur peut subir cer-taines modifications importantes. Sa coopération à la con-

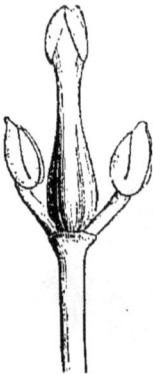

Fleur nue du Frêne.

Fig. 651.

Groupe de fleurs de Tilleul adhérant par sa base à la bractée.

Fig. 652.

stitution du fruit n'est pas rare. Sous la fleur le pédicelle peut

se renfler en un bourrelet annulaire qui se développe en forme
de coupe.

Le pédicelle floral né à l'aisselle d'une feuille ne se sépare

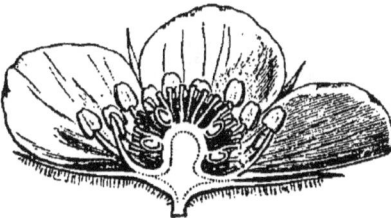

Coupe d'une fleur de Fraisier :
réceptacle convexe.

Fig. 653.

Coupe d'une fleur de *Myosurus* :
réceptacle allongé.

Fig. 654.

pas toujours immédiatement, il peut rester adhérent jusqu'au
voisinage du nœud suivant, comme dans les Solanum, on dit
alors que le pédicelle est entraîné. Le pédicelle floral se trouve

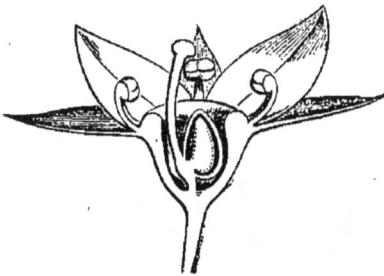

Coupe d'une fleur d'Alchemille :
réceptacle concave.

Fig. 655.

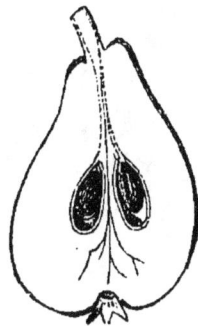

Poire, fruit formé en grande
partie par le réceptacle.

Fig. 656.

aussi entraîné dans une croissance commune avec la bractée
ou la feuille, à l'aisselle de laquelle il se développe ; le pédicelle du Tilleul est concrescent avec sa bractée (fig. 652).

Conformation de la fleur. — La fleur présente à étudier l'axe qui porte les pièces florales appelé *réceptacle*, le *périan-the* ou *enveloppes florales* qui se distinguent souvent en *calice*

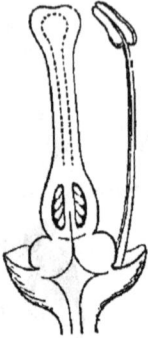

Coupe dans une fleur d'Oranger, une étamine s'insérant sous le disque.

Fig. 657.

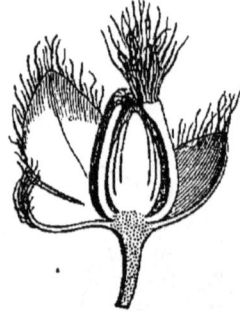

Fleur apétale femelle d'Ortie.

Fig. 658.

et *corolle*, manquent parfois ou sont remplacées par des bractées, les *organes reproducteurs* : les mâles ou étamines

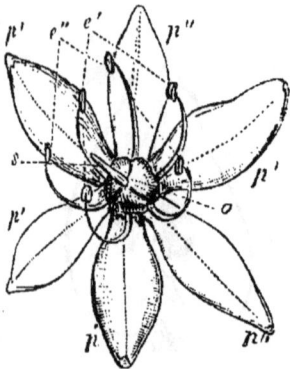

Fleur de Scille : périanthe de deux verticilles pétaloïdes.

Fig. 659.

Calice accrescent de la Jusquiame.

Fig. 660.

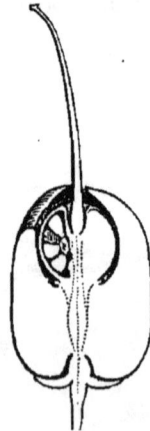

Coupe du fruit de *Gaulteria*, le calice est charnu.

Fig. 661.

constituant l'*androcée*, les femelles ou carpelles formant le pistil ou *gynécée*.

Réceptacle floral. — Le réceptacle floral est l'axe sur lequel s'insèrent en spirale ou en verticelles toutes les pièces qui constituent la fleur. Le réceptacle est souvent conique, parfois plan ou concave et même en forme de coupe profonde (fig. 655).

Le pistil développé au fond d'un réceptacle concave contracte parfois une adhérence complète avec le tissu réceptaculaire, ces *ovaires infères* deviennent des fruits formés en partie par les carpelles, en partie par le réceptacle comme la poire (fig. 656).

Le réceptacle concave est aussi regardé comme résultant de la concrescence des trois formations externes de la fleur : calice, corolle et étamines sont réunis, dans leur partie inférieure, en une coupe du bord de laquelle elles paraissent se détacher, le pistil peut rester libre au fond de cette coupe. Si

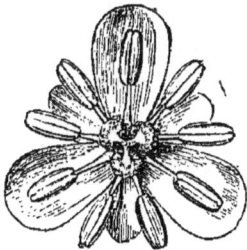

Périanthe sépaloïde à six pièces de la Rhubarbe.

Fig. 662.

Calice et calicule du Fraisier.

Fig. 663.

Calice de Lavande.

Fig. 664.

cette concrescence atteint le pistil (Rubiacées, Ombellifères, Composées, Amaryllidées, Iridées, Orchidées), il en résulte un corps massif contenant l'ovaire au-dessous du reste de la fleur, l'ovaire est alors *infère* ou *adhérent*.

Le réceptacle s'allonge chez certaines plantes (Câprier, Caryophyllées) entre l'insertion des étamines et celle des carpelles, ce prolongement s'appelle le *podogyne*.

Le réceptacle forme souvent des bourrelets ou lobes glanduleux appelés disques et placés soit entre l'ovaire et les étamines (*disque hypogyne*) comme chez le Pilocarpus (Jaborandi, fig. 117), soit en dehors des étamines, disque *extra-staminal*, comme chez les Sapindus (fig. 107).

Le périanthe. — Le périanthe le plus simple est formé d'un verticelle unique de feuilles ou de deux verticelles semblables, cette enveloppe florale se rencontre chez les Apétales ou *Monochlamydées* et chez beaucoup de *Monocotylédones*. Ce périanthe uniforme est, chez la majorité des Apétales, peu apparent, vert ou scarieux, il devient au contraire vivement coloré chez tout un groupe de Monocotylédones (Pétalinées).

Chez les Dicotylédones Dialypétales et Gamopétales on distingue dans le périanthe deux formations indépendantes : l'une externe à feuilles généralement vertes, le *calice*, l'autre plus interne à feuilles vivement colorées, la *corolle*.

Le calice est le verticille de feuilles florales le plus externe, les *sépales* qui le composent sont des feuilles sessiles, insérées par une large base et recouvrant les autres organes floraux dans le bouton. Le calice est *régulier* quand tous les sépales égaux sont symétriquement placés par rapport à l'axe de la fleur, il devient fréquemment irrégulier par l'inégalité de ses pièces. On doit aussi distinguer le calice à sépales indépendants ou *dialysépale* et le calice à sépales soudés en tube, en coupe avec autant de dents qu'il y a de pièces, calice *gamosépale*. Les pièces cohérentes du calice réunies en opercules qui tombent à la floraison s'observent chez l'*Escholtzia* et certaines Myrtacées. La durée du calice est variable, chez les Papaver il est caduc, il est souvent persistant et même accrescent autour du fruit, pour lequel il devient un organe de protection (fig. 660).

Le calice de quelques Composées, de la Valériane devient une aigrette, organe de dispersion du fruit. Le calice devient pétaloïde, chez un assez grand nombre de plantes. Les fleurs d'Anémone, de Clématite, d'Aconit, de Nigelle, de Belle de nuit, empruntent leur périanthe coloré au cycle calicinal.

Le calice peut rester rudimentaire, n'être représenté que par un bourrelet ou de petites émergences comme chez la Vigne. Les sépales portent quelquefois des stipules qui s'unissent deux à deux, formant au-dessous du calice un *calicule* comme chez le *Fraisier* (fig. 663), il ne faut pas confondre cette enveloppe supplémentaire avec le calicule ou involucre des Mauves qui est formé par trois bractées rapprochées sous la fleur.

Fonctions du calice. — Le calice protège la fleur dans le bouton, il protège le fruit quand il persiste et l'entoure, il devient alors dur ou épineux, velu, il se ferme complètement sur le fruit (Physalis) ou bien ferme son orifice par une couronne de poils (Thym, fig. 37).

Chez les fleurs *cleistogames* la corolle manque ou est rudimentaire, le calice ne s'épanouit pas et protège les organes reproducteurs qui dans ces fleurs restées fermées se développent et forment des graines.

Chez les fleurs qui s'épanouissent, le calice s'ouvre par l'effet d'un allongement de la face interne (épinastie). Les sépales épanouis restent le plus souvent dans cette position; mais chez un grand nombre de plantes on observe une ouverture puis une fermeture des fleurs, à des heures fixes. La Belle de nuit ouvre ses fleurs au crépuscule, puis les ferme pour les rouvrir de nouveau. Les *Mesembrianthemum* n'ouvrent leurs fleurs que dans le milieu du jour.

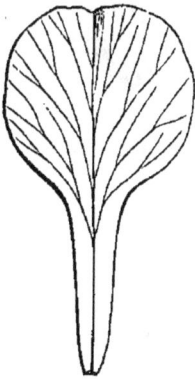

Pétale de Giroflée, limbe et onglet.

Fig. 665.

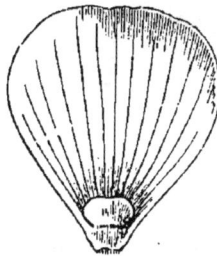

Pétale pectarifère de la Renoncule.

Fig. 666.

Pétale appendiculé d'Erythroxylon Coca.

Fig. 667.

La corolle. — Au-dessus ou en dedans du calice s'insère, sur le réceptacle, la *corolle* dont les *pétales*, sessiles ou attachés par un *onglet*, ont un limbe vivement coloré. Les pétales sont souvent plans ou concaves, parfois bossus ou pourvus d'un prolongement en éperon (*Viola, Linaria Corydalis*).

Si les pétales sont concrescents ils forment une corolle qui paraît d'une seule pièce, on la dit *gamopétale*. Quand les pétales sont libres la corolle est *dialypétale*. Comme le calice, la corolle est *régulière* ou *irrégulière*. Ordinairement les pétales forment un verticille unique d'un nombre variable de pièces, souvent 3, 4, 5 ; mais il arrive aussi que les pétales s'insèrent suivant une spire sur le réceptacle et alors leur nombre devient indéfini (Cactées, Nenuphars, Calycanthus). La corolle est généralement caduque, rarement elle persiste autour du fruit comme le calice. Chez la Vigne elle forme un opercule qui tombe au moment de la floraison. La corolle porte parfois, au point d'union de l'onglet et du limbe, un certain nombre de franges formant une *couronne* (fig. 672).

Fleur irrégulière de *Corydalis*, 4 pétales, le supérieur portant un long éperon.

Fig. 668.

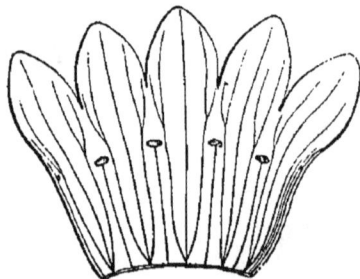

Corolle gamopétale.

Fig. 669.

Suivant sa forme la corolle a reçu dans la botanique descriptive des dénominations particulières ; les formes les plus ordinaires sont :

Chez les *Dialypétales* :

Corolle rosacée, pétales étalés en rosace (fig. 673).

Corolle cruciforme, quatre pétales en croix à onglet allongé (fig. 574).

Corolle caryophyllée, cinq pétales étalés, à onglet long enfermé dans le tube calicinal (fig. 675).

Corolle papilionacée (fig. 676).

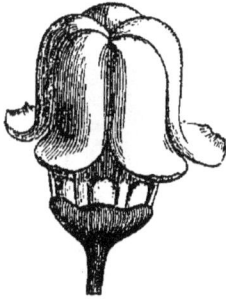

Bouton de Vigne.

Fig. 670.

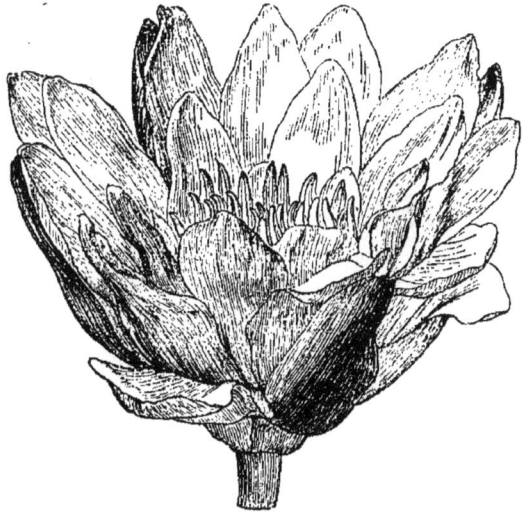

Fleur de Nénuphar, pétales nombreux insérés
suivant une spire.

Fig. 671.

Corolles irrégulières. Pièces inégales (*Viola*).

Fleur de Laurier-rose appendiculée à la
gorge (couronne).

Fig. 672.

Corolle rosacée.

Fig. 673.

Chez les *Gamopétales* :
Corolle tubuleuse, cylindrique ou à peu près.

Corolle campanulée, corolle dilatée dès la base en cloche (fig. 678).

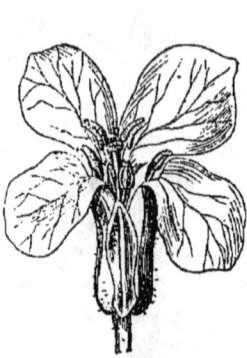

Corolle cruciforme.

Fig. 674.

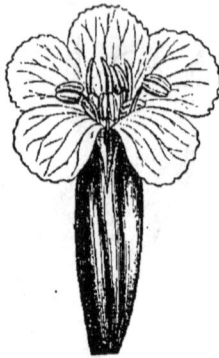

Corolle caryophylléc.

Fig. 675.

Corolle papilionacéc.

Fig. 676.

Corolle infundibuliforme. En entonnoir, c'est-à-dire dilatée en cóne, Liseron (fig. 679).

Corolle tubuleuse.
Grande Consoude.

Fig. 677.

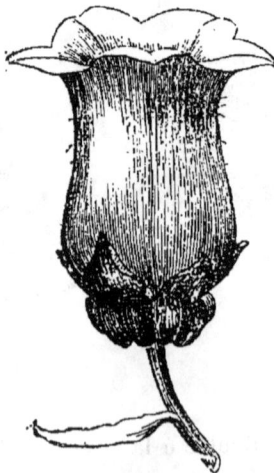

Corolle campanulée.

Fig. 678.

Corolle infundibuliforme.
Liseron.

Fig. 679.

Corolle urcéolée en forme de grelot (Arbousier) (fig. 680).

Corolle rotacée, tube court ou nul, limbe en roue (Solanum).
Corolle. hypocratériforme ou *hypocratérimorphe*, tube brus-

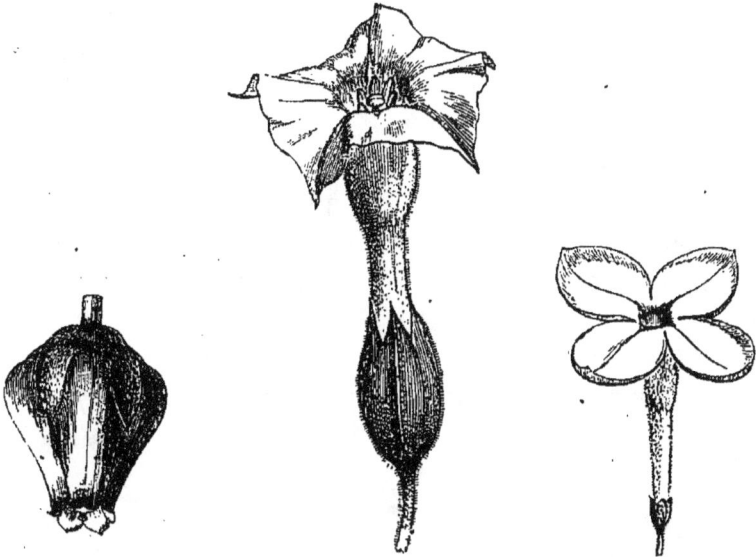

Corolle urcéolée.
Arbousier.

Fig. 680.

Corolles en coupe (hypocratériformes). Tabac
et Lilas.

Fig. 681-682.

quement dilaté en coupe (Pervenche, Jasmin, etc.) (fig. 681).
Corolle personnée en forme de mufle (fig. 683).

Corolle personnée.
Fig. 683.

Corolle labiée.
Fig. 684.

Corolle ligulée.
Fig. 685.

Corolle labiée, tube dilaté supérieurement en deux lèvres.

Corolle ligulée, le tube se dilate en un limbe déjeté en dehors.

Préfloraison. Diagrammes. — Les pièces florales se casent, dans le bouton, suivant une série de combinaisons qui peuvent être facilement étudiées sur des coupes transversales et figurées en plan.

Les préfloraisons les plus habituelles sont :

La *préfloraison valvaire.* — Les pièces florales se touchent par des bords qui ne se recouvrent pas. Ces bords peuvent être repliés en dedans, *indupliqués* ou repliés en dehors, *rédupliqués.*

La *préfloraison tordue.* — Chaque feuille florale est couverte par un de ses bords et couvrante par l'autre (fig. 686).

Préfloraison tordue. Préfloraison imbriquée Préfloraison imbriquée
                           alternative.   quinconciale.

Fig. 686.   Fig. 687.   Fig. 688.

La *préfloraison imbriquée.* — Certaines pièces sont complètement couvertes, d'autres complètement couvrantes, d'autres enfin couvertes par un bord, couvrantes par l'autre.

La préfloraison imbriquée représente quelques variétés :

a. *Préfloraison imbriquée alternative.* — Deux pièces intérieures, deux extérieures.

b. *Préfloraison imbriquée quinconciale.* — Deux pièces extérieures, deux intérieures, la cinquième recouverte d'un côté, recouvrante de l'autre (fig. 688).

c. *Préfloraison imbriquée vexillaire*, de la corolle des Papilionacées. L'étendard enveloppe les deux ailes qui recouvrent les deux pièces de la carène (fig. 689).

d. *Préfloraison imbriquée cochléaire.* Une pièce extérieure, une intérieure, les trois autres moitié couvertes moitié couvrantes (fig. 690).

On représente facilement sur un diagramme le type de préfloraison des pièces florales, on peut aussi y marquer les principaux caractères de nombre et de position des parties de la fleur. C'est à l'aide de ces plans que l'on peut facilement comparer les diverses organisations florales.

Pour construire un diagramme : sur une série de cercles concentriques, on place les signes conventionnels des pièces florales en tenant compte de leurs relations.

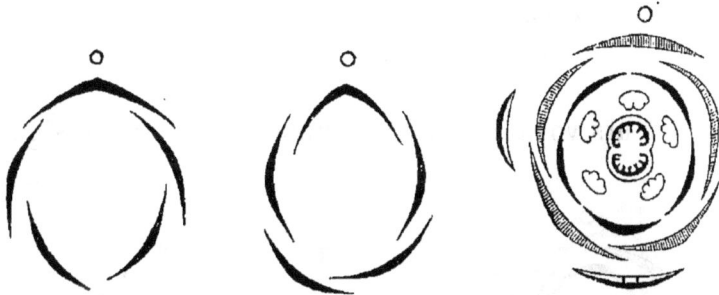

Préfloraison vexillaire (Papilionacée).

Préfloraison cochléaire (Césalpiniées).

Douce-amère.

Fig. 689.

Fig. 690.

Fig. 691.

Nectaires. Fonctions de la corolle. — Des glandes accumulant sur certains points de la fleur du saccharose en laissant exsuder un liquide sucré s'appellent des *nectaires*. Sur le réceptacle ces nectaires forment le *disque;* sur les autres pièces florales les nectaires sont très différemment répartis : à la base des sépales, pétales, le liquide s'accumulant souvent dans des fossettes ou des éperons; sur les étamines qui peuvent se consacrer entièrement à cette fonction de sécrétion et ne plus porter d'anthères; sur les carpelles eux-mêmes. Enfin les stigmates sécrètent aussi des liquides sucrés. Ces liquides sont récoltés par les Insectes et deviennent le miel des Hyménoptères. Les nectaires constituent aussi une réserve de sucre utilisé par les ovules. Les fleurs, qui sont ainsi visitées par les insectes, sont pollinisées par ces animaux qui deviennent les

agents de la fécondation croisée, en transportant le pollen d'une
fleur à l'autre au cours de leur récolte.

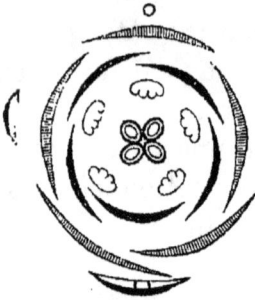

Anchusa italica.
Fig. 692.

Cyclamen.
Fig. 693.

Les couleurs voyantes et les parfums des fleurs les signalent

Plantago major.
Fig. 694.

Lobelia urens.
Fig. 695.

de loin aux insectes qui butinent, et l'on admet volontiers que

Valeriana officinalis.
Fig. 696.

Fedia cornucopiæ.
Fig. 697.

la pollinisation plus fréquente des formes plus en vue, plus

Galium aparine.
Fig. 698.

Fraisier.
Fig. 699.

attrayantes, plus conformes aux organes des pollinisateurs, a

Geranium robertianum.
Fig. 700.

Pelargonium capitatum.
Fig. 701.

par une sélection prolongée, créé une série d'adaptations des

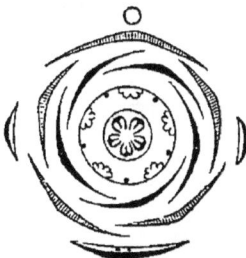

Lin.
Fig. 702.

Haricot.
Fig. 703.

plus remarquables. Il est probable que la fleur et l'insecte mellivore se sont développés parallèlement, se façonnant l'un l'autre

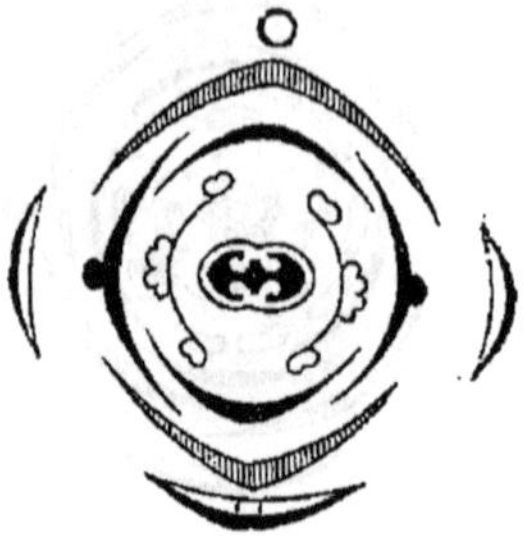

Diclytra.
Fig. 704.

Vigne.
Fig. 705.

par une action réciproque; mais il est certain que les nectaires

Violette.
Fig. 706.

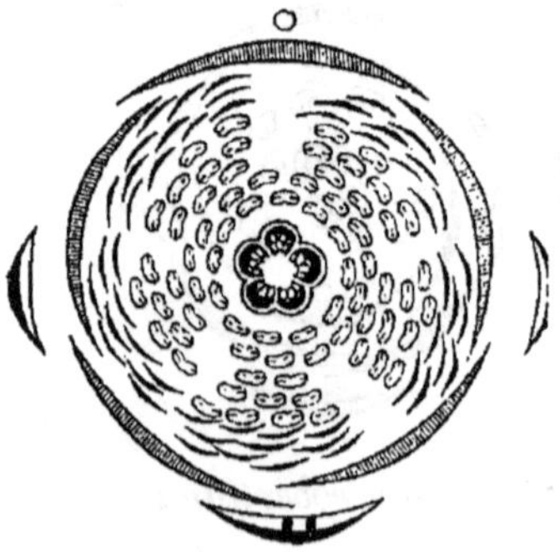

Mésembryanthème.
Fig. 707.

font vivre quantité d'insectes et que d'autre part, sans l'inter-

Cneorum tricocum.
Fig. 708.

Lis.
Fig. 709.

vention de ces animaux, beaucoup de plantes seraient absolument stériles.

La corolle protège aussi les organes reproducteurs comme le calice, elle doit aider à éloigner des anthères, du pistil et du nectar les insectes nuisibles, Mollusques, Fourmis, elle y arrive par des poils rudes, visqueux, des surfaces lisses, etc. Beaucoup de fleurs se ferment pendant la pluie, le pollen et le nectar ne sont alors ni détériorés ni entraînés par l'eau.

Ricin.
Fleurs femelles terminales, les fleurs mâles en dessous.
Fig. 710.

Les fleurs qui déploient leur corolle le soir sont visitées par des Insectes nocturnes attirés, le plus souvent, par des parfums émis à ce moment ; adaptées à ce genre de pollinisation, elles ont tout intérêt à rester fermées pendant le jour. Le plus grand nombre des corolles s'ouvrent le jour et se ferment le soir, à des heures très variables avec les espèces.

Les fleurs apétales ou à pétales rudimentaires se rencontrent chez les plantes qui, le plus souvent, confient de grandes quantités de pollen au vent chargé de le transporter sur les stigmates, ce sont des plantes dites *anémophiles;* les plantes à

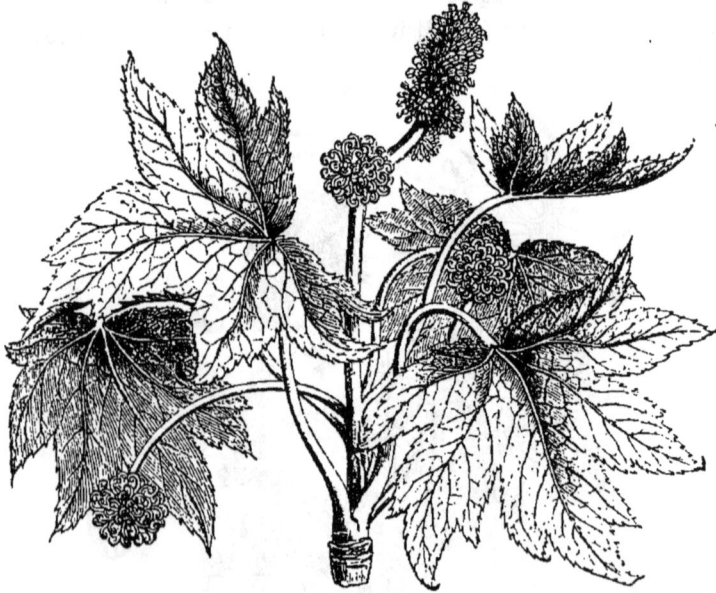

Liquidambar styraciflua.
Fleurs mâles terminales; fleurs femelles en capitules globuleux.
Fig. 711.

corolle brillante ou odorante étant généralement *entomophiles.*

Les organes reproducteurs. — Les éléments qui concourent directement à la reproduction sont : les étamines dont l'ensemble, l'*androcée,* est l'organe mâle et les carpelles formant le *pistil* ou organe femelle.

L'*étamine* est une feuille modifiée dont le pétiole devient le *filet,* le limbe très réduit est le *connectif* portant les *sacs polliniques.* Le connectif et les sacs qui y sont attachés s'appellent aussi l'*anthère* (fig. 718).

Le filet prend des dimensions et des formes très variées, il peut aussi manquer et l'*étamine* est alors sessile. Le connectif

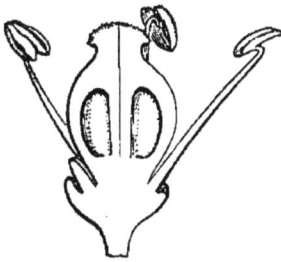

Étamines et pistil, coupe de
la fleur de la Vigne.

Fig. 712.

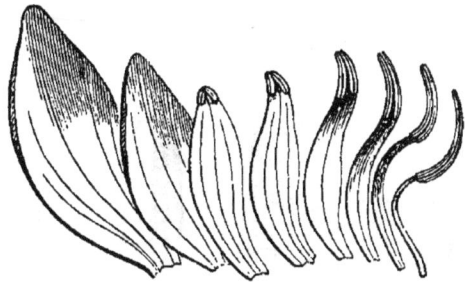

Transition des pétales et des étamines
dans le Nénuphar blanc.

Fig. 713.

qui sépare les deux paires de sacs est souvent très réduit ; mais

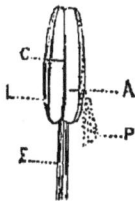

Étamine. F, filet ; A, anthère ;
C, connectif ; L, loge ; P, pollen.

Fig. 714.

Étamine du Laurier-
rose ; connectif pro-
longé en un appen-
dice barbu.

Fig. 715.

Connectif prolongé
en un appendice
(Pervenche).

Fig. 716.

parfois il s'élargit en forme de feuille, il est très court chez les

Graminées, les sacs le dépassent en haut et en bas ; mais il

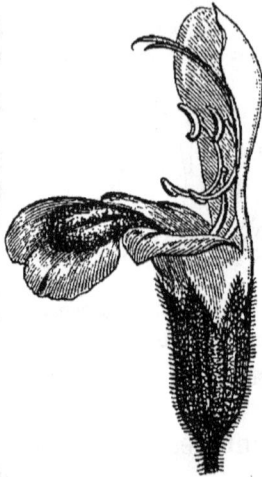

Les deux étamines de la
Sauge.

Fig. 717.

Étamine d'Iris, an-
thère basifixe.

Fig. 718.

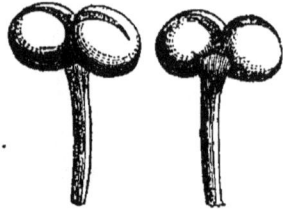

Étamine de Mercuriale,
déhiscence transver-
sale.

Fig. 719.

devient très long dans la fleur du Laurier-rose où il dépasse
longuement les sacs (fig. 715).

Anthère déhiscente
par des pores
(Azalée).

Fig. 720.

Déhiscence par
une valve.

Fig. 721.

Étamine à anthère
oscillante.

Fig. 722.

Étamine du
Pin sylvestre.

Fig. 723.

Chez les Sauges le connectif prend l'apparence d'un fléau de balance oscillant sur·le filet et portant deux sacs polliniques sur une seule de ses extrémités (fig. 717).

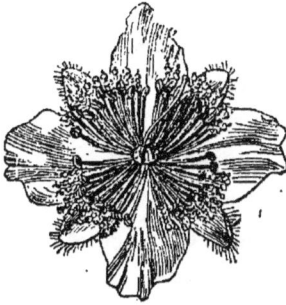

Étamines ramifiées (fleur méristémone)
Sparmania.

Fig. 724.

Étamine d'Euphorbe à filet articulé, regardée comme une fleur mâle ; *b*, bractée.

Fig. 725.

Quand le filet se continue directement avec le connectif,

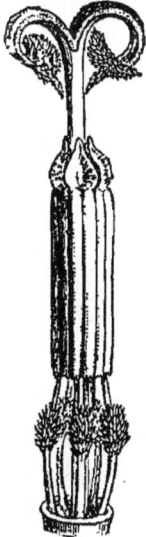

Androcée des Synanthérées, étamines rapprochées par les anthères.

Fig. 726.

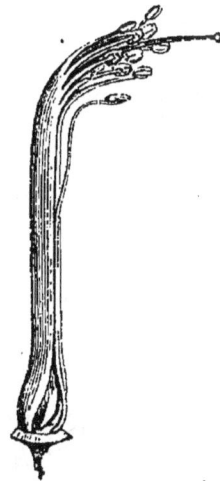

Androcée de Papilionacées, étamines diadelphes 9+1.

Fig. 727.

l'anthère est *basifixe*, elle est *oscillante* si, attachée par un point seulement, elle oscille facilement comme sur un pivot (fig. 722).

Le nombre des sacs polliniques est ordïnairement de quatre, deux de chaque côté, l'anthère est alors *biloculaire*. Quand l'anthère regarde le centre de la fleur elle est *introrse*, elle est *extrorse* quand sa face est tournée vers l'extérieur. Les sacs s'ouvrent par une déchirure de la paroi externe, une seule déchirure ouvre généralement les deux sacs voisins, en suivant le sillon qui les sépare, c'est une déchirure *longitudinale*.

Chez les Solanum, les Éricacées (fig. 720), il se fait au sommet de l'anthère deux trous ou pores, c'est une déhiscence *poricide*. Chez les *Berberis*, *Laurus*, un panneau se découpe et se soulève comme une valve (fig. 721).

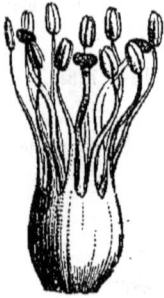

Androcée gamostémone. *Erythroxylon Coca.*

Fig. 728.

Androcée gamostémone (Oranger).

Fig. 729.

Fleur mâle de Ricin, étamine ramifiée.

Fig. 730.

Les étamines peuvent comme les pièces de la corolle se souder et former, par la confluence de leur filet, un tube, l'androcée est alors *gamostémone* (*Citrus*, *Oxalis*, *Genista*, etc.), les étamines se groupent aussi par faisceaux (*Polygala*). Il ne faut pas confondre les groupes d'étamines avec les *étamines ramifiées* (*Ricinus*, *Tilia*, *Malva*, etc.). Enfin chez les *Synanthérées*, *Lobéliacées*, etc., les étamines peuvent se rapprocher assez pour adhérer par les anthères (fig. 726); mais ces étamines peuvent alors se décoller sans déchirure. Souvent l'androcée est concrescent avec la corolle, c'est ce qui s'observe chez presque toutes les Gamopétales.

Structure de l'anthère. — L'anthère présente un *revêtement* externe de nature *épidermique*, à l'intérieur un parenchyme qui se différencie au centre en îlots de *cellules mères* du pollen, entourées par une assise de *cellules nourricières* se détruisant pour alimenter la croissance des grains de pollen, ces massifs de cellules forment généralement quatre îlots, correspondant aux quatre sacs polliniques des anthères les plus ordinaires, dites *biloculaires*, parce que ces sacs se fusionnent deux à deux de manière à ne former qu'une loge de chaque côté, lors de la déhiscence.

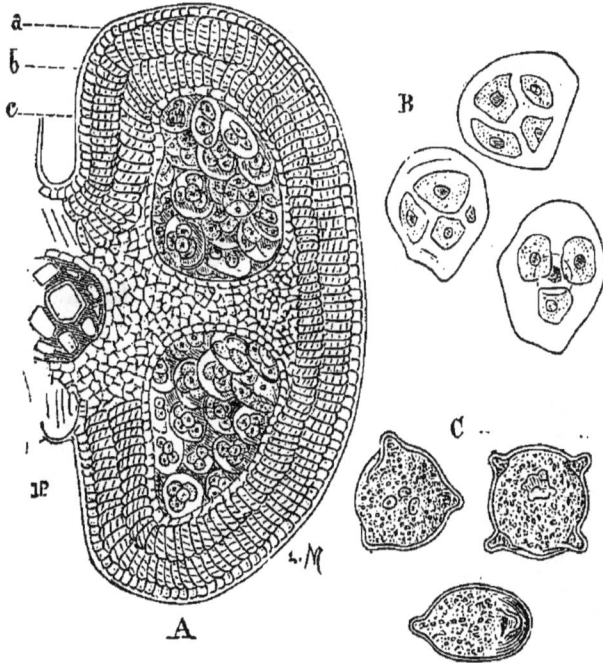

Anthère de *Fuchsia*. A, coupe d'une demi-anthère montrant deux sacs avec cellules mères; B, cellules mères isolées ; C, grains de pollen (Beauregard et Galippe).

Fig. 731.

Autour des cellules mères et des cellules nourricières, une couche moyenne de parenchyme ne tarde pas à être résorbée, tandis qu'une *assise* externe *sous-épidermique* persiste, formée le plus souvent de cellules avec des épaississements en bandes (*Cellules fibreuses* de M. Chatin) cette couche joue un rôle important dans la déhiscence : sous l'influence de la dessiccation, ces cellules inégalement épaissies déterminent une courbure en dehors ou en dedans des bords de la fente et partant son ouverture.

La coupe transversale de l'anthère montre aussi au milieu la *section du connectif* où se trouve le faisceau de tissu conducteur alimentant l'étamine (fig. 732).

Formation des grains de pollen. — Les cellules mères du pollen se distinguent de bonne heure dans les jeunes anthères où elles forment des massifs cylindriques, terminés en fuseau aux deux bouts, leur membrane s'épaissit et présente des couches concentriques. Chez beaucoup de Monocotylédones les cellules mères s'isolent par la dissolution de la lame moyenne de leur membrane, ailleurs elles restent adhérentes et forment un tissu à éléments polyédriques. *Les cellules mères forment les grains de pollen en se divisant en quatre*, soit par deux bipartitions successives, soit par l'établissement simultané de deux cloisons rectangulaires entre quatre nouveaux noyaux. Les quatre cellules filles sont le plus souvent en tétraèdre, rarement dans le même plan.

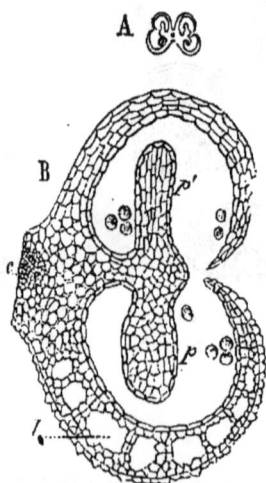

A, coupe d'une anthère; B, coupe d'une des loges; C, faisceau du connectif (Chatin).

Pollen de Lis.

Pollinie d'Orchidées
r, rétinacle.

Fig. 732.   Fig. 733.   Fig. 734.

Les cloisons qui séparent les quatre cellules filles se gélifient dans leur partie moyenne et les jeunes cellules ou grains de pollen, se trouvent bientôt en liberté dans un liquide nutritif, formé par la dissolution des cellules nourricières. Dans ce liquide les grains acquièrent leur structure définitive.

La membrane du pollen ne prend parfois qu'un faible développement, elle reste uniformément mince : dans d'autres cas elle s'épaissit uniformément, on peut alors lui distinguer une couche externe cutinisée et une couche interne de cellulose pure ; enfin la membrane devient double par un développement en deux temps, la partie externe est *l'exine* et la partie interne *l'intine*.

Le pollen forme généralement une poussière, chaque grain est sphérique ou ovoïde ; mais aussi cubique, cylindrique, triangulaire, variant de 8 μ (Ficus elastica) à 200 μ (Cucurbita) de couleur ordinairement jaune. La surface est souvent ornée par des sculptures complexes. Le Pin a un pollen remarquable par deux grandes ampoules latérales, creusées dans l'épaisseur même de la paroi et fonctionnant comme flotteurs pour faciliter le transport par le vent. Par places la membrane n'est pas épaissie et forme ainsi des *pores* et des *plis* qui favoriseront l'absorption des liquides et le développement ultérieur du grain en tube.

Les grains de pollen ne sont pas toujours isolés, ils restent groupés par 4 chez les *Erica*, les *Typha*, par 4, 8, 16, 32, 64, chez les différents *Acacia* et *Mimosa*. Enfin chez la généralité des Orchidées et chez les Asclépiadées, tous les grains d'un même sac et même de deux sacs voisins, se soudent en une masse compacte appelée *pollinie*, qui est réunie à une petite masse gluante, *rétinacle*, par un prolongement grêle, *caudicule*, disposition en rapport avec le transport du pollen par les insectes (fig. 734).

Le grain de pollen des Angiospermes divise son contenu en deux cellules, l'une petite est la *cellule génératrice*, l'autre plus grande est la *cellule végétative*. Dans la majorité des cas la *cellule génératrice* devient libre dans le grain de pollen, elle se réduit souvent au noyau, elle devra subir encore une bipartition (voy. *Fécondation*). Chez les *Gymnospermes* la division du grain de pollen est plus compliquée et plus évidente, la cloison s'affermit et devient cellulosique, chez ces plantes la grande cellule devient le tube pollinique, la petite ou le groupe des petites cellules ne prend pas d'accroissement (fig. 737).

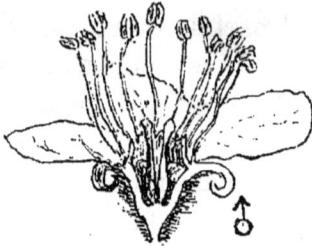

Brayera anthelminthica.
Fleur mâle avec pistil abortif.   Fleur femelle avec androcée stérile.

Fig. 735.   Fig. 736.

Staminodes. — Les pièces de l'androcée ne se développent pas toujours en étamines normales, ces pièces peuvent rester

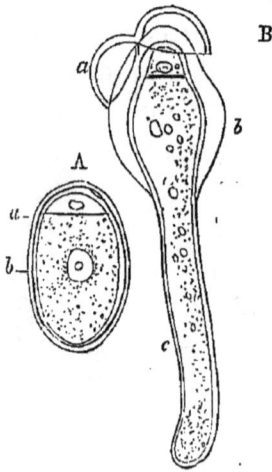

Pollen du *Cupressus*. A, un grain avec ses deux cellules; B, boyau pollinique.

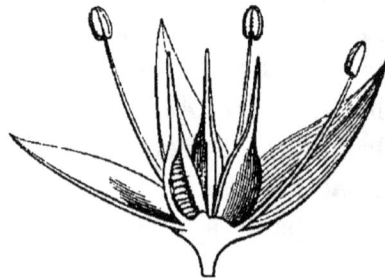

Fig. 737.   Carpelles indépendants (*Crassula*).

Fig. 738.

rudimentaires, ce qui arrive souvent chez certaines fleurs dites femelles par avortement (*Ceratonia, Chamaerops*, Cucurbitacées). Ces organes ont alors un certain intérêt et l'on doit en tenir compte dans l'étude morphologique de la fleur. On nomme *staminodes* les étamines qui ne présentent plus de pollen;

mais occupent seulement une place déterminée sur le réceptacle, les sacs polliniques ne paraissent pas même à l'état de
vestige et le filet prend des formes et des dimensions que
justifie souvent une fonction particulière. Les staminodes
deviennent parfois des pétales complémentaires (Canna, labelle de la fleur du Gingembre), des nectaires ou des organes
sur la signification desquels on n'est pas toujours fixé.

Dans beaucoup d'androcées irréguliers certaines étamines
se développent moins que les autres : la cinquième étamine
des Solanées devient petite chez les *Verbascum* puis disparaît
chez les Scrofulariées.

Le pistil. — La feuille florale transformée en *carpelle* est
l'élément qui forme le *pistil* ou organe femelle occupant le

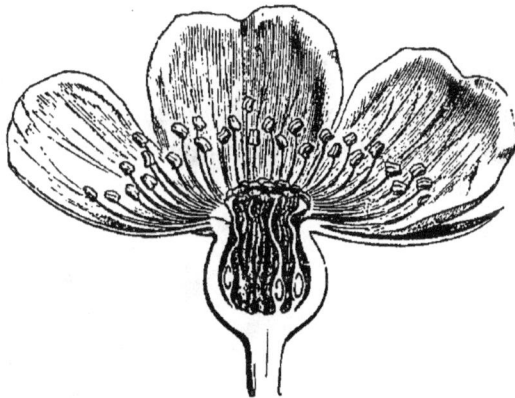

Pistil à carpelles indépendants (*Rosa*).

Fig. 739.

centre de la fleur. Un carpelle unique constitue parfois à lui
seul cet organe ; mais le plus souvent 2-3-4-5 ou un très grand
nombre de carpelles se groupent sur le réceptacle formant au
centre de la fleur un verticille ou plusieurs cycles ; ces éléments
du pistil peuvent alors se toucher sans contracter d'adhérences,
ou bien au contraire s'unir par quelqu'une de leur portion ou
même par toute leur étendue, de manière à se fusionner en un
corps unique.

Les *Ranunculus*, *Crassula*, *Rosa*, nous montrent des carpelles indépendants ; les *Crucifères*, un pistil de deux carpelles

unis ; les *Papaver*, un pistil formé par la coalescence de carpelles nombreux.

La feuille carpellaire présente généralement trois régions
nettement différenciées : le limbe de la feuille qui devient

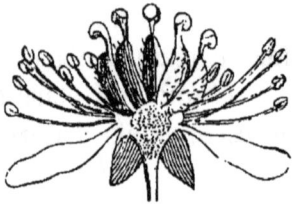

Pistil à carpelles indépendants
(Spirée).

Fig. 740.

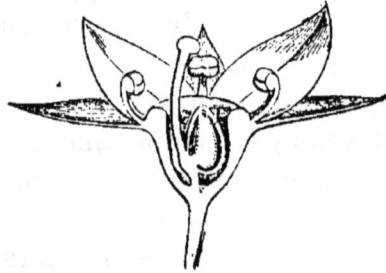

Pistil formé d'un seul carpelle
(Alchemille).

Fig. 741.

l'*ovaire*, un prolongement de la côte, le *style*, qui se termine
par un renflement papilleux, le *stigmate*.

La région ovarienne est ainsi nommée parce qu'elle porte les
ovules qui doivent devenir les graines, ces ovules naissent le

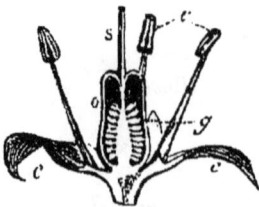

Pistil formé par la coalescence de
plusieurs carpelles (Scille).

Fig. 742.

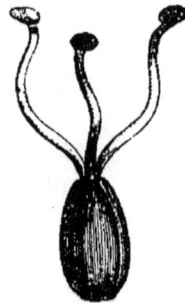

Pistil d'*Erythroxylon Coca*, trois
carpelles.

Fig. 743.

plus souvent sur les bords du carpelle qui présentent un tissu
mou particulier, *placenta* (placenta *marginal*). Le placenta
peut aussi se développer sur toute la face ventrale du carpelle en suivant les nervures, le placenta est alors *réticulé ;*
enfin si le placenta se localise sur la nervure médiane, le *placenta* est *médian.* Chez les Gymnospermes qui ont une organi-

sation bien différente de celle des autres Phanérogames, les
ovules naissent sur la face dorsale du carpelle au sommet
(*Araucaria*) au milieu (*Pinus*) ou à la base (*Cupressus*).

Le nombre et la position des ovules sur le placenta doivent
aussi être notés, quand le placenta est marginal, ce qui est très
fréquent, le carpelle porte une rangée d'ovules sur chaque bord
(*carpelle multiovulé*). Le nombre des ovules se réduit parfois et
on ne trouve plus qu'un ovule sur chaque bord et le carpelle est

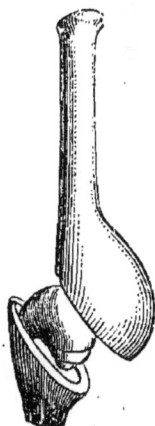

Laurier, pistil unicarpellé
uniovulé.

Fig. 744.

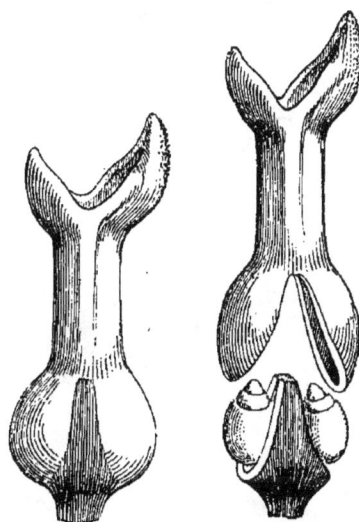

Polygala, pistil bicarpellé biloculaire, loges uniovulées.

Fig. 745.

biovulé, si un des bords ne porte pas d'ovule le carpelle devient
uniovulé.

Deux, trois ou un plus grand nombre de carpelles peuvent
s'unir pour former un pistil dans l'ovaire duquel on ne trouve
qu'un seul ovule. Chez les Composés un des deux carpelles
reste stérile, puisque l'ovaire bicarpellé est uniovulé, chez la
Rhubarbe un pistil de trois carpelles ne porte aussi qu'un ovule.

Dans l'ovaire l'ovule occupe des situations différentes et
prend des directions qui dépendent de la situation des placentas : si le placenta se développe seulement dans le bas de l'ovaire

l'ovule se dressera de bas en haut dans la cavité ovarienne, ce sera un *ovule dressé* ou ascendant; si le placenta forme le pla-

Rhubarbe, ovule orthotrope.

Fig. 746.

Hellébore, pistil unicarpellé, ovules bisériés horizontaux.

Fig. 747.

fond de l'ovaire l'*ovule* est *pendant, descendant;* il devient *ho-*

Berberis, pistil unicarpellé, placenta basilaire, ovules ascendants.

Fig. 748.

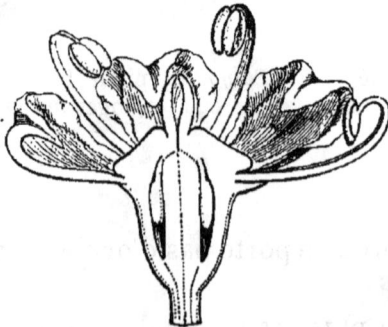

Ombellifères, ovaire infère, ovules descendants.

Fig. 749.

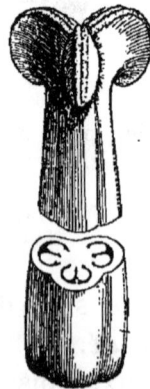

Pistil de Tulipe, trois carpelles, placentation axile.

Fig. 750.

rizontal quand il s'insère perpendiculairement sur un placenta développé sur les parois latérales de l'ovaire.

Divers degrés d'union des carpelles. — Beaucoup de fleurs présentent un pistil formé de carpelles indépendants en nombre variant de 1 à 100 et au delà, ces carpelles placés les uns à côté des autres sur le réceptacle, ne contractent aucune adhérence entre eux (*Ranunculus, Clematis, Fagonia, Rubus*); mais il arrive aussi que les pièces homologues de ces carpelles se soudent, on voit alors chez les *Ruta, Vinca, Nerium,* 5 ou

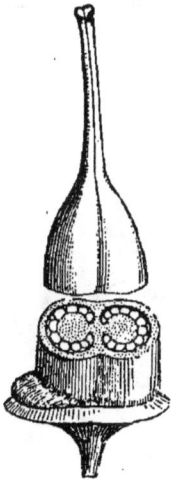

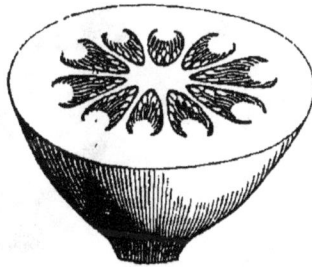

Pistil de Scrophulaire, deux carpelles, placentation axile.	Ovaire cloisonné à placentation pariétale des Mésembryanthèmes.	Pistil de Viola, placentation pariétale.
Fig. 751.	Fig. 752.	Fig. 753.

2 styles réunis en un seul, alors que la région ovarienne est encore formée de pièces indépendantes. Dans d'autres cas plus fréquents les ovaires se rapprochent, soudent leurs parois, formant ainsi un ovaire composé et cloisonné, le nombre des loges indique le nombre de carpelles soudés. Les placentas marginaux conservant leur position, on les trouve groupés autour de l'axe de l'ovaire, la placentation est alors *axile*, c'est le cas le plus ordinaire, mais si les placentas sont développés sur la nervure du carpelle, s'ils sont médians, ce qui est rare, l'ovaire cloisonné a des placentas pariétaux (*Mesembryanthemum*), si les placentas occupent la face du carpelle la placen-

tation devient septale (*Nuphar*). Un degré de plus de concrescence se manifeste chez les ovaires formés par la réunion de *carpelles ouverts* et soudés bord à bord, circonscrivant une cavité unique comme chez les Orchidées, les *Viola*, *Reseda*. Les placentas se trouvent alors reportés sur les parois, une ligne placentaire alterne avec une nervure carpellaire et le nombre des carpelles composant se trouve indiqué par le nombre de ces placentas formés par la coalescence de deux placentas marginaux des feuilles carpellaires unies à ce niveau. Si dans

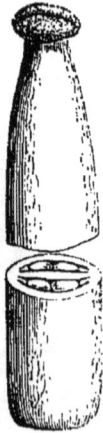

Pistil de Crucifères, placentation pariétale et cloison placentaire.

Fig. 754.

Pistil de Pavot, lames placentaires couvertes d'ovules.

Fig. 755.

un ovaire ainsi formé par la coalesence bord à bord des carpelles, les placentas ne se développent qu'à la base, formant une éminence sur le plancher de l'ovaire, les ovules se trouvent attachés sur un corps placentaire occupant le centre de cet ovaire, la *placentation* est alors *centrale* comme chez le *Primula* (fig. 753). Il ne faut pas confondre cette placentation centrale avec la placentation de beaucoup de *Caryophyllées*, qui paraît aussi centrale par suite de la destruction précoce des faces latérales des carpelles qui devaient former les cloisons, les bords des carpelles se trouvant ainsi réunis dans l'axe du pistil, mais séparés de la face externe de l'ovaire.

L'ovule est une émergence du carpelle, quelques cellules des tissus sous-épidermiques se cloisonnent et forment bientôt

Pistil de *Primula*, placentation centrale.

Fig. 756.

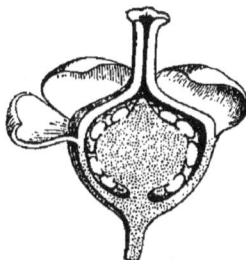

Samolus, placenta central.

Fig. 757.

une protubérance qui se dessine sur le placenta. La partie centrale de cette émergence s'appelle le *nucelle*, c'est dans son intérieur que se formeront les corpuscules qui joueront

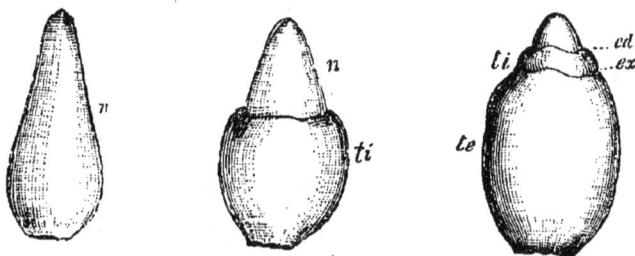

Développement d'un ovule orthotrope ; *n*, nucelle ; *ti*, tégument interne ;
le, tégument externe.

Fig. 758.

le rôle femelle dans la formation de l'œuf ; le *nucelle*, organe reproducteur femelle, est donc l'équivalent du *sac pollinique* de l'étamine, organe reproducteur mâle. Le nucelle est rarement à nu sur le placenta (Santalacées), il s'attache au placenta par un *funicule* qui est parcouru par des vaisseaux, le nucelle est recouvert par une expension latérale du funicule, relevée en forme de sac et constituant le *tégument* simple ou double (fig. 758). Le tégument laisse le sommet du nucelle accessible, cette ouverture est le *micropyle*.

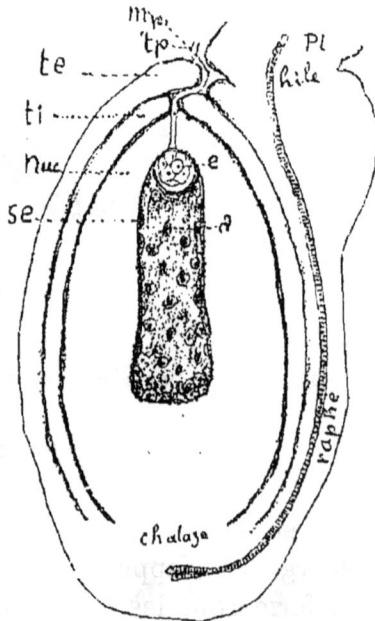

Ovule anatrope fécondé. *Nuc*, nucelle; *se*, sac embryonnaire; *e*, embryon; *a* albumen; *ti*, tégument interne; *te*, tégument externe; *mp*, micropyle; *tp*, tube pollinique.

Fig. 759.

On appelle *chalaze* le point où le nucelle se différencie du funicule, et *hile* la surface d'insertion de l'ovule sur son funicule et aussi la surface d'insertion du funicule sur le placenta.

Formes diverses de l'ovule. — L'ovule peut être *droit, courbé* ou *réfléchi* quand l'ovule est *droit* ou *orthotrope*, le corps du nucelle est droit, dans le prolongement du funicule, le micropyle est opposé au hile (fig. 757), cette forme est la plus rare, on la note chez les Polygonées, *Rheum, Polygonum*, etc., les *Urtica, Juglans, Piper, Cistus*.

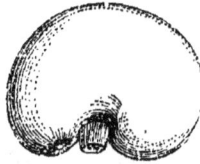

L'ovule *courbé* ou *campylotrope* est courbé tout entier en forme d'arc ou de fer à cheval, le *micropyle* se rapproche du *hile;* cette forme s'observe chez les Crucifères, Caryophyllées, Chénopodiacées, Solanées, Légumineuses, etc.

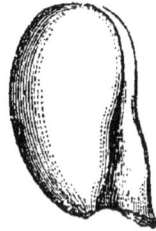

L'ovule *réfléchi* ou anatrope est la forme la plus ordinaire, le corps de l'ovule, nucelle et téguments, reste droit, mais se retourne de manière à ramener le *micropile*, contre le funicule, l'ovule ayant fait un demi-tour sur lui-même. Le funicule forme sur un côté un cordon qui y adhère et porte le nom de *raphé* (fig. 762).

Ovule droit ou ortho- trope.	Ovule courbé ou cam- pylotrope.	Ovule réfléchi ou ana- trope.
Fig. 760.	Fig. 761.	Fig. 762.

Entre ces formes typiques il y a des intermédiaires : demi-campylotrope, demi-anatrope.

Structure du nucelle. — Le nucelle des Angiospermes contient toujours vers son sommet une cellule plus grande, allongée avec un noyau volumineux, c'est le *sac embryonnaire*, homologue du grain de pollen. Dans le sac embryonnaire on distingue en haut trois cellules sans membrane de cellulose, l'une d'elles, au-dessous des deux autres, est l'*oosphère* destinée à recevoir l'élément mâle et à constituer avec lui l'œuf, les deux cellules qui l'accompagnent se nomment les *synergides*, elles jouent un rôle éphémère et disparaissent dans la fécondation, elles peuvent cependant dans certains cas être fécondées aussi et donner un embryon. En bas du sac embryonnaire, sur le plancher, se trouvent trois cellules revêtues de cellulose, ce sont les *antipodes*, enfin le sac embryonnaire possède son noyau (fig. 768, s^5).

Ces éléments contenus dans le sac embryonnaire se forment

de la manière suivante (fig. 768): le noyau du jeune sac se divise en deux noyaux qui occupent bientôt les deux extrémités du sac. L'un et l'autre noyau se divisent de nouveau, les deux noyaux supérieurs et les deux noyaux inférieurs, ainsi constitués, se divisent encore une fois et le sac contient alors deux tétrades de noyaux disposées en tétraèdres. Les trois noyaux supérieurs de la tétrade supérieure deviennent les deux synergides et l'oosphère, les trois noyaux inférieurs de la tétrade inférieure deviennent les trois antipodes; enfin le quatrième noyau du haut et le quatrième noyau d'en bas se rapprochent l'un de l'autre et constituent

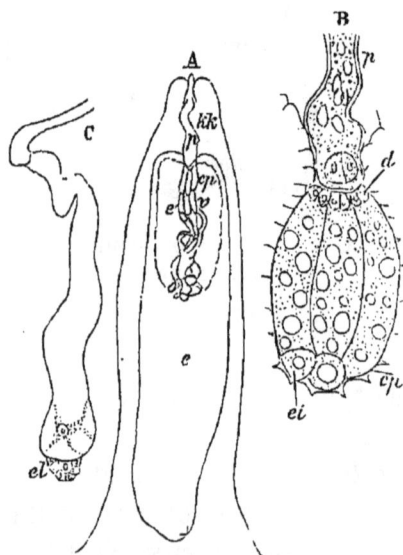

Juniperus, d'après Hofmeister. — A, section longitudinale du nucelle ; *p*, tube pollinique ; *e*, endosperme ; *cp*, les corpuscules ; *v*, les proembryons. — B, trois corpuscules, dans deux l'oosphère fécondée *ei* occupe l'extrémité inférieure ; *d*, rosette couronnant le corpuscule ; *p*, tube pollinique. — C, extrémité du proembryon avec le début de l'embryon *el*.

Fig. 763.

un noyau unique appelé *noyau secondaire du sac*, qui par sa division ultérieure deviendra le point de départ de l'*albumen*, pendant que l'oosphère fécondé se cloisonnera pour édifier l'*embryon* (fig. 768 *s*¹, *s*², *s*³, etc.).

Chez les Gymnospermes (Conifères, Cycadées, Gnétacées) l'ovule toujours droit est plus compliqué : le sac embryonnaire se remplit de bonne heure de cellules dont la masse compacte constitue l'*endosperme*. Certaines cellules de cet endosperme appelées *corpuscules* sont plus grandes et couronnées chacune par une petite *rosette* (fig. 763, B), le protoplasma des corpuscules reste homogène, mais ce corpuscule se divise en une petite cellule supérieure, *cellule du canal du col*, et une grande cellule inférieure qui d'oosphère deviendra œuf après la fécondation.

Fécondation. — Chez les Phanérogames la fécondation qui donne naissance aux œufs résulte de l'action du pollen sur l'ovule. On peut reconnaître cinq phases successives dans l'accomplissement de cette fonction spéciale des organes reproducteurs : 1° transport du pollen sur le stigmate (*pollinisation*); 2° germination du grain de pollen sur le stigmate; 3° pénétration du tube pollinique dans la cavité ovarienne, dans le micropyle de l'ovule, jusqu'au sac embryonnaire; 4° passage du *noyau mâle* dans l'oosphère; 5° copulation du *noyau mâle* avec le *noyau femelle*, par suite constitution de l'œuf.

Pollinisation. — La pollinisation s'effectue : 1° par le contact direct des anthères avec le stigmate (pollinisation directe); 2° par la dissémination des grains de pollen dans l'atmosphère par le vent (plantes anémophiles); 3° par l'intermédiaire des insectes.

La *pollinisation directe* résulte souvent de la conformation même de la fleur, les étamines laissent tomber le pollen sur le stigmate; mais la pollinisation directe est surtout bien évidente chez les fleurs qui ne s'ouvrent pas, qui conservent l'apparence d'un bouton, ces *fleurs dites cleistogames* ont très peu de pollen; mais ces quelques grains germent souvent, alors qu'ils sont encore enfermés dans le sac pollinique et atteignent directement l'ovule, dans certains cas le stigmate s'applique étroitement contre l'anthère. On rencontre des fleurs cleistogames chez les *Viola, Vicia, Trifolium, Lamium, Salvia*, etc.

Pollinisation par des intermédiaires. — La *fécondation croisée* donnant des produits plus nombreux et plus forts, il n'est pas étonnant de rencontrer, chez les plantes, de nombreuses adaptations en vue d'éviter l'*autofécondation*, et la *pollinisation directe* n'est pas aussi fréquente qu'on serait porté à le croire d'après l'inspection superficielle des fleurs. Le plus souvent, dans les fleurs hermaphrodites, les organes reproducteurs ont des dimensions, des formes qui les éloignent l'un de l'autre. Fréquemment il existe un défaut de simultanéité entre le développement des étamines et du pistil; si les étamines devancent les carpelles, la fleur est *protandre;* si le pistil est mûr le premier, la fleur est *protogyne;* dans l'un et l'autre cas le pollen ne pourra atteindre les ovules de la fleur où il s'est produit. La pollinisation chez ces plantes, appelées *dichogames*, ne peut être qu'indirecte. Chez les fleurs unisexuées le pollen doit forcément être apporté d'une autre fleur, ou même d'un autre individu chez les espèces dioïques.

Dissémination du pollen par le vent. — Les fleurs pollinisées par le vent n'ont pas de couleurs brillantes (Conifères, Cupulifères, Palmiers, Graminées, etc.), mais produisent des quantités énormes d'un pollen léger. Ces plantes *anémophiles* fleurissent souvent de bonne heure, avant la pousse des feuilles qui deviendraient des obstacles à l'arrivée du pollen sur les stigmates (*Populus, Betula, Quercus, Corylus*, etc.).

Pollinisation par les insectes. — On peut expliquer par des rapports avec les insectes la forme d'un grand nombre de fleurs, la fleur s'adapte de façon à provoquer la visite des insectes, elle les attire par les couleurs brillantes, les parfums qui leur signalent le nectar sécrété pour eux. Il serait très long de décrire les dispositions de structure qui semblent destinées à faciliter les visites des insectes ; mais on peut facilement saisir les mécanismes principaux en jeu, en observant les plantes suivantes :

Delphinium. — Un espace compris entre les pétales supérieures et inférieures est occupé successivement par les étamines à maturité, puis par les stigmates, si bien que l'abeille en prenant le nectar dans l'éperon, par cette ouverture, y rencontre des étamines sur les jeunes fleurs et des stigmates sur les fleurs plus âgées, en allant des unes aux autres elle les pollinise forcément.

Berberis. — Les étamines sont irritables, et aussitôt qu'un

insecte les touche, elles se relèvent brusquement et saupou-
drent de pollen le visiteur.

Dianthus. — Les œillets sont le plus souvent protérandres,
les étamines font d'abord saillie hors de la corolle, puis se fa-
nent et sont remplacées par les deux stigmates,

Linum grandiflorum, L. corymbosum, L. perenne, présentent
deux formes de fleurs, les unes à longs styles et courtes étamines, les autres à longues étamines et courts styles, Darwin a

Abeilles visitant les fleurs d'Orchis et emportant des pollinies fixées
à leur tête.

Fig. 764.

démontré que ces fleurs ne sont fécondées qu'après l'action
du pollen provenant de la forme dissemblable. Les *Oxalis* présentent trois formes de fleurs.

Le *Lythrum Salicaria* présente aussi trois formes de fleurs en vue de la fécondation croisée par les insectes.

Chez les Papilionacées, les fleurs sont le plus souvent disposées pour être pollinisées par les insectes. On a surtout étudié : *Lotus, Lathyrus, Trifolium, Medicago, Genista, Phaseolus, Pisum*.

Chez les Carduacées, les étamines sont irritables et le contact d'un insecte détermine la sortie du pollen par l'orifice supérieur du cylindre staminal qui s'est brusquement abaissé.

Chez les Éricacées les appendices des étamines, rencontrés par la langue de l'abeille, déterminent l'écartement des anthères et la chute du pollen sur la tête de l'insecte.

Chez les Labiées, les *Salvia* ont des étamines à balancier déposant le pollen sur le dos de l'abeille. Beaucoup de Labiées sont dichogames ou à fleurs dimorphes.

Les *Orchidées* ont des pollinies adhérant aux insectes visiteurs (fig. 764).

Germination du grain de pollen. — Le stigmate forme à l'extrémité du style ou directement sur l'ovaire un renflement couvert de poils délicats ou de papilles et enduit d'un liquide visqueux qui retient le pollen, sa forme est très variable, il est globuleux, en entonnoir, en goupillon, pinceau. Chez les *Mimulus* il est formé de deux lamelles qui se rapprochent comme les branches d'une pince quand on les touche.

Le stigmate manque chez les *Gymnospermes*, le pollen atteint alors directement le nucelle (Conifères, Cycadées) ou est retenu par un prolongement du tube micropilaire de l'ovule (Gnétacées).

Le stigmate est le point de départ d'un *tissu conducteur* qui parcourt le style et aboutit à l'ovaire, ce tissu, formé aux dépens de l'épiderme ou de l'assise sous-jacente, est remarquable par ses éléments à parois épaisses, mais molles et en voie de gélification, si bien que les cellules finissent par être dissociées dans un mucilage, ce tissu est la voie qui conduit les tubes polliniques aux ovules. Quand le grain de pollen est arrivé sur le stigmate, il y trouve les conditions favorables à la germination, il y développe un tube qui en s'allongeant s'enfonce dans le stigmate comme dans un sol nutritif, suit le tissu conducteur du style dont il se nourrit ; il arrive ainsi dans la cavité ovarienne d'où il gagne l'ouverture micropylaire de l'ovule, s'y engage et vient s'appliquer sur le sommet du nu-celle pour atteindre le sac embryonnaire au point où se trouve l'oosphère avec les deux synergides ; le sac embryon-

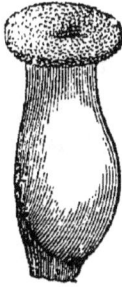

Pistil de *Berberis*, stigmate couronnant l'ovaire.

Fig. 765.

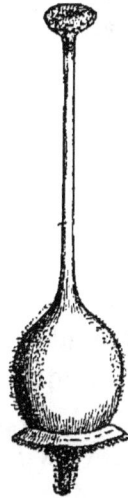

Pistil de *Primula*, stigmate à l'extrémité d'un style.

Fig. 766.

Pistil de *Coriaria myrtifolia.*

Fig. 767.

naire vient souvent à sa rencontre en résorbant le sommet du nucelle, s'insinuant dans le canal micropylaire (fig. 768).

Chaque ovule reçoit un tube. Le temps employé par le tube pollinique pour arriver au sac embryonnaire varie beaucoup, il est de un à trois jours chez beaucoup de plantes ; chez les Orchidées les tubes polliniques mettent une semaine et même des mois pour arriver.

Passage du noyau mâle dans l'oosphère. — Le sommet di-laté du tube pollinique et la membrane du sac embryon-naire se soudent peu après que le contact est opéré. Avant sa maturité le grain de pollen des Angiospermes avait divisé son contenu en une grande cellule appelée *cellule végétative* et une petite cellule dite *génératrice* qui devient le plus sou-vent libre dans le grain de pollen (fig. 768). Pendant l'accroisse-ment du tube la cellule génératrice divise son noyau et son protoplasma en deux moitiés égales, on trouve alors dans le tube deux *noyaux générateurs*, tandis que le noyau de la cellule végétative disparaît plus ou moins rapidement. Ces noyaux générateurs présentent des caractères importants, ils sont formés comme tous les noyaux cellulaires :

1° D'un certain nombre de filaments pelotonnés formés d'une substance fondamentale, *linine*, et de granulations protéiques fixant avec intensité les matières colorantes, d'où le nom de *chromatine* donné à la substance qui les constitue, l'ensemble s'appelle les *filaments chromatiques* du noyau ; 2° d'un *suc nucléaire* dans lequel se trouvent immergés les filaments ; 3° d'un ou plusieurs nucléoles ; 4° d'une membrane enveloppante. Ce qui doit surtout attirer l'attention, c'est la *fixité du nombre des filaments chromatiques*.

Le tube pollinique contenant ses deux noyaux générateurs ne tarde pas à communiquer avec le sac embryonnaire par suite du ramollissement de la cloison. Un des deux noyaux générateurs se dirige vers le noyau de l'oosphère auquel il s'accole pour se fusionner. Le *noyau de l'oosphère présente le même nombre de filaments chromatiques que le noyau mâle, si bien que cette union aura lieu à nombre égal de segments chromatiques* (Guignard).

L'union des noyaux sexués comprend plusieurs phases (fig. 768) :

1° *Accolement de deux noyaux*. — Les deux noyaux accolés s'aplatissent l'un contre l'autre.

2° *Fusion des cavités nucléaires*. — La membrane nucléaire de chacun se résorbe ; les sucs peuvent alors se mélanger et les nucléoles fusionner. C'est à ce mélange que se réduit la *copulation des noyaux*.

3° *Constitution du noyau de l'œuf fécondé*. — Le *noyau de l'œuf est constitué par la juxtaposition sans fusion dans un noyau unique des filaments chromatiques provenant en nombre égal des deux noyaux sexués*.

Le noyau mâle et le noyau femelle paraissent donc contribuer par un apport égal à la formation du noyau de l'œuf. L'importance des éléments chromatiques dans la transmission des propriétés héréditaires est bien évidente.

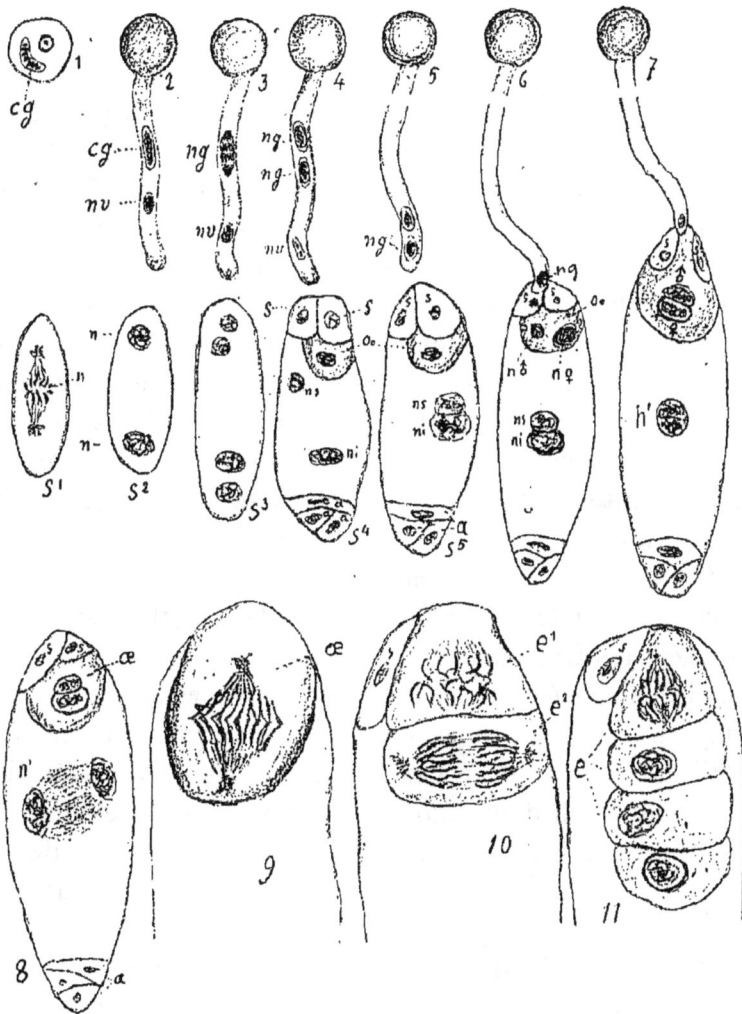

Phases de la fécondation, d'après Guignard.

Rôle du grain de pollen : 1, grain de pollen avec noyau et cellule géné-ratrice (*cg*) ; 2, tube pollinique renfermant : *nv*, noyau végétatif, et *cg* cel-lule génératrice avec son noyau allongé ; 3, division du noyau générateur ; 4, les deux noyaux générateurs (*ng*, *ng*) et le noyau végétal (*nv*) ; 5, les deux noyaux générateurs à l'extrémité du tube, le noyau végétal a disparu ; 6, le tube a pénétré entre les deux synergides, le noyau mâle est dans l'oosphore (*oo*) ; 7, le noyau mal accru est accolé au noyau femelle.

Le sac embryonnaire : S¹, sac embryonnaire au moment de la division de son noyau primaire ; S², les deux noyaux, l'inférieur est plus gros ; S³, chacun des deux noyaux s'est divisé ; S⁴, les deux noyaux supérieurs et les deux noyaux inférieurs se sont divisés et ont formé : 1° le groupe supérieur : deux *synergides s,s,* l'*oosphère o,o,* et le noyau polaire supé-rieur *ns* ; 2° le groupe inférieur : le *noyau polaire inférieur n,i,* et trois

Le noyau de l'œuf entre plus tard dans une nouvelle phase, il doit se diviser pour constituer l'embryon. Les segments chromatiques s'orientent et constituent une plaque nucléaire.

Chaque segment se dédouble longitudinalement pour former deux groupes de segments secondaires qui se séparent et deviennent les deux premiers noyaux de l'embryon (fig. 768, 9).

Développement de l'œuf en embryon. — L'œuf suspendu au sommet du sac embryonnaire reste parfois un intervalle de temps considérable sans éprouver de changements. Chez les Chênes à maturation biennale ce repos dure un an, il est souvent de plusieurs semaines. L'œuf qui doit devenir un embryon commence par s'allonger, puis il se divise en deux cellules superposées. Le sort de ces deux cellules varie suivant les plantes observées et on peut se trouver en présence des trois modes suivants avec une série d'intermédiaires.

a. *Les deux cellules se cloisonnent également et concourent l'une et l'autre à la formation d'un embryon* (Mimosées, *Corydalis*, quelques Orchidées).

Chez les Mimosées, un premier corps pluricellulaire, où l'on distingue une assise externe ou écorce et un cylindre central, est la *tigelle* de l'embryon, à l'extrémité inférieure de cette tigelle l'écorce s'élève en deux mamelons opposés qui deviennent les deux premières feuilles ou cotylédons et entre les deux un petit mamelon est le cône végétatif. A l'extrémité supérieure la tigelle se continue par la *radicule* de forme conique.

b. En règle générale *les deux premières cellules de l'embryon évoluent d'une manière très différente, l'inférieure seule produit le corps de l'embryon*, la supérieure forme un cordon qui tient l'embryon suspendu à la voûte du sac, c'est le *suspenseur*.

Le suspenseur varie beaucoup, il peut être très gros, très

antipodes *a,a,a*; les deux noyaux polaires se sont accolés; 7, union des deux noyaux polaires constituant le *noyau secondaire* du sac *n'*.

Développement de l'œuf : 8, dans l'oosphère les deux noyaux sexuels sont encore distincts; *n'*, le noyau secondaire du sac s'est divisé pour former les deux premiers noyaux de l'albumen; 9, les deux noyaux sexuels fusionnés ont formé le noyau de l'œuf qui se divise en séparant les moitiés de chaque segment chromatique primaire dédoublé; 10, embryon bicellulaire; 11, embryon formé de quatre cellules.

Fig. 768.

long ou rudimentaire. Quand le suspenseur est très développé, il joue un rôle important, il devient une réserve pour l'embryon, parfois il se ramifie et envoie dans le placenta des sortes de suçoirs qui y puisent des aliments pour l'embryon (Serapias).

c. Enfin les deux premières cellules de l'œuf se cloisonnent pour constituer un corps pluricellulaire non différencié appelé *proembryon*. Ce n'est que tardivement qu'un mamelon proéminent se développera en embryon (*Cytisus, Spartium*, etc.).

Polyembryonie. — On observe parfois plusieurs embryons dans le même ovule, ce fait tient à plusieurs causes :

a. Chez les Mimosées, les synergides peuvent être fécondées comme l'oosphère, ces trois œufs peuvent donc former trois embryons, mais un seul se développe.

b. Chez les *Nothoscordium fragrans*, *Evonymus*, *Citrus*, *Clusia*, certaines cellules de l'épiderme du nucelle, dans le voisinage du sac embryonnaire, ressentent l'effet de la fécondation de l'oosphère et se développent en embryons semblables à l'embryon normal du sac ; ce sont des embryons adventifs.

Développement de l'embryon sans fécondation. — Chez le *Cœlebogyne ilicifolia*, Euphorbiacée dioïque, les individus femelles, seuls introduits en Europe, produisent des graines, l'embryon ne se développe pas aux dépens de l'oosphère qui s'atrophie ; mais de cellules du nucelle qui donnent un embryon adventif conservant toujours le même sexe que l'individu sur lequel il se forme.

L'albumen. — Le noyau secondaire du sac embryonnaire entre en division aussitôt l'œuf formé, les nouveaux noyaux gagnent la couche pariétale du protoplasma, puis se séparent par des cloisons formant ainsi des cellules polygonales qui s'accroissent vers l'intérieur en se cloisonnant jusqu'à ce qu'elles se rencontrent au centre du sac qui est plus complètement rempli par l'albumen.

L'embryon résultant de la bipartition de l'œuf grandit dès que l'albumen est constitué et résorbe ce tissu pour s'en nourrir par une véritable digestion. Si l'embryon devient volumineux

il absorbe la totalité de l'albumen, s'il reste petit il en conserve une plus ou moins grande provision autour de lui pour
l'utiliser lors de la germination ; dans le premier cas la graine
sera exalbuminée (Haricot, Amande) ; dans le second cas, elle
sera albuminée (Ricin, Maïs, Allium).

*Fécondation et développement de l'œuf chez les Gymno-
spermes.* — Le tube pollinique des Gymnospermes traverse le
nucelle au sommet duquel le grain de pollen germe, puisqu'il
n'y a pas de stigmate, il trouve là une *chambre pollinique*. Chez
les Conifères qui mûrissent leur fruit en deux ans (*Juniperus,
Pinus*) la germination du pollen subit un temps d'arrêt de
plus d'un an, chez les autres cette interruption n'est que de
quelques semaines. Après ce repos le tube s'allonge à travers le
nucelle, atteint le sac embryonnaire, y pénètre en s'enfonçant
dans l'endosperme, puis applique fortement son sommet sur
les rosettes des corpuscules. La cellule qui surmonte l'oosphère
s'est désorganisée, laissant un canal du col par où passe le tube
pollinique qui arrive jusque dans le sommet de l'oosphère. Le
noyau générateur pénètre dans l'oosphère, s'accole au noyau
de l'oosphère et constitue l'œuf.

L'œuf des *Ephedra* se divise à trois reprises et forme huit
noyaux qui deviennent huit œufs secondaires donnant autant
d'embryons (polyembryonie). Les Conifères forment par division de l'œuf un corps pluricellulaire qui se différencie en
embryon et suspenseur qui parfois s'allonge énormément et
enfonce l'embryon dans l'endosperme, il peut se produire des
divisions longitudinales aboutissant à la formation de quatre
embryons distincts développés aux dépens du même œuf
(Genévrier). La polyembryonie qui est presque générale chez
les Gymnospermes provient : *a*, de la présence dans le même
nucelle de plusieurs corpuscules fécondés ; *b*, chaque œuf peut
donner naissance à plusieurs embryons. A maturité cependant
on ne trouve dans la graine des Gymnospermes qu'un embryon,
les autres ont avorté à divers états. Cet embryon est enveloppé
de l'*endosperme* qui ici tient lieu d'*albumen*.

La graine. — L'*embryon* est la partie essentielle de
graine ; seul ou avec un *albumen* plus ou moins volumineux, il
en constitue l'*amande*, qui est protégée par des *téguments*.

L'embryon est une plante rudimentaire, on peut le plus
souvent distinguer une tige ou *tigelle* qui donne naissance
inférieurement à un cône qui est la racine ou *radicule;* à la partie
supérieure de la tigelle on distingue deux feuilles (dicotylédones) ou une feuille (monocotylédones) nommées *cotylédons,*
au sommet la tige se continue par un bourgeon terminal qui
est la *gemmule.* Les cotylédons sont généralement plus volumineux que la tigelle, surtout dans les graines non albuminées,
dans d'autres cas la tigelle est volumineuse et les cotylédons
très petits ou rudimentaires. L'embryon se développe dans le

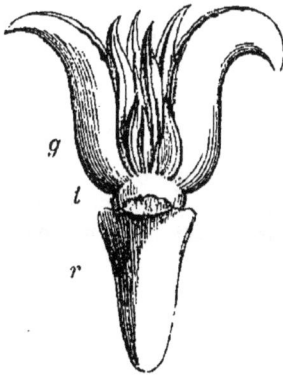

Embryon d'Amandier
dont on a enlevé les
deux cotylédons. —
g, gemmule; *t*, ti-
gelle; *r*, radicule.

Embryon d'Amandier
dont on a enlevé un
cotylédon pour mon-
trer la gemmule.

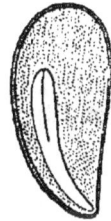

Graine albuminée, coupe
longitudinale.

Fig. 769.   Fig. 770.   Fig. 771.

sac embryonnaire avec la radicule du côté du micropyle, il reste
le plus souvent droit, mais il se courbe aussi en arc, en cercle
(Lychnis) et même en spirale (Salsola), il peut aussi se fléchir
repliant ses cotylédons sur la tigelle et la radicule, tantôt cette
flexion amène la radicule sur la commissure des cotylédons
(C. accombant) (fig. 772), tantôt sur la face dorsale de l'un
deux (C. incombant) (fig. 773). Chez le Crucifère on utilise ce
caractère pour l'établissement des genres. Chez les Gymnospermes le nombre des Cotylédons varie, les Conifères ont
2-3-6-14 cotylédons suivant les genres. Dans la même espèce
(Abiès) ce nombre peut varier. Les Cycadées ont 2-3 cotylédons,

parfois un seul, qui est semblable à celui des Monocotylédones.

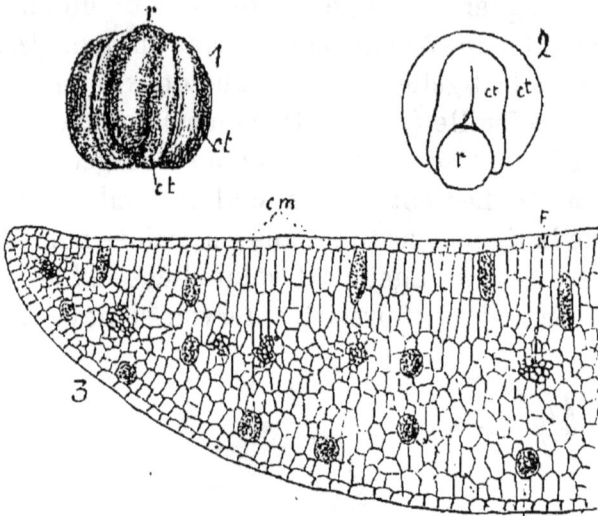

Graine de Moutarde noire. — 1, embryon; *r*, radicule repliée sur les cotylédons *ct*, *ct*; 2, coupe de l'embryon; *r*, radicule; *ct*, *ct*, cotylédons;
3, coupe transversale d'un cotylédon; F, faisceau; *cm*, cellules à myrosine
(Guignard).

Fig. 772.

Le Cotylédon des Monocotylédones est engainant, il forme
un capuchon au-dessus de la gemmule et se prolonge parfois

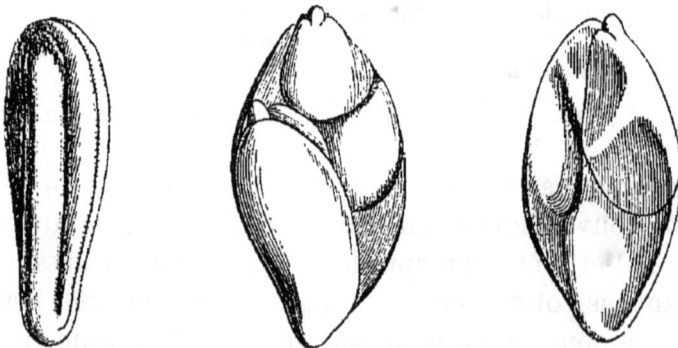

Embryon d'Isatis, cotylédons incombants.	Graine d'Oranger avec plusieurs embryons.
Fig. 773.	Fig. 774.

au-dessous (Graminées) de manière à envelopper aussi la tigelle
et la radicule.

Albumen. — Quand la graine est pourvue d'un albumen l'embryon y est ordinairement plongé, chez les Graminées cependant il est seulement appliqué sur un côté. L'albumen fournit à l'embryon, lors de la germination, la nourriture qu'il tient en réserve ; mais les embryons privés d'albumen ont des cotylédons épais contenant la réserve de substance nutritive. L'albumen varie beaucoup dans sa nature, sa consistance, son volume, sa forme, sa position, sa texture et fournit de bons caractères à la botanique descriptive. L'albumen est *farineux*

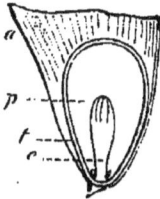

Graine de Pin, embryon à six cotylédons dans l'endosperme.

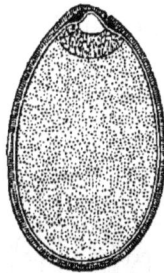

Coupe d'une graine de Nénuphar avec albumen et périsperme.

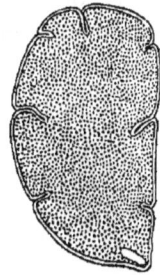

Albumen ruminé de la graine du Lierre.

Fig. 775.

Fig. 776.

Fig. 777.

ou *amylacé* quand il renferme dans son tissu beaucoup de fécule (Blé). Il est *huileux* dans le *Ricin*. Il est *corné* lorsqu'il a la dureté de la corne comme dans le Café.

Le plus généralement l'albumen offre une seule masse continue ; mais chez les Anonacées, le Ricin, la Noix d'Arec, la Muscade, on observe à la surface de l'albumen un très grand nombre de crevasses tapissées par les téguments et l'albumen ainsi crevassé porte le nom d'*albumen ruminé* (fig. 777).

On ne doit pas confondre l'*albumen* avec le *périsperme*, réserve alimentaire pour l'embryon provenant non plus du sac embryonnaire, mais du nucelle, qui, après la fécondation, multiplie res cellules et les remplit de matériaux nutritifs. Certaines graines ont un périsperme et pas d'albumen, *Canna*, d'autres ont les deux : Zingibérées, Nymphéacées (fig. 776), *Piper*.

L'*endosperme* chez les Conifères et les Cycadées tient lieu d'albumen. Ce tissu s'est formé dans le sac embryonnaire avant les corpuscules, avant la fécondation (v. p. 628).

Téguments. — Les téguments de la graine proviennent des téguments de l'ovule et parfois le nucelle lui-même entre dans leur constitution.

Les graines provenant d'ovules à deux téguments peuvent n'avoir qu'une enveloppe, aux dépens du tégument externe de l'ovule, en avoir deux représentant les deux téguments de l'ovule. Les graines provenant d'ovules à un seul tégument peuvent présenter, comme les autres, un tégument formé de couches successives très différenciées.

Graine de Strophantus.	Graine de Coton.	Graine d'Epurge surmontée de sa caroncule.
Fig. 778.	Fig. 779.	Fig. 780.

La surface du tégument présente une cicatrice laissée par la rupture du funicule, c'est le *hile*; il peut être très grand comme dans la Fève et la Fève de Calabar (fig. 150). L'épiderme du tégument présente de nombreuses variations, il est lisse, verruqueux, aréolé, ses cellules se prolongent en poils comme dans le Coton, en aigrette comme chez le *Strophantus* et les Asclépliadées en général, ce sont là des organes de dissémination.

Chez le Lin, le Plantain (*Plantago Psyllium*, *Pl. Ispaghula*), la Moutarde, le Coignassier, les cellules épidermiques du tégument gélifient leurs membranes en se gonflant dans l'eau et forment ainsi une couche mucilagineuse autour de la graine.

Au-dessous de l'épiderme le parenchyme du tégument se différencie souvent en deux couches faciles à séparer, *testa* et *tegmen* des auteurs ; mais la différentiation en couches de propriétés différentes peut être poussée bien plus loin (1).

Les graines de Grenade, de Figuier de Barbarie (*Opuntia*) ont un tégument *charnu* très aqueux comestible ; le tégument est *crustacé* chez le Ricin, *ligneux* dans la graine du raisin, *papyracé* chez l'Amande.

Arille. — Il se produit parfois en certains points du tégument des expansions : ainsi on observe une *caroncule* au pourtour du micropyle de l'Euphorbe, du Ricin. Cette expansion forme quelquefois une coupe ou un sac qui enveloppe plus

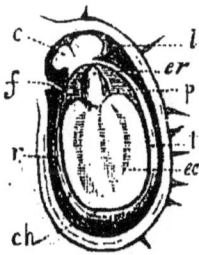

Coupe d'une coque de Ricin.
t, tégument ; *p*, albumen ;
cc, embryon ; *c*, caroncule.

Fig. 781.

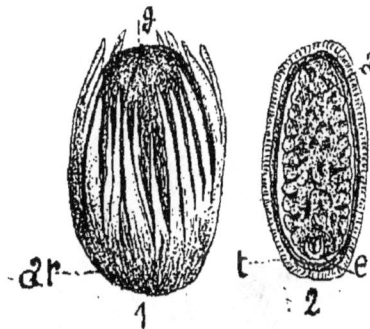

Noix muscade : 1, graine avec son arille *ar ;* 2, coupe de la graine : *a*, albumen ruminé ; *e*, embryon ; *t*, tégument.

Fig. 782.

ou moins la graine (*Copaifera* fig. 153), le *Macis* (fig. 782) est une arille du Muscadier. Le *raphé* présente de semblables hypertophies (Chélidoine), enfin le funicule est fréquemment le point de départ d'une arille en forme de coupe (If). Le funicule très long et épais forme, chez certains *Acacia*, un peloton au niveau du hile.

Le fruit. — Sous l'influence de la fécondation les ovules se

(1) Voy. Godfrin, *Étude sur les téguments séminaux*, Nancy, 1880 ; Brandza, *Développement des téguments de la graine* in *Revue générale de botanique*, 1891.

développent en graines et le pistil qui les porte, influencé aussi par la même cause, devient le fruit. Les différentes parties du pistil peuvent donc se retrouver, mais modifiées dans le fruit. Un même pistil peut donner naissance à plusieurs fruits (fruits multiples). De même plusieurs pistils peuvent être groupés dans un même fruit (fruits composés). Enfin d'autres parties

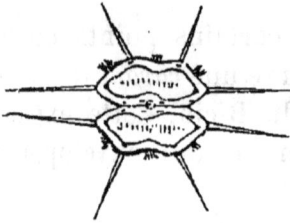

Coupe transversale du fruit de Carotte.

Fig. 783.

Quatre achaines provenant de carpelles indépendants du *Thalictrum* (fruit multiple).

Fig. 784.

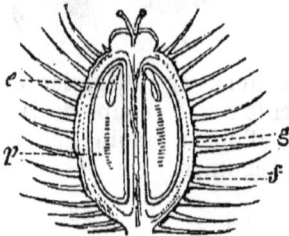

Coupe d'un fruit de Carotte. — *f*, péricarpe ; *g*, graine ; *p*, albumen ; *e*, embryon.

Fig. 785.

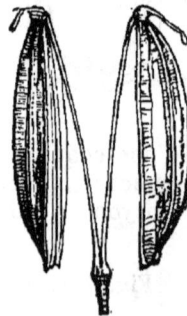

Fruit d'Angélique, l'ovaire se partage en deux, chaque achaine est un demi-ovaire.

Fig. 786.

de la fleur peuvent être influencées par la fécondation et concourir aussi à la formation du fruit. Suivant ces origines variées le fruit sera formé d'éléments différents et on pourra distinguer :

a. Fruits formés par la maturation de l'ovaire complet (Pois, Pavot, Citron, Piment, Poivre, Datte) ;

b. Fruits formés par une moitié, un quartier seulement d'un ovaire qui se divise, achaines des Borraginées, des Labiées, des

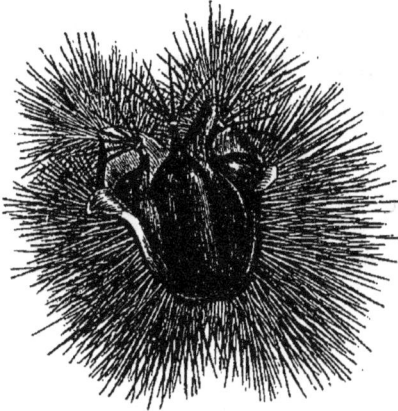

Fruit induvié du Châtaignier.

Fig. 787.

Fruit de Rosier.

Fig. 788.

Ombellifères, fragments des fruits lomentacés (Hedysarées).

c. Fruits formés par les carpelles indépendants d'un pistil

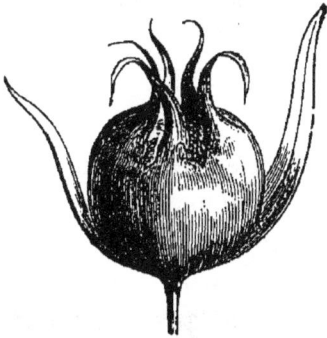

Fruit de Néflier.

Fig. 789.

Fruit composé du Mûrier, chaque fleur, devenue charnue, recouvre un achaine.

Fig. 790.

Fruit composé de l'Ananas.

Fig. 791.

composé. Achaines des Renonculées, des Malvacées, follicules des Helléborées (fig. 784).

d. Fruits formés par le pistil inclus dans la poche réceptaculaire adhérente et modifiée par la fécondation. Pomme,
Cynorrhodon, les fruits provenant d'un ovaire infère (fig. 788).

e. Fruits induviés formés avec le concours de quelque partie
de la fleur qui s'accroît autour du pistil : *Belle de Nuit* chez qui
le périanthe forme un sac dur, *Gaulthera procumbens*, calice

Drupe de Néflier,
coupe transversale.

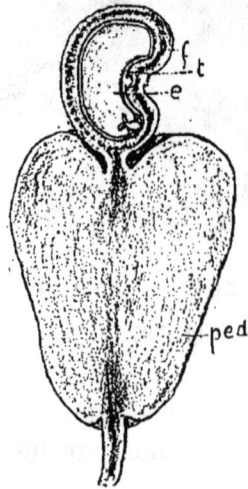

Anacardium occidentale. — *f*, Noix d'Acajou ;
e, son embryon ; *ped*, pédoncule charnu
formant la pomme d'Anacarde.

Fig. 792.

Fig. 793.

charnu enveloppant le fruit (fig. 638), il en est de même chez
les *Beta, Cocoloba*, etc. Les *Cupulifères*, Chêne, Châtaignier,
Hêtre ont des fruits complétés par des cupules plus ou moins
fermées et provenant de bractées concrescentes.

f. Enfin le pédicelle qui porte la fleur peut aussi concourir
à la constitution du fruit : Chez les Anacardes (fig. 793),
l'ovaire fécondé repose sur un renflement considérable du
pédicelle. L'*Hovenia dulcis* donne une grappe d'ovaires secs
à maturité, mais portés sur une rafle renflée, charnue et
sucrée.

g. Fruits composés, formés par l'union sur ou dans un réceptacle commun de plusieurs pistils provenant de fleurs rapprochées, Figue, fruit du *Morus*, d'Ananas, Cônes. Ces fruits

sont hétérogènes, le réceptacle, les pédicelles, les bractées, le périanthe, peuvent entrer dans leur constitution.

L'ovaire est généralement la seule partie du pistil qui persiste pour former le fruit, le style et les stigmates disparaissent en se desséchant, cependant on doit noter la persistance du style chez les Clématites, les Anémones, les *Geum*, les *Geranium*, et le style devient dans ces exemples un organe de dissémination.

La paroi de l'ovaire devenue la paroi du fruit, prend le nom de *péricarpe*. Ce péricarpe présente un *épiderme externe*, lisse, cireux ou velu, etc., un *parenchyme* souvent différencié en couches de consistances différentes, enfin un *épiderme interne* lisse, garni de poils secs ou de poils succulents comme dans les Oranges, Citrons où ils forment la partie comestible. Quand le parenchyme du péricarpe se différencie, on observe fréquemment sous l'épiderme une

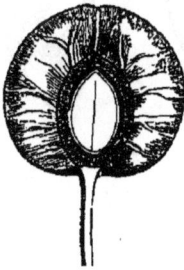

Drupe de Cerisier en coupe longitudinale.

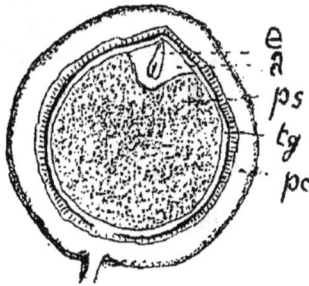

Coupe d'un grain de poivre. — *pc*, péricarpe ; *tg*, tégument ; *ps*, périsperme ; *a*, albumen ; *e*, embryon.

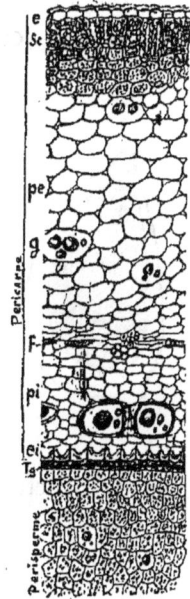

Grain de poivre. — *e*, épiderme ; *sc*, cellules scléreuses ; *pe*, parenchyme cortical externe ; *g*, glandes ; F, faisceaux ; Pi, parenchyme interne ; *ei*, épiderme interne ; Tg, tégument.

Fig. 794.   Fig. 795.   Fig. 796.

couche externe mince ou charnue entourant une couche interne dure de tissu scléreux, appelé *endocarpe*, qui forme les noyaux (*Prunus*). La couche charnue s'appelle alors *sarco-*

carpe. Mais le nombre des couches différenciées du péricarpe peut être plus considérable.

Le péricarpe charnu de beaucoup de fruits est alimentaire, il renferme quand il est mûr des sucres qui se substituent à du tannin, à de l'amidon, à des acides qui disparaissent pendant la maturation plus ou moins complètement.

Déhiscence du péricarpe. — Le péricarpe complètement charnu met les graines en liberté par sa destruction facile (baie).

Si le péricarpe différencie un endocarpe scléreux ou noyau (drupe) ou s'il devient tout entier coriace, sec, la graine peut rester incluse, ce qui arrive fréquemment quand une seule

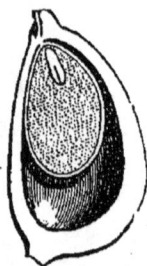
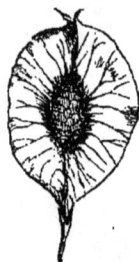
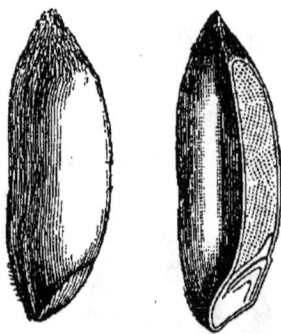

Achaine de Thalictrum.	Samare d'Orme.	Caryopse du Blé.
Fig. 797.	Fig. 798.	Fig. 799.

graine se développe dans un ovaire, les enveloppes du fruit s'ajoutent aux téguments de la graine et le fruit (achaine) dans son entier, fait l'impression d'une graine : fruit des Composées, des Ombellifères, des Graminées, des Borraginées, Labiées, etc.

Le plus souvent le fruit s'ouvre pour disséminer les graines, il devient une *capsule*, sa déhiscence se fait suivant des lignes marquées par des bandes d'un tissu spécial. Ces fentes de déhiscences peuvent se former dans les différentes régions des carpelles et on distinguera alors :

1° *Capsule formée d'un seul carpelle.*

a. Le carpelle unique forme un cornet qui s'ouvre par le décollement des bords de la feuille carpellaire suivant sa *suture ventrale* (fig. 800 et 801). Cette capsule est appelée *follicule,* rarement le follicule s'ouvre par la suture dorsale.

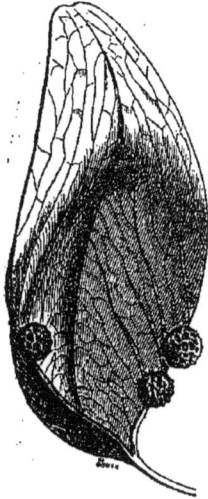

Follicule de *Sterculia platanifolia.*

Fig. 800.

Trois follicules de *Delphinium.*

Fig. 801.

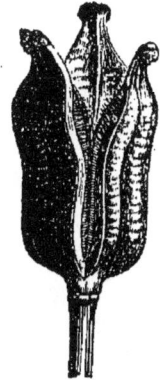

Capsule loculicide de la Tulipe.

Fig. 802.

b. Le carpelle unique replié en deux suivant la nervure médiane s'ouvre à la fois par la *suture ventrale et par* la *suture dorsale* qui correspond à la nervure médiane. Cette capsule est une *gousse,* c'est le fruit typique des Légumineuses (fig. 804). Chez l'*Hæmatoxylon campechiacum*, les fentes de suture passent par le milieu des faces de la gousse et la séparent en deux valves naviculaires.

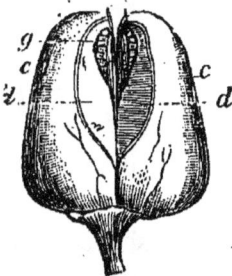

Capsule septicide de la Digitale.

Fig. 803.

2° *Capsules formées de plusieurs carpelles.* — Suivant le mode d'union des carpelles on doit distinguer :

a. *Capsules cloisonnées à graines dans l'angle interne des loges* (placentation axile). — Ces capsules s'ouvrent suivant trois modes principaux et sont dites :

╳ *Capsules septicides.* — La déhiscence est précédée du décollement des carpelles primitivement unis en un ovaire pluriloculaire. Chaque carpelle redevenu, en partie au moins, libre s'ouvre par sa suture ventrale (fig. 803 et 809). Ces capsules sont dites *septicides* parce que les cloisons se dédoublent suivant leur épaisseur. Chaque carpelle, ainsi séparé et ouvert, porte sur ses bords les placentas séminifères ; mais parfois les

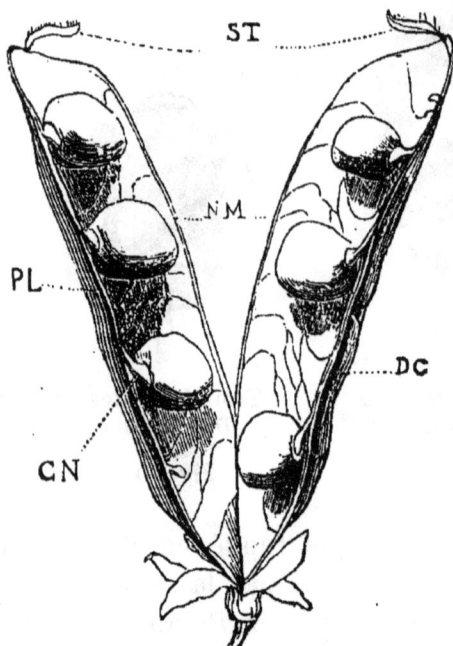

Gousse du Pois.

Fig. 804.

placentas se séparent et restent au centre du fruit formant une collumelle séminifère (Digitale) (fig. 803).

×× *Capsules loculicides*. — Les carpelles conservent leur adhérence et la fente de déhiscence se produit suivant la nervure médiane du carpelle et ouvre ainsi les loges par le milieu. La déhiscence de la capsule peut se borner à ces simples fentes médianes ; mais le plus souvent les segments de la capsule s'éloignent et forment des valves laissant au centre du fruit une columelle séminifère ou bien entraînant avec elles la cloison et les graines (fig. 810).

××× *Capsules septifrages*. — Dans ces capsules les fentes de déhiscence séparent la partie dorsale de chaque carpelle de la partie repliée en cloison, il se forme autant de valves que de carpelles et les graines restent sur une columelle centrale divisée longitudinalement par les cloisons qui persistent (fig. 811).

b. *Capsules à graines pariétales (placentation pariétale).* — Ces capsules s'ouvrent par des fentes marginales suivant les sutures et séparant complètement les carpelles qui sont alors séminifères sur les bords (fig. 812). Dans d'autres cas les fentes de déhiscence sont médianes, elles suivent la nervure du carpelle qui est coupé en deux, chaque moitié de carpelle, accouplée avec la moitié du carpelle contigu, forme une valve médioplacentifère comme chez les *Viola* (fig. 806 et 812). Enfin, des

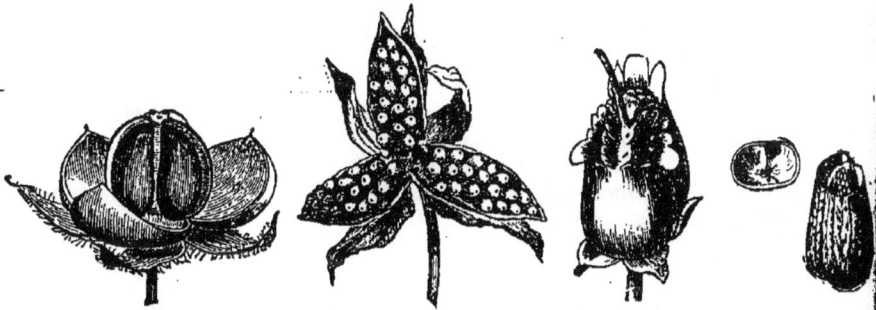

| Capsule septifrage du Liseron. | Capsule pariétale carpellicide du *Viola*. | Capsule poricide du Muflier. | Pyxide de jusquiame. |
| Fig. 805. | Fig. 806. | Fig. 807. | Fig. 808. |

fentes, au nombre de deux par carpelles, découpent des valves non placentifères formées par la partie médiane du carpelle et des valves placentifères formées par les parties latérales de deux carpelles contigus (fig. 812). Chez les *Orchis*, la nervure médiane constitue à elle seule la valve médiane (fig. 286).

c. *Capsules uniloculaires à graines centrales* (placentation centrale). — Ces capsules présentent au centre de leur cavité un placenta libre portant les graines; les carpelles unis forment une enveloppe qui s'ouvre, soit par les sutures médianes, soit par les sutures marginales, soit par les deux à la fois (fig. 757).

d. *Capsules à déhiscence transversale ou pyxides.* — La fente de déhiscence découpe un couvercle dans la partie supérieure de la capsule qui peut être cloisonnée ou uniloculaire (fig. 808).

e. *Capsules poricides*. — Les capsules poricides s'ouvrent par de petites valves, qui en se réfléchissant, laissent libres de petites ouvertures par où les graines s'échappent (fig. 807).

Classification des fruits.

Fruits indéhiscents :

Secs........
- Péricarpe, indéhiscent, enveloppant une graine. Achaine.
- Achaine ailé .... Samare.
- Péricarpe se confondant avec la graine....... Caryopse.

Charnus.....
- Un noyau autour de la graine............... Drupe.
- Pas de noyau............................. Baie.

Fruits déhiscents ou capsules.

α. *Capsules à déhiscence longitudinale.*
1. Capsules formées d'un seul carpelle :
   1° Follicule : Déhiscence par la suture ventrale (fig. 800).
   2° Gousse : Déhiscence à la fois par la nervure médiane et la suture ventrale (fig. 804).
II. Capsules formées de plusieurs carpelles :
   A. *Capsules cloisonnées à graines dans l'angle interne des loges* (placentation axile).

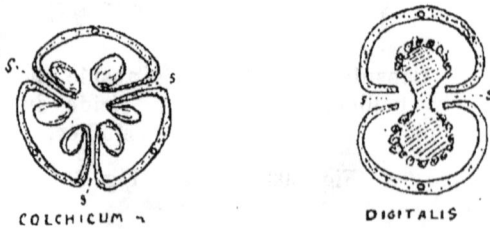

Capsules septicides.
Fig. 809.

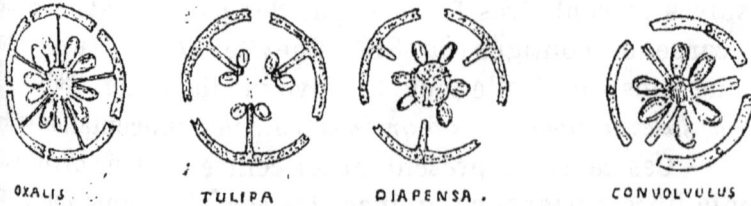

Capsules loculicides.
Fig. 810.

Capsule septifrage.
Fig. 811.

1. Capsules septicides : *a.* Valves séminifères (*Colchicum*).
   b. Collumelle séminifère (*Digitalis*).
2. Capsules loculicides : *a.* Loculicides simples (*Oxalis*).

         b. A valves séminifères (*Tulipa*).
         c. A collumelle séminifère et valves septi-
          fères (*Diapensa*).
   3. Capsules septifrages : Collumelle séminifère (*Convolvulus*).
B. *Capsules à graines pariétales* (placentation pariétale).
   1º Capsules pariétales placenticides. — Fente de déhiscence rompant
     la suture et divisant le placenta (*Gentiana*).
   2º Capsules pariétales carpellicides (fig. 812). — Fente de déhiscence
     divisant la nervure médiane du carpelle (*Viola*).
   3º Capsules pariétales placentifuges (fig. 812). — 2 fentes de déhis-
     cence passant entre la suture et la nervure médiane de chaque
     carpelle : *a.* 2 carpelles (*siliques*) (*Eruca*).
               b. 3 et plus de carpelles (*Orchis*).

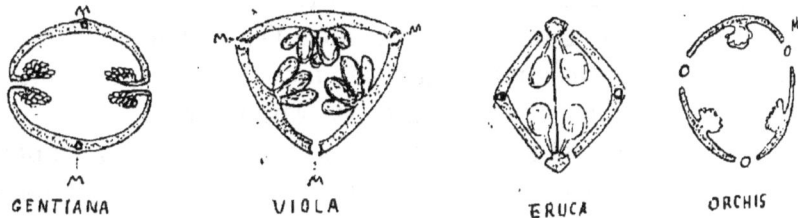

GENTIANA   VIOLA   ERUCA   ORCHIS

Capsules pariétales.

Fig. 812.

   C. *Capsules uniloculaires à graines centrales* (placentation centrale).
     Capsules uniloculaires a graines centrales : *a.* Déhiscence suturale.
                          b. Déhiscence médiane.
                          c. Déhiscence médiane
                           et suturale.

β. *Capsules à déhiscences transversales.*
     Pyxides : *a.* Cloisonnées.
          b. Uniloculaires.
γ. *Capsules à déhiscence par des pores.*
     Capsules poricides.
Fruits multiples, provenant des carpelles indépendants d'une même
   fleur : Framboise, Fraise, Mauve, Renoncule, etc.
Fruits composés, provenant de plusieurs fleurs rapprochées : Mûre du
   Mûrier, Figue, Cône, etc.

   Physiologie du fruit et de la graine. — Le fruit protège la
graine, puis contribue à sa dissémination, ce chapitre fort intéressant de physiologie ne peut trouver place ici, il suffira de
citer quelques exemples :

   Fruits lançant leurs graines : *Géranium, Genêt, Ecballium,
Cardamine, Impatiens, Hura, Arceuthobium.*

   Fruits transportés par les vents : fruits ailés et fruits plumeux. Fruits transportés par les eaux : noix de Coco. Fruits visqueux, à crochets, transportés par les animaux.

Fruits comestibles à graines protégées par un noyau ou à graines très nombreuses (drupes, baies), disséminés par les animaux qui mangent la partie comestible.

Certains fruits sont même organisés pour enfoncer leurs graines en terre (*Erodium, Stipa*). Quelques plantes comme l'*Arachis* mûrissent leur ovaire après l'avoir enfoui à une assez grande profondeur, ces fruits souterrains sont parfois (*Lathyrus amphicarpos*) accompagnés sur la même plante de fruits différents développés en plein air.

Germination. — Dans la graine mûre l'embryon sommeille, sa vie est latente ou mieux ralentie ; mais lorsqu'il rencontre certaines conditions, il se réveille, la graine germe.

La graine mûre est apte à germer après un temps variable. Certaines graines germent immédiatement, d'autres seulement la deuxième année après le semis.

Beaucoup de graines (gr. amylacées) peuvent être desséchées et conserver plusieurs années leur propriété germinative, d'autres ne supportent pas la dessiccation et doivent être maintenues dans du sable humide.

Pour germer, il faut à une graine vivante, bien conformée et mûre : de l'eau, de l'oxygène et de la chaleur.

La quantité de chaleur nécessaire varie avec les espèces considérées, et pour chaque plante il y a des limites qui peuvent être déterminées par l'expérience :

Cresson alénois..	Germe de 1°,8 à 28°
Orge...........................	— 5°,0 à 28°
Maïs...........................	— 9°,5 à 46°
Sésame	— 13°,0 à 45°

Entre les deux limites il y a un point *optimum* où la germination s'opère le plus rapidement possible.

Le chlore, les alcalins en dissolution très étendue activent la germination des graines, les anesthésiques, les antiseptiques l'arrêtent.

Les embryons des graines non albuminées se développent en utilisant la réserve alimentaire contenue dans les cotylédons.

Chez les graines à albumen, l'embryon absorbe par ses cotylédons les réserves de l'albumen qu'il digère en sécrétant les
ferments appropriés.

Fruits employés en médecine.

ACHAINES :
> Fruits d'Ombellifères composés de deux carpelles se séparant à la ma-
> turité en deux akènes (fig. 785). *Coriandre, Cumin, Livèche, Angé-
> lique, Aneth, Fenouil, Anis, Carvi, Persil, Ammi, Ciguë.*
> Fruits des Graminées (caryopse) à albumen farineux. *Blé, Orge, Avoine,
> Riz, Maïs.*

DRUPES :
> *Cerises; Pruneaux; Jujubes* à noyau 1-3 loculaire; *Coque du Levant;
> Nerprun*, drupe à 4 noyaux; *Sureau* drupe à 3-5 noyaux; *Noix (brou
> de noix).*

BAIES :
> MONOSPERMES : *Datte, Poivre.*
> POLYSPERMES : *Alkekenge, Raisins, Groseille, Myrtille, Épine-Vinette,* fruits
> des *Cucurbitacées, Grenade, Piments.*
> CORTIQUÉES : Fruits d'*Aurantiacées.*
> FAUSSES BAIES : *Genièvre* cône dont les écailles sont charnues et cohérentes.
> BAIES FORMÉES PAR UN RÉCEPTACLE CHARNU contenant les fruits. — *Pomme,
> Cynorrhodon.*

CAPSULES :
> GOUSSES NORMALES de Légumineuses : *Follicules de Séné.*
> GOUSSES INDÉHISCENTES et pulpeuses à l'intérieur : *Casse, Tamarin,
> Caroube.*
> FOLLICULES : *Cévadilles, Badiane.*
> CAPSULES PORRICIDES (*Pavot noir*) ou indéhiscente (*Pavot blanc*) : *Tête de
> Pavot.*
> CAPSULES PARIÉTALES à trois carpelles s'ouvrant en deux valves iné-
> gales : *Vanille.*

FRUITS COMPOSÉS :
> *Houblon*, capitule de fleurs femelles; *Noix de Cyprès*, cône; *Figue*, récep-
> tacle général charnu. *Mûre (Morus nigra).*

Graines employées en médecine.

DICOTYLÉDONES.

Graines albuminées : *Staphisaigre, Nigelle, Epurge, Ricin, Curcas, Croton,
Stramoine, Jusquiame, Pavot, Psyllium, Café, Noix vomique, Fève de
Saint-Ignace, Muscade.*
Graines non albuminées : *Cédron, Gland, Fève tonka, Amandes,* semences
de *Cucurbitacées,* semence de *Coing,* graine de *Lin, Pistaches, Fèves de
Calabar, Moutardes, Ambrette, Cacao, Ben.*

MONOCOTYLÉDONES.

Semences de *Colchique,* de *Cévadille, Maniguette, Noix d'Arec.*

GYMNOSPERMES.

Pignons doux.

LA CELLULE.

La cellule qui est l'élément constituant de la plante offre à l'étude une structure générale, c'est-à-dire qu'en dehors de toute différenciation, on trouve dans une cellule des parties distinctes, constantes et caractérisées par leur composition, leur forme et leurs fonctions. Ces parties essentielles sont :

Le *protoplasme*, le *noyau* avec ses deux *sphères directrices*, les *leucites* :

Le *protoplasme fondamental* se répartit en une couche pariétale ou hyaloplasme, une couche granuleuse, une couche périnucléaire.

Les *leucites* ou leucoplastes se divisent en leucoleucites, chloroleucites, chromoleucites, amyloleucites, etc., suivant leur fonction. Les *vacuoles* qui, circonscrites par une couche hyaline dense de protoplasme leur formant une enveloppe, con-

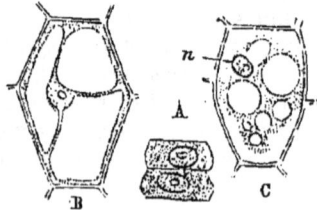

Cellules.

Fig. 813.

tiennent le *suc cellulaire* et peuvent être considérées comme des leucites aquifères ou *hydroleucites*.

La couche pariétale ou membrane protoplasmique édifie le plus souvent chez les végétaux une paroi de cellulose, qui devient la *membrane* apparente de la cellule. Cette *membrane cellulosique*, qui contient la cellule vivante, est si fréquente qu'on la regarde comme partie intégrante, bien qu'elle ne soit que secondaire ou dérivée, elle ne fait que doubler la membrane protoplasmique plus difficile à observer.

Protoplasma. — Nous avons déjà vu que la plante peut être réduite à une petite masse indivise de matière vivante, que cette simplicité d'organisation n'excluait pas une manifestation très compliquée des phénomènes de la vie. C'est que cette matière vivante appelée le protoplasme est la seule active. Tous les matériaux de l'édifice vivant dérivent de ce protoplasme, dans lequel nous devons suivre les phénomènes chimiques de la nutrition et des réactions vitales plus élevées.

Une expérience célèbre de M. Pasteur (C. R. 1876) montre que le protoplasma fabrique les principes immédiats tels que matières protéiques, albumine, fibrine, cellulose, matières grasses. Dans un liquide de culture ainsi composé :

Alcool ou acide acétique pur.
Ammoniaque (en sel cristallisable).
Acide phosphorique.
Potasse.
Magnésie.
Eau.

On ensemence un poids absolument négligeable de *Bacterium aceti*, ferment du vinaigre. Cette Bactérie se multiplie rapidement et bientôt on en récolte un poids aussi considérable qu'on le désire. La masse de matière organisée ainsi obtenue renferme les matériaux les plus variés et les plus complexes, l'analyse y révèle des matières albumoïdes, de la cellulose, des matières grasses, etc.

On doit supposer que le protoplasma sous la forme de *Bacterium aceti* s'est accru et développé au moyen des matériaux appropriés du liquide de culture, puis de ce corps complexe seraient dérivés, par dédoublement ultérieur, les composés ternaires et quaternaires dont la synthèse est évidente. L'étude du protoplasma et des diverses formations qui en sont dérivées constitue, comme on le voit, un chapitre important de la biologie végétale.

Protoplasma fondamental. — *Propriétés physiques* (1). — Mou, plastique, parfois gélatineux ou fluide, le protoplasma se présente tantôt à l'état nu (oosphères, zoospores, plasmodes), tantôt et le plus souvent, revêtu d'une membrane de cellulose, dans les deux cas, il forme à la périphérie une couche hyaline plus solide (*hyaloplasme*), cette couche périphérique transpa-

_____

(1) Les poils staminaux du *Tradescantia virginica* ou des espèces voisines, des *Cucurbita* (jeunes pousses) conviennent très bien pour l'étude du protoplasma ; on arrache les poils que l'on transporte sur le porte-objet, on observera le mouvement intérieur du protoplasma en ébauchant à la chambre claire les contours des filaments protoplasmiques et du noyau, après une heure on voit que les filaments ont pris une autre disposition, ils ne recouvrent plus exactement l'image, le noyau n'est plus à la même place.

rente apparaît, dans une cellule, si l'on contracte le contenu par la glycérine, l'alcool, l'eau sucrée, la masse protoplasmique détachée de la membrane cellulosique montre alors nettement sa région périphérique plus dense, hyaline et sa partie centrale granuleuse.

Le protoplasma est très perméable à l'eau et à diverses substances solubles telles que les acides, les alcalis, les carbonates alcalins, la fuchsine, l'éosine, le brun d'aniline, le bleu de quinoléine, etc. Il se montre imperméable pour le sucre, le chlorure de sodium, divers sels neutres, beaucoup de matières colorantes, Safran, Campêche.

Le protoplasma n'est pas une substance inerte, il est animé par des forces intérieures qui lui impriment des mouvements intérieurs et même des déplacéments extérieurs. Cette locomotion par activité protoplasmique est très évidente chez les Bactériacées, les Diatomées, de nombreuses spores (Zoospores, Anthérozoïdes).

Quand le protoplasma est enfermé dans une membrane cellulosique, il est réduit à ne présenter que des mouvements internes. De la couche pariétale et de celle qui enveloppe le noyau partent des bandelettes qui s'allongent, se rétractent, se fusionnent et forment un réseau parcouru en différents sens par des courants. Dans la même bandelette on observe souvent deux courants en sens inverse. Les poils de certaines plantes sont très favorables pour étudier les mouvements du protoplasma, on choisit d'ordinaire les poils staminaux du

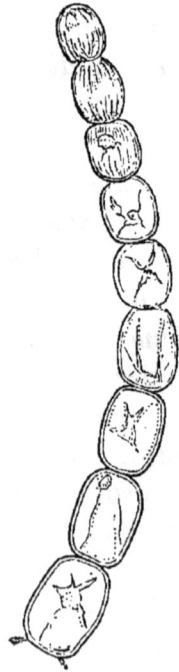

Poil de *Tradescantia*.

Fig. 814.

Tradescantia virginica, les poils de jeunes pousses de *Curcubita*, ceux de la Chélidoine.

Composition chimique et réactions du protoplasma. — Puisque tous les matériaux de la plante dérivent du protoplasma, il faut s'attendre à lui trouver une composition très complexe, c'est un mélange de principes immédiats en voie de transformation, les uns azotés, les autres ternaires, d'autres minéraux.

La *chaleur* coagule le protoplasme vivant vers 50°, cependant certaines Bactériacées croissent et multiplient dans l'eau jusque vers 75° ; mais quand le protoplasma est en repos sans activité interne, sans échange avec l'extérieur, c'est-à-dire à l'état de vie latente (spores de certains Bacilles), il peut supporter sans périr une température de 105°. En brûlant, le protoplasma dégage comme toutes les matières albuminoïdes des vapeurs ammoniacales.

L'iode le colore en jaune, l'acide nitrique puis la potasse en jaune brun, le nitrate acide de mercure (réactif de Millon) en rouge, l'acide sulfurique concentré en présence du sucre en rose, le sulfate de cuivre puis la potasse en violet. Il se dissout et devient transparent dans l'acide acétique, dans la potasse étendue et parfois dans l'ammoniaque. L'alcool, les acides picrique, chromique et osmique, le bichromate de potasse le coagulent et le durcissent.

Les leucites. — Dans beaucoup de cellules végétales, des portions déterminées du protoplasma prennent la forme de petits corps blancs ou *leucites* et tout en restant inclus dans la masse générale du protoplasma y jouent un rôle particulier.

Leucites entourant le noyau (*Phajus*).

Fig. 815.

Les leucites se distinguent par leur réfringence au sein du protoplasma, ils sont sphériques, ovales, en fuseau, en bâtonnet, quand ils ne sont pas colorés ; l'alcool les rend plus visibles, l'iode les colore en jaune.

Le rôle des leucites est toujours très considérable. Leur activité est consacrée à la formation des grains d'amidon, de la chlorophylle qui alors les imprègne (grains de chlorophylle ou chloroleucites), de divers principes colorants, d'huiles grasses, de l'hypochlorine.

Vacuoles ; hydroleucites, suc cellulaire. — Le protoplasma est creusé de vacuoles ou cavités aquifères qui renferment le *suc cellulaire*, ces vacuoles entourées d'une couche hyaline de protoplasma forment, dans le corps protoplasmique, une partie distincte désignée par M. Van Tieghem sous le nom d'*hydroleucite*. Les vacuoles peuvent se réunir en une cavité unique ; le protoplasme est alors refoulé contre les parois avec le noyau, dans d'autres cas le noyau reste au centre, entouré d'une couche périnucléaire de protoplasme reliée par des bandelettes au prostoplasma pariétal. Chez un grand nombre d'Algues inférieures, on voit dans le corps protoplasmique des vacuoles qui grandissent lentement et s'effacent rapidement, d'où une pulsation rythmique.

Les vacuoles ou hydroleucites, attirant l'eau par les propriétés osmotiques du suc cellulaire inclus, se dilatent, exercent une pression sur le protoplasme et la membrane cellulosique qui est ainsi distendue. De cette tension continue résulte ce qu'on appelle la *turgescence* de la cellule.

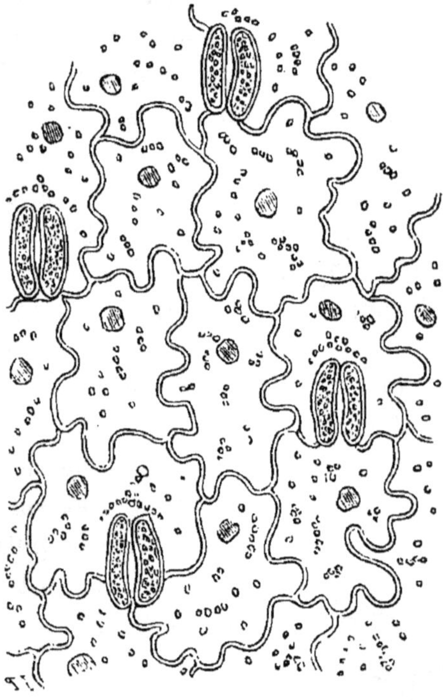

Cellules épidermiques avec noyau très apparent.

Fig. 816.

Les hydroleucites ont une activité chimique considérable et le suc cellulaire contient en dissolution les produits qu'ils élaborent mêlés à des substances venues du dehors. Dans le suc cellulaire, qui est toujours acide, on trouve en effet des principes albuminoïdes dissous, des diastases, des hydrates de carbone : sucres, inuline, gommes, tannins; acides organiques : acide oxalique, citrique, formique, etc., des matières colorantes, des alcaloïdes, des amides, etc.

Le noyau. — La cellule possède dans son corps protoplasmique un noyau doué de propriétés spéciales, chez les plantes élevées en organisation ce noyau est très apparent, il devient difficilement visible chez certains Champignons (*Saccharomyces*) Chez les Bactériacées le noyau n'est pas constitué; mais sa substance est répandue dans le protoplasma. La couche externe du noyau est plus résistante et membraneuse (*membrane nucléaire*), au centre il se sépare ordinairement un ou plusieurs *nucléoles*, tandis que la masse principale est formée d'un long filament enroulé ou pelotonné, baigné, plongé dans *un suc nucléaire* (hyaloplasme nucléaire, substance intermédiaire).

La matière albuminoïde du noyau diffère de celle du protoplasme dont elle présente cependant les principales réactions. Certaines matières colorantes se fixent, avec une grande énergie, sur le noyau, tandis qu'elles ne colorent que faiblement le protoplasma : vert de méthyle, fuchsine, carmin, hématoxyline, bleu d'aniline, etc. L'acide osmique colore le noyau en noir. Le filament nucléaire se montre alors formé d'une substance fondamentale qui ne se colore pas et de granulations qui fixent les matières colorantes. Ces granulations sont constituées par un albuminoïde spécial qui a reçu le nom de *chromatine*, la chromatine n'est pas attaquée par le suc gastrique, elle contient du phosphore. La substance fondamentale du noyau a reçu le nom de *linine* et l'ensemble *linine* et *chromatine* est souvent désigné sous le nom de *nucléine*. La substance du nucléole est la *pyrénine* fixant aussi les matières colorantes, mais soluble dans l'acide acétique qui ne dissout pas la chromatine. Dans toute cellule en repos on trouve sur le flanc du noyau deux masses protoplasmiques appelées *sphères directrices* parce que leur propriété caractéristique est de diriger la bipartition des noyaux (Guignard).

Origine du noyau, bipartition. — Des travaux importants sur la formation et la division des cellules ont mis en lumière dans ces dernières années des phénomènes d'un très grand intérêt se passant dans le noyau et le protoplasma de la cellule (1).

Tout noyau dérive d'un noyau antérieur par voie de bipartition et cette bipartition comprend des phases que l'on peut résumer ainsi :

1° Les deux sphères directrices s'écartent et vont se fixer en deux points diamétralement opposés et prennent des stries rayonnantes.

2° La membrane du noyau, le nucléole ou les nucléoles se

(1) Strasburger, *Formation et division des cellules*, traduct. et *Das botanische Practikum*, 2ᵉ édit.; Guignard, *Ann. sc. nat.*, 1884, 1885.

ramollissent et se dissolvent, le suc du noyau se mêle au protoplasme.

3° Le filament nucléaire libre dans le protoplasme se divise en un certain nombre de tronçons droits ou en U, le nombre de

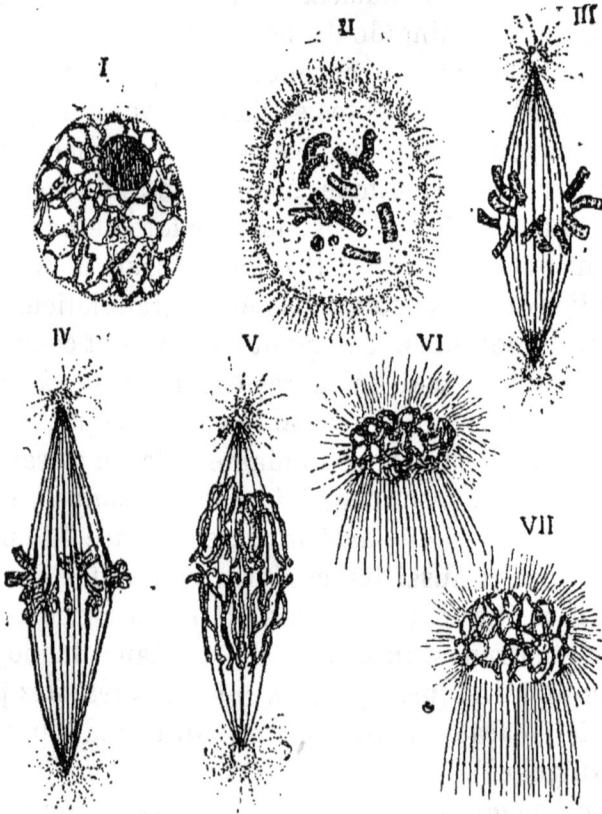

Phases de la division du noyau, d'après Guignard.

Fig. 817.

ces corps a paru fixe, ils ne seraient que rapprochés ou accolés pour former le filament nucléaire (fig. 817, II).

4° Pendant cette séparation, et même avant, des filets rayonnants des deux sphères directrices se sont rejoints à travers les replis du filament, pour former une sorte de fuseau, dont les fils sont en nombre déterminé et en rapport avec celui des bâtonnets du noyau.

5° Les bâtonnets épaissis se disposent chacun sur un des fils du fuseau, en se rapprochant du plan passant par l'équateur du fuseau ils forment la plaque nucléaire (fig. 817, III).

6° Dans chaque bâtonnet les granulations chromatiques se disposent en deux séries parallèles, après quoi le bâtonnet se fend dans le sens de la longueur entre les deux séries de granulations (fig. 817, IV).

7° Chaque moitié de bâtonnet suit alors un fil du fuseau et gagne ainsi le pôle correspondant où toutes les moitiés de même sens se trouvent ainsi groupées (fig. 817, V).

8° Les nouveaux bâtonnets se réunissent aux deux pôles pour former deux nouveaux pelotons, autour desquels le protoplasme se condense en une membrane continue, tandis que dans l'intérieur un nucléole apparaît dans le sac nucléaire (VI).

9° Chaque sphère directrice se divise en deux et ces deux nouvelles sphères accompagnent le nouveau noyau.

Substances incluses dans le noyau. — Le noyau peut contenir des leucites, des leucites verts, des cristalloïdes de substance albuminoïde, des grains d'amidon, du tannin, des gouttelettes d'huile, des matières colorantes.

Formation des cellules. — La cellule provient toujours d'une

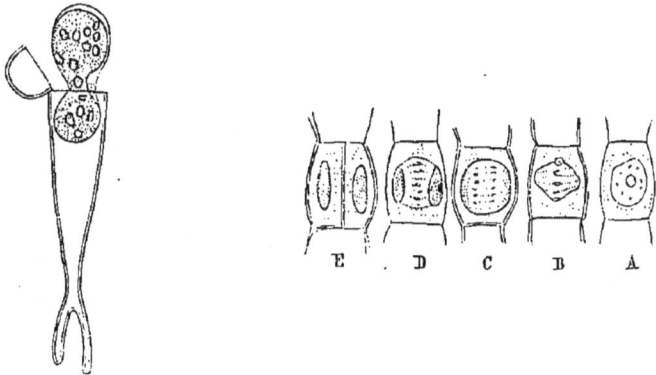

Formation par rajeunissement de la zoospore d'un *OEdogonium*.

Fig. 818.

Formation par division d'un stomate.

Fig. 819.

cellule antérieure, mais suivant trois modes différents : *Rénovation.* — Une cellule nouvelle se forme aux dépens de tout ou partie du protoplasme d'une cellule mère qui est abandonnée. La cellule fille s'habille d'une nouvelle membrane (formation de beaucoup de spores) (fig. 818). *Conjugaison.* — Deux cellules unissent leur protoplasma et leur noyau et se fondent en une cellule unique, dans la formation de l'œuf les deux cellules sont différenciées, sexuées ; mais chez les Thallophytes cette conjugaison est parfois égale et l'œuf porte le nom de zygospore.

Division. — La cellule mère se partage en deux ou plusieurs cellules filles. Si tout le contenu de la cellule mère est partagé entre les cellules filles, la division est *totale*, c'est le mode le plus fréquent. Si une partie du protoplasma de la cellule mère n'est pas employée et forme un reliquat, la division est *partielle. Division totale.* — Le dédoublement du noyau déjà décrit est le phénomène fondamental de la division cellulaire, après la séparation des nouveaux noyaux on voit apparaître un renflement sur le milieu de chaque fil protoplasmique du fuseau ; ces nodosités, développées dans le même plan équatorial, ne tardent pas à se rejoindre et constituent une lame protoplasmique cloisonnant la cellule mère, cette lame se raccorde avec la couche pariétale du protoplasme. Un peu plus tard, de la cellulose se dépose dans cette cloison et la lame cellulosique, ainsi formée, se raccorde aussi avec la mem-

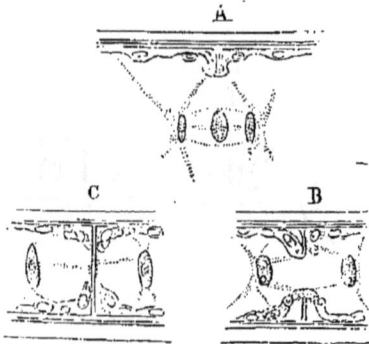

Division d'une cellule de *Spirogyra*.

Fig. 820.

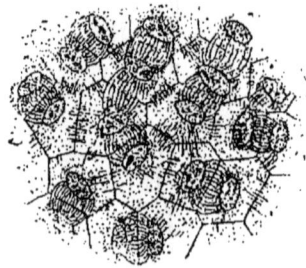

Formation d'un albumen par cloisonnement multiple.

Fig. 821.

brane cellulosique de la cellule divisée. La cellule primitive est remplacée par deux cellules.

La cellule mère peut parfois ne former de cloisons qu'après que son noyau s'est multiplié par un certain nombre de bipartitions successives, c'est ce que l'on observe dans la formation

des albumens de beaucoup de Phanérogames, le sac embryonnaire est alors rempli d'un protoplasma dans lequel se trouvent un grand nombre de noyaux, chaque noyau est ensuite
circonscrit par une série de cloisons se développant simulta-
nément et isolant les cellules nouvelles (fig. 820).

On a donné le nom de formation de cellule par *bourgeonnement* à une division inégale, très accentuée chez les *Saccharomyces* ou *Levures*. La cellule mère forme à sa périphérie un
petit renflement qui est bientôt séparé par une cloison développée dans la partie étranglée, ce bourgeon se détache
ensuite.

Travail de la cellule et produits cellulaires. *La
chlorophylle*. — La grande majorité des plantes développent
de la chlorophylle dans certaines de leurs cellules. Chez les
Algues inférieures, la chlorophylle se forme dans le protoplasma
fondamental, elle y est diffuse, amorphe. Mais chez tous les
autres végétaux verts, la chlorophylle se localise sur les leucites
qui deviennent des *chloroleucites* ou grains de chlorophylle.

La chlorophylle devient, chez la plante qui en est pourvue, un
agent de la nutrition si puissant et si particulier, que l'activité
du leucite vert peut être regardée comme le plus important
phénomène biologique de cet ordre, puisqu'on doit lui attribuer
la fabrication d'aliments organiques à l'aide des substances
minérales. La puissance d'organisation du protoplasma imbibé
de chlorophylle est telle qu'elle peut former les synthèses de
principes carbonés (amidon, glucose), en partant des corps les
plus simples, comme l'acide carbonique et l'eau. Les végétaux
verts lui doivent donc cette propriété, qu'ils ont en propre, de
vivre à l'aide de principes purement minéraux empruntés au
sol et à l'atmosphère.

Si nous recherchons l'origine des corps simples en combinaison dans un organisme végétal, nous trouverons qu'un kilogramme de bois sec contient environ : carbone 420 grammes,
hydrogène 60 grammes, azote 10 grammes, substances minérales ou cendres 30 grammes. Il est facile de se rendre compte
de la part importante soutirée à l'atmosphère, les 480 grammes
de carbone proviennent de son acide carbonique décomposé
par la plante. Ce kilogramme de bois dégage par la com-

bustion 3 à 4000 calories. De même que l'assimilation du carbone est due à la chlorophylle, la fixation de ce calorique est encore son œuvre. Nos foyers ordinaires de chaleur et de lumière ne font que restituer la radiation solaire emmagasinée par l'intermédiaire du protoplasma vert (Houille, Pétrole, etc.). Nos aliments, qui proviennent directement ou indirectement des végétaux verts, dégagent dans nos organes l'énergie prise à la radiation solaire, lors de leur formation par la chlorophylle, si bien que le tissu vert des plantes est un intermédiaire qui permet aux êtres vivants d'utiliser, pour l'édification et le fonctionnement de leurs machines ou organes, la force vive du soleil emprisonnée dans les synthèses du protoplasma vert.

Les parties vertes des plantes, traitées par l'alcool, lui abandonnent leur chlorophylle ainsi que d'autres matières solubles. Cette dissolution alcoolique agitée avec de la benzine, puis laissée au repos, abandonne la chlorophylle à la benzine qui surnage, l'alcool n'a retenu que la *xanthophylle*. Pour isoler à l'état de pureté la *chlorophylle*, on met la dissolution alcoolique de chlorophylle en contact avec du noir animal qui s'empare à la fois de la chlorophylle et de la xanthophylle laissant les matières étrangères. Ce noir lavé dans de l'alcool à 65° y abandonne la *xanthophylle*, mais cède à l'huile légère de pétrole la *chlorophylle pure;* cette dissolution d'un vert foncé, évaporée lentement à l'obscurité, donne la chlorophylle cristallisée en aiguilles aplaties. C'est une substance molle, vert foncé, ses cristaux et ses solutions concentrées sont dichroïques : vert foncé par réflexion, rouge sang par transmission. Elle est soluble dans l'alcool, l'éther, le chloroforme, la benzine, le sulfure de carbone, le pétrole. Son analyse élémentaire donne en chiffres ronds :

Carbone	74
Hydrogène	10
Oxygène	10
Azote	4
Cendres (phosphates)	2

La chlorophylle forme avec les alcalis des sels solubles.

La chlorophylle absorbe certaines radiations lumineuses et

en laisse passer d'autres ; pour mettre cette propriété en évidence, on décompose au moyen d'un prisme la radiation solaire qui a traversé une dissolution de chlorophylle dans la benzine, on obtient un spectre sillonné de sept bandes sombres. La 1re bande, qui est la principale, est située dans le rouge (entre B et C), elle est d'un noir foncé ; les bandes 2, 3, 4, dans l'orangé, le jaune et le vert, sont moins sombres, estompées sur les bords; les bandes 5, 6, 7, sont larges et situées dans la moitié la plus réfrangible, la dernière dans le violet.

Produits dérivés. — Les produits dérivés du protoplasma, c'est-à-dire résultant de son activité, sont très nombreux et très variés, ils répondent aux exigences multiples de la vie de la plante : soutien, nutrition, défense, reproduction, etc. On pourrait donc les classer suivant leur rôle dans la plante. Mais il est plus facile de les grouper en se basant sur leur composition chimique. Nous aurons ainsi des *hydrates de carbone* : sucres, amidon, cellulose, des *matières grasses*, des *essences*, des *résines*, des *alcaloïdes*, des *albuminoïdes*, etc.

Hydrates de carbone. — Les nombreux hydrates de carbone, que produit la cellule végétale, se présentent avec des apparences et des propriétés différentes dues à des degrés de condensation ou d'hydratation, à des pouvoirs rotatoires différents. Ces hydrates de carbone sont les uns en dissolution comme les sucres, l'inuline, etc., les autres ont acquis une structure cristalline particulière, comme la cellulose ou substance des membranes et l'amidon.

Cellulose. — La cellule des végétaux, à peu d'exceptions près, s'entoure d'une membrane de cellulose, c'est la couche pariétale du protoplasme qui édifie cette enveloppe qui s'étend d'abord en superficie, puis s'épaissit plus ou moins, prend de la consistance et nous permet de juger de la forme des cellules sur lesquelles elle se moule. Les molécules de cellulose proviennent du protoplasme qui les tient en solution, elles se déposent à l'état solide dans la membrane, en formant des couches successives en apposition interne, c'est-à-dire dans le sens centripète, en apposition externe dans le sens centrifuge, ou enfin par interposition entre les molécules anciennes dans le sens des rayons.

Les cristalloïdes qui constituent la membrane cellulosique ont la forme de prismes. Vue à un fort grossissement la membrane se montre formée de parties inégalement réfringentes, sur la coupe on distingue au moins une série de trois couches concentriques, la couche moyenne terne, les deux extrêmes brillantes. De face, la paroi cellulosique est striée parallèlement par suite d'une alternance de lamelles croisées et d'inégale réfringence ; cette apparence de clivage suivant trois directions est due à une inégale répartition de l'eau dans les trois sens, si bien que la membrane est formée de petits parallélipipèdes différents entre eux par la proportion d'eau qu'ils renferment. Les prismes denses sont formés au point du croisement de deux stries denses, les prismes de moyenne densité au point d'entre-croisement des stries denses et des stries molles, les prismes mous au point d'entre-croisement des stries molles. Les prismes perpendiculaires à la surface de la cellule sont de même dans leur longueur décomposés en parallélipipèdes inégalement denses, par les couches concentriques.

Fibres libériennes de *Hoya* montrant les stries de la membrane.

Fig. 822.

On doit distinguer plusieurs celluloses diversement condensées. La moins condensée des celluloses, la *cellulose proprement dite*, constitue la membrane des jeunes cellules, elle est soluble dans la solution ammoniacale d'oxyde de cuivre. Bouillie dans un mélange d'acide nitrique et de chlorate de potasse, la cellulose est oxydée et devient de l'acide oxalique. Les acides chlorhydrique et sulfurique, le chlorure de zinc l'hydratent et la transforment en amidon et elle se colore alors en bleu par l'iode. Cette cellulose présente deux variétés : l'une est digérée par le *Vibrion butyrique* qui la transforme en glucose, puis en acide butyrique, acide carbonique et hydrogène, l'autre résiste à ce ferment, c'est la cellulose des fibres que l'on parvient à isoler par le rouissage.

Une cellulose plus condensée, appelée *paracellulose*, entre aussi dans la constitution des membranes, elle n'est pas soluble dans la solution ammoniacale d'oxyde de cuivre, elle ne se colore pas en bleu par le chlorure de zinc et l'iode. L'ébullition avec les acides étendus ramène la *paracellulose* à la *cellulose* en l'hydratant. La *fongine* ou *métacellulose* est une cellulose plus condensée encore, qui constitue les membranes de beaucoup de Champignons, l'ébullition avec les acides ne la ramène pas à l'état de cellulose proprement dite.

La membrane cellulosique reste mince chez les cellules à chlorophylle, dans les parenchymes de réserves ; mais souvent cette membrane joue un rôle mécanique important et elle s'épaissit alors jusqu'à oblitérer complètement la cellule (cellules pierreuses, fibres). L'épaississement est localisé le long des arêtes de la cellule dans le *collenchyme* (fig. 536). Un épaississement local forme une série de bandes transversales parallèles dans les cellules ou vaisseaux dits *scalariformes*, ailleurs l'épaississement se dessine en ruban, spire, réseau. Les cellules épaissies ont leurs parois généralement parcourues par de fins canalicules (ponctuations) allant du centre à la périphérie, facilitant les échanges osmotiques (fig. 823).

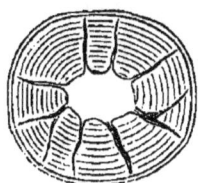

A.

Cellule à parois épaisses
dite scléreuse.

Fig. 823.

Cutine ou *subérine*. — Cette substance se dépose dans les membranes des cellules périphériques (V. *Cuticule*). La subérine est un hydrate de carbone beaucoup plus pauvre en oxygène que la cellulose ($C^{12}H^{10}O^2$), elle fixe les couleurs d'aniline, la fuchsine colore en rose les membranes imprégnées de subérine. Le liège ou suber est formé de cellules à membranes imprégnées de *subérine*. La cutinisation ou subérisation donne à la cellulose une plus grande résistance aux agents de destruction.

Lignine ou *vasculose*. — C'est un hydrate de carbone moins oxygéné que la cellulose, elle imprègne surtout les différents éléments du bois, auxquels elle donne de la solidité. Les membranes lignifiées se colorent en jaune par l'iode et le chlorure de zinc iodé, elles fixent les couleurs d'aniline, la phloroglucine additionnée d'acide chlorhydrique est le réactif le plus sensible de la vasculose. Sous pression la lignine se dissout dans les solutions alcalines ou acides, la fabrication du papier de bois, qui a pris une si grande extension dans ces dernières années, repose sur cette propriété.

Amidon. — L'amidon ($C^{12}H^{10}O^{10}$) est un hydrate de carbone très fréquent dans les cellules végétales, il y est formé par les leucites qui le façonnent en grains à couches concentriques.

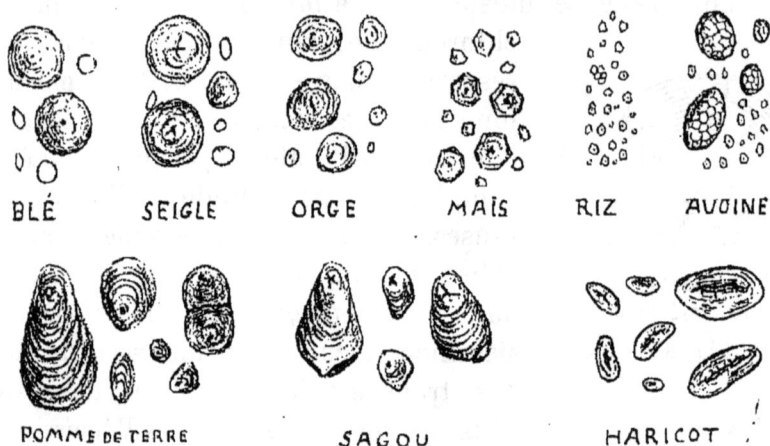

BLÉ   SEIGLE   ORGE   MAÏS   RIZ   AVOINE

POMME DE TERRE   SAGOU   HARICOT

Amidons.

Fig. 824.

L'amidon est coloré en bleu par l'iode, l'iodure d'amidon ainsi formé se décolore par la chaleur. Sans changer de composition chimique, le grain d'amidon chauffé vers 60° dans l'eau gonfle et forme l'*empois*, chauffé à 100° il devient soluble. Par l'ébullition avec les acides étendus l'amidon devient soluble et subit une série d'hydratations et de dédoublements qui en font des dextrines, maltose et enfin glucose, produit définitif.

L'*amylase*, ferment soluble, fréquent chez les végétaux (graines, tubercules, etc.), et chez les animaux, dédouble aussi l'amidon pour le transformer en dextrine et maltose. Cette dissolution du grain s'observe bien pendant la germination des graines amylacées (Fève, Haricot, Blé, etc.).

La forme des grains d'amidon est très variable ; mais elle est cependant assez fixe, dans chaque espèce de plante, pour que l'examen microscopique de certaines fécules permette de désigner les plantes qui les ont produites.

Souvent sphériques, au début, les grains d'amidon prennent en s'accroissant les formes ovales, lenticulaires, polyédriques, linéaires ou tout à fait irrégulières.

Les grains d'amidon se rejoignent parfois, se soudent et forment un grain *composé* (Riz, Avoine). Les dimensions des grains sont aussi variables que leurs formes, les grains les plus volumineux se trouvent dans les tubercules (Pommes de terre), les plus petits dans les graines. Dans la même plante on trouve du reste de gros et de petits grains.

Les grains d'amidon sont formés de couches alternativement plus denses et moins denses, plus brillantes et plus ternes, disposées autour d'un centre ou noyau, ils réfractent

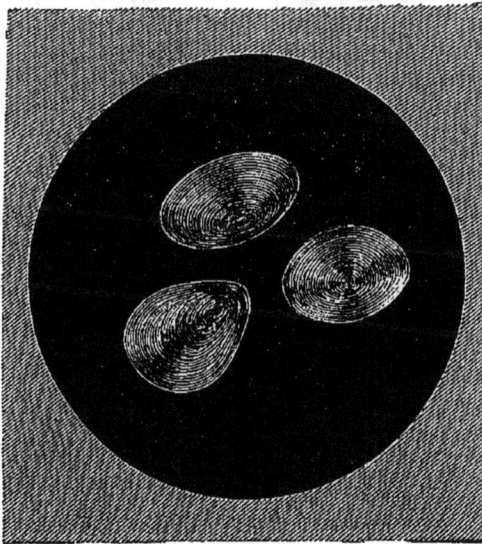

Fécule de pomme de terre a la lumière polarisée.

Fig. 825.

fortement la lumière et sont nettement biréfringents. Dans la lumière polarisée, ils présentent une croix noire dont les branches se croisent au noyau. Le hile qui correspond au noyau apparaît plus sombre, il est punctiforme, linéaire ou rameux. Les grains d'amidon ont une structure cristalline, ils sont composés de cristalloïdes de matières amylacées, ce sont des sphéro-cristalloïdes.

L'amidon est formé dans les cellules par les *leucites*, tantôt par les leucites incolores, tantôt par les leucites verts, le grain apparaît au centre ou à la périphérie du leucite, devient plus

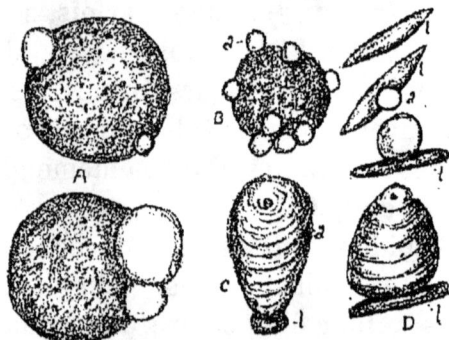

Formation des grains d'amidon par les leucites, d'après Schimper. — A, B, *Philodendron* : A, un chloroleucite avec grains d'amidon : B, un leucite d'une cellule épidermique. — C, *Amomum*. *a*, un grain d'amidon avec son leucite amylogène (*l*). — D, *Phajus*. Développement du grain d'amidon : *l*, leucite; *a*, amidon.

Fig. 826.

gros que lui et finalement reste libre dans le protoplasme (fig. 826).

Les grains d'amidon croissent, comme des cristaux, par apposition de molécules nouvelles en dehors des anciennes, les grains composés sont formés par la soudure de tous les grains simples, nés côte à côte dans le même leucite.

Inuline. — L'inuline est un hydrate de carbone ayant la même composition que l'amidon ($C^{12}H^{10}O^{10}$), elle est en dissolution dans le suc cellulaire et paraît remplacer l'amidon chez un assez grand nombre de végétaux (Composées, quelques Algues, Champignons, Lichens).

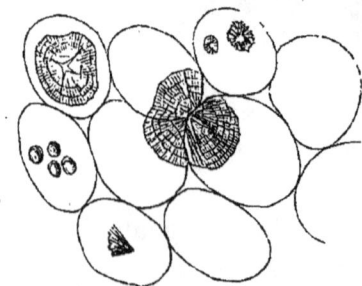

Inuline précipitée par l'alcool. Tubercule de Topinambour.

Fig. 827.

On peut précipiter l'inuline par l'alcool dans le liquide cellulaire (coupe de tubercule de Topinambour ou de Dahlia), les granulations qui se précipitent sont de petits sphéro-cristaux. Quand on laisse séjourner dans l'alcool un tissu riche en inuline, les sphéro-cristaux d'inuline se forment en envahissant plusieurs cellules, ils ont un aspect caractéristique (fig. 827). L'iode est sans action sur l'inuline.

Dextrine. — On regarde la dextrine comme la forme principale sous laquelle la matière amylacée circule, dans les plantes, pour édifier les nouvelles cloisons cellulosiques ou constituer des réserves ou pour être utilisée par la nutrition.

Gommes et *mucilages*. — Les gommes et les mucilages se rencontrent fréquemment dans les différentes parties des plantes, tantôt comme produits *normaux*, tantôt comme produits *morbides* (Gummose). Les *gommes* proprement dites se dissolvent dans l'eau, les *mucilages* ne font que gonfler dans l'eau, ils se colorent en rouge par la coralline.

La *gomme arabique* (*Acacia*) a la même composition chimique que l'inuline et la dextrine.

La *gomme adragante* se dissout en partie seulement dans l'eau, mais forme un mucilage visqueux.

La *gomme des Rosacées* est aussi formée en grande partie par un mucilage insoluble.

Les Algues donnent en abondance des mucilages désignés sous le nom de gélose (Agar-agar).

Les téguments des graines de Lin, de Moutarde, de Psyllium (Plantago) donnent un mucilage abondant, il en est de même des racines de Guimauve, d'Orchis, de Consoude, etc.

La *viscine*, matière visqueuse du fruit du Gui (Viscum), de l'écorce du Houx, de l'Atractylis se rapproche des gommes, elle sert à fabriquer la glu.

La *pectine* est une matière gommeuse qui abonde dans beaucoup de fruits, sous l'influence de la *pectase* (ferment), elle se transforme en *acide pectique* qui est gélatineux et détermine la prise en *gelée* des sucs de ces fruits.

Les *gommes-résines* sont des mélanges de gommes et de résines, à l'état d'émulsion dans les tissus sécréteurs de la plante (Gomme-gutte, Asa fœtida, Gomme ammoniaque).

Sucres. — Les principes sucrés des végétaux se répartissent en trois groupes : les *glucoses*, les *saccharoses*, les *mannites*.

La glucose ordinaire est excessivement répandue, la lévulose l'accompagne souvent dans les fruits mûrs. La *sorbine* se trouve dans les sorbes, l'*inosine* dans les haricots.

Les *saccharoses* ont pour type le *sucre de canne* abondant dans la Betterave, Carotte, Châtaignier, Érable à sucre, Sève de Palmier, on doit citer encore la *mycose*, principe sucré de beaucoup de champignons, la *mélizetose* du Mélèze, la *lactose* dans le Sapotilier (*Achras Sapota*).

La *mannite* se rencontre en abondance dans le Frêne (La Manne contient 50 p. 100 de mannite), le Chiendent, dans beaucoup d'Algues (*Laminaria*) et de Champignons. On cite encore la *sorbite*, *quercite*, *pinite*, etc.

Glucosides. — Corps neutres ou acides qui sous l'influence de diastases particulières ou d'acides étendus s'hydratent, se dédoublent en glucose et en un ou plusieurs corps neutres ou acides, ces glucosides sont généralement des principes actifs des plantes, plusieurs sont utilisés en médecine :

Digitaline, Convallarine, Coryamyrtine, Saponine, Arbutine, Salicine, Esculine, Glycirrhizine.

La Garance donne le *rubian* qui se résout en glucose et *alizarine*, principe colorant rouge.

L'*amydaline* des amandes, des feuilles de Laurier-Cerise, soumise à l'action d'un ferment, l'*émulsine* qui l'accompagne, s'hydrate et se dédouble en glucose, *essences d'amandes amères* et *acide cyanhydrique*. Les différentes parties des plantes de la famille des Crucifères contiennent des glucosides, *sinalbine*, *sinigrine*, qui sous l'influence d'un ferment, la *myrosine*, s'hydratent et se dédoublent en essences sulfurées piquantes et en glucose.

Tannins. — Les tannins sont aussi des glucosides, ce sont des acides faibles précipitant la gélatine et les matières albuminoïdes, les solutions ferriques prennent par les tannins une coloration noirâtre, bleue, verte.

En traitant une coupe d'un organe par une dissolution de sulfate de fer, on décèle les cellules à tannin qui prennent une coloration bleu noir ou vert noir, par le bichromate de potasse 10 p. 100, les cellules tannifères se colorent en rouge brun.

Les tannins ont pour principales fonctions de protéger les plantes contre les animaux herbivores et aussi de remplir un rôle de défense contre les parasites, ils sont souvent contenus dans des cellules spéciales de l'appareil sécréteur.

Acides organiques. — Ces acides sont en dissolution dans le suc cellulaire, les plus importants sont : *l'acide gallique,* feuilles de Sumac, de Busserolle, d'Arnica, Velani (*Quercus Ægilops*), les *acides citrique, tartrique, malique, fumarique, acétique, oxalique, benzoïque, formique.*

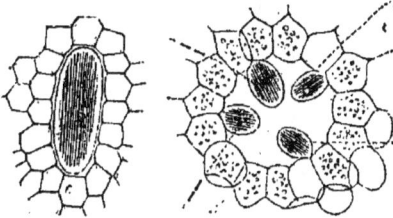

Raphides d'oxalate de chaux.

Fig. 828.

L'acide oxalique est souvent à l'état d'*oxalate de chaux* formant des cristaux plus ou moins volumineux, souvent dans des cellules spéciales (cellules oxalifères). L'oxalate de chaux cristallise dans deux systèmes différents : dans les cellules contenant un mucilage, il cristallise en prismes ou en longues aiguilles solitaires ou groupées en *raphides* (fig. 828). Dans les

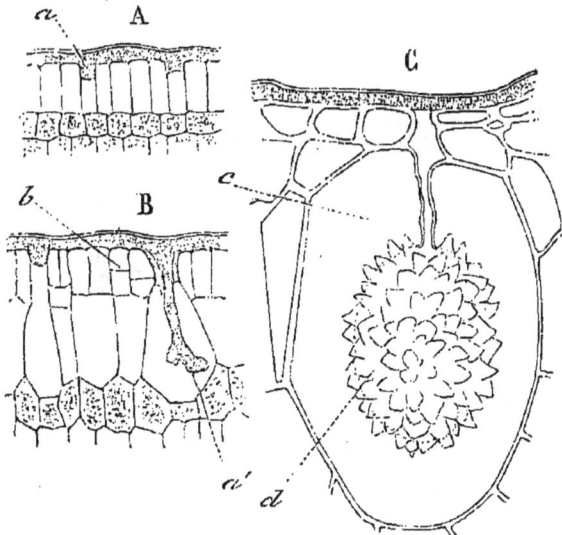

Développement d'un cystolithe dans la feuille du *Ficus elastica,* d'après de Bary.

Fig. 829.

cellules à suc non épaissi, l'oxalate forme des octaèdres ou des sphéro-cristaux ayant parfois l'apparence d'oursins. Des cristaux d'oxalate de chaux se rencontrent parfois dans l'épaisseur de la membrane (Conifères, *Sempervivum*).

Des cristaux de carbonate de chaux paraissent jouer le même rôle et forment les *cystolithes* (fig. 829).

Les cristaux d'oxalate de chaux ne se redissolvent pas dans la plante et constituent le plus souvent des agents de défense contre les herbivores et spécialement contre les Mollusques.

La *silice*, qui se rencontre surtout dans les épidermes et les transforme parfois en râpes (*Equisetum*), forme un revêtement siliceux d'une grande résistance (Graminées, Calamus, etc.).

Matières grasses. — Les matières grasses constituent avec

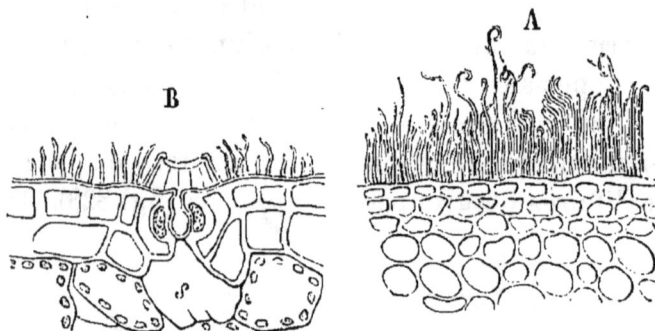

Dépôt cireux en bâtonnets à la surface de l'épiderme. — A, tige de Canne à sucre ; B, feuille de *Strelitzia*.
Fig. 830.

l'amidon des substances ternaires d'une grande importance pour la nutrition des végétaux, issues de l'activité du protoplasme, elles s'accumulent parfois dans les cellules jusqu'à former les deux tiers de leur poids. Souvent sous forme de gouttelettes dans la cellule, elles sont aussi solides et se présentent alors en grains, cristaux, aiguilles. La teinture d'Orcanette (1) est le meilleur réactif pour déceler les matières grasses dans les tissus. Une fois extraits des tissus qui les renferment, les corps gras sont les uns liquides, les autres de

(1) Pour obtenir une bonne teinture d'orcanette on laisse en contact pendant un jour 10 grammes d'orcanette avec 30 c. c. d'alcool absolu ; on filtre et on chasse l'alcool à l'étuve. Le résidu est dissous dans 5 c. c. d'acide acétique puis additionné de 50 c. c. d'alcool à 50° ; on filtre après vingt-quatre heures (Guignard).

consistance butyreuse, les autres plus fermes, on les désigne alors sous le nom d'huiles, beurres, suifs, cires.

Au contact de l'air les corps gras absorbent de l'oxygène, les uns s'épaississent, se dessèchent et prennent l'apparence du vernis, ce sont les *huiles siccatives* qui ne contiennent pas d'oléine, mais de la *linoléine,* les autres huiles *non siccatives* rancissent mais ne sèchent pas.

Les corps gras se trouvent aussi dans certaines membranes : le liège traité par l'éther abandonne une cire. La cuticule est aussi imprégnée de cire, ce qui la rend imperméable. Cette cire est souvent exsudée en abondance et forme un dépôt donnant la couleur glauque, la *fleur,* la *pruine* des fruits.

Les matières grasses utilisées en médecine ou en grand dans l'industrie sont nombreuses, on doit citer :

I. *Huiles siccatives ne contenant pas d'oléine.*

Huile de Lin, graines du *Linum usitatissimum.*
- — d'Œillette, graines des *Papaver somniferum nigrum,* alimentaire.
- — de Noix, graine de *Juglans regia,* alimentaire.
- — de Coton, graine des *Gossypium,* alimentaire.
- — de Chènevis, grain de *Cannabis sativa,* alimentaire.
- — d'Abrami, grain des *Aleurites cordata* et d'autres espèces de la même section, *Elæococcus* de la Chine et du Japon, très employée pour faire des vernis et imperméabiliser les étoffes et les papiers.
- — de Croton, graine de *Croton Tiglium,* drastique violent.
- — de Pignons d'Inde, graine de *Jatropha Curcas.*
- — d'Épurge, *Euphorbia Lathyris.*
- — de *Fontainea Pancheri.*
- — de Ricin (très peu siccative), gr. de *Ricinus communis.*
- — de Bancoulier, *Aleurites moluccana.*

(— d'Épurge … à … de Bancoulier) } Purgatives.

II. *Huiles non siccatives contenant de l'oléine.*

Huile d'Olive, fruit d'*Olea Europea,* alimentaire.
- — d'Arachide, fr. de *Arachis hypogea,* alimentaire.
- — de Sésame, gr. de *Sesamum orientale,* alimentaire.
- — d'Amandes , gr. de *Prunus amygdalus*, *Armeniaca* et Noisettes (*Corylus*).
- — de Faines, *Fagus silvatica,* alimentaire.
- — de Colza, gr. de *Brassica Napus, oleifera.*
- — de Navette, gr. de *Brassica asperifolia,* v. *oleifera.*
- — de Cameline, gr. de *Camelina sativa.*
- — de Moutarde, gr. de *Brassica nigra, alba,* etc.
- — d'Argan, gr. d'*Argania sideroxylon* (Maroc).
- — de Marron d'Inde, gr. de *Æsculus Hipocastanum,* médicinale.
- — de Ben, gr. de *Moringa aptera,* rancit difficilement.
- — de Fougère mâle, rhizome d'*Aspidium Filix mas,* ténifuge.

III. *Beurres végétaux et suifs.*

Beurre de Cacao, gr. de *Theobroma Cacao*, méd.
  — de Laurier, baies de *Laurus nobilis*, méd.
  — de Muscade, gr. de *Myristica fragrans*, méd.
  — d'Illipé, gr. de *Bassia longifolia*, méd.
  — de Ghi, gr. de *Bassia butyracea*, aliment. indust.
  — de Galam et de Karité, *Butyrospermum Parkii*, alimentaire du Sénégal.
  — de Coco, gr. de *Cocos nucifera*, alimentaire, savons.
  — ou huile de Chaulmogra, gr. de *Gynocardia odorata*, traitement de
    la lèpre.
  — de Maloukany ou Ankolaki, gr. du *Polygala butyracea*, Afr. occid.,
    alimentaire.
Suif du Chou-lah, *Stillingia sebifera*.
Suifs du *Myristica* de l'Amérique sud, *Myristica sebifera*, M. *Bicuhyba*, etc.

IV. *Cires végétales.*

Les cires végétales proviennent les unes de cellules spéciales formant des massifs sécréteurs à la surface des graines ou bien de cellules à matières grasses du péricarpe comme les beurres et huiles, enfin un certain nombre de ces produits sont exsudés par la cuticule.
  a. Cires intra-cellulaires :
Cire du Japon, fruit du *Rhus succedanea*.
Cire des Myrica de l'Amérique nord, appelée cire de myrte. Cette cire forme à la surface des fruits une couche blanche; les principales espèces qui la produisent sont : *Myrica cerifera*, M. *carolinensis*, M. *pensylvanica*. Le *Myrica galle* d'Europe peut donner aussi de la cire mais en petite quantité. Au Cap on exploite le *Myrica cordifolia* et *quercifolia*.
  b. Cires cuticulaires.
Cire de Palmiers, tige et feuilles des *Ceroxylon andicola* et *Copernicia Cerifera*, Carnauba du Brésil.
Cire de Canne à sucre ou Cérosie, tiges, écume du jus de *Saccharum officinale*.

Essences, camphres, résines, oléorésines, gommes-résines, baume, latex. Ces produits sont sécrétés dans des cellules spéciales qui constituent chez la plante un *appareil sécréteur*, le tissu sécréteur se compose de cellules à membrane mince, dans lesquelles se forment, de bonne heure, les produits sécrétés, qui sont très variables (*tannins, mucilages*), mais le plus souvent *essences, résines, latex*.

Les glandes peuvent être unicellulaires, ce sont des cellules de forme ordinaire, des poils (fig. 594).

Les *tubes laticifères* des Euphorbiacées, Urticées, Apocynées, Asclépiadées sont très longs, continus, ils contiennent plusieurs noyaux, mais chaque tube peut être regardé comme une seule cellule.

Les cellules sécrétrices sont dans d'autres cas disposées en *files* les unes à la suite des autres comme dans les laticifères des Allium, des Convolvulacées et des Sapotées, de la Chéli-

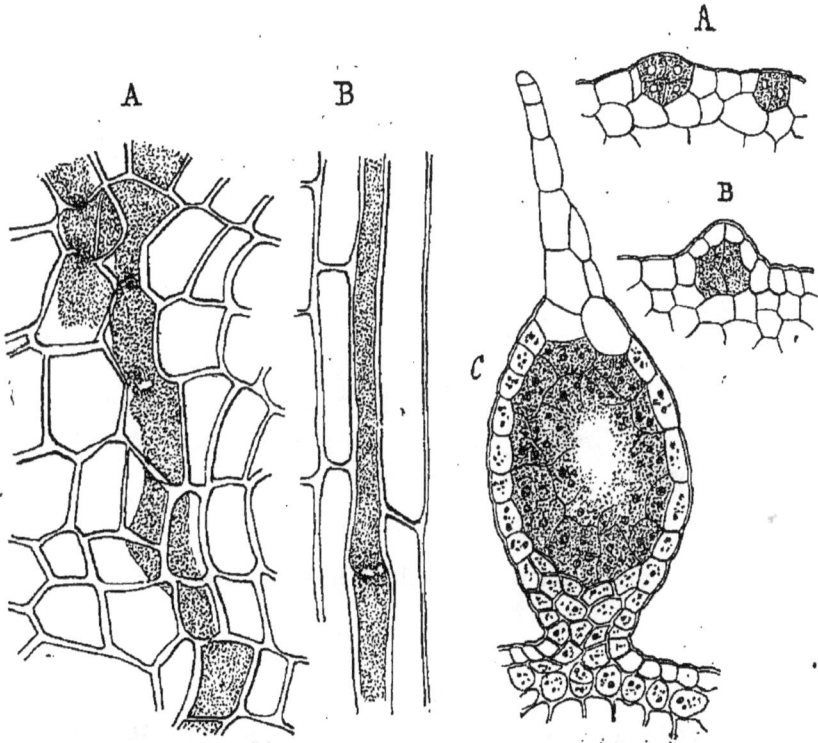

Cellules laticifères de la Chélidoine. — A, dans la racine; B, dans la tige (Van Tieghem).

Fig. 831.

Glande de la Fraxinelle.

Fig. 832.

doine et des Glaucium, les cloisons qui séparent ces cellules sécrétrices sont parfois ouvertes et la communication d'une cellule à l'autre est facile. Chez les Pavots, les Composés, les *Carica*, les cellules sécrétrices forment un *réseau*. Des glandes plus complexes sont formées par des massifs de cellules sécrétantes accumulant leur sécrétion dans une poche qui se forme par dissociation des cellules primitivement en contact, telles sont les glandes de toutes les Rutacées, des *Myrta-cées*, des *Myoporées* (fig. 832).

Les *canaux sécréteurs* sont formés par des espaces intercellulaires bordés de cellules sécrétrices qui y déversent leurs produits, ces canaux courent dans la longueur des organes et y forment un système continu (fig. 833).

Les essences ou huiles essentielles sont des corps qui ne sont pas groupés par leurs propriétés chimiques, mais réunis par quelques caractères physiques et leur mode d'obtention. Les essences sont des substances odorantes, huileuses, volatiles, peu solubles dans l'eau, plus ou moins solubles dans l'alcool, l'é-

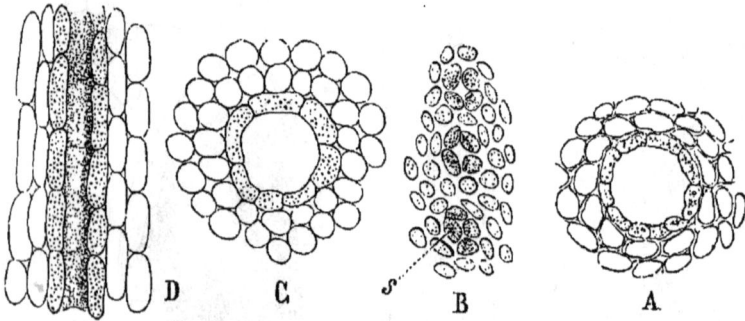

Canaux résineux des Ombellifères (Moynier).

Fig. 833.

ther, inflammables, se résinifiant à l'air. Les essences sont presque toutes constituées par des mélanges, beaucoup sont un mélange d'hydrocarbure et de substances oxygénées. Dans les essences oxygénées, on trouve les fonctions chimiques les plus différentes, des aldéhydes : essence de Cumin, de Cannelle, des acétones : essence de Rue, des phénols : essence de Girofle, des éthers : essence de Gaulthéria, etc. Il y a des essences concrètes : menthol, camphre, thymol.

Les *parfums* de certaines fleurs (Jasmin, Jacinthe, Tubéreuse) ne doivent pas être confondus avec les essences, ces parfums sont des principes fixes d'aspect cireux, on les obtient par des dissolvants et non par distillation, ils sont encore peu expérimentés dans la thérapeutique.

Les *résines* sont des corps qui ont une composition très complexe, les résines paraissent dériver par oxydation des essences, elles sont solides, plus ou moins colorées, insolubles dans l'eau, solubles en partie au moins dans l'alcool. Certains végétaux laissent exsuder des *résines*, d'autres un mélange de résine et d'essence appelé *oléorésine*, comme les térébenthines des Conifères, d'autres des *baumes*, mélanges d'oléo-résine et d'acides benzoïque ou cinnamique : enfin les *gommes-résines* sont des mélanges de gomme et de résine.

Principales résines employées en médecine : *Mastic, Sandaraque, Sang-Dragon, résines de Gayac, de Jalap, de Scammonée, Copal, Damar, Colophane.*

Les oléorésines employées sont principalement : *Térébenthines des Conifères, Baume de Copahu;* les Baumes : *Liquidambar, Baume du Pérou, Styrax, Baume de Tolu, Benjoin;* les gommes-résines : *Gomme-gutte, Résine d'Euphorbe;* Gommerésine des Ombellifères : *Asa fœtida, Gomme ammoniaque;* Gomme-résine des Térébinthacées : *Oliban, Myrrhe.*

Les *latex* sont des produits de sécrétions accumulés dans des réservoirs particuliers appelés *laticifères*, on ne connaît pas exactement leur signification physiologique; mais on tend à admettre que les latex servent de moyen de défense. Ces liquides ont une composition très variable, ils tiennent en suspension de petits corpuscules solides qui les rendent plus ou moins opaques, souvent laiteux, ces corpuscules sont tantôt des résines, des *caoutchouc*, de l'amidon, des graisses. Les latex contiennent en dissolution des sucres, des matières albuminoïdes, des ferments, des *alcaloïdes*.

Les principaux latex employés en médecine sont : l'*Opium*, la *Gutta-percha*, le *Caoutchouc*, le *Lactucarium*.

Albuminoïdes. — Les cellules végétales produisent les principaux types des matières albuminoïdes : albumine, caséine, fibrine.

Le blé contient plus ou moins de fibrine, les Légumineuses peuvent donner de fortes proportions de caséine.

Les albuminoïdes en solution dans le suc cellulaire sont souvent déposés, sous forme de cristalloïdes, dans le protoplasma et dans les leucites, les vacuoles ou hydroleucites.

Dans les graines ces *granulations d'albuminoïdes* se dessèchent au moment de la maturation et leur matière albuminoïde, avec ou sans cristalloïde, se prend en un grain connu sous le nom de *grain d'aleurone*. Les grains d'aleurone ne sont donc que de petites masses de matière albuminoïde desséchées. C'est une réserve nutritive pour l'embryon, toutes les graines en sont pourvues, mais les graines oléagineuses sont les plus riches en aleurone.

Les grains d'aleurone sont arrondis ou polyédriques, ils renferment souvent des enclaves : cristalloïdes protéiques et globoïdes (glycérophosphate de magnésie et de chaux) ce dernier constitue une réserve de phosphore (fig. 834).

Diastases.—Les ferments solubles abondent chez les végétaux, on les trouve en solution dans le suc cellulaire :

L'*amylase* attaque les grains d'amidon et les dissout en les dédoublant en dextrine et maltose.

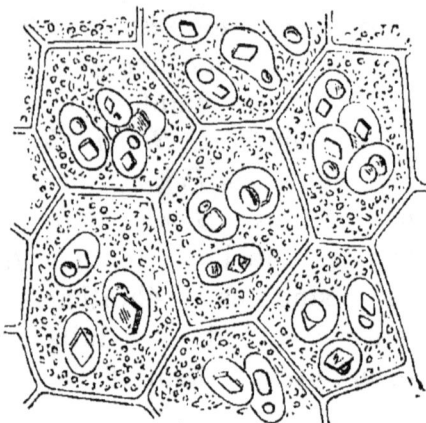

Grains d'aleurone avec globoïdes et cristalloïdes de l'albumen de la graine de Ricin.

Fig. 834.

L'*invertine* agit sur le sucre de canne et le dédouble en glucose et levulose.

La *cellulase* dissout les réserves de cellulose (noyau de dattes).

La *pepsine* attaque les matières albuminoïdes, les transforme en *peptones*.

La *saponase* saponifie les matières grasses.

L'*émulsine* hydrate l'amygdaline et la dédouble en glucose, essence d'amandes amères et acide cyanhydrique.

La *myrosine* chez les Crucifères produit des essences sulfurées par dédoublement de l'acide myronique.

Les diastases jouent un rôle très important dans la biologie végétale, elles sont utilisées pour la digestion des aliments en réserve et aussi pour la production de substances défensives : acide cyanhydrique, essences sulfurées, etc., les substances toxiques de certaines Bactéries paraissent tenir des diastases.

Amides. — Le suc cellulaire contient en dissolution des composés azotés de la classe des Amides, le plus généralement répandu est l'*asparagine*, qui se rencontre chez toutes les plantes dans tous les organes. L'asparagine ne s'accumule pas dans les cellules, aussitôt formée elle est engagée de nouveau dans des combinaisons nouvelles. L'asparagine provient de la décomposition des matières albuminoïdes du protoplasma, pendant la vie cellulaire ; en présence des substances ternaires elle paraît s'y combiner pour régénérer les principes albuminoïdes. On trouve aussi la glutamine, la leucine, la tyrosine, qui paraissent jouer le même rôle.

Alcaloïdes. — Un grand nombre d'alcalis organiques prennent naissance dans les différents organes des plantes, les Papavéracées en renferment plus de treize, les Quinquinas au moins quatorze, les Solanées en sont aussi pourvues (*atropine, nicotine*), on peut encore citer : *strychnine, conine, caféine, théobromine, bétaïne, pipéridine.* Les alcaloïdes ne paraissent pas utilisés pour la nutrition de la plante et doivent être regardés comme des agents de défense.

Matières colorantes. — Les matières colorantes des végétaux sont de nature très différente, on peut distinguer.

a. Matières colorantes dissoutes dans le suc cellulaire ;

b. Matières colorantes en grains (chromoleucites) dans le protoplasma.

c. Matières colorantes imprégnant les membranes.

Beaucoup de matières colorantes tirées des végétaux ne préexistent pas dans la plante, elles sont le résultat de modifications dues à des actions chimiques (V. *Rubia tinctoria*, Lichens, Indigo).

Les matières colorantes dissoutes dans le suc cellulaire abondent surtout dans les fleurs, l'*anthocyanine* est bleue si le suc cellulaire est alcalin, rouge s'il est acide, l'*érythrophylle* colore parfois les feuilles en rouge.

Les leucites colorés sont les uns jaunes par la xanthophylle qui est le plus souvent unie à la chlorophylle dans les leucites verts, les autres sont orangés ou rouges par la carotine.

Enfin les membranes s'imprègnent de diverses matières colorantes recherchées dans l'industrie comme l'*hématoxy-*

line du bois de Campêche, la *Brasiline* des *Cæsalpinia*.

Différenciation des cellules. Tissus. Appareils. — Chez le plus grand nombre des végétaux les cellules des différentes parties sont adaptées à des fonctions différentes, un certain nombre de ces éléments ayant même forme et même fonction constituent un ensemble appelé *tissu*.

Tous les tissus sont d'abord confondus dans les points en voie de croissance, ils dérivent d'un tissu uniforme résultat d'un cloisonnement actif et qu'on appelle un *méristème*.

On peut distinguer deux grandes coupes dans les tissus : les uns sont formés de cellules à parois minces, à contenu protoplasmique actif, siège d'un travail chimique évident, ce sont les *parenchymes* ; les autres tissus sont formés de cellules dans lesquelles la membrane joue un rôle mécanique important, le travail du protoplasma est à peu près nul.

On distingue dans les parenchymes à fonctions chimiques prédominantes le *parenchyme chlorophyllien* avec des cellules en *palissades,* ou des cellules laissant entre elles des *espaces aérifères (parenchyme lacuneux)*, les stomates appartiennent aussi à ce tissu. Les autres parenchymes sont caractérisés par les produits de leurs cellules : *parenchyme amylacé, parenchyme oléagineux, parenchyme aquifère*, le *tissu sécréteur*.

Les tissus ayant surtout un rôle mécanique prépondérant se distinguent en *tissu cutineux* (voy. *Épiderme de la feuille*), *tissu subéreux, collenchyme, parenchyme scléreux* ou *sclérenchyme, tissu vasculaire* (voy. *Tige*).

Plusieurs tissus concourant à une fonction commune constituent un *appareil*. Chez les plantes bien différenciées on distingue les appareils suivants :

Appareil *tégumentaire* ou protecteur.

Appareil de *soutien*.

Appareil *conducteur* ou *vasculaire* (circulation des liquides).

Appareil *aérifère* (circulation des gaz).

Appareil *absorbant*.

Appareil *assimilateur*.

Appareil de *réserve*.

Appareil *sécréteur*.

Appareil *reproducteur*.

ORIGINE, VARIATIONS ET DISTRIBUTION DES PLANTES.

Les plantes qui vivent à notre époque paraissent descendre des plantes des périodes précédentes, une série de formes fossiles, s'enchaînant à travers les âges de la terre, semblent le démontrer. Cette *théorie de la descendance* rend compte des ressemblances que nous observons entre les espèces, les genres, les familles, une parenté réelle en serait la cause. La *variation*, l'*hérédité* et une lutte continuelle pour l'existence avec *survivance du plus apte,* sont les trois facteurs de nos espèces actuelles.

Tous les individus issus d'une même plante par graine présentent quelques différences, les variations individuelles, même légères, sont parfois assez avantageuses pour assurer la survivance à celui qui possède certaines de ces déviations du type ; transmis par hérédité, ces caractères nouveaux peuvent se fixer et ainsi se constitue dans la race une variété. Les conditions qui favorisent la variation doivent être recherchées dans le mode même de formation de l'œuf, on peut admettre que moins les générateurs sont eux-mêmes parents, plus les produits de leur union ont de la tendance à la variation. Si les générateurs appartiennent à des espèces différentes leurs produits sont des *hybrides* qui, le plus souvent féconds, ont une postérité remarquable par une excessive variabilité en tous sens, une variation désordonnée. Dans la main de l'homme, qui peut opérer la fécondation artificielle, l'hybridation est un levier d'une puissance infinie, qui lui permet de transformer à son gré les organes des plantes pour les adapter à ses besoins. Le *métissage*, ou croisement entre plantes différentes de la même espèce, donne aussi des produits plus variables que la *fécondation directe*.

L'examen de quelques plantes cultivées peut montrer jusqu'à quel point peut aller la divergence des variétés issues de la même espèce. Les nombreuses variétés de choux (*Brassica oleracea*) : Chou pommé, Chou cavalier, Chou-rave, Chou-fleur, etc., proviennent d'une espèce unique ou peut-être d'hybrides de quelques espèces voisines.

Certaines plantes cultivées ont tellement changé qu'on ne reconnaît plus l'espèce ou les espèces qui leur ont donné naissance. Les amandes douces proviennent de variétés de la même espèce que les amandes amères qui contiennent de l'acide cyanhydrique.

La culture, qui s'est emparée des *Cinchona* depuis peu, façonne par sélection des variétés d'une valeur plus grande d'année en année.

Les variétés fixées par l'homme, pour ses besoins, sont choisies ou sélectionnées en vue du profit qu'il en tire ; mais dans la nature la sélection se fait par la survivance des individus plus strictement adaptés au but de leur conservation. Ces survivants transmettent à leur descendance des caractères acquis, s'accusant davantage de génération en génération.

Les changements survenus dans les conditions climatériques ont façonné ce grand nombre de formes végétales dont nous admirons, aujourd'hui, la parfaite adaptation. Ces changements déterminent aussi des migrations, si bien que certaines plantes suivent les conditions qui leur sont favorables, d'autres s'adaptent aux conditions nouvelles, enfin un certain nombre de types succombent (espèces éteintes). Les migrations, les adaptations réunissent ainsi dans une région donnée un ensemble de formes végétales qui en constituent la Flore.

La Flore d'une région est une résultante de toutes les conditions climatériques, son étude permet d'établir les divisions naturelles de notre globe en domaines botaniques caractérisés par la prédominance de certains types.

Au point de vue médical la connaissance de *zones botaniques* caractérisées par quelques plantes dominantes est utile pour juger rapidement le climat d'une contrée. En France, on distinguera facilement une région de l'Olivier ; une région du *Quercus ilex*, moins chaude, débordant au nord la région de l'Olivier, pour remonter dans l'ouest jusqu'à Angers ; une région du *Quercus Robur* plus froide ; du Châtaignier ; puis du Hêtre (*Fagus sylvatica*). Enfin on doit noter aussi les zones du Pin sylvestre, du Sapin, des prairies alpines. L'altitude et la latitude ont des influences similaires, on rencontre des conditions climatériques équivalentes, en s'élevant sur les montagnes ou en allant vers le Nord.

La nature chimique du sol se traduit aussi par une végétation différente. Certaines plantes sont cantonnées sur les terrains siliceux (Châtaignier, Chêne-liège, Digitale, Genêts), d'autres sur les terrains calcaires (Buis), d'autres sur les terrains salés, ou gypseux

Des régions éloignées peuvent avoir des climats semblables et une flore différente, ce qui s'explique par les limites imposées aux migrations, par les mers et les grandes chaînes de montagnes. L'Australie séparée depuis longtemps a une flore toute spéciale, bien que son climat n'ait rien de particulier, le sud de l'Australie correspondant à la région méditerranéenne. Aussi a-t-on pu lui emprunter un grand nombre de végétaux qui, sur notre continent, prospèrent aussi bien que dans leur pays d'origine. C'est conduits par ce principe que les Hollandais, puis les Anglais ont retrouvé les conditions de milieux qui conviennent aux Quinquinas transplantés dans les Indes où ils prospèrent et fournissent des quantités énormes d'un produit, qui serait aujourd'hui des plus rares, si on avait simplement continué l'exploitation des régions cinchonifères des Andes. Il y a encore beaucoup à faire pour rassembler dans une région les végétaux les plus utiles, et aussi pour améliorer les races existantes. Ce sont là des efforts dignes des meilleures intelligences, la prospérité d'un pays se réglant de plus en plus sur sa puissance de production.

TABLE ALPHABÉTIQUE

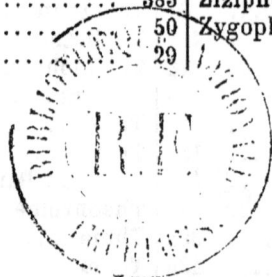

6724-91. — Corbeil. Imprimerie Crété.

6724-91. — Corbeil. Imprimerie Crété.